实战从入门到精通（视频教学版）

Dreamweaver CC 网页设计实战从入门到精通（视频教学版）

刘玉红　侯永岗　编著

清华大学出版社

北京

内 容 简 介

本书以零基础讲解为宗旨，用实例引导读者深入学习，采取“基础知识→核心技术→高级应用→行业应用案例→全能拓展”的讲解模式，深入浅出地讲解 Dreamweaver CC 网页设计的各项技术及实战技能。

本书第 1 篇基础知识主要讲解网页设计与制作基础、认识 Dreamweaver CC、创建网页中的文本；第 2 篇核心技术主要讲解使用图像和多媒体、HTML5 新增元素与属性速览、设计网页超链接、表格的应用、使用网页表单和行为、使用模板和库；第 3 篇高级应用主要讲解使用 CSS 样式表美化网页、网页布局典型范例、在网页中编写 JavaScript、网站的发布、网站配色与布局；第 4 篇行业应用案例主要讲解制作电子商务类网页、制作网上音乐类网页、制作休闲娱乐类网页、制作移动设备类网页的方法；第 5 篇全能拓展主要讲解网站优化与推广、网站安全与防御。

本书适合任何想学习 Dreamweaver CC 设计网页的人员，无论您是否从事计算机相关行业，无论您是否接触过 Dreamweaver CC，通过学习均可快速掌握 Dreamweaver CC 设计网页的方法和技巧。

图书在版编目(CIP)数据

Dreamweaver CC 网页设计实战从入门到精通：视频教学版 / 刘玉红，侯永岗编著 .—北京：清华大学出版社，2017 （2017.9重印）

（实战从入门到精通：视频教学版）

ISBN 978-7-302-45636-0

Ⅰ. ① D…　Ⅱ. ①刘…　②侯…　Ⅲ. ①网页制作工具　Ⅳ. ① TP393.092.2

中国版本图书馆CIP数据核字（2016）第283844号

责任编辑：张彦青
封面设计：朱承翠
责任校对：吴春华
责任印制：沈　露
出版发行：清华大学出版社

网　　址：http://www.tup.com.cn，http://www.wqbook.com
地　　址：北京清华大学学研大厦A座　　**邮　　编：**100084
社 总 机：010-62770175　　**邮　　购：**010-62786544
投稿与读者服务：010-62776969，c-service@tup.tsinghua.edu.cn
质量反馈：010-62772015，zhiliang@tup.tsinghua.edu.cn

印 装 者：北京国马印刷厂
经　　销：全国新华书店
开　　本：190mm×260mm　　**印　　张：**26　　**字　　数：**629千字
（附DVD 1张）
版　　次：2017年1月第1版　　**印　　次：**2017年9月第2次印刷
印　　数：3001 ～ 4200
定　　价：55.00元

产品编号：069550-01

前 言

PREFACE

"实战从入门到精通（视频教学版）"系列图书是专门为职场办公初学者量身定做的一套学习用书，整套书涵盖办公、网页设计等方面。整套书具有以下特点。

前沿科技

无论是 Office 办公，还是 Dreamweaver CC、Photoshop CC、Flash CC，我们都精选较为前沿或者用户群最大的领域推进，帮助大家认识和了解最新动态。

权威的作者团队

组织国家重点实验室和资深应用专家联手编著该套图书，融合丰富的教学经验与优秀的管理理念。

学习型案例设计

以技术的实际应用过程为主线，全程采用图解和同步多媒体结合的教学方式，生动、直观、全面地剖析使用过程中的各种应用技能，降低难度提升学习效率。

为什么要写这样一本书

随着网络的发展，很多企事业单位和广大网民对于建立网站的需求越来越强烈。另外，大中专院校中的很多学生需要做网页毕业设计，但是他们又不懂网页代码程序，不知道从哪里下手。本书针对这样的零基础的读者，为读者讲解网页设计的全面知识。读者在网页设计中遇到的技术，本书中基本上会有详细讲解。通过本书的实训，读者可以很快地上手设计网页，提高职业化能力，从而帮助解决公司需求问题。

本书特色

▶ 零基础、入门级的讲解

无论您是否从事计算机相关行业，无论您是否接触过 Dreamweaver CC 和网页设计，都能从本书中找到最佳起点。

▶ 超多、实用、专业的范例和项目

本书在编排上紧密结合深入学习 Dreamweaver CC 网页设计技术的先后过程，从 Dreamweaver CC 的基本操作开始，带领大家逐步深入学习各种应用技巧，侧重实战技能，使用简单易懂的实际案例进行分析和操作指导，让读者读起来简明轻松，操作起来有章可循。

▶ 随时检测自己的学习成果

每章首页中，均提供了学习目标，以指导读者重点学习及学后检查。

每章最后的“跟我练练手”板块，均根据本章内容精选而成，读者可以随时检测自己的学习成果和实战能力，做到融会贯通。

▶ 细致入微、贴心提示

本书在讲解过程中，在各章中使用了“注意”“提示”等小栏目，使读者在学习过程中更清楚地了解相关操作、理解相关概念，并轻松掌握各种操作技巧。

▶ 专业创作团队和技术支持

本书由刘玉红、侯永岗编著，IT 应用实训中心提供技术支持。您在学习过程中遇到任何问题，可关注微信订阅号 zhihui8home 进行提问，专家人员会在线答疑。

▶ “Dreamweaver CC 网页设计”学习最佳途径

本书以学习“Dreamweaver 网页设计”的最佳制作流程来分配章节，从 Dreamweaver CC 基本操作开始，然后讲解了网页美化布局、行业应用案例、网站全能拓展等。特别在本书中讲述了 4 个行业应用案例的设计过程，以便更进一步地提高大家的实战技能。本书架构如下。

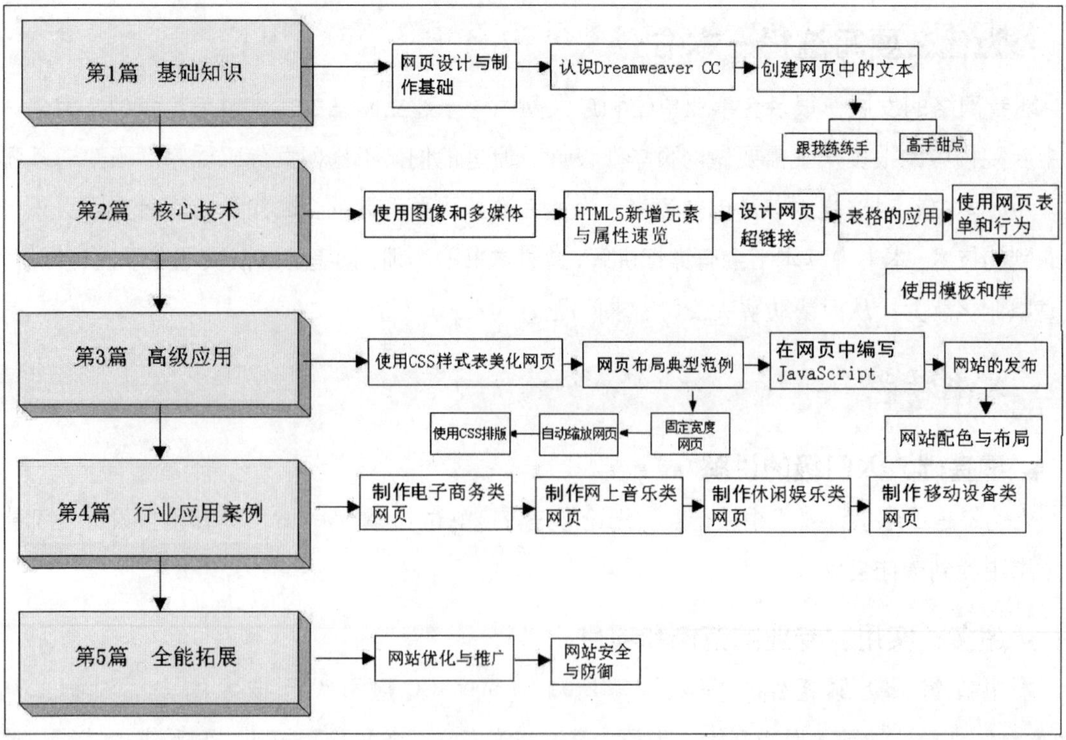

超值光盘

▶ 全程同步教学录像

涵盖本书所有知识点，详细讲解每个实例及项目的过程及技术关键点。比看书更轻松地掌握书中所有的 Dreamweaver CC 网页设计知识，而且扩展的讲解部分能使您得到比书中更多的收获。

▶ 超多容量王牌资源大放送

赠送大量王牌资源，包括本书实例源文件、教学幻灯片、本书精品教学视频、88 个实用类网页模板、11 个精彩 JavaScript 案例、Dreamweaver CC 快捷键速查手册、HTML 标签速查表、精彩网站配色方案赏析、网页样式与布局案例赏析、CSS+DIV 布局案例赏析、Web 前端工程师常见面试题等。

读者对象

- ▶ 没有任何 Dreamweaver CC 基础的初学者。
- ▶ 有一定的 Dreamweaver 基础，想精通网页设计的人员。
- ▶ 有一定的网页设计基础，没有项目经验的人员。
- ▶ 正在进行毕业设计的学生。
- ▶ 大专院校及培训学校的老师和学生。

创作团队

本书由刘玉红和王攀登编著，参加编写的人员还有刘玉萍、周佳、付红、李园、郭广新、侯永岗、蒲娟、刘海松、孙若淞、王月娇、包慧利、陈伟光、胡同夫、梁云梁和周浩浩。在编写过程中，我们力尽所能地将最好的讲解呈现给读者，但也难免有疏漏和不妥之处，敬请不吝指正。若您在学习中遇到困难或疑问，或有何建议，可写信至信箱：357975357@qq.com。

编　者

目录

第1篇 基础知识

第1章 开启网页设计之路——网页设计与制作基础

第2章 磨刀不误砍柴工——认识Dreamweaver CC7

第3章 网页内容之美——创建网页中的文本

第2篇 核心技术

第4章 有图有真相——使用图像和多媒体

第5章 Web新面孔——HTML5新增元素与属性速览

第6章 不在网页中迷路——设计网页超链接

第7章 简单的网页布局——表格的应用

第8章 让网页互动起来——使用网页表单和行为

第9章 批量制作风格统一的网页——使用模板和库

第3篇 高级应用

第10章 读懂样式表密码——使用CSS样式表美化网页

第11章 架构师的大比拼——网页布局典型范例

第12章 让网页更绚丽——在网页中编写JavaScript

第13章 让别人浏览我的成果——网站的发布

第14章 整体把握网站结构——网站配色与布局

第4篇 行业应用案例

第15章 行业综合案例1——制作电子商务类网页

第16章 行业综合案例2——制作网上音乐类网页

第17章 行业综合案例3——制作休闲娱乐类网页

第18章 行业综合案例4——制作移动设备类网页

第5篇 全能拓展

第19章 增加点击率——网站优化与推广

第20章 打造坚实的堡垒——网站安全与防御

第 1 篇

基础知识

第 1 章 开启网页设计之路——网页设计与制作基础

随着互联网的迅速推广，越来越多的企业和个人受益于网络的发展和壮大，越来越多的网站如雨后春笋般纷纷涌现，但人们也越来越不满足于简单的网页，所以设计新颖的网页越来越占据网页设计的主流。本章就先来介绍网页设计与制作的基础知识，如网页和网站的基本概念与区别、网页的 HTML 构成以及 HTML 中的常用标签等。

本章学习目标

◎ 熟悉什么是网页和网站

◎ 熟悉网页的相关概念

◎ 掌握网页的 HTML 结构

◎ 掌握 HTML 常用的标签

◎ 掌握制作日程表的步骤

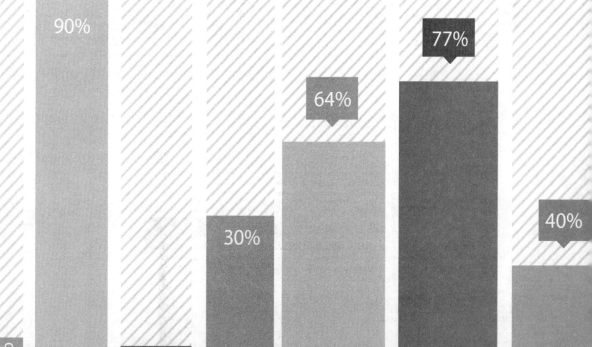

1.1 认识网页和网站

在创建网站之前，首先需要认识什么是网页、什么是网站以及网站的种类和特点，本节就来认识一下网页和网站，了解它们的相关概念。

1.1.1 什么是网页

网页是 Internet 中最基本的信息单位，是把文字、图形、声音及动画等各种多媒体信息相互链接起来而构成的一种信息表达方式。

通常情况下，网页中有文字和图像等基本信息，有些网页中还有声音、动画和视频等多媒体内容。网页一般由站标、导航栏、广告栏、信息区和版权区等部分组成，如图 1-1 所示。

在访问一个网站时，首先看到的网页一般称为该网站的首页。有些网站的首页具有欢迎访问者的作用。首页只是网站的开场页，单击页面上的文字或图片，即可打开网站主页，而首页也随之关闭。如图 1-2 所示为网站主页。

网站主页与首页的区别在于：主页设有网站的导航栏，是所有网页的链接中心。但多数网站的首页与主页通常合为一个页面，即省略了首页而直接显示主页，在这种情况下，它们指的是同一个页面，如图 1-3 所示。

图 1-1　网站网页

图 1-2　网站主页

图 1-3　网站首页

1.1.2　什么是网站

网站就是在 Internet 上通过超链接的形式构成的相关网页的集合。简单地说，网站是一种通信工具，人们可以通过网页浏览器来访问网站，获取自己需要的资源或享受网络提供的服务。

例如，人们可以通过淘宝网（图 1-4）查找自己需要的信息。

图 1-4　淘宝网网站

1.1.3　网站的种类和特点

按照内容形式的不同，网站可以分为门户网站、职能网站、专业网站和个人网站 4 大类。

1　门户网站

门户网站是指涉及领域非常广泛的综合性网站，如国内著名的 3 大门户网站：网易、搜狐和新浪。如图 1-5 所示为网易网站的首页。

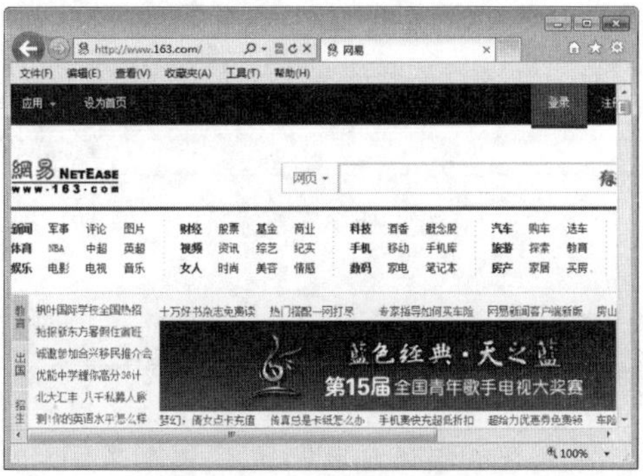

图 1-5　门户网站

2　职能网站

职能网站是指一些公司为展示其产品或对其所提供的售后服务进行说明而建立的网站。如图 1-6 所示为联想集团的中文官方网站。

图 1-6　职能网站

3　专业网站

专业网站指的是专门以某个主题为内容而建立的网站，这种网站都是以某一题材作为网站的内容的。如图 1-7 所示为赶集网站，该网站主要为用户提供租房、二手货交易等同城相关服务。

图 1-7　专业网站

4　个人网站

个人网站是由个人开发建立的网站，在内容和形式上具有很强的个性化，通常用来宣传自己或展示个人的兴趣爱好。如在比较流行的淘宝网上注册一个账户，开家自己的小店，在一定程度上就宣传了自己和展示了个人兴趣与爱好。如图 1-8 所示为个人网站。

图 1-8　个人网站

1.2 网页的相关概念

在制作网页时，经常会接触到很多和网络有关的概念，如浏览器、URL、FTP、IP 地址及域名等，理解与网页相关的概念，对制作网页会有一定的帮助。

1.2.1 因特网与万维网

因特网 (Internet) 又称为互联网，是一个把分布于世界各地的计算机用传输介质互相连接起来的网络。Internet 主要提供的服务有万维网 (WWW)、文件传输协议 (FTP)、电子邮件 (E-mail) 及远程登录 (Telnet) 等。

万维网 (World Wide Web，WWW) 简称 3W，它是无数个网络站点和网页的集合，也是 Internet 提供的最主要的服务。它是由多媒体链接而形成的集合，通常上网看到的就是万维网的内容。如图 1-9 所示就是使用万维网打开的百度首页。

图 1-9　百度首页

1.2.2 浏览器与 HTML

浏览器是指将互联网上的文本文档（或其他类型的文件）翻译成网页，并让用户与这些文件交互的一种软件工具，主要用于查看网页的内容。目前最常用的浏览器有两种：美国微软公司的 Internet Explorer、美国网景公司的 Netscape Navigator。如图 1-10 所示是使用 IE 浏览器打开的页面。

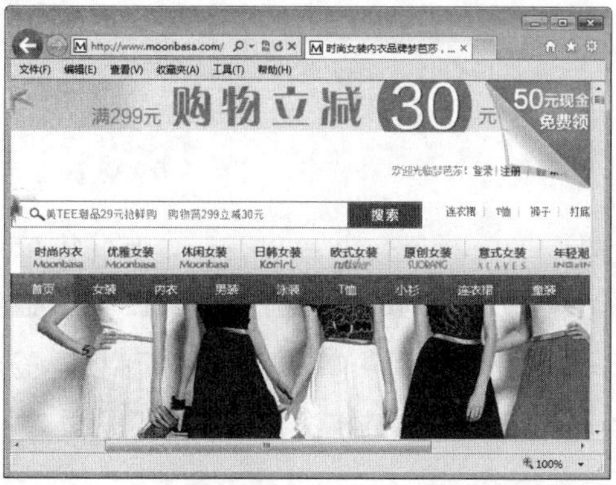
http://www.moonbasa.com/
文件(F) 编辑(E) 查看(V) 收藏夹(A) 工具(T) 帮助(H)
满299元 购物立减 30 元
50元现金 免费领
搜索
100%

图 1-10 IE 浏览器

HTML(HyperText Marked Language) 即超文本标记语言，是一种用来制作超文本文档的简单标记语言，也是制作网页的最基本的语言，它可以直接由浏览器执行。如图 1-11 所示为使用 HTML 语言制作的页面。

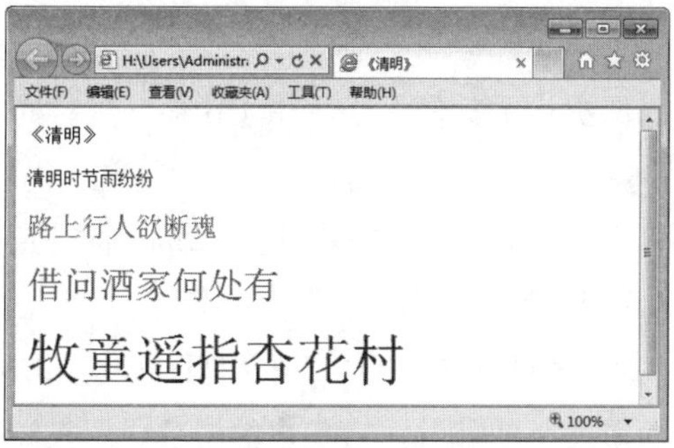
H:\Users\Administr
《清明》
文件(F) 编辑(E) 查看(V) 收藏夹(A) 工具(T) 帮助(H)
《清明》
清明时节雨纷纷
路上行人欲断魂
借问酒家何处有
牧童遥指杏花村
100%

图 1-11 使用 HTML 语言制作的页面

1.2.3 URL、域名与 IP 地址

URL(Uniform Resource Locator) 即统一资源定位器，也就是网络地址，是在 Internet 上用来描述信息资源，并将 Internet 提供的服务统一编址的系统。简单来说，通常在 IE 浏览器或 Netscape 浏览器中输入的网址就是 URL 的一种，如百度网址 http://www.baidu.com。

域名类似于 Internet 上的门牌号，是用于识别和定位互联网上计算机的层次结构式字符标识，与该计算机的因特网协议 (IP) 地址相对应。相对于 IP 地址而言，域名更便于使用者理解和记忆。URL 和域名是两个不同的概念，如 http://www.sohu.com/ 是 URL，而 www.sohu.com 是域名，如图 1-12 所示。

http://www.sohu.com/
搜狐-中国最大的门户网站
文件(F) 编辑(E) 查看(V) 收藏夹(A) 工具(T) 帮助(H)
搜狐
SOHU.com
5/21~5/26 百万儿童商品全场五折封顶还返券
100%

图 1-12 搜狐首页

IP(Internet Protocol) 即因特网协议，是为计算机网络相互连接进行通信而设计的协议，是计算机在因特网上进行相互通信时应当遵守的规则。IP 地址是给因特网上的每台计算机和其他设备分配的一个唯一的地址。使用 ipconfig 命令可以查看本机的 IP 地址，如图 1-13 所示。

选定 管理员: H:\Windows\system32\cmd.exe
Microsoft Windows [版本 6.1.7601]
版权所有 (c) 2009 Microsoft Corporation。保留所有权利。
H:\Users\Administrator>ipconfig
Windows IP 配置
以太网适配器 本地连接:
连接特定的 DNS 后缀 . . . . :
本地链接 IPv6 地址. . . . . : fe80::f10a:d62f:4944:3b74%10
IPv4 地址 . . . . : 192.168.1.100
子网掩码 . . . . : 255.255.255.0
默认网关. . . . . : 192.168.1.1
隧道适配器 isatap.{69353710-E167-4B37-B15F-D7711D062BA9}:
媒体状态 . . . . : 媒体已断开
连接特定的 DNS 后缀 . . . . :

图 1-13 查看 IP 地址

1.2.4 上传和下载

上传 (Upload) 是从本地计算机(一般称客户端)向远程服务器(一般称服务器端)传送数据的行为和过程。下载 (Download) 是从远程服务器取回数据到本地计算机的过程。

1.3 网页的HTML构成

在一个 HTML 文档中，必须包含 <HTML></HMTL> 标签，并且放在一个 HTML 文档中开始和结束位置。即每个文档以 <HTML> 开始，以 </HTML> 结束。<HTML></HMTL> 之间通常包含两个部分，分别是 <HEAD></HEAD> 和 <BODY></BODY>，HEAD 标签包含 HTML 头部信息，例如文档标题、样式定义等。BODY 包含文档主体部分，即网页内容。需要注意的是，HTML 标签不区分大小写。

为了便于读者从整体上把握 HTML 文档结构，下面通过一个 HTML 页面来介绍 HTML 页面的整体结构，示例代码如下所示。

```
<!DOCTYPE  HTML>
<HTML>
<HEAD>
      <TITLE> 网页标题 </TITLE>
</HEAD>
<BODY>
      网页内容
</BODY>
</HTML>
```

从上面的代码可以看出，一个基本的 HTML 页由以下几部分构成。

(1) <!DOCTYPE> 声明。必须位于 HTML 文档中的第一行，也就是位于 <HTML> 标签之前。该标签告知浏览器文档所使用的 HTML 规范。<!DOCTYPE> 声明不属于 HTML 标签；它是一条指令，告诉浏览器编写页面所用的标签的版本。由于 HTML5 版本还没有得到浏览器的完全认可，后面介绍时还采用以前的通用标准。

(2) <HTML></HTML>。说明本页面使用 HTML 语言编写，使浏览器软件能够准确无误地解释、显示。

(3) <HEAD></HEAD>。是 HTML 的头部标签。头部信息不显示在网页中，此标签内可以保护一下其他标签。用于说明文件标题和整个文件的一些公用属性。可以通过 <style> 标签定义 CSS 样式表，通过 <script> 标签定义 JavaScript 脚本文件。

(4) <TITLE></TITLE>。TITLE 是 HEAD 中的重要组成部分，它包含的内容显示在浏览器的窗口标题栏中。如果没有 TITLE，浏览器标题栏显示本页的文件名。

(5) <BODY></BODY>。BODY 包含 HTML 页面的实际内容，显示在浏览器窗口的客户区中。例如页面中文字、图像、动画、超链接以及其他 HTML 相关的内容都是定义在 BODY 标签里面。

1.3.1 文档标签

基本 HTML 的页面以 <HTML> 标签开始，以 </HTML> 标签结束。HTML 文档中的所有内容都应该在这两个标签之间。空结构在 IE 中的显示是空白的。

<html> 标签的语法格式如下。

```
<HTML>
……………………………………
……………………………………
……………………………………
</HTML>
```

1.3.2 头部标签

头部标签 (<HEAD>…</HEAD>) 包含文档的标题信息，如标题、关键字、说明以及样式等。除了 <TITLE> 标题外，一般位于头部的内容不会直接显示在浏览器中，而是通过其他的方式显示。

⑴　内容。

头部标签中可以嵌套多个标签，如 <TITLE>、<BASE>、<ISINDEX> 和 <SCRIPT> 等，可以添加任意数量的属性如 <SCRIPT>、<STYLE>、<META> 或 <OBJECT>。除了 <TITLE> 外，其他的嵌入标签可以使用多个。

⑵　位置。

在所有的 HTML 文档中，头部标签都不可或缺，但是其起始和结尾标签可省略。在各个 HTML 版本的文档中，头部标签一直紧跟 <BODY> 标签。但在框架设置文档中，其后跟 <FRAMESET> 标签。

⑶　属性。

<HEAD> 标签的属性 PROFILE 给出了元数据描写的位置，说明其中的 <META> 和 <LIND> 元素的特性，该属性的形式没有严格的格式规定。

1.3.3 主体标签

主体标签 (<BODY></BODY>) 包含了文档的内容，用若干个属性来规定文档中显示的背景和颜色。

主题标签所可能用到的属性如下所示。

☆　BACKGROUND=URI(文档的背景图像，URL 指图像文件的路径)。

☆　BGCOLOR=Color(文档的背景色)。

☆　TEXT=Color(文本颜色)。

☆　LINK=Color(链接颜色)。

☆　VLINK=Color(已访问的链接颜色)。

☆　ALINK=Color(被选中的链接颜色)。

☆　ONLOAD=Script(文档已被加载)。

☆　ONUNLOAD=Script(文档已退出)。

为该标签添加属性的代码格式如下。

```
<BODY BACKGROUND="URI "BGCOLOR="Color ">
……………………………………………………
</BODY>
```

1.4 HTML常用标签

HTML 文档是由标签组成的文档，要熟练掌握 HTML 文档的编写，首先要了解 HTML 的常用标签。

1.4.1 标题标签 <h1> ~ <h6>

在 HTML 文档中，文本的结构除了以行和段出现之外，还可以作为标题存在。通常一篇文档最基本的结构就是由若干不同级别的标题和正文组成的。

HTML 文档中包含有各种级别的标题，各种级别的标题由 <h1> ~ <h6> 元素来定义，<h1> ~ <h6> 标题标签中的字母 h 是英文 headline(标题行) 的简称。其中 <h1> 代表 1 级标题，级别最高，文字也最大，其他标题元素依次递减，<h6> 级别最低。

下面给出一个实例，来具体介绍标题的使用方法。

【例 1.1】标题标签的使用 (实例文件：ch01\1.1.html)

具体的代码如下。

```
<html>
<head>
<title> 文本段换行 </title>
</head>
<body>
<h1> 这里是 1 级标题 </h1>
<h2> 这里是 2 级标题 </h2>
<h3> 这里是 3 级标题 </h3>
<h4> 这里是 4 级标题 </h4>
<h5> 这里是 5 级标题 </h5>
<h6> 这里是 6 级标题 </h6>
</body>
</html>
```

将上述代码输入记事本中，并以 .html 格式保存，然后在 IE 中预览效果，如图 1-14 所示。

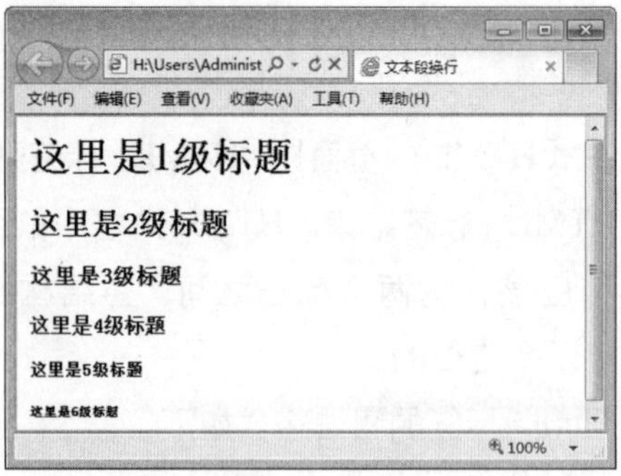

图 1-14 标题标签的使用

> **注意** 作为标题，它们的重要性是有区别的，其中 <h1> 标题的重要性最高，<h6> 的最低。

1.4.2 段落标签 <p>

段落标签 <p> 用来定义网页中的一段文本，文本在一个段落中会自动换行。段落标签是双标签，即 <p></p>，在 <p> 开始标签和 </p> 结束标签之间的内容形成一个段落。如果省略结束标签，从 <p> 标签开始，直到遇见下一个段落标签之前的文本，都在一段段落内。段落标签中的 p 是英文单词 paragraph 即“段落”的首字母。

下面给出一个实例，来具体介绍段落标签的使用方法。

【例 1.2】段落标签的使用 (实例文件：ch01\1.2.html)

具体的代码如下。

```
<html>
<head>
<title> 段落标签的使用 </title>
</head>
<body>
  <p> 白雪公主与七个小矮人 !</p>
<p> 很久以前，白雪公主的后母——王后美貌盖世，
但魔镜却告诉她世上唯有白雪公主最漂亮，王后怒
火中烧派武士把她押送到森林准备谋害，武士同情白
```

```
雪公主让她逃往森林深处。
</p>
<p>
小动物们用善良的心抚慰她，鸟兽们还把她领到一间小屋中，收拾完房间后她进入了梦乡。房子的主人是在外边开矿的七个小矮人，他们听了白雪公主（10张）的诉说后把她留在家中。
</p>
<p>
王后得知白雪公主未死，使用魔镜把自己变成一个老太婆，来到密林深处，哄骗白雪公主吃下一只有毒的苹果，使公主昏死过去。鸟儿识破了王后的伪装，飞到矿山报道白雪公主的不幸。七个小矮人火速赶回，王后仓皇逃跑，在狂风暴雨中跌下山崖摔死。
</p>
<p>
七个小矮人悲痛万分，把白雪公主安放在一只水晶棺里日日夜夜守护着她。邻国的王子闻讯，骑着白马赶来，爱情之吻使白雪公主死而复生。然后王子带着白雪公主骑上白马，告别了七个小矮人和森林中的动物，到王子的宫殿中开始了幸福的生活。
</p>
</body>
</html>
```

将上述代码输入记事本中，并以 .html 格式保存，然后在 IE 9.0 中预览效果，如图 1-15 所示，可以看出 <P> 标签将文本分成 5 个段落。

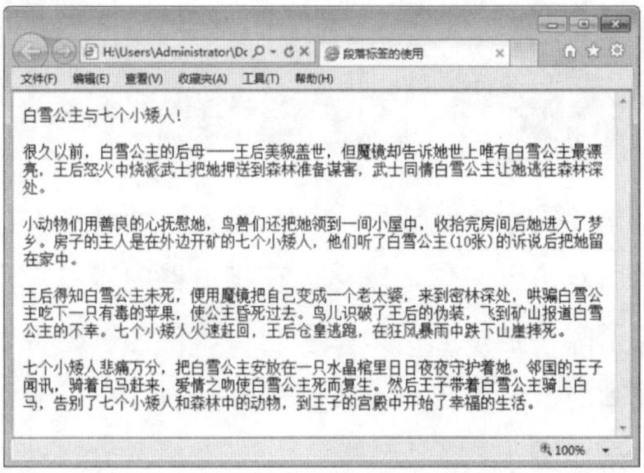
H:\Users\Administrator\Dc
段落标签的使用
文件(F) 编辑(E) 查看(V) 收藏夹(A) 工具(T) 帮助(H)
白雪公主与七个小矮人！
很久以前，白雪公主的后母——王后美貌盖世，但魔镜却告诉她世上唯有白雪公主最漂亮，王后怒火中烧派武士把她押送到森林准备谋害，武士同情白雪公主让她逃往森林深处。
小动物们用善良的心抚慰她，鸟兽们还把她领到一间小屋中，收拾完房间后她进入了梦乡。房子的主人是在外边开矿的七个小矮人，他们听了白雪公主(10张)的诉说后把她留在家中。
王后得知白雪公主未死，便用魔镜把自己变成一个老太婆，来到密林深处，哄骗白雪公主吃下一只有毒的苹果，使公主昏死过去。鸟儿识破了王后的伪装，飞到矿山报道白雪公主的不幸。七个小矮人火速赶回，王后仓皇逃跑，在狂风暴雨中跌下山崖摔死。
七个小矮人悲痛万分，把白雪公主安放在一只水晶棺里日日夜夜守护着她。邻国的王子闻讯，骑着白马赶来，爱情之吻使白雪公主死而复生。然后王子带着白雪公主骑上白马，告别了七个小矮人和森林中的动物，到王子的宫殿中开始了幸福的生活。
100%

图 1-15　段落标签的使用

1.4.3　换行标签

使用换行标签
 可以给一段文字换行。该标签是一个单标签，它没有结束标签，是英文单词 break 的缩写，作用是将文字在一个段内强制换行。一个
 标签代表一个换行，连续的多个标签可以实现多次换行。使用换行标签时，在需要换行的位置添加
 标签即可。

下面给出一个实例，来具体介绍换行标签的使用方法。

【例 1.3】换行标签的使用(实例文件：ch01\1.3.html)

具体的代码如下。

```
<html>
<head>
<title> 文本段换行 </title>
</head>
<body>
清明 <br/>
清明时节雨纷纷 <br/>
路上行人欲断魂 <br/>
借问酒家何处有 <br/>
牧童遥指杏花村
</body>
</html>
```

将上述代码输入记事本中，并以 .html 格式保存，然后在 IE 中预览效果，如图 1-16 所示。

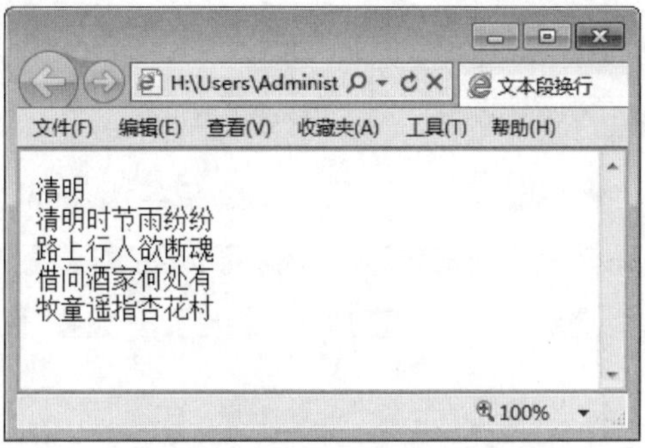
H:\Users\Administ
文本段换行
文件(F) 编辑(E) 查看(V) 收藏夹(A) 工具(T) 帮助(H)
清明
清明时节雨纷纷
路上行人欲断魂
借问酒家何处有
牧童遥指杏花村
100%

图 1-16　换行标签的使用

1.4.4 链接标签 <a>

链接标签 <a> 是网页中最为常用的标签，主要用于把页面中的文本或图片链接到其他的页面、文本或图片。建立链接最重要的要素有两个：设置为链接的网页元素和链接指向的目标地址。基本的链接的结构如下。

```
<a  href=URL> 网页元素 </a>
```

1 设置文本和图片的链接

设置链接的网页元素通常使用文本和图片。文本链接和图片链接是通过 <a></a> 标签来实现，将文本或图片放在 <a> 开始标签和 </a> 结束标签之间即可建立文本和图片链接。

【例 1.4】设置文本和图片的链接 (实例文件：ch01\1.4.html)

打开记事本文件，在其中输入如下 HTML 代码。

```
<html>
<head>
<title> 文本和图片链接 </title>
</head>
<body>
<a  href="a.html"><img  src="images/
Logo.gif"></a>
<a  href="b.html"> 公司简介 </a>
</body>
</html>
```

代码输入完成后，将其保存为 .html 文件，然后双击该文件，就可以在浏览器中查看应用链接标签后的效果了，如图 1-17 所示。

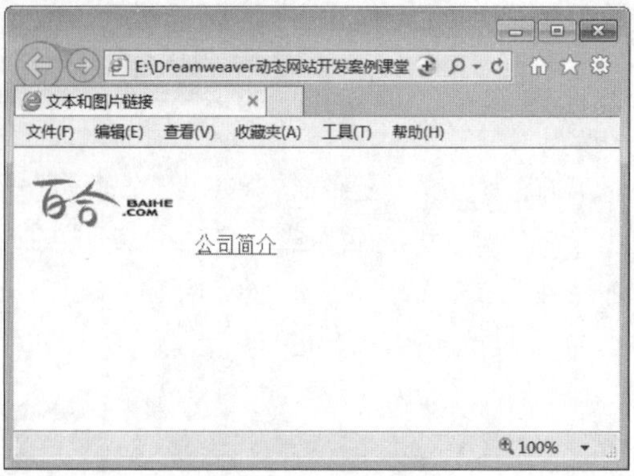

图 1-17　文本与图片链接

2 电子邮件路径

电子邮件路径，用来链接一个电子邮件的地址。下面是邮件路径可以使用的写法。

```
mailto: 邮件地址
```

【例 1.5】设置电子邮件链接 (实例文件：ch01\1.5.html)

打开记事本文件，在其中输入如下 HTML 代码。

```
<html>
<head>
<title> 电子邮件路径 </title>
</head>
<body>
使用电子邮件路径：<a  href="mailto:liule2
012@163.com"> 链接 </a>
</body>
</html>
```

代码输入完成后，将其保存为 .html 文件，然后双击该文件，就可以在浏览器中查看应用电子邮件链接后的效果了。当单击含有链接的文本时，会弹出一个发送邮件的对话框，显示效果如图 1-18 所示。

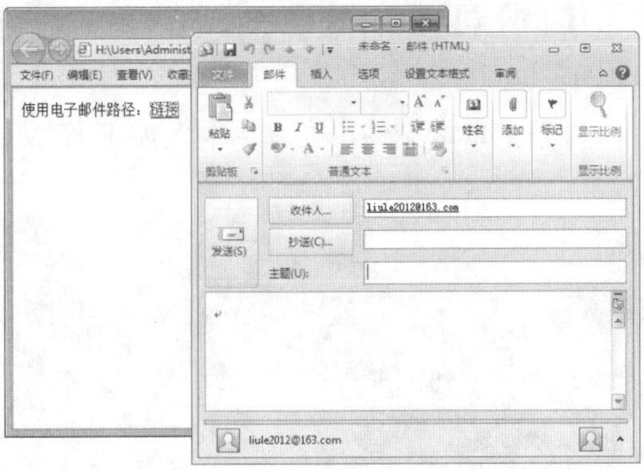

图 1-18　电子邮件链接

1.4.5 列表标签 <ul>

文字列表可以有序地编排一些信息资源，使其结构化和条理化，并以列表的样式显示出来，以便浏览者能更加快捷地获得相应信息。HTML 中的文字列表如同文字编辑软件 Word 中的项目符号和自动编号。

1 建立无序列表

无序列表相当于 Word 中的项目符号。无序列表的项目排列没有顺序，只以符号作为分项标识。无序列表使用一对 <ul></ul> 标签，其中每一个列表项使用 <li></li>，其结构如下所示。

```
<ul>
  <li> 无序列表项 </li>
  <li> 无序列表项 </li>
  <li> 无序列表项 </li>
  <li> 无序列表项 </li>
</ul>
```

在无序列表结构中，使用 <ul></ul> 标签表示这一个无序列表的开始和结束，<li> 则表示一个列表项的开始。在一个无序列表中可以包含多个列表项，并且 <li> 可以省略结束标签。

下面实例是使用无序列表实现文本的排列显示。

【例 1.6】建立无序列表 (实例文件：ch01\1.6.html)

打开记事本文件，在其中输入如下 HTML 代码。

```
<html>
<head>
<title> 嵌套无序列表的使用 </title>
</head>
<body>
<h1> 网站建设流程 </h1>
<ul>
    <li> 项目需求 </li>
    <li> 系统分析
      <ul>
        <li> 网站的定位 </li>
        <li> 内容收集 </li>
        <li> 栏目规划 </li>
        <li> 网站目录结构设计 </li>
        <li> 网站标志设计 </li>
        <li> 网站风格设计 </li>
        <li> 网站导航系统设计 </li>
      </ul>
    </li>
    <li> 伪网页草图
      <ul>
        <li> 制作网页草图 </li>
        <li> 将草图转换为网页 </li>
      </ul>
    </li>
    <li> 站点建设 </li>
    <li> 网页布局 </li>
    <li> 网站测试 </li>
    <li> 站点的发布与站点管理  </li>
```

```
</ul>
</body>
</html>
```

代码输入完成后，将其保存为 .html 文件，然后双击该文件，就可以在浏览器中查看应用无序列表后的效果了，如图 1-19 所示，读者会发现，无序列表项中，可以嵌套一个列表。如代码中的“系统分析”列表项和“伪网页草图”列表项中都有下级列表，因此在这对 <li></li> 标签间又增加了一对 <ul></ul> 标签。

图 1-19 无序列表

2 建立有序列表

有序列表类似于 Word 中的自动编号功能，有序列表的使用方法和无序列表的使用方法基本相同，它使用标签 <ol></ol>，每一个列表项前使用 <li></li>。每个项目都有前后顺序之分，多数用数字表示，其结构如下。

```
<ol>
  <li>第 1 项</li>
  <li>第 2 项</li>
  <li>第 3 项</li>
</ol>
```

下面实例是使用有序列表实现文本的排列显示。

【例 1.7】建立有序列表（实例文件：ch01\1.7.html）

打开记事本文件，在其中输入如下 HTML 代码。

```
<html>
<head>
<title>有序列表的使用</title>
</head>
<body>
<h1>本讲目标</h1>
<ol>
  <li>网页的相关概念  </li>
  <li>网页与 HTML</li>
  <li>Web 标准（结构、表现、行为）</li>
  <li>网页设计与开发的过程  </li>
  <li>与设计相关的技术因素</li>
  <li>HTML 简介  </li>
</ol>
</body>
</html>
```

代码输入完成后，将其保存为 .html 文件，然后双击该文件，就可以在浏览器中查看应用有序列表后的效果了，如图 1-20 所示。

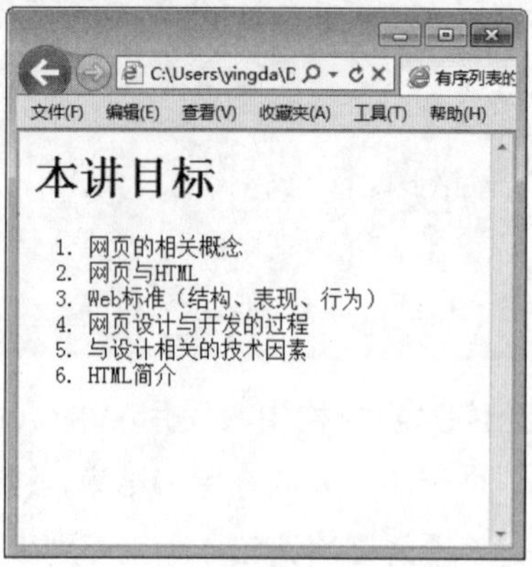

图 1-20 有序列表

1.4.6　图像标签 <img>

图像可以美化网页，插入图像使用单标签 <img>。img 标签的属性及描述如表 1-1 所示。

表 1-1　img 标签属性

属　性	值	描　述
alt	text	定义有关图形的短的描述
src	URL	要显示的图像的 URL
height	pixels 或 %	定义图像的高度
ismap	URL	把图像定义为服务器端的图像映射
usemap	URL	定义作为客户端图像映射的一幅图像。请参阅 <map> 和 <area> 标签，了解其工作原理
vspace	pixels	定义图像顶部和底部的空白。HTML5 不支持 vspace 属性。请使用 CSS 代替
width	pixels 或 %	设置图像的宽度

1　插入图像

src 属性用于指定图片源文件的路径，它是 img 标签必不可少的属性。其语法格式如下。

```
<img  src=" 图片路径 ">
```

图片的路径可以是绝对路径，也可以是相对路径。

下面的实例是在网页中插入图片。

【例 1.8】插入图像(实例文件：ch01\1.8.html)

打开记事本文件，在其中输入如下 HTML 代码。

```
<html>
<head>
<title> 插入图片 </title>
</head>
<body>
<img  src="images/meishi.jpg">
</body>
</html>
```

代码输入完成后，将其保存为 .html 文件，然后双击该文件，就可以在浏览器中查看插入图片后的效果了，如图 1-21 所示。

图 1-21　插入图片

2　从不同位置插入图像

在插入图片时，用户可以将其他文件夹或服务器中的图片显示到网页中。

【例 1.9】从不同位置插入图像(实例文件：ch01\1.9.html)

打开记事本文件，在其中输入如下 HTML 代码。

```
<html>
<body>
<p>
```

```
来自一个文件夹的图像：
<img  src="images/meishi.jpg"  />
</p>
<p>
来自 baidu 的图像：
<img  src="http://www.baidu.com/img/shouye_
b5486898c692066bd2cbaeda86d74448.gif"  />
</p>
</body>
</html>
```

代码输入完成后，将其保存为 .html 文件，然后双击该文件，就可以在浏览器中查看插入图片后的效果了，如图 1-22 所示。

图 1-22　从不同位置插入图像

3 设置图像在网页中的宽度和高度

在 HTML 文档中，还可以设置插入图片的显示大小，一般是按原始尺寸显示，但也可以任意设置显示尺寸。设置图像尺寸分别用属性 width(宽度) 和 height(高度)。

【例 1.10】设置图像在网页中的宽度和高度 (实例文件：ch01\1.10.html)

打开记事本文件，在其中输入如下 HTML 代码。

```
<html>
<head>
<title> 插入图片 </title>
</head>
<body>
<img  src="images/01.jpg">
<img src="images/01.jpg"width="200">
<img src="images/01.jpg" width="200"
height="300">
</body>
</html>
```

代码输入完成后，将其保存为 .html 文件，然后双击该文件，就可以在浏览器中查看插入图片后的效果了，如图 1-23 所示。

图 1-23　设置图像的高度与宽度

由图 1-23 可以看到，图片的显示尺寸是由 width(宽度) 和 height(高度) 控制。当只为图片设置一个尺寸属性时，另一个尺寸就以图片原始的长宽比例来显示。图片的尺寸单位可以选择百分比或数值。百分比为相对尺寸，数值是绝对尺寸。

> **注意**　网页中插入的图像都是位图，放大尺寸，图像会出现马赛克，变得模糊。

技巧　若在 Windows 中查看图片的尺寸，只需要找到图像文件，把鼠标指针移动到图像上，停留几秒后，就会出现一个提示框，说明图像文件的尺寸。尺寸后显示的数字，代表图像的宽度和高度，如 256×256。

1.4.7　表格标签 <table>

在 HTML 中用于标签表格的标签如下。

☆ <table> 标签用于标识一个表格对象的开始，</table> 标签用于标识一个表格对象的结束。一个表格中，只允许出现一对 <table> 标签。

☆ <tr> 标签用于标识表格一行的开始，</tr> 标签用于标识表格一行的结束。表格内有多少对 <tr></tr> 标签，就表示表格中有多少行。

☆ <td> 标签用于标识表格某行中的一个单元格开始，</td> 标签用于标识表格某行中的一个单元格结束。<td></td> 标签书写在 <tr></tr> 标签内，一对 <tr></tr> 标签内有多少对 <td></td> 标签，就表示该行有多少个单元格。

最基本的表格，必须包含一对 <table></table> 标签、一对或几对 <tr></tr> 标签以及一对或几对 <td></td> 标签。一对 <table></table> 标签定义一个表格，一对 <tr></tr> 标签定义一行，一对 <td></td> 标签定义一个单元格。

【例 1.11】定义一个 4 行 3 列的表格 (实例文件：ch01\1.11.html)

打开记事本文件，在其中输入如下 HTML 代码。

```
<html>
<head>
<title> 表格基本结构 </title>
</head>
<body>
<table  border="1">
  <tr>
    <td>A1</td>
    <td>B1</td>
    <td>C1</td>
  </tr>
  <tr>
    <td>A2</td>
    <td>B2</td>
    <td>C2</td>
  </tr>
  <tr>
    <td>A3</td>
    <td>B3</td>
    <td>C3</td>
  </tr>
  <tr>
    <td>A4</td>
    <td>B4</td>
    <td>C4</td>
  </tr>
</table>
</body>
</html>
```

代码输入完成后，将其保存为 .html 文件，然后双击该文件，就可以在浏览器中查看插入表格后的效果了，如图 1-24 所示。

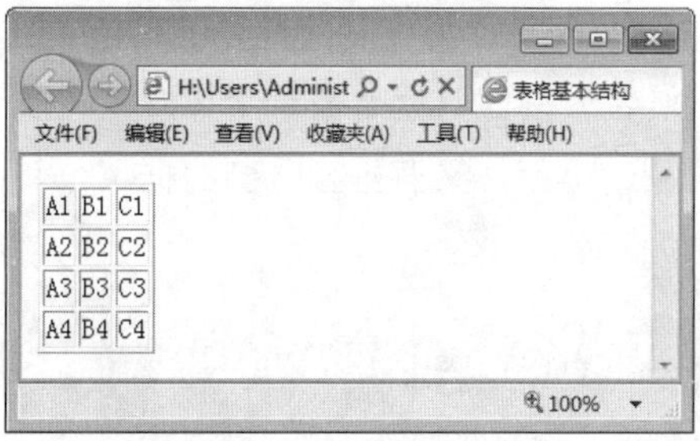

图 1-24　表格标签的使用

1.4.8 框架标签 <frame>

框架通常用来定义页面的导航区域和内容区域，使用框架最常见的情况就是一个框架显示包含导航栏的文档，而另一个框架显示含有内容的文档。框架是网页中最常用的页面设计方式，很多网站都使用了框架技术。

框架页面中最基本的内容就是框架集文件，它是整个框架页面的导航文件，其基本语法如下。

```
<html>
<head>
<title> 框架页面的标题 </title>
</head>
<frameset>
<frame>
<frame>
......
</frameset>
</html>
```

从上面的语法结构中可以看到，在使用框架的页面中，<body> 主体标签被框架标签 <frameset> 所代替。而对于框架页面中包含的每一个框架，都是通过 <frame> 标签来定义的。

> 注意　不能将 <body></body> 标签与 <frameset></frameset> 标签同时使用。不过，假如添加包含一段文本的 <noframes> 标签，就必须将这段文字嵌套于 <body></body> 标签内。

混合分割窗口就是在一个页面中，既有水平分割的框架，又有垂直分割的框架。其语法结构如下。

```
<frameset  rows=" 框架窗口的高度，框架窗口的高度，......">
<frame>
<frameset  cols=" 框架窗口的宽度，框架窗口的宽度，......">
<frame>
<frame>
......
</frameset>
<frame>
......
</frameset>
```

当然，也可以先进行垂直分割，再进行水平分割。其语法如下。

```
<frameset  cols=" 框架窗口的宽度，框架窗口的宽度，......">
<frame>
<frameset  rows=" 框架窗口的高度，框架窗口的高度，......">
<frame>
<frame>
......
</frameset>
<frame>
......
</frameset>
```

> 注意　在设置框架窗口时，一定要注意窗口大小的设置与窗口个数的统一。

【例 1.12】将一个页面分割成不同的框架(实例文件：ch01\1.12.html)

打开记事本文件，在其中输入如下 HTML 代码。

```
<html>
<head>
<title> 混合分割窗口 </title>
```

```
</head>
<frameset  rows="30%,70%">
<frame>
<frameset  cols="20%,55%,25%">
<frame>
<frame>
<frame>
</frameset>
</frameset>
</html>
```

由代码可以看出，首先将页面水平分割成上下两个窗口，接着下面的框架又被垂直分割成 3 个窗口。因此下面的框架标签 <frame> 被框架集标签代替。运行程序，效果如图 1-25 所示。

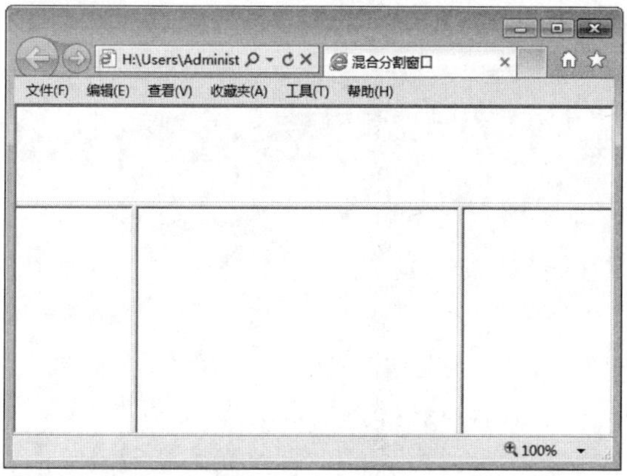

图 1-25　框架标签的使用

1.4.9 表单标签 <form>

表单主要用于收集网页上浏览者的相关信息，其标签为 <form></form>。表单的基本语法格式如下。

```
<form  action="url"  method="get|post"
enctype="mime">
</form>
```

其中，action=“url”指定处理提交表单的格式，它可以是一个 URL 地址或一个电子邮件地址。method=“get | post”指明提交表单的 HTTP 方法。enctype=“mime”指明用来把表单提交给服务器时的互联网媒体形式。表单是一个能够包含表单元素的区域。通过添加不同的表单元素，将显示不同的效果。

下面给出一个具体的实例，即开发一个简单网站的用户意见反馈页面。

【例 1.13】用户意见反馈页面 (实例文件：ch01\1.13.html)

打开记事本文件，在其中输入如下 HTML 代码。

```
<html>
<head>
<title> 用户意见页面 </title>
</head>
<body>
<h1  align=center> 用户意见页面 </h1>
<form  method="post"  >
<p> 姓      名 :
<input  type="text"class=txtsize="12"
maxlength="20"name="username"/>
</p><p> 性      别 :
<input  type="radio"  value="male"/> 男
<input type="radio"value="female"/> 女
</p><p> 年      龄 :
<input type="text"class=txt name="age"/>
</p>
<p> 联系电话 :
<input type="text"class=txt name=
"tel"/>
</p><p> 电子邮件 :
<input type="text"class=txt name="email"/>
</p><p> 联系地址 :
<input type="text"class=txt name="address"/>
```

```
</p>
<p>
请输入您对网站的建议 <br>
<textarea name="yourworks"cols ="50"rows
="5"></textarea>
<br>
<input type="submit"name="submit"value=" 提
交 "/>
<input type="reset"name="reset"value
=" 清除 "/>
</p>
</form>
</body>
</html>
```

代码输入完成后，将其保存为 .html 文件，然后双击该文件，就可以在浏览器中查看插入表单后的效果了，如图 1-26 所示。可以看到创建了一个用户反馈表单，包含一个标题“用户意见页面”，“姓名”“性别”“年龄”“联系电话”“电子邮件”“联系地址”“请输入您对网站的建议”等输入框和【提交】、【清除】按钮等。

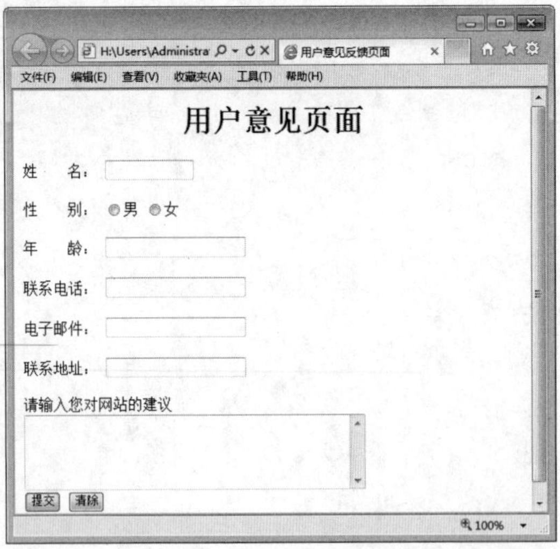

图 1-26　表单标签的使用

1.4.10 注释标签 <!>

注释是在 HTML 代码中插入的描述性文本，用来解释该代码或提示其他信息。注释只出现在代码中，浏览器对注释代码不进行解释，并且在浏览器的页面中不显示。在 HTML 源代码中，适当地插入注释语句是一个非常好的习惯，对于设计者日后的代码修改、维护工作很有好处。另外，如果将代码交给其他设计者，其他人也能很快读懂前者所撰写的内容。

其语法格式如下。

```
<!-- 注释的内容 -->
```

注释语句元素由前后两半部分组成，前半部分一个左尖括号、一个半角感叹号和两个连字符头，后半部分由两个连字符和一个右尖括号组成。示例代码如下。

```
<html>
<head>
<title> 标签测试 </title>
</head>
<body>
<!--  这里是标题 -->
<h1> 网站建设精讲 </h1>
</body>
</html>
```

页面注释不但可以对 HTML 中的一行或多行代码进行解释说明，而且可以注释掉这些代码。如果希望某些 HTML 代码在浏览器中不显示，可以将这部分内容放在 <!-- 和 --> 之间。例如，修改上述代码，如下所示。

```
<html>
<head>
<title> 标签测试 </title>
```

```
</head>
<body>
<!—
<h1> 网站建设精讲 </h1>
-->
</body>
</html>
```

修改后的代码，将 <h1> 标签作为注释内容处理，在浏览器中将不会显示这部分内容。

1.4.11　移动标签 <marquee>

使用 <marquee> 标签，可以将文字设置为动态滚动的效果。其语法结构如下。

```
<marquee> 滚动文字 </marquee>
```

> **提示**　只要在标签之间添加要进行滚动的文字即可，而且可以在标签之间设置这些文字的字体、颜色等。

【例 1.14】制作一个滚动的文字 (实例文件：ch01\1.14.html)

打开记事本文件，在其中输入如下 HTML 代码。

```
<html>
<head>
<title> 设置滚动文字 </title>
</head>
<body>
<marquee>
<font face="隶书" color="#CC0000"size=4>
你好，欢迎光临五月蔷薇女裤专卖店！这里有最适合
你的打底裤，这里有最让你满意的服务 </font>
</marquee>
</body>
</html>
```

代码输入完成后，将其保存为 .html 文件，然后双击该文件，就可以在浏览器中查看滚动文字的效果了，如图 1-27 所示。可以看到设置为红色隶书的文字从浏览器的右方缓缓向左滚动。

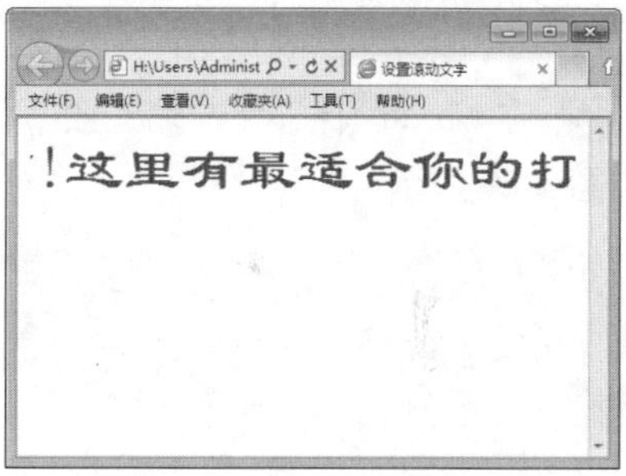

图 1-27　设置网页文字的滚动效果

1.5　实战演练——制作日程表

通过在记事本中输入 HTML 语言，可以制作出多种多样的页面效果。本节以制作日程表为例，介绍 HTML 语言的综合应用方法。

制作日程表的具体操作步骤如下。

步骤 1　打开记事本，在其中输入如下代码。结果如图 1-28 所示。

```
<html>
  <head>
```

```
    <META  http-equiv="Content-Type"
 content="text/html; charset=gb2312"/>
<title> 制作日程表 </title>
</head>

<body>
</body>
</html>
```

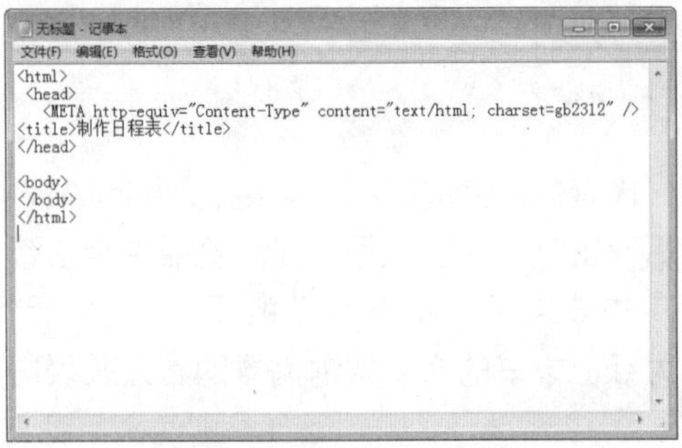

图 1-28　在记事本中输入代码

步骤 2 在</head>标签之前输入如下代码。结果如图 1-29 所示。

```
<style  type="text/css">
body  {
background-color:  #FFD9D9;
text-align:  center;
}
</style>
```

图 1-29　在 </head> 标签之前输入代码

步骤 3 在</style>标签之前输入下列代码。结果如图 1-30 所示。

```
 .ziti  {
       font-family:" 方正粗活意简体 "," 方正
大黑简体 ";
       font-size:  36px;
 }
```

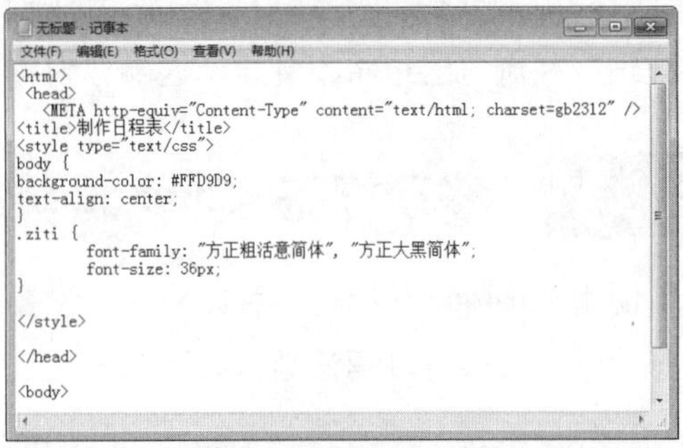

图 1-30　在 </style> 标签之前输入代码

步骤 4 在 <body> 和 </body> 标签之间输入如下代码。结果如图 1-31 所示。

```
<span  class=" ziti" > 一周日程表 </span>
```

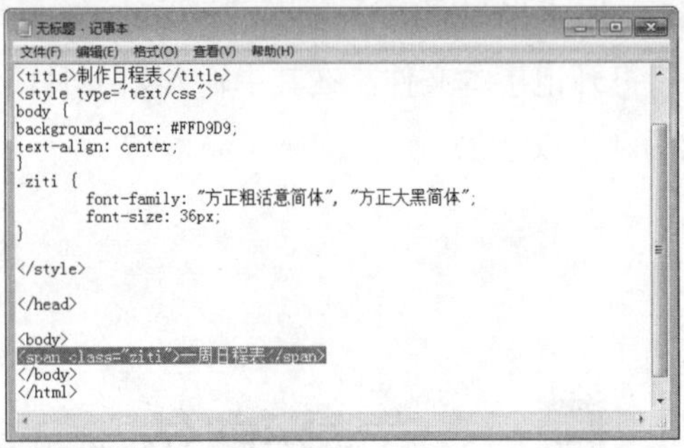

图 1-31　在 <body> 和 </body> 之间输入代码

步骤 5 在 </body> 标签之前输入如下代码。结果如图 1-32 所示。

```
<table  width="470"border="1"align="
center"cellpadding="2"cellspa cing="3">
  <tr>
    <td  width="84"style="text-align:
```

```
center"> </td>
  <td  width="84"style="text-align:
center"> 工作一 </td>
  <td  width="86"style="text-align:
center"> 工作二 </td>
  <td  width="83"style="text-align:
center"> 工作三 </td>
  <td  width="83"style="text-align:
center"> 工作四 </td>
</tr>
<tr>
  <td  style="text-align:center;font-
family:  '宋体 ';"> 星期一 </td>
  <tdstyle="text-align:center"> 
;</td>
 <tdstyle="text-align:center"> 
</td>
 <tdstyle="text-align:center"> 
</td>
 <tdstyle="text-align:center"> 
</td>
 </tr>
 <tr>
  <td  style="text-align:center;font-
family:' 宋体 ';"> 星期二 </td>
 <tdstyle="text-align:center"> 
</td>
 <tdstyle="text-align:center"> 
</td>
 <td style="text-align:center"> 
</td>
 <td style="text-align:center"> 
</td>
 </tr>
 <tr>
  <td  style="text-align:center;font-
family:  ' 宋体 ';"> 星期三 </td>
 <td style="text-align:center"> 
</td>
 <td style="text-align:center"> 
</td>
 <td style="text-align:center"> 
</td>
 <tdstyle="text-align:center"> 
</td></tr>
 <tr>
 <td style="text-align:  center;font-
family:' 宋体 ';"> 星期四 </td>
 <td style="text-align:center"> 
</td>
 <tdstyle="text-align:center"> 
</td>
 <tdstyle="text-align:center"> 
</td>
 <tdstyle="text-align:center"> 
</td>
 </tr>
 <tr>
 <td style="text-align:  center;font-
family:' 宋体 ';"> 星期五 </td>
 <td style="text-align:center"> 
</td>
```

```
  <td style="text-align:center"> 
</td>
  <td style="text-align:center"> 
</td>
  <td style="text-align:center"> 
</td>
  </tr>
</table>
```

步骤 6 在记事本中选择【文件】→【保存】菜单命令，弹出【另存为】对话框，设置文件的保存位置，设置【文件名】为“制作日程表 .html”，然后单击【保存】按钮，如图 1-33 所示。

无标题 - 记事本
文件(F) 编辑(E) 格式(O) 查看(V) 帮助(H)
</head>
<body>
一周日程表
<table width="470" border="1" align="center" cellpadding="2" cellspacing="
<tr>
<td width="84" style="text-align: center"> </td>
<td width="84" style="text-align: center">工作一</td>
<td width="86" style="text-align: center">工作二</td>
<td width="83" style="text-align: center">工作三</td>
<td width="83" style="text-align: center">工作四</td>
</tr>
<tr>
<td style="text-align: center; font-family: '宋体';">星期一</td>
<td style="text-align: center"> </td>
<td style="text-align: center"> </td>
<td style="text-align: center"> </td>
<td style="text-align: center"> </td>
</tr>

图 1-32　在 </body> 标签之前输入代码

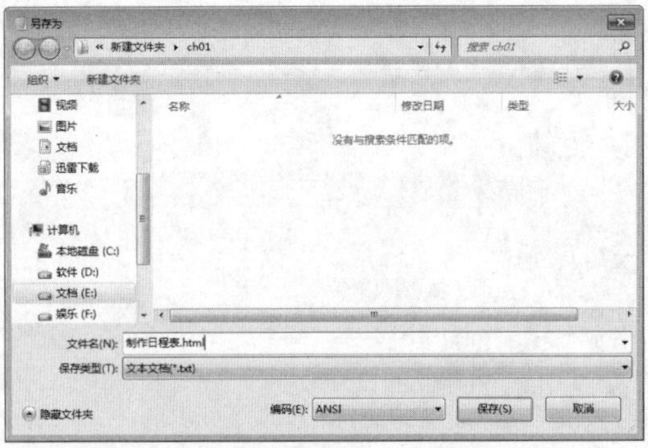

另存为
新建文件夹 ▸ ch01
组织 ▾ 新建文件夹
视频
图片
文档
迅雷下载
音乐
计算机
本地磁盘 (C:)
软件 (D:)
文档 (E:)
娱乐 (F:)
名称
修改日期
类型
大小
没有与搜索条件匹配的项。
文件名(N): 制作日程表.html
保存类型(T): 文本文档(*.txt)
隐藏文件夹
编码(E): ANSI
保存(S)
取消

图 1-33　【另存为】对话框

步骤 7 双击保存的“制作日程表 .html”文件，即可看到制作的日程表，如图 1-34 所示。

步骤 8 如果需要在日程表中添加工作内容，可以用记事本打开“制作日程表 .html”文件，在 <tdstyle="text-align:center"> </td> 的   之前输入内容即可。比如要输入星期一完成的第 1 件工作内容“完成校对”，可以在如图 1-35 所示的位置输入。

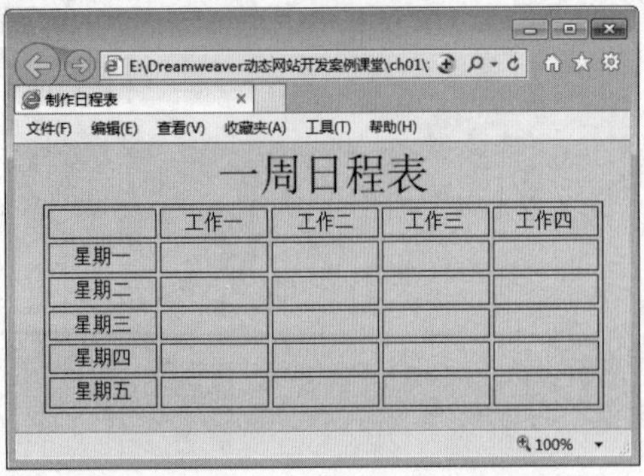

E:\Dreamweaver动态网站开发案例课堂\ch01\
制作日程表
文件(F) 编辑(E) 查看(V) 收藏夹(A) 工具(T) 帮助(H)
一周日程表
工作一
工作二
工作三
工作四
星期一
星期二
星期三
星期四
星期五
100%

图 1-34　查看制作的日程表

制作日程表1 - 记事本
文件(F) 编辑(E) 格式(O) 查看(V) 帮助(H)
一周日程表
<table width="470" border="1" align="center" cellpadding="2" cellspacing="
<tr>
<td width="84" style="text-align: center"> </td>
<td width="84" style="text-align: center">工作一</td>
<td width="86" style="text-align: center">工作二</td>
<td width="83" style="text-align: center">工作三</td>
<td width="83" style="text-align: center">工作四</td>
</tr>
<tr>
<td style="text-align: center; font-family: '宋体';">星期一</td>
<td style="text-align: center">完成校对 </td>
<td style="text-align: center"> </td>
<td style="text-align: center"> </td>
<td style="text-align: center"> </td>
</tr>
<tr>
<td style="text-align: center; font-family: '宋体';">星期二</td>
<td style="text-align: center"> </td>

图 1-35　在记事本中输入代码

步骤 9 保存后打开文档，即可看到添加的工作内容，如图 1-36 所示。

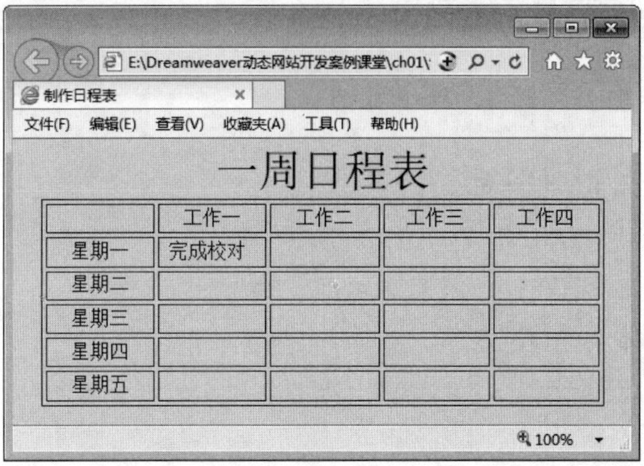

图 1-36　查看制作的日程表

1.6 高手甜点

甜点 1：HTML5 中的单标签和双标签书写方法。

HTML5 中的标签分为单标签和双标签。所谓单标签是指没有结束标签的标签；双标签是指既有开始标签又包含结束标签。

对于单标签，不允许写结束标签的元素，只允许使用“< 元素 />”的形式进行书写。例如“
…</br>”的书写方式是错误的，正确的书写方式为
。当然，在 HTML5 之前的版本中
 这种书写方法可以被沿用。HTML5 中不允许写结束标签的元素有 area、base、br 、col、command、embed、hr、img、input、keygen、link、meta、param、source、track、wbr。

对于部分双标签，可以省略结束标签。HTML5 中允许省略结束标签的元素有 li、dt、dd、p、rt、rp、optgroup、option、colgroup、thead、tbody、tfoot、tr、td、th。

HTML5 中有些元素还可以完全被省略。即使这些标签被省略了，该元素还是以隐式的方式存在的。HTML5 中允许省略全部标签的元素有 html、head、body、colgroup、tbody。

甜点 2：使用记事本编辑 HTML 文件的注意事项。

很多初学者保存文件时，没有将 HTML 文件的扩展名 .html 或 .htm 作为文件的后缀，导致文件还是以 .txt 为扩展名，因此，无法在浏览器中查看。如果读者通过单击右键创建记事本文件，在给文件重命名时，一定要以 .html 或 .htm 作为文件的后缀。特别要注意的是，当 Windows 系统的扩展名是隐藏时，更容易出现这样的错误。读者可以在【文件夹选项】对话框中查看是否显示扩展名。

1.7 跟我练练手

练习 1：上网了解网页的相关概念的含义。

练习 2：认识网页的 HTML 构成。

练习 3：使用 HTML 标签制作一个简单网页。

练习 4：使用记事本制作日程表。

第 2 章 磨刀不误砍柴工——认识Dreamweaver CC

Adobe Dreamweaver CC 是一款集网页制作和网站管理于一身的所见即所得网页编辑器，是第一套针对专业网页设计师特别发展的视觉化网页开发工具，利用它可以轻而易举地制作出跨越平台限制和跨越浏览器限制的充满动感的网页。本章重点学习 Dreamweaver CC 的安装、启动、界面、新增功能、站点的基本操作等。

本章学习目标

◎ 掌握安装和启动 Dreamweaver CC 的方法和技巧

◎ 熟悉 Dreamweaver CC 的工作环境

◎ 掌握创建站点的方法

◎ 掌握管理站点的方法

◎ 掌握操作站点文件及文件夹的方法

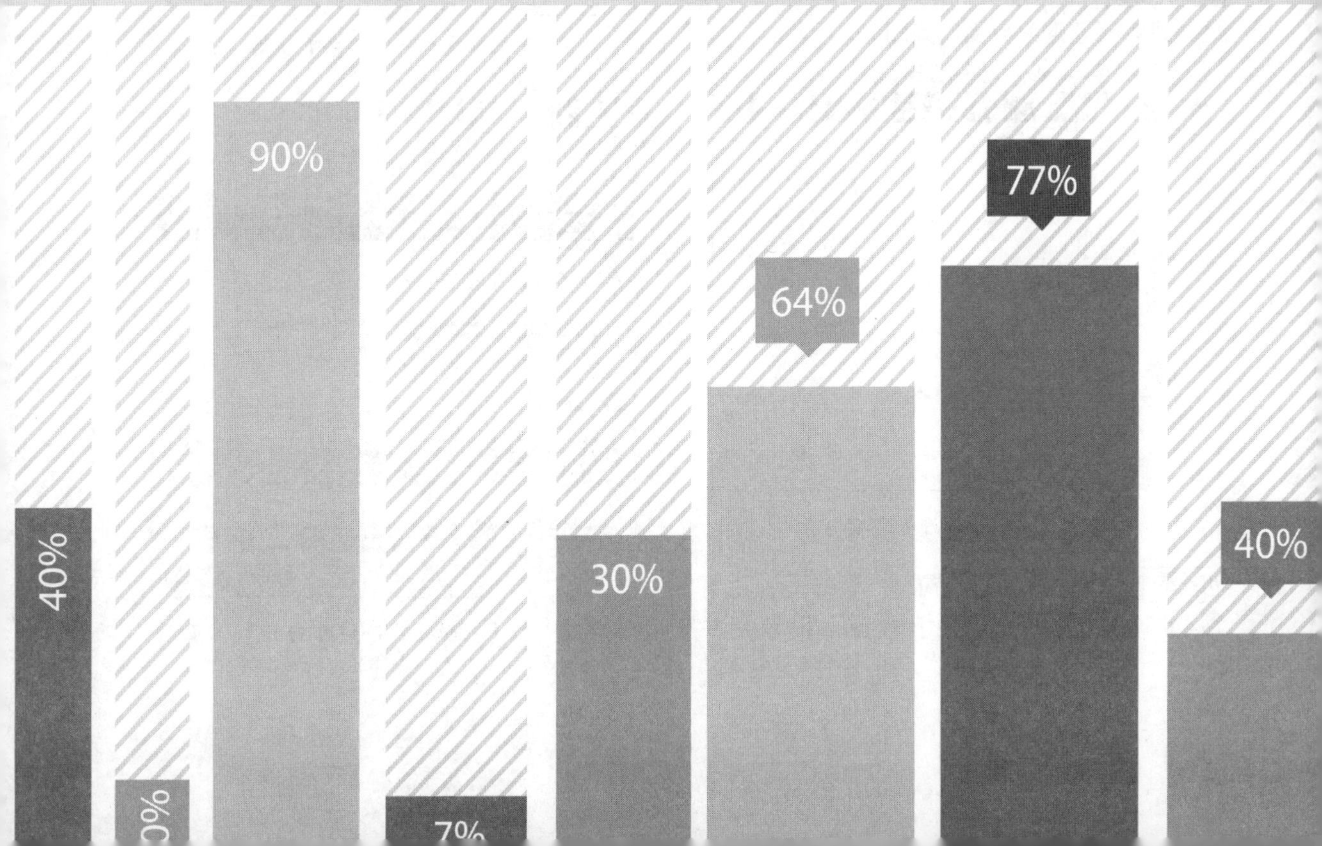

2.1 走进Dreamweaver CC

Dreamweaver 是一款专业的网页编辑软件，Dreamweaver CC 在软件的界面和性能上都有了很大的改进。本节主要介绍 Dreamweaver CC 的安装、启动的方法。

2.1.1 案例 1——安装 Dreamweaver CC

了解了 Dreamweaver CC 以后，首先要对 Dreamweaver CC 软件进行安装，可以使用光盘安装或在 Adobe 官方网站上下载试用版本。安装 Dreamweaver CC 的操作步骤如下。

步骤 1 运行 Dreamweaver CC 安装程序，稍等片刻，Dreamweaver CC 的安装程序会自动弹出【Adobe 安装程序】对话框，如图 2-1 所示。

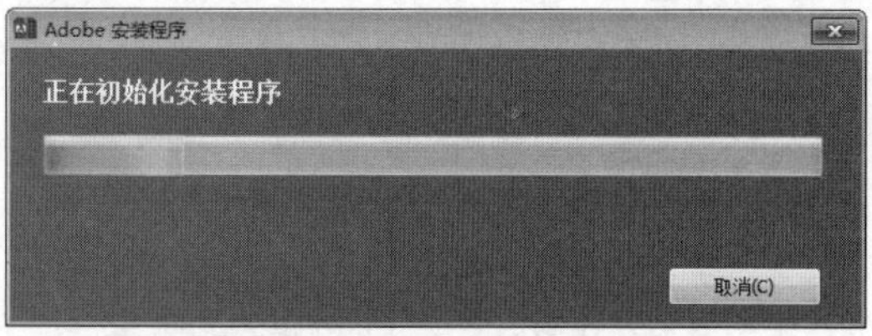

图 2-1 【Adobe 安装程序】对话框

步骤 2 Dreamweaver CC 安装程序初始化后，进入【欢迎】界面，如图 2-2 所示。

图 2-2 【欢迎】界面

步骤 3 在【欢迎】界面中单击【试用】按钮，进入【需要登录】界面，提示用户需要使用 Adobe ID 进行登录，如图 2-3 所示。

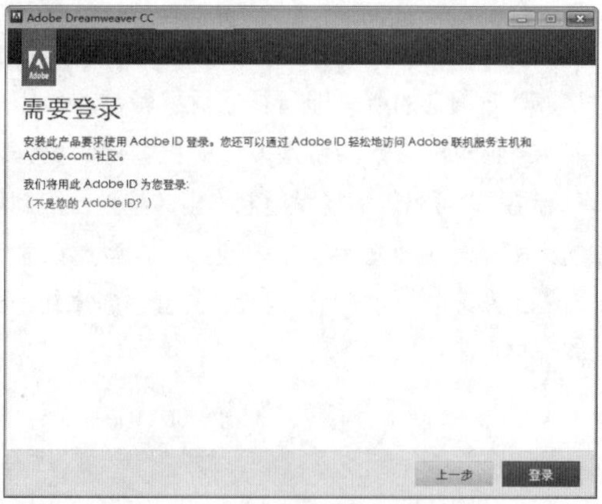

图 2-3 【需要登录】界面

步骤 4 单击【登录】按钮，进入【Adobe 软件许可协议】界面，如图 2-4 所示。

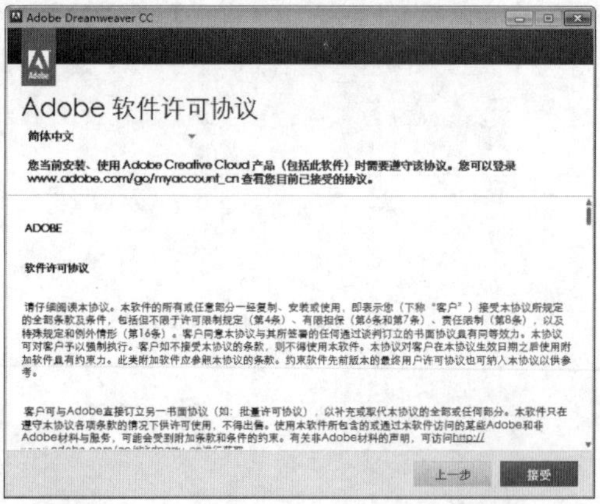

图 2-4 【Adobe 软件许可协议】界面

步骤 5 单击【接受】按钮，进入【选项】界面，在其中可以设置程序安装的位置，如图 2-5 所示。

步骤 6 单击【安装】按钮，开始安装 Dreamweaver CC，并显示安装的进度，如图 2-6 所示。

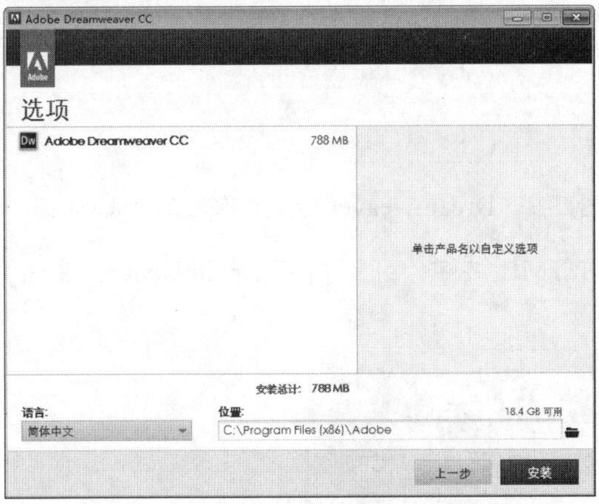

图 2-5　【选项】界面

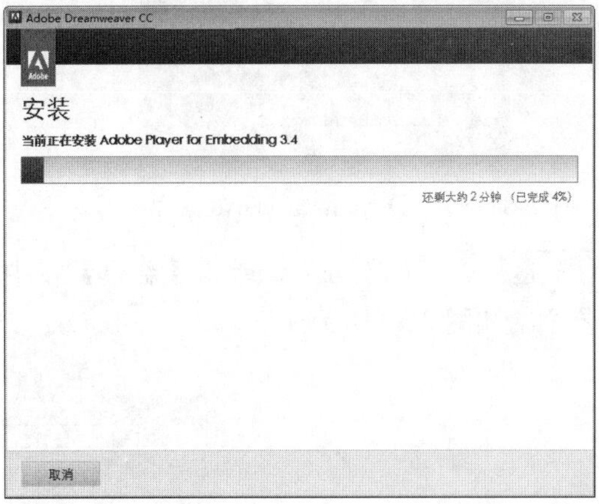

图 2-6　【安装】界面

步骤 7 安装完毕后，进入【安装完成】界面，提示用户 Dreamweaver CC 安装完成，可以使用了，如图 2-7 所示。

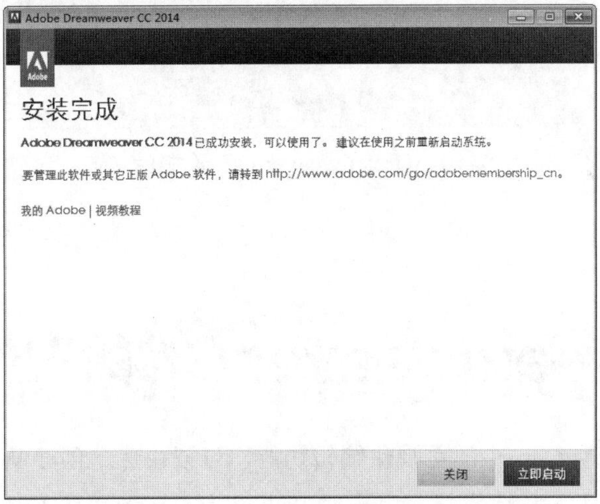

图 2-7　【安装完成】界面

2.1.2　案例 2——启动 Dreamweaver CC

Dreamweaver CC 安装完成以后，就可以启动 Dreamweaver CC 了，具体的操作如下。

步骤 1 单击【开始】按钮，选择【所有应用】→ Adobe → Dreamweaver.exe 菜单命令，如图 2-8 所示。

步骤 2 打开 Dreamweaver CC 工作区的开始页面，如图 2-9 所示。

图 2-8　选择 Dreamweaver.exe 菜单命令

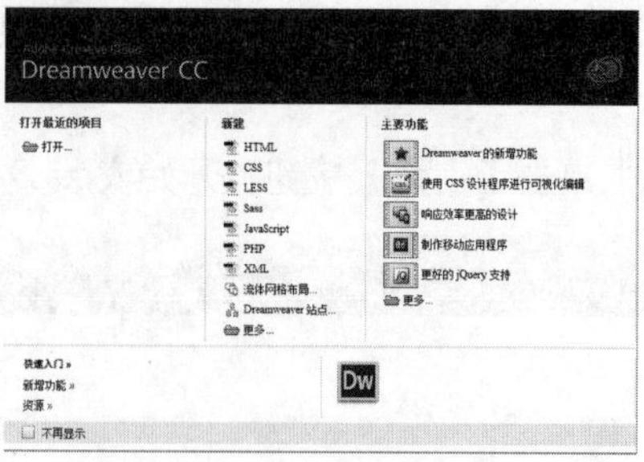

图 2-9　Dreamweaver CC 工作区的开始页面

步骤 3　在开始页面中，单击【新建】栏中的 HTML 按钮，即可打开 Dreamweaver CC 的工作界面，如图 2-10 所示。

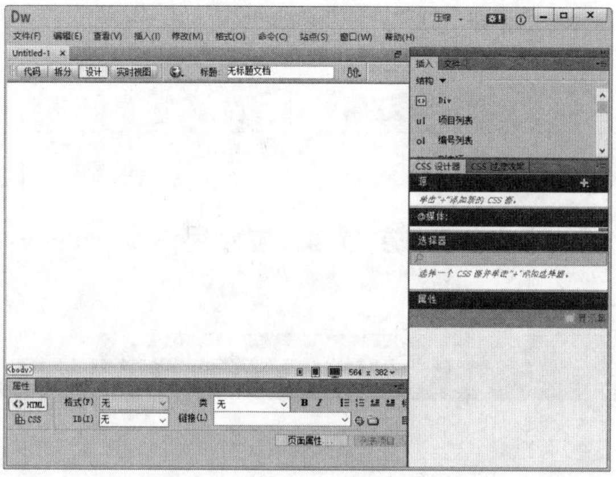

图 2-10　Dreamweaver CC 的工作界面

2.2　Dreamweaver CC的工作环境

利用 Dreamweaver CC 中的可视化编辑功能，可以快速地创建 Web 页面。Dreamweaver CC 是一款专业的 HTML 编辑器，用于对 Web 站点、Web 页和 Web 应用程序进行设计、编码和开发，无论是在 Dreamweaver CC 中直接输入 HTML 代码或者在 Dreamweaver CC 中使用可视化编辑，都整合了 CSS 功能，能帮助设计和开发人员轻松地创建并管理任何网页站点。

2.2.1　认识 Dreamweaver CC 的工作界面

Dreamweaver CC 的工作界面包含菜单栏、文档工具栏、文档窗口、面板组和【属性】面板，如图 2-11 所示。

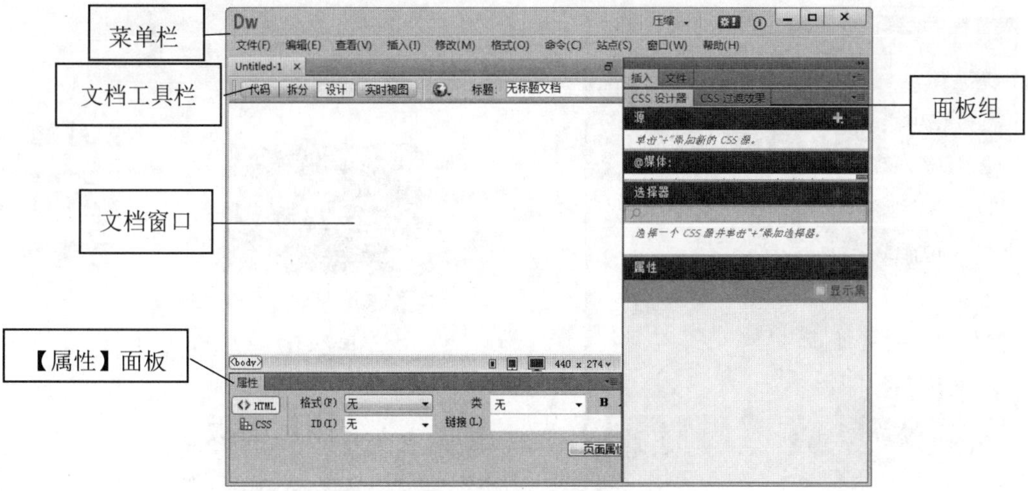

图 2-11　Dreamweaver CC 的工作界面

1 菜单栏

Dreamweaver CC 菜单栏包含【文件】、【编辑】、【查看】、【插入】、【修改】、【格式】、【命令】、【站点】、【窗口】和【帮助】几个功能，如图 2-12 所示。使用这些功能，可以设置与正在处理的对象或窗口有关的属性。当设计师制作网页时，可通过菜单栏执行所需要的功能。

图 2-12　菜单栏

2 文档工具栏

文档工具栏中包含【代码】、【拆分】、【设计】、【实时视图】、【标题】和【文件管理】等功能。单击【代码】按钮将进入代码编辑窗口，单击【拆分】按钮将进入代码和设计窗口，单击【设计】按钮将进入可视化编辑窗口，单击【在浏览器中预览 / 调试】按钮可以通过 IE 浏览器对编辑好的程序进行浏览。在【标题】文本框中输入的文字是用来显示网页的标题信息 (代码中 <title> 和 </title> 中间的内容)。文档工具栏如图 2-13 所示。

图 2-13　文档工具栏

3 文档窗口

文档窗口显示当前的文档内容。可以选择【设计】、【代码】和【拆分】3 种形式查看文档。

⑴【设计】视图：是一个可视化页面布局、可视化编辑和快速应用程序开发的设计环境，在该视图中，Dreamweaver CC 显示文档的可视化状态，类似于在浏览器中查看到的内容。

⑵【代码】视图：是一个用于编写和编辑 HTML、JavaScript、服务器语言代码 (如 ASP、PHP 或标记语言) 以及任何其他类型的手工编码环境。

⑶【拆分】视图：可以在单个窗口中同时看到同一文档的【代码】视图和【设计】视图。

4 面板组

Dreamweaver CC 的面板组嵌入操作界面之中，在面板中进行操作时，对文档的改变也会同时显示在窗口之中，使得效果更加明显；使用者可以直接看到文档所作的修改，这样更加有利于编辑，如图 2-14 所示。

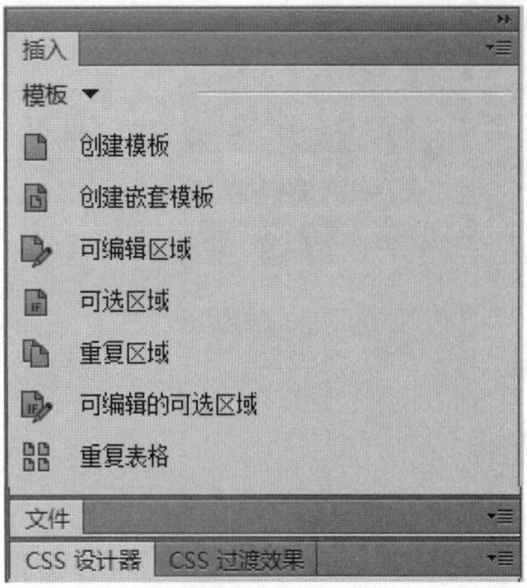

图 2-14　面板组

5 【属性】面板

【属性】面板可以显示在文档中选定对象的属性，同样也可以修改其属性值。随着选择元素对象不同，在【属性】面板中显示的属性也不同，如图 2-15 所示。

图 2-15　文本框的属性

2.2.2 熟悉【插入】面板组

【插入】面板组中包括 8 组面板，分别是【常用】面板、【结构】面板、【媒体】面板、【表单】面板、【模板】面板、jQuery Mobile 面板、jQuery UI 面板和【收藏夹】面板。本节将介绍常用的【常用】面板、【结构】面板、【媒体】面板、【表单】面板、jQuery Mobile 面板、jQuery UI 面板和【模板】面板。

1 【常用】面板

在【常用】面板中，用户可以创建和插入最常用的对象，如图像和表格等，如图 2-16 所示。

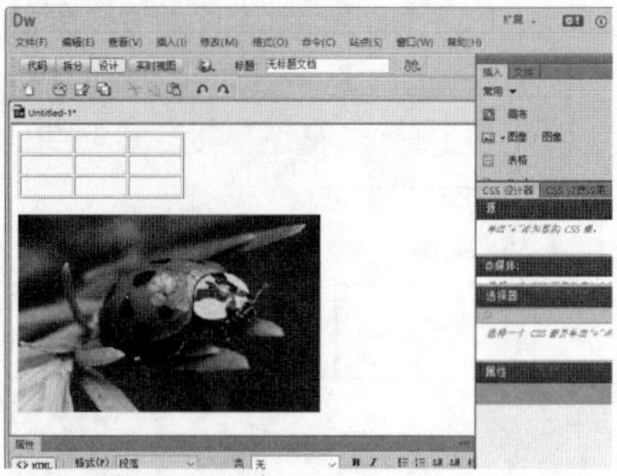

图 2-16　【常用】面板

2 【结构】面板

在【结构】面板中，用户可以插入页眉、标题、文章、章节和页脚等，通过相应的按钮，可以快速地在网页中插入 HTML5 语义标签，如图 2-17 所示。

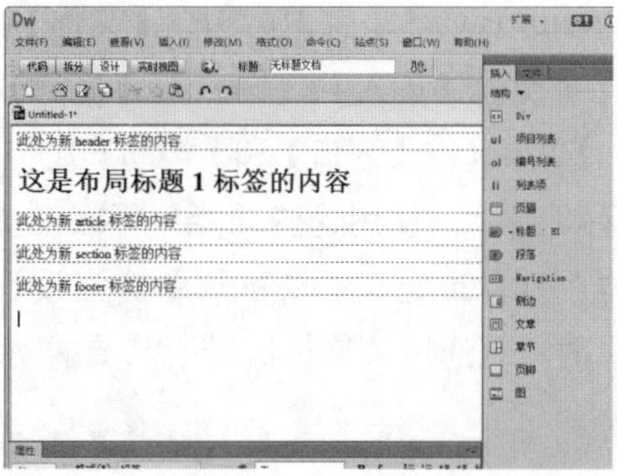

图 2-17　【结构】面板

3 【媒体】面板

通过【媒体】面板，用户可以在当前页面中快速添加音频、动画和视频等元素，如图 2-18 所示。

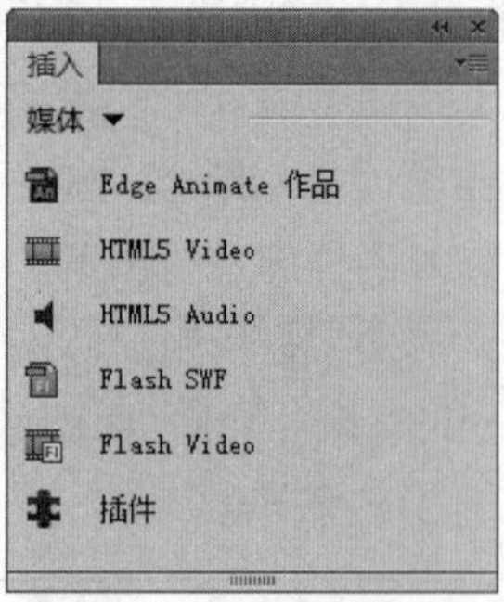

图 2-18　【媒体】面板

4 【表单】面板

【表单】面板包含一些常用的创建表单和插入表单元素的按钮及一些 Spry 工具按钮，用户可以根据实际需要选择域、表单或按钮等，如图 2-19 所示。

图 2-19　【表单】面板

5 jQuery Mobile 面板

jQuery Mobile 是 jQuery 在手机、平板电脑等移动设备上的 jQuery 核心库。通过该面板，可以快速在页面中添加指定效果的可折叠区块、翻转切换开关、选择等对象，如图 2-20 所示。

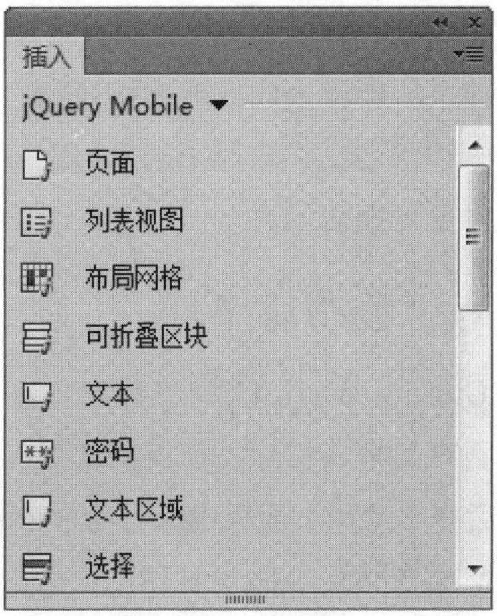

图 2-20　jQuery Mobile 面板

6 jQuery UI 面板

jQuery UI 面板提供了特殊效果的对象，通过该面板可以快速在页面中添加具有指定效果的选项卡、日期和对话框等对象，如图 2-21 所示。

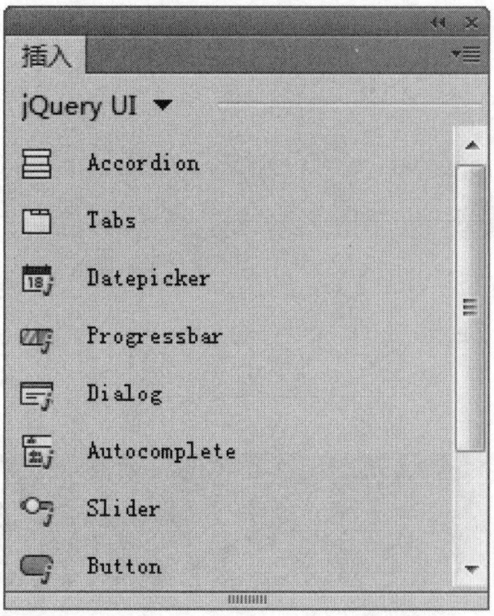

图 2-21　jQuery UI 面板

7 【模板】面板

【模板】面板提供了有关制作模板页面的各种工具，通过该面板可以快速执行创建模板、指定可编辑区域等操作，如图 2-22 所示。

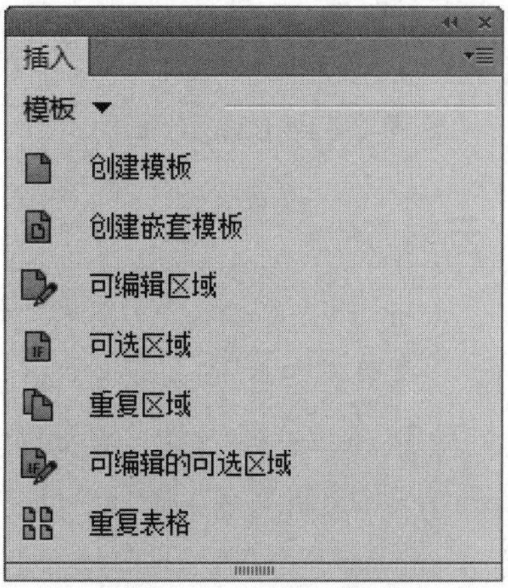

图 2-22　【模板】面板

2.3 体验Dreamweaver CC的新增功能

Dreamweaver CC 是 Dreamweaver 的最新版本，它同以前的 Dreamweaver CS6 版本相比，增加了一些新的功能，并且还增强了很多原有的功能。下面就对 Dreamweaver CC 的新增功能进行简单的介绍。

1 CSS 设计器

Dreamweaver CC 新增了 CSS 设计器功能，高度直观的可视化编辑工具，不仅可以帮助用户生成 Web 标准的代码，还可以快速查看和编辑与特定上下文有关的样式，如图 2-23 所示。

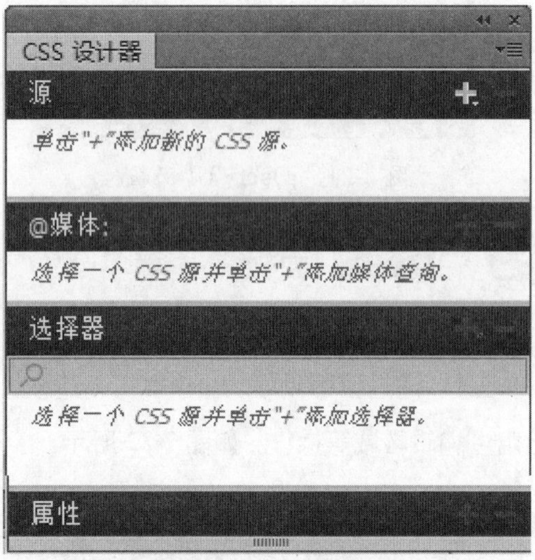

图 2-23　CSS 设计器

2 云同步

Dreamweaver CC 新增了云同步功能，通过该功能，用户可以在 Creative Cloud 上存储文件、应用程序和站点定义。当需要时只需要登录 Creative Cloud 即可随时随地访问它们。

在 Dreamweaver CC 界面中，选择【编辑】→【首选项】菜单命令，打开【首选项】对话框，在【分类】列表框中选择【同步设置】选项，即可在右侧的窗口中设置云同步，如图 2-24 所示。

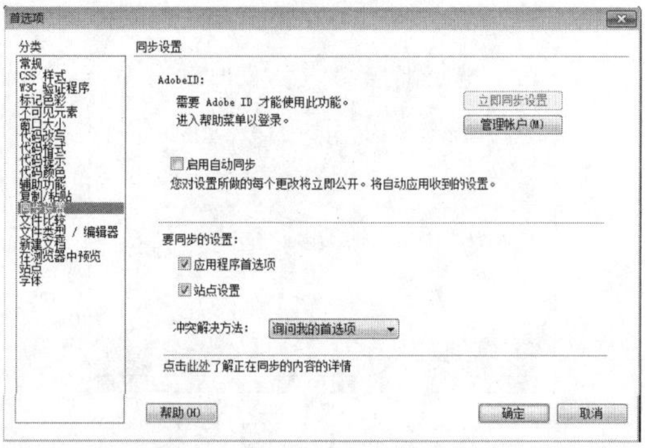

图 2-24　【首选项】对话框

3 支持新平台

Dreamweaver CC 对 HTML5、CSS3、jQuery 和 jQuery Mobile 的支持更灵活和更完善。

4 简化用户界面

对工作界面进行了全新的简化，减少了对话框的数量和很多不必要的操作按钮，如对文档工具栏和状态栏都进行了精简，使得整个工作界面显得更加简洁。

5 插入画布功能

在 Dreamweaver CC 的【常用】面板中新增了【画布】插入按钮。切换到【插入】面板组，然后在【常用】面板中单击【画布】按钮，即可快速地在网页中插入 HTML 5 画布元素，如图 2-25 所示。

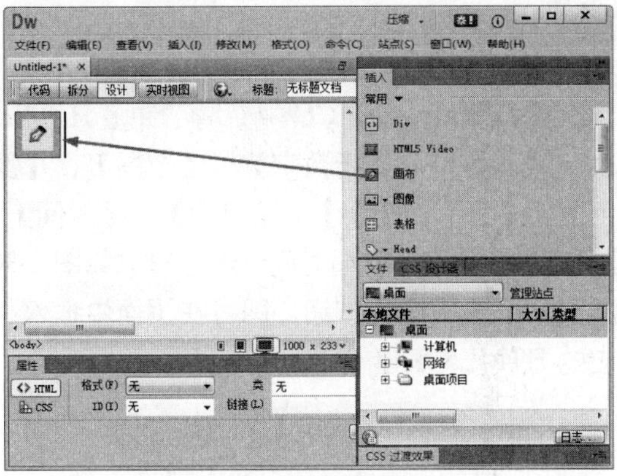

图 2-25　单击【画布】按钮

6 新增网页结构元素

在 Dreamweaver CC 中新增了 HTML5 结构语义元素的插入操作按钮，它们位于【插入】面板组的【结构】面板中，包括【页眉】、【标题】、Navigation、【侧边】、【文章】、【章节】和【页脚】等，如图 2-26 所示。通过这些按钮，可以快速地在网页中插入 HTML5 语义标签。

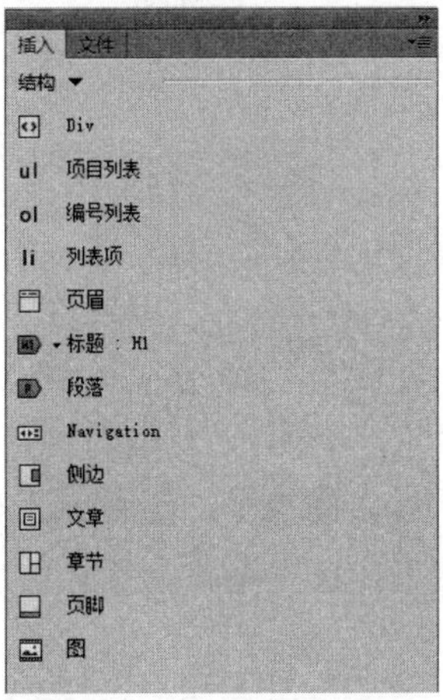

图 2-26　新增结构元素

7 新增 Edge Web Fonts

在 Dreamweaver CC 中新增了 Edge Web Fonts 的功能，在网页中可以加载 Adobe 提供的 Edge Web 字体，从而在网页中实现特殊字体效果。选择【修改】→【管理字体】菜单命令，从打开的【管理字体】对话框中切换到 Adobe Edge Web Fonts 选项卡，即可使用 Adobe 提供的 Edge Web 字体，如图 2-27 所示。

图 2-27　Adobe Edge Web Fonts 选项卡

8 在【媒体】面板中新增 HTML5 音频和视频按钮

Dreamweaver CC 提供了对 HTML5 更全面、更便捷的支持，用户可以通过新增的 HTML5 音频和视频插入按钮（如图 2-28 所示）在网页中轻松插入 HTML5 音频和视频，而不需要编写 HTML5 代码。

图 2-28　HTML5 Video 按钮和 HTML5 Audio 按钮

9 在【媒体】面板中新增 Adobe Edge Animate 动画

在【媒体】面板中新增了 Adobe Edge Animate 动画，默认情况下，用户在 Dreamweaver 中插入 Adobe Edge Animate 动画后，会自动在当前站点的根目录中生成一个名为 edgeanimate_assets 的文件夹，将 Adobe Edge Animate 动画的提取内容放入该文件夹中。如果需要在 Dreamweaver CC 中插入 Adobe Edge Animate 动画，可以单击【插入】面板组【媒体】面板中的【Edge Animate 作品】按钮，如图 2-29 所示。

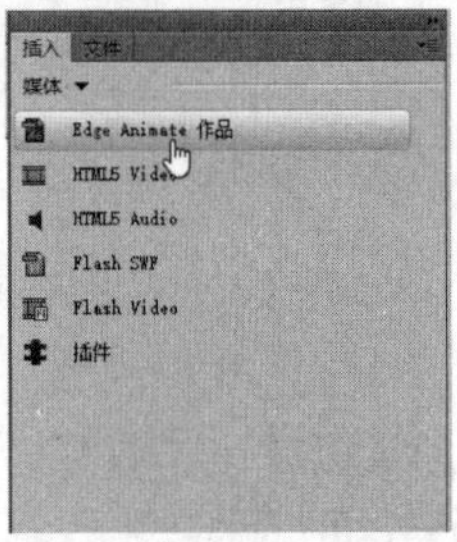

图 2-29　单击【Edge Animate 作品】按钮

10 新增表单输入类型

在 Dreamweaver CC 中新增了许多 HTML5 表单输入类型，如【数字】、【范围】、【颜色】、【月】、【周】、【日期】、【时间】、【日期时间】和【日期时间（当地）】，如图 2-30 所示。单击相应的按钮，即可在页面中插入相应的 HTML5 表单输入类型。

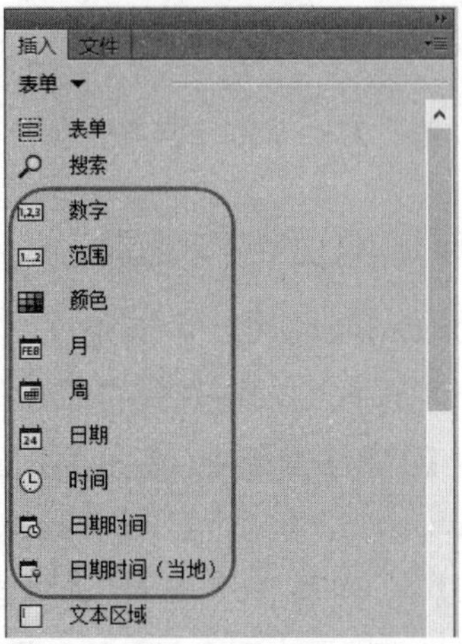

图 2-30　新增表单输入类型

2.4 认识站点

制作网页之前，需要先认识站点。站点其实就是一个文件夹，存放制作网页时用到的所有文件和文件夹，包括主页、子页、用到的图片、声音、视频等。站点分为本地站点和远程站点，本地站点就是存放在自己机器里的那个文件夹；远程站点就是上传后存放在服务器上的那个文件夹。

2.5 创建站点

一般在制作网页之前，都需要先创建站点，这是为了更好地利用站点对文件进行管理，可以尽可能减少链接与路径方面的错误。本节将介绍创建本地站点以及创建远程站点的方法。

2.5.1 案例 3——创建本地站点

使用向导创建本地站点的具体操作如下。

步骤 1 启动 Dreamweaver CC，然后选择【站点】→【新建站点】菜单命令，即可打开【站点设置对象：我的站点】对话框，从中输入站点的名称，并设置本地站点文件夹的路径和名称，如图 2-31 所示。

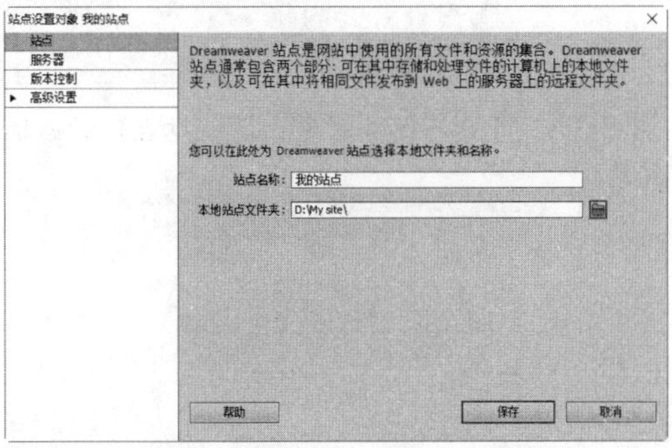

图 2-31　【站点设置对象：我的站点】对话框

步骤 2 单击【保存】按钮，即可完成本地站点的创建，在【文件】面板的【本地文件】窗格中会显示该站点的根目录，如图 2-32 所示。

图 2-32　【本地文件】窗格

2.5.2 案例 4——创建远程站点

在远程服务器上创建站点，需要在远程服务器上指定远程文件夹的位置，该文件夹将存储站点的相关文件。

创建远程站点的具体操作步骤如下。

步骤 1 选择【站点】→【新建站点】菜单命令，在弹出的【站点设置对象：未命名站点 2】对话框中输入站点名称和本地站点文件夹，如图 2-33 所示。

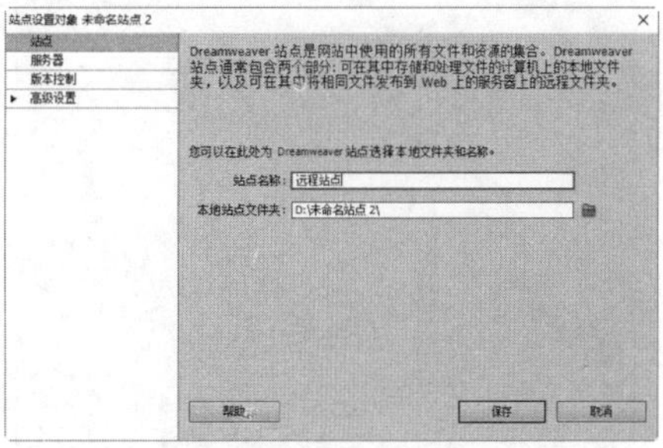

图 2-33　【站点设置对象：未命名站点 2】对话框

步骤 2 选择【服务器】选项，单击【添加新服务器】按钮[+]，如图 2-34 所示。

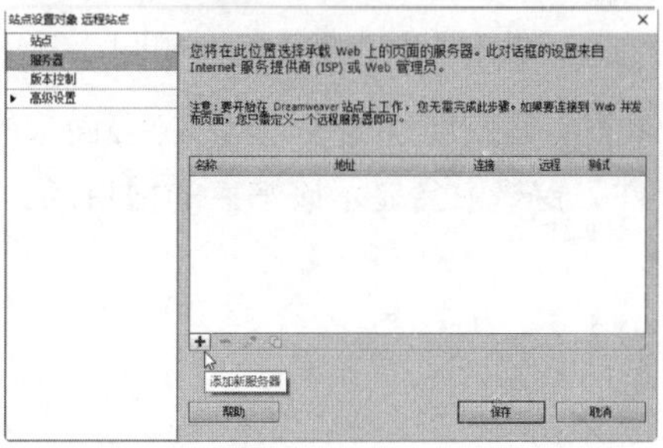

图 2-34　选择【服务器】选项

步骤 3 在打开的对话框中切换到【基本】选项卡，输入服务器名称。然后选择连接方法，如果网站的空间已经购买完成，可以选择连接方式为 FTP，然后输入 FTP 地址、用户名和密码等，如图 2-35 所示。

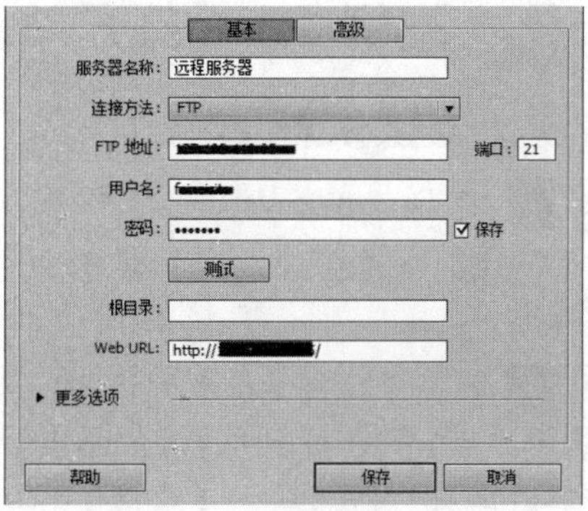

图 2-35　【基本】选项卡

步骤 4 切换到【高级】选项卡，根据需要设置远程服务器的高级属性，然后单击【保存】按钮即可，如图 2-36 所示。

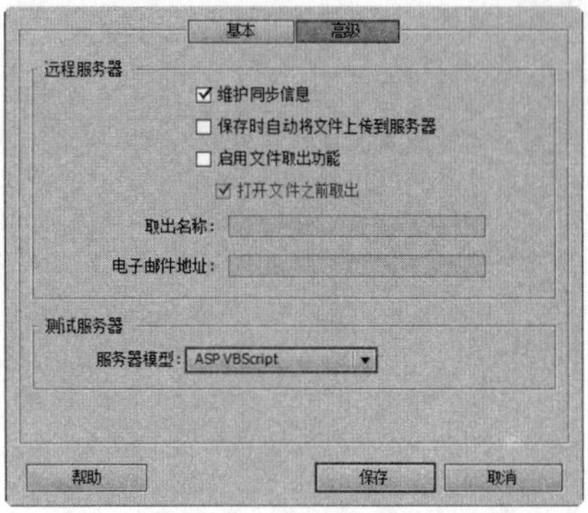

图 2-36 【高级】选项卡

步骤 5 返回【站点设置对象：远程站点】对话框，在其中可以看到新建的远程服务器的相关信息，单击【保存】按钮，如图 2-37 所示。

步骤 6 站点创建完成，在【文件】面板的【本地文件】窗格中会显示该站点的根目录。单击【连接到远端主机】按钮，即可连接到远程服务器，如图 2-38 所示。

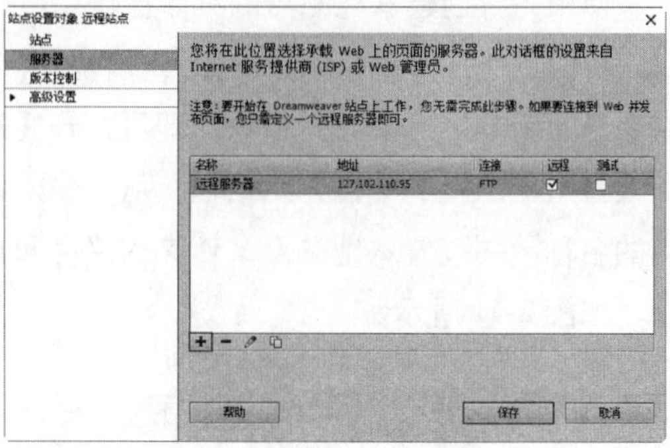

图 2-37 【站点设置对象：远程站点】对话框

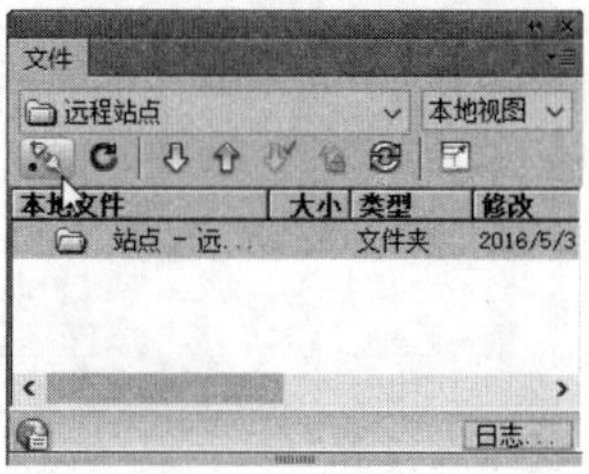

图 2-38 【文件】面板

2.6 管理站点

在创建完站点以后，还可以对站点进行多方面的管理，如打开站点、编辑站点、删除站点及复制站点等。

2.6.1 案例 5——打开站点

打开站点的具体操作如下。

步骤 1 在 Dreamweaver CC 工作界面中，选择【站点】→【管理站点】菜单命令，如图 2-39 所示。

步骤 2 打开【管理站点】对话框，然后选择【您的站点】列表框中的【我的站点】选项，如图 2-40 所示。最后单击【完成】按钮，即可打开站点。

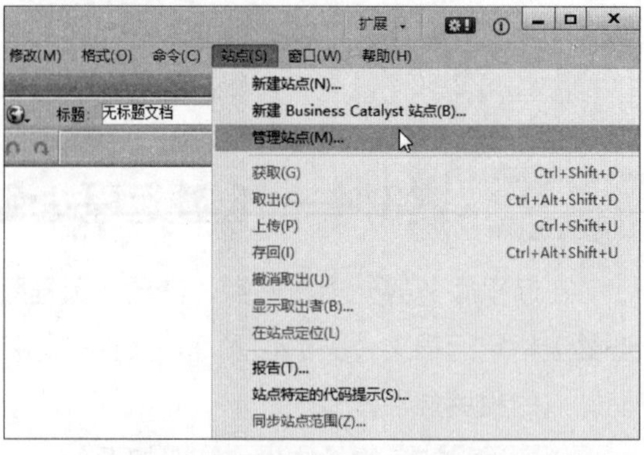

图 2-39 选择【管理站点】菜单命令

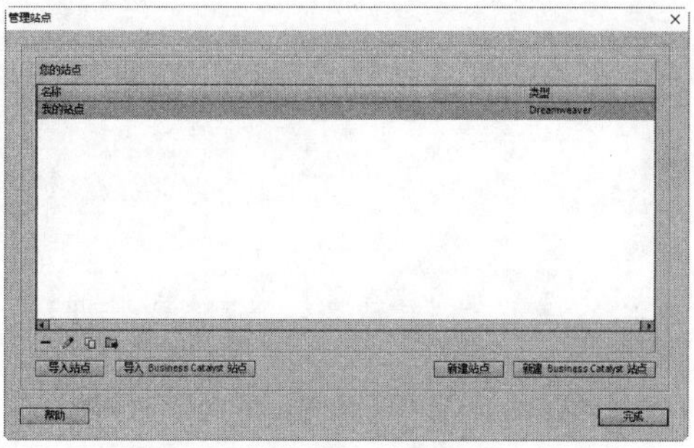

图 2-40 【管理站点】对话框

2.6.2 案例 6——编辑站点

对于创建后的站点，还可以对其属性进行编辑，具体的操作如下。

步骤 1 在 Dreamweaver CC 工作界面的右侧切换到【文件】面板，然后单击【我的站点】文本框右侧的下拉按钮，从弹出的下拉菜单中选择【管理站点】选项，如图 2-41 所示。

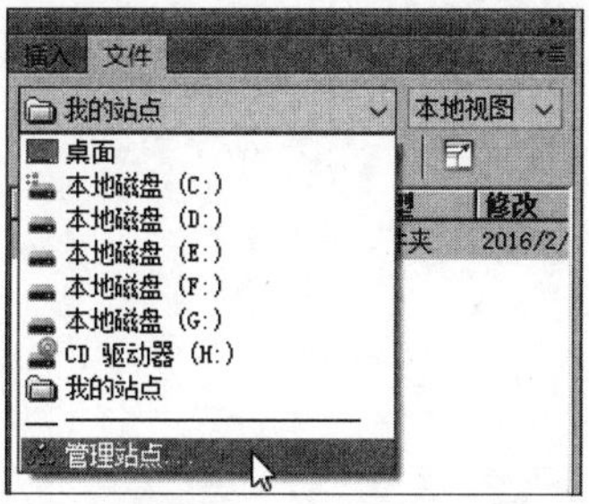

图 2-41 选择【管理站点】选项

步骤 2 打开【管理站点】对话框，从中选定要编辑的站点名称，然后单击【编辑当前选定的站点】按钮，如图 2-42 所示。

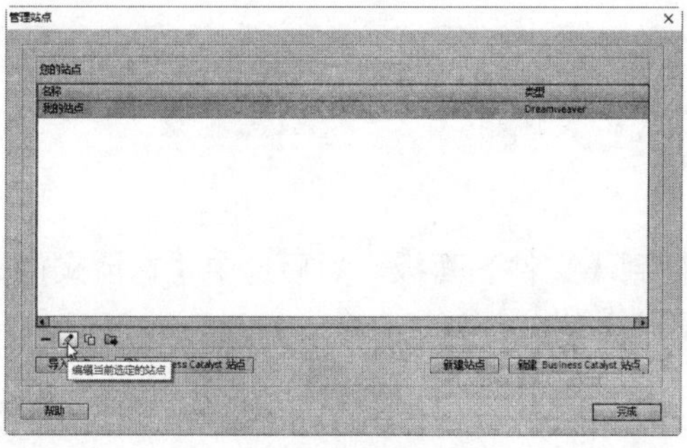

图 2-42 单击【编辑当前选定的站点】按钮

步骤 3 打开【站点设置对象：我的站点】对话框，在该对话框中按照创建站点的方法对站点进行编辑，如图 2-43 所示。

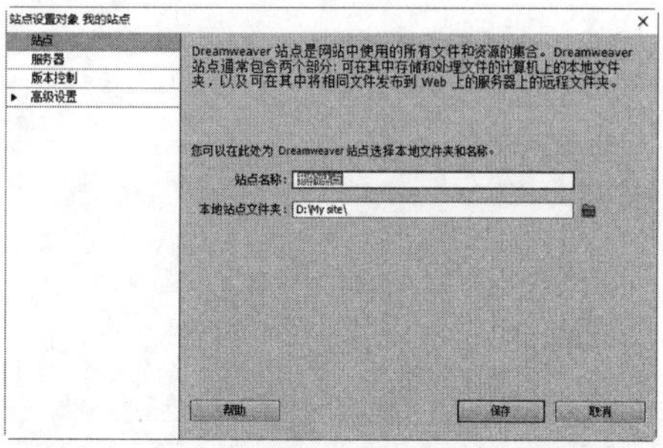

图 2-43 【站点设置对象：我的站点】对话框

步骤 4 单击【保存】按钮，返回到【管理站点】对话框，然后单击【完成】按钮，即可完成编辑操作，如图 2-44 所示。

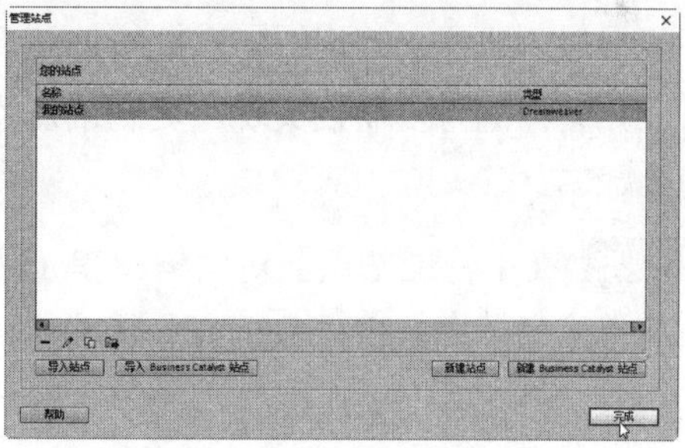

图 2-44 【管理站点】对话框

2.6.3 案例 7——删除站点

如果不再需要创建的站点，可以将其从站点列表中删除。具体的操作如下。

步骤 1 选中要删除的本地站点，然后单击【管理站点】对话框中的【删除当前选定的站点】按钮，如图 2-45 所示。

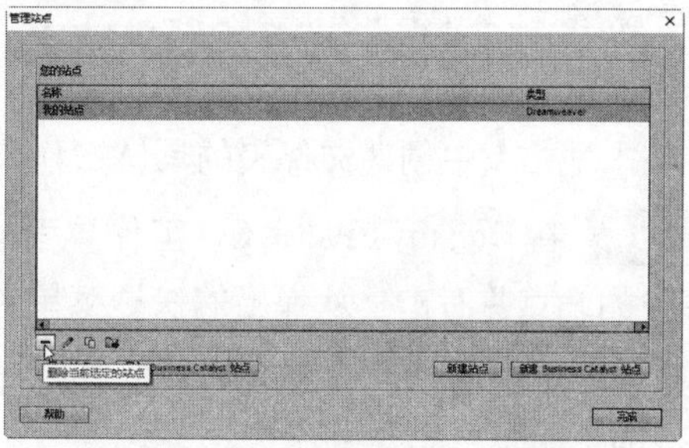

图 2-45 【管理站点】对话框

步骤 2 此时系统会弹出警告提示框，如图 2-46 所示，提示用户不能撤销删除操作，询问是否要删除选中的站点。单击【是】按钮，即可将选中的站点删除。

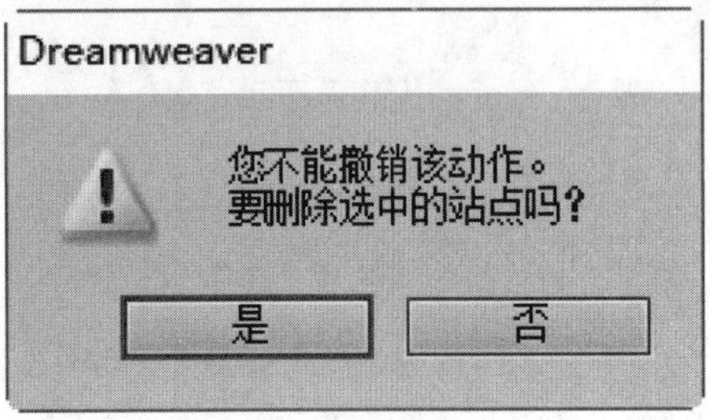
Dreamweaver
您不能撤销该动作。
要删除选中的站点吗?
是
否

图 2-46　警告提示框

2.6.4 案例 8——复制站点

如果想创建多个结构相同或类似的站点，则可利用站点的可复制性实现。复制站点的具体操作如下。

步骤 1 在【管理站点】对话框中单击【复制当前选定的站点】按钮，如图 2-47 所示。

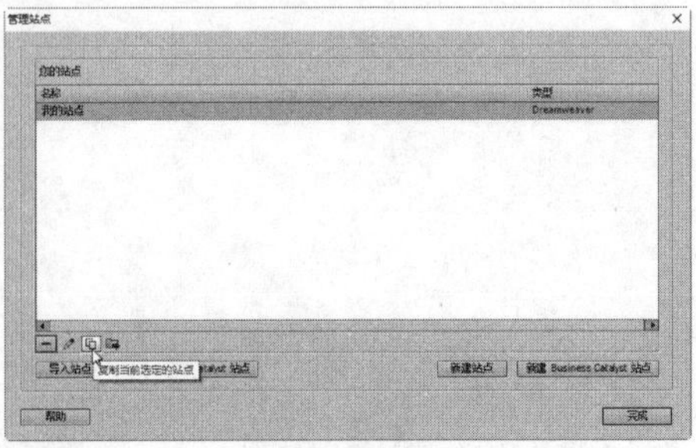

图 2-47　【管理站点】对话框

步骤 2 复制该站点，复制出的站点会出现在【您的站点】列表框中，且该名称在原站点名称的后面会添加“复制”字样，如图 2-48 所示。

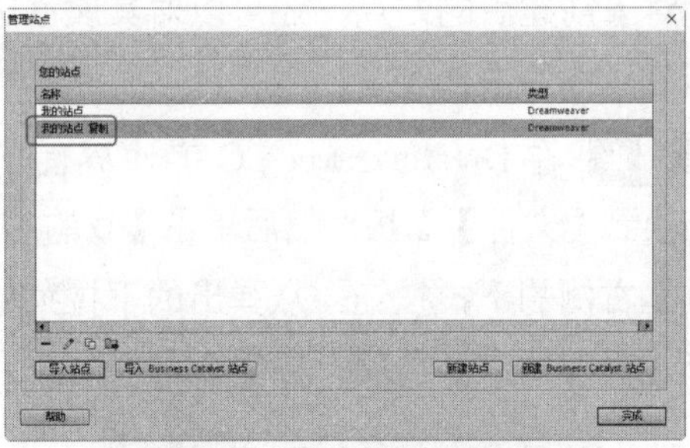

图 2-48　复制站点后的效果

2.7 操作站点文件及文件夹

无论是创建空白文档，还是利用已有的文档创建站点，都需要对站点中的文件或文件夹进行操作。在【本地文件】窗格中，可以对本地站点中的文件夹和文件进行创建、移动和复制、删除等操作。

2.7.1 案例 9——创建文件夹

在本地站点中创建文件夹的具体操作如下。

步骤 1 在 Dreamweaver CC 工作界面的右侧切换到【文件】面板，然后选中【本地文件】窗格中的站点并右击，从弹出的快捷菜单中选择【新建文件夹】菜单命令，如图 2-49 所示。

步骤 2 此时新建文件夹的名称处于可编辑状态，可以对其进行重命名，如这里将其重命名为 image，如图 2-50 所示。

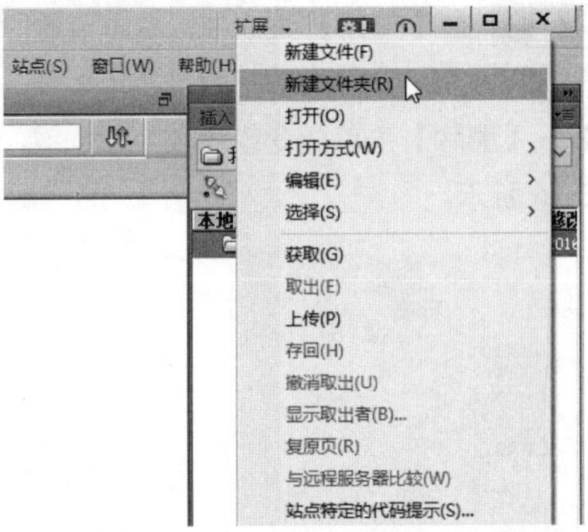

图 2-49　选择【新建文件夹】菜单命令

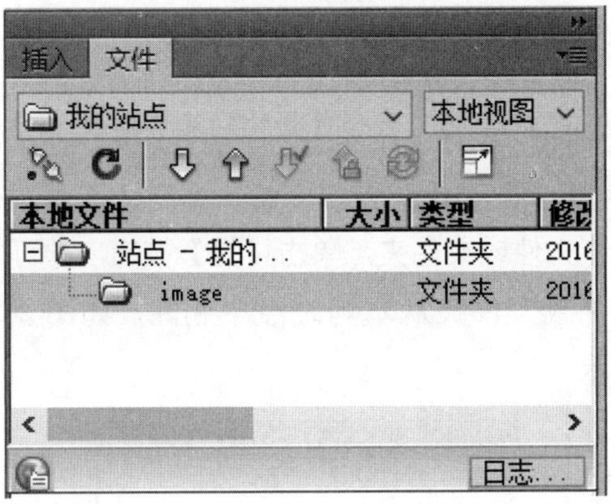

图 2-50　新建文件夹并重命名

2.7.2　案例 10——创建文件

文件夹创建好后，就可以在文件夹中创建相应的文件了。具体的操作步骤如下。

步骤 1 切换到【文件】面板，然后在准备新建文件的位置处右击，从弹出的快捷菜单中选择【新建文件】菜单命令，如图 2-51 所示。

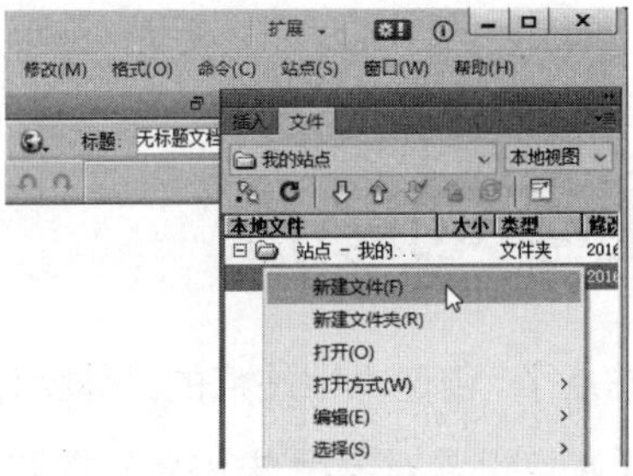

图 2-51　选择【新建文件】菜单命令

步骤 2 此时新建文件的名称处于可编辑状态，如图 2-52 所示。

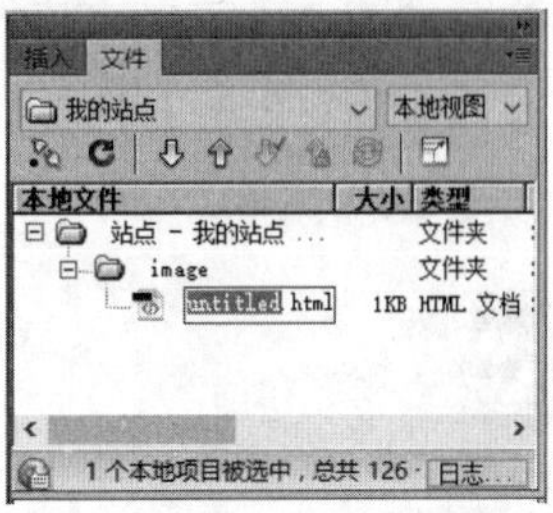

图 2-52　新建文件

步骤 3 将新建的文件重命名为 index.html，然后按 Enter 键，即可完成文件的新建和重命名操作，如图 2-53 所示。

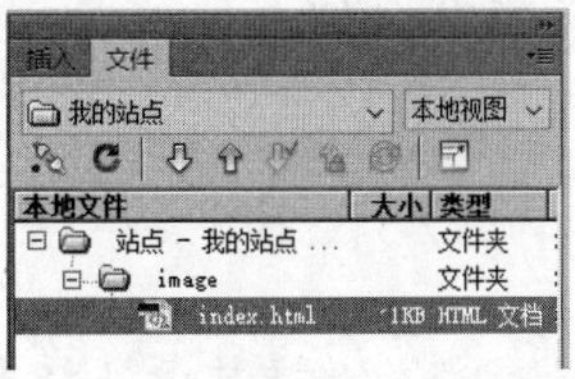

图 2-53　重命名为 index.html

2.7.3　案例 11——文件或文件夹的移动和复制

对站点下的文件或文件夹可以进行移动与复制操作，具体的操作步骤如下。

步骤 1 选择【窗口】→【文件】菜单命令，打开【文件】面板，选中要移动的文件或文件夹，然后拖动到相应的文件夹即可，如图 2-54 所示。

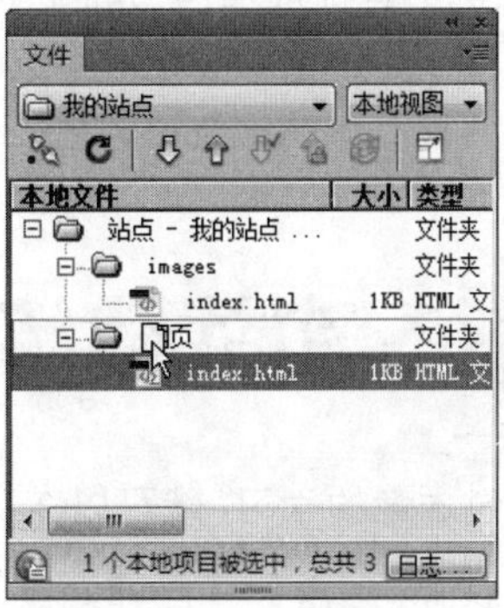

图 2-54　移动文件

步骤 2 也可以利用剪切和粘贴的方法来移动文件或文件夹。在【文件】面板中，选中要移动或复制的文件或文件夹并右击，在弹出的快捷菜单中选择【编辑】→【剪切】或【拷贝】菜单命令，如图 2-55 所示。

图 2-55 移动文件

> **提示** 进行移动可以选择【剪切】命令，进行复制可以选择【拷贝】命令。

步骤 3 选中目标文件夹并右击，在弹出的快捷菜单中选择【编辑】→【粘贴】菜单命令，这样，文件或文件夹就会被移动或复制到相应的文件夹中。

2.7.4 案例 12——删除文件或文件夹

站点下的文件或文件夹如果不再需要，就可以将其删除，具体的操作步骤如下。

步骤 1 在【文件】面板中，右击要删除的文件或文件夹，在弹出的快捷菜单中选择【编辑】→【删除】菜单命令或者按 Delete 键，如图 2-56 所示。

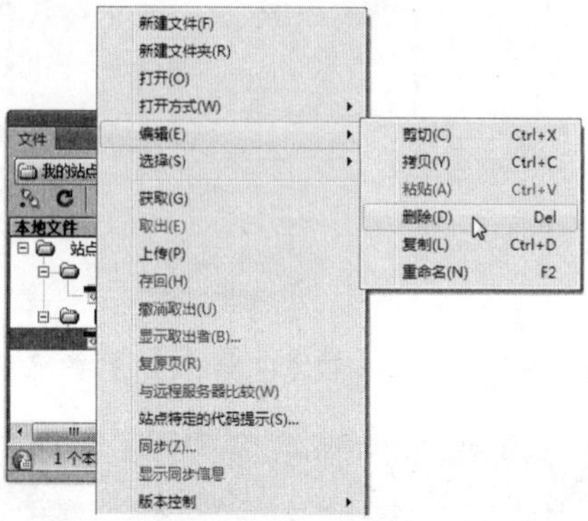

图 2-56 选择【删除】菜单命令

步骤 2 弹出信息提示框，询问是否要删除所选文件或文件夹，单击【是】按钮，即可将文件或文件夹从本地站点中删除，如图 2-57 所示。

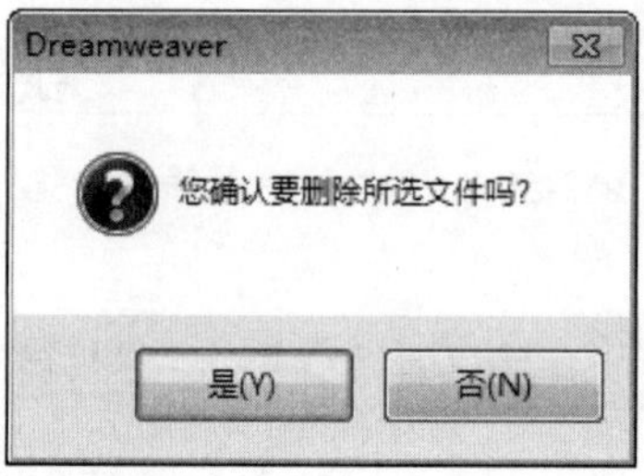

图 2-57 信息提示框

> **提示** 和站点的删除操作不同，对文件或文件夹的删除操作会从磁盘上真正地删除相应的文件或文件夹。

2.8 实战演练1——创建本地站点

通过本章的学习，就可以在实际应用中创建本地站点了。创建本地站点的具体操作如下。

步骤 1 选择【站点】→【新建站点】菜单命令，即可打开【站点设置对象民 未命名站点】对话框，然后在【站点名称】文本框中输入“千谷网络”，如图 2-58 所示。

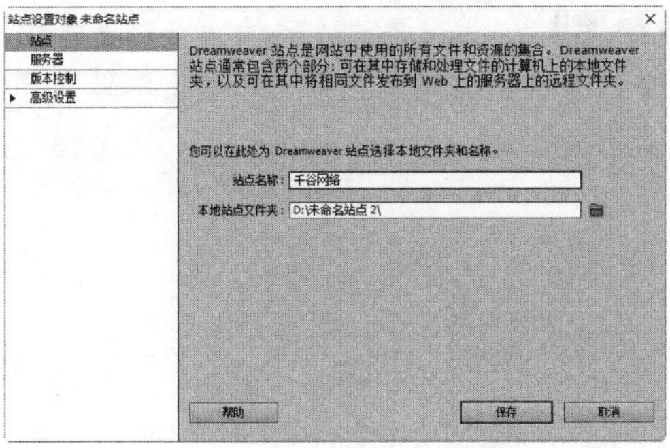

图 2-58 【站点设置对象 未命名站点】对话框

步骤 2 单击【本地站点文件夹】文本框右侧的【浏览文件夹】按钮，即可打开【选择根文件夹】对话框，在该对话框中选择放置站点“千谷网络”的文件夹，如图 2-59 所示。

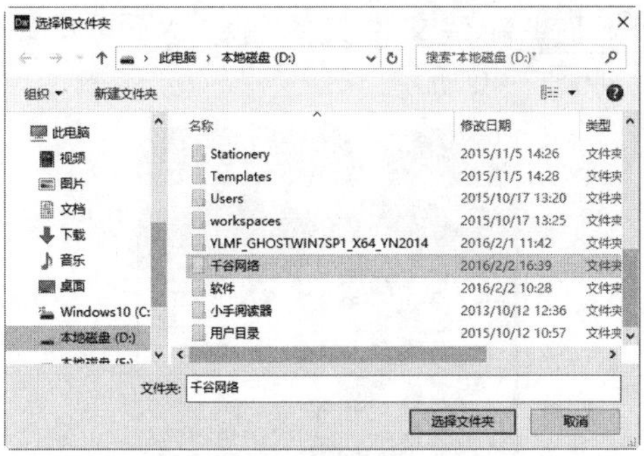

图 2-59 选择站点存放的文件夹

步骤 3 单击【选择文件夹】按钮，返回到【站点设置对象】对话框，此时可以看到【本地站点文件夹】文本框中已经显示为“D:\千谷网络\”，如图 2-60 所示。

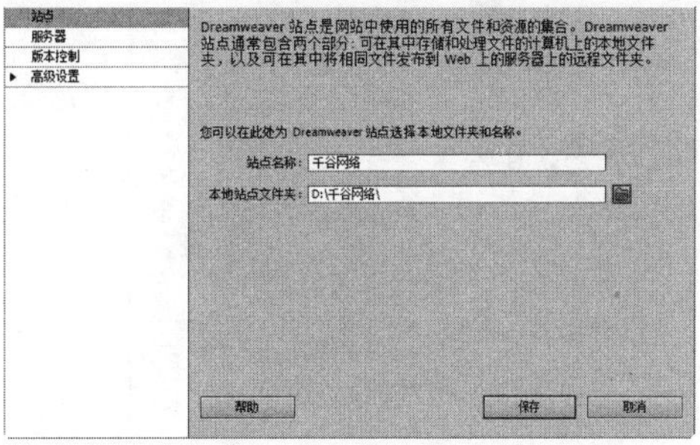

图 2-60 应用选择的文件夹

步骤 4 单击【保存】按钮，返回到 Dreamweaver CC 工作界面，然后选择【站点】→【管理站点】菜单命令，从打开的【管理站点】对话框中可以查看新建的站点，如图 2-61 所示。

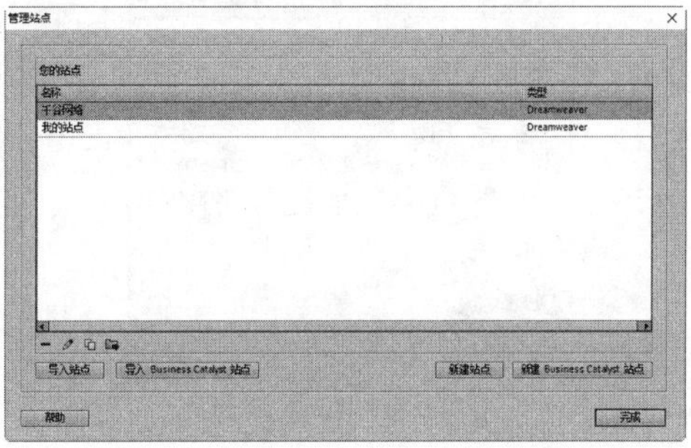

图 2-61 【管理站点】对话框

2.9 实战演练2——创建站点文件和文件夹

为了管理和日后的维护方便，可以创建一个文件夹来存放网站中的所有文件。在文件夹内创建几个子文件夹，可以将文件分别放在不同的文件夹中，如图片放在 images 文件夹内，HTML 文件放在根目录下等。

创建站点文件和文件夹的具体步骤如下。

步骤 1 选择【窗口】→【文件】菜单命令，打开【文件】面板，在站点名称“我的站点”上右击，在弹出的快捷菜单中选择【新建文件】菜单命令，如图 2-62 所示。

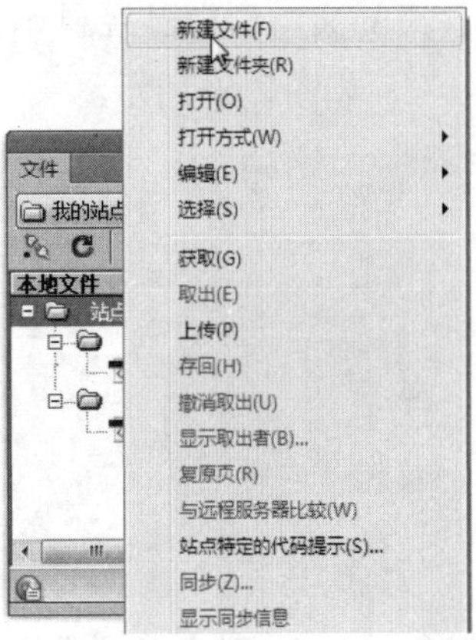

图 2-62　选择【新建文件】菜单命令

步骤 2 新建文件的名称处于可编辑状态，如图 2-63 所示。

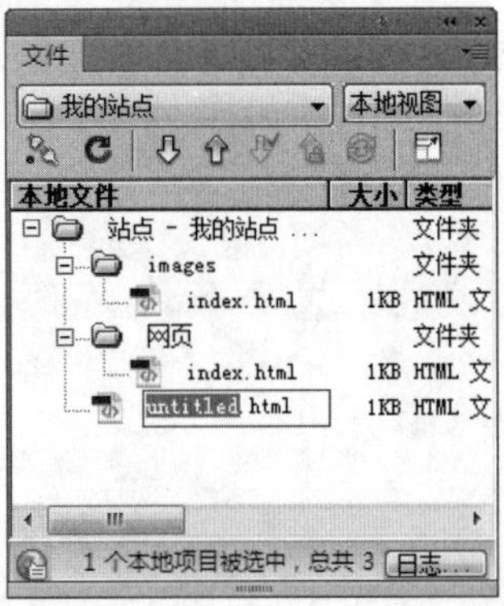

图 2-63　新建文件

步骤 3 将新建文件 untitled.html 重命名为 index.html，然后单击新建文件以外的任意位置，完成主页文件的创建，如图 2-64 所示。

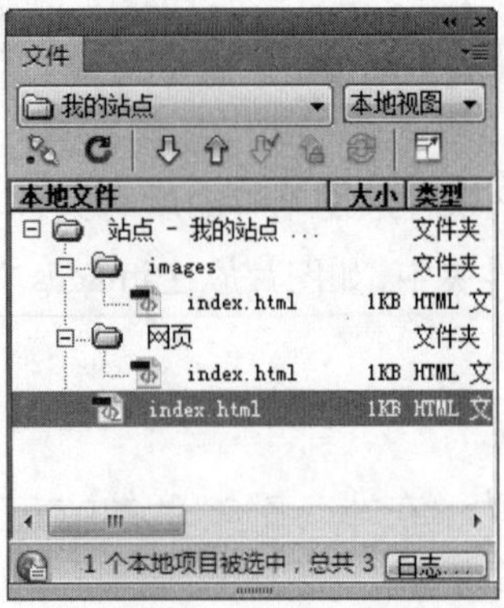

图 2-64　重命名文件

步骤 4 在站点名称“我的站点”上右击，在弹出的快捷菜单中选择【新建文件夹】菜单命令，如图 2-65 所示。

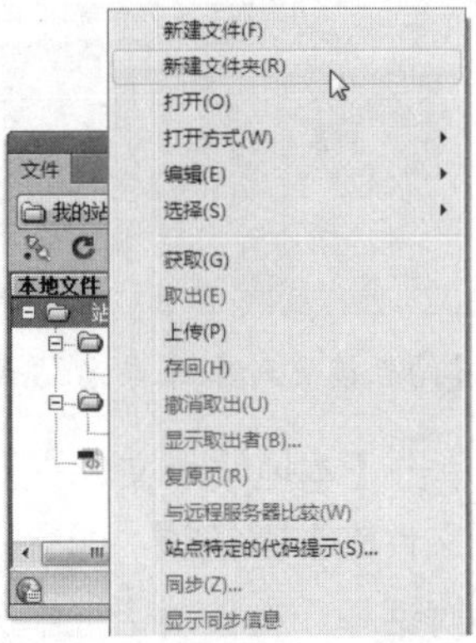

图 2-65　选择【新建文件夹】菜单命令

步骤 5 新建文件夹的名称处于可编辑状态，如图 2-66 所示。

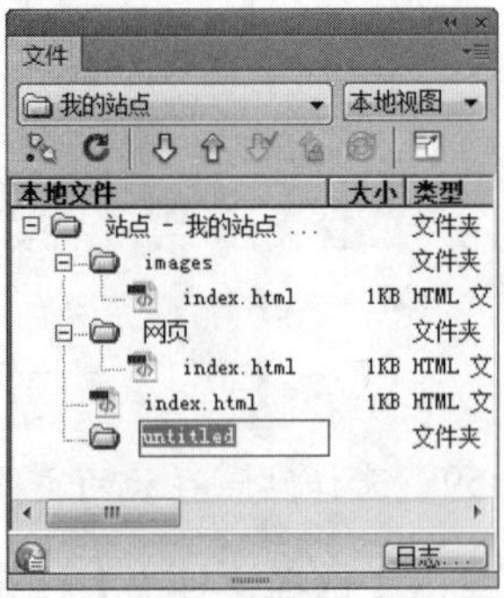

图 2-66　新建文件夹

步骤 6 将新建文件夹 untitled 重命名为“图片”，此文件夹用于存放图片。然后单击文件夹以外的任意位置，完成“图片”文件夹的创建，如图 2-67 所示。

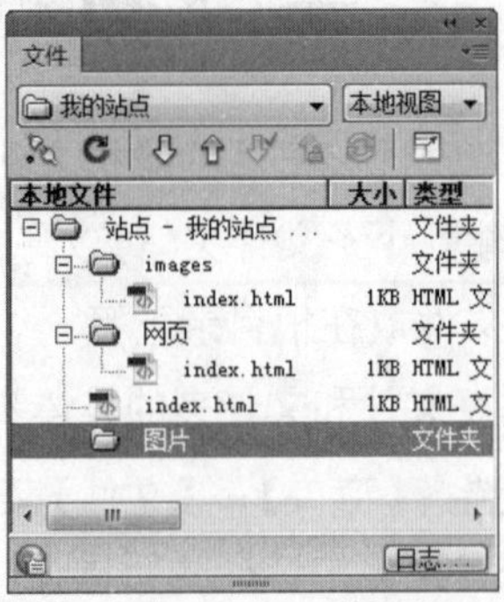

图 2-67　重命名文件夹

2.10 高手甜点

甜点 1：快速将文件添加到站点中的秘密。

如果站点已经创建完成，对于不在站点中的文件或文件夹，怎么才能快速添加到站点中呢？此时用户只需要选中文件或文件夹，按住鼠标左键不放，直接拖曳到 Dreamweaver CC 的【文件】面板中即可。

甜点 2：如何重命名文件或文件夹？

在【文件】面板中，选中需要重命名的文件或文件夹，右击并在弹出的快捷菜单中选择【编辑】→【重命名】菜单命令，即可进行重命名操作，如图 2-68 所示。另外，用户还可以选择文件或者文件夹后，按 F2 键进行重命名操作。

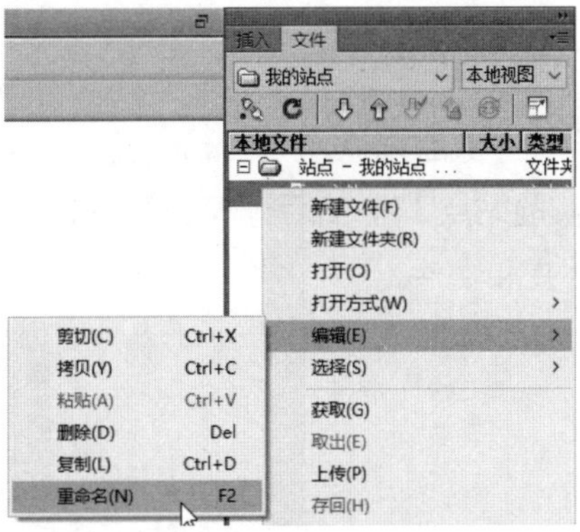

图 2-68　选择【重命名】菜单命令

甜点 3：如何导出与导入站点？

如果要在其他计算机上编辑同一个网站，此时可以通过导出站点的方法，将站点导出为 .ste 格式的文件，然后导入其他计算机上即可。具体操作步骤如下。

步骤 1 在【管理站点】对话框中，选中需要导出的站点后，单击【导出当前选定的站点】按钮，如图 2-69 所示。

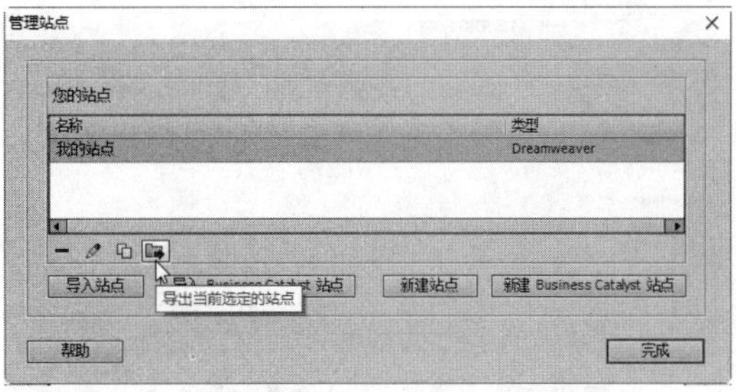

图 2-69　【管理站点】对话框

步骤 2 打开【导出站点】对话框，在【文件名】下拉列表框中输入导出文件的名称，单击【保存】按钮即可，如图 2-70 所示。

图 2-70　【导出站点】对话框

步骤 3 在其他计算机上打开【管理站点】对话框，单击【导入站点】按钮，如图 2-71 所示。

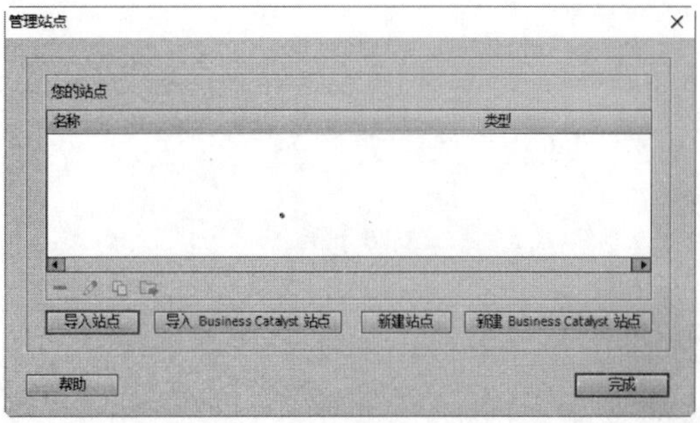

图 2-71　【管理站点】对话框

步骤 4 打开【导入站点】对话框，选中需要导入的文件，单击【打开】按钮，如图 2-72 所示。

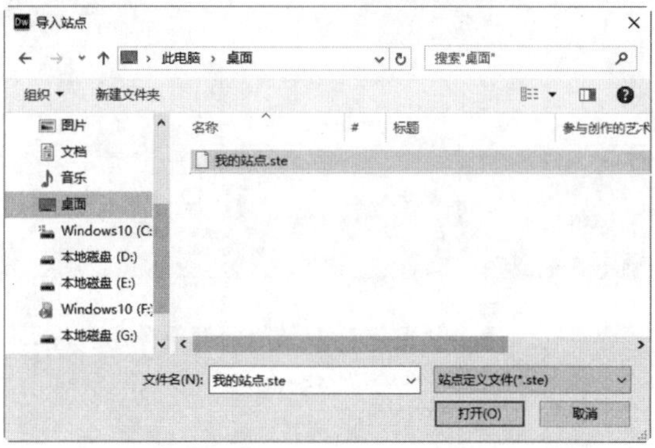

图 2-72 【导入站点】对话框

步骤 5 返回到【管理站点】对话框，即可看到新导入的站点，如图 2-73 所示。

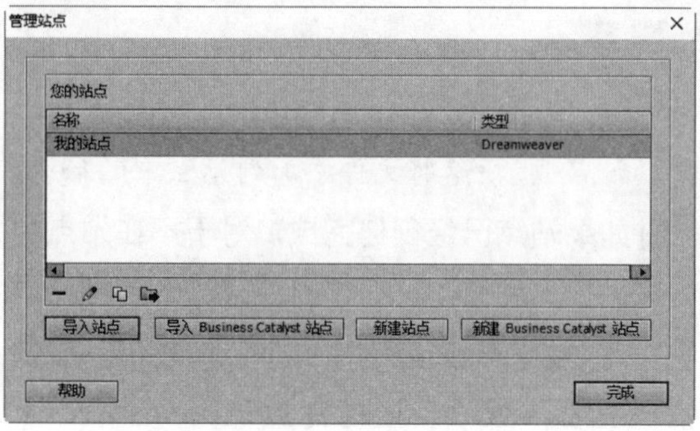

图 2-73 新导入的站点

2.11 跟我练练手

练习 1：安装 Dreamweaver CC 软件。

练习 2：熟悉 Dreamweaver CC 工作界面。

练习 3：创建两个站点，名称分别为“实验站点 1”和“实验站点 2”。

练习 4：编辑“实验站点 1”，将其复制，并命名为“实验站点 3”，然后将“实验站点 1”删除。

练习 5：选择“实验站点 2”，并在站点下新建文件夹和文件。

第 3 章

网页内容之美——创建网页中的文本

浏览网页时，文本是最直接的获取信息的方式。文本是基本的信息载体，不管网页内容如何丰富，文本自始至终都是网页中最基本的元素。本章重点学习文本的操作方法和技巧。

本章学习目标

◎ 掌握网页设计的基本操作

◎ 掌握设置页面属性的方法

◎ 掌握使用文字充实网页的方法

◎ 掌握特殊文本的操作方法

◎ 掌握在主页中添加跟踪图像的方法

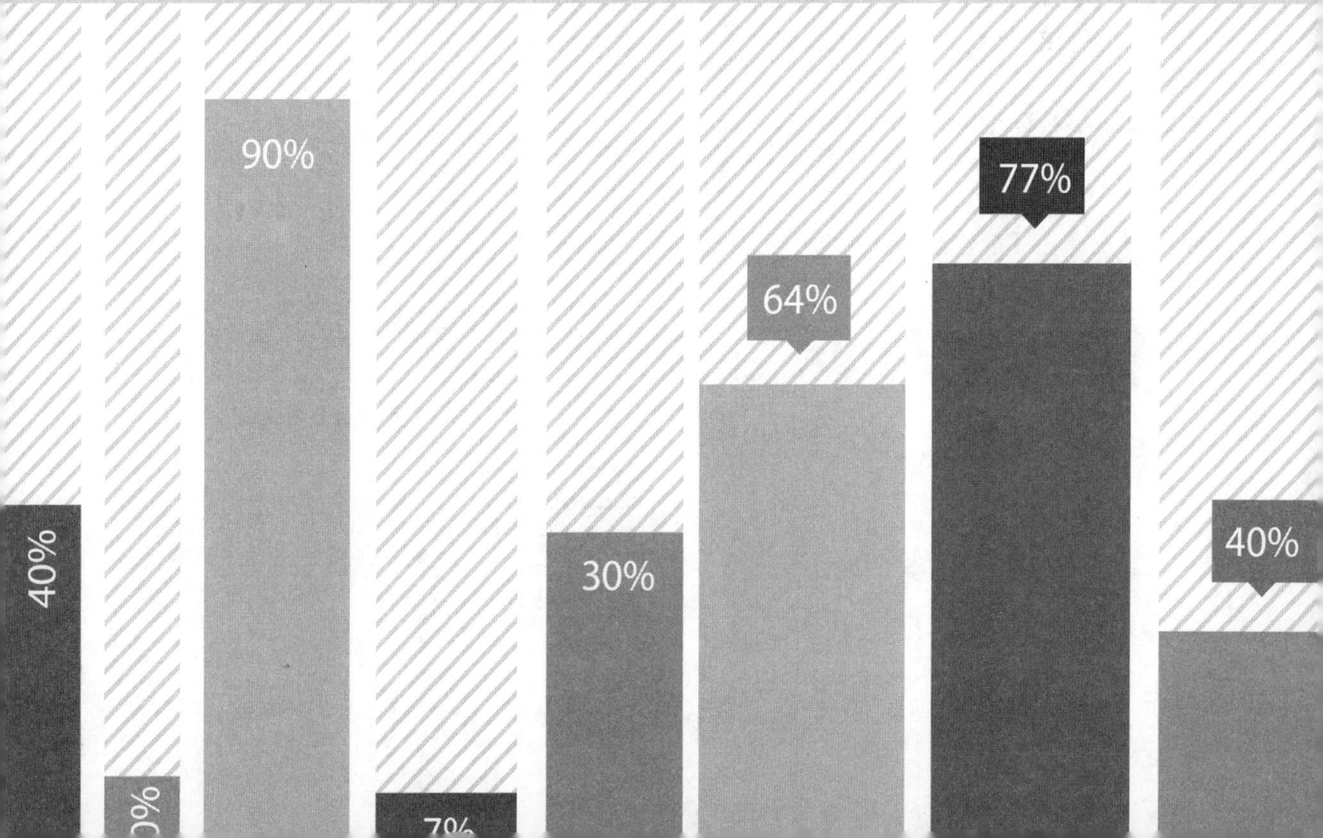

3.1 网页设计的基本操作

使用 Dreamweaver CC 可以编辑网站的网页，该软件为创建 Web 文档提供了灵活的环境。

3.1.1 案例 1——新建网页

制作网页的第一步就是创建空白文档，使用 Dreamweaver CC 创建空白文档的具体操作步骤如下。

步骤 1 选择【文件】→【新建】菜单命令。打开【新建文档】对话框。在对话框的左侧选择【空白页】选项，在【页面类型】列表框中选择 HTML 选项，在【布局】列表框中选择“< 无 >”选项，如图 3-1 所示。

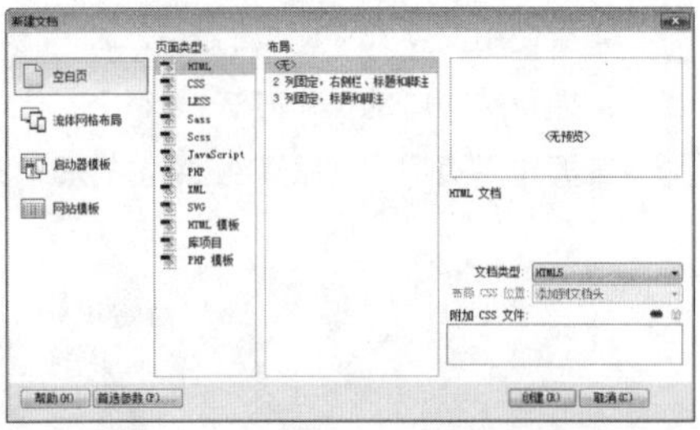

图 3-1 【新建文档】对话框

> **提示** 在 Dreamweaver CC 中，用户可以按 Ctrl+N 组合键快速打开【新建文档】对话框。

步骤 2 单击【创建】按钮，即可创建一个空白文档，如图 3-2 所示。

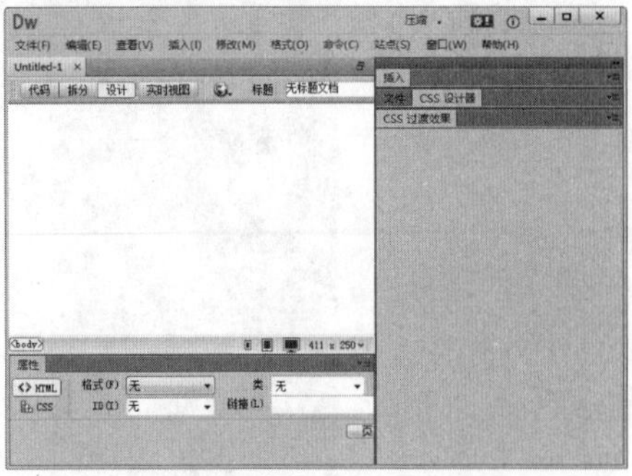

图 3-2 创建空白文档

3.1.2 案例 2——保存网页

网页制作完成后，用户经常会遇到的操作就是保存网页，具体操作步骤如下。

步骤 1 在 Dreamweaver CC 工作界面中选择【文件】→【保存】菜单命令，如图 3-3 所示。

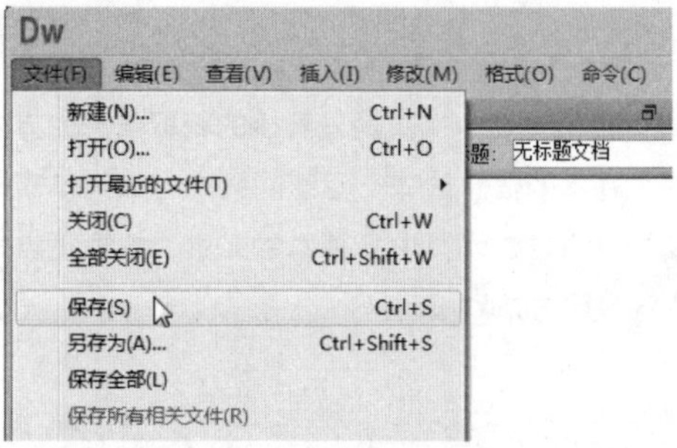

图 3-3 选择【保存】菜单命令

步骤 2 打开【另存为】对话框，设置文件的保存路径和文件名称后，单击【保存】按钮即可，如图 3-4 所示。

图 3-4 【另存为】对话框

> **提示** 为了提高保存网页的效率，用户可以直接按 Ctrl+S 组合键来保存网页文件。另外，用户选择【文件】→【另存为】菜单命令，也可以打开【另存为】对话框。

3.1.3　案例 3——打开网页

网页文件保存完成后，如果还需要编辑，则需要将其打开。常见的打开方法如下。

1　通过欢迎界面打开网页

启动 Dreamweaver CC 程序后，在打开的欢迎界面中单击【打开】按钮，即可在指定的位置中打开网页文件，如图 3-5 所示。

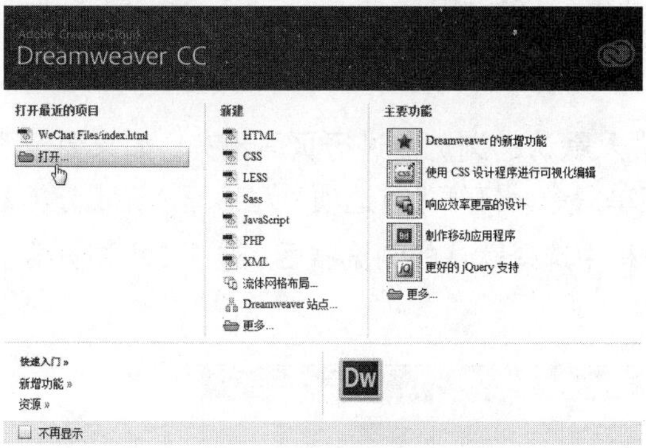

图 3-5　欢迎界面

2　通过【文件】菜单打开网页

在 Dreamweaver CC 工作界面中选择【文件】→【打开】菜单命令，即可打开【打开】对话框，然后选择文件即可，如图 3-6 所示。

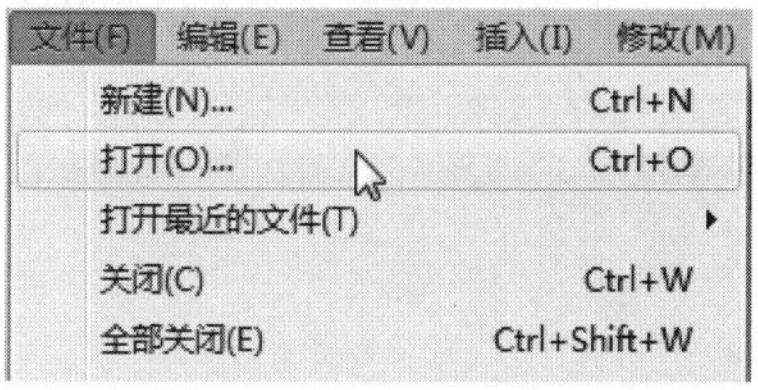

图 3-6　选择【打开】菜单命令

3　通过最近访问的文件打开网页

在 Dreamweaver CC 工作界面中选择【文件】→【打开最近的文件】菜单命令，在弹出的子菜单中选择需要打开的文件即可，如图 3-7 所示。

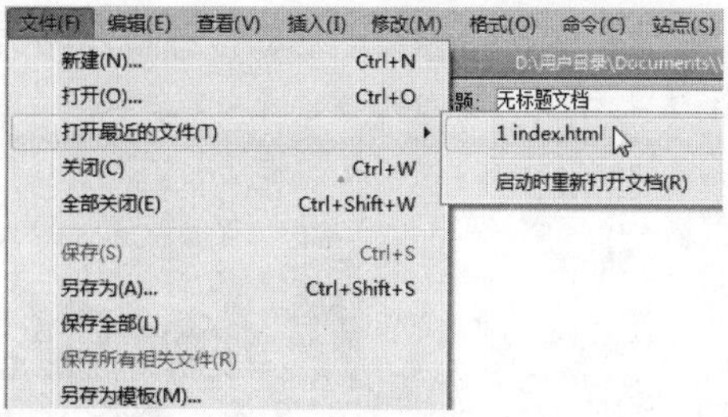

图 3-7　通过最近访问的文件打开网页

4　通过【打开方式】菜单打开网页

在需要打开的网页文件上右击，并在弹出的快捷菜单中选择【打开方式】→ Adboe Dreamweaver CC 菜单命令，即可打开选择的网页文件，如图 3-8 所示。

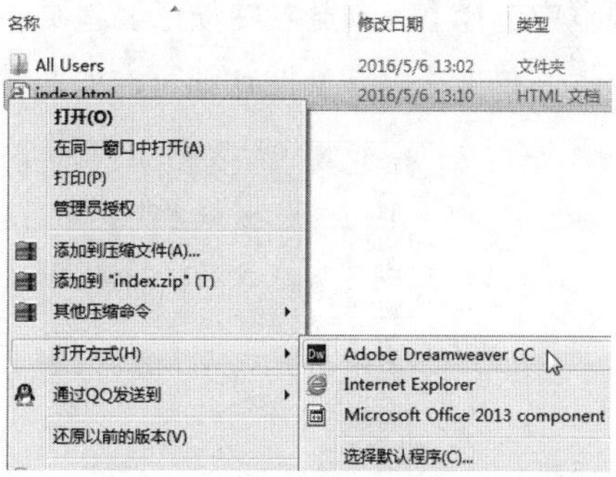

图 3-8　通过【打开方式】菜单打开网页

提示　用户选择网页文件后，按住鼠标左键不放，直接拖曳到 Dreamweaver CC 软件工作界面上，也可以快速打开该网页文件。

3.1.4　案例 4——预览网页

在设计网页的过程中，如果想查看网页的显示效果，可以通过预览功能查看。具体操作步骤如下。

步骤 1　选择【文件】→【在浏览器中预览】菜单命令，在弹出的子菜单中选择查看网页的浏览器，这里选择 IEXPLORE 命令，如图 3-9 所示。

步骤 2 浏览器会自动启动，并显示网页的最终显示效果，如图 3-10 所示。

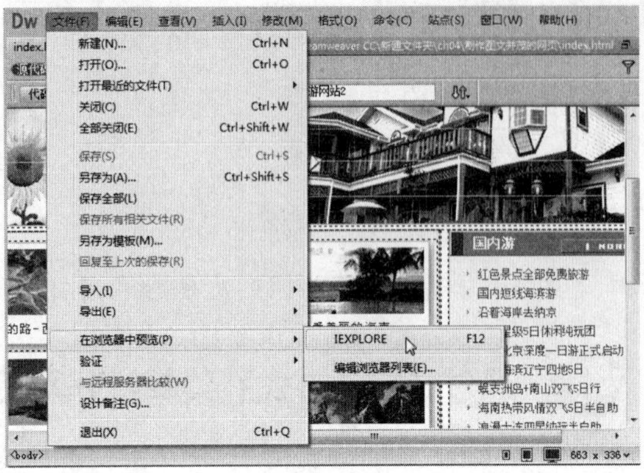

图 3-9 选择 IEXPLORE 命令

图 3-10 预览网页效果

步骤 3 如果想快速预览网页，按 F12 键可以进入默认的浏览器进行页面预览。如果要修改默认的浏览器，可以选择【编辑】→【首选项】菜单命令，打开【首选项】对话框，在【分类】列表框中选择【在浏览器中预览】选项，在右侧窗格中选择默认的浏览器后，选中【主浏览器】复选框，单击【确定】按钮即可，如图 3-11 所示。

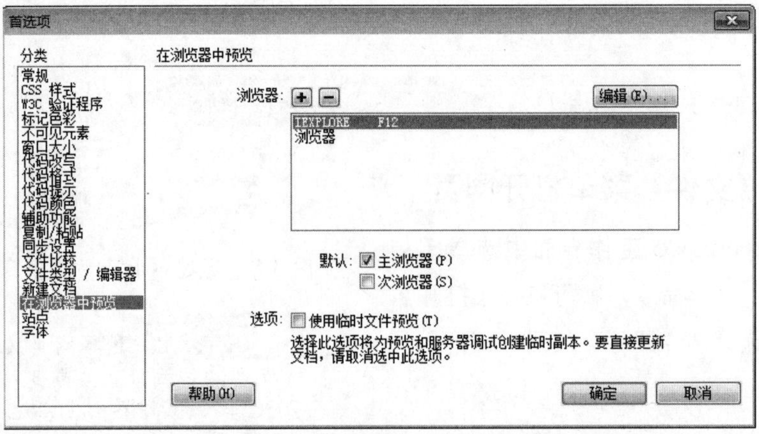

图 3-11 【首选项】对话框

3.2 设置页面属性

创建空白文档后，接下来需要对文件进行页面属性的设置，也就是设置整个网站页面的外观效果。选择【修改】→【页面属性】菜单命令，如图 3-12 所示；或按 Ctrl+J 组合键，打开【页面属性】对话框，从中可以设置外观、链接、标题、标题 / 编码和跟踪图像等属性。下面分别介绍如何设置页面的各种属性。

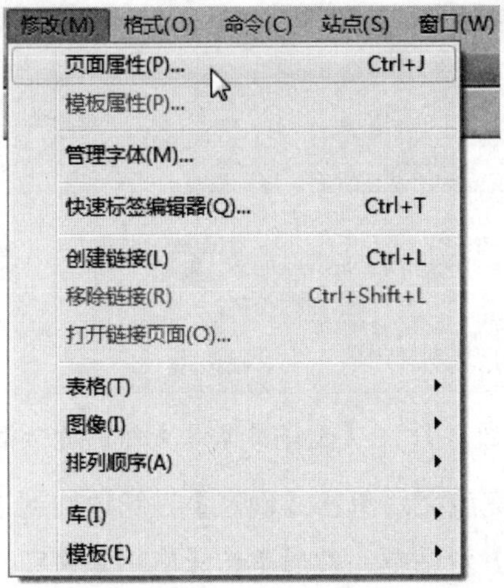

图 3-12　选择【页面属性】菜单命令

1 设置外观

在【页面属性】对话框的【分类】列表框中选择【外观 (CSS)】或【外观 (HTML)】选项，可以设置 CSS 外观和 HTML 外观，如设置页面字体、文字大小、文本颜色等属性。如图 3-13 所示为【外观 (CSS)】属性。

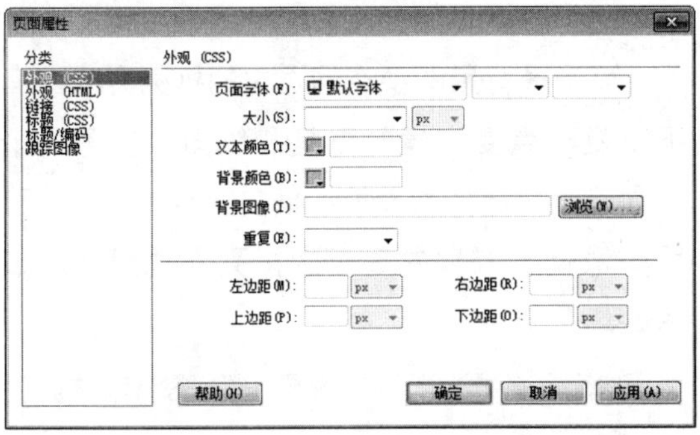

图 3-13　【页面属性】对话框

(1)　页面字体。

在【页面字体】下拉列表框中可以设置文本的字体样式。如这里选择一种字体样式，然后单击【应用】按钮，页面中的文本即可显示为这种字体样式，如图 3-14 所示。

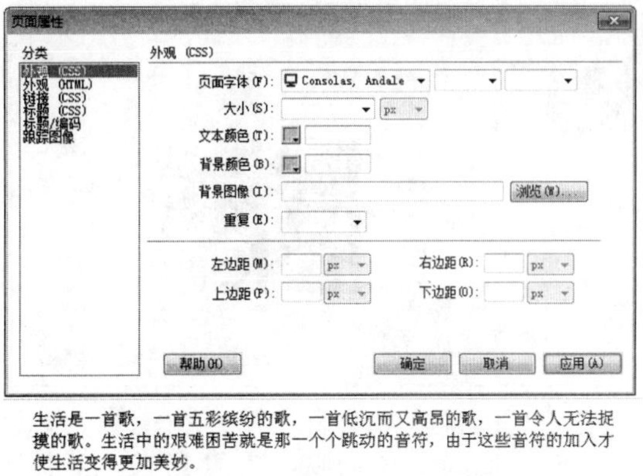

图 3-14　设置页面文本字体

(2)　大小。

在【大小】下拉列表框中可以设置文本的大小，这里选择 36，在右侧的单位下拉列表框中选择 px，单击【应用】按钮，页面中的文本即可显示为 36px 大小，如图 3-15 所示。

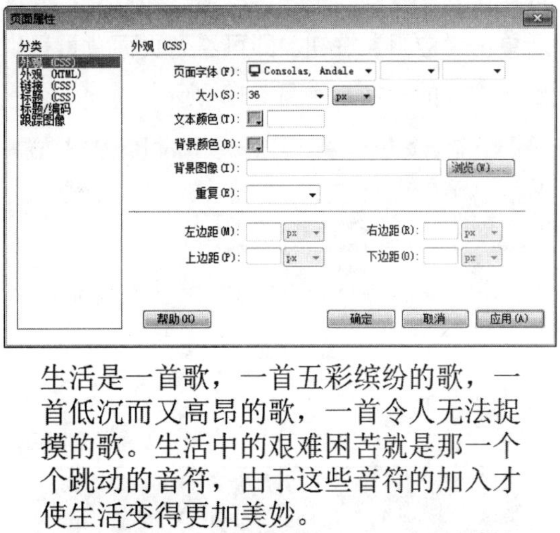

图 3-15　设置页面文本大小

(3)　文本颜色。

在【文本颜色】文本框中输入文本显示颜色的十六进制值，或者单击文本框左侧的【选择颜色】按钮，即可在弹出的颜色选择器中选择文本的颜色。单击【应用】按钮，即可看到文本呈现为选中的颜色，如图 3-16 所示。

图 3-16　设置页面文本颜色

(4)　背景颜色。

在【背景颜色】文本框中设置背景颜色，这里输入墨绿色的十六进制值“#09F”，完成后单击【应用】按钮，即可看到页面背景呈现出所输入的颜色，如图 3-17 所示。

图 3-17　设置页面背景颜色

(5)　背景图像。

在【背景图像】文本框中，可直接输入网页背景图像的路径，或者单击文本框右侧的【浏览】按钮，在弹出的【选择图像源文件】对话框中选择图像作为网页背景图像，如图 3-18 所示。

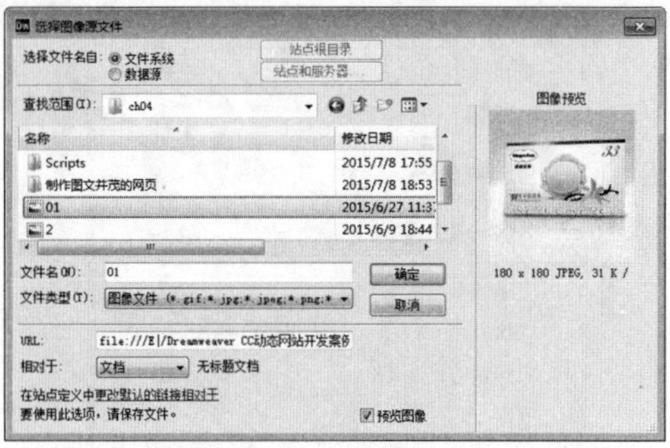

图 3-18　【选择图像源文件】对话框

完成之后单击【确定】按钮返回到【页面属性】对话框，然后单击【应用】按钮，即可看到页面显示的背景图像，如图 3-19 所示。

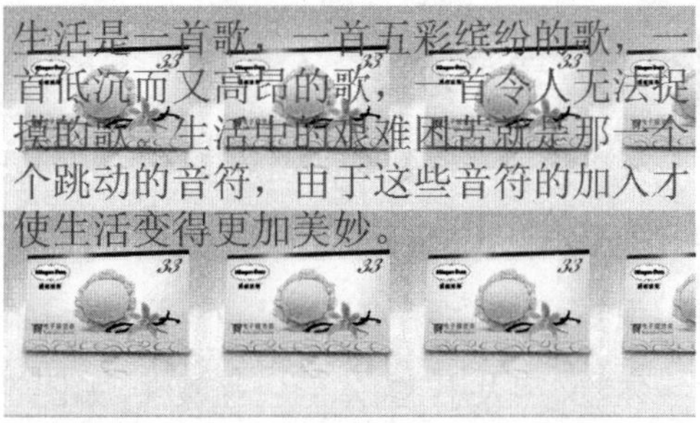
生活是一首歌，一首五彩缤纷的歌，一首低沉而又高昂的歌，一首令人无法捉摸的歌。生活中的艰难困苦就是那一个个跳动的音符，由于这些音符的加入才使生活变得更加美妙。

图 3-19　设置页面背景图像

(6)　重复。

可选择背景图像在网页中的排列方式，有不重复、重复、横向重复和纵向重复等 4 个选项。比如选择 repeat-x(横向重复) 选项，背景图像就会以横向重复的排列方式显示，如图 3-20 所示。

图 3-20　设置背景图像的排列方式

(7)　左边距、上边距、右边距和下边距。

【左边距】、【上边距】、【右边距】、

【下边距】用于设置页面四周边距的大小，如图 3-21 所示。

图 3-21　设置页面四周边距

> **提示** 背景图像和背景颜色不能同时显示。如果在网页中同时设置这两个选项，在浏览网页时则只显示网页的背景图像。

除了通过 CSS 设置页面属性外，还可以通过【外观 (HTML)】分类来设置，包括背景图像、背景、文本、链接和边距大小等，如图 3-22 所示。

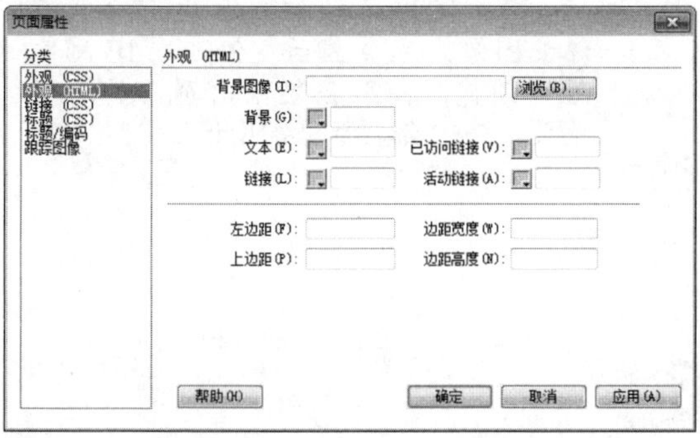

图 3-22　【页面属性】对话框

2　设置链接

在【页面属性】对话框的【分类】列表框中选择【链接 (CSS)】选项，则可设置链接的属性，如图 3-23 所示。

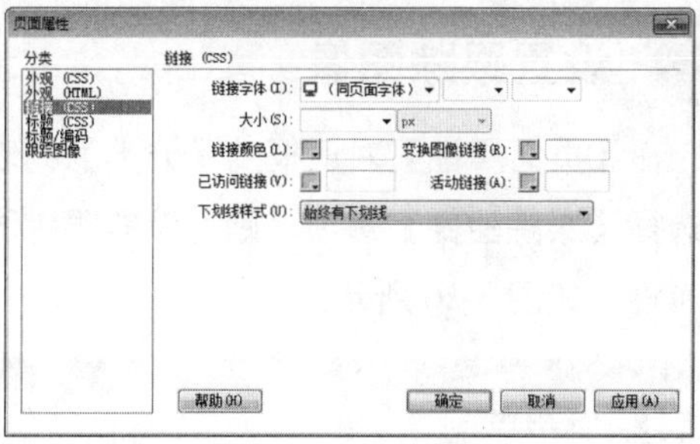

图 3-23　设置页面的链接

3　设置标题

在【页面属性】对话框的【分类】列表框中选择【标题 (CSS)】选项，则可设置标题的属性，如图 3-24 所示。

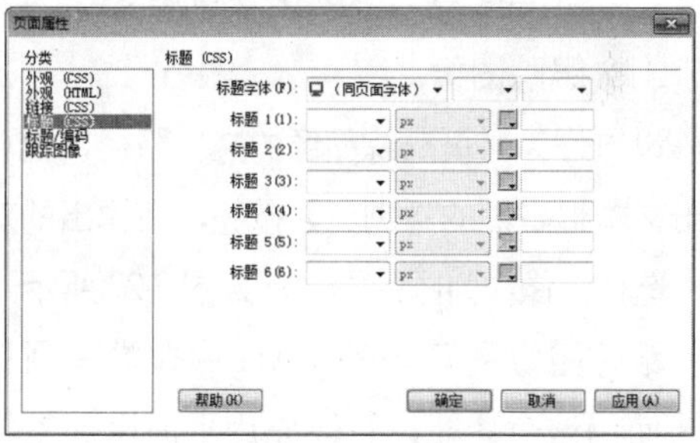

图 3-24　设置页面标题

4　设置标题 / 编码

在【页面属性】对话框的【分类】列表框中选择【标题 / 编码】选项，可以设置标题 / 编码的属性，比如网页的标题、文档类型和网页中文本的编码，如图 3-25 所示。

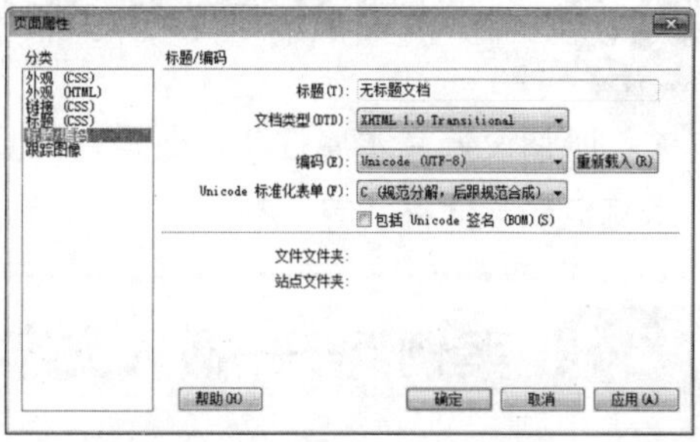

图 3-25　设置标题 / 编码

5 设置跟踪图像

在【页面属性】对话框的【分类】列表框中选择【跟踪图像】选项，则可设置跟踪图像的属性，如图 3-26 所示。

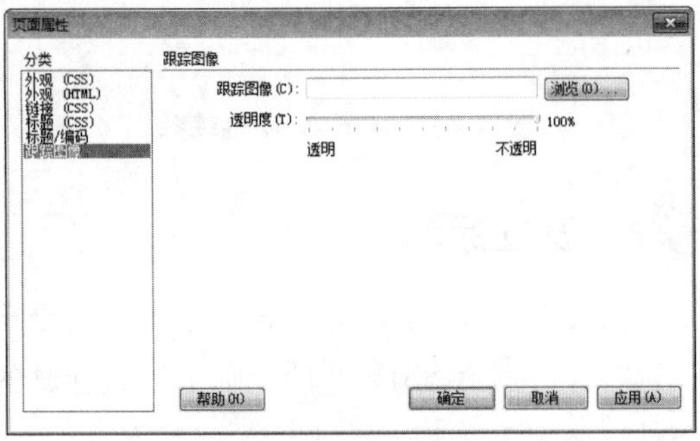

图 3-26　设置跟踪图像

(1) 跟踪图像。

设置作为网页跟踪图像的文件路径，也可以单击文本框右侧的【浏览】按钮，在弹出的对话框中选择图像作为跟踪图像，如图 3-27 所示。

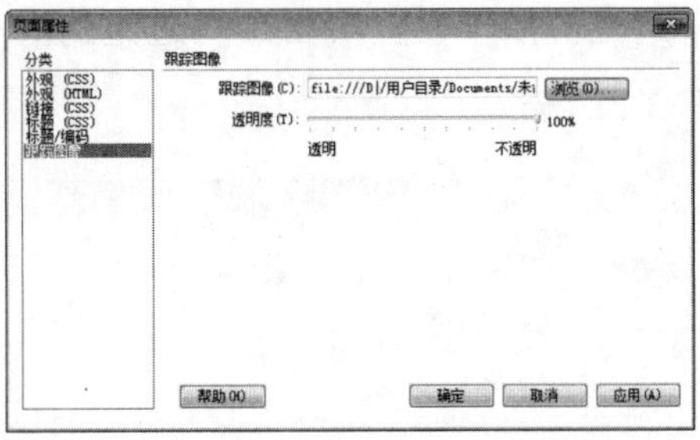

图 3-27　添加图像文件

跟踪图像是 Dreamweaver 中非常有用的功能。使用这个功能，可以先用平面设计工具设计出页面的平面版式，再以跟踪图像的方式导入页面中，这样用户在编辑网页时即可精确地定位页面元素。

(2) 透明度。

拖动【透明度】滑块，可以调整图像的透明度，如图 3-28 所示。透明度越高，图像越不明显。

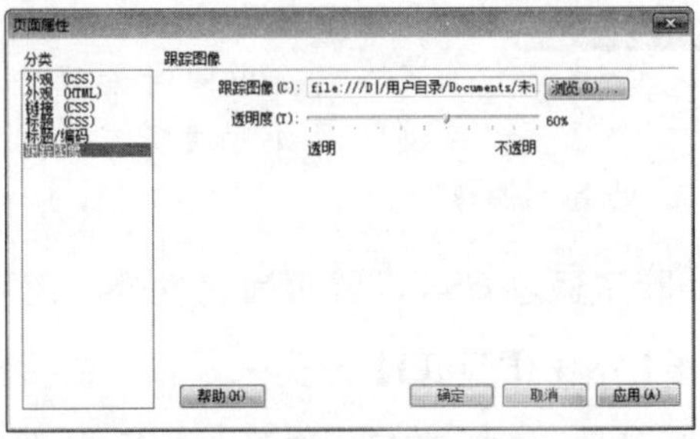

图 3-28　设置图像的透明度

注意 使用了跟踪图像后，原来的背景图像则不会显示。但是在 IE 浏览器中预览时，则会显示出页面的真实效果，而不会显示跟踪图像。

3.3 用文字充实网页

所谓设置文本属性，主要是对网页中的文本格式进行编辑和设置，包括文本字体、文本颜色和字体样式等。

3.3.1 案例 5——插入文字

文字是基本的信息载体，是网页中最基本的元素之一。在网页中运用丰富的字体、多样的格式以及赏心悦目的文字效果，对于网站设计师来说是必不可少的技能。

在网页中插入文字的具体操作步骤如下。

步骤 1 选择【文件】→【打开】菜单命令，弹出【打开】对话框，在查找范围下拉列表框中定义打开文件的位置为“ch03\插入文字.html”，然后单击【打开】按钮，如图 3-29 所示。

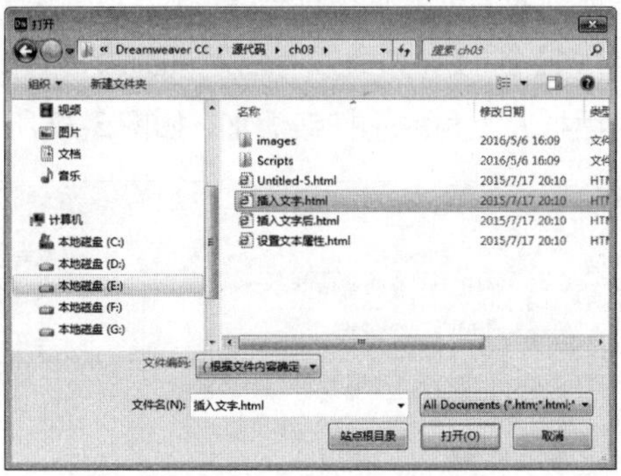

图 3-29　【打开】对话框

步骤 2 随即打开随书光盘中的素材文件，然后将光标放置在文档的编辑区，如图 3-30 所示。

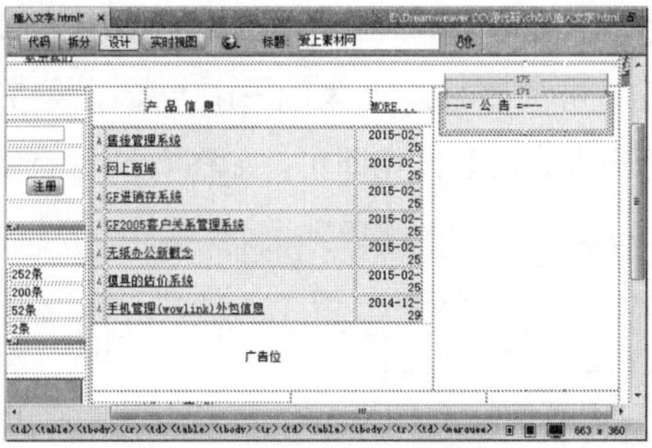

图 3-30　打开的素材文件

步骤 3 输入文字，如图 3-31 所示。

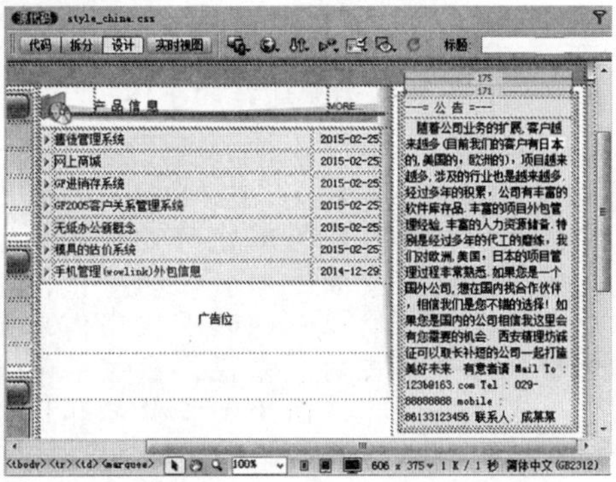

图 3-31　输入文字

步骤 4 选择【文件】→【另存为】菜单命令，将文件保存为“插入文字后.html”，按 F12 键在浏览器中预览效果，如图 3-32 所示。

图 3-32　预览网页

3.3.2 案例 6——设置字体

插入网页文字后，用户可以根据自己的需要对插入的文字进行设置，包括字体样式、字体大小、字体颜色等。

1 设置字体

对网页中的文本进行字体设置的具体步骤如下。

步骤 1 打开随书光盘中的“ch03\插入文字后.html”文件。在文档窗口中，选中要设置字体的文本，如图 3-33 所示。

图 3-33　选择文本

步骤 2 在下方的【属性】面板【字体】下拉列表框中选择字体，如图 3-34 所示。

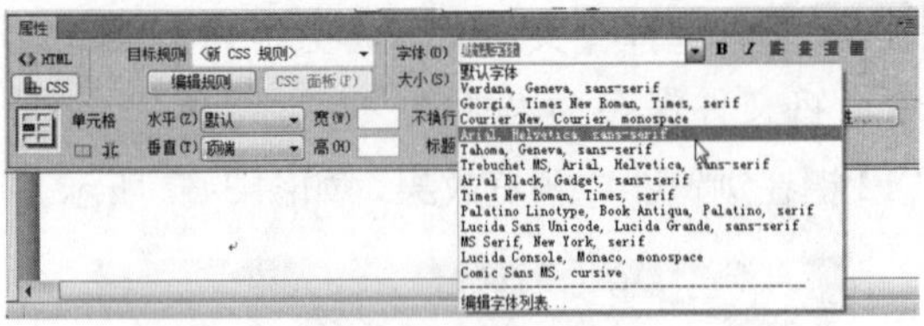

图 3-34　选择字体

步骤 3 选中的文本即可改变为所选字体。

2 无字体提示的解决方法

如果【字体】列表框中没有所要的字体，可以编辑字体列表框，具体的操作步骤如下。

步骤 1 在【属性】面板的【字体】下拉列表框中选择【编辑字体列表】选项，打开【编辑字体列表】对话框，如图 3-35 所示。

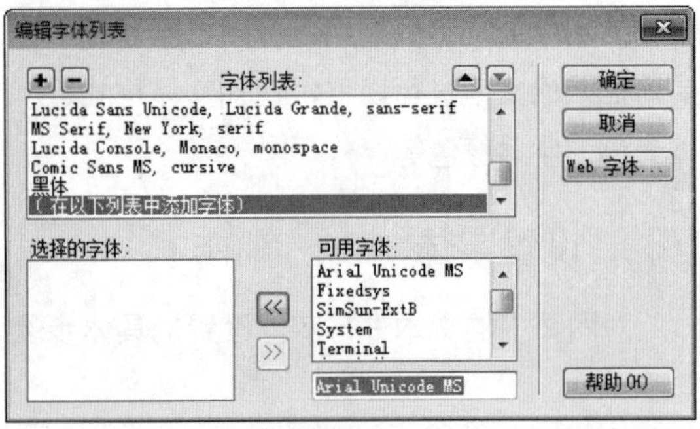

图 3-35　【编辑字体列表】对话框

步骤 2 在【可用字体】列表框中选择要使用的字体，然后单击«按钮，所选字体就会出现在左侧的【选择的字体】列表框中，如图 3-36 所示。

图 3-36　选择需要添加的字体样式

提示

【选择的字体】列表框显示当前选定字体列表项中包含的字体名称，【可用字体】列表框显示当前所有可用的字体名称。

步骤 3 如果要创建新的字体列表，可以从【字体列表】列表框中选择【(在以下列表中添加字体)】选项。如果没有出现该选项，可以单击对话框左上角的+按钮添加，如图 3-37 所示。

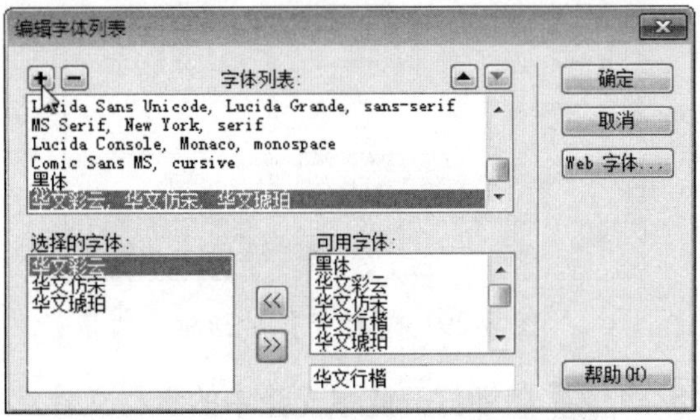

图 3-37　添加选择的字体

步骤 4 要从字体组合项中删除字体，可以从【字体列表】列表框中选定该字体组合项，然后单击列表框左上角的−按钮，设置完成后单击【确定】按钮即可，如图 3-38 所示。

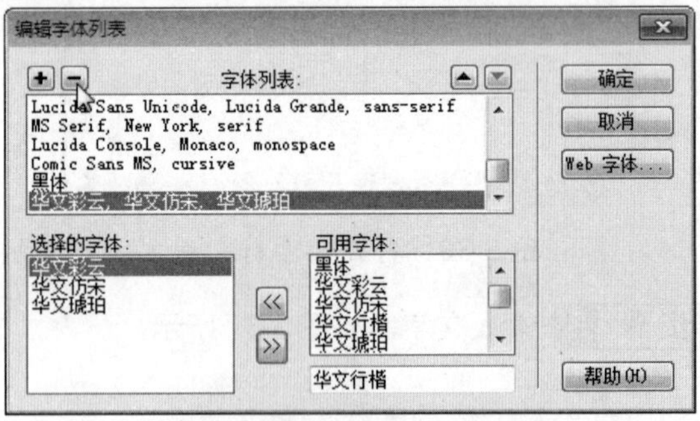

图 3-38　删除选择的字体

提示

一般来说，在网页中不使用特殊的字体，因为浏览网页的计算机中如果没有安装这些特殊的字体，在浏览时就只能以普通的默认字体来显示。对于中文网页来说，应该尽量使用宋体或黑体，因为大多数计算机都默认装有这两种字体。

3.3.3 案例 7——设置字号

字号是指字体的大小。在 Dreamweaver CC 中，设置文字字号的具体步骤如下。

步骤 1 打开随书光盘中的“ch03\插入文字后 .html”文件，选定要设置字号的文本，如图 3-39 所示。

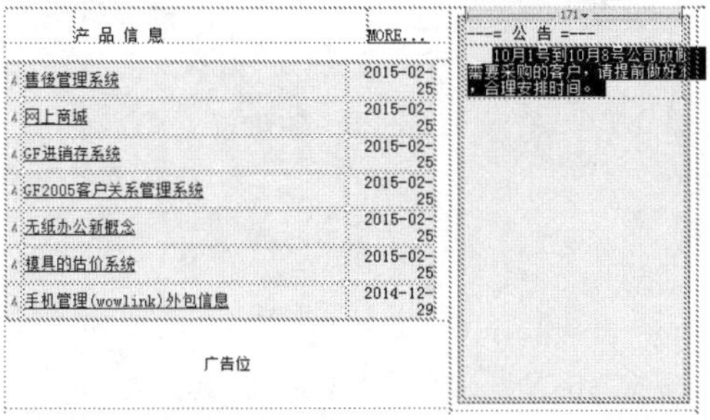

图 3-39　选择需要设置字号的文本

步骤 2 在【属性】面板的【大小】下拉列表框中选择字号，这里选择 18，如图 3-40 所示。

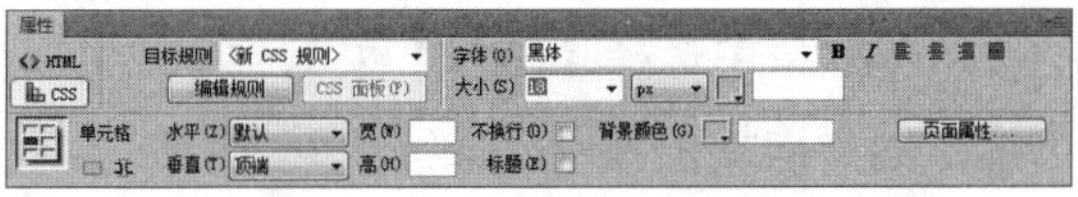

图 3-40　【属性】面板

步骤 3 这样选中的文本字体大小将更改为 18，如图 3-41 所示。

图 3-41　设置字号后的文本显示效果

> **提示**　如果希望设置字符相对默认字符大小的增减量，可以在【大小】下拉列表框中选择 xx-small、xx-large 或 smaller 等选项。如果希望取消对字号的设置，可以选择【无】选项。

3.3.4 案例 8——设置字体颜色

多彩的字体颜色会增强网页的表现力。在 Dreamweaver CC 中，设置字体颜色的具体步骤如下。

步骤 1 打开随书光盘中的“ch03\设置文本属性 .html”文件，选定要设置字体颜色的文本，如图 3-42 所示。

图 3-42　选择文本

步骤 2 在【属性】面板上单击【文本颜色】按钮，打开颜色选择器，从中选择需要的颜色，也可以直接在该按钮右边的文本框中输入颜色的十六进制数值，如图 3-43 所示。

图 3-43　设置文本颜色

> **提示**　设置颜色也可以选择【格式】→【颜色】菜单命令，弹出【颜色】对话框，从中选择需要的颜色，然后单击【确定】按钮即可，如图 3-44 所示。

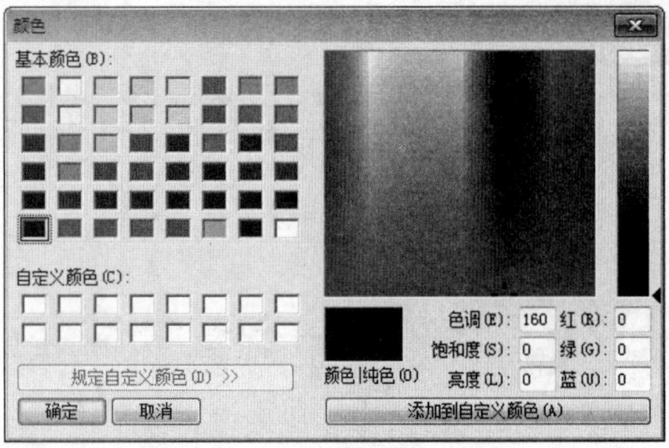

图 3-44　【颜色】对话框

步骤 3 选定颜色后，选中的文本将更改为选定的颜色，如图 3-45 所示。

图 3-45　设置的文本颜色

3.3.5 案例 9——设置字体样式

字体样式是指字体的外观显示样式，如字体的加粗、倾斜、加下划线等。利用 Dreamweaver CC 可以设置多种字体样式，具体的操作步骤如下。

步骤 1 选定要设置字体样式的文本，如图 3-46 所示。

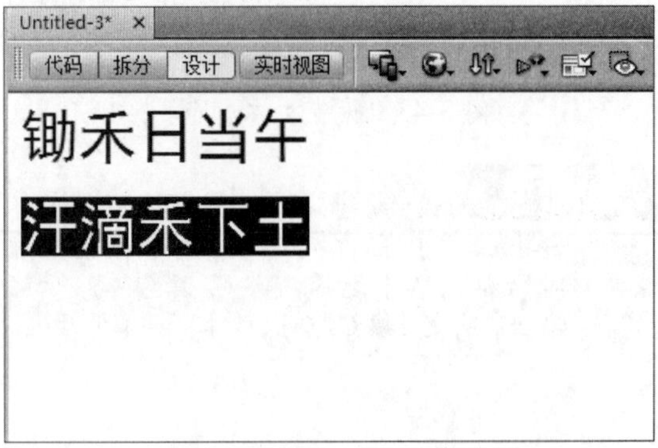

图 3-46　选择文本

步骤 2 选择【格式】→【HTML 样式】菜单命令，在弹出的子菜单中选择字体样式，如图 3-47 所示。

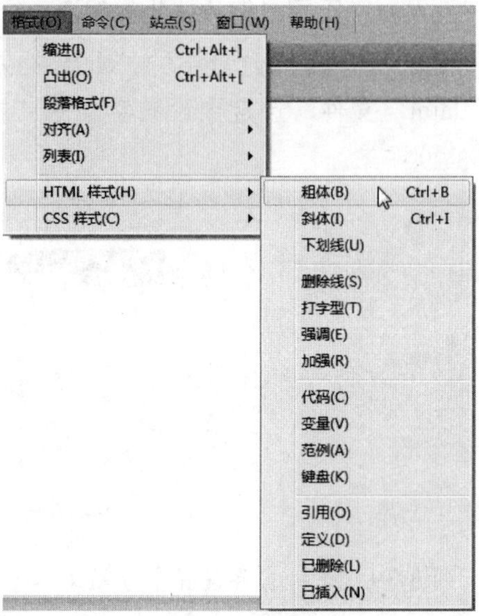

图 3-47　设置文本样式

子菜单中选项的含义如下。

(1)　粗体。

从子菜单中选择【粗体】菜单命令，可以将选定的文字加粗显示，如图 3-48 所示。

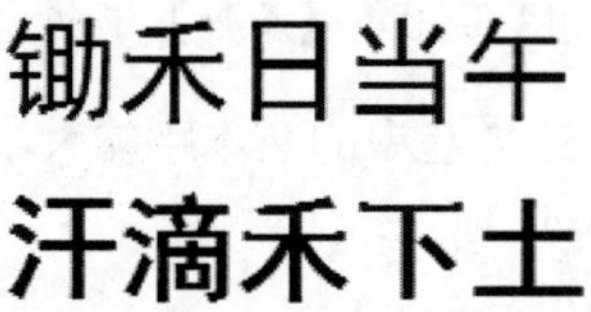

图 3-48　设置文字为粗体

(2)　斜体。

从子菜单中选择【斜体】菜单命令，可以将选定的文字显示为斜体样式，如图 3-49 所示。

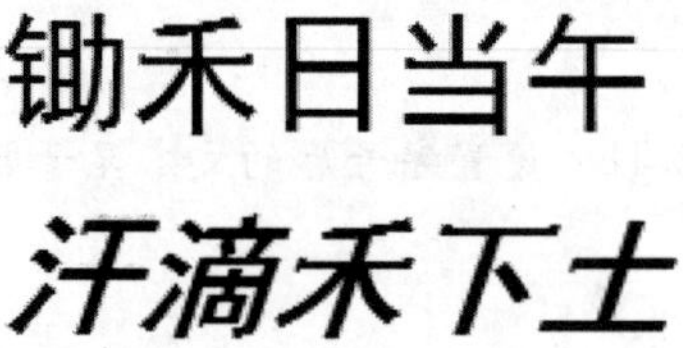

图 3-49　设置文字为斜体

⑶　下划线。

从子菜单中选择【下划线】菜单命令，可以在选定文字的下方显示一条下划线，如图 3-50 所示。

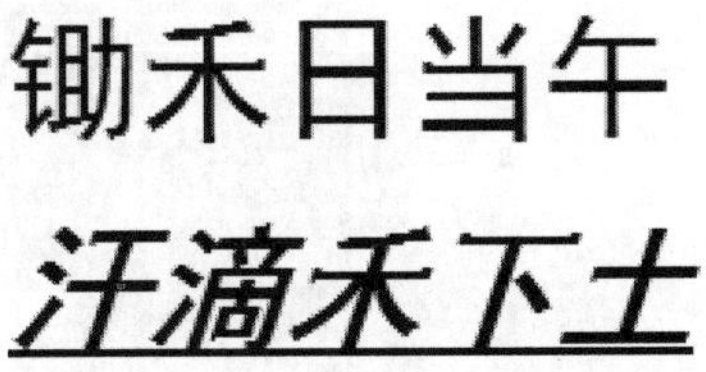

图 3-50　添加文字下划线

> **提示**　也可以利用【属性】面板设置字体的样式。选定字体后，单击【属性】面板上的 **B** 按钮为加粗样式，单击 *I* 按钮为斜体样式，如图 3-51 所示。

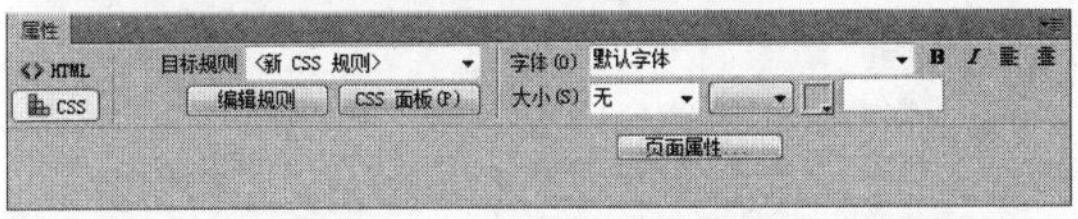

图 3-51　【属性】面板

> **提示**　还可以使用快捷键设置或取消字体样式。按 Ctrl+B 组合键，可以使选定的文本加粗；按 Ctrl+I 组合键，可以使选定的文本倾斜。

⑷　删除线。

如果从【格式】→【HTML 样式】子菜单中选择【删除线】菜单命令，就会在选定文字的中部横贯一条横线，表明文字被删除，如图 3-52 所示。

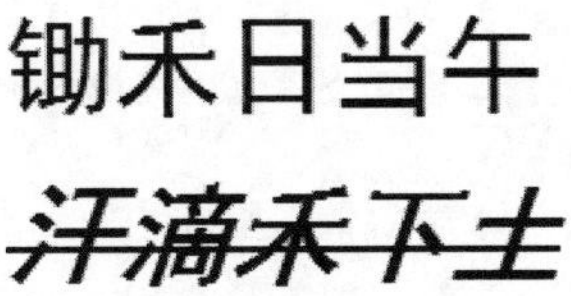

图 3-52　添加文字删除线

⑸　打字型。

如果从【格式】→【HTML 样式】子菜单中选择【打字型】菜单命令，就可以将选定的文本作为等宽度文本来显示，如图 3-53 所示。

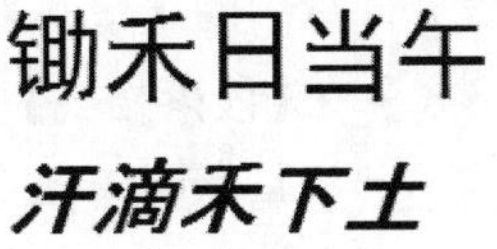

图 3-53　设置字体的打字效果

> **提示**　所谓等宽度字体，是指每个字符或字母的宽度相同。

⑹　强调。

如果从【格式】→【HTML 样式】子菜单中选择【强调】菜单命令，则表明选定的文字需要在文件中被强调。大多数浏览器会把它显示为斜体样式，如图 3-54 所示。

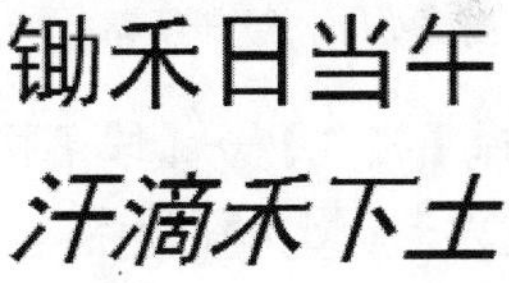

图 3-54　添加文字强调效果

⑺　加强。

如果从【格式】→【HTML 样式】子菜单中选择【加强】菜单命令，则表明选定的文字需要在文件中以加强的格式显示。大多数浏览器会把它显示为粗体样式，如图 3-55 所示。

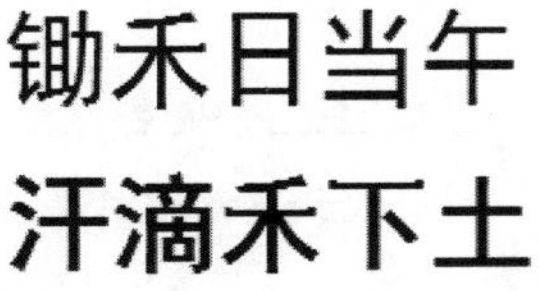

图 3-55　加强文字效果

3.3.6　案例 10——编辑段落

段落指的是一段格式上统一的文本。在文档窗口中每输入一段文字，按 Enter 键后，就会自动地形成一个段落。编辑段落主要是对网页中的一段文本进行设置。

1 设置段落格式

使用【属性】面板中的【格式】下拉列表框，或选择【格式】→【段落格式】菜单命令，都可以设置段落格式。具体的操作步骤如下。

步骤 1 将光标放置在段落中任意一个位置，或选择段落中的一些文本，如图 3-56 所示。

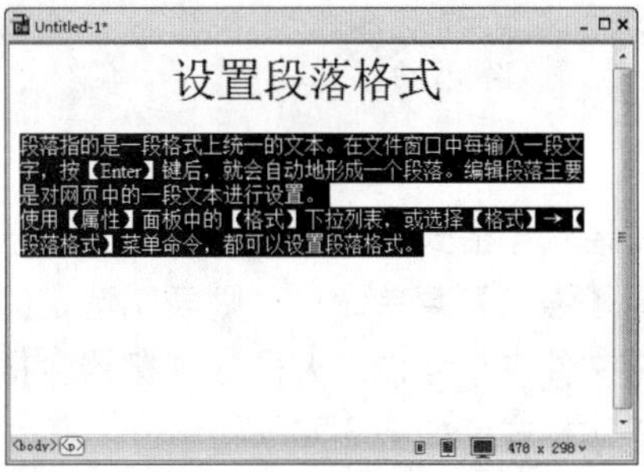
Untitled-1*
设置段落格式
段落指的是一段格式上统一的文本。在文件窗口中每输入一段文字，按【Enter】键后，就会自动地形成一个段落。编辑段落主要是对网页中的一段文本进行设置。
使用【属性】面板中的【格式】下拉列表，或选择【格式】→【段落格式】菜单命令，都可以设置段落格式。

图 3-56　选中段落

步骤 2 选择【格式】→【段落格式】子菜单中的菜单命令，如图 3-57 所示。

图 3-57　选择段落格式菜单

> **提示** 也可以在【属性】面板的【格式】下拉列表框中选择一个选项，如图 3-58 所示。

图 3-58　【属性】面板

步骤 3 选择一个段落格式（如【标题 1】），然后单击【拆分】按钮，在代码视图下可以看到与所选格式关联的 HTML 标签（如表示【标题 1】的 h1、表示【预先格式化的】文本的 pre 等）将应用于整个段落，如图 3-59 所示。

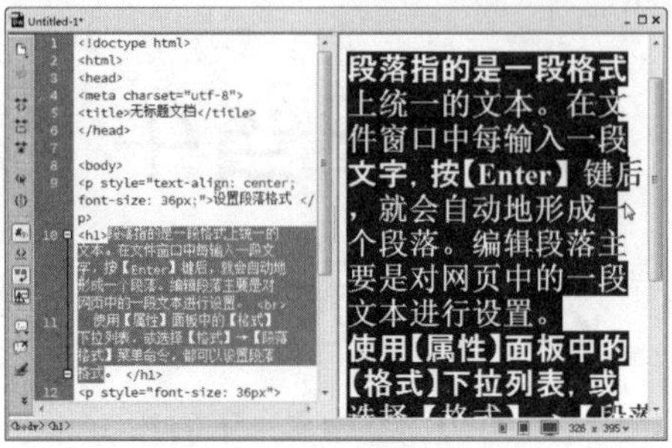

图 3-59　查看段落代码

步骤 4 对段落应用标题样式时，Dreamweaver 会自动将下一行文本作为普通段落，如图 3-60 所示。

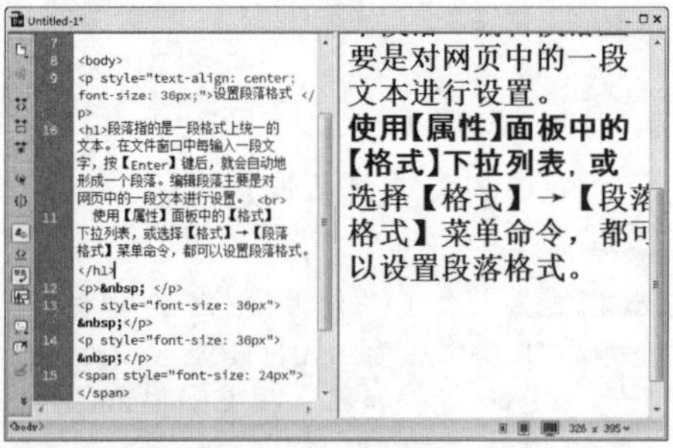

图 3-60　添加段落标签

> **提示** 若要更改为换行后切换到普通段落功能，可以选择【编辑】→【首选参数】菜单命令，弹出【首选项】对话框，然后在【常规】分类的【编辑选项】区域中，取消选中【标题后切换到普通段落】复选框，如图 3-61 所示。

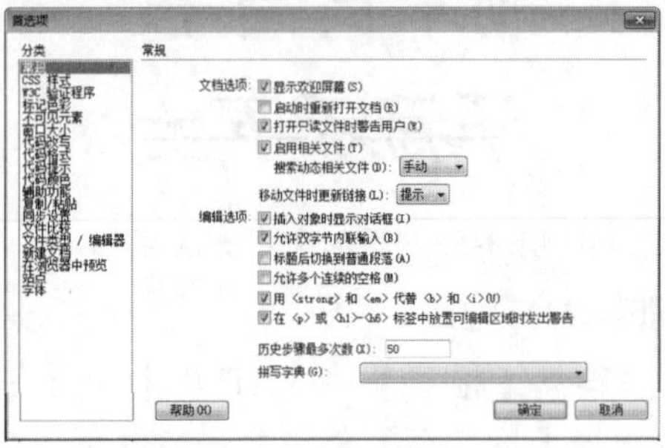

图 3-61　【首选项】对话框

2　定义预格式化

在 Dreamweaver 中，不能连续地输入多个空格。在显示一些特殊格式的段落文本(如诗歌)时，这一点就会显得非常不方便。如图 3-62 所示为输入空格后的段落显示效果。

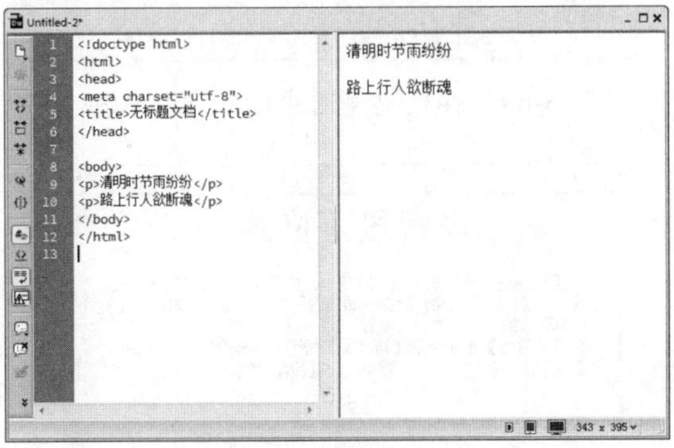
Untitled-2*
<!doctype html>
<html>
<head>
<meta charset="utf-8">
<title>无标题文档</title>
</head>
<body>
<p>清明时节雨纷纷</p>
<p>路上行人欲断魂</p>
</body>
</html>
清明时节雨纷纷
路上行人欲断魂
343 x 395

图 3-62　输入空格后的段落显示效果

在这种情况下，可以使用预格式化标签 <p> 和 </p> 来解决这个问题。

> **提示**　预格式化指的是预先对 <p> 和 </p> 之间的文字进行格式化，这样，浏览器在显示其中的内容时，就会完全按照真正的文本格式来显示，即原封不动地保留文档中的空白，如空格及制表符等，如图 3-63 所示。

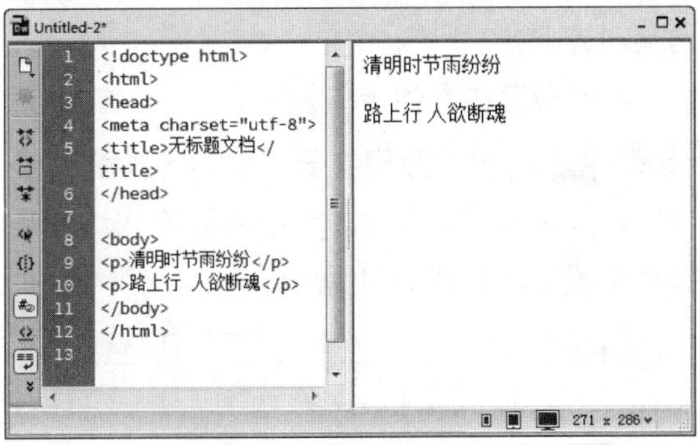
Untitled-2*
<!doctype html>
<html>
<head>
<meta charset="utf-8">
<title>无标题文档</title>
</head>
<body>
<p>清明时节雨纷纷</p>
<p>路上行　人欲断魂</p>
</body>
</html>
清明时节雨纷纷
路上行 人欲断魂
271 x 286

图 3-63　预格式化文字

在 Dreamweaver 中，设置预格式化段落的具体步骤如下。

步骤 1　将光标放置在要设置预格式化的段落中，如图 3-64 所示。

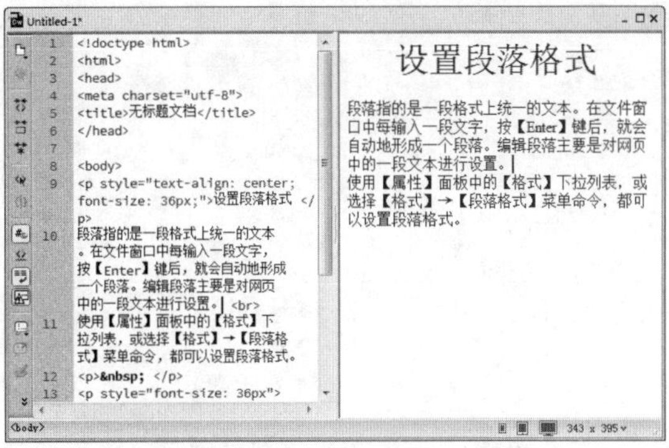
Untitled-1*
设置段落格式
段落指的是一段格式上统一的文本。在文件窗口中每输入一段文字，按【Enter】键后，就会自动地形成一个段落。编辑段落主要是对网页中的一段文本进行设置。
使用【属性】面板中的【格式】下拉列表，或选择【格式】→【段落格式】菜单命令，都可以设置段落格式。
343 x 395

图 3-64　选择需要预格式化的段落

> **提示**　如果要将多个段落设置为预格式化，则可同时选中多个段落的内容，如图 3-65 所示。

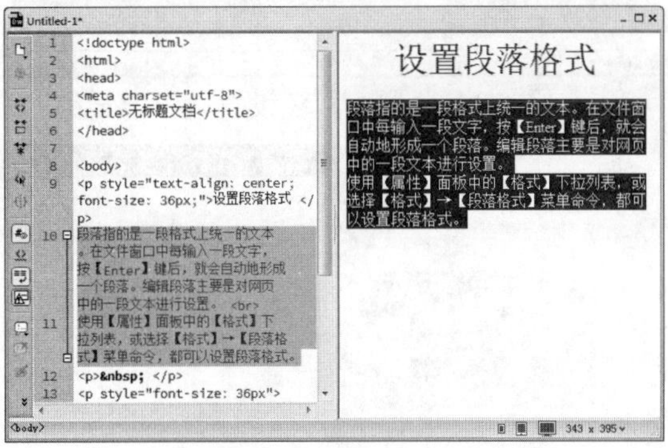
Untitled-1*
设置段落格式
段落指的是一段格式上统一的文本。在文件窗口中每输入一段文字，按【Enter】键后，就会自动地形成一个段落。编辑段落主要是对网页中的一段文本进行设置。
使用【属性】面板中的【格式】下拉列表，或选择【格式】→【段落格式】菜单命令，都可以设置段落格式。
343 x 395

图 3-65　选择多个段落

步骤 2　按 Ctrl+F3 组合键，打开【属性】面板，在【格式】下拉列表框中选择【预先格式化的】选项，如图 3-66 所示。

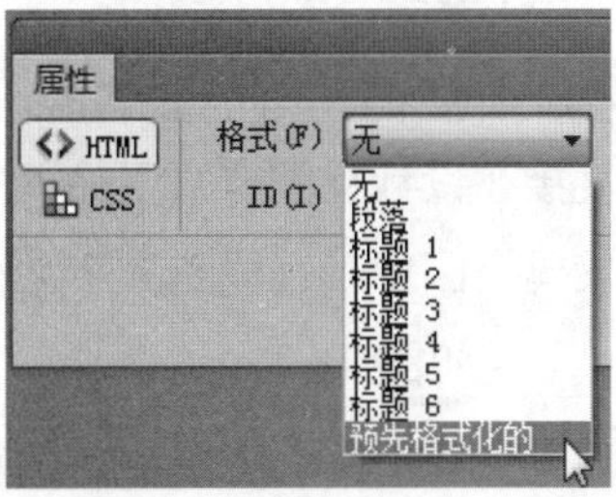
属性
HTML
CSS
格式(F)
ID(I)
无
段落
标题 1
标题 2
标题 3
标题 4
标题 5
标题 6
预先格式化的

图 3-66　选择【预先格式化的】选项

> **提示**　也可以选择【格式】→【段落格式】→【已编排格式】菜单命令，如图 3-67 所示。

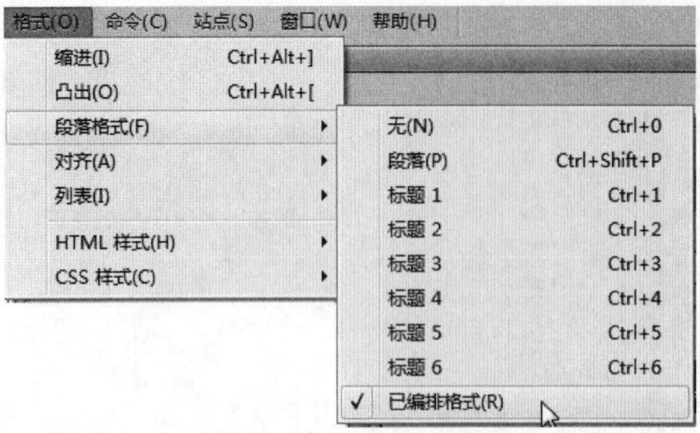
格式(O)
命令(C)
站点(S)
窗口(W)
帮助(H)
缩进(I) Ctrl+Alt+]
凸出(O) Ctrl+Alt+[
段落格式(F)
对齐(A)
列表(I)
HTML 样式(H)
CSS 样式(C)
无(N) Ctrl+0
段落(P) Ctrl+Shift+P
标题 1 Ctrl+1
标题 2 Ctrl+2
标题 3 Ctrl+3
标题 4 Ctrl+4
标题 5 Ctrl+5
标题 6 Ctrl+6
✓ 已编排格式(R)

图 3-67　选择段落格式菜单

注意 该操作会自动地在相应段落的两端添加 <pre> 和 </pre> 标签。如果原来段落的两端有 <p> 和 </p> 标签，则会分别用 <pre> 和 </pre> 标签来替换，如图 3-68 所示。

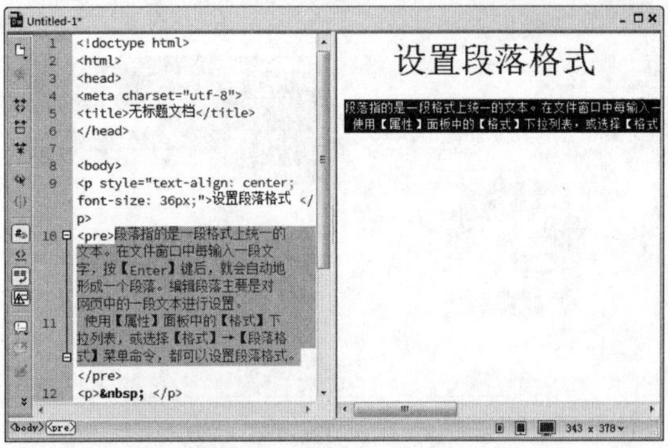
Untitled-1*
设置段落格式

图 3-68　添加段落标签 <pre>

提示 由于预格式化文本不能自动换行，因此除非绝对需要，否则尽量不要使用预格式化功能。

步骤 3 如果要在段落的段首空出两个空格，不能直接在设计视图方式下输入空格，而应切换到代码视图中，在段首文字之前输入代码“ ”，如图 3-69 所示。

步骤 4 该代码只表示一个半角字符，要空出两个汉字的位置，需要添加 4 个代码。这样，在浏览器中就可以看到段首已经空两个格了，如图 3-70 所示。

Untitled-1*

图 3-69　在代码视图中输入空格代码

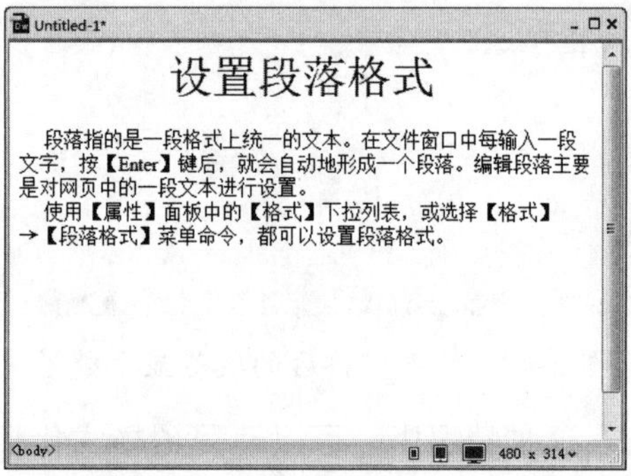
Untitled-1*
设置段落格式
段落指的是一段格式上统一的文本。在文件窗口中每输入一段文字，按【Enter】键后，就会自动地形成一个段落。编辑段落主要是对网页中的一段文本进行设置。
使用【属性】面板中的【格式】下拉列表，或选择【格式】→【段落格式】菜单命令，都可以设置段落格式。
480 x 314

图 3-70　设置段落首行缩进格式

3 设置段落的对齐方式

段落的对齐方式指的是段落相对文件窗口（或浏览器窗口）在水平位置的对齐方式，有 4 种对齐方式：左对齐、居中对齐、右对齐和两端对齐。

对齐段落的具体步骤如下。

步骤 1 将光标放置在要设置对齐方式的段落中。如果要设置多个段落的对齐方式，则选择多个段落，如图 3-71 所示。

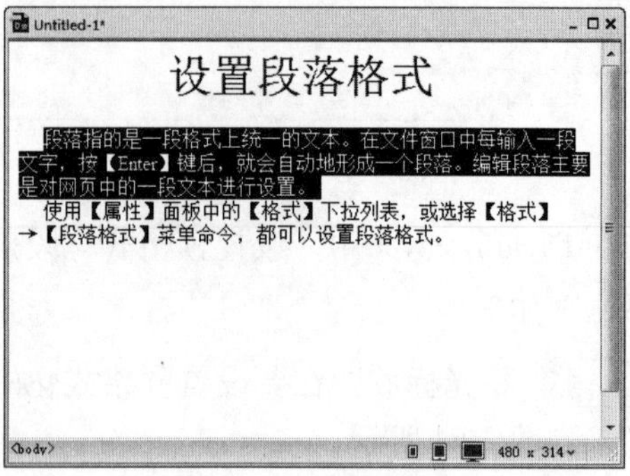
Untitled-1*
设置段落格式
段落指的是一段格式上统一的文本。在文件窗口中每输入一段文字，按【Enter】键后，就会自动地形成一个段落。编辑段落主要是对网页中的一段文本进行设置。
使用【属性】面板中的【格式】下拉列表，或选择【格式】→【段落格式】菜单命令，都可以设置段落格式。
480 x 314

图 3-71　选择段落

步骤 2 进行下列操作之一。

(1) 选择【格式】→【对齐】菜单命令，然后从子菜单中选择相应的对齐方式，如图 3-72 所示。

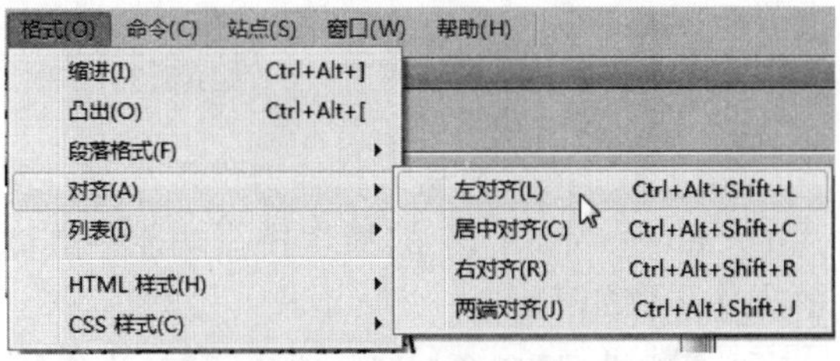

图 3-72　选择段落的对齐方式

(2) 单击【属性】面板的 CSS 选项卡中的对齐按钮，如图 3-73 所示。

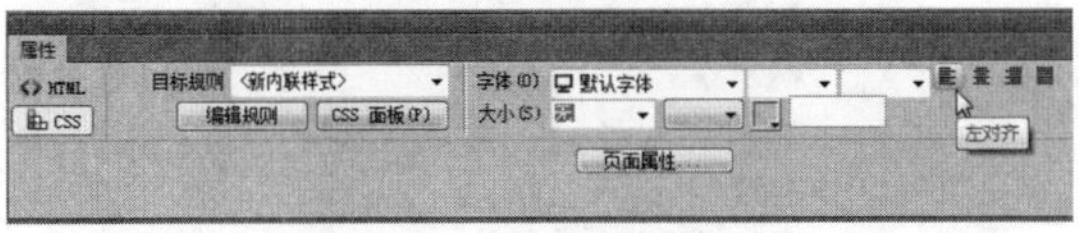

图 3-73　【属性】面板

可供选择的按钮有 4 个。

☆ 【左对齐】按钮：单击该按钮，可以设置段落相对文档窗口左对齐，如图 3-74 所示。

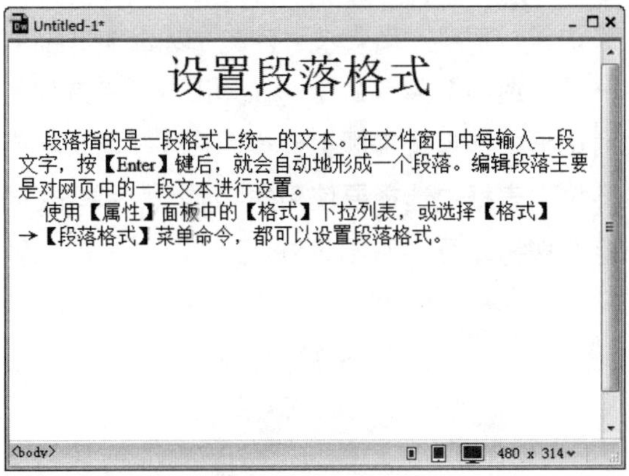

图 3-74　段落左对齐

☆ 【居中对齐】按钮：单击该按钮，可以设置段落相对文档窗口居中对齐，如图 3-75 所示。

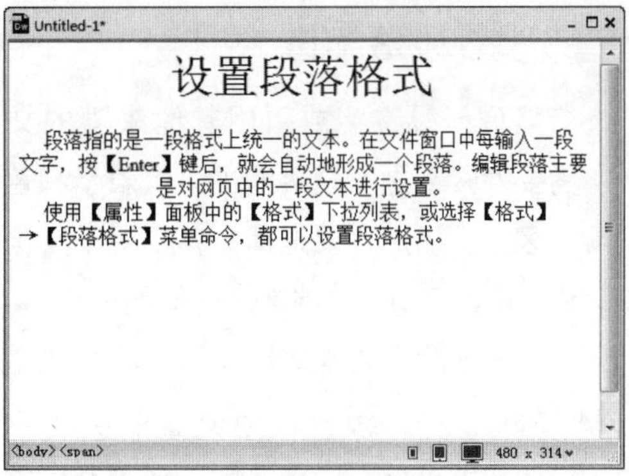

图 3-75　段落居中对齐

☆ 【右对齐】按钮：单击该按钮，可以设置段落相对文档窗口右对齐，如图 3-76 所示。

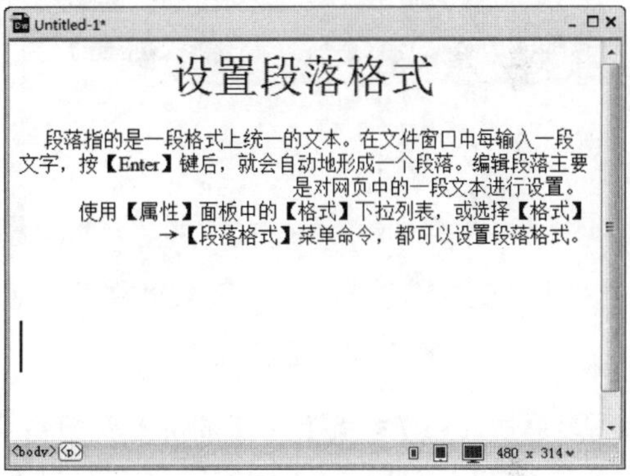

图 3-76　段落右对齐

☆ 【两端对齐】按钮：单击该按钮，可以设置段落相对文档窗口两端对齐，如图 3-77 所示。

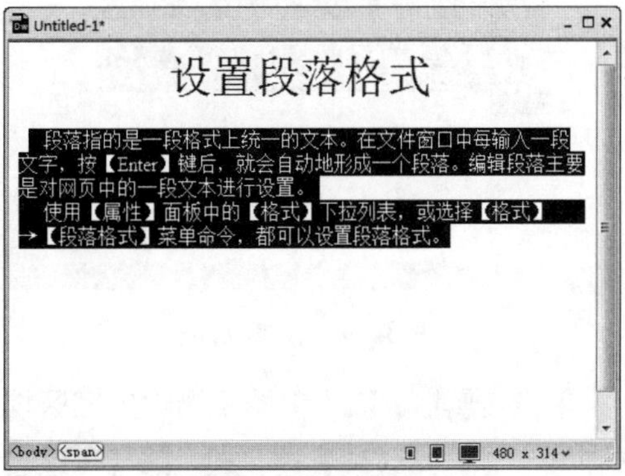

图 3-77　段落两端对齐

4 设置段落缩进

在强调一段文字或引用其他来源的文字时，需要对文字进行段落缩进，以表示和普通段落有区别。缩进主要是指内容相对于文档窗口（或浏览器窗口）左端产生的间距。

实现段落缩进的具体步骤如下。

步骤 1 将光标放置在要设置缩进的段落中。如果要缩进多个段落，则选择多个段落，如图 3-78 所示。

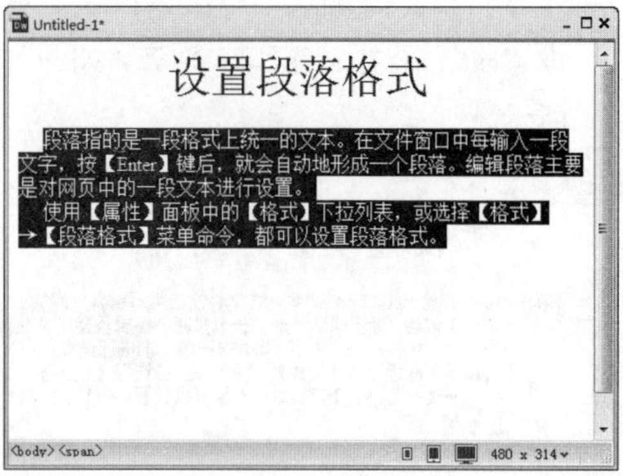
Untitled-1*
设置段落格式
段落指的是一段格式上统一的文本。在文件窗口中每输入一段文字，按【Enter】键后，就会自动地形成一个段落。编辑段落主要是对网页中的一段文本进行设置。
使用【属性】面板中的【格式】下拉列表，或选择【格式】→【段落格式】菜单命令，都可以设置段落格式。
<body> <span>
480 x 314

图 3-78　选择段落

步骤 2 选择【格式】→【缩进】菜单命令，即可将当前段落往右缩进一段位置，如图 3-79 所示。

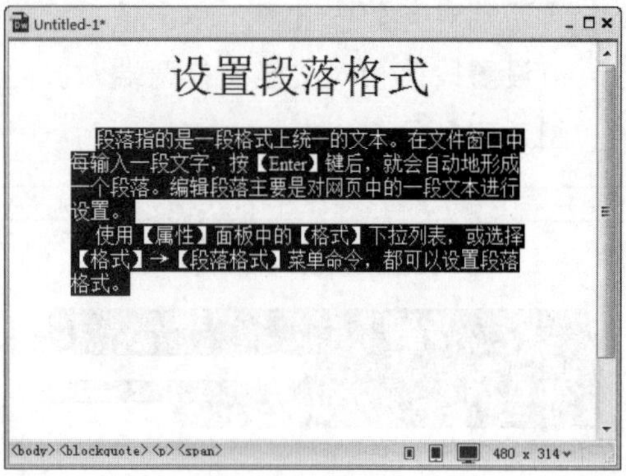
Untitled-1*
设置段落格式
段落指的是一段格式上统一的文本。在文件窗口中每输入一段文字，按【Enter】键后，就会自动地形成一个段落。编辑段落主要是对网页中的一段文本进行设置。
使用【属性】面板中的【格式】下拉列表，或选择【格式】→【段落格式】菜单命令，都可以设置段落格式。
<body> <blockquote> <p> <span>
480 x 314

图 3-79　段落缩进

单击【属性】面板中的【删除内缩区块】按钮和【内缩区块】按钮，即可实现当前段落的凸出和缩进。凸出是将当前段落往左恢复一段缩进位置。

> **提示**
> 也可以使用快捷键来实现缩进。按 Ctrl+Alt+] 组合键可以进行一次右缩进，按 Ctrl+Alt+[组合键可以向左恢复一段缩进位置。

3.3.7 案例 11——检查拼写

如果要对英文材料进行检查更正，可以使用 Dreamweaver CC 中的检查拼写功能。具体的操作步骤如下。

步骤 1 选择【命令】→【检查拼写】菜单命令，如图 3-80 所示，可以检查当前文档中的拼写。【检查拼写】命令忽略 HTML 标签和属性值。

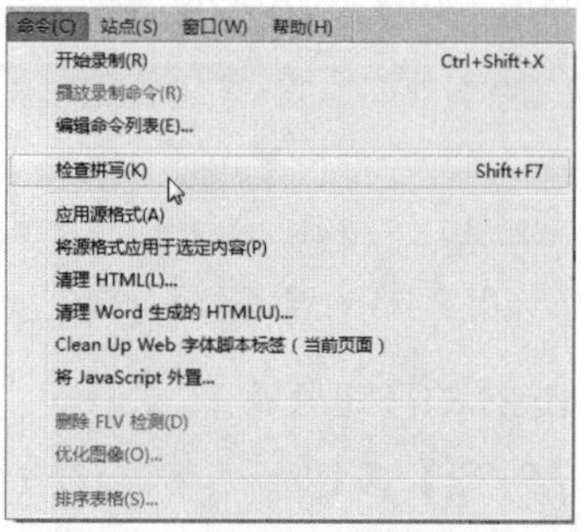
命令(C)
站点(S)
窗口(W)
帮助(H)
开始录制(R)
Ctrl+Shift+X
播放录制命令(R)
编辑命令列表(E)...
检查拼写(K)
Shift+F7
应用源格式(A)
将源格式应用于选定内容(P)
清理 HTML(L)...
清理 Word 生成的 HTML(U)...
Clean Up Web 字体脚本标签（当前页面）
将 JavaScript 外置...
删除 FLV 检测(D)
优化图像(O)...
排序表格(S)...

图 3-80　选择【检查拼写】菜单命令

步骤 2 默认情况下，拼写检查器使用美国英语拼写字典。要更改字典，可以选择【编辑】→【首选项】菜单命令。在弹出的【首选项】对话框中选择【常规】分类，在【拼写字典】下拉列表框中选择要使用的字典，然后单击【确定】按钮即可，如图 3-81 所示。

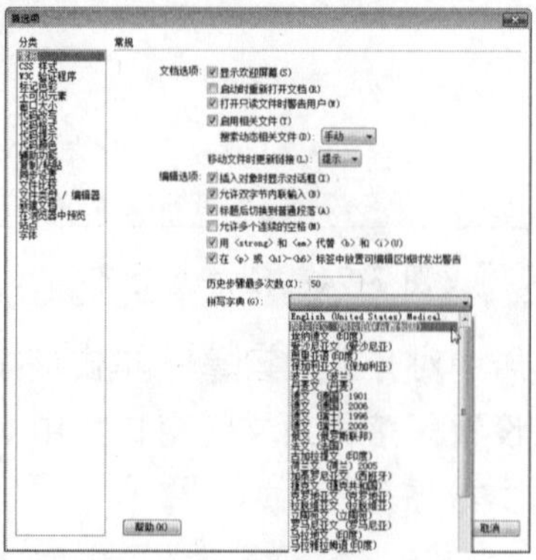

图 3-81　【首选项】对话框

步骤 3 选择【检查拼写】菜单命令后，如果文本内容中有错误，就会弹出【检查拼写】对话框，如图 3-82 所示。

图 3-82　【检查拼写】对话框

步骤 4 在使用【检查拼写】功能时，如果单词的拼写没有错误，则会弹出如图 3-83 所示的信息提示框。

图 3-83　信息提示框

步骤 5 单击【是】按钮，弹出信息提示框，如图 3-84 所示，然后单击【确定】按钮，关闭提示框即可。

图 3-84　信息提示框

3.3.8　案例 12——创建项目列表

列表就是那些具有相同属性元素的集合。Dreamweaver CC 常用的列表有无序列表和有序列表两种，无序列表使用项目符号来标记无序的项目，有序列表使用编号来记录项目的顺序。

1　无序列表

在无序列表中，各个列表项之间没有顺序级别之分，通常使用一个项目符号作为每个列表项的前缀。

设置无序列表的具体步骤如下。

步骤 1 将光标放置在需要设置无序列表的文档中，如图 3-85 所示。

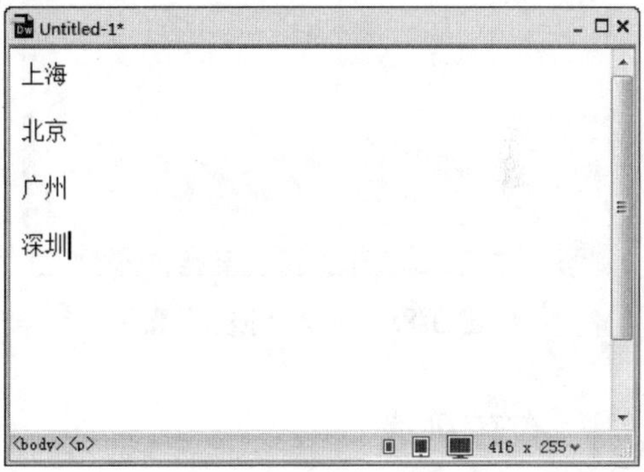

图 3-85　设置无序列表

步骤 2 选择【格式】→【列表】→【项目列表】菜单命令，如图 3-86 所示。

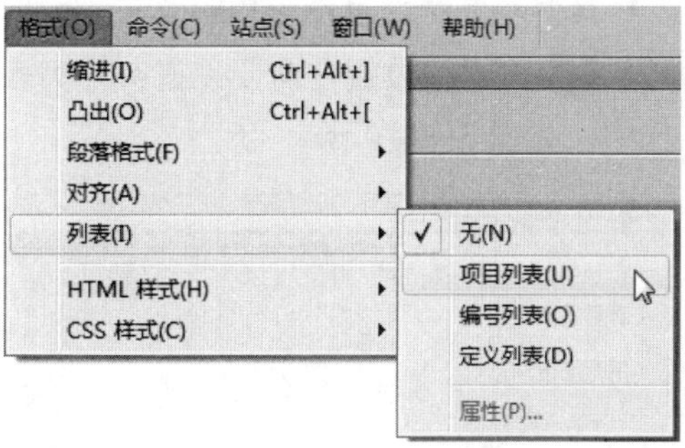

图 3-86　选择【项目列表】菜单命令

步骤 3 光标所在的位置将出现默认的项目符号，如图 3-87 所示。

步骤 4 重复以上步骤，设置其他文本的项目符号，如图 3-88 所示。

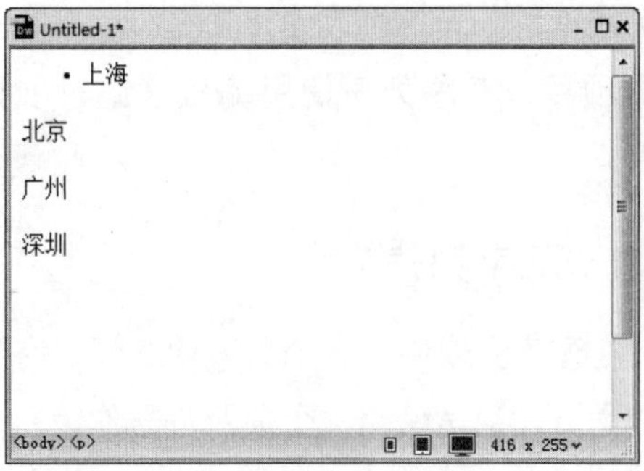

图 3-87　添加项目符号

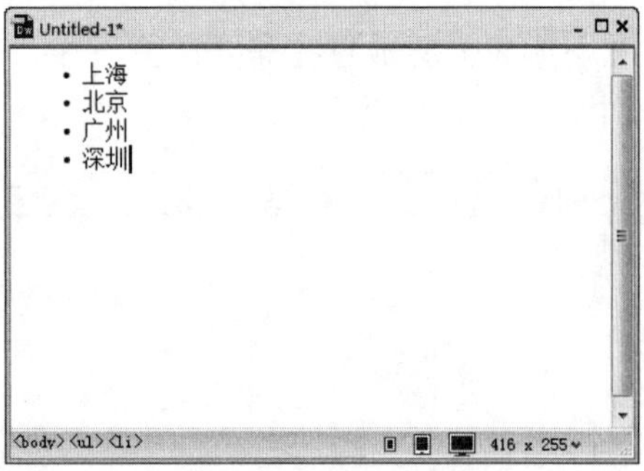

图 3-88　无序列表效果

2 有序列表

对于有序编号，可以指定其编号类型和起始编号。可以采用阿拉伯数字、大写字母或罗马数字等作为有序列表的编号。

设置有序列表的具体步骤如下。

步骤 1 将光标放置在需要设置有序列表的文档中，如图 3-89 所示。

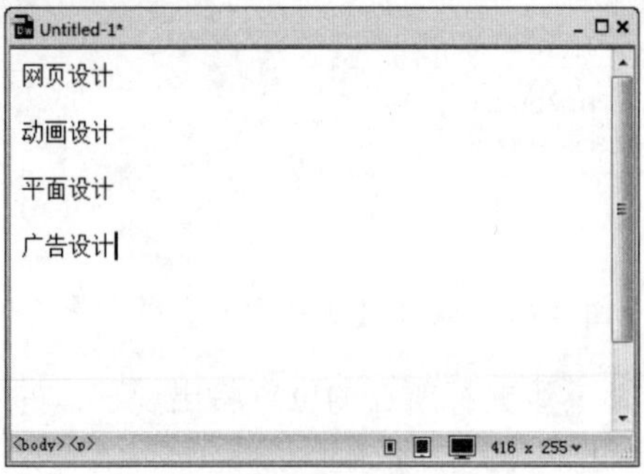

图 3-89　设置有序列表

步骤 2 选择【格式】→【列表】→【编号列表】菜单命令，如图 3-90 所示。

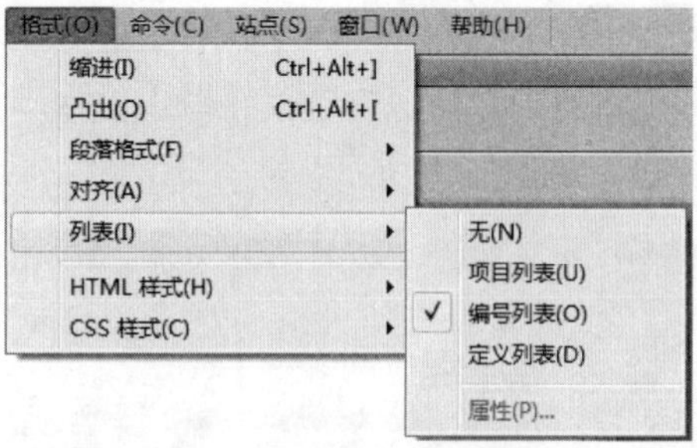

图 3-90　选择【编号列表】菜单命令

步骤 3 光标所在的位置将出现编号列表，如图 3-91 所示。

图 3-91　设置有序列表

步骤 4 重复以上步骤，设置其他文本的编号列表，结果如图 3-92 所示。

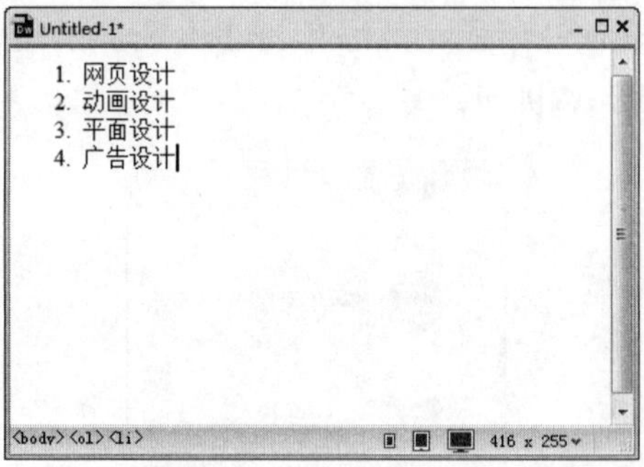

图 3-92　有序列表效果

列表还可以嵌套，嵌套列表是包含其他列表的列表。

步骤 1 选定要嵌套的列表项。如果有多行文本需要嵌套，可以选定多行，如图 3-93 所示。

步骤 2 选择【格式】→【缩进】菜单命令，或者单击【属性】面板中的【缩进】按钮，如图 3-94 所示。

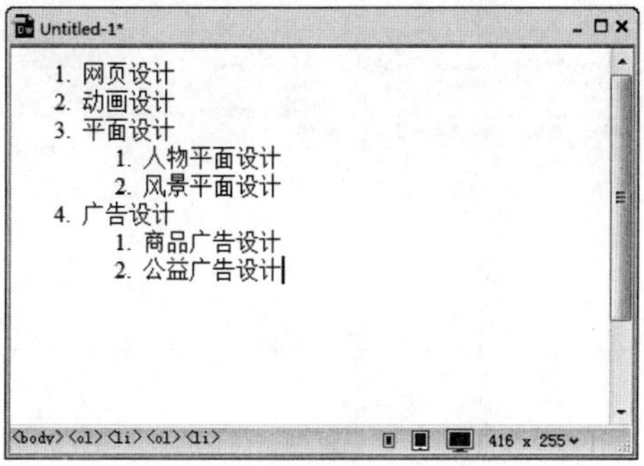

图 3-93　选定要嵌套的列表项

图 3-94　【属性】面板

提示 在【属性】面板中直接单击☰或☰按钮，可以将选定的文本设置成项目（无序）列表或编号（有序）列表。

3.4 特殊文本的操作

在 Dreamweaver CC 中，用户可以输入一些特殊字符和符号。

3.4.1 案例 13——插入换行符

在输入文本的过程中，换行时如果直接按 Enter 键，行间距会比较大。一般情况下，在网页中换行时按 Shift+Enter 组合键，这样才是正常的行距。

也可以在文档中添加换行符来实现文本换行，有如下两种操作方法。

(1) 选择【窗口】→【插入】菜单命令，打开【插入】面板组，然后单击【常用】面板中的【字符】按钮，在弹出的列表中选择【换行符】选项，如图 3-95 所示。

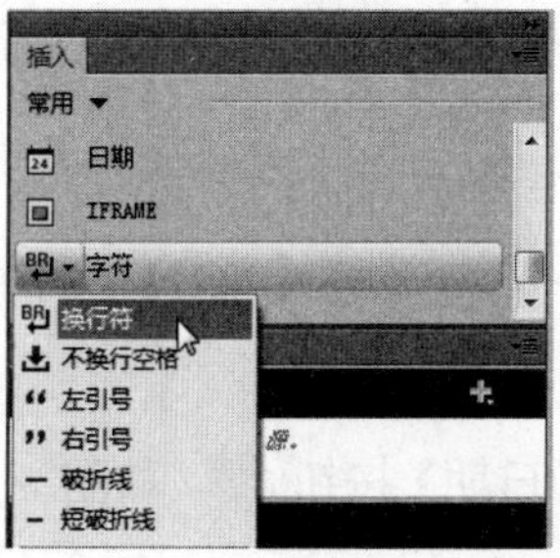

图 3-95　选择【换行符】选项

(2) 选择【插入】→【字符】→【换行符】菜单命令，如图 3-96 所示。

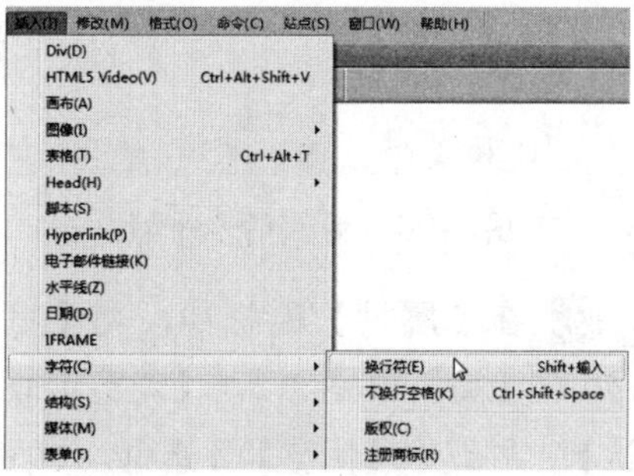

图 3-96　【换行符】菜单命令

3.4.2 案例 14——插入水平线

网页文档中的水平线主要用于分隔文档内容，使文档结构清晰明了，便于浏览。在文档中插入水平线的具体步骤如下。

步骤 1 在Dreamweaver CC的文档窗口中，将光标置于要插入水平线的位置，选择【插入】→【水平线】菜单命令，如图3-97所示。

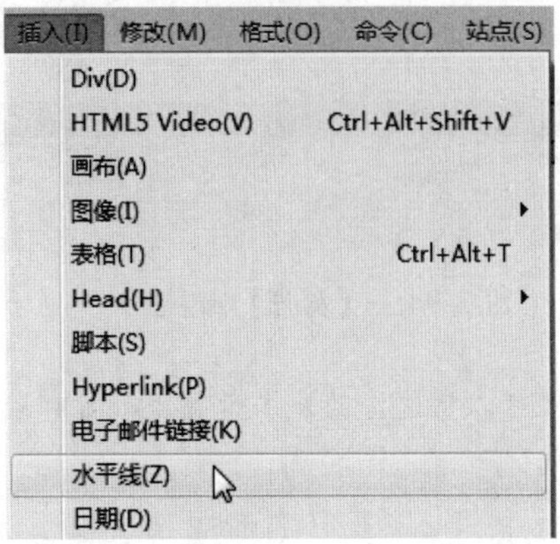

图3-97　选择【水平线】菜单命令

步骤 2 即可在文档窗口中插入一条水平线，如图3-98所示。

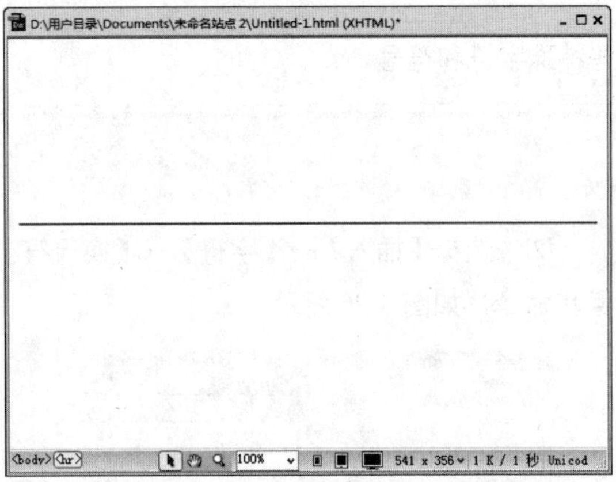

图3-98　插入的水平线

步骤 3 在【属性】面板中，将【宽】设置为710，【高】设置为5，【对齐】设置为【默认】，并选中【阴影】复选框，如图3-99所示。

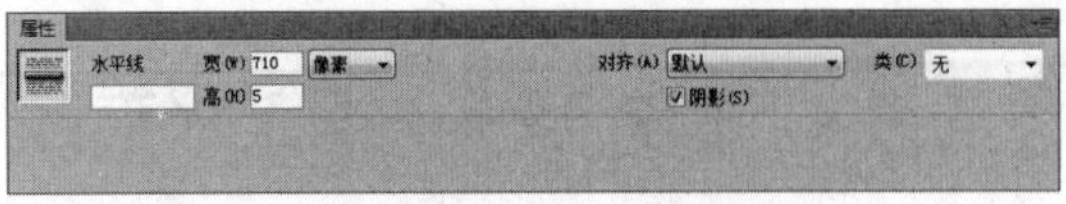

图3-99　【属性】面板

步骤 4 保存页面后按F12键，即可预览插入的水平线效果，如图3-100所示。

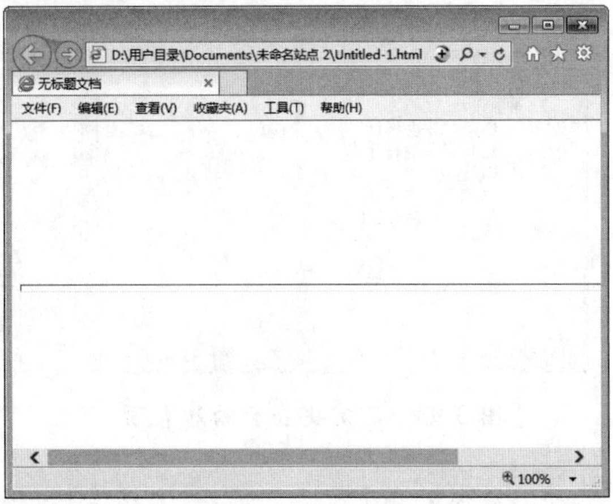

图3-100　预览网页

3.4.3 案例15——插入日期

上网时，经常会看到有的网页上显示日期。向网页中插入系统当前日期的具体步骤如下。

步骤 1 在文档窗口中，将插入点放到要插入日期的位置。选择【插入】→【日期】菜单命令，如图3-101所示。

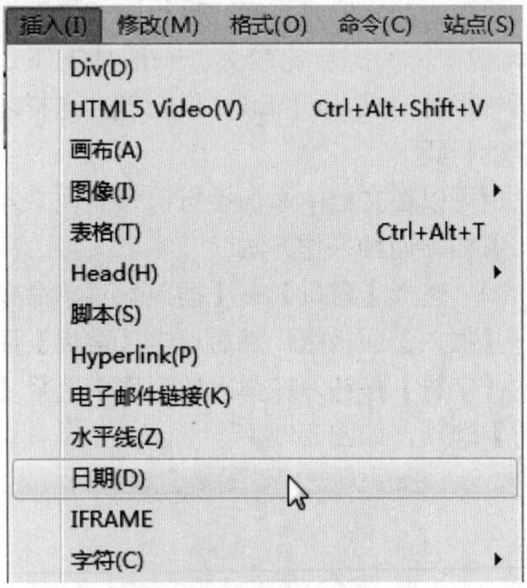

图3-101　选择【日期】菜单命令

步骤 2 或者单击【插入】面板组【常用】面板中的【日期】按钮，如图3-102所示。

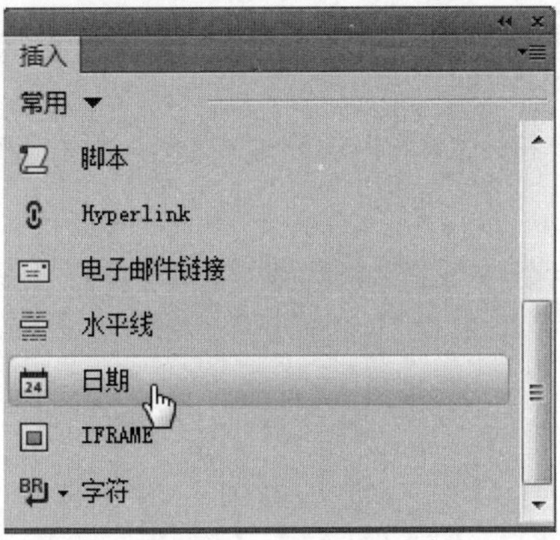

图 3-102 【常用】面板

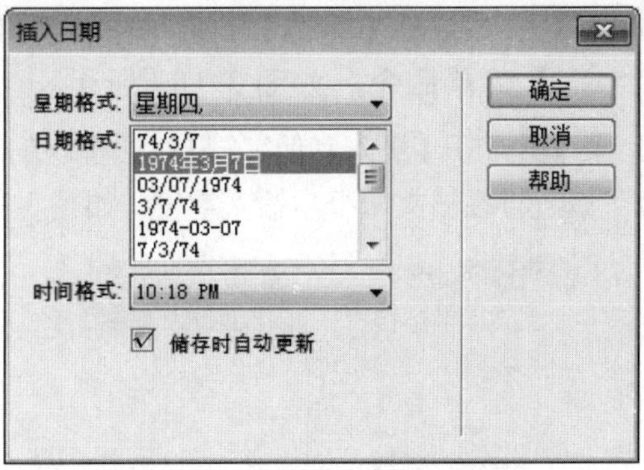

图 3-103 【插入日期】对话框

步骤 3 弹出【插入日期】对话框，从中分别设置星期格式、日期格式和时间格式，并选中【储存时自动更新】复选框，如图 3-103 所示。

步骤 4 单击【确定】按钮，即可将日期插入当前文档中，如图 3-104 所示。

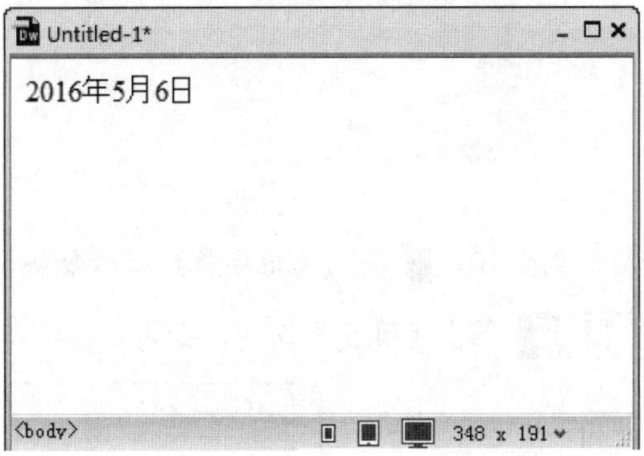

图 3-104 插入的日期

3.4.4 案例 16——插入特殊字符

在 Dreamweaver CC 中，有时需要插入一些特殊字符，如版权符号和注册商标符号等。插入特殊字符的具体步骤如下。

步骤 1 将光标放到文档中需要插入特殊字符 (这里输入版权符号) 的位置，如图 3-105 所示。

步骤 2 选择【插入】→【字符】→【版权】菜单命令，即可插入版权符号，如图 3-106 所示。

图 3-105 定位插入特殊符号的位置

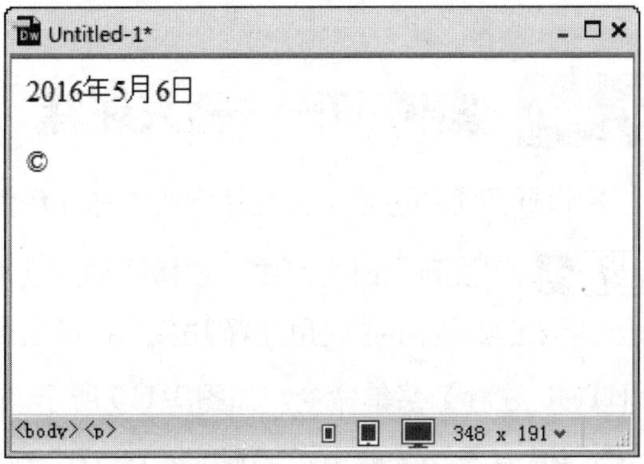

图 3-106 插入版权符号

步骤 3 如果在【字符】子菜单中没有需要的字符，可以选择【插入】→【字符】→【其他字符】菜单命令，如图 3-107 所示。

步骤 4 打开【插入其他字符】对话框。单击需要的字符，该字符就会出现在【插入】文本框中。也可以直接在该文本框中输入字符，如图 3-108 所示。

图 3-107 选择【其他字符】菜单命令

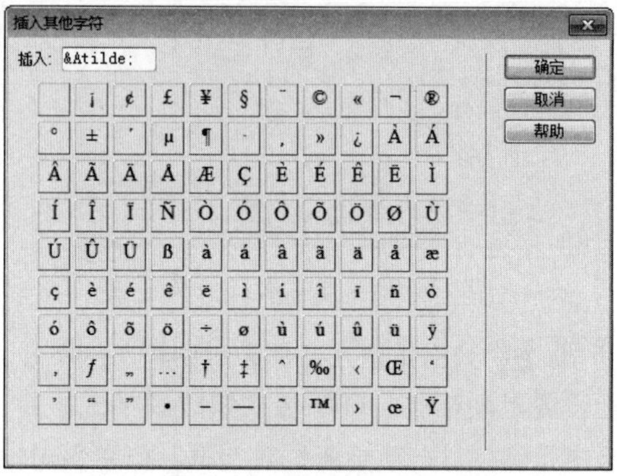

图 3-108 【插入其他字符】对话框

步骤 5 单击【确定】按钮，即可将该字符插入文档中，如图 3-109 所示。

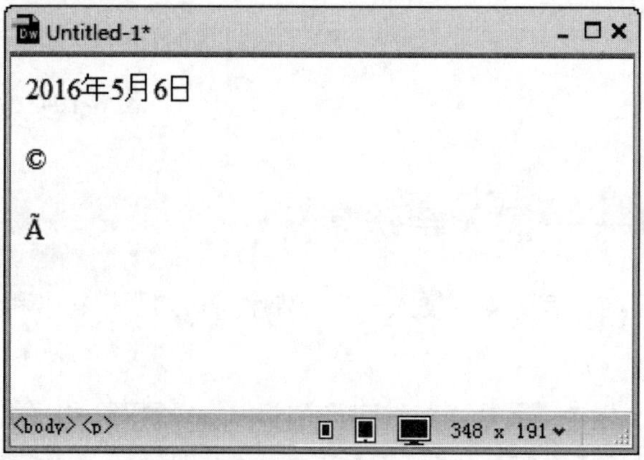

图 3-109 插入特殊字符

3.4.5 案例 17——插入注释

在设计网页的过程中，往往需要添加注释内容，具体操作步骤如下。

步骤 1 切换到代码视图中，在需要添加注释的位置输入注释内容。然后将注释内容选中，单击左侧工具栏中的【应用注释】按钮，在弹出的菜单中选择需要的注释选项即可，这里选择【应用 HTML 注释】菜单命令，如图 3-110 所示。

步骤 2 选中的注释内容被改变为 HTML 注释效果，如图 3-111 所示。

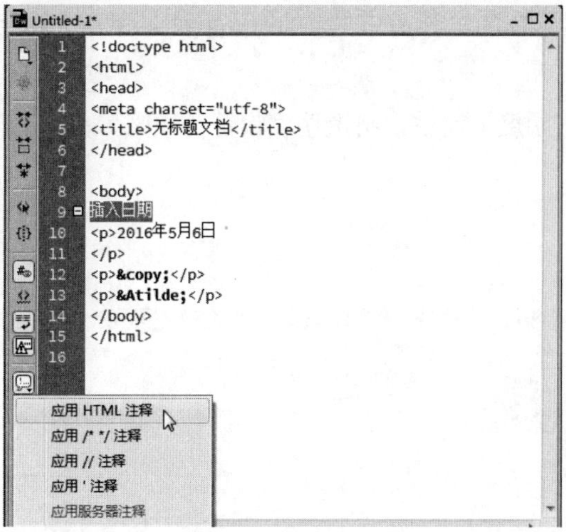

图 3-110　选择【应用 HTML 注释】菜单命令

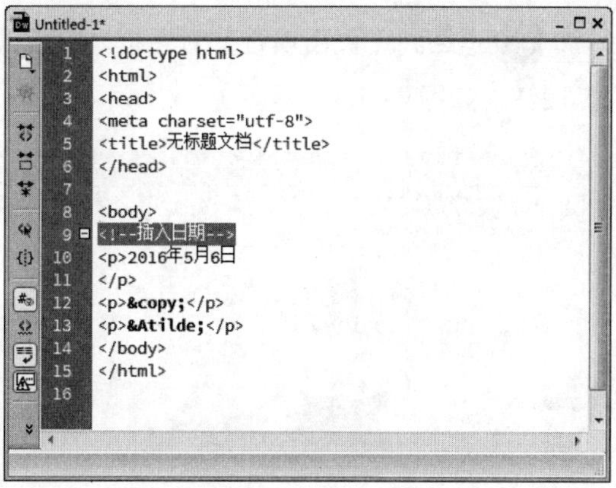

图 3-111　HTML 注释效果

3.5 实战演练——设置主页中的跟踪图像

跟踪图像功能的主要作用是定位文字、图像、表格和层等网页内容在该页面中的位置。本案例以设置主页中跟踪图像为例进行讲解，具体操作步骤如下。

步骤 1 新建一个 test.html 文件，单击【属性】面板中的【页面属性】按钮，如图 3-112 所示。

步骤 2 打开【页面属性】对话框，在【分类】列表框中选择【跟踪图像】选项，在右侧窗格中单击【浏览】按钮，如图 3-113 所示。

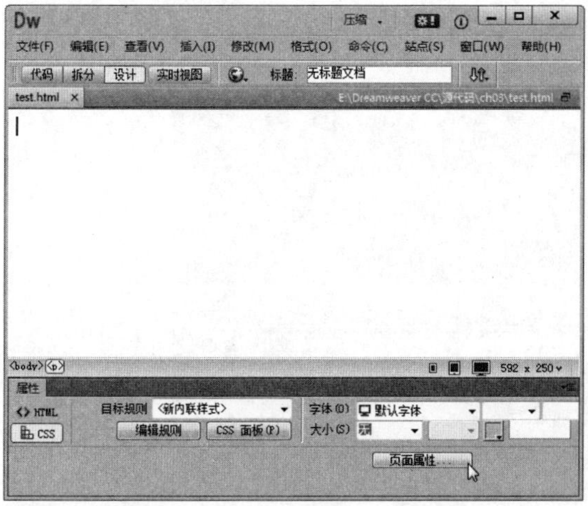

图 3-112　单击【页面属性】按钮

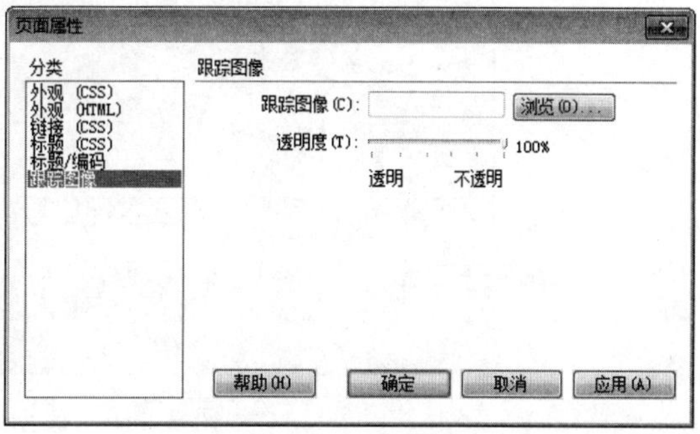

图 3-113　【页面属性】对话框

步骤 3 打开【选择图像源文件】对话框，这里选择随书光盘中的“ch03\1.jpg”，单击【确定】按钮，如图 3-114 所示。

步骤 4 返回到【页面属性】对话框，拖曳【透明度】滑块，将透明度设置为 40%，单击【确定】按钮，如图 3-115 所示。

图 3-114 【选择图像源文件】对话框

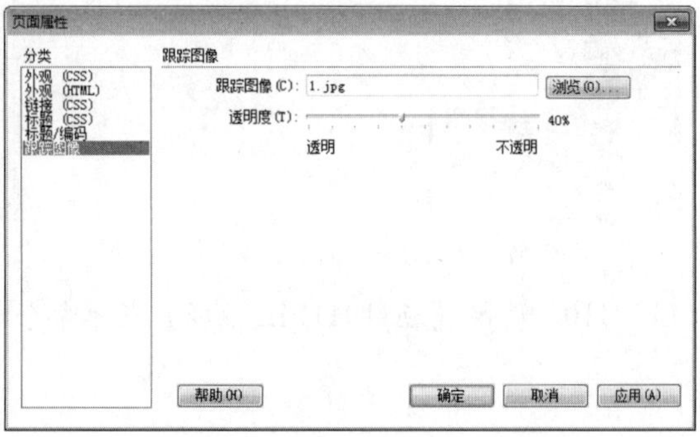

图 3-115 【页面属性】对话框

步骤 5 在返回的工作界面中即可查看添加跟踪图像的效果，如图 3-116 所示。在编辑页面时，会显示添加的背景图像，但是当使用浏览器浏览时，跟踪图像是不可见的。

图 3-116 添加跟踪图像的效果

3.6 高手甜点

甜点 1：如何添加页面标题？

常见的添加页面标题的方法有以下两种。

☆　在工作主界面添加标题

在 Dreamweaver CC 工作界面中，在【标题】文本框中输入页面标题即可，这里输入“这是新添加的标题”，如图 3-117 所示。

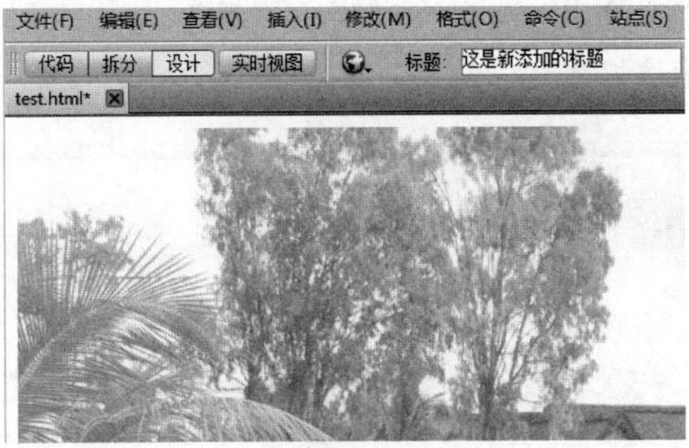
文件(F)　编辑(E)　查看(V)　插入(I)　修改(M)　格式(O)　命令(C)　站点(S)
代码　拆分　设计　实时视图
标题: 这是新添加的标题
test.html*

图 3-117　添加页面标题

☆　使用代码添加页面标题

在代码视图中，使用 <title> 标签可以添加页面的标题，如图 3-118 所示。

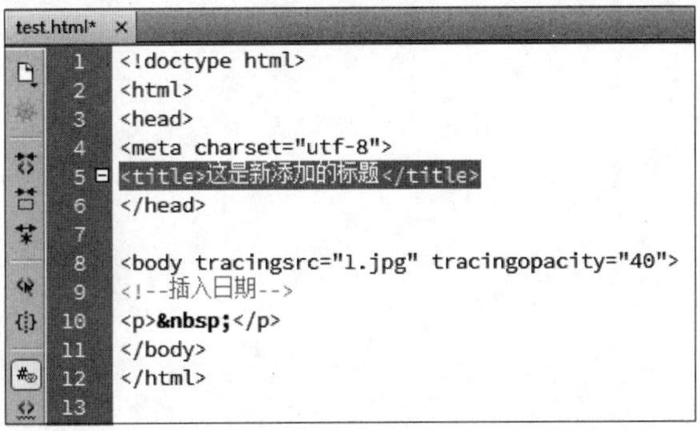
test.html*
<!doctype html>
<html>
<head>
<meta charset="utf-8">
<title>这是新添加的标题</title>
</head>
<body tracingsrc="1.jpg" tracingopacity="40">
<!--插入日期-->
<p> </p>
</body>
</html>

图 3-118　代码视图中添加页面标题

甜点 2：如何理解【外观 (CSS)】和【外观 (HTML)】的区别？

如果使用【外观 (CSS)】分类设置页面属性，程序会将设置的相关属性生成 CSS 样式表。如果使用【外观 (HTML)】分类设置页面属性，程序会自动将设置的相关属性代码添加到页面文件的主体 <body> 标签中。

3.7 跟我练练手

练习 1：练习文档基本操作，包括新建网页、保存网页、打开网页和预览网页。

练习 2：使用【外观 (CSS)】分类设置页面的背景颜色为浅蓝色。

练习 3：使用【外观 (HTML)】分类设置页面的背景颜色为浅绿色。

练习 4：在页面中插入换行符、水平线和当前日期。

练习 5：在页面中插入注释、版权和注册商标。

练习 6：在页面中插入文字，设置文字的字号、颜色、样式和段落格式；然后添加项目列表，包含无序列表和有序列表。

第 2 篇

核心技术

第 4 章

有图有真相——使用图像和多媒体

在设计网页的过程中，单纯的文本无法表现出更形象、更具视觉冲击力的效果。图像和多媒体能使网页的内容更加丰富多彩、形象生动，可以为网页增色很多。本章重点学习图像和多媒体的使用方法和技巧。

本章学习目标

◎ 了解网页中图像的格式

◎ 掌握用图像美化网页的方法

◎ 掌握在网页中插入多媒体的方法

◎ 掌握制作图文并茂的网页的方法

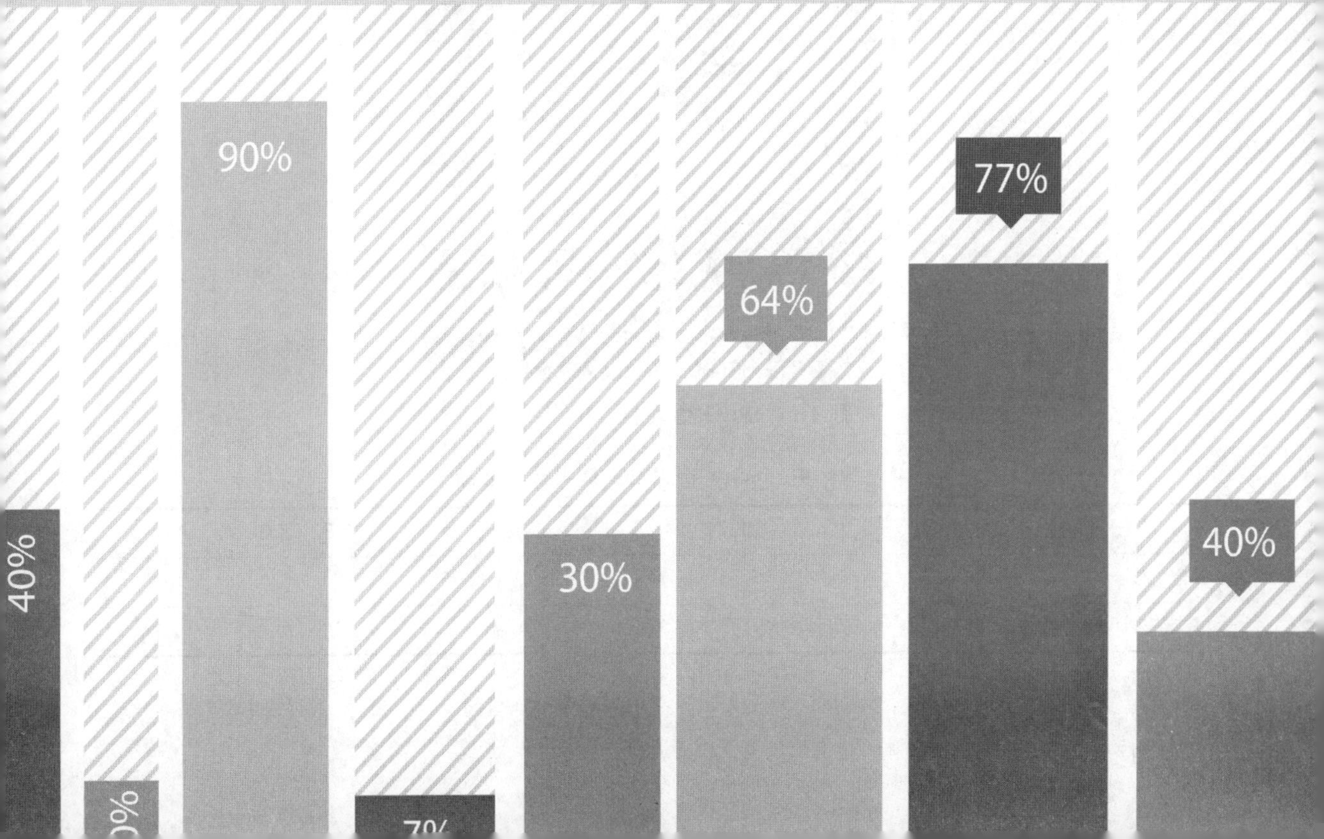

4.1 选择适合网页中图像的格式

网页中通常使用的图像格式有 3 种，即 GIF、JPEG 和 PNG，下面介绍它们各自的特性。

1 GIF 格式

网页中最常用的图像格式是 GIF，它的图像最多可显示 256 种颜色。GIF 格式的特点是图像文件占用磁盘空间小，支持透明背景和动画，多用于图标、按钮、滚动条和背景等。

GIF 格式图像的另外一个特点是可以将图像以交错的形式下载。所谓交错显示，就是当图像尚未下载完成时，浏览器显示的图像会由不清晰慢慢变清晰到下载完成。

2 JPEG 格式

JPEG 格式是一种图像压缩格式，支持大约 1670 万种颜色。它主要应用于摄影图片的存储和显示，尤其是色彩丰富的大自然照片，其文件的扩展名为 .jpg 或 .jpeg。和 GIF 格式文件不同，JPEG 格式文件的压缩技术十分先进，它使用有损压缩的方式去除冗余的图像和彩色数据，在获取极高压缩率的同时，能展现十分丰富、生动的图像。它在处理颜色和图形细节方面比 GIF 文件要好，在复杂徽标和图像镜像等方面应用得更为广泛，特别适合在网上发布照片。

如图 4-1 所示为 JPEG 格式和 GIF 格式的图像。GIF 格式的文件和 JPEG 格式的文件各有优点，应根据实际的图片文件来决定采用哪种格式。这两种文件的特点对比如表 4-1 所示。

图 4-1　JPEG 格式和 GIF 格式的图像

表 4-1　GIF 和 JPEG 格式文件区别

	GIF	JPEG/JPG
色彩	16 色、256 色	真彩色
特殊功能	透明背景、动画效果	无

（续表）

	GIF	JPEG/JPG
压缩是否有损失	无损压缩	有损压缩
适用面	颜色有限，主要以漫画图案或线条为主，一般用于表现建筑结构图或手绘图	颜色丰富，有连续的色调，一般用于表现真实的事物

3 PNG 格式

PNG 格式是近几年开始流行的一种全新的无显示质量损耗的文件格式。它避免了 GIF 格式文件的一些缺点，是一种替代 GIF 格式的无专利权限的格式，支持索引色、灰度、真彩色图像以及 Alpha 透明通道。PNG 格式是 Fireworks 固有的文件格式。

PNG 格式汲取了 GIF 格式和 JPEG 格式的优点，存储形式丰富，兼有 GIF 格式和 JPEG 格式的色彩模式。

PNG 采用无损压缩方式来减小文件的大小。PNG 格式能把图像文件大小压缩到极限，以利于网络的传输，却不失真。PNG 格式的图像显示速度快，只需下载 1/64 的图像信息就可以显示出低分辨率的预览图像。PNG 格式同样支持透明图像的制作。

PNG 格式文件可保留所有原始层、向量、颜色和效果等信息，并且在任何时候所有元素都是可以完全编辑的。

4.2 用图像美化网页

无论是个人网站还是企业网站，图文并茂的网页都能为网站增色不少。用图像美化网页会使网页变得更加美观、生动，从而吸引更多的浏览者。

4.2.1 案例 1——插入图像

在文件中插入漂亮的图像会使网页更加美观，使页面更具吸引力。在网页中插入图像的具体步骤如下。

步骤 1 新建一个空白文档，将光标放置在要插入图像的位置，在【插入】面板组的【常用】面板中单击【图像】按钮，在打开的下拉列表中选择【图像】选项，如图 4-2 所示。用户也可以选择【插入】→【图像】→【图像】菜单命令，如图 4-3 所示。

图 4-2　【插入】面板

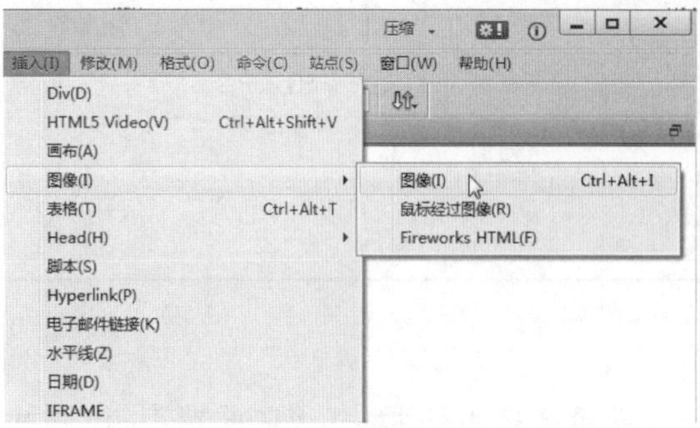

图 4-3　选择【图像】菜单命令

步骤 2　打开【选择图像源文件】对话框，从中选择要插入的图像文件，然后单击【确定】按钮，如图 4-4 所示。

图 4-4　【选择图像源文件】对话框

步骤 3　即可完成向文档中插入图像的操作，如图 4-5 所示。

图 4-5　插入图像

步骤 4　保存文档，按 F12 键在浏览器中预览效果，如图 4-6 所示。

图 4-6　预览网页

4.2.2 案例 2——图像属性设置

在页面中插入图像后单击选定图像，此时图像的周围会出现边框，表示图像正处于选中状态，如图 4-7 所示。

图 4-7　选中图像

可以在【属性】面板中设置该图像的属性，如设置源文件、输入替换文本、设置图片的宽与高等，如图 4-8 所示。

图 4-8　【属性】面板

(1)　地图。

【地图】用于创建客户端图像的热区，在右侧的文本框中可以输入地图的名称，如图 4-9 所示。

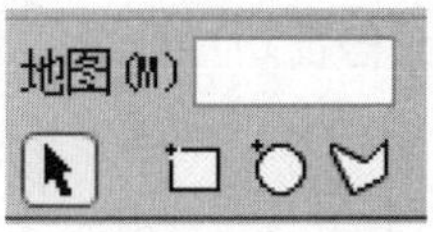

图 4-9　图像地图设置区域

> **提示**　输入的名称中只能包含字母和数字，并且不能以数字开头。

(2)　【热点工具】按钮。

单击这些按钮，可以创建图像的热区链接。

(3)　宽和高。

【宽】和【高】用于设置在浏览器中显示图像的宽度和高度，以像素为单位。比如在【宽】文本框中输入宽度值，页面中的图片即会显示相应的宽度，如图 4-10 所示。

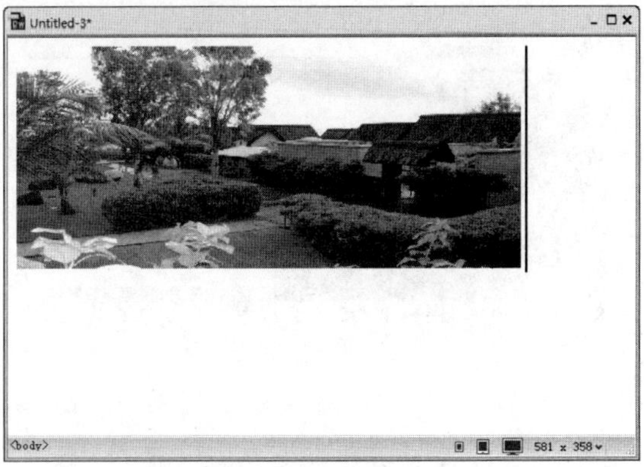

图 4-10　设置图像的宽与高

> **提示**　【宽】和【高】的单位除像素外，还有 pc(十二点活字)、pt(点)、in(英寸)、mm(毫米)、cm(厘米)和 2in+5mm 的单位组合等。

调整后，其文本框的右侧将显示【重设图像大小】按钮，单击该按钮，可恢复图像到原来的大小。

(4)　源文件。

【源文件】用于指定图像的路径。单击文本框右侧的【浏览文件】按钮，打开【选择原始文件】对话框，可从中选择图像文件，或直接在文本框中输入图像路径，如图 4-11 所示。

图 4-11　【选择原始文件】对话框

(5)　链接。

【链接】用于指定图像的链接文件。可拖动【指向文件】图标到【文件】面板中的某个文件上，或直接在文本框中输入 URL 地址，如图 4-12 所示。

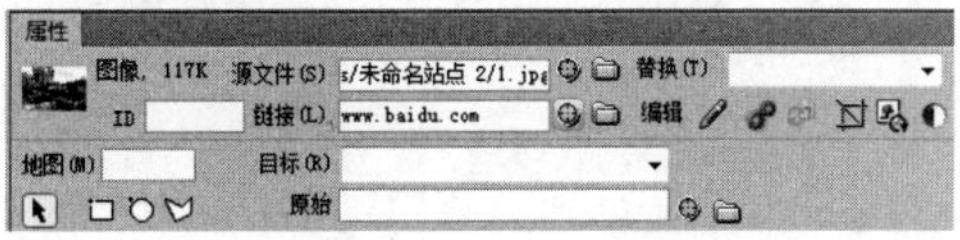

图 4-12　【属性】面板

(6)　目标。

【目标】用于指定链接页面在框架或窗口中的打开方式，如图 4-13 所示。

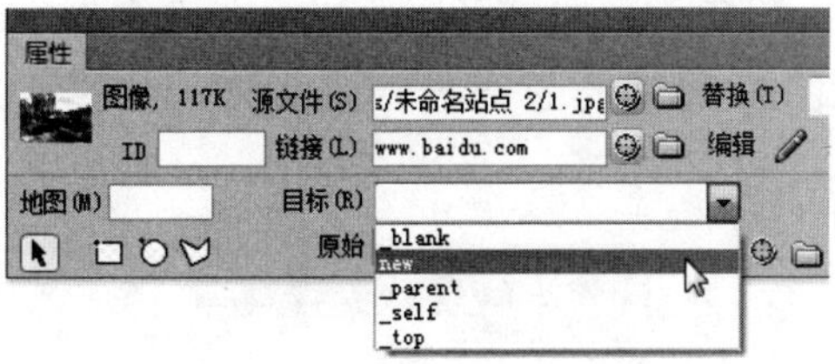

图 4-13　设置图像目标

【目标】下拉列表框中有以下几个选项。

☆ _blank：在打开的新浏览器窗口中打开链接文件。

☆ new：在同一个刚创建的窗口中打开链接文件。

☆ _parent：如果是嵌套的框架，会在父框架或窗口中打开链接文件；如果不是嵌套的框架，则与 _top 相同，在整个浏览器窗口中打开链接文件。

☆ _self：在当前网页所在的窗口中打开链接。此目标为浏览器默认的设置。

☆ _top：在完整的浏览器窗口中打开链接文件，因而会删除所有的框架。

(7) 原始。

【原始】用于设置图像下载完成前显示的低质量图像，这里一般指 PNG 图像。单击旁边的【浏览文件】按钮，即可在打开的【选择图像源文件】对话框中选择低质量图像，如图 4-14 所示。

图 4-14 【选择图像源文件】对话框

(8) 替换。

图像的说明性文字，用于在浏览器不显示图像时替代图像显示的文本，如图 4-15 所示。

替换(T) 欢迎光临!

图 4-15 设置图像替换文本

4.2.3 案例 3——图像的对齐方式

图像的对齐方式主要是设置图像与同一行中的文本或另一个图像等元素的对齐方式。对齐图像的具体步骤如下。

步骤 1 在文档窗口中选定要对齐的图像，如图 4-16 所示。

Untitled-3*
图像的对齐方式主要是设置图像与同一行中的文本或另一个图像等元素的对齐方式。
555 x 351

图 4-16 选择图像

步骤 2 选择【格式】→【对齐】→【左对齐】菜单命令后，效果如图 4-17 所示。

Untitled-3*
图像的对齐方式主要是设置图像与同一行中的文本或另一个图像等元素的对齐方式。
555 x 351

图 4-17 图像左对齐

步骤 3 选择【格式】→【对齐】→【居中对齐】菜单命令后，效果如图 4-18 所示。

Untitled-3*
图像的对齐方式主要是设置图像与同一行中的文本或另一个图像等元素的对齐方式。
555 x 351

图 4-18 图像居中对齐

步骤 4 选择【格式】→【对齐】→【右对齐】菜单命令后，效果如图 4-19 所示。

图 4-19　图像右对齐

4.2.4 案例 4——插入鼠标经过图像

鼠标经过图像是指在浏览器中查看并在鼠标指针经过它时发生变化的图像。鼠标经过图像效果实际上是由两幅图像组成，即初始图像（页面首次加载时显示的图像）和替换图像（鼠标指针经过时显示的图像）。

插入鼠标经过图像的具体步骤如下。

步骤 1 新建一个空白文档，将光标置于要插入鼠标经过图像的位置，选择【插入】→【图像对象】→【鼠标经过图像】菜单命令，如图 4-20 所示。

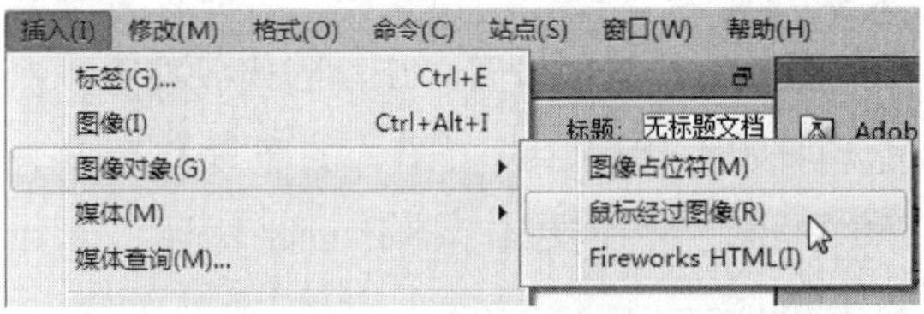

图 4-20　选择【鼠标经过图像】菜单命令

提示　也可以在【插入】面板组的【常用】面板中单击【图像】按钮，然后从打开的下拉列表中选择【鼠标经过图像】选项，如图 4-21 所示。

图 4-21　选择【鼠标经过图像】选项

步骤 2 打开【插入鼠标经过图像】对话框，在【图像名称】文本框中输入一个名称（这里保持默认名称不变），如图 4-22 所示。

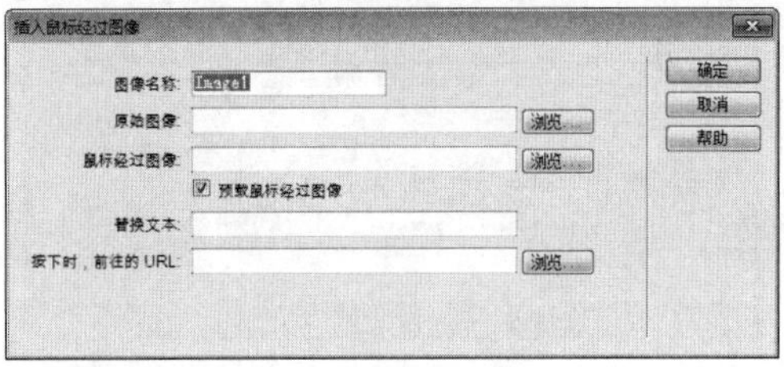

图 4-22　【插入鼠标经过图像】对话框

步骤 3 单击【原始图像】文本框右侧的【浏览】按钮，在打开的【原始图像】对话框中选择鼠标经过前的图像文件，设置完成后单击【确定】按钮，如图 4-23 所示。

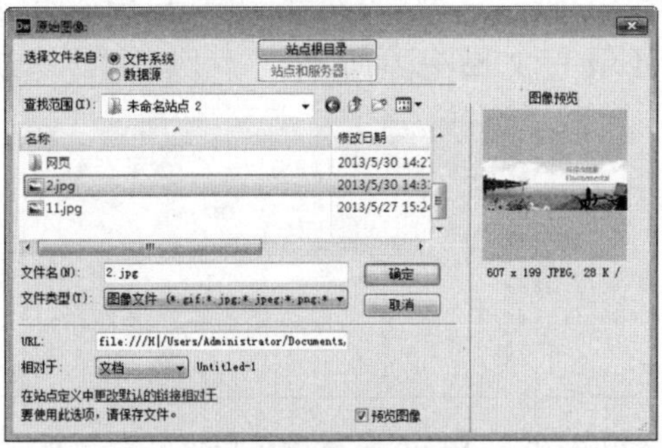

图 4-23　选择原始图像

步骤 4 返回到【插入鼠标经过图像】对话框，在【原始图像】文本框中即可看到添加的原始图像文件路径，如图 4-24 所示。

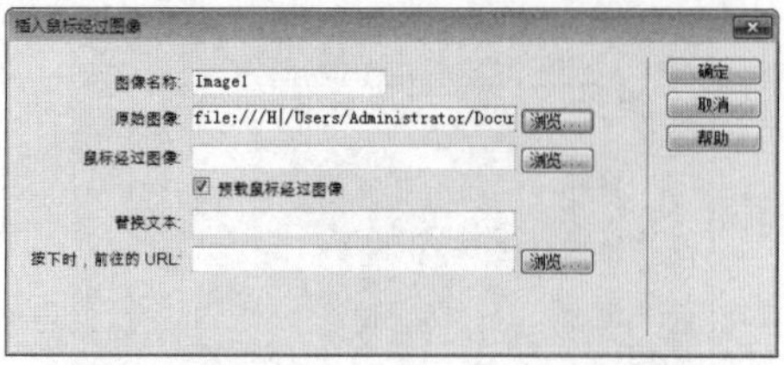

图 4-24 【插入鼠标经过图像】对话框

步骤 5 单击【鼠标经过图像】文本框右侧的【浏览】按钮，在打开的【鼠标经过图像】对话框中选择鼠标经过原始图像时显示的图像文件，如图 4-25 所示。然后单击【确定】按钮，返回到【插入鼠标经过图像】对话框。

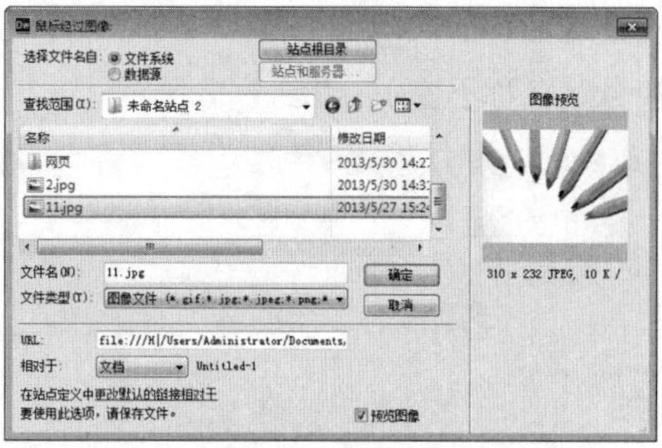

图 4-25 选择鼠标经过图像

步骤 6 在【替换文本】文本框中输入名称(这里不再输入)，并选中【预载鼠标经过图像】复选框。如果要建立链接，可以在【按下时，前往的 URL】文本框中输入 URL 地址，也可以单击右侧的【浏览】按钮，选择链接文件(这里不填)，如图 4-26 所示。

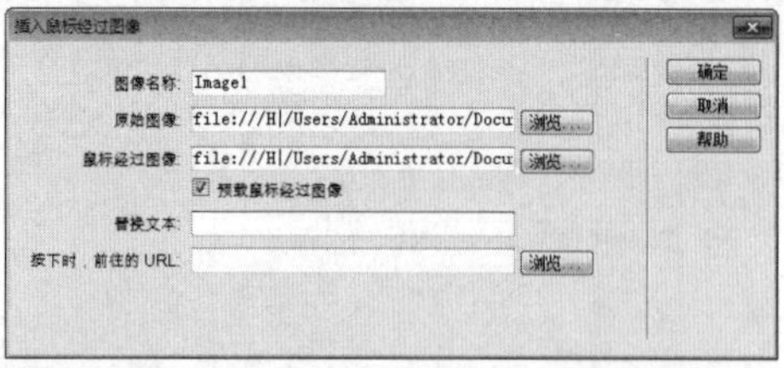

图 4-26 【插入鼠标经过图像】对话框

步骤 7 单击【确定】按钮，关闭对话框，保存文档，按 F12 键在浏览器中预览效果。鼠标指针经过前的图像如图 4-27 所示。

图 4-27 鼠标指针经过前显示的图像

步骤 8 鼠标指针经过后的图像如图 4-28 所示。

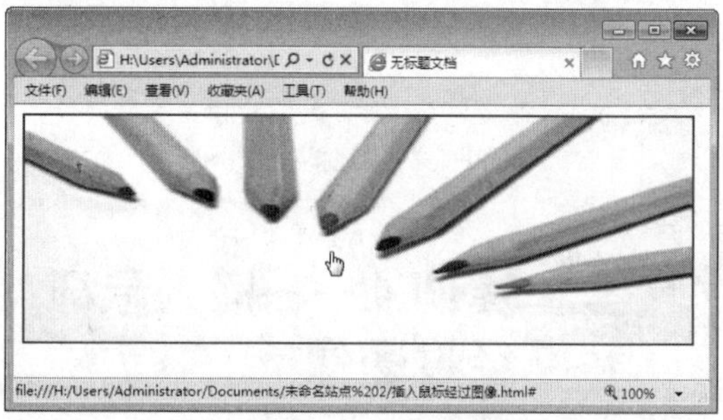

图 4-28 鼠标经过后显示的图像

4.2.5 案例 5——插入图像占位符

在布局页面时，有的时候可能需插入的图像还没有制作好。为了整体页面效果的统一，此时可以使用图像占位符来替代图片的位置，待网页布局好后，再根据实际情况插入图像。

插入图像占位符的操作步骤如下。

步骤 1 新建一个空白文档，将光标置于要插入图像占位符的位置。切换到代码视图，然后添加如下代码，设置图片的宽度和高度为 550 和 80，替换文本为“Banner 位置”，如图 4-29 所示。

```
<img src="" width="550" height="80" alt="Banner 位置 " />
```

步骤 2 切换到设计视图，即可看到插入的图像占位符，如图 4-30 所示。

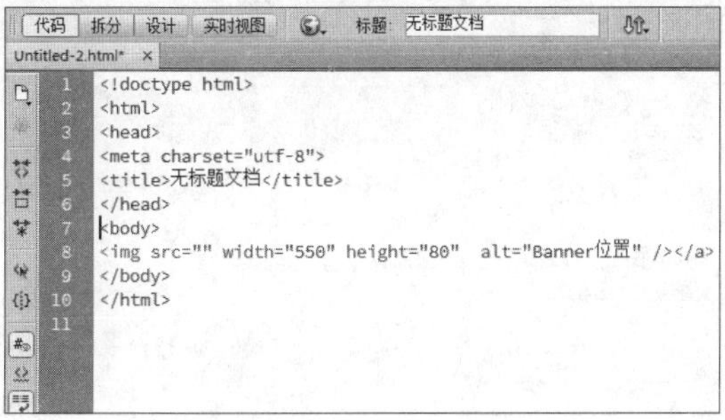
代码
拆分
设计
实时视图
标题: 无标题文档
Untitled-2.html*
<!doctype html>
<html>
<head>
<meta charset="utf-8">
<title>无标题文档</title>
</head>
<body>
<img src="" width="550" height="80" alt="Banner位置" /></a>
</body>
</html>

图 4-29 代码视图

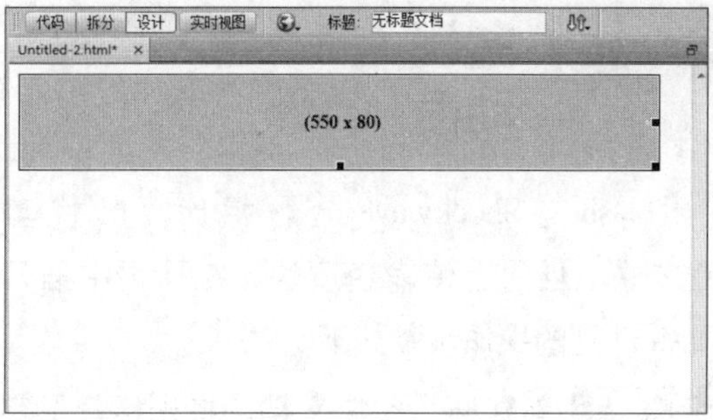
代码
拆分
设计
实时视图
标题: 无标题文档
Untitled-2.html*
(550 x 80)

图 4-30 设计视图

4.3 在网页中插入多媒体

在网页中插入多媒体是美化网页的一种方法，常见的网页多媒体有背景音乐、Flash 动画、FLV 视频、HTML5 音频和 HTML5 视频等。

4.3.1 案例 6——插入背景音乐

通过添加背景音乐，可以使用户一打开网页就能听到舒适的音乐。

在网页中插入背景音乐的操作步骤如下。

步骤 1 新建一个空白文档，切换到代码视图，然后在 <head> 和 </head> 标签之间添加如下代码，设置背景音乐的路径，如图 4-31 所示。

```
<bgsound src="/ch04/song.mp3">
```

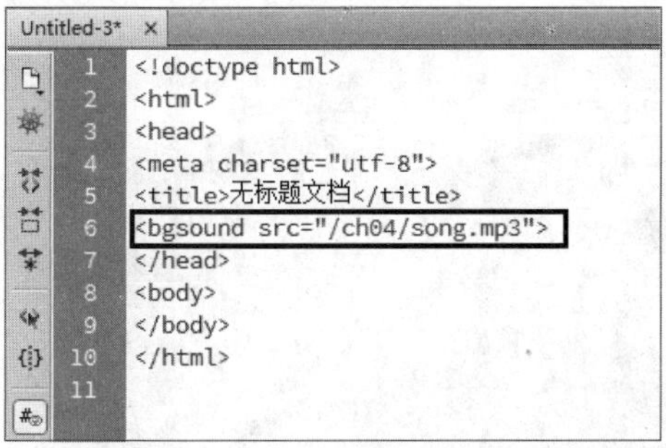
Untitled-3*
<!doctype html>
<html>
<head>
<meta charset="utf-8">
<title>无标题文档</title>
<bgsound src="/ch04/song.mp3">
</head>
<body>
</body>
</html>

图 4-31 代码视图

> **提示** bgsound 标签的属性比较多，包括 src、balance、volume、delay 和 loop。各个属性的含义如下。

(1) src 属性：用于设置音乐的路径。

(2) balance 属性：用于设置声道，取值范围为 -1000 ~ 1000，其中负值代表左声道，正值代表右声道，0 代表立体声。

(3) volume 属性：用于设置音量大小。

(4) delay 属性：用于设置播放的延时。

(5) loop 属性：用于设置循环播放方式，其中 loop=-1，代表音乐一直循环播放。

步骤 2 保存网页后，单击【预览】按钮，在打开的菜单中选择预览方式，如图 4-32 所示，启动浏览器即可预览到效果。

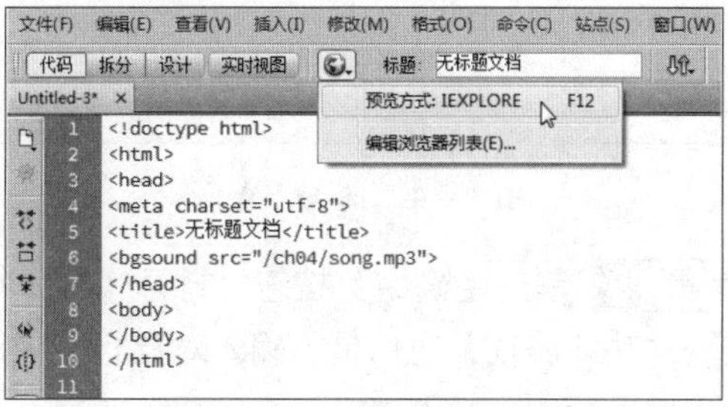
文件(F) 编辑(E) 查看(V) 插入(I) 修改(M) 格式(O) 命令(C) 站点(S) 窗口(W)
代码
拆分
设计
实时视图
标题: 无标题文档
Untitled-3*
预览方式: IEXPLORE F12
编辑浏览器列表(E)...
<!doctype html>
<html>
<head>
<meta charset="utf-8">
<title>无标题文档</title>
<bgsound src="/ch04/song.mp3">
</head>
<body>
</body>
</html>

图 4-32 选择预览方式

4.3.2 案例 7——插入 Flash 动画

Flash 与 Shockwave 电影相比，其优势是文件小且网上传输速度快。在网页中插入 Flash 动画的操作步骤如下。

步骤 1 新建一个空白文档，将光标置于要插入 Flash 动画的位置，选择【插入】→【媒体】→ Flash SWF 菜单命令，如图 4-33 所示。

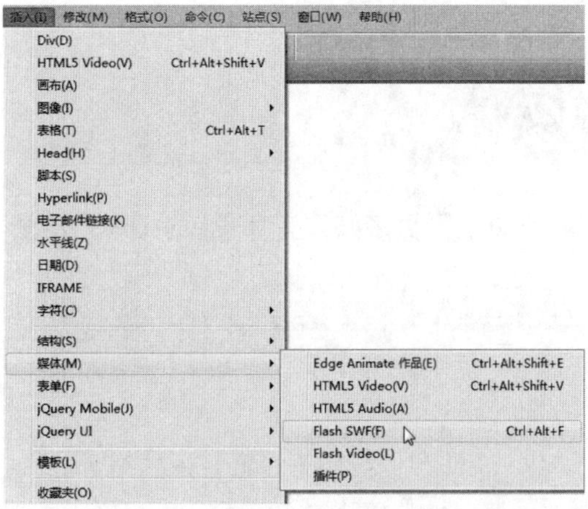

图 4-33 选择 Flash SWF 菜单命令

步骤 2 打开【选择 SWF】对话框，从中选择相应的 Flash 文件，如图 4-34 所示。

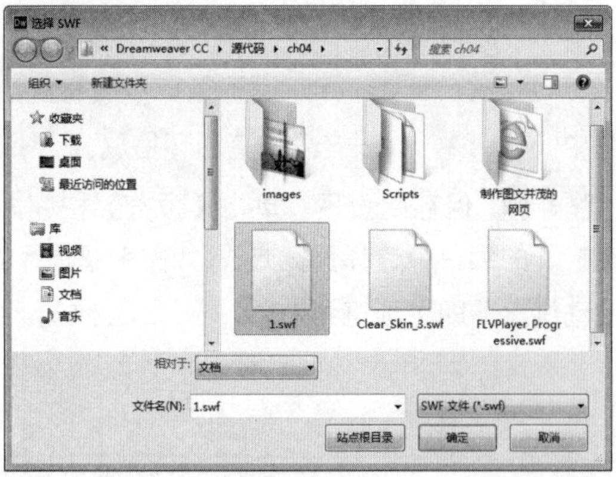

图 4-34 选择 SWF

步骤 3 单击【确定】按钮，打开【对象标签辅助功能属性】对话框，输入对象标签辅助的标题，如图 4-35 所示。

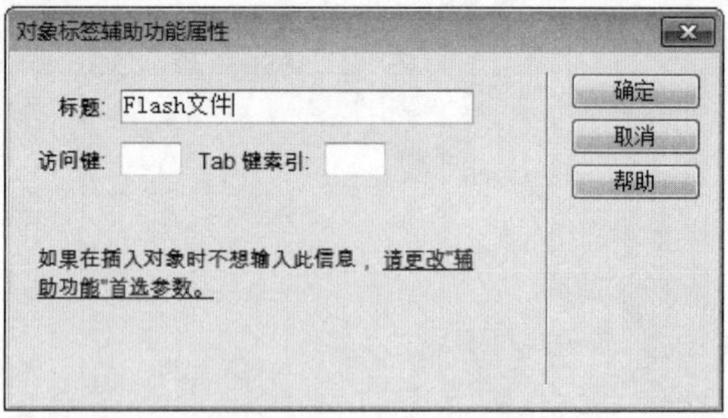

图 4-35 【对象标签辅助功能属性】对话框

步骤 4 单击【确定】按钮，插入 Flash 动画，然后调整 Flash 动画的大小，使其适合网页，如图 4-36 所示。

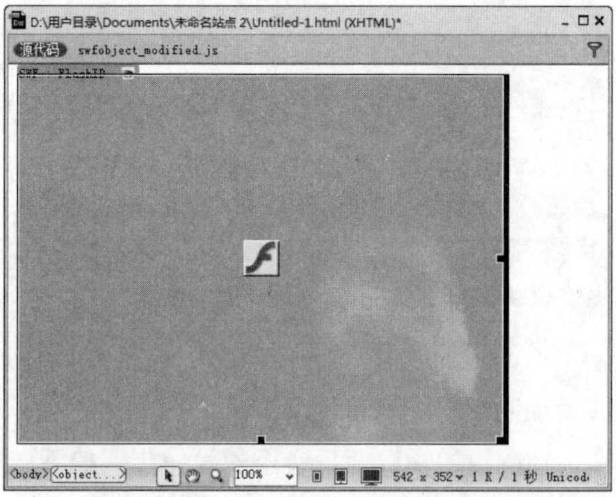

图 4-36 插入并调整动画

步骤 5 保存文档，按 F12 键在浏览器中预览效果，如图 4-37 所示。

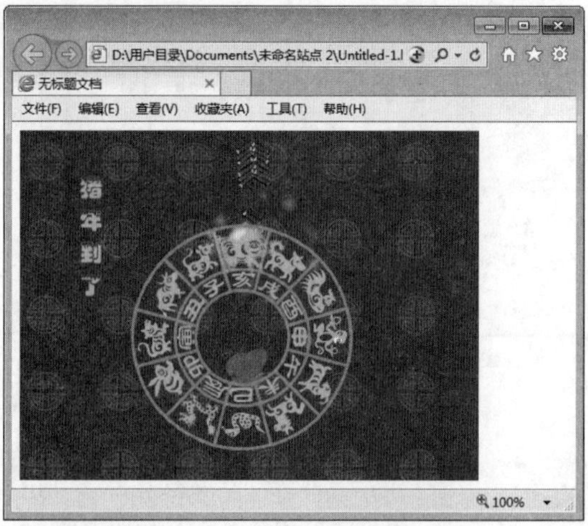

图 4-37 预览网页动画

4.3.3 案例 8——插入 FLV 视频

用户可以向网页中轻松地添加 FLV 视频，而无须使用 Flash 创作工具。在开始操作之前，必须有一个经过编码的 FLV 文件。

步骤 1 新建一个空白文档，将光标置于要插入 Flash 动画的位置，选择【插入】→【媒体】→ Flash Video 菜单命令，如图 4-38 所示。

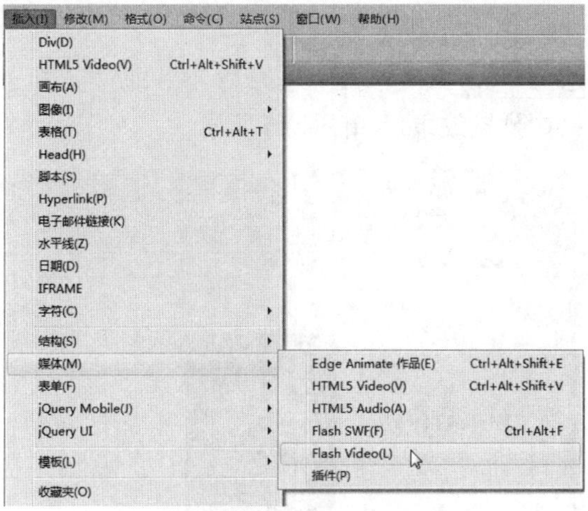

图 4-38　选择 Flash Video 菜单命令

步骤 2 打开【插入 FLV】对话框，从【视频类型】下拉列表框中选择视频类型，这里选择【累进式下载视频】选项，如图 4-39 所示。

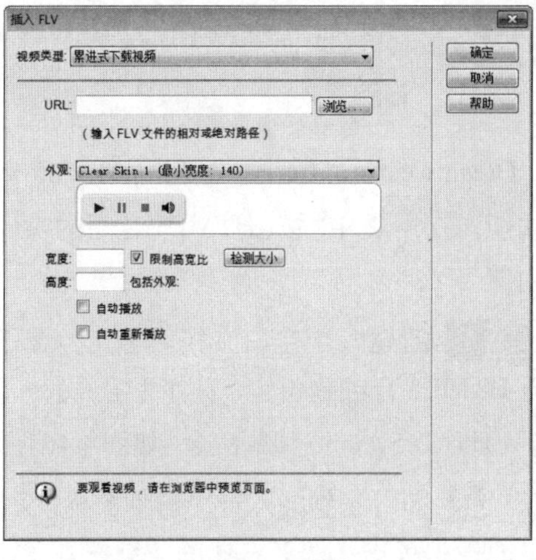

图 4-39　【插入 FLV】对话框

> **提示**
> 【累进式下载视频】是将 FLV 文件下载到站点访问者的硬盘上，然后播放。但是，与传统的【下载并播放】视频传送方法不同，累进式下载允许在下载完成之前就开始播放视频文件。也可以选择【流视频】选项，选择此选项后下方的选项区域也会随之发生变化，并可以进行相应的设置，如图 4-40 所示。

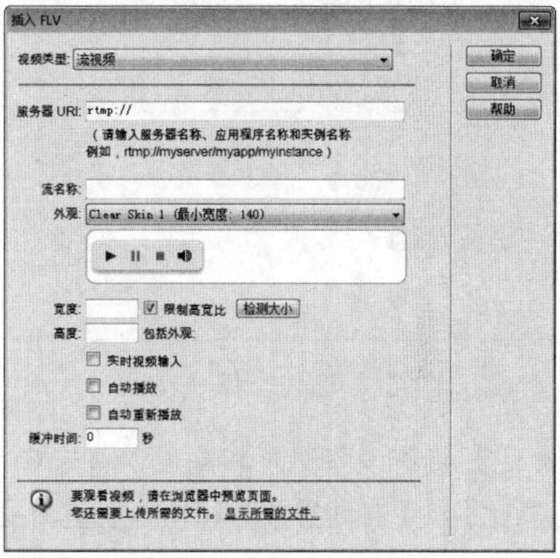

图 4-40　选择【流视频】选项

> **提示**
> 【流视频】对视频内容进行流式处理，并在一段可确保流畅播放的很短的缓冲时间后在网页上播放该内容。

步骤 3 在 URL 文本框右侧单击【浏览】按钮，即可在打开的【选择 FLV】对话框中选择要插入的 FLV 文件，如图 4-41 所示。

图 4-41　【选择 FLV】对话框

步骤 4 返回到【插入 FLV】对话框，在【外观】下拉列表框中选择显示的播放器外观，如图 4-42 所示。

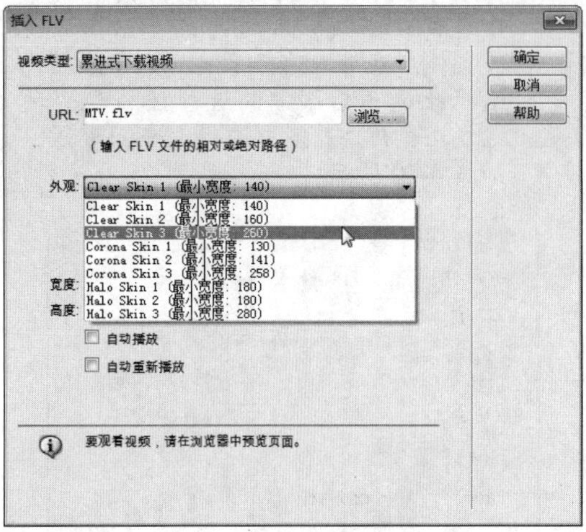

图 4-42　选择外观

步骤 5 接着设置宽度和高度，并选中【限制高宽比】、【自动播放】和【自动重新播放】3 个复选框，完成后单击【确定】按钮，如图 4-43 所示。

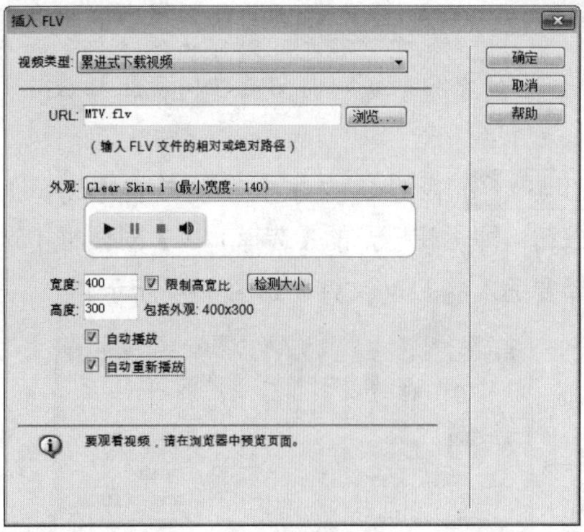

图 4-43　设置 FLV 的高度与宽度

提示

【包括外观】是指 FLV 文件的宽度和高度与所选外观的宽度和高度相加得出的和。

步骤 6 单击【确定】按钮关闭对话框，即可将 FLV 文件添加到网页上，如图 4-44 所示。

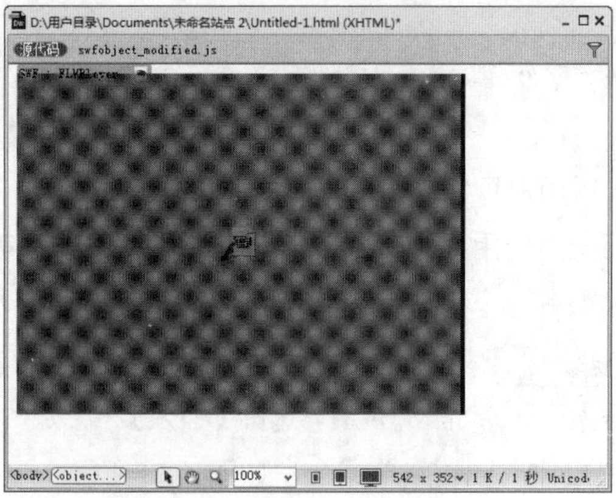

图 4-44　在网页中插入 FLV

步骤 7 保存页面后按 F12 键，即可在浏览器中预览效果，如图 4-45 所示。

图 4-45　预览网页

4.3.4　案例 9——插入 HTML5 音频

Dreamweaver CC 支持插入 HTML5 音频的功能。在网页中插入 HTML5 音频的操作步骤如下。

步骤 1 新建一个空白文档，将光标置于要插入 HTML5 音频的位置，选择【插入】→【媒体】→ HTML5 Audio 菜单命令，如图 4-46 所示。

步骤 2 即可看到插入一个音频图标，在【属性】面板中单击【源】右侧的【浏览】按钮，如图 4-47 所示。

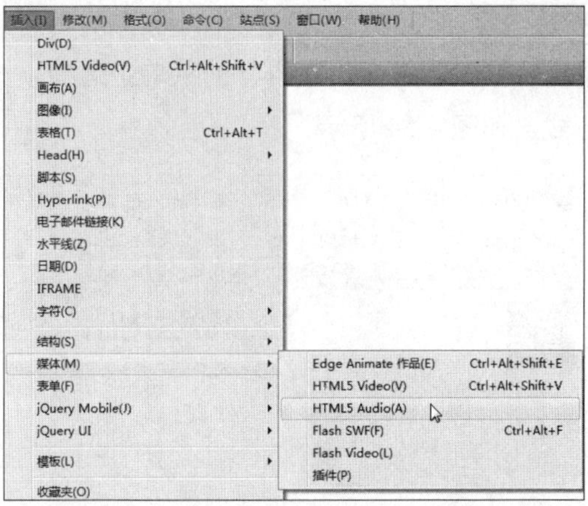

图 4-46　选择 HTML5 Audio 菜单命令

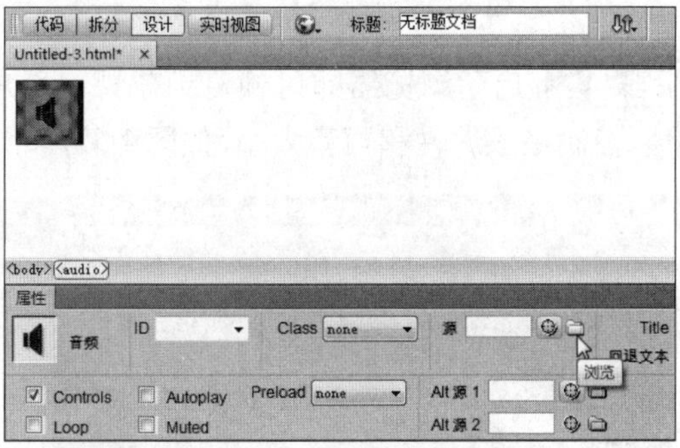

图 4-47　【属性】面板

步骤 3 打开【选择音频】对话框，选择随书光盘中的“\ch04\song.mp3”文件，单击【确定】按钮，如图 4-48 所示。

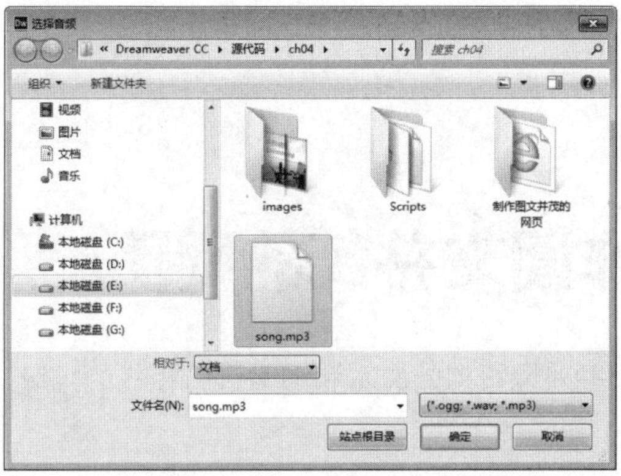

图 4-48　【选择音频】对话框

步骤 4 返回到设计视图中，保存网页后，单击【预览】按钮，在打开的菜单中选择预览方式，如图 4-49 所示。

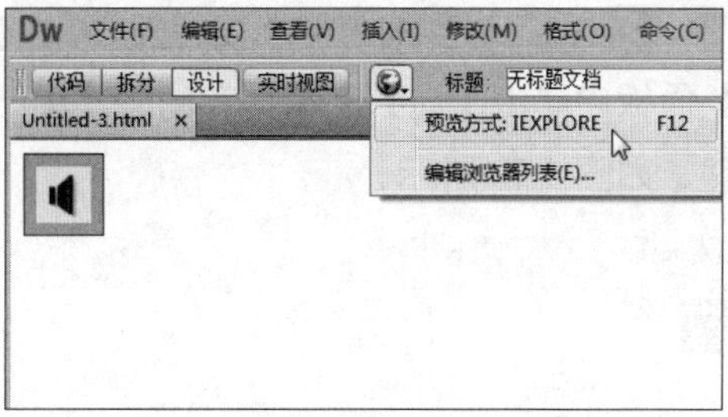

图 4-49　选择预览方式

步骤 5 启动浏览器即可预览到效果，用户可以控制播放属性和声音大小，如图 4-50 所示。

图 4-50　查看预览效果

4.3.5 案例 10——插入 HTML5 视频

Dreamweaver CC 支持插入 HTML5 视频的功能。在网页中插入 HTML5 视频的操作步骤如下。

步骤 1 新建一个空白文档，将光标置于要插入 HTML5 视频的位置，选择【插入】→【媒体】→ HTML5 Video 菜单命令，如图 4-51 所示。

图 4-51　选择 HTML5 Audio 菜单命令

步骤 2 即可看到插入一个视频图标，在【属性】面板中单击【源】文本框右侧的【浏览】按钮，如图 4-52 所示。

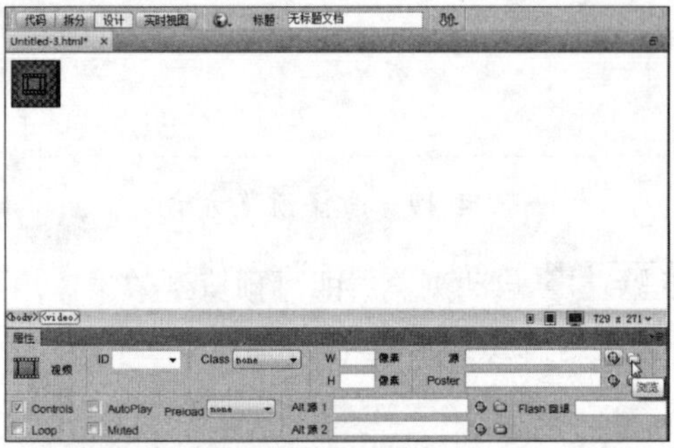

图 4-52　【属性】面板

步骤 3 打开【选择视频】对话框，选择随书光盘中的“\ch04\123.mp4”文件，单击【确定】按钮，如图 4-53 所示。

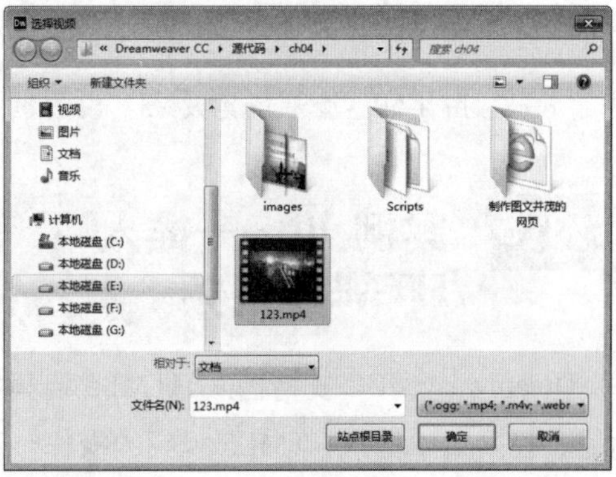

图 4-53　【选择视频】对话框

步骤 4 返回到设计视图中，保存网页后，单击【预览】按钮，在打开的菜单中选择预览方式，如图 4-54 所示。

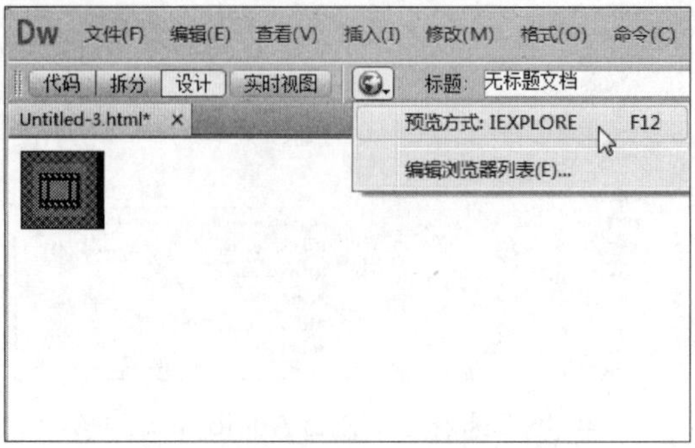

图 4-54　选择预览方式

步骤 5 启动浏览器即可预览到效果，用户可以控制播放属性和声音大小，如图 4-55 所示。

图 4-55　查看预览效果

4.4 实战演练——制作图文并茂的网页

本实例讲述如何在网页中插入文本和图像，并对网页中的文本和图像进行相应的排版，以形成图文并茂的网页。具体的操作步骤如下。

步骤 1 打开随书光盘中的“ch04\index.htm”文件，如图 4-56 所示。

步骤 2 将光标放置在要输入文本的位置，然后输入文本，如图 4-57 所示。

步骤 3 将光标放置在文本的适当位置，选择【插入】→【图像】菜单命令，打开【选择图像源文件】对话框，从中选择图像文件，如图 4-58 所示。

图 4-56　打开素材文件

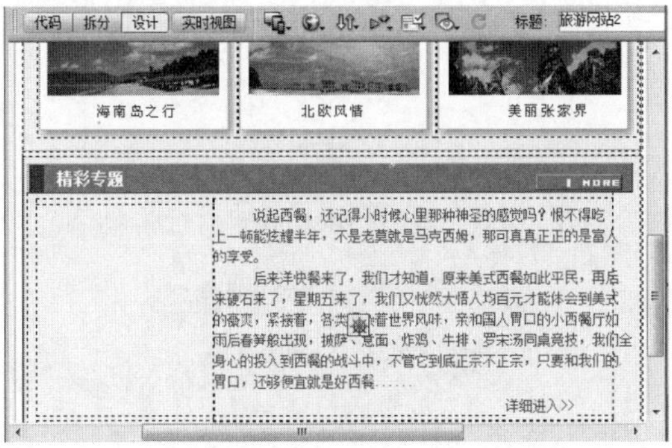

图 4-57　输入文本

图 4-58　【选择图像源文件】对话框

步骤 4 单击【确定】按钮，插入图像，如图 4-59 所示。

步骤 5 选择【窗口】→【属性】菜单命令，打开【属性】面板，在【属性】面板的【替换】下拉列表框中输入“欢迎您的光临！”，如图 4-60 所示。

图 4-59　插入图像

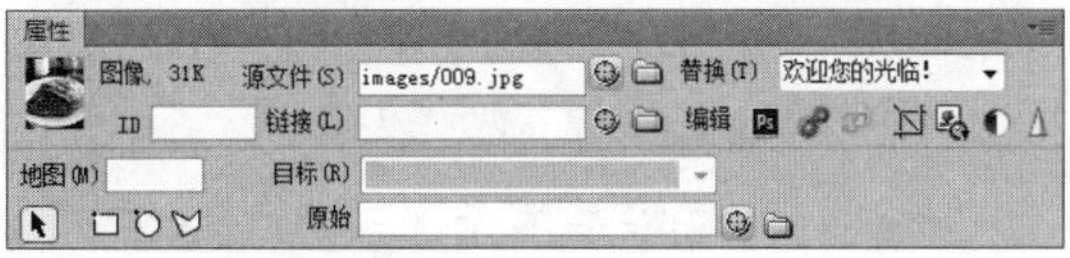

图 4-60　输入替换文字

步骤 6 选定所输入的文字，在【属性】面板中设置【字体】为【宋体】，【大小】为 12，如图 4-61 所示。

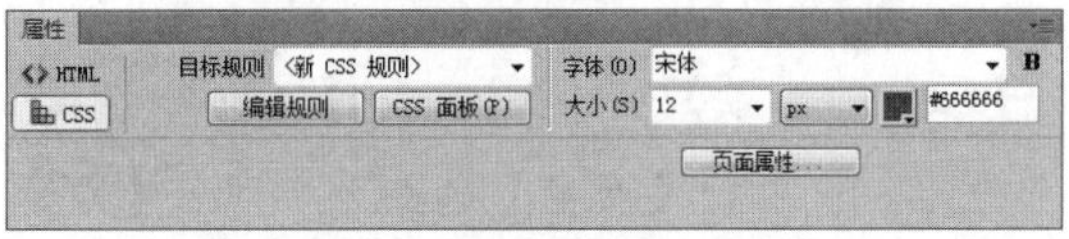

图 4-61　设置字体大小

步骤 7 保存文档，按 F12 键在浏览器中预览效果，如图 4-62 所示。

图 4-62　预览效果

4.5 高手甜点

甜点 1：如何查看 FLV 文件？

若要查看 FLV 文件，用户的计算机上必须安装 Flash Player 8 或更高版本。如果没有安装所需的 Flash Player 版本，但安装了 Flash Player 6.0 或更高版本，则浏览器将显示 Flash Player 快速安装程序，而非替代内容。如果用户拒绝快速安装，那么页面就会显示替代内容。

甜点 2：如何正常显示插入的 Active？

使用 Dreamweaver 在网页中插入 Active 后，如果浏览器不能正常地显示 Active 控件，则可能是因为浏览器禁用了 Active 所致，此时可以通过下面的方法启用 Active。

步骤 1 打开 IE 浏览器窗口，选择【工具】→【Internet 选项】菜单命令。打开【Internet 选项】对话框，切换到【安全】选项卡，单击【自定义级别】按钮，如图 4-63 所示。

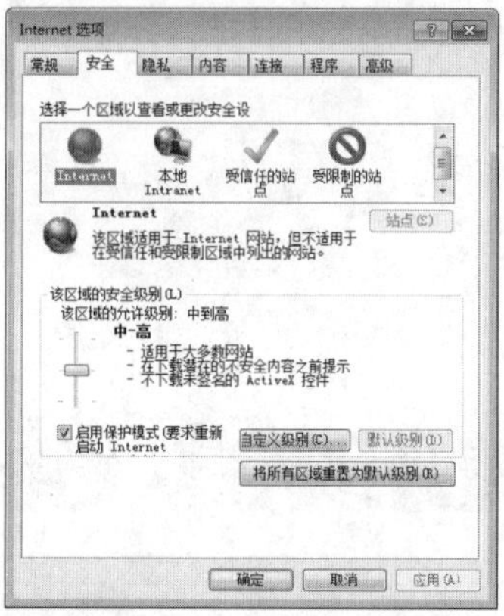

图 4-63 【Internet 选项】对话框

步骤 2 打开【安全设置 -Internet 区域】对话框，在【设置】列表框中启用有关的 Active 选项，然后单击【确定】按钮即可，如图 4-64 所示。

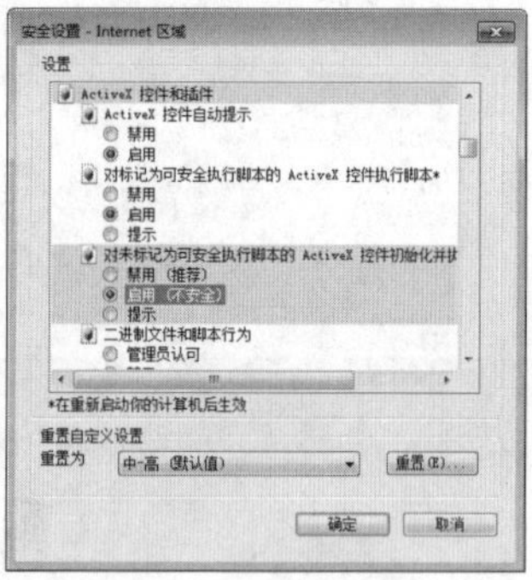

图 4-64 【安全设置 -Internet 区域】对话框

4.6 跟我练练手

练习 1：新建一个网页文档，插入两张图片，然后设置一个图片为左对齐，一个图片为居中对齐。

练习 2：新建一个网页文档，插入一个图片，然后设置鼠标经过时的图像。

练习 3：新建一个网页文档，插入一个背景音乐，并设置背景音乐无限循环播放。

练习 4：新建一个网页文档，插入一个 HTML5 音频和一个 HTML5 视频，并查看效果。

练习 5：用其他网页元素美化网页。

第 5 章

Web 新面孔——HTML5 新增元素与属性速览

HTML5 中新增了大量的元素与属性，这些新增的元素和属性使 HTML5 的功能变得更加强大，使网页设计效果有了更多的实现可能。

本章学习目标

- ◎ 掌握 HTML5 新增的主体结构元素
- ◎ 掌握 HTML5 新增的非主体结构元素
- ◎ 掌握 HTML5 新增的其他常用元素
- ◎ 掌握 HTML5 新增的全局属性
- ◎ 掌握 HTML5 新增的其他属性

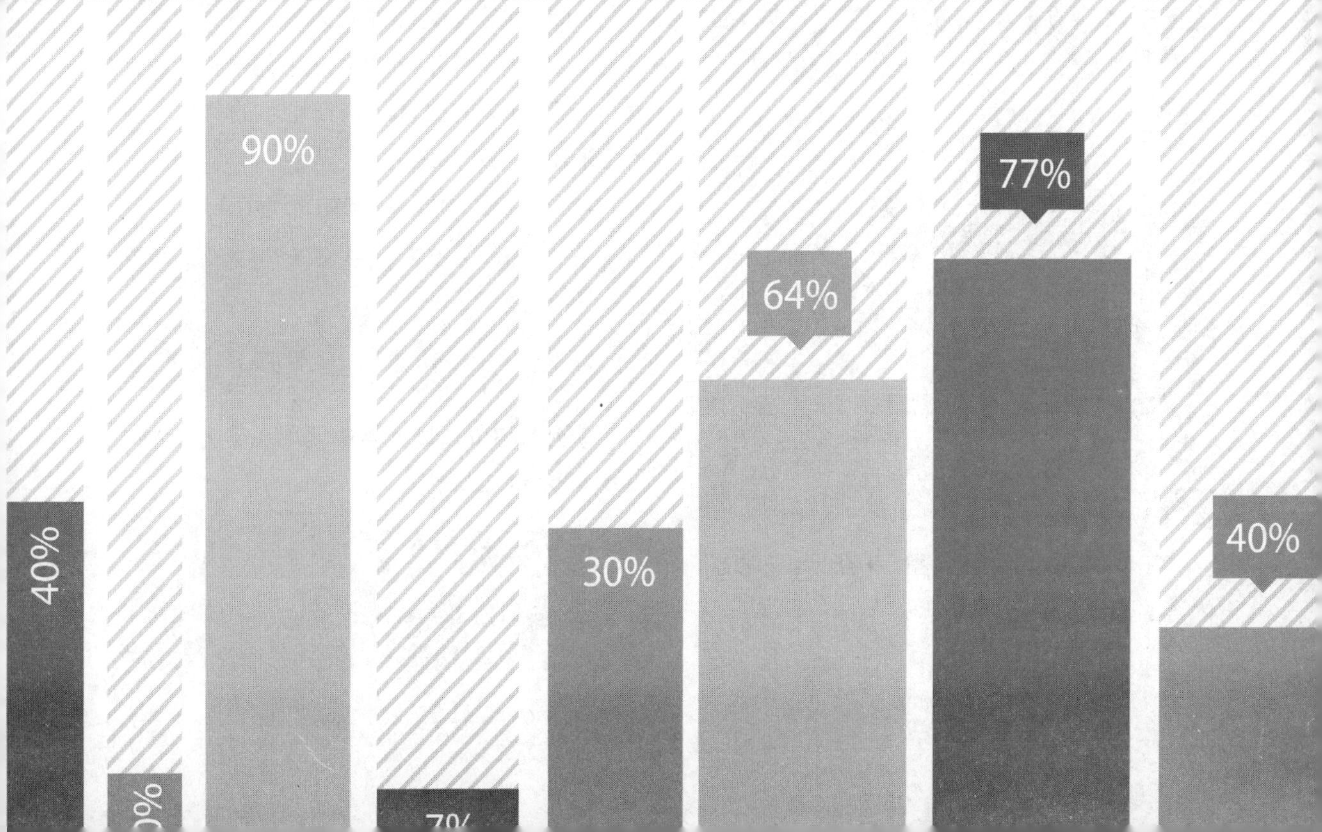

5.1 新增的主体结构元素

在 HTML5 中，新增了几种新的与结构相关的元素，分别是 section 元素、article 元素、aside 元素、nav 元素和 time 元素。

5.1.1 案例 1——section 元素

section 标签定义文档中的节，比如章节、页眉、页脚或文档中的其他部分。它可以与 h1、h2、h3、h4、h5、h6 等元素结合起来使用，标示文档结构。

section 标签的代码结构如下所示。

```
<section>
<h1>......</h1>
<p>……</p>
</section>
```

【例 5.1】section 元素的使用（实例文件：ch05\5.1.html）

```
<!DOCTYPE  HTML>
<html>
<body>
<section>
<h2>section 元素使用方法 </h2>
<p>section 元素用于对网站或应用程序中页面上
的内容进行分块。</p>
</section>
</body>
</html>
```

在 IE 中预览效果如图 5-1 所示，实现了内容的分块显示。

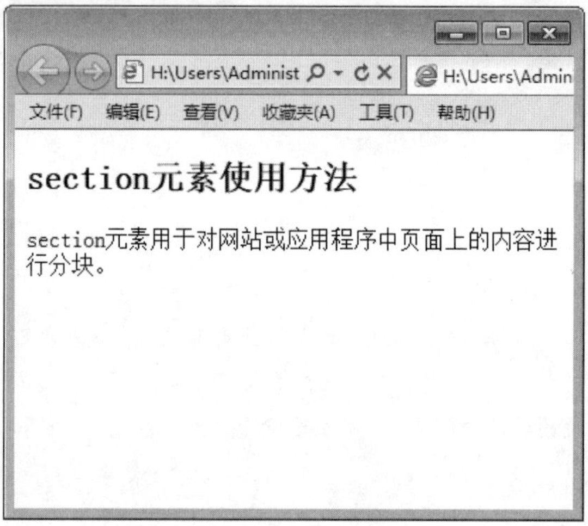

图 5-1 程序运行结果

5.1.2 案例 2——article 元素

article 标签定义外部的内容。外部内容可以是来自一个外部的新闻提供者的一篇新的文章，来自 Blog 的文本，来自论坛的文本，或者是来自其他外部源内容。

article 标签的代码结构如下所示。

```
<article>
.....
</article>
```

【例 5.2】article 元素的使用（实例文件：ch05\5.2.html）

```
<!DOCTYPE  HTML>
<html>
<body>
```

```
<article>
    <header>
    <h1> apple 教程 </h1>
      <p> 时　间：<timepubdate="pubdate">2013-2-1</time></p>
    </header>
    <p> 轻松学习 apple 教程，就来 </p>
 <a href="http://www.apple.com">www.apple.com</a><br />
    <footer>
      <p><small> 底部版权信息：apple.com 公司所有 </small></p>
    </footer>
  </article>
</body>
</html>
```

在 IE 中预览效果如图 5-2 所示，实现了外部内容的定义。

图 5-2　程序运行结果

这个实例讲述了 article 元素的使用方法，在 header 元素中嵌入了文章的标题部分，在标题下部的 p 元素中，嵌入了一段正文内容，在结尾处的 footer 元素中，嵌入了文章的著作权，作为脚注。整个示例的内容相对比较独立、完整，因此，对这部分内容使用了 article 元素。

1　article 元素与 section 元素的区别

下面介绍 article 元素与 section 元素的区别。

【例 5.3】article 元素与 section 元素的区别（实例文件：ch05\5.3.html）

```
<!DOCTYPE  HTML>
<html>
<body>
<article>
     <h1>article 元素与 section 元素的使用方法 </h1>
     <p> 何时使用 article 元素？何时使用 section 元素.....</p>
     <section>
          <h2>article 元素使用方法 </h2>
          <p>article 元素代表文档、页面或应用程序中独立的、完整的、可以独自被外部引用的内容。</p>
     </section>
     <section>
          <h2>section 元素使用方法 </h2>
          <p>  section 元素用于对网站或应用程序中页面上的内容进行分块。</p>
     </section>
</article>
</body>
</html>
```

在 IE 中预览效果如图 5-3 所示，可以清楚地看到这两个元素的区别。

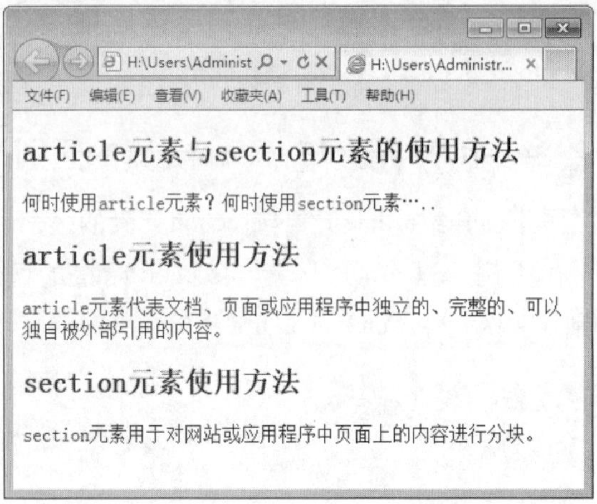
H:\Users\Administ
H:\Users\Administr...
文件(F) 编辑(E) 查看(V) 收藏夹(A) 工具(T) 帮助(H)
article元素与section元素的使用方法
何时使用article元素？何时使用section元素…..
article元素使用方法
article元素代表文档、页面或应用程序中独立的、完整的、可以独自被外部引用的内容。
section元素使用方法
section元素用于对网站或应用程序中页面上的内容进行分块。

图 5-3　程序运行结果

2 article 元素的嵌套

article 元素是可以嵌套使用的，内层的内容在原则上需要与外层的内容相关联。例如，一篇博客文章中，针对该文章的评论就可以使用嵌套 article 元素的方式；用来呈现评论的 article 元素被包含在表示整体内容的 article 元素里面。

【例 5.4】article 元素的使用（实例文件：ch05\5.4.html）

```
<!DOCTYPE  HTML>
<html>
<body>
<article>
     <header>
            <h1>article 元素的嵌套 </h1>
                 <p> 发 表 日 期：<time
pubdate="pubdate">2012/10/10</time></p>
     </header>
     <p>article 元 素 是 什 么？ 怎 样 使 用
article 元素？......</p>
     <section>
          <h2> 评论 </h2>
          <article>
               <header>
                    <h3> 发表者：唯一  </
h3>
                    <p><time  pubdate
datetime="2013-12-23T:21-26:00">1 小 时 前
</time></p>
               </header>
               <p> 这篇文章很不错啊，顶一
下！ </p>
          </article>
          <article>
               <header>
                    <h3> 发表者：唯一 </
h3>
                    <p><time  pubdate
datetime="2015-2-20  T:21-26:00">1 小时前
</time></p>
               </header>
               <p> 这篇文章很不错啊 </p>
          </article>
     </section>
</article>
</body>
</html>
```

在 IE 中预览效果如图 5-4 所示。

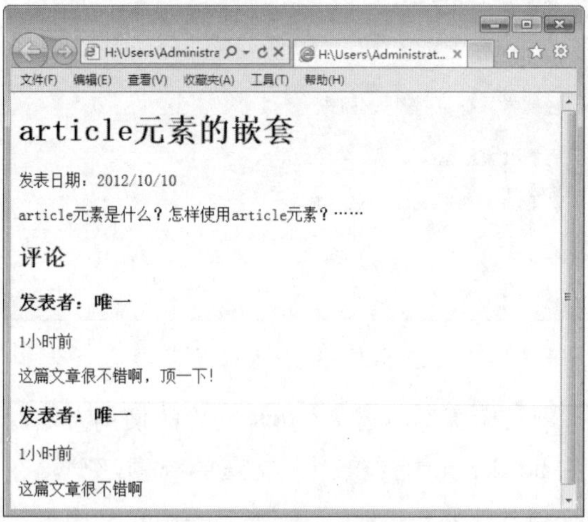
H:\Users\Administra
H:\Users\Administrat...
文件(F) 编辑(E) 查看(V) 收藏夹(A) 工具(T) 帮助(H)
article元素的嵌套
发表日期：2012/10/10
article元素是什么？怎样使用article元素？……
评论
发表者：唯一
1小时前
这篇文章很不错啊，顶一下！
发表者：唯一
1小时前
这篇文章很不错啊

图 5-4　程序运行结果

这个实例中的代码比较完整，它添加了文章读者的评论内容。实例内容分为几个部分，文章标题放在了 header 元素中，文章正文放在了 header 元素后面的 p 元素中，然后 section 元素把正文与评论进行了区分（是一个分块元素，用来把页面中的内容进行区分），在 section 元素中嵌入了评论的内容，评论中每一个人的评论相对来说又是比较独立的、完整的，因此对它们都使用一个 article 元素。在评论的 article 元素中，又可以分为标题与评论内容部分，分别放在 header 元素与 p 元素中。

5.1.3 案例 3——aside 元素

aside 元素一般用来表示网站当前页面或文章的附属信息部分，它可以包含与当前页面或主要内容相关的广告、导航条、引用、侧边栏评论部分，以及其他区别于主要内容的部分。

aside 元素主要有以下两种使用方法。

第 1 种：被包含在 article 元素中，作为主要内容的附属信息部分，其中的内容可以是与当前文章有关的相关资料、名词解释，等等。

aside 标签的代码结构如下所示。

```
<article>
  <h1>…</h1>
  <p>…</p>
  <aside>…</aside>
</article>
```

第 2 种：在 article 元素之外使用，作为页面或站点全局的附属信息部分。最典型的是侧边栏，其中的内容可以是友情链接、博客中的其他文章列表、广告单元等。

```
<aside>
  <h2>…</h2>
  <ul>
    <li>…</li>
    <li>…</li>
  </ul>
  <h2>…</h2>
  <ul>
    <li>…</li>
    <li>…</li>
  </ul>
</aside>
```

【例 5.5】aside 元素的使用（实例文件：ch05\5.5.html）

aside 标签的代码结构如下所示。

```
<!DOCTYPE html>
  <html>
  <head>
    <title> 标题文件 </title>
    <link rel="stylesheet" href="mystyles.css">
  </head>
  <body>
    <header>
      <h1> 站点主标题 </h1>
    </header>
    <nav>
      <ul>
        <li> 主页 </li>
        <li> 图片 </li>
        <li> 音频 </li>
      </ul>
    </nav>
    <section>
  </section>
```

```
    <aside>
      <blockquote>文章 1</blockquote>
      <blockquote>文章 2</blockquote>
    </aside>
</body>
  </html>
```

在 IE 中预览效果如图 5-5 所示。

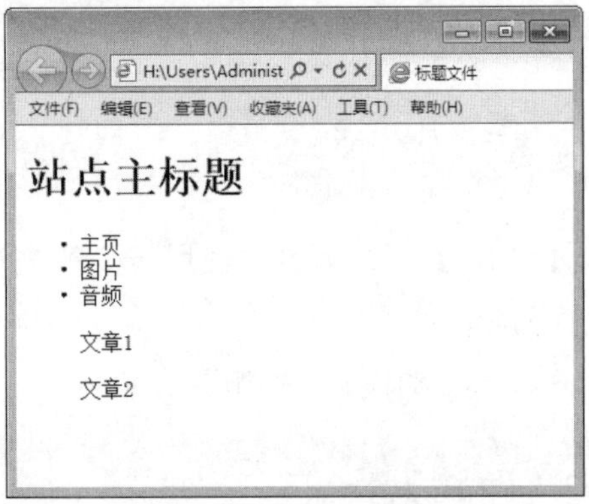

图 5-5　程序运行结果

提示 aside 元素可以位于页面的左边或右边，这个标签并没有预定义的位置，仅仅描述所包含的信息，而不反映结构。aside 元素用于表示任何非文档主要内容的部分，可以在 section 元素中加入一个 aside 元素，甚至可以在元素中加入一些重要信息中，如文字引用。

5.1.4 案例 4——nav 元素

nav 元素用来将具有导航性质的链接划分在一起，使代码结构在语义化方面更加准确，同时对于屏幕阅读器等设备的支持也更好。

具体来说，nav 元素可以用于以下场合。

☆ 传统导航条：现在主流网站上都有不同层级的导航条，其作用是从当前页面跳转到网站的其他页面上去。

☆ 侧边栏导航：现在主流博客网站及商品网站上都有侧边栏导航，其作用是将页面从当前文章或当前商品页面跳转到其他文章或其他商品页面上去。

☆ 页内导航：页内导航的作用是在本页面几个主要的组成部分之间进行跳转。

☆ 翻页操作：翻页操作是指在多个页面的前后页或博客网站的前后篇文章之间滚动。

☆ 其他：除此之外，nav 元素也可以用于其他所有用户觉得重要的、基本的导航链接组中。

具体实现代码如下。

```
<nav>
<a  href="......">Home</a>
<a  href="......">Previous</a>
<a  href="......">Next</a>
</nav>
```

提示 如果文档中有【前后】按钮，则应该把它放到 <nav> 元素中。

一个页面中可以拥有多个 <nav> 元素，作为页面整体或不同部分的导航。

【例 5.6】nav 元素的使用（实例文件：ch05\5.6.html）

下面给出一个代码实例。

```
<!DOCTYPE  html>
<html>
<body>
<h1>技术资料</h1>
<nav>
    <ul>
        <li><a  href="/">主页</a></li>
        <li><a  href="/events">开发文档
</a></li>
```

```
    </ul>
  </nav>
  <article>
    <header>
      <h1>HTML 5与CSS 3的历史</h1>
      <nav>
        <ul>
          <li><a href="#HTML 5">HTML 5的历史</a></li>
          <li><a href="#CSS 3">CSS 3的历史</a></li>
        </ul>
      </nav>
    </header>
    <section id="HTML 5">
      <h1>HTML 5的历史</h1>
      <p>讲述HTML 5的历史的正文</p>
      <footer>
      <p>
        .<a href="?edit">已往版本</a> |
        <a href="?delete">当前现状</a> |
        <a href="?rename">未来前景</a>
      </p>
    </footer>
    </section>
    <section id="CSS 3">
      <h1>CSS 3的历史</h1>
      <p>讲述CSS 3的历史的正文</p>
    </section>
    <footer>
      <p>
          <a href="?edit">已往版本</a> |
          <a href="?delete">当前现状</a> |
          <a href="?rename">未来前景</a>
        </p>
      </footer>
  </article>
  <footer>
    <p><small>版权所有：青花瓷</small></p>
  </footer>
  </body>
</html>
```

在 IE 中预览效果如图 5-6 所示。

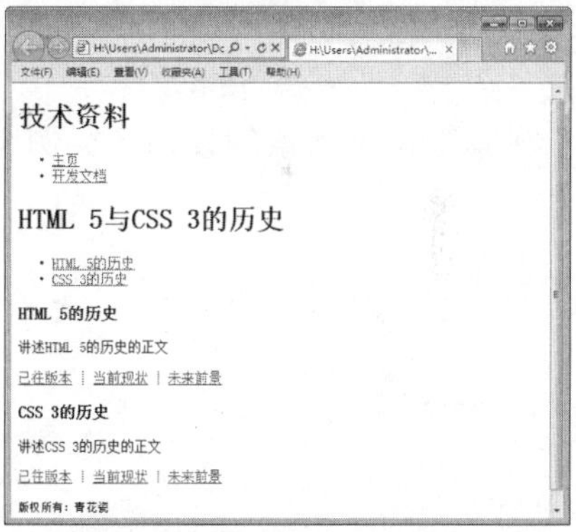

图 5-6　程序运行结果

提示 在这个实例中，可以看到 nav 不仅可以用来作为页面全局导航，也可以放在 article 标签内，作为单篇文章内容的相关导航，链接到当前页面的其他位置。

注意 在 HTML5 中，不要用 menu 元素代替 nav 元素。menu 元素是用在一系列发出命令的菜单上的，是一种交互性的元素，或者更确切地说是使用在 Web 应用程序中的。

5.1.5 案例 5——time 元素

time 元素是 HTML5 新增加的一个标签，用于定义时间或日期。该元素可以代表 24 小时中的某一时刻，在表示时刻时，允许有时间差。在设置时间或日期时，只需将该元素的属性 datetime 设为相应的时间或日期即可。具体实现代码如下。

```
<p>
<time>
......
</time>
</p>
<p>
<time  datetime=
......
</time>
</p>
```

【例 5.7】time 元素的使用（实例文件：ch05\5.7.html）

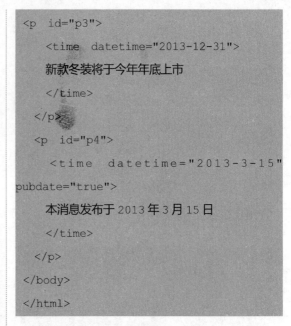

```
<!DOCTYPE  html>
<html>
<body>
<h1>Time 元素 </h1>
<p  id="p1">
  <time  datetime="2013-3-17">
今天是 2013 年 3 月 17 日
  </time>
  <p>
  <p  id="p2">
  <time  datetime="2013-3-17T17:00">
现在时间是 2013 年 3 月 17 日晚上 5 点
  </time>
  <p>
<p  id="p3">
   <time  datetime="2013-12-31">
   新款冬装将于今年年底上市
   </time>
  </p>
  <p  id="p4">
    <time  datetime="2013-3-15"
pubdate="true">
   本消息发布于 2013 年 3 月 15 日
   </time>
  </p>
</body>
</html>
```

在 IE 中预览效果如图 5-7 所示。

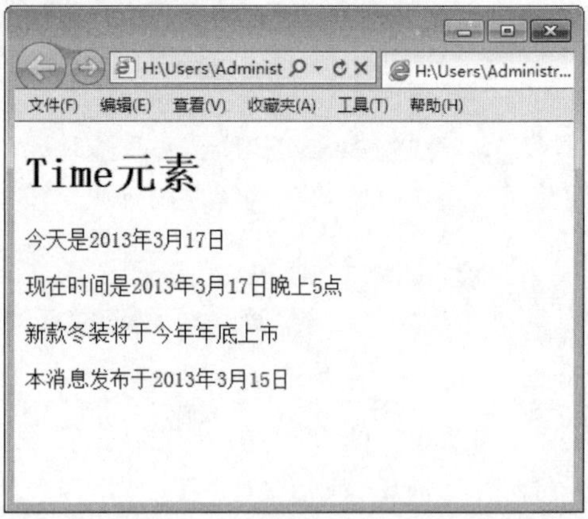

H:\Users\Administ
H:\Users\Administr...
文件(F) 编辑(E) 查看(V) 收藏夹(A) 工具(T) 帮助(H)
Time元素
今天是2013年3月17日
现在时间是2013年3月17日晚上5点
新款冬装将于今年年底上市
本消息发布于2013年3月15日

图 5-7 程序运行结果

说明：

☆ p 元素 ID 号为 p1 中的 time 元素表示的是日期。页面在解析时，获取的是属性 datetime 中的值，而标签之间的内容只是用于显示在页面中。

☆ p 元素 ID 号为 p2 中的 time 元素表示的是日期和时间，它们之间使用字母 T 进行分隔。如果在整个日期与时间的后面加上一个字母 Z，则表示获取的是 UTC（世界统一时间）格式。

☆　p 元素 ID 号为 p3 中的 time 元素表示的是将来时间。

☆　p 元素 ID 号为 p4 中的 time 元素表示的是发布日期。

注意　为了在文档中将后两个日期进行区分，在最后一个 time 元素中增加了 pubdate 属性，表示此日期为发布日期。

提示　time 元素中的可选属性 pubdate 表示时间是否为发布日期，它是一个布尔值，该属性不仅可以用于 time 元素，还可用于 article 元素。

5.2　新增的非主体结构元素

在 HTML5 中还新增了一些非主体的结构元素，如 header、hgroup、footer 等。

5.2.1　案例 6——header 元素

header 元素是一种具有引导和导航作用的结构元素，通常用来放置整个页面或页面内的一个内容区块的标题，但也可以包含其他内容，如数据表格、搜索表单或相关的 Logo 图片。

header 标签的代码结构如下所示。

```
<header>
<h1>......</h1>
<p>......</p>
</header>
```

整个页面中的标题一般放在页面的开头。一个网页中没有限制 header 元素的个数，可以拥有多个，可以为每个内容区块设置一个 header 元素。

【例 5.8】header 元素的使用（实例文件：ch05\5.8.html）

```
<!DOCTYPE  html>
<html>
<body>
<header>
  <h1> 网页标题 </h1>
</header>
<article>
  <header>
    <h1> 文章标题 </h1>
  </header>
  <p> 文章正文 </p>
</article>
</body>
</html>
```

在 IE 中预览效果如图 5-8 所示。

图 5-8　程序运行结果

> **提示** 在 HTML5 中，一个 header 元素通常包括至少一个标题元素（h1～h6），也可以包括 hgroup 元素、nav 元素，还可以包括其他元素。

5.2.2 案例 7——hgroup 元素

hgroup 标签用于对网页或区段（section）的标题进行组合。hgroup 元素通常会将 h1～h6 元素进行分组，如一个内容区块的标题及其子标题算一组。

hgroup 标签的实现代码如下。

```
<hgroup>
  <h1>......</h1>
  <h2>......t</h2>
</hgroup>
```

通常，如果文章只有一个主标题，是不需要 hgroup 元素的。如下这个实例就不需要 hgroup 元素。

【例 5.9】hgroup 元素的使用（实例文件：ch05\5.9.html）

```
<!DOCTYPE  html>
<html>
<body>
<article>
     <header>
         <h1> 文章标题 </h1>
                    <p><time datetime="2011-06-22">2013 年 10 月 29 日 </time></p>
     </header>
     <p> 文章正文 </p>
</article>
</body>
</html>.
```

在 IE 中预览效果如图 5-9 所示。

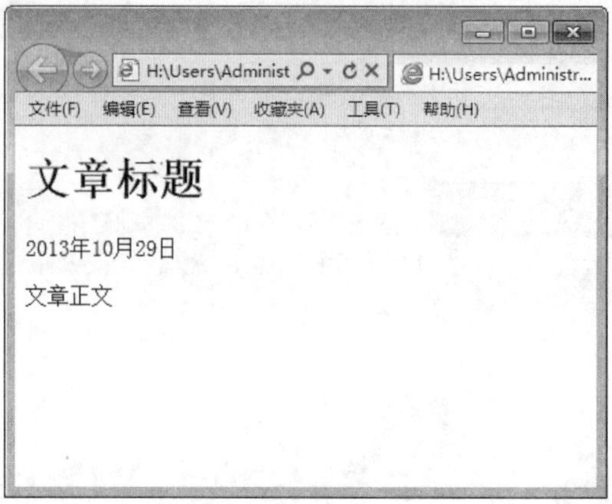

图 5-9　程序运行结果

但是，如果文章有主标题，而且主标题下有子标题，就需要使用 hgroup 元素了。如下这个实例就需要 hgroup 元素。

【例 5.10】hgroup 元素的使用（实例文件：ch05\5.10.html）

```
<!DOCTYPE  html>
<html>
<body>
<article>
     <header>
         <hgroup>
             <h1> 文章主标题 </h1>
             <h2> 文章子标题 </h2>
         </hgroup>
                    <p><time datetime="2015-05-20">2013 年 10 月 29 日 </time></p>
     </header>
     <p> 文章正文 </p>
</article>
</body>
</html>
```

在 IE 中预览效果如图 5-10 所示。

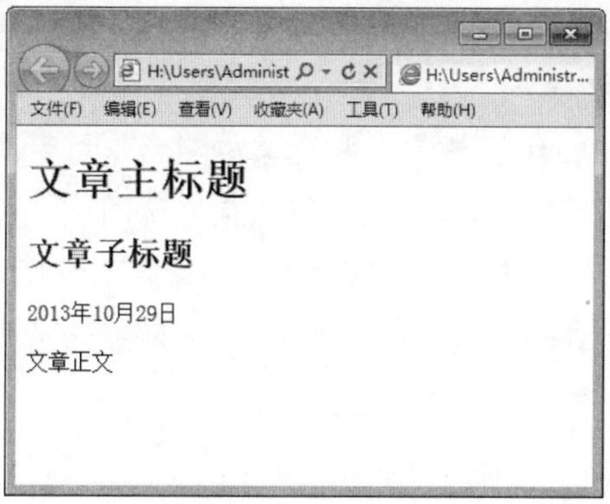

图 5-10　程序运行结果

5.2.3 案例 8——footer 元素

footer 元素可以作为其上层父级内容区块或是一个根区块的脚注。footer 通常包括其相关区块的脚注信息，如作者、相关阅读链接及版权信息等。

使用 footer 标签设置文档页脚的代码如下。

```
<footer>......</footer>
```

在 HTML5 出现之前，网页设计人员使用下面的方式编写页脚。

【例 5.11】ul 元素的使用（实例文件：ch05\5.11.html）

```
<!DOCTYPE  html>
<html>
<body>
<div  id="footer">
     <ul>
          <li>版权信息</li>
          <li>站点地图</li>
          <li>联系方式</li>
     </ul>
<div>
</body>
</html>
```

在 IE 中预览效果如图 5-11 所示。

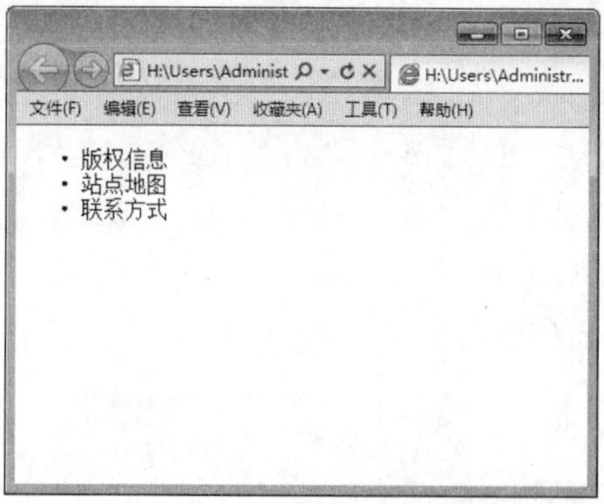

图 5-11　程序运行结果

但是到了 HTML5 之后，这种方式将不再使用，而是使用更加语义化的 footer 元素来替代。

【例 5.12】footer 元素的使用（实例文件：ch05\5.12.html）

```
<!DOCTYPE  html>
<html>
<body>
<footer>
     <ul>
          <li>版权信息</li>
          <li>站点地图</li>
          <li>联系方式</li>
     </ul>
</footer>
</body>
</html>
```

在 IE 中预览效果如图 5-12 所示。

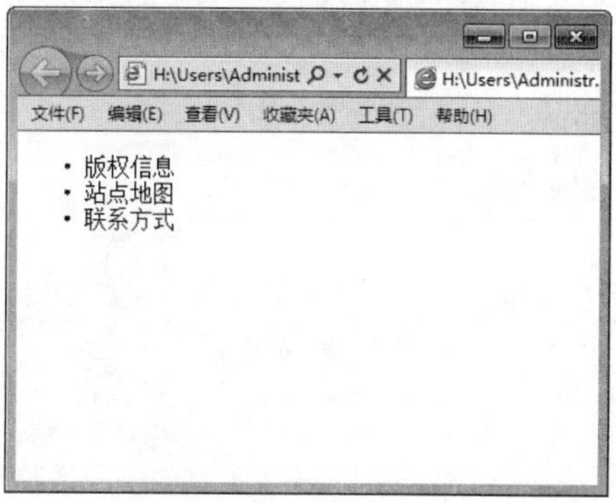

图 5-12　程序运行结果

提示 与 header 元素一样，一个页面中也未限制 footer 元素的个数。同时，可以为 article 元素或 section 元素添加 footer 元素。

【例 5.13】添加多个 footer 元素（实例文件：ch05\5.13.html）

```
<!DOCTYPE  html>
<html>
<body>
<article>
      文章内容
      <footer>
          文章的脚注
      </footer>
</article>
<section>
      分段内容
      <footer>
          分段内容的脚注
      </footer>
  </section>
</body>
</html>
```

在 IE 中预览效果如图 5-13 所示。

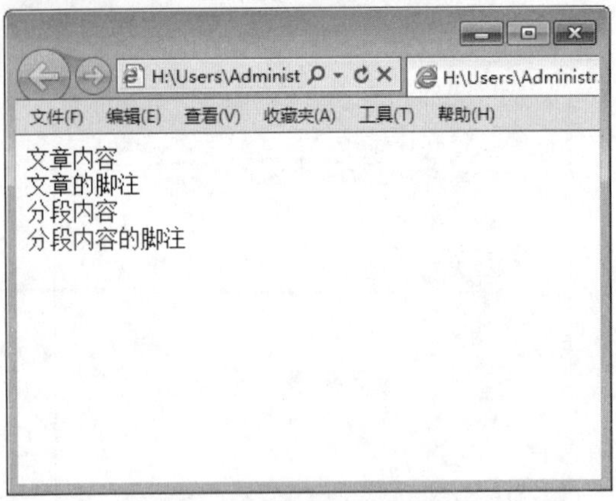

图 5-13　程序运行结果

5.2.4 案例 9——figure 元素

figure 元素是一种元素的组合，可带有标题（可选）。figure 标签用来表示网页上一块独立的内容，将其从网页上移除后不会对网页上的其他内容产生影响。figure 所表示的内容可以是图片、统计图或代码示例。

figure 标签的实现代码如下。

```
<figure>
<h1>......</h1>
<p>......</p>
</figure>
```

注意 使用 figure 元素时，需要用 figcaption 元素为 figure 元素组添加标题。不过，一个 figure 元素内最多只允许放置一个 figcaption 元素，其他元素可无限放置。

1 不带有标题的 figure 元素的使用

【例 5.14】不带有标题的 figure 元素的使用（实例文件：ch05\5.14.html）

```
<!DOCTYPE  HTML>
<html>
<head>
<title>不带有标题的 figure 元素</title>
</head>
<body>
    <figure>
        <img  alt="images/logo.jpg"/>
    </figure>
</body>
</html>
```

在 IE 中预览效果如图 5-14 所示。

图 5-14　程序运行结果

2 带有标题的 figure 元素的使用

【例 5.15】带有标题的 figure 元素的使用（实例文件：ch05\5.15.html）

```
<!DOCTYPE  HTML>
<html>
<head>
<title>带有标题的 figure 元素 </title>
</head>
<body>
    <figure>
        <img  alt="images/logo.jpg"/>
    </figure>
<figcaption>标题提示 </figcaption>
</body>
</html>
```

在 IE 中预览效果如图 5-15 所示。

图 5-15　程序运行结果

3 多张图片、同一标题的 figure 元素的使用

【例 5.16】多张图片、同一标题的 figure 元素的使用（实例文件：ch05\5.16.html）

```
<!DOCTYPE  HTML>
<html>
<head>
<title>多张图片、同一标题的 figure 元素
</title>
</head>
<body>
    <figure>
        <img  alt="images/logo.jpg"/>
        <img  alt="images/logo1.jpg"/>
        <img  alt="images/logo2.jpg"/>
    </figure>
<figcaption>标题提示 </figcaption>
</body>
</html>
```

在 IE 中预览效果如图 5-16 所示。

图 5-16　程序运行结果

5.2.5 案例 10——address 元素

address 元素用来在文档中呈现联系信息，包括文档作者或文档维护者的名字、他们的网

站链接、电子邮箱、真实地址、电话号码等。

address 标签的实现代码如下。

```
<address>
        <a href=......>......</a>
......
</address>
```

【例 5.17】address 元素的使用（实例文件：ch05\5.17.html）

```
<!DOCTYPE html>
<html>
<body>
<address>
        <a href=http://blog.sina.com.cn/zhangsan>张三</a>
        <a href=http://blog.sina.com.cn/lisi>李四</a>
        <a href=http://blog.sina.com.cn/wanger>王二</a>
</address>
</body>
</html>
```

在 IE 中预览效果如图 5-17 所示。

图 5-17　程序运行结果

另外，address 元素不仅可以单独使用，还可以与 footer 元素、time 元素结合起来使用。

【例 5.18】address 元素与其他元素结合使用（实例文件：ch05\5.18.html）

```
<!DOCTYPE html>
<html>
<body>
<footer>
     <div>
         <address>
           <a title="文章作者：张三" href="http://blog.sina.com.cn/zhangsan">
             张三</a>
         </address>
                  发表于<time datetime="2011-6-22">2013 年 3 月 17 日</time>
     </div>
</footer>
</body>
</html>
```

在 IE 中预览效果如图 5-18 所示。

图 5-18　程序运行结果

5.3 新增其他常用元素

除了结构元素外，在 HTML5 中还新增了其他元素，如 progress 元素、command 元素、embed 元素、mark 元素和 details 元素等。

5.3.1 案例 11——mark 元素

mark 元素主要用来在视觉上向用户呈现那些需要突出显示或高亮显示的文字。mark 元素的一个比较典型的应用就是在搜索结果中向用户高亮显示搜索关键词。其使用方法与 em 和 strong 有相似之处，但相比而言，HTML5 中新增的 mark 元素在突出显示时，更加随意与灵活。

HTML5 中的代码示例如下：

```
p>......  <mark>......</mark>  ......</p>
```

【例 5.19】mark 元素的使用（实例文件：ch05\5.19.html）

在页面中，首先使用 h5 元素创建一个标题“优秀开发人员的素质”，然后通过 p 元素对标题进行阐述。在阐述的文字中，为了引起用户的注意，使用 mark 元素高亮处理字符“素质”“过硬”和“务实”。具体的代码如下。

```
<!DOCTYPE  html>
  <html>
  <head>
  <meta  charset="utf-8"  />
  <title>mark 元素的使用 </title>
  <link  href="Css/css5.css" rel="stylesheet"  type="text/css">
  </head>
  <body>
  <h5> 优秀开发人员的 <mark> 素质 </mark></h5>
  <p  class="p3_5">
    一个优秀的 Web 页面开发人员，必须具有
  <mark> 过硬 </mark> 的技术与
  <mark> 务实 </mark> 的专业精神
  </p>
  </body>
  </html>
```

该页面在 IE 浏览器下执行的页面效果如图 5-19 所示。

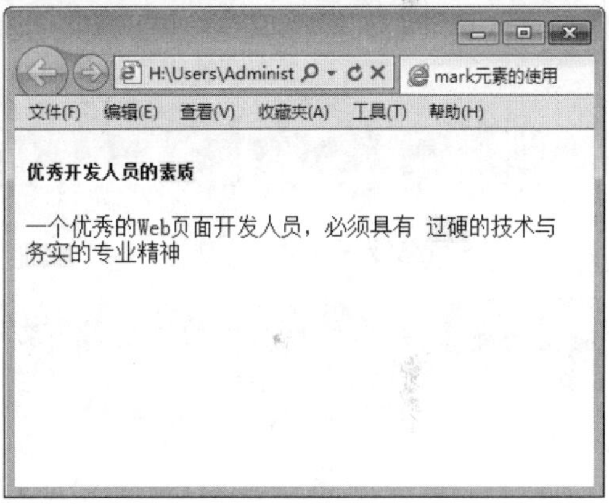

图 5-19 程序运行结果

> **提示**
> mark 元素的这种高亮显示的特征，除用于文档中突出显示外，还常用于查看搜索结果页面中关键字的高亮显示，其目的主要是引起用户的注意。

5.3.2 案例 12——rp、rt 与 ruby 元素

ruby 元素由一个或多个字符（需要一个解释 / 发音）和一个提供该信息的 rt 元素组成，还包括可选的 rp 元素，定义当浏览器不支持

ruby 元素时显示的内容。

rp、rt 与 ruby 元素结合使用的代码如下。

```
<ruby>
<rt><rp>(</rp>  <rp>)</rp></rt>
</ruby>
```

【例 5.20】使用 ruby 注释繁体字“漢”（实例文件：ch05\5.20.html）

```
<!DOCTYPE  html>
<html>
<body>
<ruby>
漢<rt><rp>(</rp>  汉  <rp>)</rp></rt>
</ruby>
</body>
</html>
```

在 IE 中预览效果如图 5-20 所示。

提示 支持 ruby 元素的浏览器不会显示 rp 元素的内容。

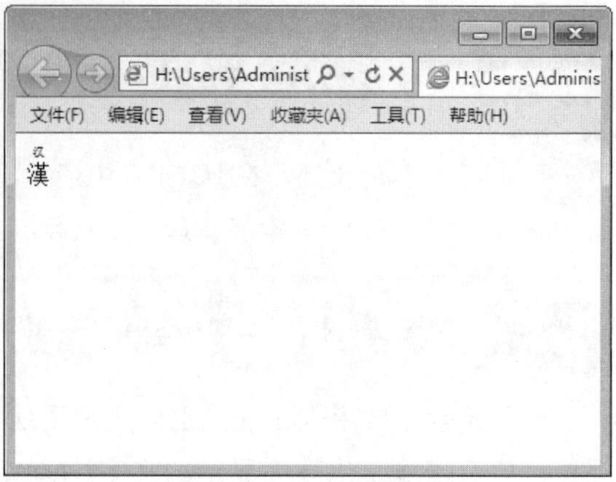

图 5-20　程序运行结果

5.3.3 案例 13——progress 元素

progress 元素表示运行中的进程，可以使用 progress 元素来显示 JavaScript 中耗费时间的函数的进程。例如下载文件时，文件下载到本地的进度值，可以通过该元素动态展示在页面中，展示的方式既可以使用整数（如 1～100），也可以使用百分比（如 10%～100%）。

progress 元素的属性及描述如表 5-1 所示。

表 5-1　progress 元素的属性及描述

属　性	值	描　述
max	整数或浮点数	设置完成时的值，表示总体工作量
value	整数或浮点数	设置正在进行时的值，表示已完成的工作量

注意 progress 元素中设置的 value 值必须小于或等于 max 属性值，且两者都必须大于 0。

【例 5.21】使用 progress 元素表示下载进度（实例文件：ch05\5.21.html）

```
<!DOCTYPE  HTML>
<html>
<body>
对象的下载进度：
<progress>
<span  id="objprogress">76</span>%
```

```
</progress>
</body>
</html>
```

在 IE 中预览效果如图 5-21 所示。

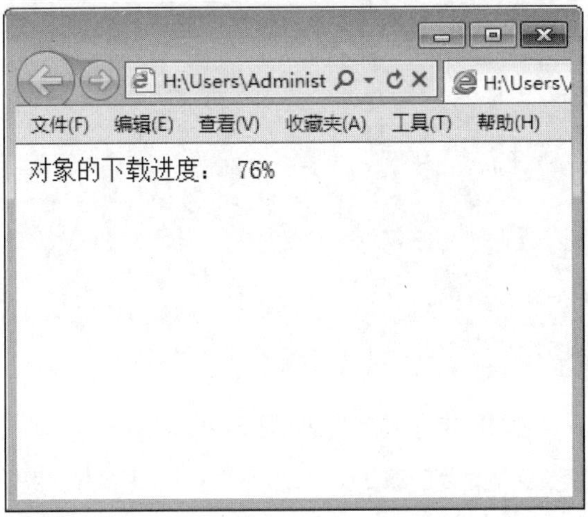

图 5-21　程序运行结果

5.3.4　案例 14——command 元素

command 元素表示用户能够调用的命令，可以定义命令按钮，如单选按钮、复选框或按钮。

HTML5 中使用的代码如下：

```
<command  type="command">......</command>
```

【例 5.22】使用 command 元素标签一个按钮（实例文件：ch05\5.22.html）

```
<!DOCTYPE  HTML>
<html>
<body>
<menu>
<command  onclick="alert('HelloWorld')
">Click  Me!</command>
</menu>
</body>
</html>
```

在 IE 中预览效果如图 5-22 所示。单击网页中的 Click Me 区域，将弹出提示信息框。

图 5-22　程序运行结果

提示　只有当 command 元素位于 menu 元素内时，该元素才是可见的，否则不会显示这个元素。但是可以用它规定键盘快捷键。

5.3.5　案例 15——embed 元素

embed 元素用来插入各种多媒体，格式可以是 Midi、Wav、AIFF、AU、MP3 等。

HTML5 中的代码示例如下：

```
<embed  src="......"/>
```

【例 5.23】使用 embed 元素插入动画（实例文件：ch05\5.23.html）

```
<!DOCTYPE  HTML>
<html>
<body>
<embed  src="images/飞翔的海鸟.swf"/>
</body>
</html>
```

在 IE 中预览效果如图 5-23 所示。

H:\Users\Administ
H:\Users\Administr.
文件(F) 编辑(E) 查看(V) 收藏夹(A) 工具(T) 帮助(H)

图 5-23 程序运行结果

5.3.6 案例 16——details 与 summary 元素

details 元素表示用户要求得到并且可以得到的细节信息，与 summary 元素配合使用，summary 元素提供标题或图例。标题是可见的，用户单击标题时，会显示出细节信息。summary 元素应该是 details 元素的第一个子元素。

HTML5 中的代码示例如下：

```
<details>
<summary>…</summary>
…….
</details>
```

【例 5.24】使用 details 元素制作简单页面（实例文件：ch05\5.24.html）

```
<!DOCTYPE  HTML>
<html>
<body>
<details>
    <summary>苹果冰激凌</summary>
    <img  src="images/冰激凌.jpg"  alt="苹果冰激凌"/>
    <div>
      <h3> 材料：苹果 500g，白糖 150g，新鲜牛奶两瓶。</h3>
      <p>制作方法：将苹果洗净，去皮挖核，切成薄片，搅成浆状，放入白糖及 1000 克开水，加入煮沸的牛奶，搅拌均匀，倒入盛器内冷却后置于冰箱冻结即成。
      </p>
    </div>
</details>
</body>
</html>
```

在 IE 中预览效果如图 5-24 所示。

H:\Users\Administ
H:\Users\Administr...
文件(F) 编辑(E) 查看(V) 收藏夹(A) 工具(T) 帮助(H)
苹果冰激凌
材料：苹果500g，白糖150g，新鲜牛奶两瓶。
制作方法：将苹果洗净，去皮挖核，切成薄片，搅成浆状，放入白糖及1000克开水，加入煮沸的牛奶，搅拌均匀，倒入盛器内冷却后置于冰箱冻结即成。

图 5-24 程序运行结果

5.3.7 案例 17——datalist 元素

datalist 是用来辅助文本框的输入功能，它本身是隐藏的，与表单文本框中的 list 属性绑定，即将 list 属性值设置为 datalist 的 ID 号。目前只支持 Opera 浏览器。

HTML5 中的代码示例如下：

```
<datalist>…</datalist>
```

【例 5.25】使用 datalist 元素制作列表框(实例文件：ch05\5.25.html)

```
<!DOCTYPE HTML>
<html>
<head>
    <title>datalist 测试 </title>
</head>
<body>
<form action="#">
    <fieldset>
        <legend> 请输入职业 </legend>
            <input type="text"
list="worklist">
        <datalist id="worklist">
            <option value=" 程序开发员
"></option>
            <option value=" 系统架构师
"></option>
            <option value=" 数据维护员
"></option>
        </datalist>
    </fieldset>
</form>
</body>
</html>
```

在 Opera 中预览效果如图 5-25 所示。

图 5-25　程序运行结果

5.4 新增的全局属性

在 HTML5 中新增了许多全局属性，下面来详细介绍常用的新增属性。

5.4.1 案例 18——content Editable 属性

content Editable 属性是 HTML5 中新增的标准属性，其主要功能是指定是否允许用户编辑内容。该属性有两个值：true 和 false。

为内容指定 content Editable 属性为 true 表示可以编辑，false 表示不可编辑。如果没有指定值，则会采用隐藏的 inherit（继承）状态，即如果元素的父元素是可编辑的，则该元素就是可编辑的。

【例 5.26】使用 contentEditable 属性的实例（实例文件：ch05\5.26.html）

```
<!DOCTYPE  html>
<head>
<title>conentEditalbe 属性示例 </title>
</head>
<body>
<h3> 对以下内容进行编辑 </h3>
<ol  contentEditable="true">
<li> 列表一 </li>
<li> 列表二 </li>
<li> 列表三 </li>
</ol>
</body>
</html>
```

使用 IE 浏览器查看网页内容，打开后可以在网页中输入相关内容，效果如图 5-26 所示。

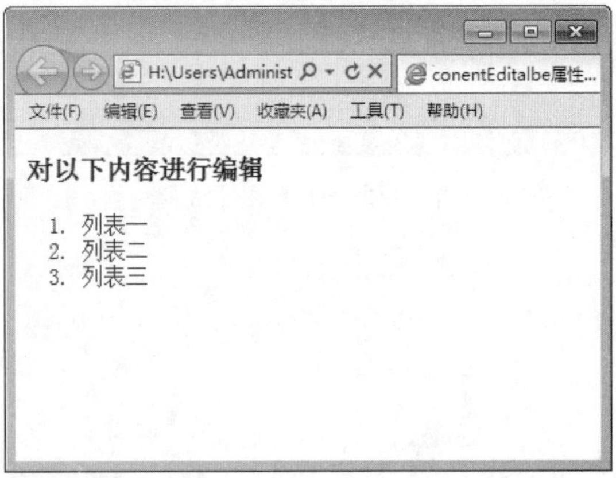

图 5-26　程序运行结果

注意 对内容进行编辑后，如果关闭网页，编辑的内容将不会被保存。如果想要保存其中的内容，只能把该元素的 innerHTML 发送到服务器端。

5.4.2 案例 19——spellcheck 属性

spellcheck 属性是 HTML5 中的新属性，规定是否对元素内容进行拼写检查。可进行拼写检查的文本有类型为 text 的 input 元素中的值（非密码）、textarea 元素中的值、可编辑元素中的值。

【例 5.27】使用 spellcheck 属性的实例（实例文件：ch05\5.27.html）

```
<!DOCTYPE  html>
<html>
<head>
<title>hello，World</title>
</head>
<body>
<p  contentEditable="true"spellcheck="
true"> 使用 spellcheck 属性，使段落内容可被编
辑。</p>
</body>
</html>
```

使用 IE 浏览器查看网页内容，打开后可以在网页中输入相关内容，效果如图 5-27 所示。

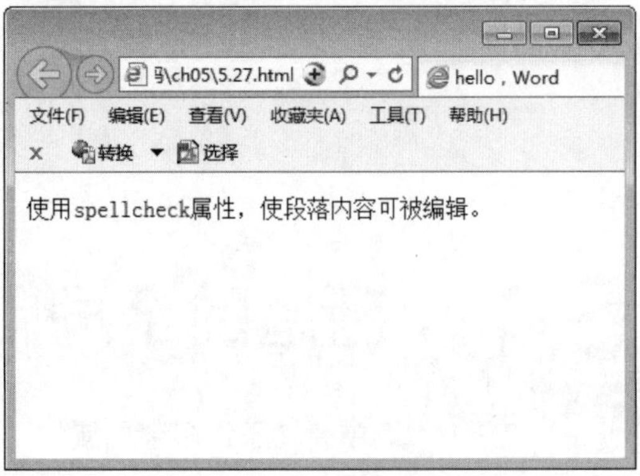

图 5-27　程序运行结果

5.4.3 案例 20——tabIndex 属性

tabIndex 属性可设置或返回按钮的 Tab 键控制次序。打开页面，连续按 Tab 键，会在按钮之间切换，tabIndex 属性则可以记录切换的顺序。

【例 5.28】使用 tabIndex 属性的实例（实例文件：ch05\5.28.html）

```
<html>
<head>
<script  type="text/javascript">
function  showTabIndex()
{
var  bt1=document.getElementById('bt1').tabIndex;
var  bt2=document.getElementById('bt2').tabIndex;
var  bt3=document.getElementById('bt3').tabIndex;
document.write("Tab 切换按钮 1 的顺序：  "  +  bt1);
document.write("<br  />" );
document.write("Tab 切换按钮 2 的顺序：  "  +  bt2);
document.write("<br  />" );
document.write("Tab 切换按钮 3 的顺序：  "  +  bt3);
}</script>
</head>
<body>
<button  id="bt1"  tabIndex="1">按钮 1</button><br  />
<button  id="bt2"  tabIndex="2">按钮 2</button><br  />
<button  id="bt3"  tabIndex="3">按钮 3</button><br  />
<br  />
<input  type="button"  onclick="showTabIndex()"  value="显示切换顺序"  />
</body>
</html>
```

使用 IE 浏览器查看网页内容，打开后多次按 Tab 键，使控制中心在几个按钮对象间切换，如图 5-28 所示。

单击【显示切换顺序】按钮，显示出依次切换的顺序，如图 5-29 所示。

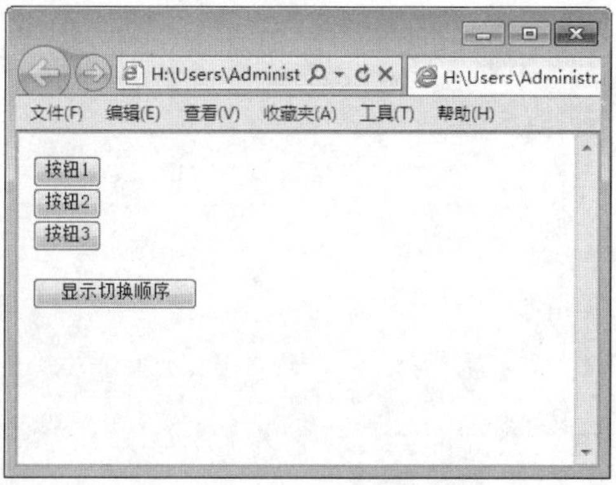

图 5-28　显示切换顺序

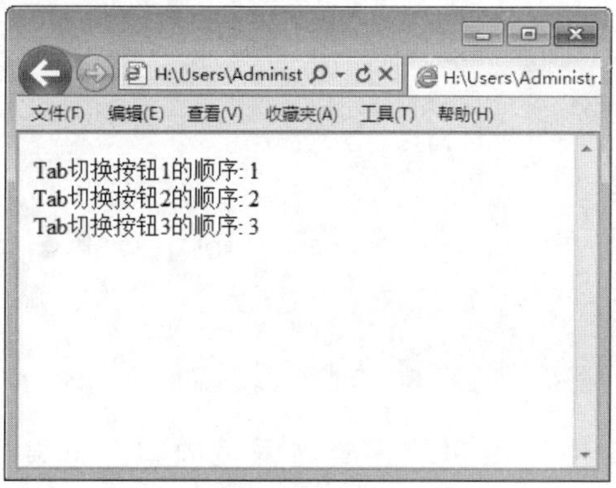

图 5-29　程序运行结果

5.5 新增的其他属性与废除的属性

新增属性主要分为三大类：表单相关的属性、链接相关属性和其他新增属性。具体内容介绍如下。

5.5.1 案例 21——表单相关的属性

新增的表单属性有很多，下面来分别进行介绍。

1 autocomplete

autocomplete 属性规定 form 或 input 域应该拥有自动完成功能。autocomplete 适用于 form 标签，以及以下类型的 input 标签：text、search、url、telephone、email、password、datepickers、range 以及 color。

【例 5.29】使用 autocomplete 属性（实例文件：ch05\5.29.html）

```
<!DOCTYPE HTML>
<html>
<body>
<form action="demo_form.asp" method="get" autocomplete="on">
    姓名:<input type="text" name="姓名" /><br />
    性别: <input type="text" sex="性别" /><br />
    邮箱: <input type="email" name="email" autocomplete="off" /><br />
    <input type="submit" />
</form>
</body>
</html>
```

使用 IE 浏览器查看网页内容，结果如图 5-30 所示。

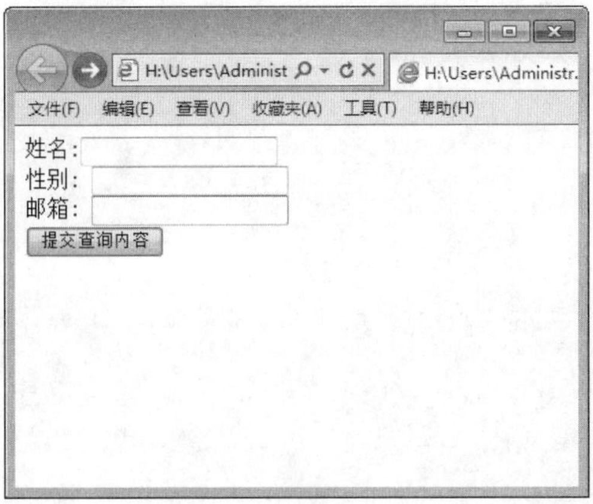

图 5-30　程序运行结果

2 autofocus

autofocus 属性规定在页面加载时，域自动地获得焦点。autofocus 属性适用于所有 input 标签的类型。

【例 5.30】使用 autofocus 属性（实例文件：ch05\5.30.html）

```
<!DOCTYPE HTML>
<html>
<body>
<form action="demo_form.asp" method="get">
    用户名: <input type="text" name="user_name" autofocus="autofocus" />
```

```
    <input  type="submit"  />
</form>
</body>
</html>
```

使用 IE 浏览器查看网页内容，结果如图 5-31 所示。

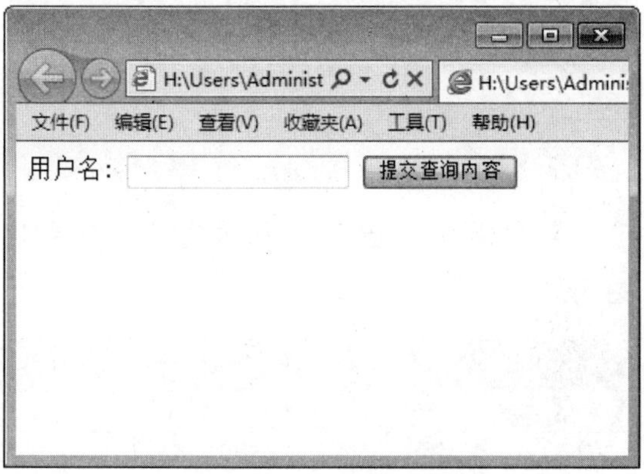

图 5-31　程序运行结果

3　form

form 属性规定输入域所属的一个或多个表单。form 属性适用于所有 input 标签的类型，必须引用所属表单的 ID。

【例 5.31】使用 form 属性（实例文件：ch05\5.31.html）

```
<!DOCTYPE  HTML>
<html>
<body>
<form  action="demo_form.asp"
method="get"  id="user_form">
    姓名 :<input  type="text"  name="姓名"  />
    <input  type="submit"  />
</form>
    性别 : <input  type="text"  sex="性别"  form="user_form"  />
</body>
</html>
```

使用 IE 浏览器查看网页内容，结果如图 5-32 所示。

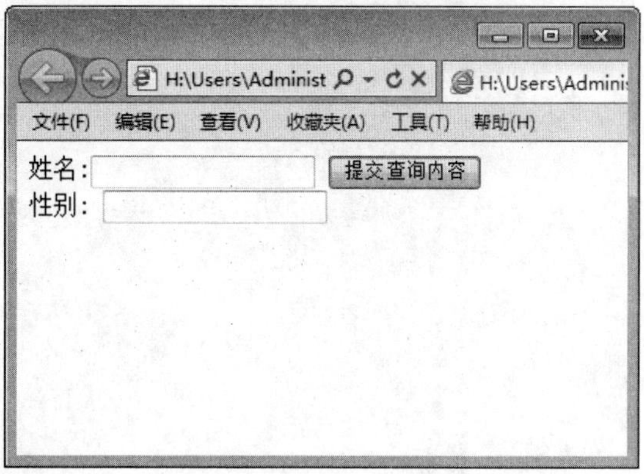

图 5-32　程序运行结果

4　表单重写属性

表单重写属性允许重写 form 元素的某些属性设定。

表单重写属性有：

☆　formaction——重写表单的 action 属性。

☆　formenctype——重写表单的 enctype 属性。

☆　formmethod——重写表单的 method 属性。

☆　formnovalidate——重写表单的 novalidate 属性。

☆　formtarget——重写表单的 target 属性。

表单重写属性适用于以下类型的 input 标签：submit 和 image。

【例 5.32】使用表单重写属性（实例文件：ch05\5.32.html）

```
<!DOCTYPE  HTML>
<html>
<body>
<form  action="demo_form.asp"
method="get"  id="user_form">
```

```
    邮 箱 : <input type="email"
name="userid" /><br />
   <input type="submit" value="提交"
/><br />
    <input type="submit"
formaction="demo_admin.asp" value="以管
理员身份提交" /><br />
    <input type="submit"
formnovalidate="true" value="提交未经验
证" /><br />
 </form>
 </body>
 </html>
```

使用 IE 浏览器查看网页内容，结果如图 5-33 所示。

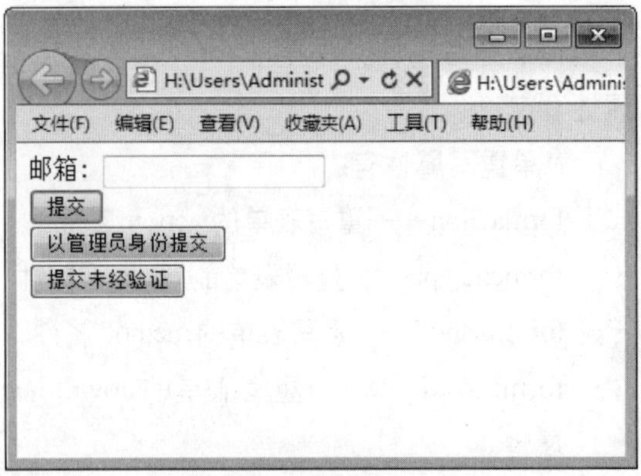

图 5-33 程序运行结果

5 height 和 width

height 和 width 属性规定用于 image 类型的 input 标签的图像高度和宽度。height 和 width 属性只适用于 image 类型的 input 标签。

【例 5.33】使用 height 和 width 属性（实例文件：ch05\5.33.html）

```
<!DOCTYPE HTML>
<html>
<body>
<form action="demo_form.asp"
method="get">
    用 户 名 : <input type="text"
name="user_name" /><br />
   <input type="image" src="/images/
按钮.jpg" width="99" height="99" />
</form>
</body>
</html>
```

使用 IE 浏览器查看网页内容，结果如图 5-34 所示。

图 5-34 程序运行结果

6 list

list 属性规定输入域的 datalist。datalist 是输入域的选项列表。list 属性适用于以下类型的 input 标签：text、search、url、telephone、email、datepickers、number、range 以及 color。

【例 5.34】使用 list 属性（实例文件：ch05\5.34.html）

```
<!DOCTYPE HTML>
<html>
<body>
```

```
<form action="demo_form.asp"
method="get">
    主 页: <input type="url"
list="url_list" name="link" />
    <datalist id="url_list">
<option label="baisu" value="http://
www.baidu.com" />
<option label="qq" value="http://www.
qq.com" />
<option label="Microsoft"
value="http://www.microsoft.com" />
    </datalist>
<input type="submit" />
</form>
</body>
</html>
```

使用 IE 浏览器查看网页内容，结果如图 5-35 所示。

图 5-35 程序运行结果

7 min、max 和 step

min、max 和 step 属性用于为包含数字或日期的 input 类型规定限定（约束）。max 属性规定输入域所允许的最大值；min 属性规定输入域所允许的最小值；step 属性为输入域规定合法的数字间隔（如果 step="3"，则合法的数是 -3,0,3,6 等）。

min、max 和 step 属性适用于以下类型的 input 标签：datepickers、number 以及 range。

【例 5.35】使用 min、max 和 step 属性（实例文件：ch05\5.35.html）

```
<!DOCTYPE HTML>
<html>
<body>
<form action="demo_form.asp"
method=" get" >
    成 绩: <input type="number"
name="points" min="0" max="10"
step="3"/>
<input type="submit" />
</form>
</body>
</html>
```

使用 IE 浏览器查看网页内容，结果如图 5-36 所示。

图 5-36 程序运行结果

8 multiple

multiple属性规定输入域中可选择多个值。multiple 属性适用于以下类型的 input 标签：email 和 file。

【例 5.36】使用 multiple 属性（实例文件：ch05\5.36.html）

```
<!DOCTYPE HTML>
<html>
<body>
<form action="demo_form.asp" method="get">
    选择图片：<input type="file" name="img" multiple="multiple" />
<input type="submit" />
</form>
</body>
</html>
```

使用 IE 浏览器查看网页内容，结果如图 5-37 所示。

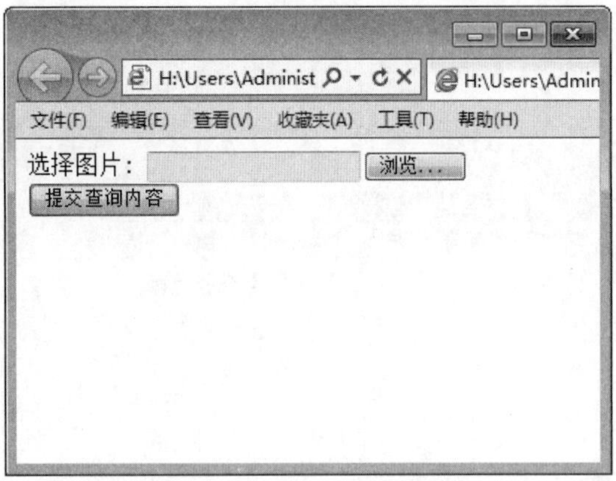

图 5-37 程序运行结果

提示 单击【浏览】按钮，可以打开【选择要加载的文件】对话框，在其中选择要添加的图片。

9 pattern

pattern 属性规定用于验证 input 域的模式。pattern 属性适用于以下类型的 input 标签：text、search、url、telephone、email 以及 password。

【例 5.37】使用 pattern 属性（实例文件：ch05\5.37.html）

```
<!DOCTYPE HTML>
<html>
<body>
<form action="demo_form.asp" method="get">
    电话区号：<input type="text" name="country_code" pattern="[A-z]{3}"
    title="Three letter country code" />
    <input type="submit" />
</form>
</body>
</html>
```

使用 IE 浏览器查看网页内容，结果如图 5-38 所示。

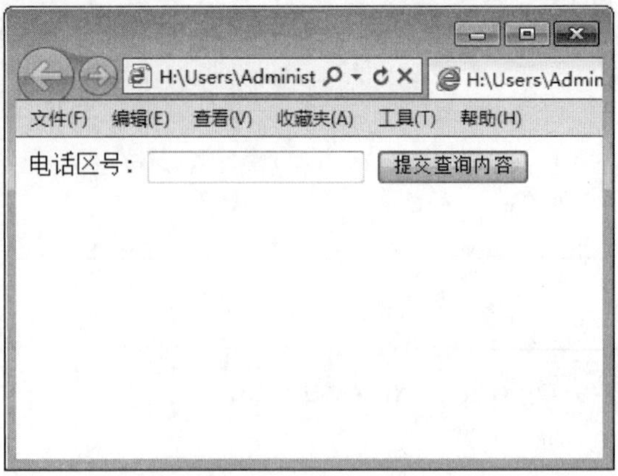

图 5-38 程序运行结果

10 placeholder

placeholder 属性提供一种提示，描述输入域所期待的值。placeholder 属性适用于以下类型的 input 标签：text、search、url、telephone、email 以及 password。

【例 5.38】使用 placeholder 属性（实例文件：ch05\5.38.html）

```
<!DOCTYPE HTML>
<html>
<body>
<form action="demo_form.asp" method="get">
    <input type="search" name="user_search" placeholder="baidu" />
    <input type="submit" />
</form>
</body>
</html>
```

使用 IE 浏览器查看网页内容，结果如图 5-39 所示。

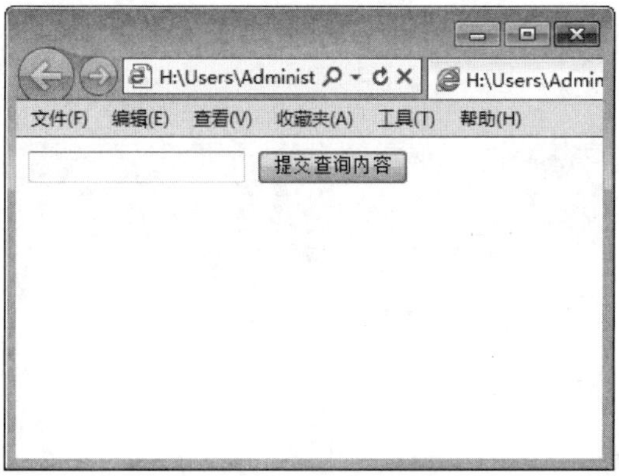

图 5-39 程序运行结果

11 required

required 属性规定必须在提交之前填写输入域（不能为空）。required 属性适用于以下类型的 input 标签：text、search、url、telephone、email、password、datepickers、number、checkbox、radio 以及 file。

【例 5.39】使用 required 属性（实例文件：ch05\5.39.html）

```
<!DOCTYPE HTML>
<html>
<body>
<form action="demo_form.asp" method="get">
    姓 名 : <input type="text" name="usr_name" required="required" />
    <input type="submit" />
</form>
</body>
</html>
```

使用 IE 浏览器查看网页内容，结果如图 5-40 所示。

图 5-40 程序运行结果

5.5.2 案例 22——链接相关属性

新增的与链接相关的属性如下。

1 media

media 属性规定目标 URL 是为什么类型的媒介、设备进行优化的。该属性用于规定目标

URL 是为特殊设备（比如 iPhone）、语音还是打印媒介设计的。该属性只能在 href 属性存在时使用。

【例 5.40】使用 media 属性（实例文件：ch05\5.40.html）

```
<!DOCTYPE  HTML>
<html>
<body>
    <a href="www.baidu.com"media="print
and(resolution:300dpi)" >
      链接查询.
    </a>
</body>
</html>
```

使用 IE 浏览器查看网页内容，结果如图 5-41 所示。

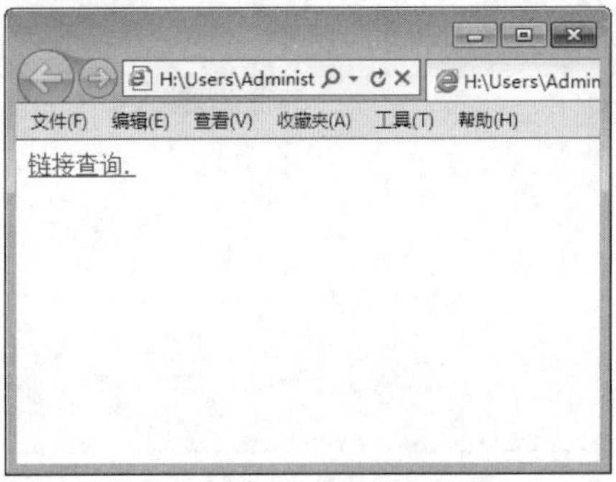

图 5-41　程序运行结果

2 type

在 HTML5 中，为 area 元素增加了 type 属性，规定目标 URL 的 MIME 类型。type 属性仅在 href 属性存在时使用。

其语法结构如下。

```
<input  type="value">
```

3 sizes

在 HTML5 中，为 link 元素增加了新属性 sizes。该属性可以与 icon 元素结合使用（通过 rel 属性），以指定关联图标（icon 元素）的大小。

4 target

在 HTML5 中，为 base 元素增加了 target 属性，主要目的是保持与 a 元素的一致性。

【例 5.41】使用 sizes 与 target 属性（实例文件：ch05\5.41.html）

```
<!DOCTYPE  html>
<html>
<head>
    <link  rel="icon"  href="demo_icon.
ico"  type="image/gif"  sizes="16x16" />
</head>
<body>
    <h2>Hello  world!</h2>
    <p> 打  开 <a  href="2.40.html"
target="_blank"> 新链接 </a> 窗口。</p>
</body>
</html>
```

使用 IE 浏览器查看网页内容，结果如图 5-42 所示。

图 5-42　程序运行结果

5.5.3 案例 23——其他新增属性

除了以上介绍的与表单和链接相关的属性外，HTML5 还增加了其他属性，如表 5-2 所示。

表 5-2　HTML5 增加的其他属性

属　性	隶属于	意　义
reversed	ol 元素	指定列表倒序显示
charset	meta 元素	为文档字符编码的指定提供了一种良好的方式
type	menu 元素	让菜单可以以上下文菜单、工具条与列表菜单 3 种形式出现
label	menu 元素	为菜单定义一个可见的标注
scoped	style 元素	用来规定样式的作用范围，如只对页面上某个树起作用
async	script 元素	定义脚本是否异步执行
manifest	html 元素	开发离线 Web 应用程序时，它与 API 结合使用，定义一个 URL，在这个 URL 上描述文档的缓存信息
sandbox、srcdoc 与 seamless	iframe 元素	用来提高页面安全性，防止不信任的 Web 页面执行某些操作

5.5.4 案例 24——HTML5 废除的属性

在 HTML5 中废除了很多不需要再使用的属性，这些属性将采用其他属性或其他方案进行替代，具体内容如表 5-3 所示。

表 5-3　HTML5 废除的属性

废除的属性	使用该属性的元素	在 HTML5 中代替的方案
rev	link,a	rel
charset	link,a	在被链接的资源中使用 HTTP　content-type 头元素
shape，coords	a	使用 area 元素代替 a 元素
longdesc	img，iframe	使用 a 元素链接到较长描述
target	link	多余属性，被省略
nohref	area	多余属性，被省略
profile	head	多余属性，被省略
version	html	多余属性，被省略
name	img	id
scheme	meta	只为某个表单域使用 scheme
archive,classid,codebase,codetype,declare,standby	object	使用 data 与 type 属性调用插件。需要使用这些属性来设置参数时，使用 param 属性

（续表）

废除的属性	使用该属性的元素	在 HTML5 中代替的方案
valuetype,type	param	使用 name 与 value 属性
axis,abbr	td,th	可以对更详细内容使用 title 属性，来使单元格的内容变得简短
scope	td	在被链接的资源中使用 HTTP Content-type 头元素
align	caption,input,legend,div,h1,h2,h3,h4,h5,h6,p	使用 CSS 样式表进行替代
alink,link,text,vlink,background,bgcolor	body	使用 CSS 样式表进行替代
align,bgcolor,border,cellpadding,cellspacing,frame,rules,width	table	使用 CSS 样式表进行替代
align,char,charoff,height,nowrap,valign	tbody,thead,tfoot	使用 CSS 样式表进行替代
align,bgcolor,char,charoff,height,nowrap,valign,width	td,th	使用 CSS 样式表进行替代
align,bgcolor,char,charoff,valign	tr	使用 CSS 样式表进行替代
align,char,charorr,valign,width	col,colgroup	使用 CSS 样式表进行替代
align,border,hspace,vspace	object	使用 CSS 样式表进行替代
clear	br	使用 CSS 样式表进行替代
compact,type	ol,ul,li	使用 CSS 样式表进行替代
compact	dl	使用 CSS 样式表进行替代
compact	menu	使用 CSS 样式表进行替代
width	pre	使用 CSS 样式表进行替代
align,hspace,vspace	img	使用 CSS 样式表进行替代
align,noshade,size,width	hr	使用 CSS 样式表进行替代
align,frameborder,scrollingmarginheight,marginwidth	iframe	使用 CSS 样式表进行替代
autosubmit	menu	

5.6 实战演练——制作HTML5的网页

HTML 的格式非常简单，是由文字和标签组成的纯文本文件，几乎任何文字编辑软件都可以编写 HTML 文件，如 Windows 中的写字板、记事本等。只要将文件保存成 ASCII 纯文本格式，并且设置扩展名为 .htm 或 .html 即可。

下面的实例是用记事本创建 HTML 文件。用户在输入 HTML 代码时，需要注意图片引用的路径。

步骤 1 打开记事本，输入下面的 HTML 代码。

```
<html>
<head>
<title>学校网站</title>
<style type="text/css">
<!--
.STYLE1 {font-size: 12px}
-->
</style></head>
<body topmargin="0" leftmargin="0">
<table width="762" border="0" align="center" cellpadding="0" cellspacing="0">
<td height="534" valign="top">
<img src="images/学校.jpg" alt="学校简介" width="240" height="180" border="3"
align="left" />
<p class="STYLE1">
学校成立于 2002 年，是经教育主管部门批准成立的一所教育机构。
办学几年来，一直坚持“正规办学，保证教学质量，社会效益第一”的原则，为社会培养了大量优秀的电脑技术人才，得到了社会各界的认可。
<br />
几年来，学校以公司技术为依托，凭借科学的教学方法、严格的管理制度、一流的教学质量和广泛的就业渠道，逐步形成了长期班与短期班互补，学历教育与认证培训为一体的多层次教育格局，其正茁壮成长为电脑培训行业中一颗耀眼的新星。
<br />
经过几年的不断发展和完善，学校锤炼了一支具有丰富理论知识和实践经验、专业知识扎实、高素质、敬业精神良好的年轻教师队伍。
```

```
采用驱动式教学，保证了教学质量和学习效果。学校现有教学场地 1000 余平方米。
采用多媒体教学，全空调学习环境。交通便利，环境幽雅。
<br />
以“培养专业实用的技能人才”为目标，以服务社会为己任，先后为广东、上海、江苏、浙江以及河南地区输送大量优秀专业人才。
<br />
在秉承"系统、专业、实用"的同时，不断汲取现代化的管理理念和技术，针对学科的技术发展和市场的就业需求，推出了专业定位更准确、课程组合更优化的专业，将为有志于 IT 领域发展的社会各界人士提供更切实际的多样化教育选择。
<br />
学校特色：
<br />
★全封闭管理，统一食宿，让学生不受外界干扰。学校将为学员办理人身保险，保障学生在校期间的最大安全。
<br />
★课程设置结合企业，实行"素质+技能+学历+就业"的模式，让学生结业拿技能证书，毕业颁发学历证书。
<br />
★就业渠道广阔，办学五年来，学员分别安排到广州、上海、福建、浙江、江苏、河南等地。
<br />
★学校可为毕业生在国家信息化人才库备案。保证合格毕业生百分百高薪就业，彻底免除家长的后顾之忧。
</p>
</td>
</tr>
</table>
</td>
</tr>
</table>
</body>
</html>
```

步骤 2 编辑完 HTML 文件后，选择【文件】→【保存】菜单命令，在弹出的【另存为】对话框中将【保存类型】设为【文本文档】，将扩展名设为 .htm 或 .html，然后单击【保存】按钮，如图 5-43 所示。

步骤 3 打开网页，在浏览器中浏览网页，如图 5-44 所示。

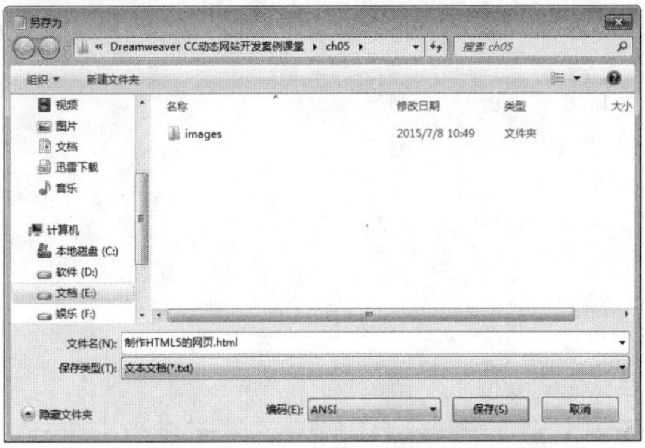

图 5-43　【另存为】对话框

图 5-44　网页预览效果

5.7 高手甜点

甜点 1：HTML5 中的单标签和双标签书写方法。

HTML5 中的标签分为单标签和双标签。所谓单标签是指没有结束标签的标签，双标签是指既有开始标签又包含结束标签。

单标签是不允许写结束标签的元素，只允许使用“<元素 />”的形式进行书写。例如“
…</br>”的书写方式是错误的，正确的书写方式为
。当然，在 HTML5 之前的版本中，
 这种书写方法可以被沿用。HTML5 中不允许写结束标签的元素有 area、base、br、col、command、embed、hr、img、input、keygen、link、meta、param、source、track、wbr。

对于部分双标签，可以省略结束标签。HTML5 中允许省略结束标签的元素有 li、dt、dd、p、rt、rp、optgroup、option、colgroup、thead、tbody、tfoot、tr、td、th。

HTML5 中有些元素还可以完全被省略。即使这些标签被省略了，该元素还是以隐式的方式存在的。HTML5 中允许省略全部标签的元素有 html、head、body、colgroup、tbody。

甜点 2：新增属性 Target 在 HTML5.01 与 HTML5 之间的差异有哪些？

在 HTML5 中，不再允许把框架名称设定为目标，因为不再支持 frame 和 frameset。self、parent 以及 top 这 3 个值大多数时候与 iframe 一起使用。

5.8 跟我练练手

练习 1：练习新增主体结构元素的使用。

练习 2：练习新增非主体结构元素的使用。

练习 3：练习新增全局属性的使用。

练习 4：练习新增其他属性的使用。

第 6 章 不在网页中迷路——设计网页超链接

链接是网页中比较重要的部分，是各个网页相互跳转的依据。网页中常用的链接形式包括文本链接、图像链接、锚记链接、电子邮件链接、空链接以及脚本链接等。本章就来介绍如何创建网站链接。

本章学习目标

◎ 熟悉什么是链接与路径

◎ 掌握添加网页超链接的方法

◎ 掌握检查网页链接的方法

◎ 掌握为企业网站添加友情链接的方法

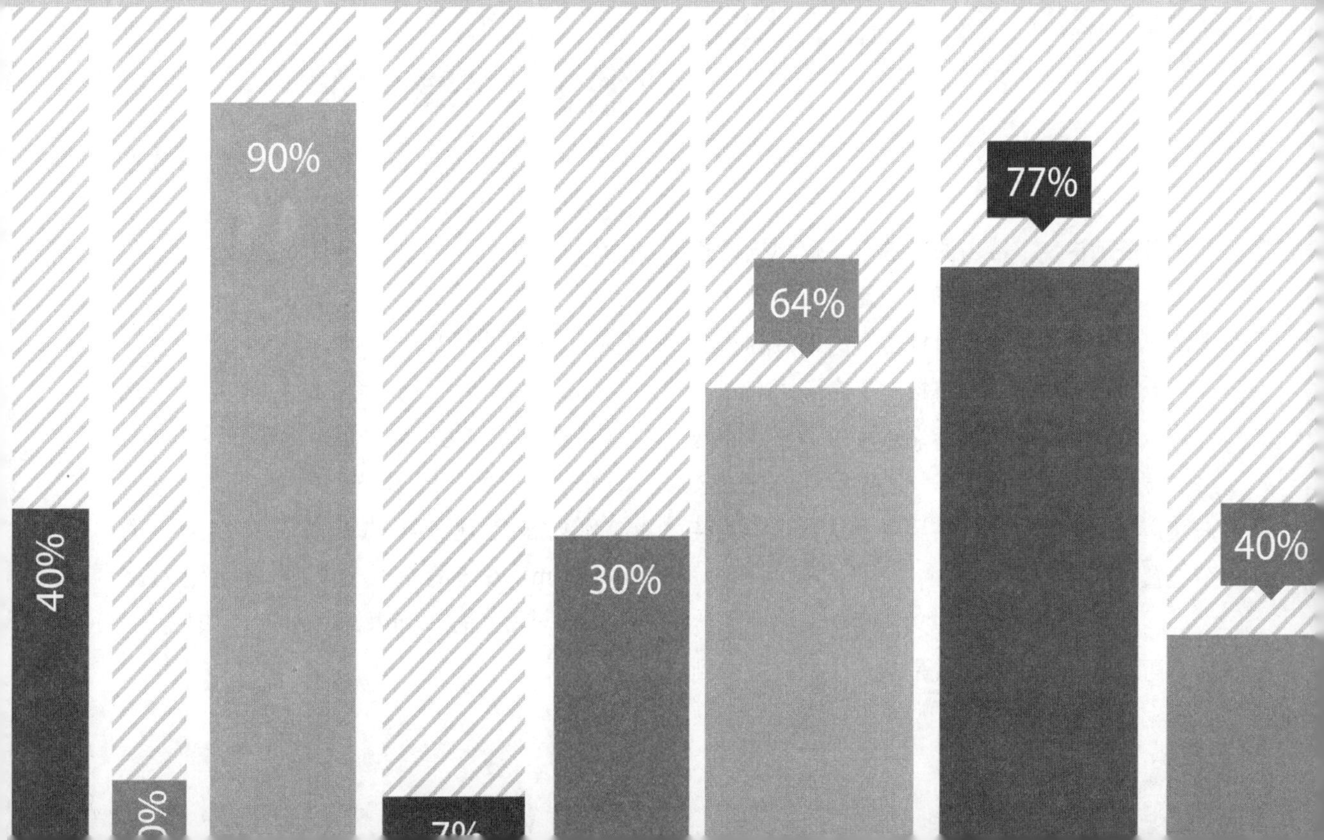

6.1 链接与路径

链接是网页中极为重要的部分，单击文档中的链接，即可跳转至相应位置。正是有了链接，用户才可以在网站中相互跳转而方便地查阅各种各样的知识，享受网络带来的无穷乐趣。

6.1.1 链接的概念

链接也叫超级链接。超级链接根据链接源端点的不同，分为超文本和超链接两种。超文本就是利用文本创建的超级链接。在浏览器中，超文本一般显示为下方带蓝色下划线的文字。超链接是利用除了文本之外的其他对象所构建的链接，如图 6-1 所示。

图 6-1　百度首页的超链接

通俗地讲，链接由两个端点（也称锚）和一个方向构成，通常将开始位置的端点称作源端点（或源锚），而将目标位置的端点称为目标端点（或目标锚），链接就是由源端点到目标端点的一种跳转。目标端点可以是任意的网络资源，例如，它可以是一个页面、一幅图像、一段声音、一段程序，甚至可以是页面中的某个位置。

利用链接可以实现在文档间或文档中的跳转。可以说，浏览网页就是从一个文档跳转到另一个文档，从一个位置跳转到另一个位置，从一个网站跳转到另一个网站的过程，而这些过程都是通过链接来实现的，如图 6-2 所示。

图 6-2　通过链接进行跳转

6.1.2 链接的路径

一般来说，Dreamweaver 允许使用的链接路径有 3 种：绝对路径、文档相对路径和根相对路径。

1 绝对路径

如果在链接中使用完整的 URL 地址，这种链接路径就称为绝对路径。绝对路径的特点是：路径同链接的源端点无关。

例如要创建“我的站点”文件夹中的 index.html 文档的链接，则可使用绝对路径“D:/ 我的站点 /index.html”，如图 6-3 所示。

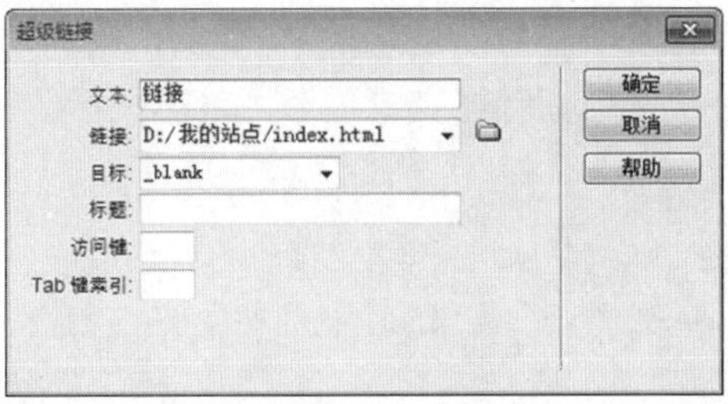

图 6-3 绝对路径

> **提示** 采用绝对路径有两个缺点：一是不利于测试；二是不利于移动站点。

2 文档相对路径

文档相对路径是指以当前文档所在的位置为起点到被链接文档经由的路径。文档相对路径可以表述源端点同目标端点之间的相对位置，它同源端点的位置密切相关。

使用文档相对路径有以下 3 种情况。

(1) 如果链接中源端点和目标端点在同一目录下，那么在链接路径中只需提供目标端点的文件名即可，如图 6-4 所示。

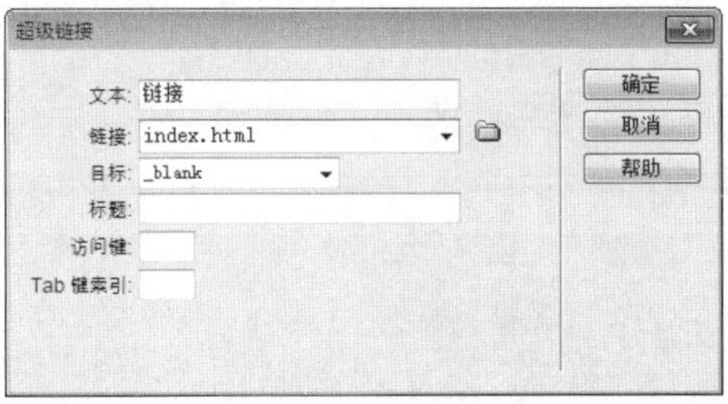

图 6-4 相对路径

(2) 如果链接中源端点和目标端点不在同一目录下，则需要提供目录名、前斜杠和文件名，如图 6-5 所示。

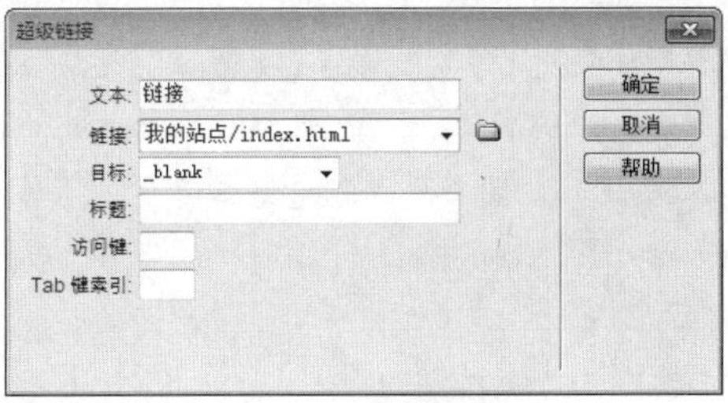

图 6-5 相对路径

(3) 如果链接指向的文档没有位于当前目录的子级目录中，则可利用“../”符号来表示当前位置的上级目录，如图 6-6 所示。

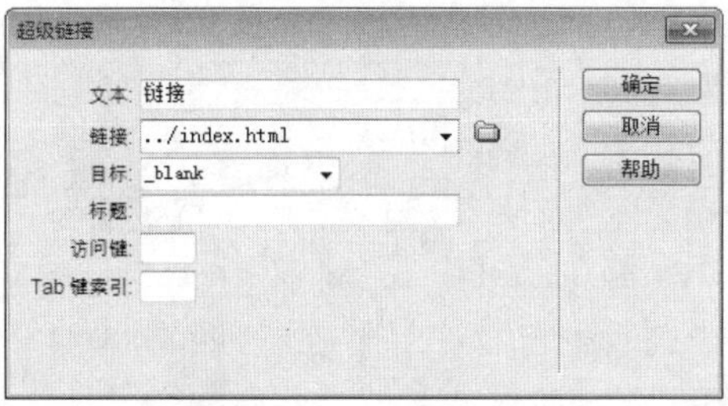

图 6-6 相对路径

采用相对路径的特点：只要站点的结构和文档的位置不变，那么链接就不会出错，否则链接就会失效。在把当前文档与处在同一文件夹中的另一文档链接，或把同一网站下不同文件夹中的文档相互链接时，就可以使用相对路径。

3 根相对路径

可以将根相对路径看作绝对路径和相对路径之间的一种折中，是指从站点根文件夹到被链接文档经由的路径。在这种路径表达式中，所有的路径都是从站点的根目录开始的，同源端点的位置无关，通常用一个斜线“/”来表示根目录。

> **提示** 根相对路径同绝对路径非常相似，只是它省去了绝对路径中带有协议地址的部分。

6.1.3 链接的类型

根据链接的范围，链接可分为内部链接和外部链接两种。内部链接是指同一个网站文档之间的链接，外部链接是指不同网站文档之间的链接。

根据建立链接的不同对象，链接又可分为文本链接和图像链接两种。浏览网页时，会看到一些带下划线的文字，将鼠标指针移到文字上时，鼠标指针将变成手形，单击鼠标会打开一个网页，这样的链接就是文本链接，如图 6-7 所示。

在网页中浏览内容时，若将鼠标指针移到图像上，鼠标指针将变成手形，单击鼠标会打开一个网页，这样的链接就是图像链接，如图 6-8 所示。

图 6-7 文本链接

图 6-8 图像链接

6.2 添加网页超链接

Internet 之所以越来越受欢迎，很大程度上是因为在网页中使用了链接。

6.2.1 案例 1——添加文本链接

通过 Dreamweaver，可以使用多种方法来创建内部链接。使用【属性】面板创建网站内文本链接的具体步骤如下。

步骤 1 启动 Dreamweaver CC，打开随书光盘中的“ch06\index.htm”文件，选定“关于我们”文字，将其作为建立链接的文本，如图 6-9 所示。

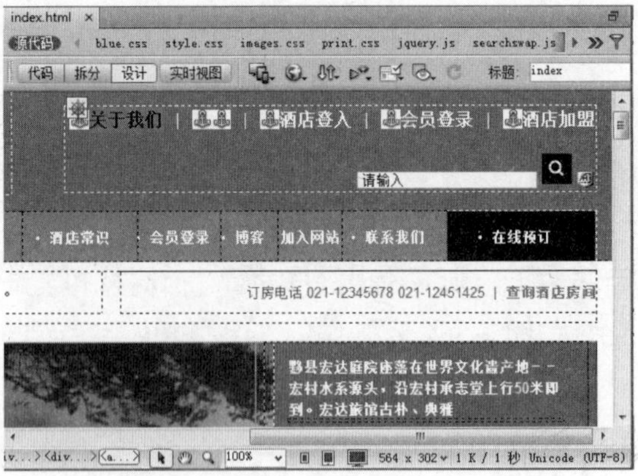

图 6-9 选定文本

步骤 2 单击【属性】面板中的【浏览文件】按钮，打开【选择文件】对话框，选择网页文件“关于我们 .html”，单击【确定】按钮，如图 6-10 所示。

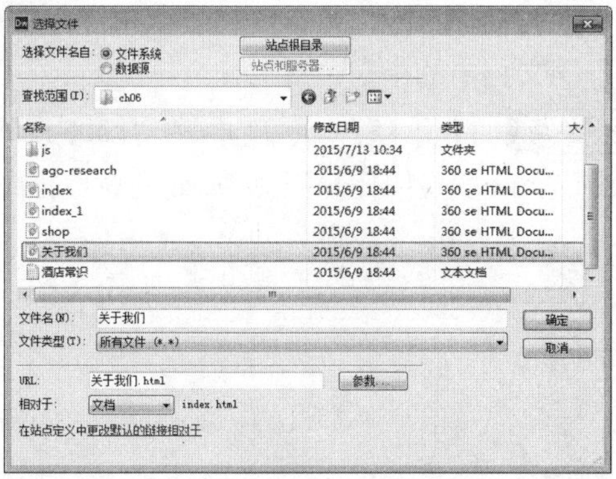

图 6-10 【选择文件】对话框

提示 在【属性】面板中直接输入链接地址也可以创建链接。选定文本后，选择【窗口】→【属性】菜单命令，打开【属性】面板，然后在【链接】文本框中直接输入链接文件名“关于我们 .html”即可。

步骤 3 保存文档，按 F12 键在浏览器中预览效果，如图 6-11 所示。

图 6-11 预览网页

6.2.2 案例 2——添加图像链接

使用【属性】面板创建图像链接的具体步骤如下。

步骤 1 打开随书光盘中的“ch06\index.html”文件，选定要创建链接的图像，如图 6-12 所示。然后单击【属性】面板中的【浏览文件】按钮。

图 6-12 选定图像

步骤 2 打开【选择文件】对话框，浏览并选择一个文件，在【相对于】下拉列表框中选择【文档】选项，然后单击【确定】按钮，如图 6-13 所示。

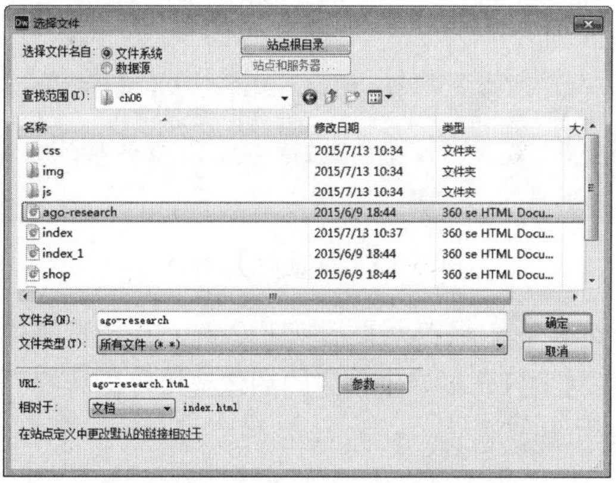

图 6-13 【选择文件】对话框

步骤 3 在【属性】面板的【目标】下拉列表框中，选择链接文档打开的方式，然后在【替换】文本框中输入图像的替换文本“美丽风光”，如图 6-14 所示。

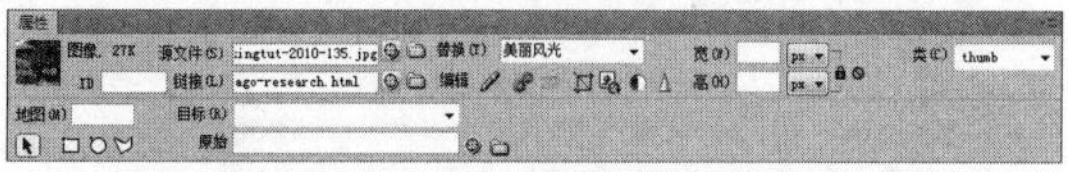

图 6-14 【属性】面板

提示 与文本链接一样，也可以通过直接输入链接地址的方法来创建图像链接。

6.2.3 案例 3——创建外部链接

创建外部链接是指将网页中的文字或图像与站点外的文档相连，也可以是 Internet 上的网站。

提示 创建外部链接（从一个网站的网页链接到另一个网站的网页）时，必须使用绝对路径，即被链接文档的完整 URL，包括所使用的传输协议（对于网页通常是 http://）。

例如，在主页上添加网易、搜狐等网站的图标，将它们与相应的网站链接起来的操作如下。

步骤 1 打开随书光盘中的“ch06\index_1.html”文件，选定百度网站图标，在【属性】面板的【链接】文本框中输入百度的网址“http://www.baidu.com”，如图 6-15 所示。

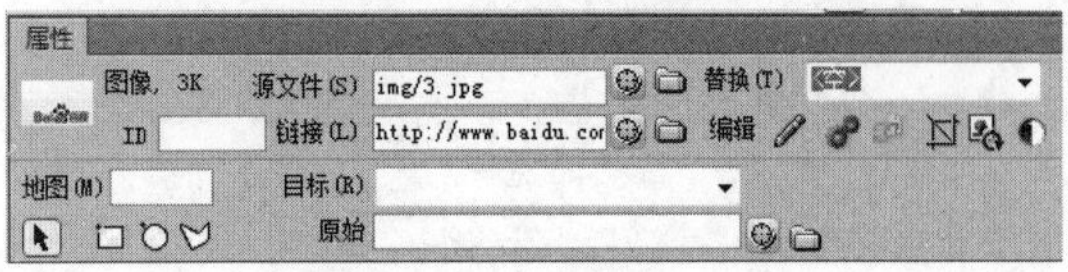

属性
图像，3K
源文件(S) img/3.jpg
替换(T)
ID
链接(L) http://www.baidu.com
编辑
地图(M)
目标(R)
原始

图 6-15 【属性】面板

步骤 2 保存网页后按 F12 键，在浏览器中将网页打开。单击创建的图像链接，即可打开百度网站首页，如图 6-16 所示。

https://www.baidu.com/
百度一下，你就知道
文件(F) 编辑(E) 查看(V) 收藏夹(A) 工具(T) 帮助(H)
新闻 hao123 地图 视频 贴吧 登录 设置
Bai du 百度
百度一下
100%

图 6-16 预览网页

6.2.4 案例 4——创建锚记链接

创建命名锚记（简称锚点）就是在文档的指定位置设置标记，给该标记一个名称以便引用。通过创建锚记，可以使链接指向当前文档或不同文档中的指定位置。

步骤 1 打开随书光盘中的“ch06\index.html”文件，切换到代码视图中，如图 6-17 所示。

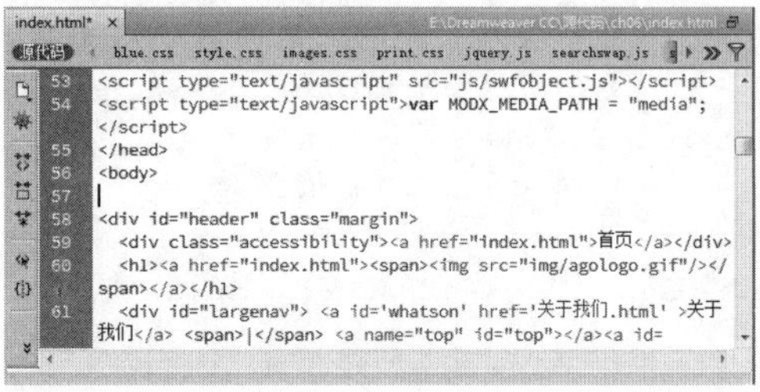

index.html*
blue.css style.css images.css print.css jquery.js searchswap.js
<script type="text/javascript" src="js/swfobject.js"></script>
<script type="text/javascript">var MODX_MEDIA_PATH = "media";
</script>
</head>
<body>
<div id="header" class="margin">
<div class="accessibility"><a href="index.html">首页</a></div>
<h1><a href="index.html"><span><img src="img/agologo.gif"/></
span></a></h1>
<div id="largenav"> <a id='whatson' href='关于我们.html' >关于
我们</a> <span>|</span> <a name="top" id="top"></a><a id=

图 6-17 代码视图

步骤 2 将光标放置到要命名锚记的位置，或选中要为其命名锚记的文本，这里定位在 <body> 标签后，输入代码 "<a name="top"></a>"，其中锚记名称为 top，如图 6-18 所示。

index.html*
blue.css style.css images.css print.css jquery.js searchswap.js
<script type="text/javascript" src="js/swfobject.js"></script>
<script type="text/javascript">var MODX_MEDIA_PATH = "media";
</script>
</head>
<body>
<a name="top"></a>
<div id="header" class="margin">
<div class="accessibility"><a href="index.html">首页</a></div>
<h1><a href="index.html"><span><img src="img/agologo.gif"/></
span></a></h1>
<div id="largenav"> <a id='whatson' href='关于我们.html' >关于
我们</a> <span>|</span> <a name="top" id="top"></a><a id=

图 6-18 添加命名锚记

步骤 3 返回到设计视图，此时即可在文档窗口中看到锚记标记，如图 6-19 所示。

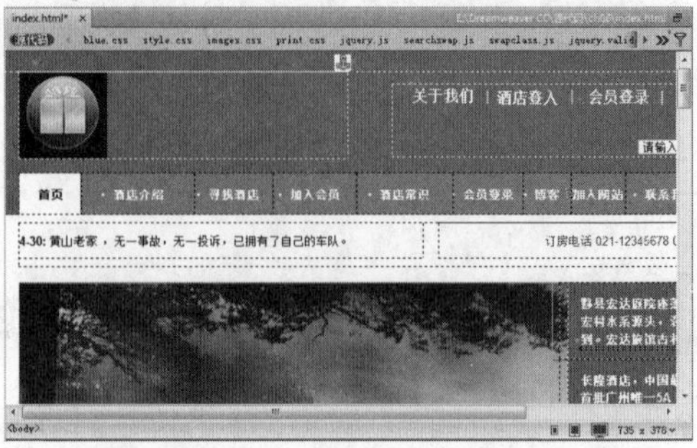

关于我们 | 酒店登入 | 会员登录
首页

图 6-19 查看新添加的锚记

提示 在一篇文档中，锚记名称是唯一的，不允许在同一篇文档中出现相同的锚记名称。锚记名称中不能含有空格，而且不应置于层内。锚记名称区分大小写。

在文档中定义了锚记后，只做好了链接的一半任务。要链接到文档中锚记所在的位置，还必须创建锚记链接。具体的操作步骤如下。

步骤 1 在文档的底部输入文本“返回顶部”并将其选定，作为链接的文字，如图 6-20 所示。

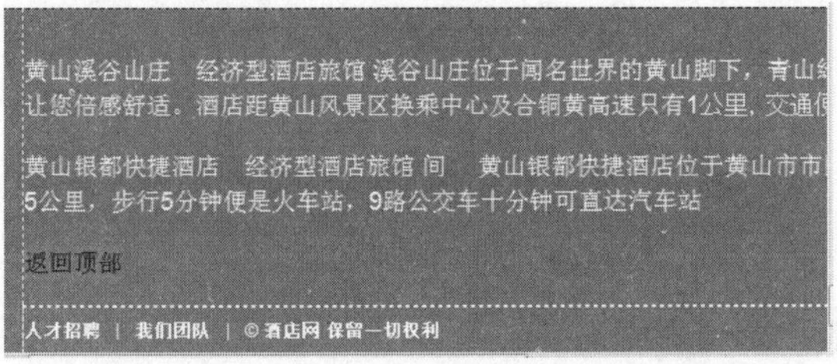

图 6-20　选定链接的文字

步骤 2 在【属性】面板的【链接】文本框中输入一个符号 # 和锚记名称。例如，要链接到当前文档中名为 Top 的锚记，则输入 #Top，如图 6-21 所示。

图 6-21　【属性】面板

提示 若要链接到同一文件夹内其他文档（如 main.html）中名为 top 的锚记，则应输入 main.html#top。同样，也可以使用【属性】面板中的【指向文件】按钮来创建锚记链接。单击【属性】面板中的【指向文件】按钮，然后将其拖至要链接到的锚记（可以是同一文档中的锚记，也可以是其他打开文档中的锚记）上即可。

步骤 3 保存文档，按 F12 键在浏览器中将网页打开，然后单击网页底部的“返回顶部”文字，如图 6-22 所示。

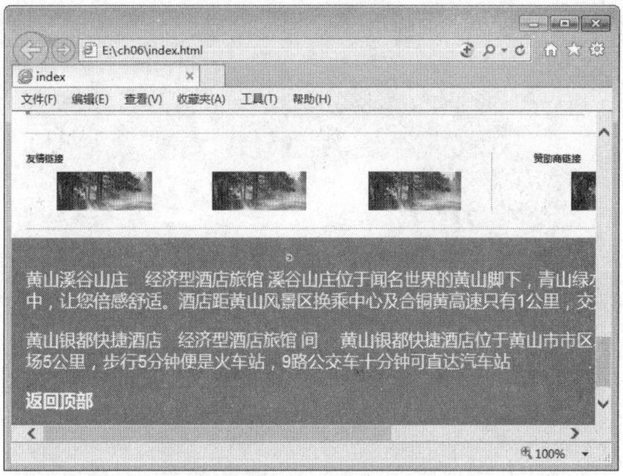

图 6-22　预览网页

步骤 4 在浏览器的网页中，就会显示页面顶部，如图 6-23 所示。

图 6-23　返回页面顶部

6.2.5　案例 5——创建图像热点链接

在网页中，不但可以单击整幅图像跳转到链接文档，也可以单击图像中的不同区域而跳转到不同的链接文档。通常将处于一幅图像上的多个链接区域称为热点。热点工具有 3 种：矩形热点工具、椭圆形热点工具和多边形热点工具。

下面用一个实例介绍创建图像热点链接的方法。

步骤 1 打开随书光盘中的“ch06\index.html”文件，选中其中的图像，如图 6-24 所示。

图 6-24　选定图像

步骤 2 单击【属性】面板中相应的热点工具，这里选择矩形热点工具，然后在图像上需要创建热点的位置拖动鼠标，创建热点，如图 6-25 所示。

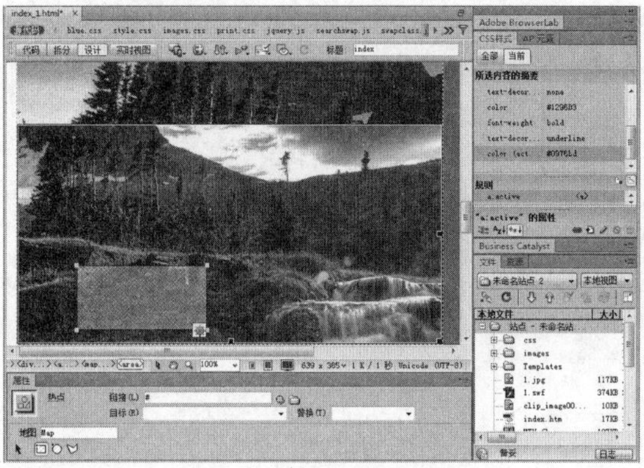

图 6-25　绘制图像热点

步骤 3 在【属性】面板的【链接】文本框中输入链接的文件，即可创建一个图像热点链接，如图 6-26 所示。

图 6-26　【属性】面板

步骤 4 再用步骤 1 ～步骤 3 的方法创建其他的热点链接，单击【属性】面板上的指针热点工具，将鼠标指针恢复为标准箭头状态，在图像上选取热点。

> **提示** 被选中的热点边框上会出现控点，拖动控点可以改变热点的形状。选中热点后，按 Delete 键可以删除热点。也可以在【属性】面板中设置热点相对应的 URL 链接地址。

6.2.6 案例 6——创建电子邮件链接

电子邮件链接是一种特殊的链接，单击这种链接，会启动计算机中相应的 E-mail 程序，允许书写电子邮件，然后发往链接中指定的邮箱地址。创建电子邮件的操作步骤如下。

步骤 1 打开需要创建电子邮件链接的文档。将光标置于文档窗口中要显示电子邮件链接的地方（这里选择页面底部），选定即将显示为电子邮件链接的文本或图像，然后选择【插入】→【电子邮件链接】菜单命令，如图 6-27 所示。

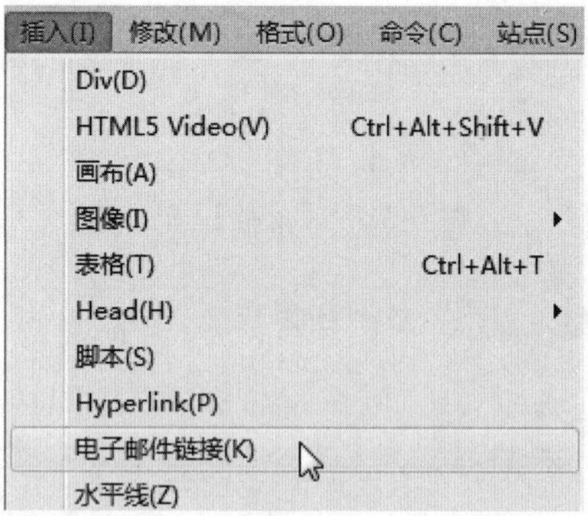

图 6-27　选择【电子邮件链接】菜单命令

> **提示** 也可以在【插入】面板组的【常用】面板中单击【电子邮件链接】按钮，如图 6-28 所示。

图 6-28　【常用】面板

步骤 2 在打开的【电子邮件链接】对话框的【文本】文本框中，输入或编辑作为电子邮件链接显示在文档中的文本，在【电子邮件】文本框中输入邮件送达的 E-mail 地址，然后单击【确定】按钮，如图 6-29 所示。

图 6-29　【电子邮件链接】对话框

> **提示** 同样，也可以利用【属性】面板创建电子邮件链接。选定即将显示为电子邮件链接的文本或图像，在【属性】面板的【链接】文本框中输入“mailto:liule2012@163.com”，如图 6-30 所示。

图 6-30　【属性】面板

> **提示** 电子邮件地址的格式为：用户名@主机名(服务器提供商)。在【属性】面板的【链接】文本框中，“mailto:”与电子邮件地址之间不能有空格（如 mailto:liule2012@163.com）。

步骤 3 保存文档，按 F12 键在浏览器中预览，可以看到电子邮件链接的效果，如图 6-31 所示。

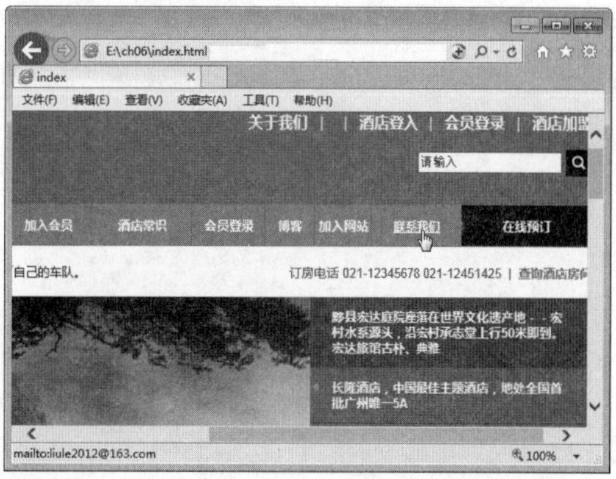

图 6-31　预览效果

6.2.7 案例 7——创建下载文件的链接

下载文件的链接在软件下载网站或源代码下载网站中应用得较多。其创建的方法与一般的链接的创建方法相同，只是所链接的内容不是文字或网页，而是一个软件。创建下载文件的链接的具体操作步骤如下。

步骤 1 打开需要创建下载文件的文档文件，选中要设置为下载文件的链接的文本，如图 6-32 所示，然后单击【属性】面板中【链接】文本框右边的【浏览文件】按钮。

图 6-32　选择文本

步骤 2 打开【选择文件】对话框，选择要链接的下载文件，例如“酒店常识 .txt”文件，然后单击【确定】按钮，即可创建下载文件的链接，如图 6-33 所示。

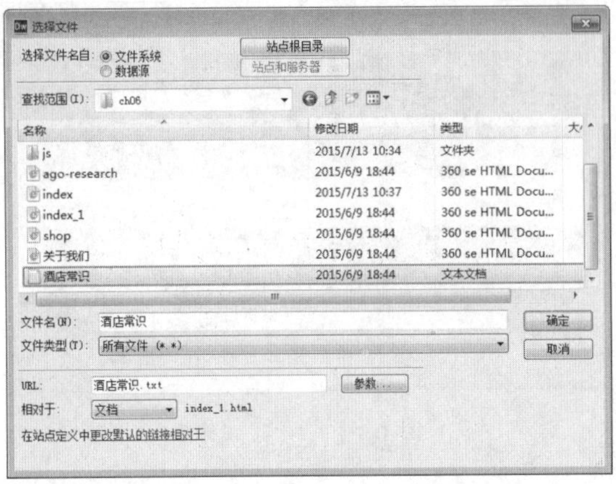

图 6-33 【选择文件】对话框

6.2.8 案例 8——创建空链接

所谓空链接，就是没有目标端点的链接。利用空链接，可以激活文档中链接对应的对象和文本。一旦对象或文本被激活，就可以为其添加一个行为，以实现当光标移动到链接上时，进行切换图像或显示分层等动作。创建空链接的具体步骤如下。

步骤 1 在文档窗口中，选中要设置为空链接的文本或图像，如图 6-34 所示。

图 6-34 选择图像

步骤 2 打开【属性】面板，然后在【链接】文本框中输入“#”号，即可创建空链接，如图 6-35 所示。

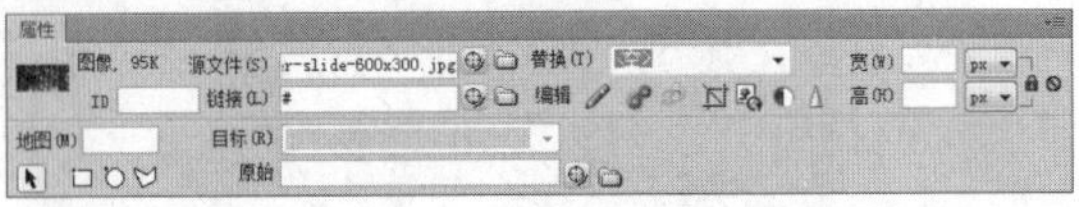

图 6-35 【属性】面板

6.2.9 案例 9——创建脚本链接

脚本链接是另一种特殊类型的链接，通过单击带有脚本链接的文本或对象，可以运行相应的脚本及函数（JavaScript 和 VBScript 等），从而为浏览者提供许多附加的信息。脚本链接还可以被用来确认表单。创建脚本链接的具体步骤如下。

步骤 1 打开需要创建脚本链接的文档，选择要创建脚本链接的文本、图像或其他对象，这里选中文本“酒店加盟”，如图 6-36 所示。

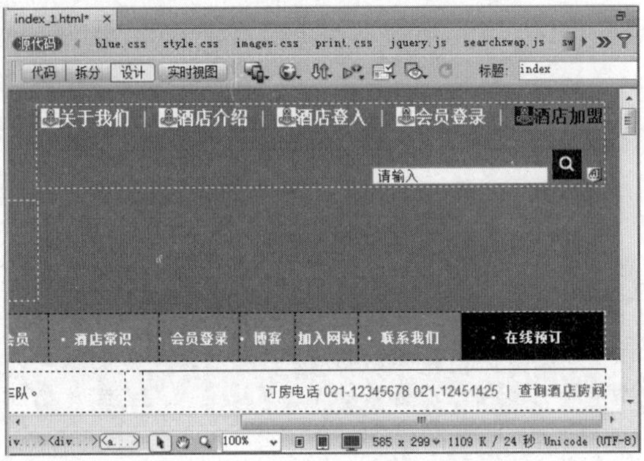

图 6-36 选择文本

步骤 2 在【属性】面板的【链接】文本框中输入“JavaScript：”，接着输入相应的 JavaScript 代码或函数，例如输入“window.close()”，表示关闭当前窗口，如图 6-37 所示。

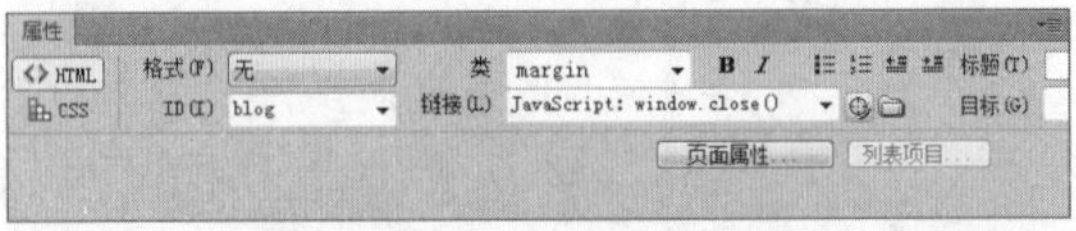

图 6-37 输入脚本代码

提示 在代码“JavaScript:window.close()”中，括号内不能有空格。

步骤 3 保存网页，按F12键在浏览器中将网页打开，如图6-38所示。单击创建的脚本链接文本，会打开一个提示框，单击【是】按钮，将关闭当前窗口，如图6-39所示。

图 6-38 预览网页

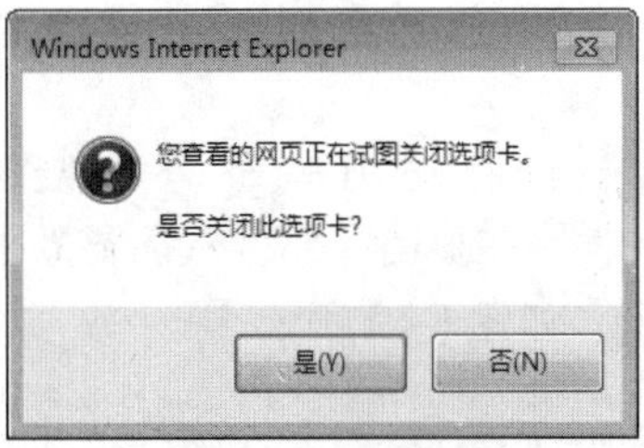

图 6-39 提示信息框

提示 JPG 格式的图片不支持脚本链接。如要为图像添加脚本链接，则应将图像转换为 GIF 格式。

6.2.10 案例 10——链接的检查

当创建好一个站点之后，由于一个网站中的链接数量很多，因此在上传服务器之前，必须先检查站点中所有的链接。在 Dreamweaver CC 中，可以快速检查站点中网页的链接，以免出现链接错误。检查网页链接的具体步骤如下。

步骤 1 在 Dreamweaver 中，选择【站点】→【检查站点范围的链接】菜单命令，此时会激活链接检查器，如图 6-40 所示。

步骤 2 从【链接检查器】面板左上角的【显示】下拉列表框中可以选择【断掉的链接】、【外部链接】或【孤立的文件】等选项。例如选取【孤立的文件】选项，Dreamweaver CC 将对当前链接情况进行检查，并且将孤立的文件列表显示出来，如图 6-41 所示。

步骤 3 对于有问题的文件，直接双击鼠标左键，即可将其打开进行修改。

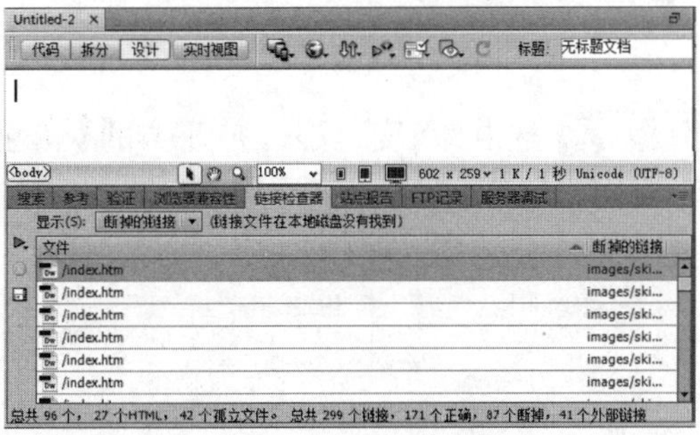

图 6-40 激活链接检查器

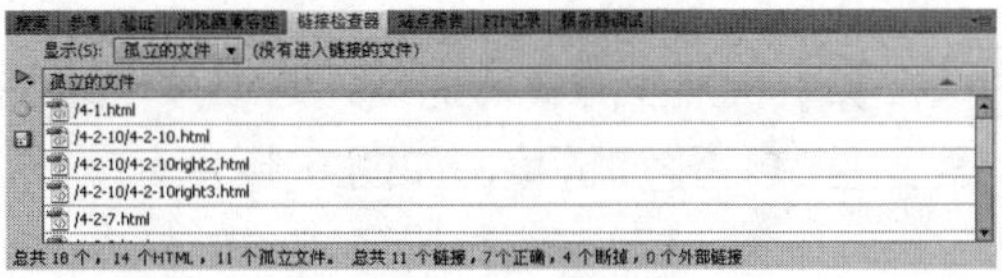

图 6-41 链接的检查

为网页建立链接时要经常检查，因为一个网站都是由多个页面组成的，一旦出现空链接或链接错误的情况，会对网站的形象造成不好的影响。

6.3 实战演练——为企业网站添加友情链接

使用链接功能可以为企业网站添加友情链接，具体的操作步骤如下。

步骤 1 打开随书光盘中的“ch06\index.html”文件。在页面底部输入需要添加的友情链接名称，如图 6-42 所示。

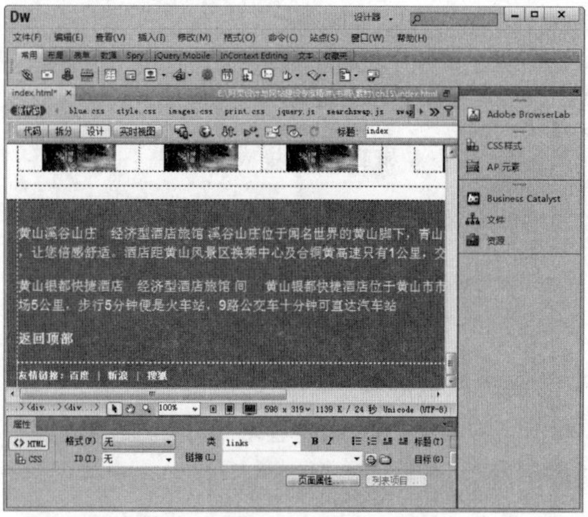

图 6-42 输入友情链接文本

步骤 2 选中“百度”文本，在下方的【属性】面板中的【链接】文本框中输入“http://www.baidu.com”，如图 6-43 所示。

图 6-43 添加链接地址

步骤 3 重复步骤 2 的操作，选中其他文字，并为这些文件添加链接，如图 6-44 所示。

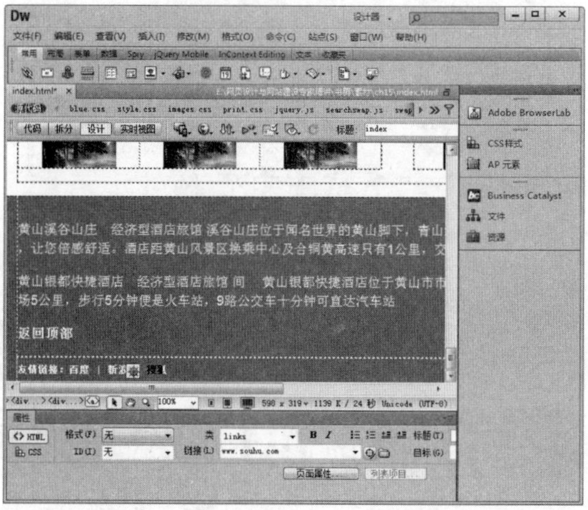

图 6-44 添加其他文本的链接地址

步骤 4 保存文档，按 F12 键在浏览器中预览效果，单击其中的链接，即可打开相应的网页，如图 6-45 所示。

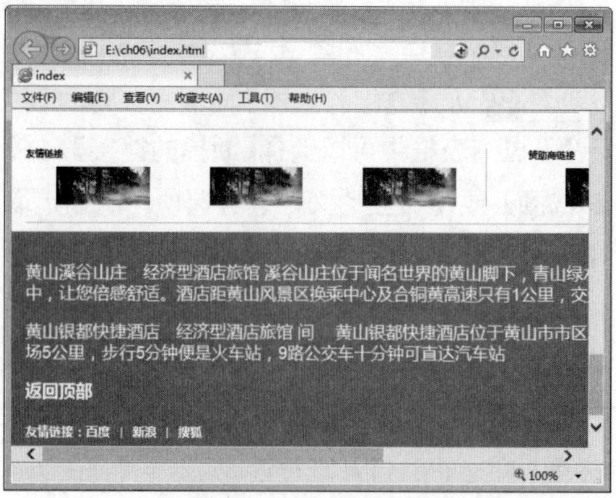

图 6-45 预览网页

6.4 高手甜点

甜点 1：如何在 Dreamweaver 中去除掉网页中链接文字下面的下划线？

在完成网页中的链接制作之后，链接文字内容往往会自动在下面添加一条下划线，用来标示该内容包含超级链接。当一个网页中链接比较多时，就显得杂乱了，此时可以很方便地将其去除掉。具体操作方法是：在【页面属性】对话框的【链接】选项卡中，设置【水平线样式】框为【始终无下划线】，即可去除掉网页中链接文字下面的下划线。

甜点 2：在为图像设置热点链接时，为什么之前为图像设置的普通链接无法使用呢？

一张图像只能创建普通链接或热点链接，如果同一张图像在创建了普通链接后又创建热点链接，则普通链接无效，只有热点链接有效。

甜点 3：锚记链接不起作用怎么办？

如果在其他页面设置了一个锚记位置，在当前页面中添加链接后，在浏览器中单击链接不会起作用。主要原因是设置的锚记链接的位置错误，如果设置的锚记位置在其他页面，则在设置锚点链接时，必须输入该锚记位置所在网页的 URL 地址和名称，然后输入“#”符号和锚记名称。

6.5 跟我练练手

练习 1：在网页中添加超链接。

练习 2：在网页中添加图像链接和外部链接。

练习 3：在网页中添加锚记链接和图像热点链接。

练习 4：在网页中添加电子邮件链接和脚本链接。

练习 5：检查网站的链接是否有问题。

练习 6：为企业网站添加友情链接。

第7章 简单的网页布局——表格的应用

表格是页面布局极为有用的设计工具，通过使用表格布局，网页可实现对页面元素的准确定位，使得页面在形式上丰富多彩、条理清晰，在组织上井然有序而又不显单调。合理地利用表格来布局页面，有助于协调页面结构的均衡。

本章学习目标

◎ 掌握插入表格的方法

◎ 掌握选择表格的方法

◎ 掌握设置表格属性的方法

◎ 掌握操作表格的方法

◎ 掌握操作表格数据的方法

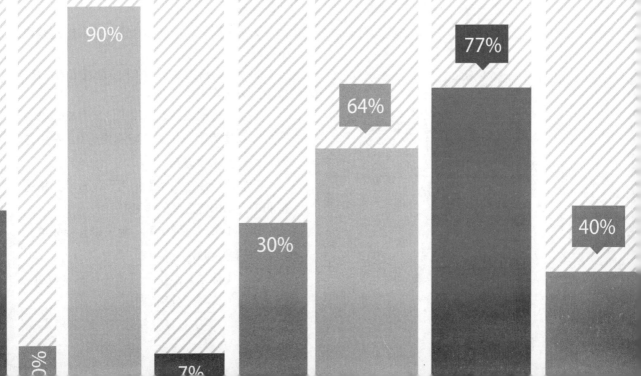

7.1 插入表格

表格由行、列和单元格 3 部分组成。使用表格可以排列网页中的文本、图像等各种网页元素，可以在表格中自由地进行移动、复制和粘贴等操作，还可以在表格中嵌套表格，使页面的设计更灵活、方便。

使用【插入】面板组或【插入】菜单都可以创建新表格，具体步骤如下。

步骤 1 新建一个空白网页文档，将光标定位在需要插入表格的位置，如图 7-1 所示。

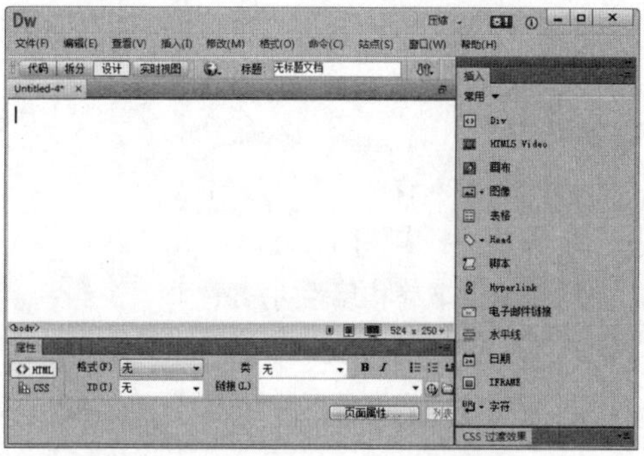

图 7-1 空白网页文档

步骤 2 选择【插入】→【表格】菜单命令，或单击【插入】面板组【常用】面板中的【表格】按钮，如图 7-2 所示。

图 7-2 【表格】菜单命令与【常用】面板

步骤 3 打开【表格】对话框，在其中可以对表格的行数、列、表格宽度等信息进行设置，如图 7-3 所示。

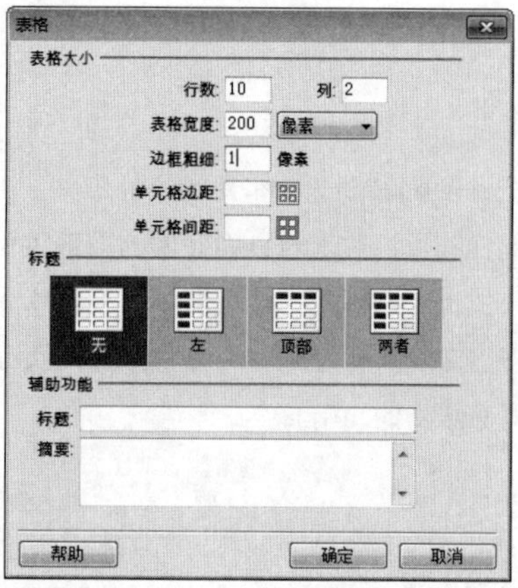

图 7-3 【表格】对话框

【表格】对话框中各个参数的含义如下。

(1) 【行数】：在该文本框中输入新建表格的行数。

(2) 【列】：在该文本框中输入新建表格的列数。

(3) 【表格宽度】：用于设置表格的宽度，单位可以是像素或百分比。

(4) 【边框粗细】：用于设置表格边框的宽度（以像素为单位）。若设置为 0，在浏览时则不显示表格边框。

(5) 【单元格边距】：用于设置单元格边框和单元格内容之间的像素数。

(6) 【单元格间距】：用于设置相邻单元格之间的像素数。

(7) 【标题】：用于设置表头样式，有 4 种样式可供选择，分别如下。

☆ 【无】：不将表格的首列或首行设置为标题。

☆ 【左】：将表格的第一列作为标题列，表格中的每一行可以输入一个标题。

☆ 【顶部】：将表格的第一行作为标题行，表格中的每一列可以输入一个标题。

☆ 【两者】：可以在表格中同时输入列标题和行标题。

(8) 【标题】：在该文本框中输入表格的标题，标题将显示在表格的外部。

(9) 【摘要】：对表格进行说明或注释，内容不会在浏览器中显示，仅在源代码中显示，可提高源代码的可读性。

步骤 4 单击【确定】按钮，即可在文档中插入表格，如图 7-4 所示。

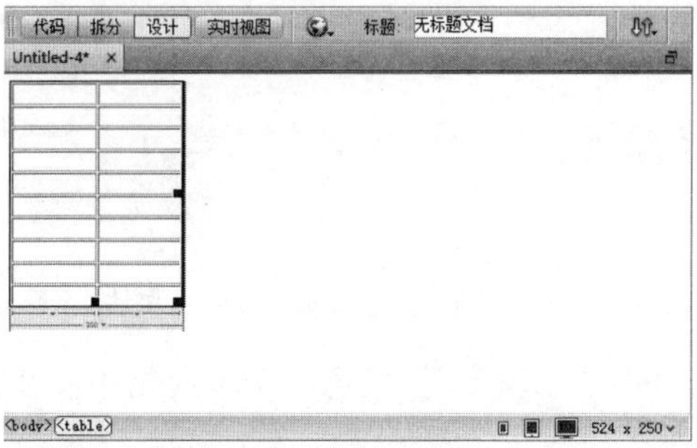

图 7-4　在文档中插入表格

7.2 选择表格

插入表格后，可以对表格进行选定操作。如选择整个表格、表格中的行与列、表格中的单元格等。

7.2.1 案例 1——选择完整的表格

选择完整表格的方法主要有以下 4 种。

(1) 将鼠标指针移动到表格上面，当鼠标指针呈网格图标⊞时单击，如图 7-5 所示。

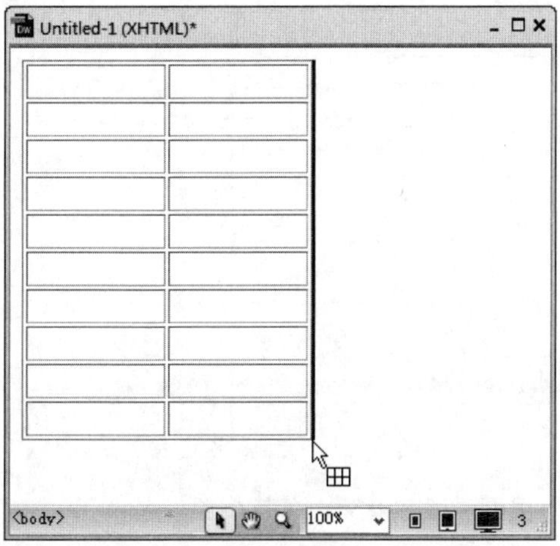

图 7-5　第一种选择表格的方法

(2) 单击表格四周的任意一条边框线，如图 7-6 所示。

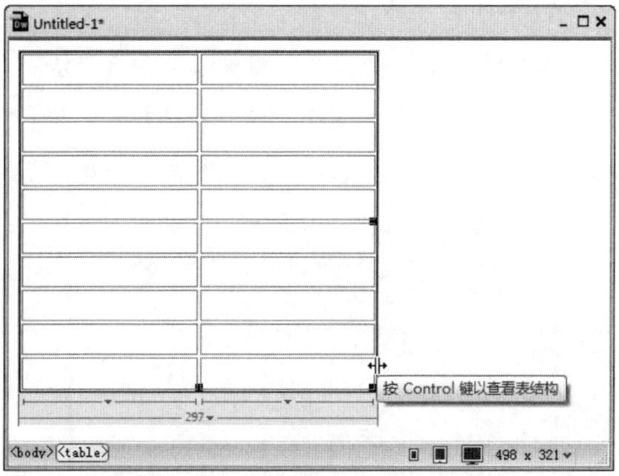

图 7-6　第二种选择表格的方法

(3) 将光标置于任意一个单元格中，选择【修改】→【表格】→【选择表格】菜单命令，如图 7-7 所示。

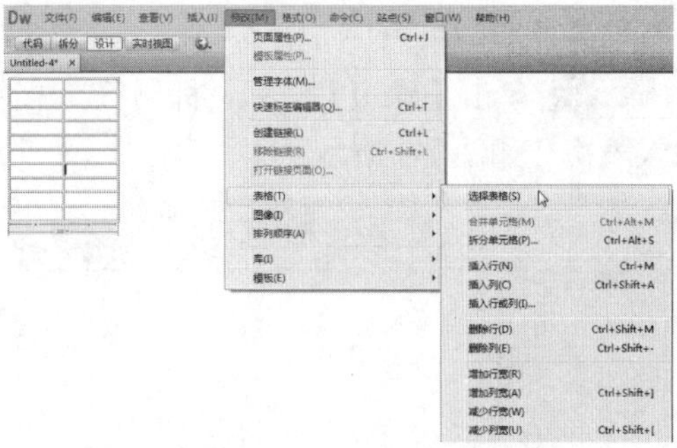

图 7-7　第三种选择表格的方法

(4)　将光标置于任意一个单元格中，在文档窗口状态栏的标签选择器中单击 <table> 标签，如图 7-8 所示。

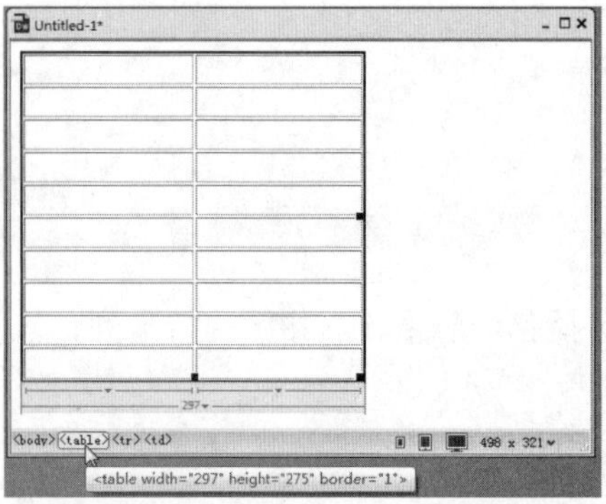

图 7-8　第四种选择表格的方法

7.2.2　案例 2——选择行和列

选择表格中的行和列主要有以下两种方法。

(1)　将鼠标指针定位于行首或列首，当鼠标指针变成箭头形状→或↓时单击，即可选定表格的行或列，如图 7-9 所示。

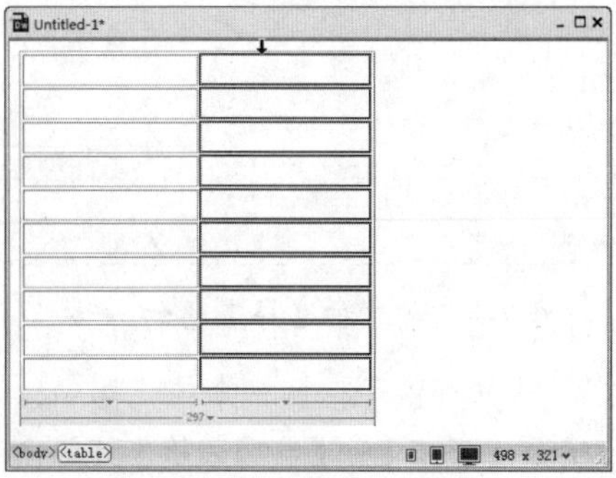

图 7-9　选择表格中的列

(2)　按住鼠标左键不放从左至右或从上至下拖动，即可选择表格的行或列，如图 7-10 所示。

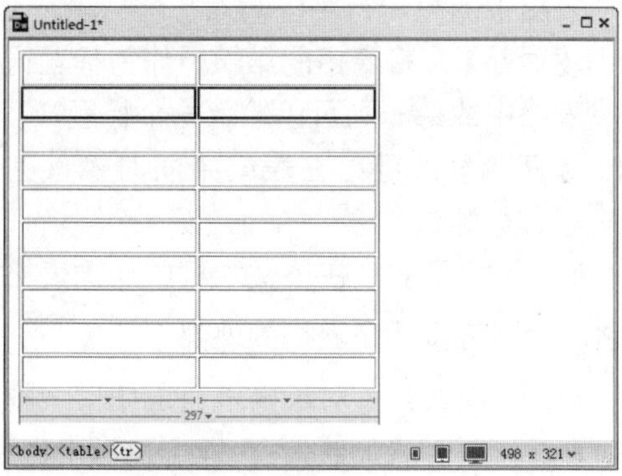

图 7-10　选择表格中的行

7.2.3　案例 3——选择单元格

要想选择表格中的单个单元格，可以进行下列操作。

(1)　按住 Ctrl 键不放单击单元格，可以选定一个单元格。

(2)　按住鼠标左键不放并拖动，可以选定一个单元格。

(3)　将光标放置在要选定的单元格中，单击文档窗口状态栏上的 <td> 标签，即可选定该单元格，如图 7-11 所示。

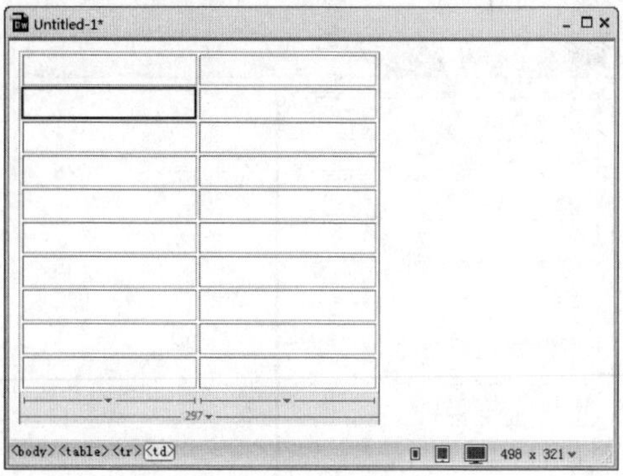

图 7-11　选择单元格

想要选择表格中的多个单元格，可以进行下列操作。

⑴ 选择相邻的单元格、行或列：先选择一个单元格、行或列，按住 Shift 键的同时单击另一个单元格、行或列，矩形区域内的所有单元格、行或列均被选中，如图 7-12 所示。

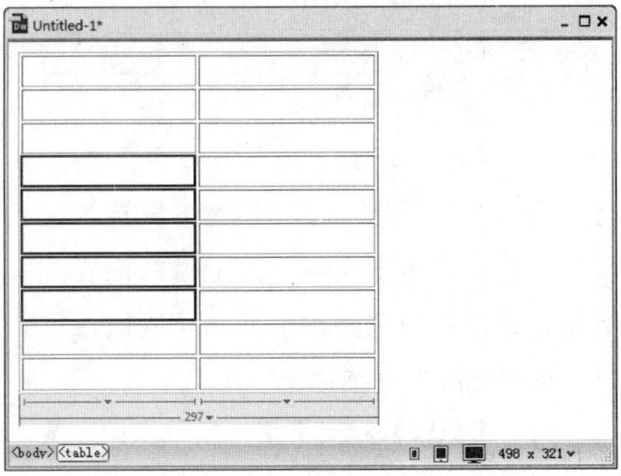

图 7-12　选择相邻单元格

⑵ 选择不相邻的单元格、行或列：按住 Ctrl 键的同时单击需要选择的单元格、行或列即可，如图 7-13 所示。

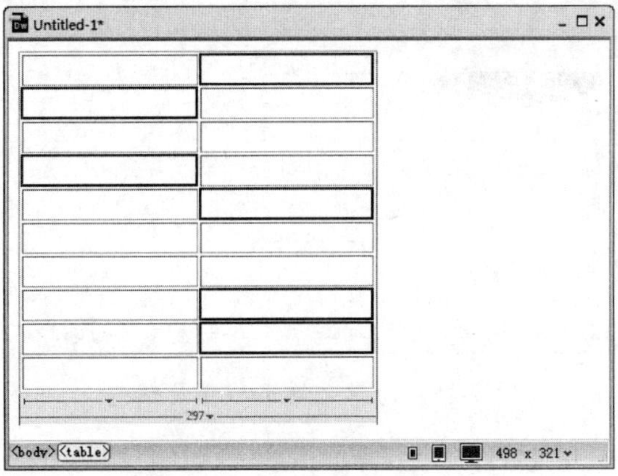

图 7-13　选择不相邻单元格

提示 在选择单元格、行或列时，两次单击则可取消选择。

7.3 表格属性

为了使创建的表格更加美观，需要对表格的属性进行设置。表格属性主要包括完整表格的属性和表格中单元格的属性两种。

7.3.1 案例 4——设置单元格属性

在 Dreamweaver CC 中，可以单独设置单元格的属性。设置单元格属性的具体步骤如下。

步骤 1 按住 Ctrl 键的同时单击单元格的边框，选中单元格，如图 7-14 所示。

步骤 2 选择【窗口】→【属性】菜单命令，打开【属性】面板，从中对单元格、行和列等的属性进行设置，如将选定的单元格背景颜色设置为蓝色（#0000FF），如图 7-15 所示。

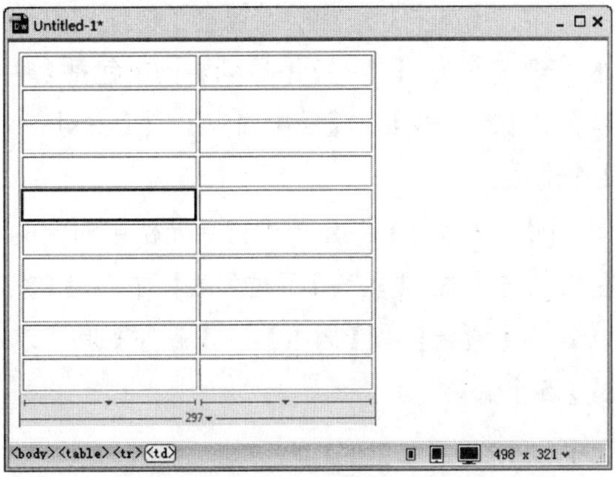

图 7-14　选中单元格

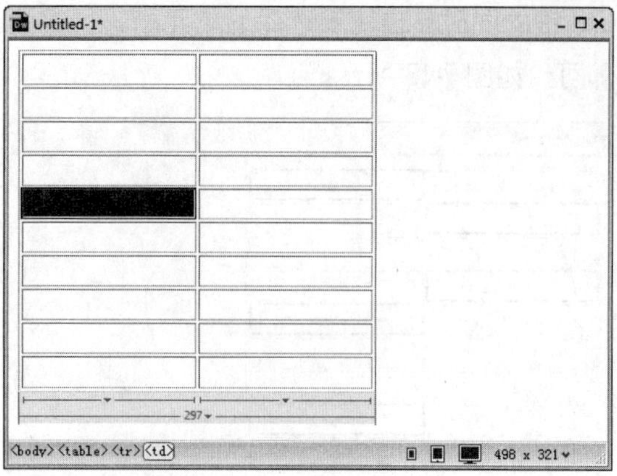

图 7-15　为单元格添加背景颜色

也可以在选定单元格后按Ctrl+F3组合键，打开【属性】面板，如图 7-16 所示。

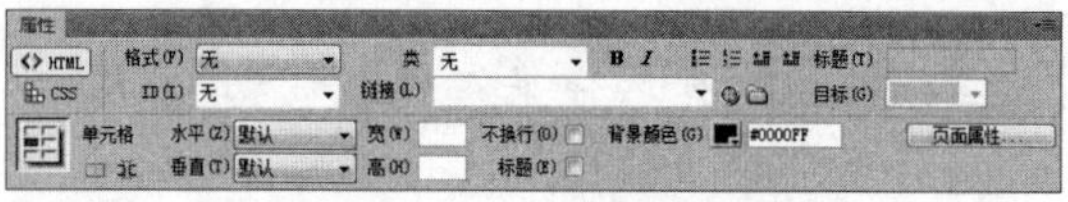

图 7-16　【属性】面板

在单元格的【属性】面板中，可以设置以下参数。

(1)　【合并单元格】按钮：用于把所选的多个单元格合并为一个单元格。

(2)　【拆分单元格为行或列】按钮：用于将一个单元格分成两个或更多个单元格。

> **提示**　一次只能对一个单元格进行拆分；如果选择的单元格多于一个，此按钮将禁用。

(3)　【水平】：用于设置单元格中对象的水平对齐方式，【水平】下拉列表框中包括【默认】、【左对齐】、【居中对齐】和【右对齐】4 个选项。

(4)　【垂直】：用于设置单元格中对象的垂直对齐方式，【垂直】下拉列表框中包括【默认】、【顶端】、【居中】、【底部】和【基线】5 个选项。

(5)　【宽】和【高】：用于设置单元格的宽度和高度，单位是像素或百分比。

> **提示**　如果选择的单位是像素，则表示表格、行或列当前的宽度或高度的值以像素为单位；如果选择的单位是百分比，则表示表格、行或列占当前文档窗口宽度或高度的百分比。

(6)　【不换行】：用于设置单元格文本是否换行。如果选中【不换行】复选框，表示单元格的宽度随文字长度的增加而变宽。当输入的表格数据超出单元格宽度时，单元格会调整宽度来容纳数据。

(7)　【标题】：用于将当前单元格设置为标题行。

(8)　【背景颜色】：用于设置单元格的背景颜色。可使用颜色选择器选择单元格的背景颜色。

7.3.2　案例 5——设置整个表格属性

选定整个表格后，选择【窗口】→【属性】菜单命令或按 Ctrl+F3 组合键，即可打开表格的【属性】面板，如图 7-17 所示。

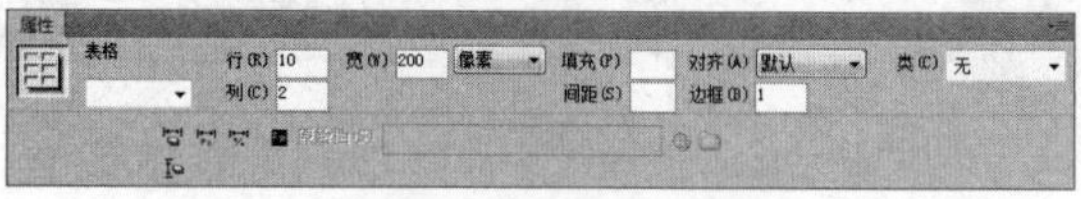

图 7-17　【属性】面板

在表格的【属性】面板中，可以对表格的行、宽、对齐方式等参数进行设置。不过，对表格的高度一般不需要进行设置，它会根据单元格中所输入的内容自动调整。

7.4 操作表格

表格创建完成后，还可以对表格进行操作，如调整表格的大小、增加或删除表格中的行与列、合并与拆分单元等。

7.4.1 案例 6——调整大小

创建表格后，可以根据需要调整表格或表格的行、列的宽度或高度。整个表格的大小被调整时，表格中所有的单元格将成比例地改变大小。

调整行和列大小的方法如下。

(1) 要改变行的高度，将光标置于表格两行之间的界线上，当光标变成÷形状时上下拖动即可，如图 7-18 所示。

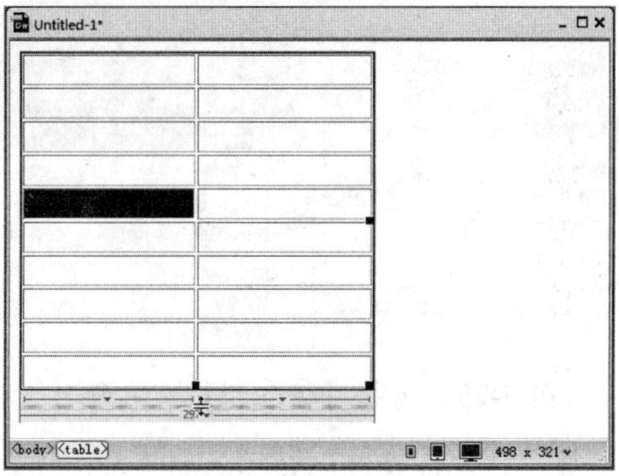

图 7-18　改变行的高度

(2) 要改变列的宽度，将光标置于表格两列之间的界线上，当光标变成⫲形状时左右拖动即可，如图 7-19 所示。

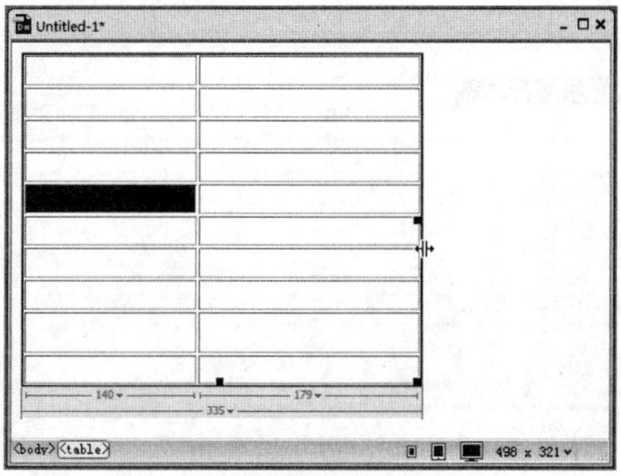

图 7-19　改变列的宽度

调整表格大小的方法如下。

选择表格后拖动选择手柄，沿相应方向调整大小。拖动右下角的手柄，可在两个方向上调整表格的大小（宽度和高度），如图 7-20 所示。

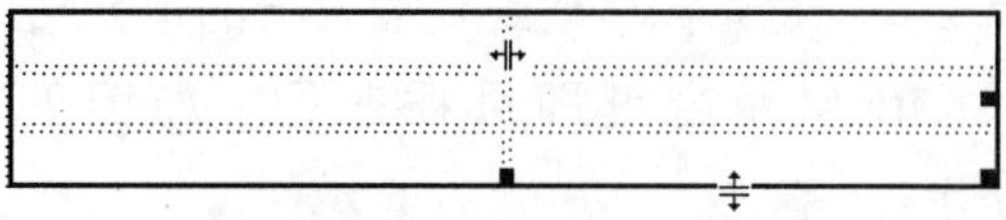

图 7-20　调整表格的大小

7.4.2 案例 7——增加行、列

要在当前表格中增加行，可以进行以下操作。

(1) 将光标移动到要插入行的下一行并右击鼠标，在打开的快捷菜单中选择【表格】→【插入行】命令，如图 7-21 所示。

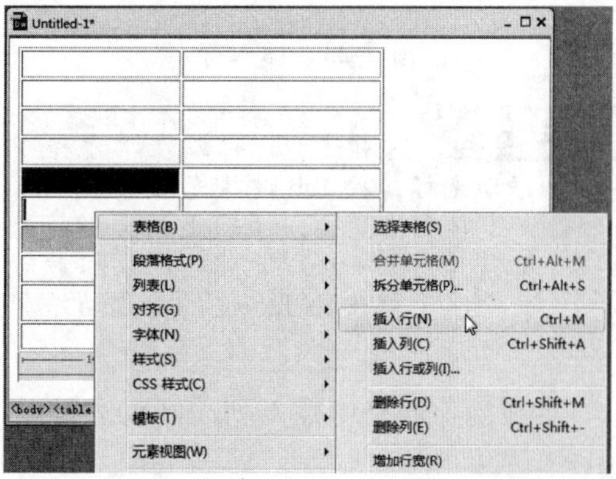

图 7-21　【插入行】快捷菜单

(2) 将光标移动到要插入行的下一行，选择【修改】→【表格】→【插入行】菜单命令，如图 7-22 所示。

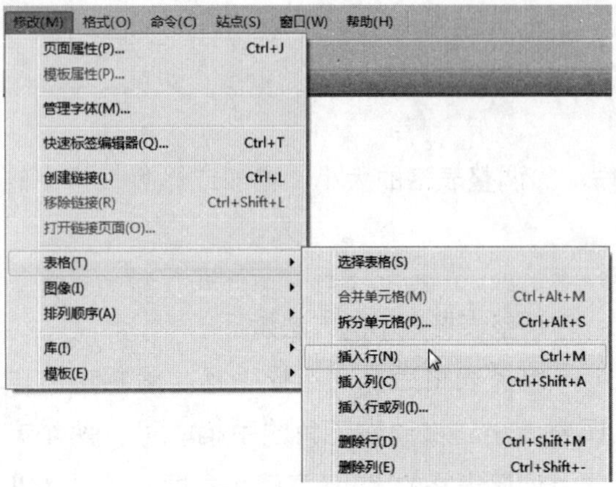

图 7-22 选择【插入行】菜单命令

(3) 将光标移动到要插入行的单元格，按 Ctrl+M 组合键即可插入行，如图 7-23 所示。

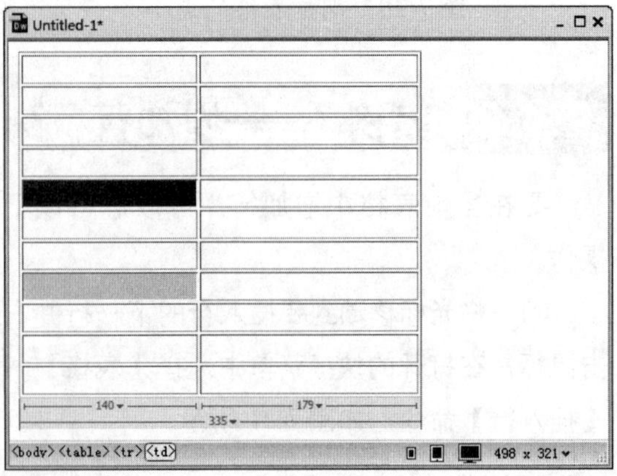

图 7-23 插入行

提示

使用键盘也可以在单元格中移动光标，按 Tab 键将光标移动到下一个单元格，按 Shift+Tab 组合键将光标移动到上一个单元格。在表格最后一个单元格中按 Tab 键，将自动添加一行。

要在当前表格中插入列，可以进行以下操作。

(1) 将光标移动到要插入列的右边一列，右击鼠标，在打开的快捷菜单中选择【表格】→【插入列】命令，如图 7-24 所示。

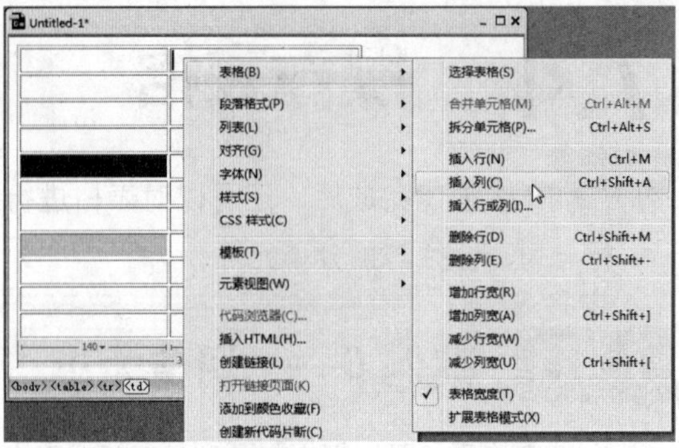

图 7-24 选择【插入列】快捷菜单

(2) 将光标移动到要插入列的右边一列，选择【修改】→【表格】→【插入列】菜单命令，如图 7-25 所示。

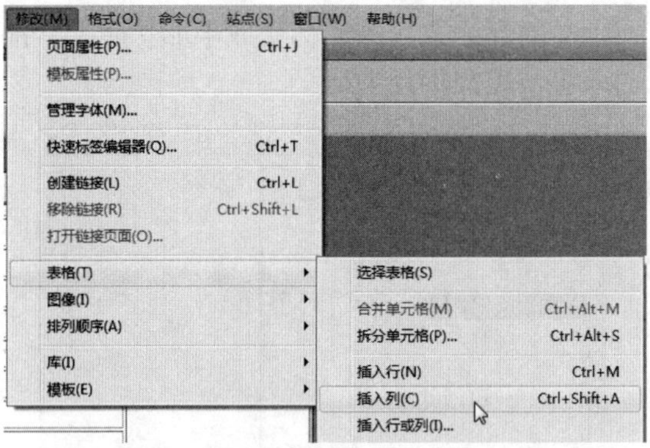

图 7-25 选择【插入列】菜单命令

(3) 将光标移动到要插入列的右边一列，按 Ctrl+Shift+A 组合键即可插入列，如图 7-26 所示。

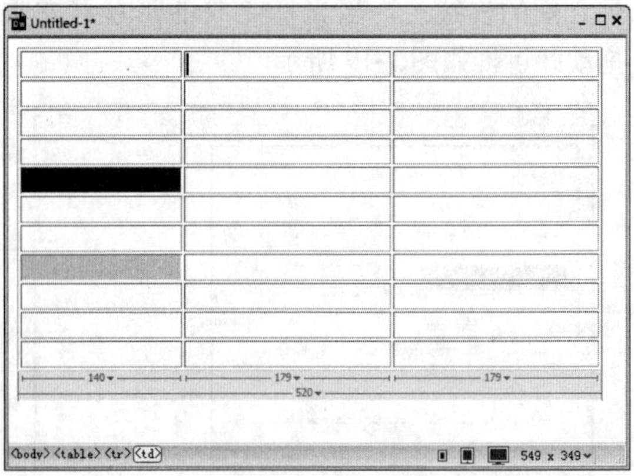

图 7-26 插入列

注意 在插入列时，表格的宽度不改变，随着列的增加，列的宽度也相应减小。

7.4.3 案例 8——删除行、列

要删除行或列，可以进行以下操作。

⑴ 选定要删除的行或列，按 Delete 键即可删除。

⑵ 将光标放置在要删除的行或列中，选择【修改】→【表格】→【删除行】或【删除列】命令，即可删除行或列，如图 7-27 所示。

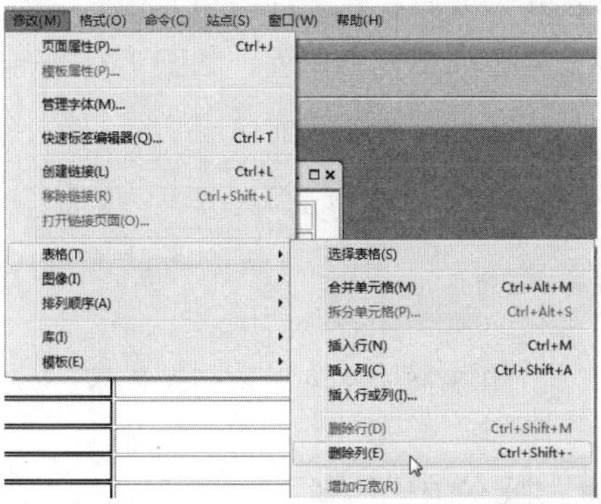

图 7-27　选择【删除列】菜单命令

提示 可以删除所有的行或列，但不能同时删除多行或多列。

7.4.4 案例 9——剪切、复制和粘贴单元格

1 剪切和粘贴单元格

要想移动单元格，可以使用【剪切】和【粘贴】命令来完成。剪切单元格的具体步骤如下。

步骤 1 选择要移动的一个或多个单元格，如图 7-28 所示。

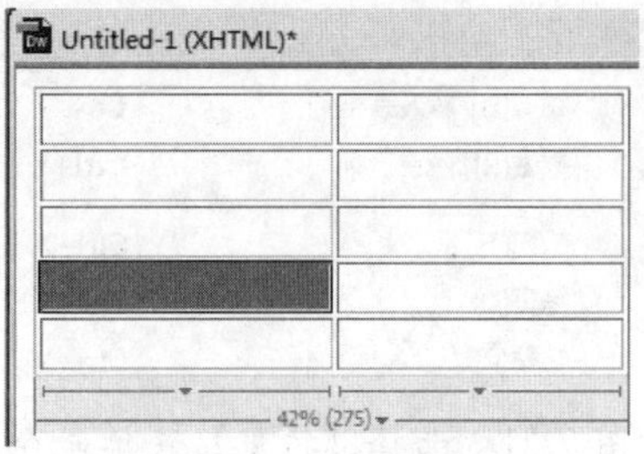

图 7-28　选中单元格

步骤 2 选择【编辑】→【剪切】菜单命令，可将选定的一个或多个单元格从表格中剪切出来，如图 7-29 所示。

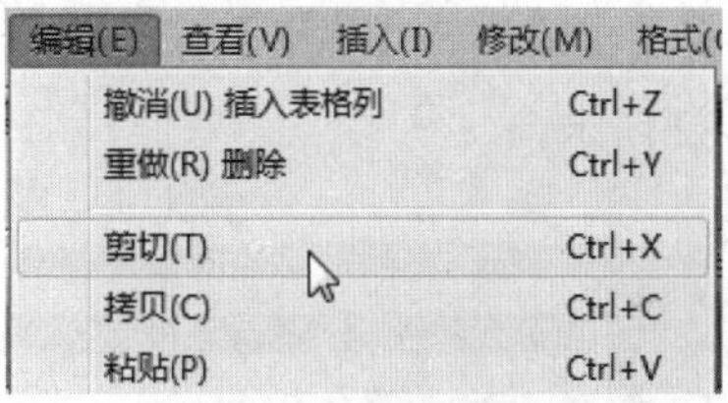

图 7-29　剪切单元格

步骤 3 将光标置于需要粘贴单元格的位置，选择【编辑】→【粘贴】菜单命令即可，如图 7-30 所示。

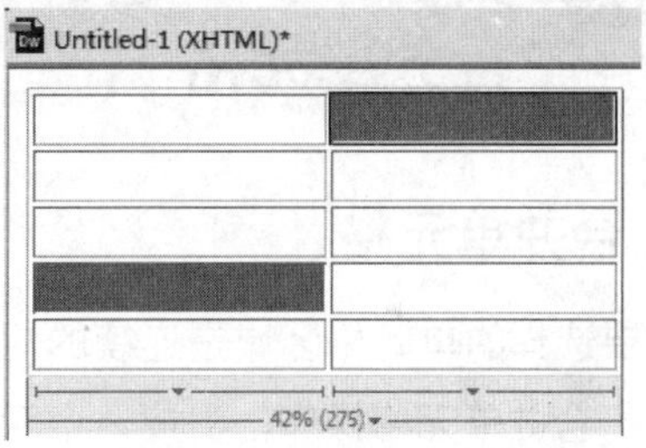

图 7-30　粘贴单元格

提示 所有被选定的单元格必须是连续的且能组成矩形才能被剪切或复制。对于表格中的某些行或列，使用【剪切】命令将把所选择的行或列删除，否则仅删除单元格中的内容和格式。

2 复制和粘贴单元格

可以复制、粘贴一个单元格或多个单元格且保留单元格的格式。要粘贴多个单元格，剪贴板的内容必须和表格的格式保持一致。复制、粘贴单元格的具体步骤如下。

步骤 1 选择要复制的单元格，选择【编辑】→【拷贝】菜单命令，如图 7-31 所示。

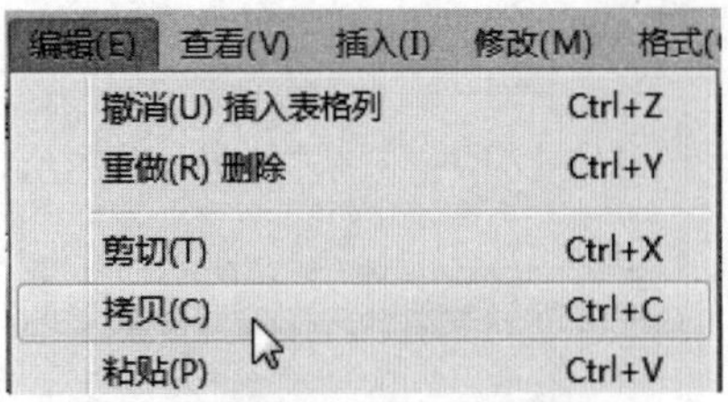

图 7-31 选择【拷贝】菜单命令

步骤 2 将光标置于需要粘贴单元格的位置，选择【编辑】→【粘贴】菜单命令即可，如图 7-32 所示。

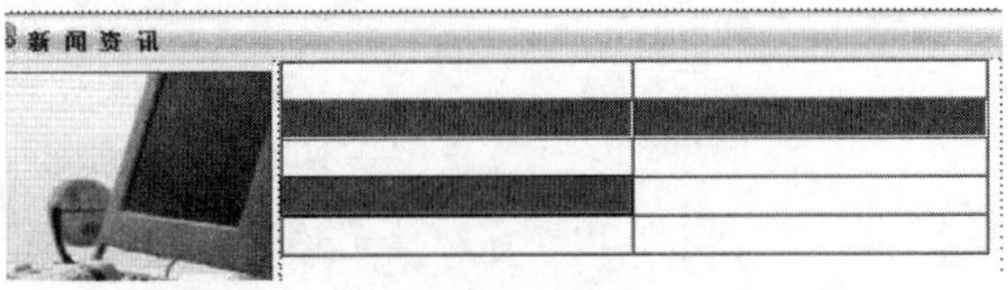

图 7-32 粘贴单元格

7.4.5 案例 10——合并和拆分单元格

1 合并单元格

只要选择的单元格区域是连续的矩形，就可以进行合并单元格操作，生成一个跨多行或多列的单元格，否则将无法合并。合并单元格的具体步骤如下。

步骤 1 在文档窗口中选中要合并的单元格，如图 7-33 所示。

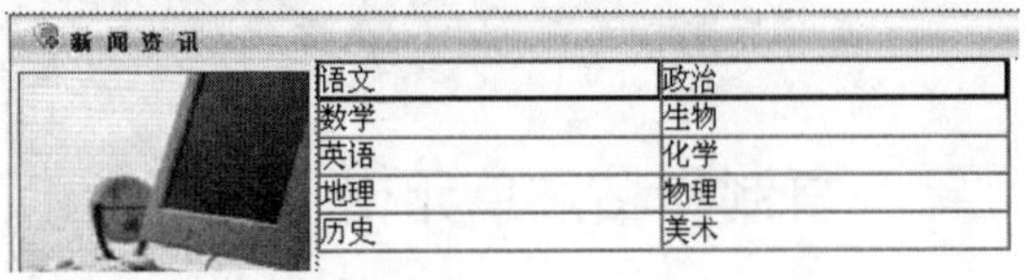

图 7-33 选择要合并的单元格

步骤 2 进行下列操作之一。

(1) 选择【修改】→【表格】→【合并单元格】菜单命令，如图 7-34 所示。

(2) 单击【属性】面板中的【合并单元格】按钮。

(3) 右击鼠标，打开快捷菜单，选择【表格】→【合并单元格】命令。

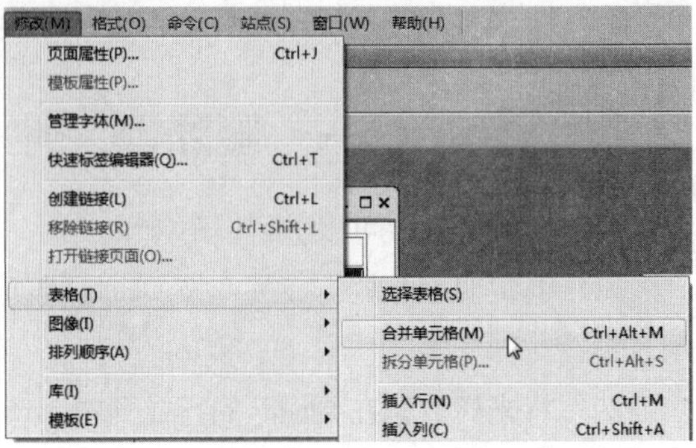

图 7-34 选择【合并单元格】命令

合并完成后，合并前各单元格中的内容将放在合并后的单元格里面，如图 7-35 所示。

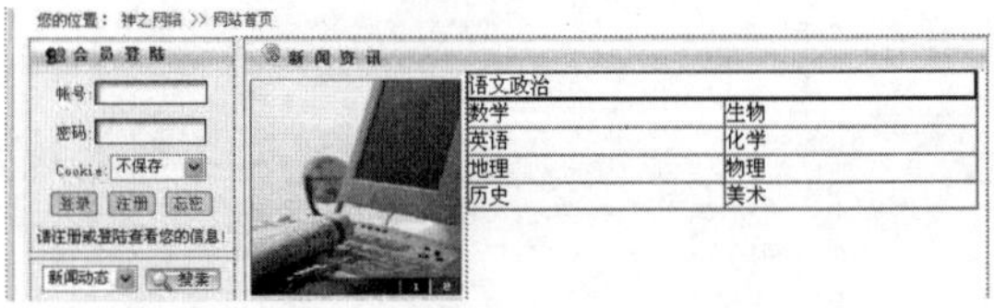

图 7-35 合并之后的单元格

2 拆分单元格

拆分单元格是对选定的单元格拆分成行或列。拆分单元格的具体步骤如下。

步骤 1 将光标放置在要拆分的单元格中或选择一个单元格，如图 7-36 所示。

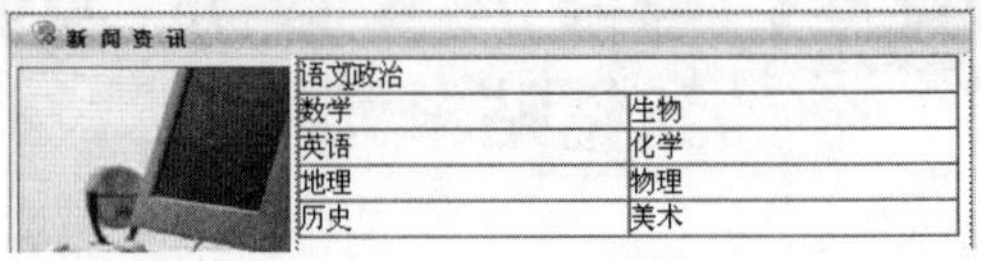

图 7-36 选中要拆分的单元格

步骤 2 进行下列操作之一。

(1) 选择【修改】→【表格】→【拆分单元格】菜单命令。

(2) 单击【属性】面板中的【拆分单元格】按钮。

(3) 右击鼠标，打开快捷菜单，选择【表格】→【拆分单元格】菜单命令。

步骤 3 打开【拆分单元格】对话框，在【把单元格拆分】栏中可选中【行】或【列】单选按钮，在【列数】或【行数】微调框中可输入要拆分成的列数或行数，如图 7-37 所示。

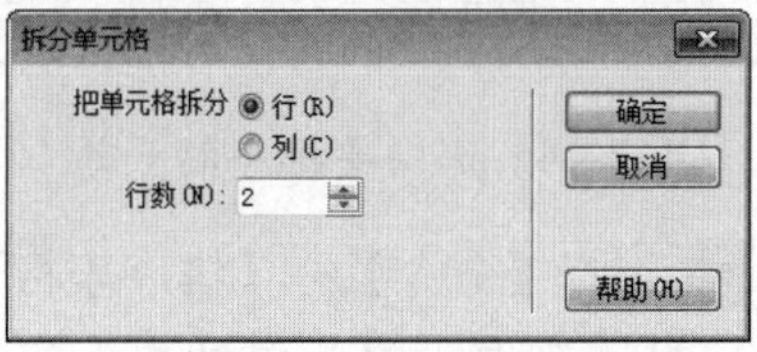

图 7-37　【拆分单元格】对话框

步骤 4 单击【确定】按钮，即可拆分单元格，如图 7-38 所示。

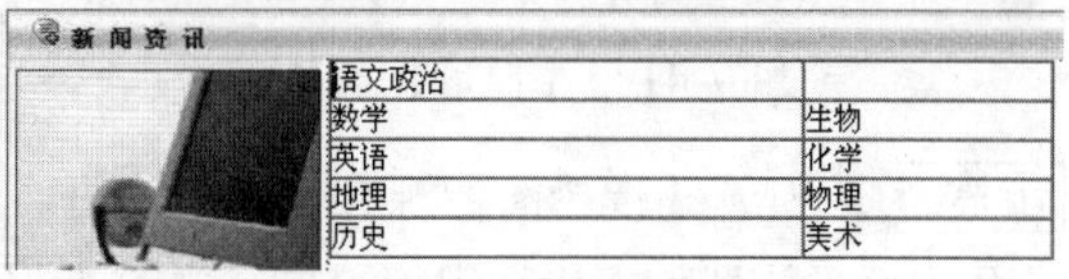

图 7-38　拆分后的单元格

7.5 操作表格数据

在制作网页时，可以使用表格来布局页面。使用表格时，在表格中可以输入文字，也可以插入图像，还可以插入其他的网页元素。在网页的单元格中也可以再嵌套一个表格，这样就可以使用多个表格来布局页面。

7.5.1 案例 11——向表格中输入文本

在需要输入文本的单元格中单击，即可向表格中输入文本，如图 7-39 所示。单元格在输入文本时可以自动扩展。

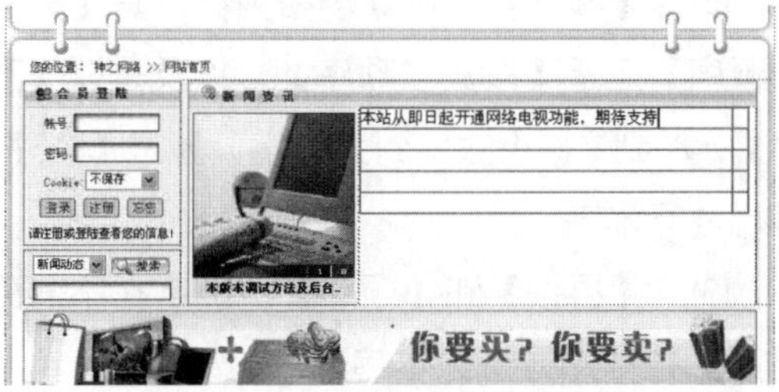

图 7-39　向单元格中输入文本

7.5.2 案例 12——向表格中插入图像

在表格中插入图像是制作网页过程中常做的操作之一，其具体的操作步骤如下。

步骤 1 选中要插入图像的单元格，如图 7-40 所示。

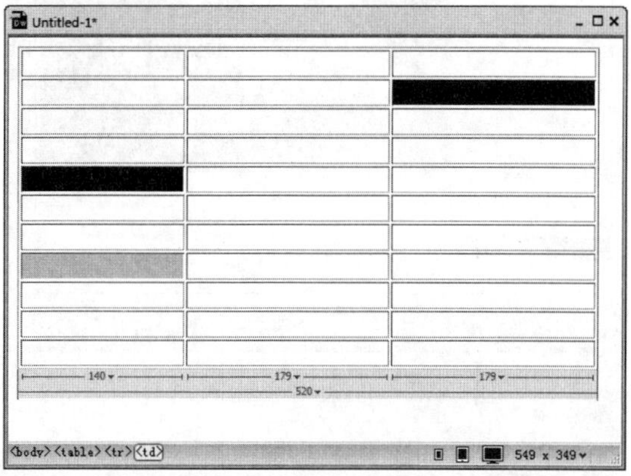

图 7-40　选中要插入图像的单元格

步骤 2 单击【插入】面板组【常用】面板中的【图像】按钮，或选择【插入】→【图像】菜单命令，还可以从【插入】面板中拖动【图像】按钮到单元格中，如图 7-41 所示。

图 7-41 【常用】面板

步骤 3 打开【选择图像源文件】对话框，在其中选择需要插入表格中的图片，如图 7-42 所示。

图 7-42 【选择图像源文件】对话框

步骤 4 单击【确定】按钮，即可将选中的图片添加到表格之中，如图 7-43 所示。

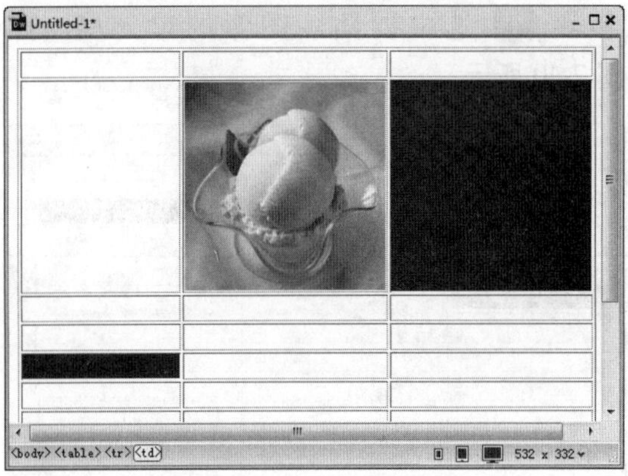

图 7-43 在表格中插入图片

7.5.3 案例 13——表格数据的排序

表格排序功能主要是针对具有格式数据的表格，是根据表格列表中的数据来排序的。具体操作步骤如下。

步骤 1 选定要排序的表格，如图 7-44 所示。

学生姓名	性别	政治面貌	总成绩	兴趣爱好
A	女	团员	96	羽毛球
D	女	党员	58	排球
C	男	党员	97	音乐
B	女	团员	68	网球

图 7-44 选定要排序的表格

步骤 2 选择【命令】→【排序表格】菜单命令，打开【排序表格】对话框，如图 7-45 所示。

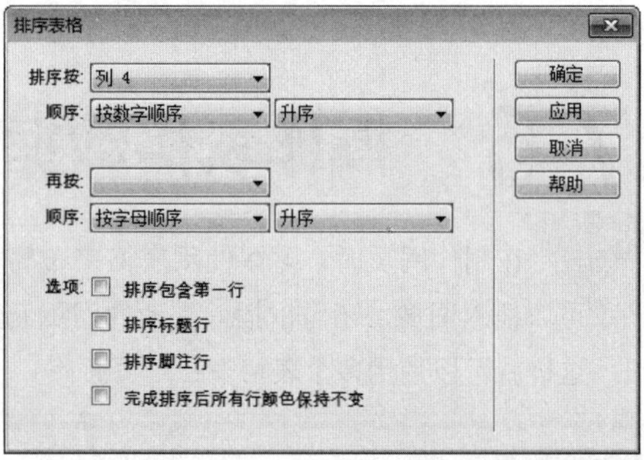

图 7-45 【排序表格】对话框

在【排序表格】对话框中，可以进行以下设置。

(1) 【排序按】：设置按表格哪一列的值对表格的行进行排序。

(2) 【顺序】：设置表格列排序是【按字母顺序】还是【按数字顺序】，以及是以【升序】（A 到 Z，小数字到大数字）还是【降序】对行进行排序。

(3) 【再按】和【顺序】：确定在不同列上第二种排序方法的排序顺序。

(4) 【排序包含第一行】：指定表格的第一行也包括在排序中。如果第一行是不应移动的标题，则不应选择此选项。

(5) 【排序标题行】：对标题进行排序。

(6) 【排序脚注行】：对脚注进行排序。

(7) 【完成排序后所有行颜色保持不变】：

排序不仅移动行中的数据，行的属性也会随之移动。

步骤 3 单击【确定】按钮，即可完成对表格的排序。本例是按照表格的第 4 列数字的降序进行排列的，如图 7-46 所示。

学生姓名	性别	政治面貌	总成绩	兴趣爱好
C	男	党员	97	音乐
A	女	团员	96	羽毛球
B	女	团员	68	网球
D	女	党员	58	排球

图 7-46　排序完成后的表格

7.5.4　案例 14——导入表格数据

如果表格的内容已经使用其他软件制作完毕，可以直接将文件导入到 Dreamweaver CC 中，具体操作步骤如下。

步骤 1 将光标定位在需要插入表格的位置后，选择【文件】→【导入】→【Excel 文档】菜单命令，如图 7-47 所示。

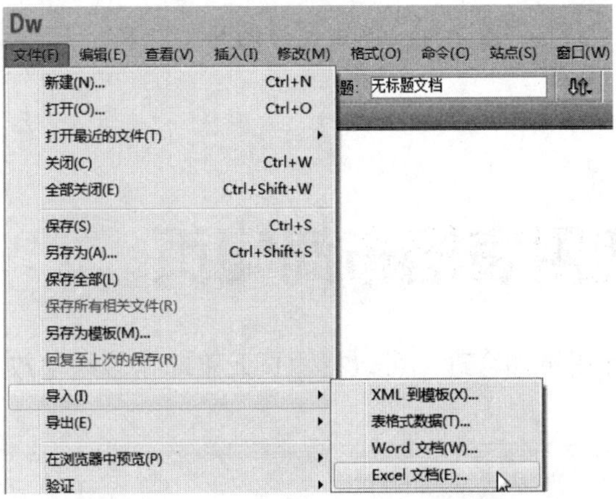

图 7-47　选择【Excel 文档】菜单命令

步骤 2 打开【导入 Excel 文档】对话框，选择随书光盘中的“ch07\手机销售统计表.xls”文件，单击【打开】按钮，如图 7-48 所示。

步骤 3 此时程序自动将表格内容导入到网页中，效果如图 7-49 所示。

图 7-48　【导入 Excel 文档】对话框

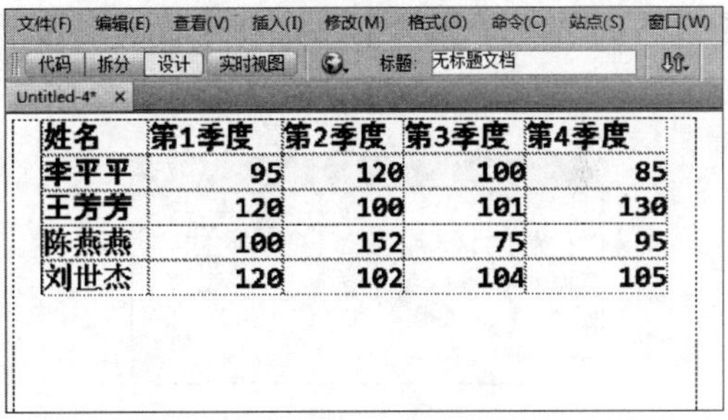

姓名	第1季度	第2季度	第3季度	第4季度
李平平	95	120	100	85
王芳芳	120	100	101	130
陈燕燕	100	152	75	95
刘世杰	120	102	104	105

图 7-49　导入表格后的效果

7.5.5　案例 15——导出表格数据

在网页制作的过程中，也可以根据需要将网页表格中的数据导出到外部文件中，具体操作步骤如下。

步骤 1 打开随书光盘中的“ch07\computer.html”文件，如图 7-50 所示。

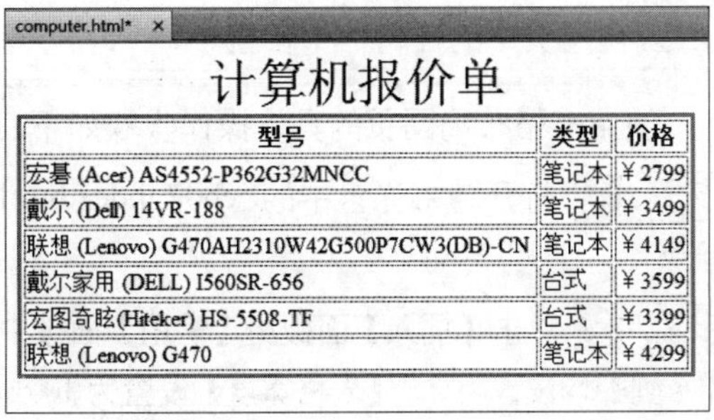

计算机报价单

型号	类型	价格
宏碁 (Acer) AS4552-P362G32MNCC	笔记本	¥ 2799
戴尔 (Dell) 14VR-188	笔记本	¥ 3499
联想 (Lenovo) G470AH2310W42G500P7CW3(DB)-CN	笔记本	¥ 4149
戴尔家用 (DELL) I560SR-656	台式	¥ 3599
宏图奇眩 (Hiteker) HS-5508-TF	台式	¥ 3399
联想 (Lenovo) G470	笔记本	¥ 4299

图 7-50　打开素材文件

步骤 2 选择【文件】→【导出】→【表格】菜单命令，如图 7-51 所示。

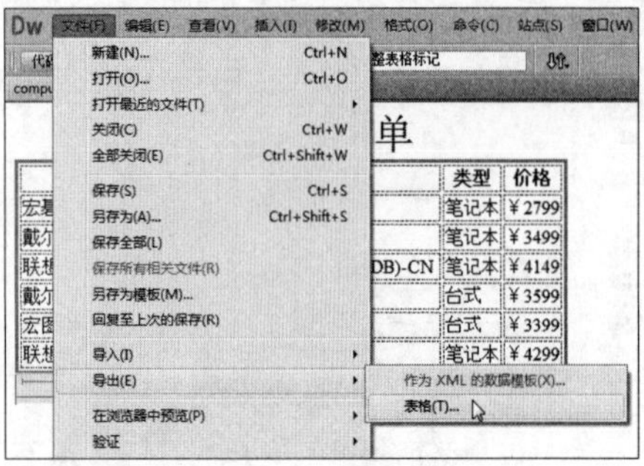

图 7-51 选择【表格】菜单命令

步骤 3 打开【导出表格】对话框，选择【定界符】为【分号】，选择【换行符】为 Windows，单击【导出】按钮，如图 7-52 所示。

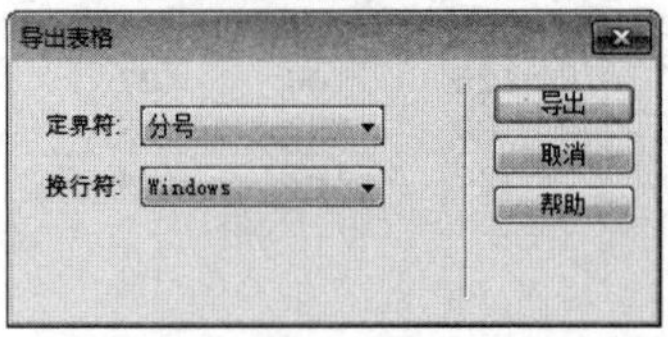

图 7-52 【导出表格】对话框

步骤 4 打开【表格导出为】对话框，选择导出文件的路径，然后输入【文件名】为“表格.txt”，单击【保存】按钮，如图 7-53 所示。

图 7-53 【表格导出为】对话框

步骤 5 文件成功导出后，双击导出的文件“表格.txt”，即可查看导出文件的具体内容，如图 7-54 所示。

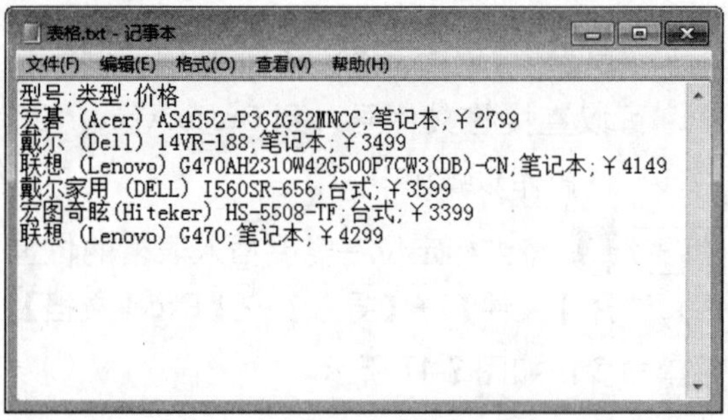

图 7-54 导出文件的具体内容

7.6 实战演练——使用表格布局网页

在排版页面时，使用表格可以将网页设计得更加合理，可以将网页元素非常轻松地放置在网页中的任何一个位置。

使用表格布局网页的具体操作步骤如下。

步骤 1 打开随书光盘中的“ch07\index.html”文件，将光标放置在要插入表格的位置，如图 7-55 所示。

步骤 2 单击【插入】面板组【常用】面板中的【表格】按钮，打开【表格】对话框，将【行数】和【列】均设置为 2，【表格宽度】设置为 100%，【边框粗细】设置为 0，【单元格边距】设置为 0，【单元格间距】设置为 0，如图 7-56 所示。

图 7-55　打开素材文件

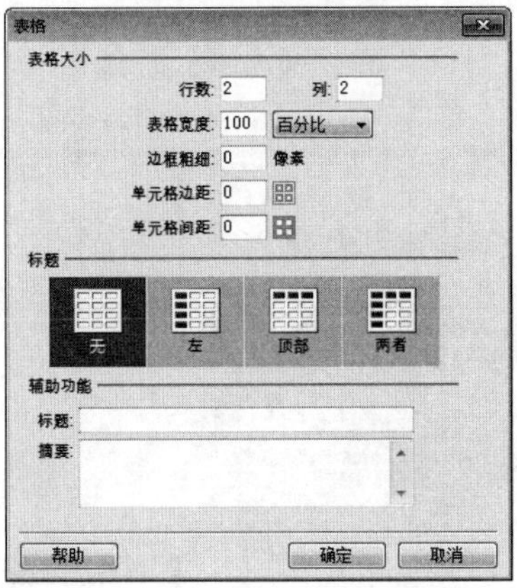

图 7-56　【表格】对话框

步骤 3 单击【确定】按钮，一个 2 行 2 列的表格就插入到了页面中，如图 7-57 所示。

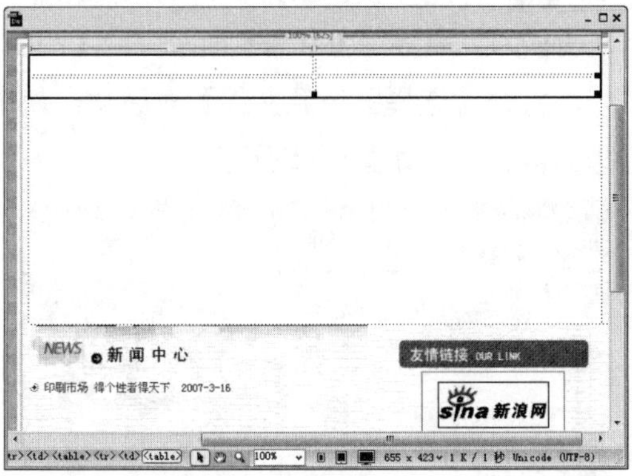

图 7-57　插入表格

步骤 4 将光标放置在第 1 行第 1 列单元格中，单击【插入】面板组【常用】面板中的【图像】按钮，打开【选择图像源文件】对话框，从中选择图像文件，如图 7-58 所示。

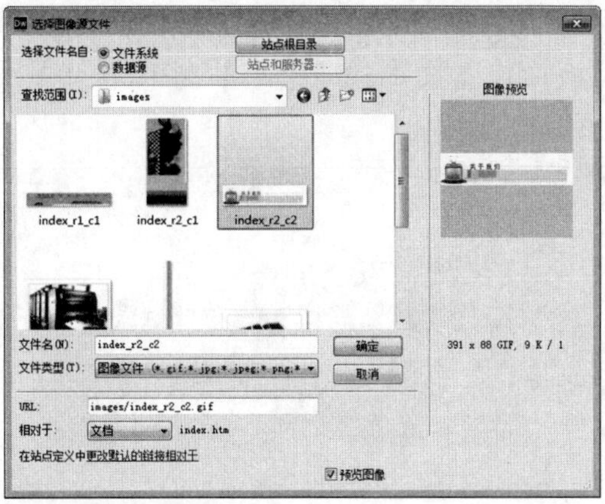

图 7-58　选择要插入的图像文件

步骤 5 单击【确定】按钮插入图像，如图 7-59 所示。

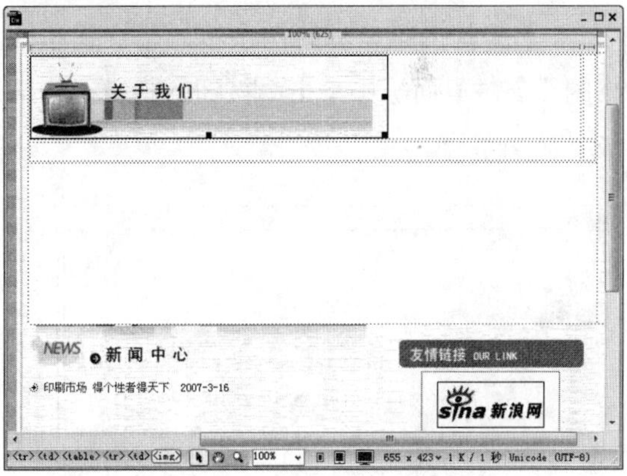

图 7-59　插入图像文件

步骤 6 将光标放置在第 2 行第 1 列单元格中，在【属性】面板中将【背景颜色】设置为“#E3E3E3”，如图 7-60 所示。

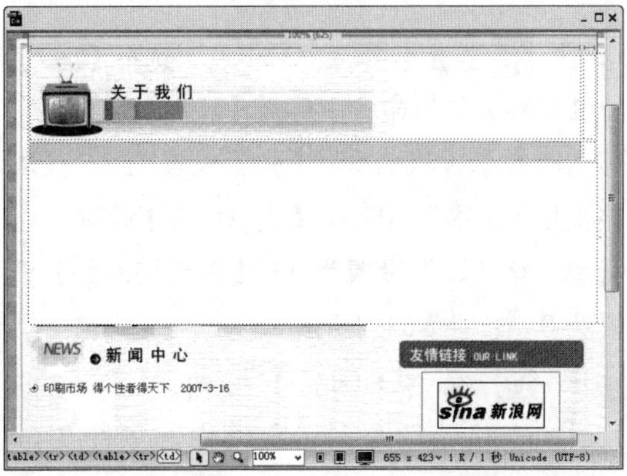

图 7-60　设置单元格的背景色

步骤 7 在单元格中输入文本，在【属性】面板中设置文本的【大小】为 12 像素，如图 7-61 所示。

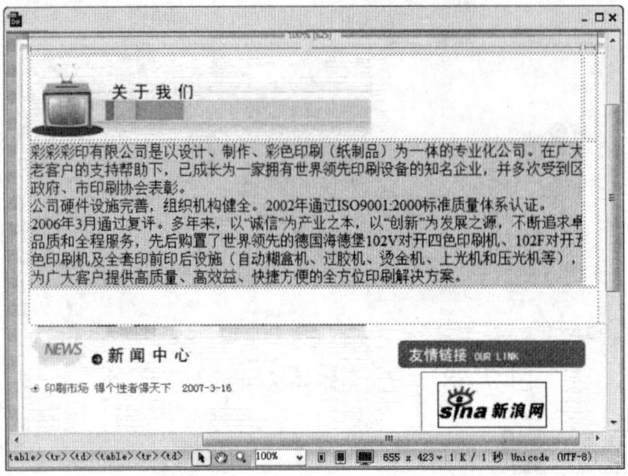

图 7-61　设置文本大小

步骤 8 选择第 2 列的两个单元格，在单元格的【属性】面板中单击□按钮，将单元格合并，如图 7-62 所示。

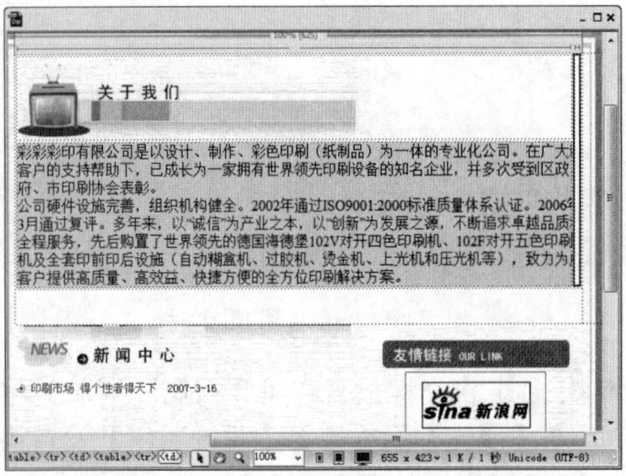

图 7-62　合并选定的单元格

步骤 9 选定合并后的单元格，选择【插入】→【表格】菜单命令。打开【表格】对话框，将【行数】设置为 2，【列】设置为 1，【表格宽度】设置为 100%，【边框粗细】设置为 0，【单元格边距】设置为 0，【单元格间距】设置为 0，如图 7-63 所示。

步骤 10 单击【确定】按钮，一个 2 行 1 列的表格就插入到了页面中，如图 7-64 所示。

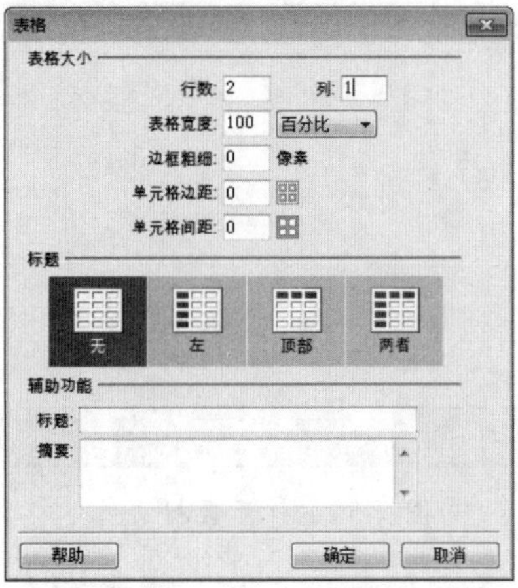

图 7-63　【表格】对话框

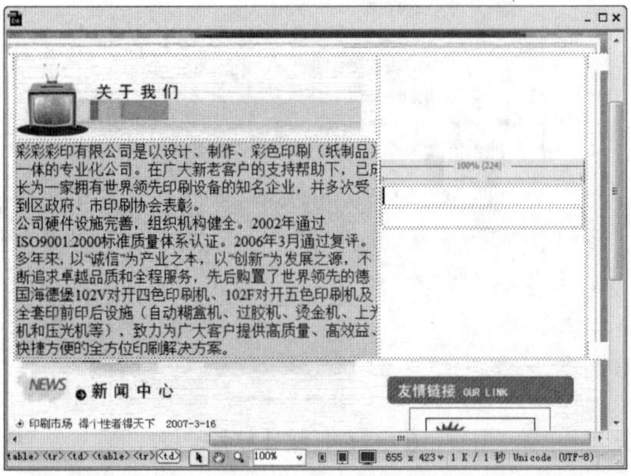

图 7-64　插入表格

步骤 11 将光标放置到第 1 行的单元格中，单击【插入】面板组【常用】面板中的【图像】按钮，打开【选择图像源文件】对话框，从中选择图像文件，如图 7-65 所示。

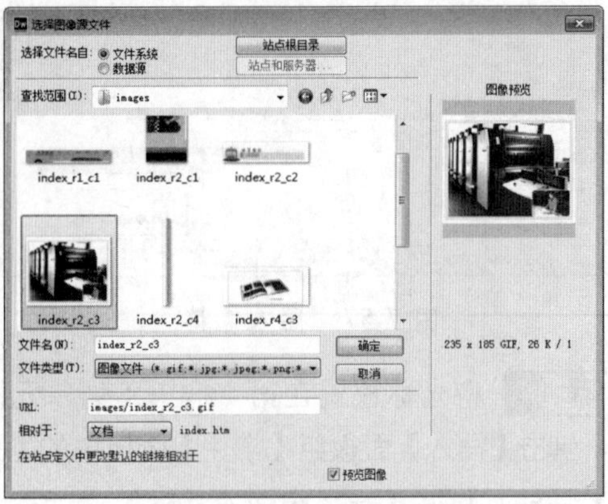

图 7-65　选择图片

步骤 12 单击【确定】按钮插入图像，如图 7-66 所示。

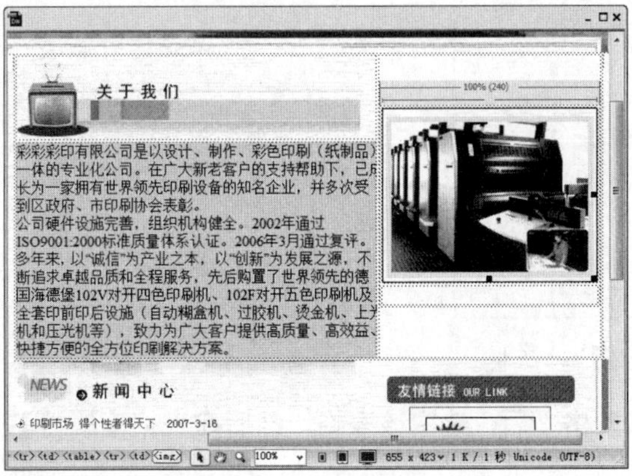

图 7-66　插入图片

步骤 13 重复上述步骤，在第 2 行的单元格中插入图像，如图 7-67 所示。

步骤 14 保存文档，按 F12 键在浏览器中预览效果，如图 7-68 所示。

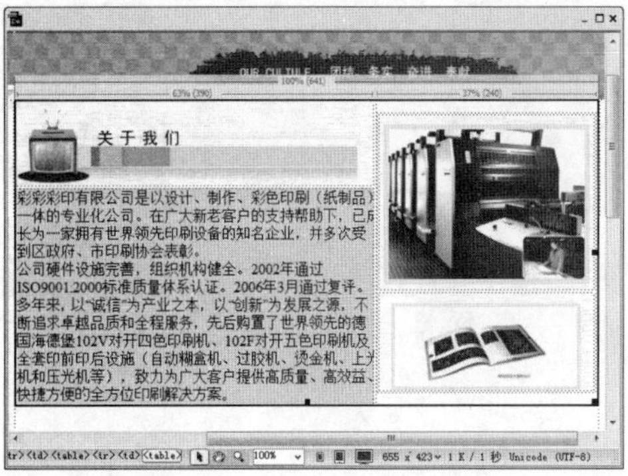

图 7-67　再次插入图片

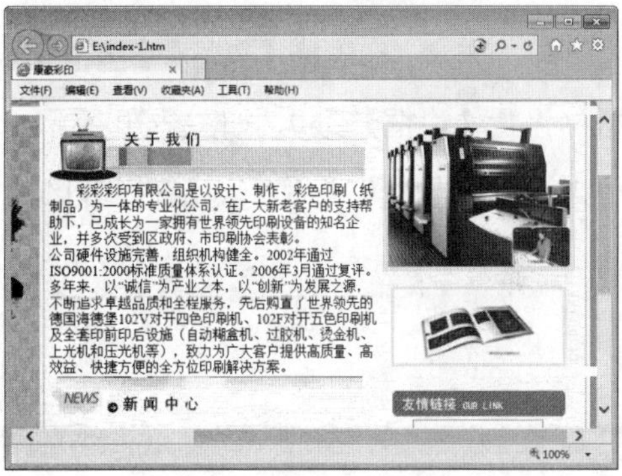

图 7-68　预览网页

7.7 高手甜点

甜点 1：使用表格拼接图片。

对于一些较大的图像，用户可以把它切分成几部分，然后再利用表格把它们拼接到一起，这样就可以加快图像的下载速度。

具体的操作方法是：先用图像处理工具 (如 Photoshop) 把图像切分成几个部分，然后在网页中插入一个表格，其行列数与切分的图像相同，在表格属性中将【边框粗细】、【单元格边距】和【单元格间距】均设为 0，再把切分后的图像按照原来的位置关系插进相应的单元格中。

甜点 2：去除表格的边框线。

去除表格的边框线有两种方法，分别如下。

(1)　方法 1：在【表格】对话框中。在创建表格时，选择【插入】→【表格】菜单命令，打开【表格】对话框，在其中将【边框粗细】设为 0 像素，这样表格在网页预览中就不可见，如图 7-69 所示。

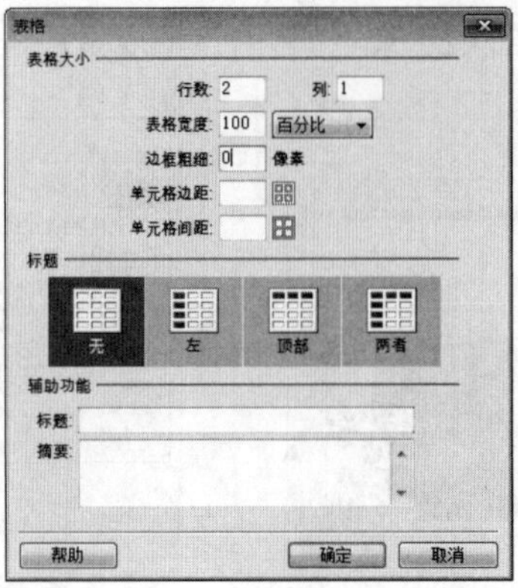

图 7-69 【表格】对话框

(2) 方法 2：在表格【属性】面板中。当插入表格之后，选中该表格，然后在表格【属性】面板中设置【边框】为 0，如图 7-70 所示。

当设置边框为 0 之后，表格在设计区域中显示的效果如图 7-71 所示。

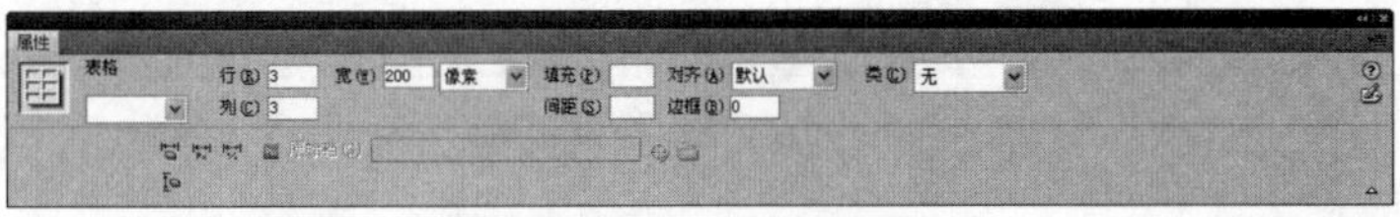

图 7-70 【属性】面板

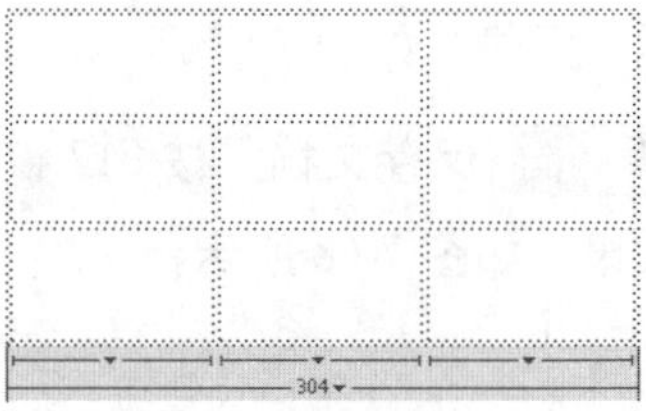

图 7-71 去除边框线后的效果

甜点 3：导入到网页中的数据混乱怎么办？

一般出现这种数据混乱的原因是由于全角造成的。用户需要在记事本中将全角分号修改为半角分号，即在英文状态下输入符号，然后再导入到网页中，即可解决该数据问题。

7.8 跟我练练手

练习 1：在网页中插入表格。

练习 2：选择网页中的表格。

练习 3：设置表格的属性。

练习 4：操作表格的行与列。

练习 5：操作表格中的数据。

练习 6：使用表格布局网页。

第 8 章 让网页互动起来——使用网页表单和行为

很多网站都存在申请注册成为会员，或申请邮箱的模块，这些模块都是通过添加网页表单来完成的。另外，设计人员在设计网页时，需要使用编程语言实现一些动作，如打开浏览器窗口、验证表单等，这就是网页行为。本章就来介绍如何使用网页表单和行为。

本章学习目标

◎ 掌握在网页中插入表单的方法

◎ 掌握在网页中插入复选框与单选按钮的方法

◎ 掌握在网页中制作列表与菜单的方法

◎ 掌握在网页中插入按钮的方法

◎ 掌握在网页中添加行为的方法

◎ 掌握常用网页行为的应用方法

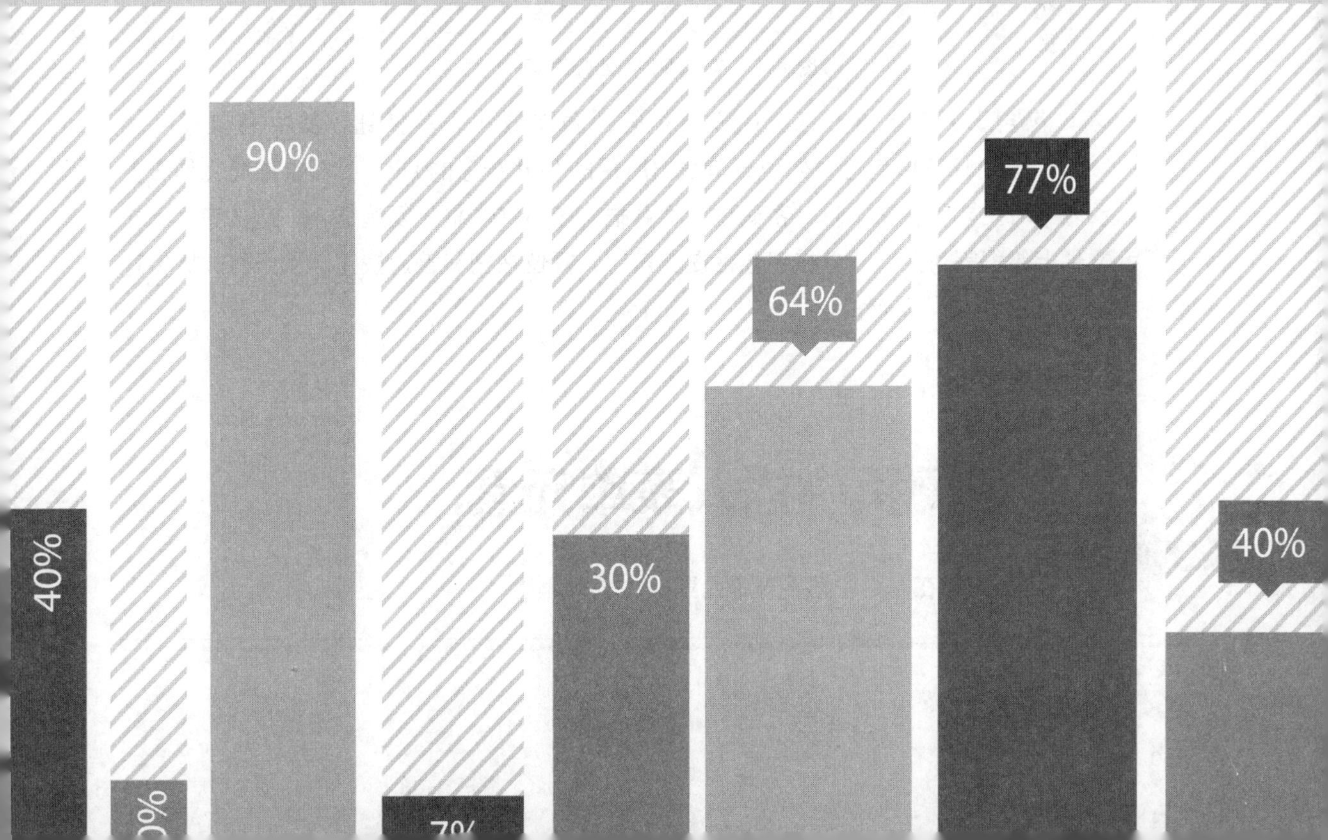

8.1 认识表单

表单用于把来自用户的信息提交给服务器，是网站管理者与浏览者之间进行沟通的桥梁。利用表单处理程序，可以收集、分析用户的反馈意见，以做出科学、合理的决策，因此它是一个网站成功的重要因素。

有了表单，网站不仅是“信息提供者”，同时也是“信息收集者”，可由被动提供转变为主动“出击”。表单通常用来做调查表、订单和搜索界面等。

使用 Dreamweaver CC 创建表单，可以给表单中添加对象，还可以通过使用行为来验证用户输入信息的正确性。表单通常是由文本框、下拉列表、复选框和按钮等表单对象组成，如图 8-1 所示为百度账号注册页面。

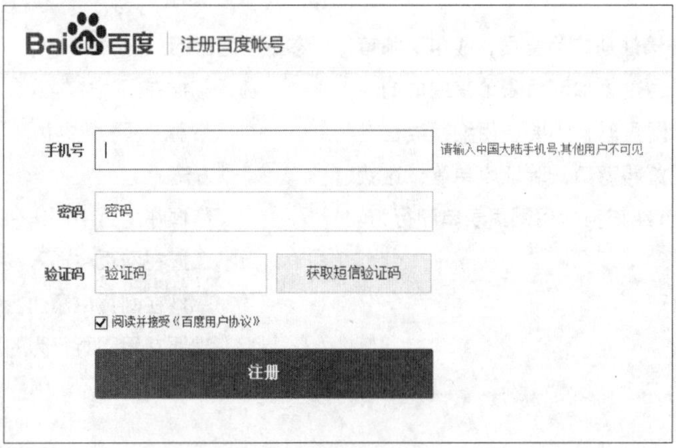

图 8-1　百度账号注册页面

一个表单包含 3 个基本组成部分：表单标签、表单域和表单按钮。其中表单标签为 <from></form>，这对标签中包含了处理表单数据所用的 CGI 程序的 URL 以及数据提交到服务器的方法；表单域主要包含文本框、密码框、隐藏框、多行文本框、复选框、单选按钮、下拉列表框和文件上传框等对象；表单按钮包括提交按钮、复位按钮和普通按钮，用于将数据传送到服务器上或者取消传送等操作。

8.2 在网页中插入表单元素

本节将学习如何在网页中插入表单元素。

8.2.1 案例 1——插入表单域

每一个表单中都包括表单域和若干个表单元素，而所有的表单元素都要放在表单域中才会生效，因此，制作表单时要先插入表单域。

在文档中插入表单域的具体操作步骤如下。

步骤 1 将光标放置在要插入表单的位置，选择【插入】→【表单】→【表单】菜单命令，如图 8-2 所示。

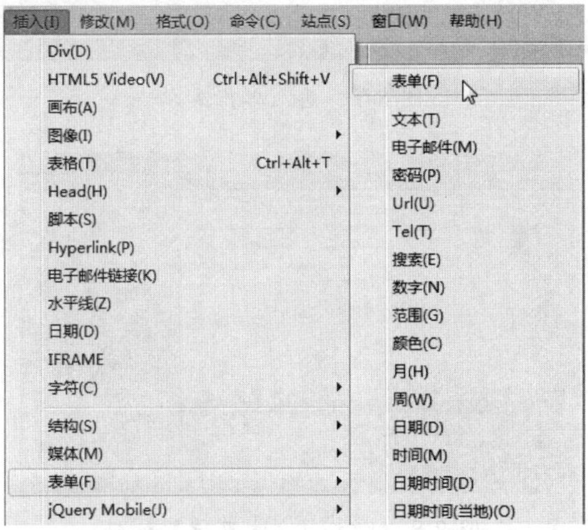

图 8-2　选择【表单】菜单命令

> **提示** 要插入表单域，也可以在【插入】面板组的【表单】面板中单击【表单】按钮。

步骤 2 插入表单域后，页面上会出现一条红色的虚线，如图 8-3 所示。

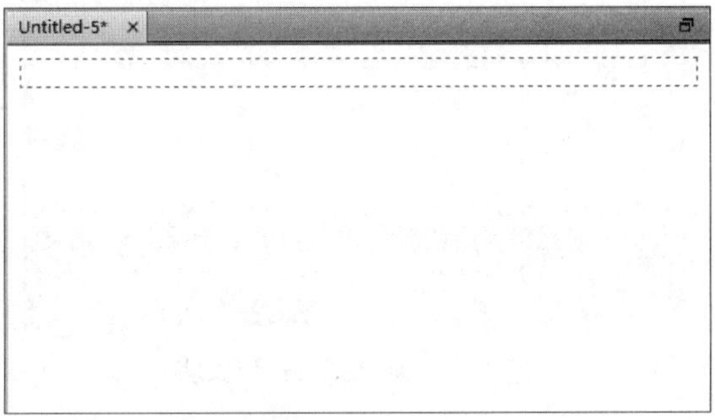

图 8-3　插入表单

步骤 3 选中表单，或在标签选择器中选择 <form#form1> 标签，即可在表单的【属性】面板中设置属性，如图 8-4 所示。

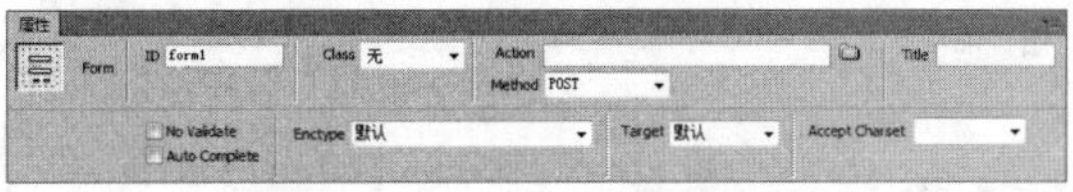

图 8-4　【属性】面板

【属性】面板中表单的各个属性的含义如下。

(1) ID：指定表单的 ID 编号。

(2) Class：指定表单的外观样式。

(3) Action：表单指定处理数据的路径。

(4) Method：表单指定将数据传输到服务器的方法。该属性列表中有三个选项，【默认】、POST 和 GET。其中【默认】是指使用浏览器默认设置传送数据，POST 是指在 HTTP 请求中嵌入表单数据，GET 是指从服务器上获取数据。

(5) Title：为表单指定标题。

(6) Enctype：为表单指定输入数据时所使用的编码类型。

(7) Target：为表单指定目标窗口的打开方式。

(8) Accept Charset：为表单指定字符集。

(9) No Validate：为表单指定提交时是否进行数据验证。

(10) Auto Complete：为表单指定是否让浏览器自动记录之前输入的信息。

8.2.2 案例 2——插入文本域

表单只是装载各个表单对象的容器，表单创建完成后，就可以在其中插入表单对象了，下面讲述使用非常频繁的控件文本域的操作。

文本域分为单行文本域和多行文本域，这两种文本域的插入方法如下。

步骤 1 将光标定位在表单内，在其中插入一个 2 行 2 列的表格，然后输入文本内容和调整表格的大小，如图 8-5 所示。

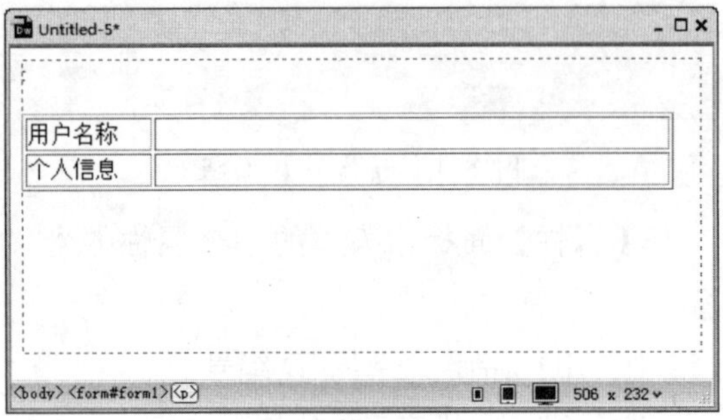

图 8-5 插入表格

步骤 2 将光标定位在表格第一行右侧的单元格中，选择【插入】→【表单】→【文本】菜单命令，如图 8-6 所示。或在【插入】面板组的【表单】面板中单击【文本】按钮。

图 8-6 选择【文本】菜单命令

步骤 3 单行文本域插入完成后，在【属性】面板中选中 Required（必要）和 Auto Focus（自动焦点）复选框，将 Max Length(最多字符)设置为 15，如图 8-7 所示。

步骤 4 将光标定位在表格第二行右侧的单元格中，选择【插入】→【表单】→【文本区域】菜单命令，或在【插入】面板组的【表单】面板中单击【文本区域】按钮，如图 8-8 所示。

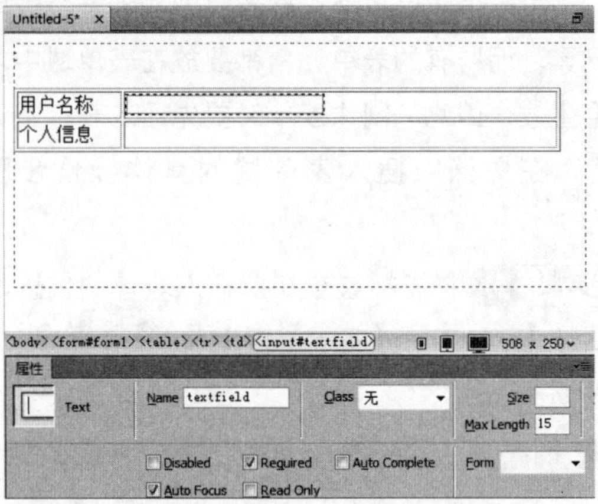

图 8-7 插入单行表单

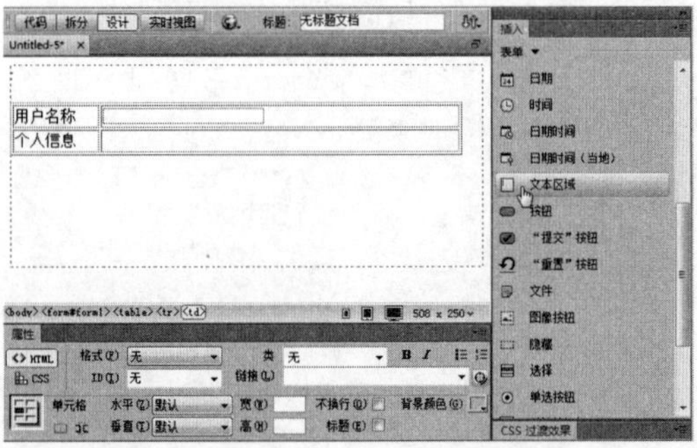

图 8-8 单击【文本区域】按钮

步骤 5 多行文本域插入完成后，在【属性】面板中设置 Rows（行数）为 5，设置 Cols（列）为 50，如图 8-9 所示。

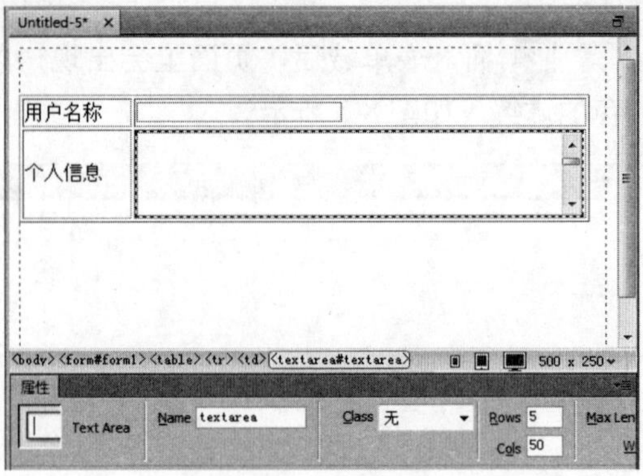

图 8-9 插入多行文本域

步骤 6 保存网页后按 F12 键进入页面预览效果，如图 8-10 所示。

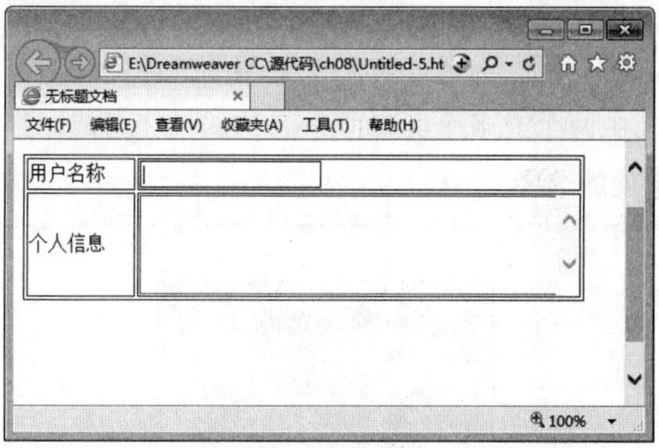

图 8-10　查看页面预览效果

8.2.3 案例 3——插入密码域

密码域是特殊类型的文本域。当用户在密码域中输入文本信息时，所输入的文本会被替换为星号或项目符号以隐藏该文本，从而保护这些信息不被别人看到。插入密码域的具体操作步骤如下。

步骤 1 打开随书光盘中的“ch08\密码域.html”文件，将光标定位在密码右侧的单元格中，如图 8-11 所示。

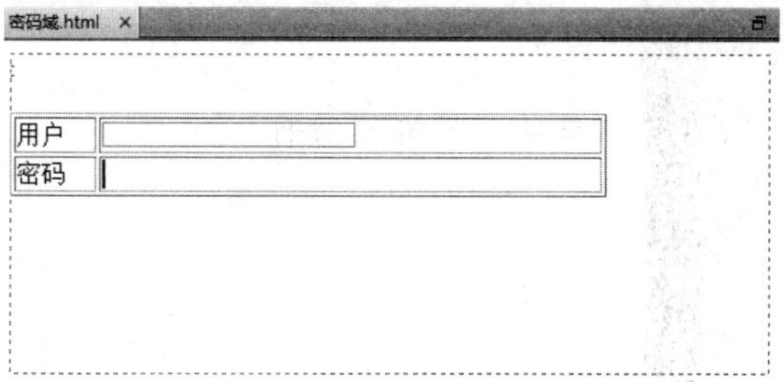

图 8-11　打开素材文件

步骤 2 选择【插入】→【表单】→【密码】菜单命令，如图 8-12 所示，或在【插入】面板组的【表单】面板中单击【密码】按钮。

步骤 3 密码域插入完成后，在【属性】面板中选中 Required（必要）复选框，将 Max Length（最多字符）设置为 25，如图 8-13 所示。

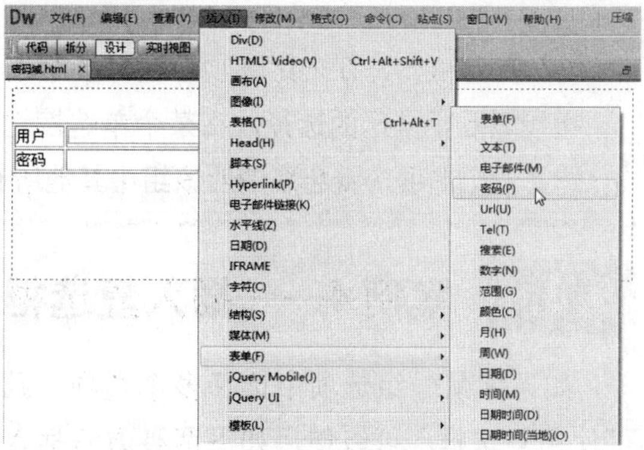

图 8-12　选择【密码】菜单命令

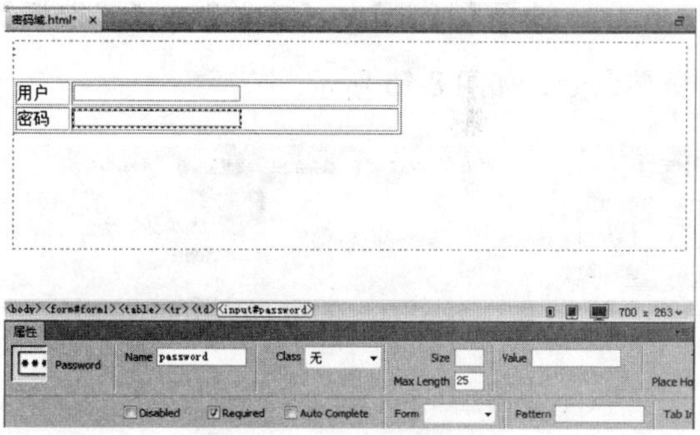

图 8-13　插入密码域

步骤 4 保存网页后按 F12 键进入页面预览效果，当在密码域中输入密码时，显示为项目符号，如图 8-14 所示。

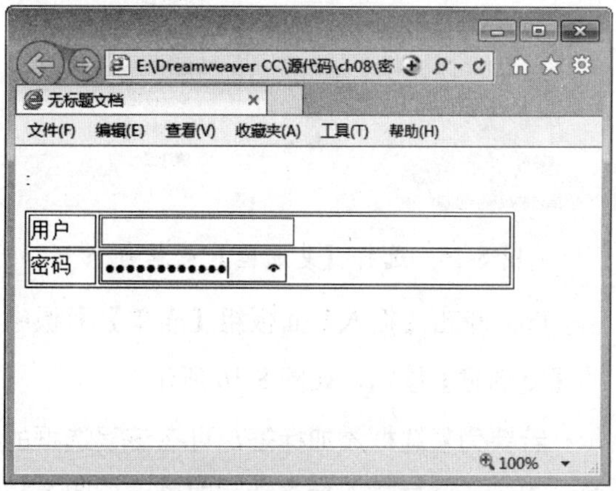

图 8-14　查看页面预览效果

8.3 在网页中插入复选框和单选按钮

复选框允许在一组选项中选择多个选项，用户可以选择任意多个适用的选项。单选按钮代表互相排斥的选择，在某个单选按钮组（由两个或多个共享同一名称的按钮组成）中选择一个选项，就会取消对该组中其他所有选项的选择。

8.3.1 案例 4——插入复选框

如果要从一组选项中选择多个选项，则可使用复选框。可以使用如下两种方法插入复选框。

(1) 选择【插入】→【表单】→【复选框】菜单命令，如图 8-15 所示。

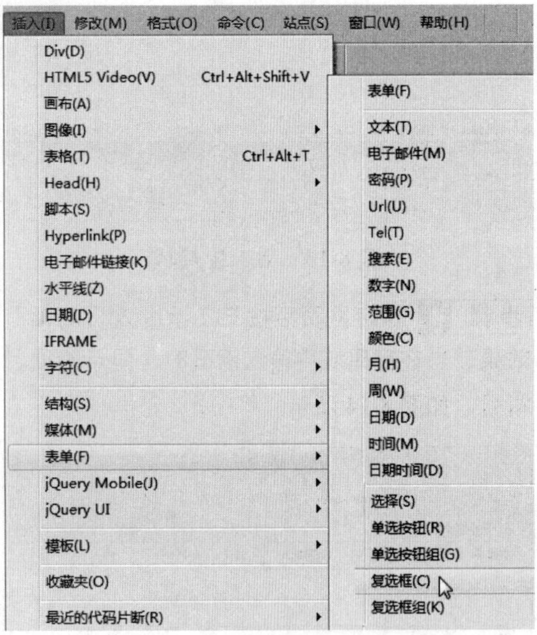

图 8-15 选择【复选框】菜单命令

(2) 单击【插入】面板组【表单】面板中的【复选框】按钮，如图 8-16 所示。

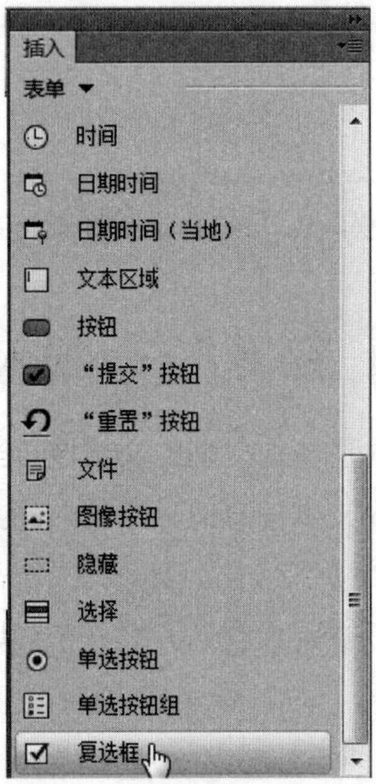

图 8-16 单击【复选框】按钮

若要为复选框添加标签，可在该复选框的旁边单击，然后输入标签文字即可，如图 8-17 所示。另外，选中复选框，在【属性】面板中可以设置其属性，如图 8-18 所示。

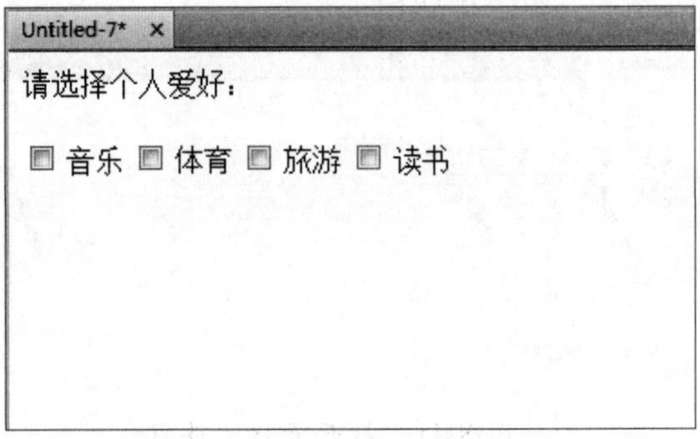

图 8-17 输入复选框标签文字

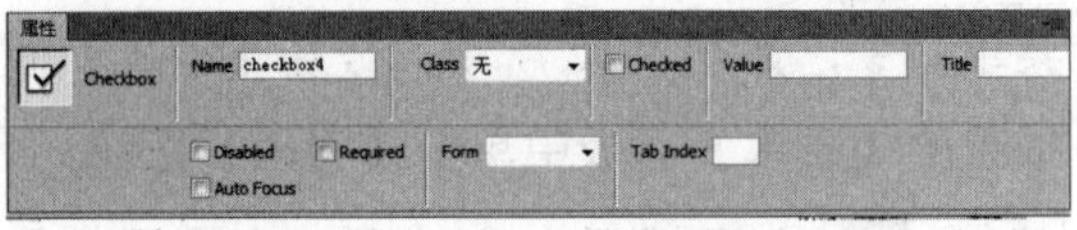

图 8-18 复选框【属性】面板

8.3.2 案例 5——插入单选按钮

如果从一组选项中只能选择一个选项，则需要使用单选按钮。选择【插入】→【表单】→【单选按钮】菜单命令，即可插入单选按钮。

> **提示** 还可以通过单击【插入】面板组【表单】面板中的【单选按钮】按钮插入单选按钮。

若要为单选按钮添加标签，可在该单选按钮的旁边单击，然后输入标签文字即可，如图 8-19 所示。选中单选按钮，在【属性】面板中可以设置其属性，如图 8-20 所示。

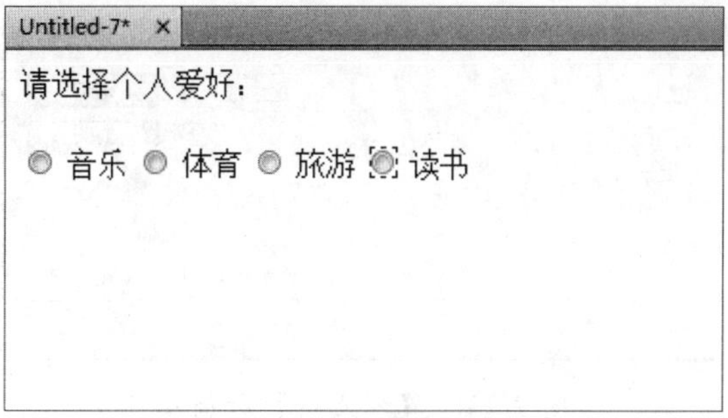

图 8-19　输入单选按钮标签文字

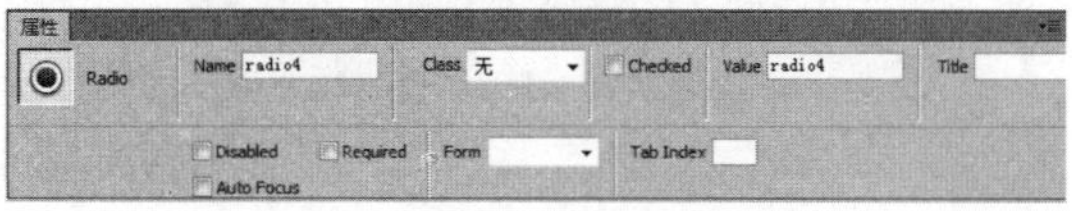

图 8-20　单选按钮【属性】面板

8.4 制作网页菜单和列表

表单中有两种类型的菜单：一种是单击时的下拉菜单，被称为下拉菜单；另一种则显示为一个列有项目的可滚动列表，用户可从该列表中选择项目，被称为滚动列表。如图 8-21 所示分别是下拉菜单域和滚动列表。

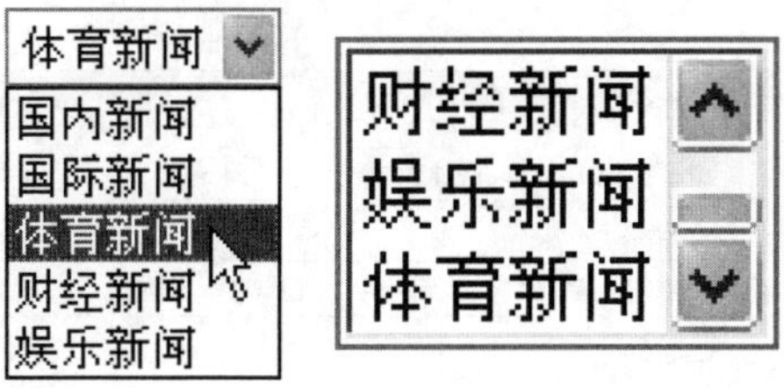

图 8-21　菜单与列表

8.4.1 案例 6——插入下拉菜单

插入下拉菜单的具体步骤如下。

步骤 1 选择【插入】→【表单】→【选择】菜单命令，即可插入下拉菜单，然后在其【属性】面板中单击【列表值】按钮，如图 8-22 所示。

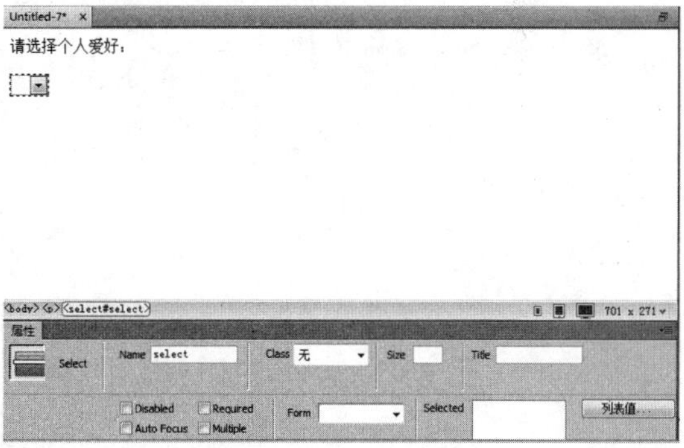

图 8-22　选择属性面板

步骤 2 打开【列表值】对话框，单击【添加】按钮，即可输入多个项目标签，单击【确定】按钮，如图 8-23 所示。

步骤 3 即可插入下拉菜单，在【属性】面板的 Selected（初始化时选定）列表框中选择【体育】选项，如图 8-24 所示。

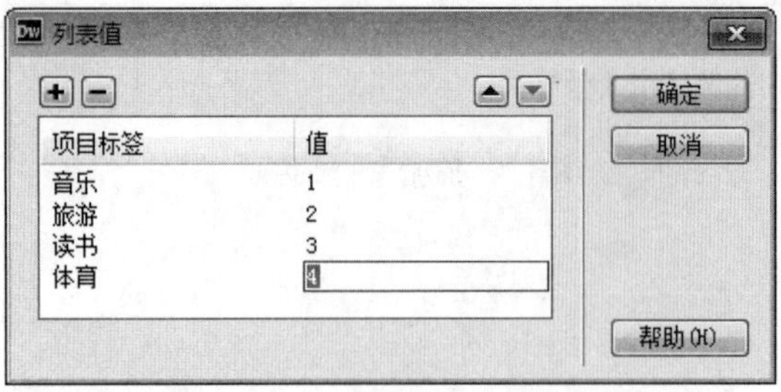

图 8-23　【列表值】对话框

图 8-24　选择初始化时选定的菜单

步骤 4 保存文档，按 F12 键在浏览器中预览效果，如图 8-25 所示。

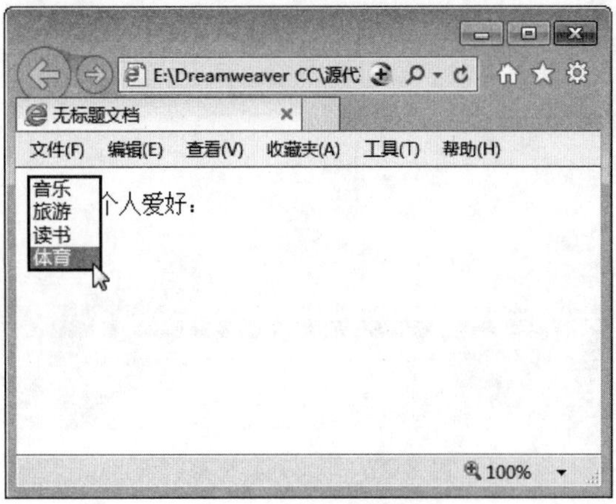

图 8-25　预览效果

8.4.2　案例 7——插入滚动列表

插入滚动列表的具体步骤如下。

步骤 1 选择【插入】→【表单】→【选择】菜单命令，插入选择菜单，然后在其【属性】面板的【类型】选项组中选中【列表】单选按钮，并将 Size 设置为 3，如图 8-26 所示。

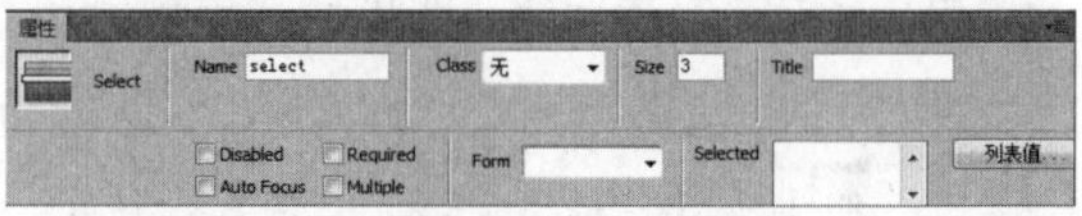

图 8-26　选择属性面板

步骤 2 单击【列表值】按钮，在打开的【列表值】对话框中进行相应的设置，如图 8-27 所示。

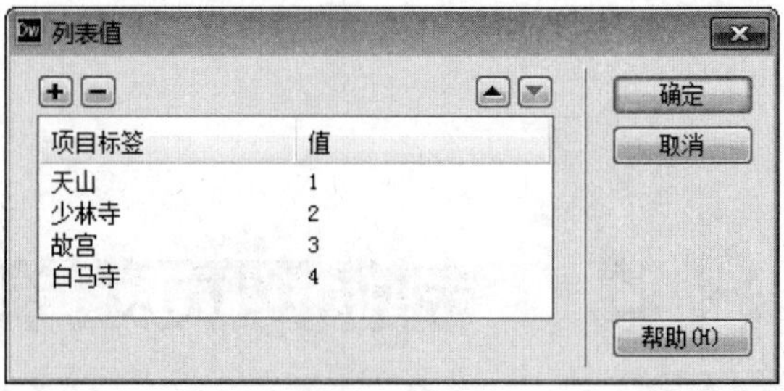

图 8-27　【列表值】对话框

步骤 3 单击【确定】按钮保存文档，按 F12 键在浏览器中预览效果，如图 8-28 所示。

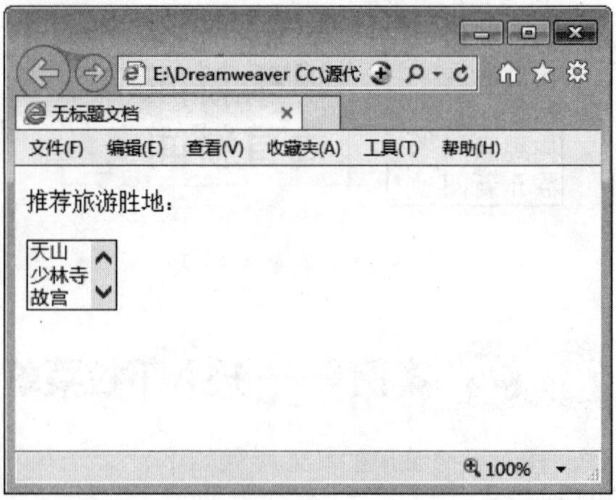

图 8-28　预览效果

8.5 在网页中插入按钮

按钮对于表单来说是必不可少的，无论用户对表单进行了什么操作，只要不单击【提交】按钮，服务器与客户之间就不会有任何交互操作。

8.5.1 案例 8——插入按钮

插入按钮的具体操作如下。

将光标放在表单内，选择【插入】→【表单】→【“提交”按钮】或【“重置”按钮】菜单命令，即可插入按钮，如图 8-29 所示。

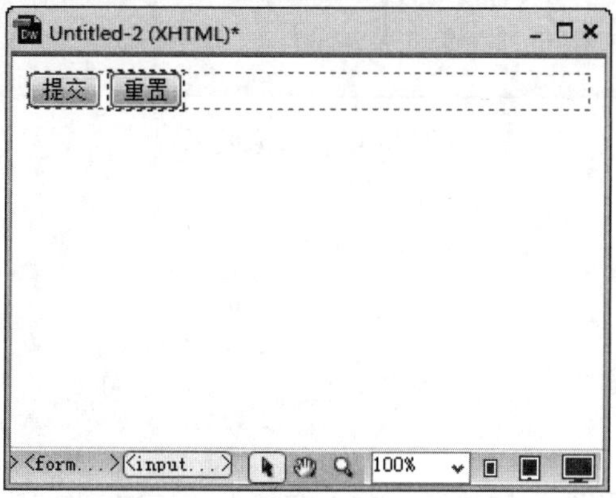

图 8-29　插入按钮

选中表单按钮提交，即可在打开的【属性】面板中设置按钮的 Name（名称）、Class（类）、From Action（动作）等属性，如图 8-30 所示。

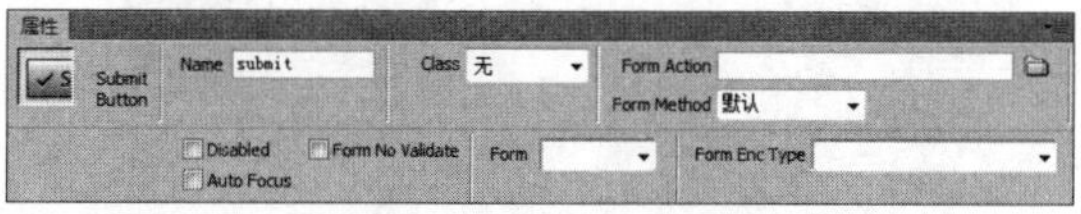

图 8-30　设置按钮的属性

8.5.2 案例 9——插入图像按钮

可以使用图像作为按钮图标。如果要使用图像来执行任务而不是提交数据，则需要将某种行为附加到表单对象上。具体操作步骤如下。

步骤 1 打开随书光盘中的“ch08\图像按钮.html”文件，如图 8-31 所示。

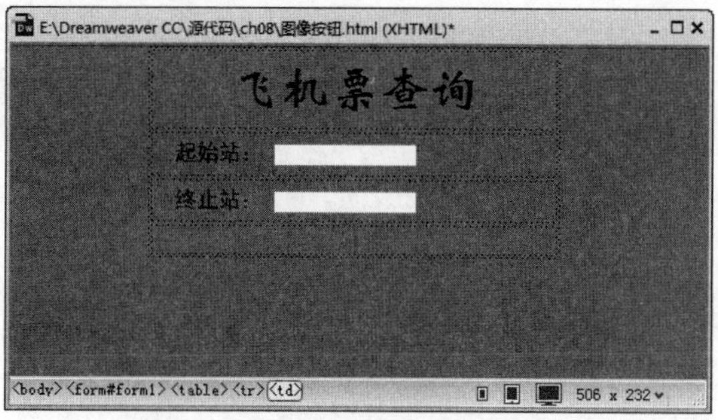

图 8-31　打开素材文件

步骤 2 将光标置于第 4 行单元格中，选择【插入】→【表单】→【图像按钮】菜单命令，或单击【插入】面板组【表单】面板中的【图像按钮】按钮，弹出【选择图像源文件】对话框，如图 8-32 所示。

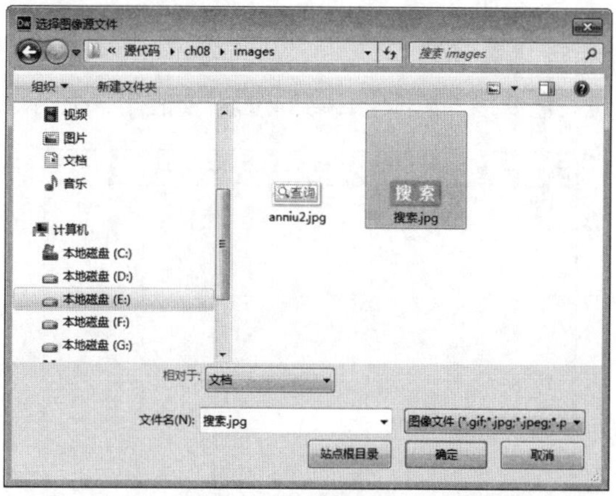

图 8-32　【选择图像源文件】对话框

步骤 3 在【选择图像源文件】对话框中选定图像，然后单击【确定】按钮，插入图像按钮，如图 8-33 所示。

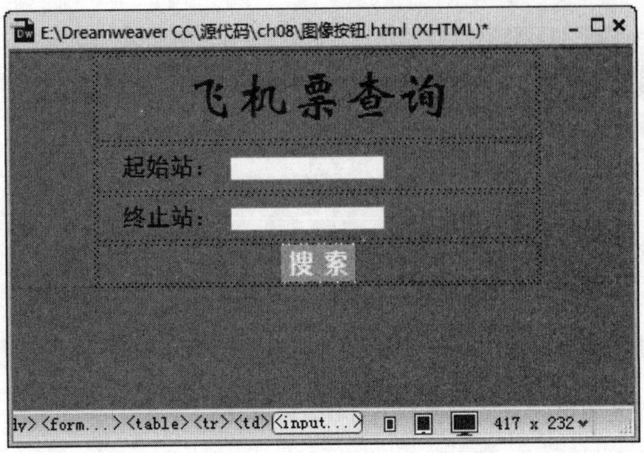

图 8-33　插入图像按钮

步骤 4 选中该图像按钮，打开其属性面板，设置图像按钮的属性，这里采用默认设置，如图 8-34 所示。

步骤 5 完成设置保存文档，按 F12 键在浏览器中预览效果，如图 8-35 所示。

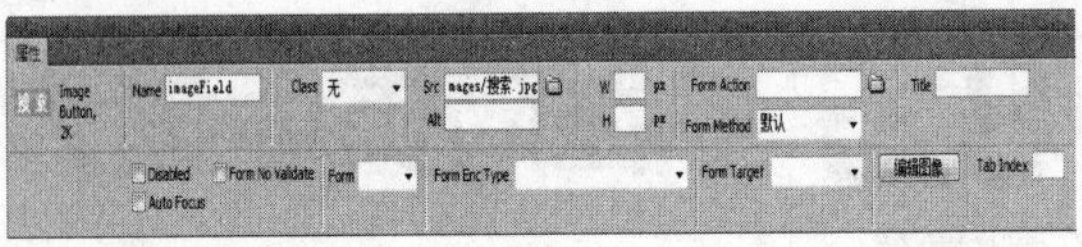

图 8-34　图像按钮【属性】面板

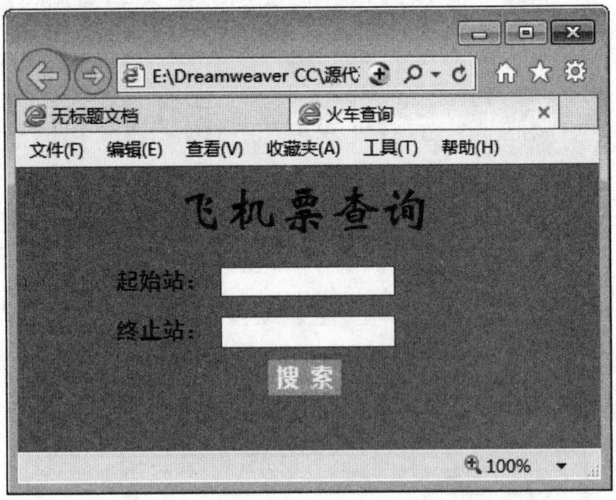

图 8-35　预览效果

8.6 插入文件上传域

通过插入文件上传域，可以实现上传文档和图像的功能。插入文件上传域的具体操作步骤如下。

步骤 1 新建网页，输入文字内容，将光标定位在需要插入文件上传域的位置，如图 8-36 所示。

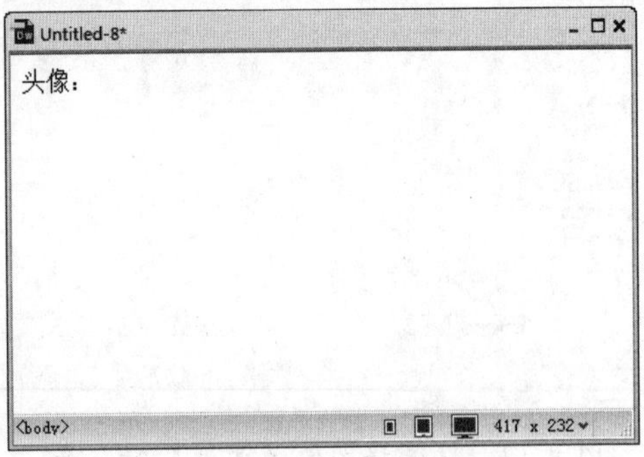

图 8-36　新建网页

步骤 2 选择【插入】→【表单】→【文件】菜单命令，或单击【插入】面板组【表单】面板中的【文件】按钮，如图 8-37 所示。

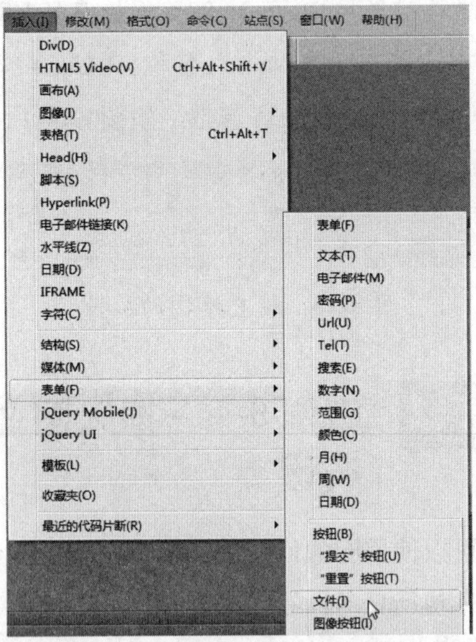

图 8-37　选择【文件】菜单命令

步骤 3 即可插入文件上传域，如图 8-38 所示。

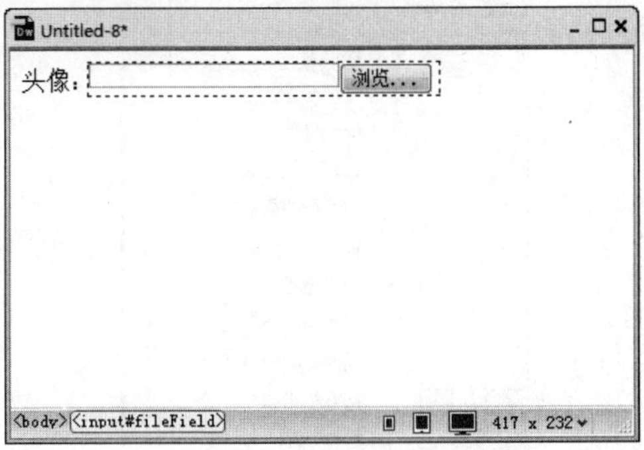

图 8-38　插入文件上传域

步骤 4 选择文件上传域，在【属性】面板中可以设置文件上传域的属性，如图 8-39 所示。

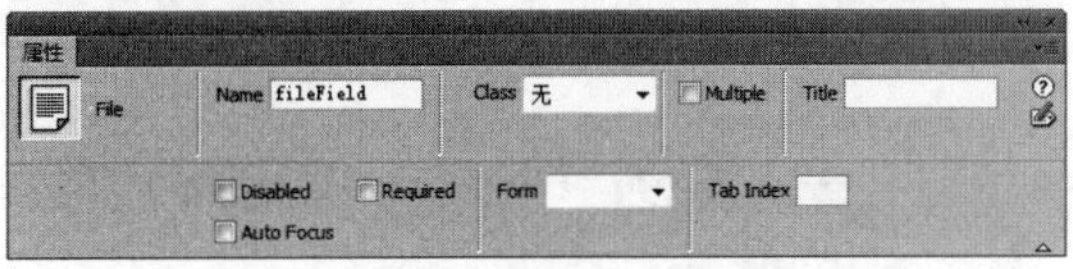

图 8-39　设置文件上传域的属性

8.7 添加网页行为

行为是由对象、事件和动作构成的。对象是产生行为的主体，事件是触发动态效果的原因，动作是指最终需要完成的动态效果，本节就来介绍如何为网页添加行为。

8.7.1 案例 10——打开【行为】面板

在 Dreamweaver CC 中，对行为的添加和控制主要是通过【行为】面板来实现的。【行为】面板主要用于设置和编辑行为，选择【窗口】→【行为】菜单命令，即可打开【行为】面板，如图 8-40 所示。

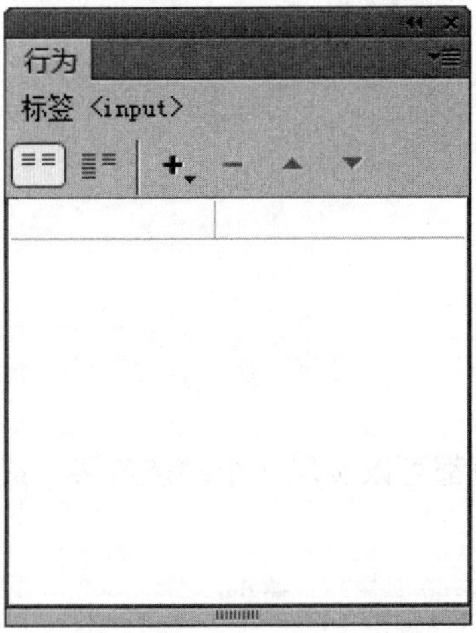

图 8-40　【行为】面板

使用【行为】面板可以将行为附加到页面元素，并且可以修改以前所附加的行为的参数。

【行为】面板中包含以下选项。

(1) 单击+按钮，可弹出动作菜单，从中可以添加行为。添加行为时，从动作菜单中选择一个行为项即可。当从该动作菜单中选择一个动作时，将出现一个对话框，可以在此对话框中指定该动作的参数。如果动作菜单上的所有动作都处于灰显状态，则表示选定的元素无法生成任何事件。

(2) 单击−按钮，可从行为列表中删除所选的事件和动作。

(3) 单击▲按钮或▼按钮，可将动作项向前移或向后移，从而改变动作执行的顺序。对于不能在列表中上下移动的动作，箭头按钮则处于禁用状态。

提示 在为选定对象添加了行为后，就可以利用行为的事件列表选择触发该行为的事件。使用 Shift+F4 组合键也可以打开【行为】面板。

8.7.2 案例 11——添加行为

在 Dreamweaver CC 中，可以为文档、图像、链接和表单等任何网页元素添加行为。在给对象添加行为时，可以一次为每个事件添加多个动作，并按【行为】面板中动作列表的顺序来执行动作。添加行为的具体步骤如下。

步骤 1 在网页中选定一个对象，也可以单击文档窗口左下角的 <body> 标签，选中整个页面，然后选择【窗口】→【行为】菜单命令，打开【行为】面板，单击+按钮，弹出动作菜单，如图 8-41 所示。

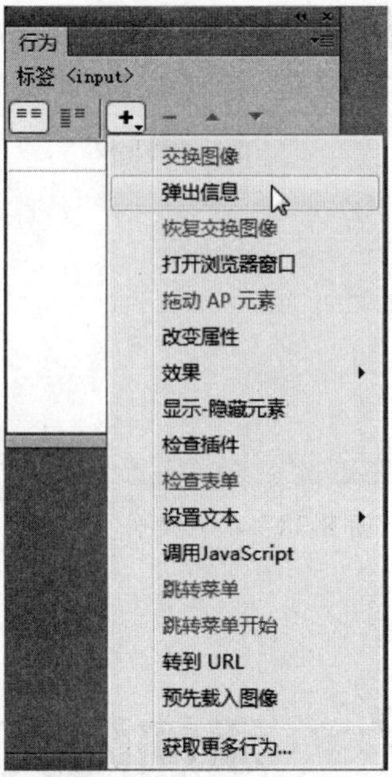

图 8-41 动作菜单

步骤 2 从弹出的动作菜单中选择一种动作，会弹出相应的参数设置对话框（此处选择【弹出信息】命令），在其中进行设置后单击【确定】按钮。随即，在事件列表中会显示动作的默认事件。单击该事件，会出现一个▼按钮，单击▼按钮，即可弹出包含全部事件的事件列表，如图 8-42 所示。

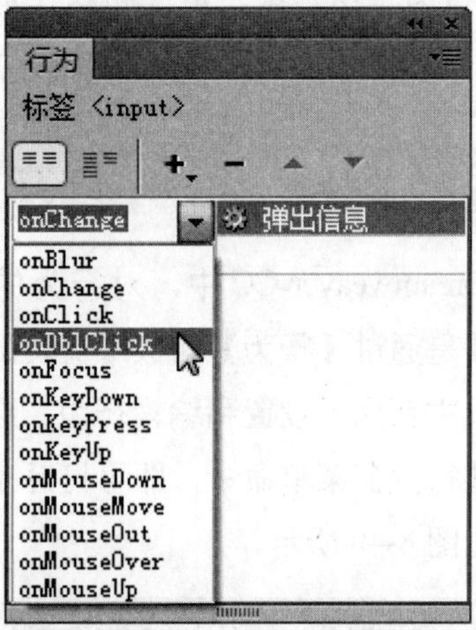

图 8-42 动作事件

8.8 常用行为的应用

Dreamweaver CC 内置有许多行为，每一种行为都可以实现一个动态效果，或用户与网页之间的交互。

8.8.1　案例 12——交换图像

【交换图像】动作通过更改图像标签的 src 属性，将一个图像和另一个图像交换。使用此动作可以创建【鼠标经过图像】和其他的图像效果（包括一次交换多个图像）。

创建【交换图像】动作的具体步骤如下。

步骤 1 打开随书光盘中的“ch08\应用行为\index.html”文件，如图 8-43 所示。

图 8-43　打开素材文件

步骤 2 选择【窗口】→【行为】菜单命令，打开【行为】面板。选中图像，单击+按钮，在弹出的菜单中选择【交换图像】命令，如图 8-44 所示。

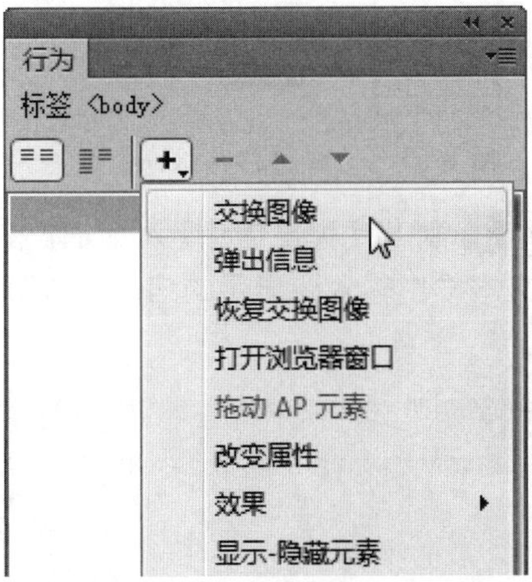

图 8-44　选择【交换图像】命令

步骤 3 弹出【交换图像】对话框，如图 8-45 所示。

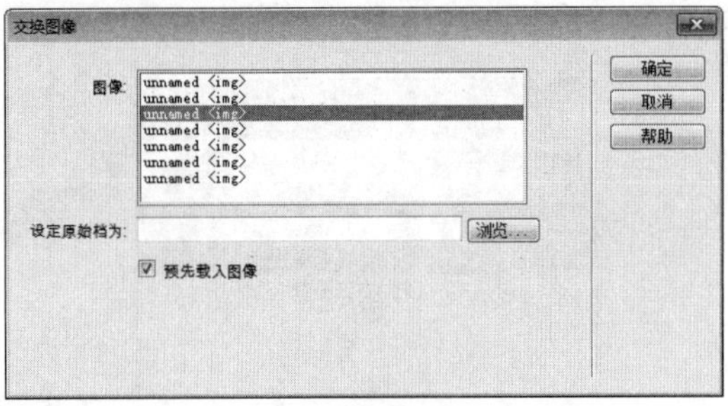

图 8-45　【交换图像】对话框

步骤 4 单击【浏览】按钮，弹出【选择图像源文件】对话框，选择随书光盘中的“ch08\应用行为\img\001.jpg”图像，如图 8-46 所示。

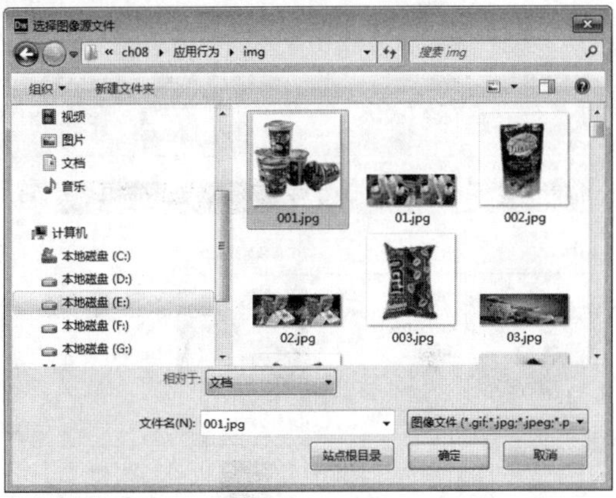

图 8-46　【选择图像源文件】对话框

步骤 5 单击【确定】按钮，返回到【交换图像】对话框即可看到设置的原始图像，如图 8-47 所示。

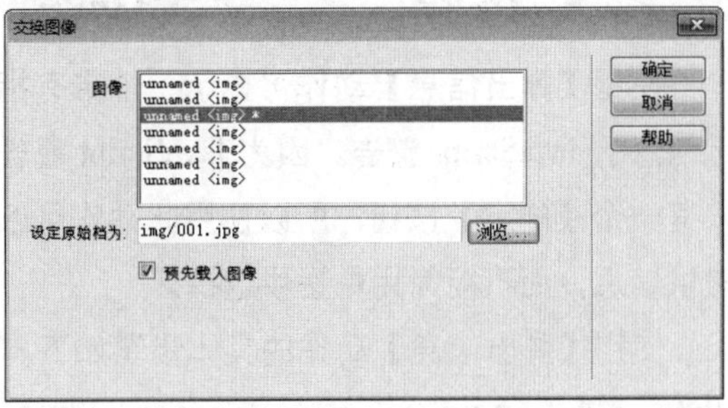

图 8-47　设置的原始图像

步骤 6 单击【确定】按钮，返回到【行为】面板中，即可看到新添加的行为【交换图像】，如图 8-48 所示。

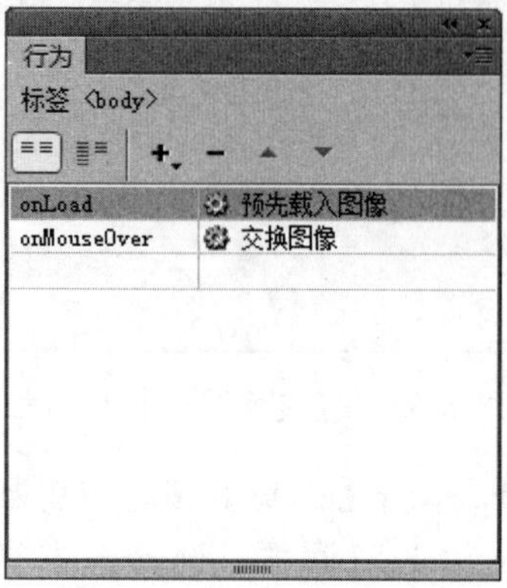

图 8-48 添加行为【交换图像】

步骤 7 保存文档，按 F12 键在浏览器中预览效果，如图 8-49 所示。

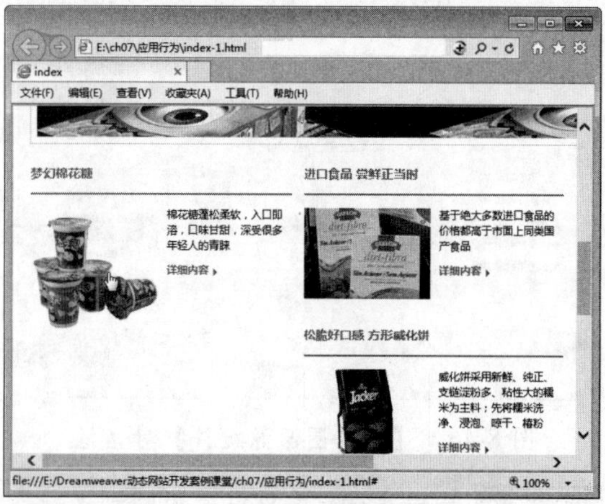

图 8-49 预览效果

8.8.2 案例 13——弹出信息

使用【弹出信息】动作可显示一个带有指定信息的 JavaScript 警告。因为 JavaScript 警告只有一个【确定】按钮，所以使用此动作可以提供信息，而不能为用户提供选择。

使用【弹出信息】动作的具体步骤如下。

步骤 1 打开随书光盘中的“ch08\应用行为\index.html”文件，如图 8-50 所示。

图 8-50 打开素材文件

步骤 2 单击文档窗口状态栏中的 <body> 标签，选择【窗口】→【行为】菜单命令，打开【行为】面板。单击【行为】面板中的+按钮，在弹出的菜单中选择【弹出信息】命令，如图 8-51 所示。

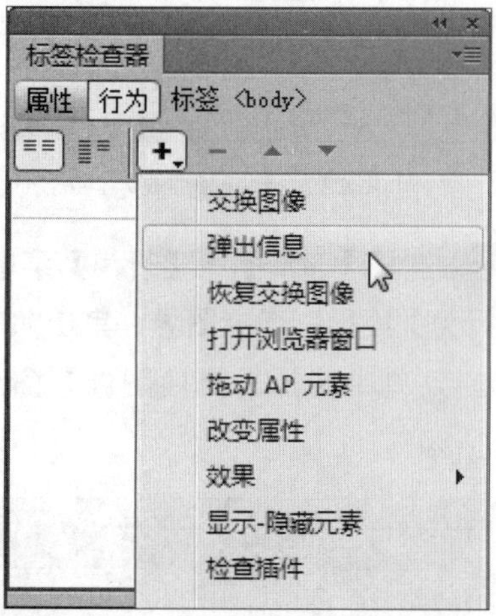

图 8-51 选择【弹出信息】命令

步骤 3 弹出【弹出信息】对话框，在【消息】文本框中输入要显示的信息，如图 8-52 所示。

图 8-52 【弹出信息】对话框

步骤 4 单击【确定】按钮，添加行为，并设置相应的事件，如图 8-53 所示。

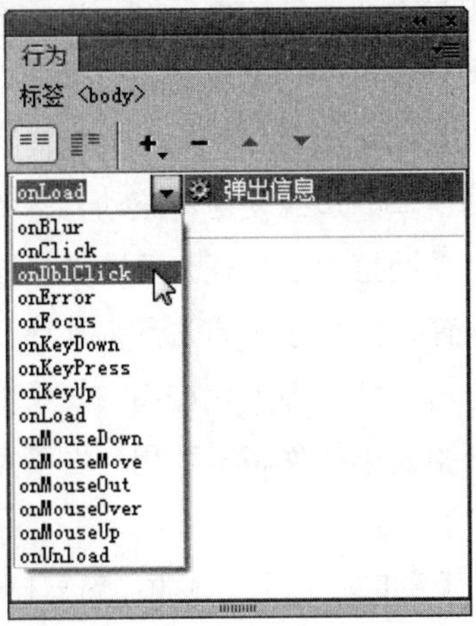

图 8-53 添加行为事件

步骤 5 保存文档，按 F12 键在浏览器中预览效果，如图 8-54 所示。

图 8-54 预览效果

8.8.3 案例 14——打开浏览器窗口

使用【打开浏览器窗口】动作可以在一个新的窗口中打开 URL，可以指定新窗口的属性（包括其大小）、特性（是否可以调整大小、是否具有菜单栏等）和名称。

使用【打开浏览器窗口】动作的具体步骤如下。

步骤 1 打开随书光盘中的“ch08\应用行为\index.html”文件，如图 8-55 所示。

图 8-55 打开素材文件

步骤 2 选择【窗口】→【行为】菜单命令，打开【行为】面板。单击该面板中的+按钮，在弹出的菜单中选择【打开浏览器窗口】命令，如图 8-56 所示。

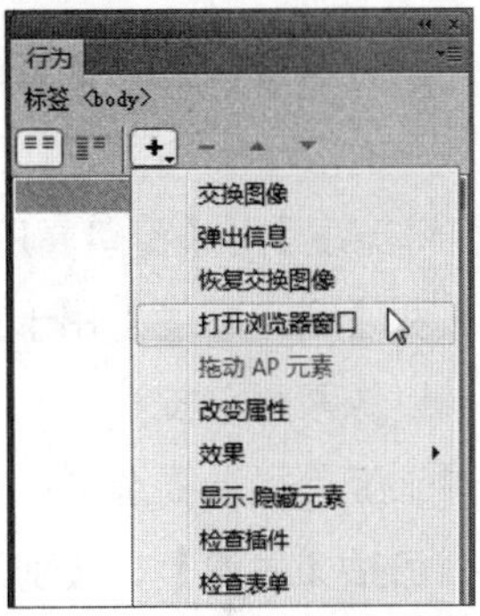

图 8-56 选择要添加的行为

步骤 3 弹出【打开浏览器窗口】对话框，在【要显示的 URL】文本框中输入在新窗口中载入的目标 URL 地址（可以是网页，也可以是图像）；或单击【要显示的 URL】文本框右侧的【浏览】按钮，弹出【选择文件】对话框，如图 8-57 所示。

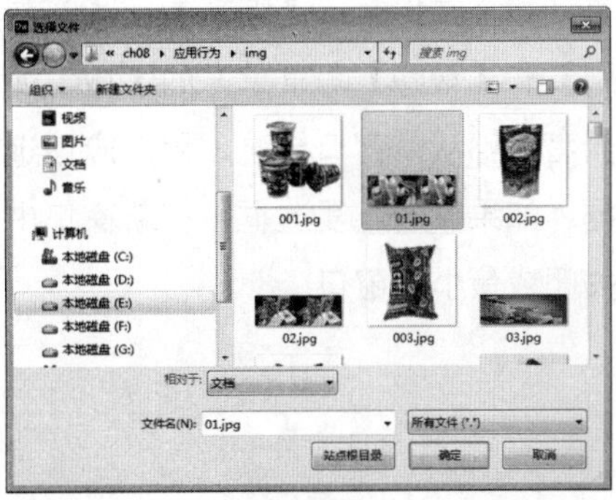

图 8-57 【选择文件】对话框

步骤 4 在【选择文件】对话框中选择文件，单击【确定】按钮，将其添加到文本框中。然后将【窗口宽度】和【窗口高度】分别设置为 380 和 350，在【窗口名称】文本框中输入“弹出窗口”，如图 8-58 所示。

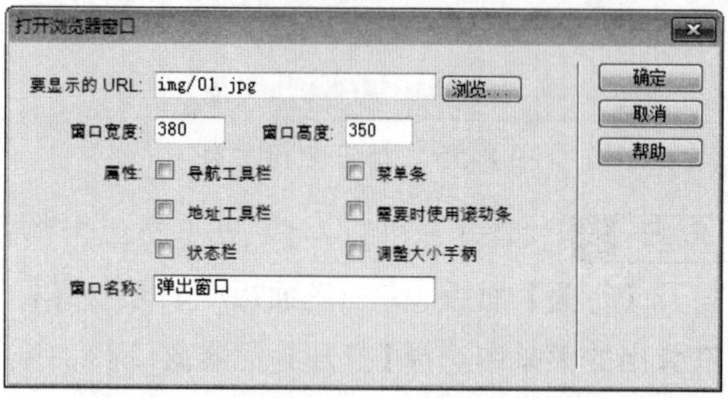

图 8-58 【打开浏览器窗口】对话框

在【打开浏览器窗口】对话框中，各部分的含义如下。

⑴ 【窗口宽度】和【窗口高度】文本框：【窗口宽度】和【窗口高度】用于指定窗口的宽度和高度（以像素为单位）。

⑵ 【导航工具栏】复选框：浏览器窗口的组成部分，包括【后退】、【前进】、【主页】和【重新载入】等按钮。

⑶ 【地址工具栏】复选框：浏览器窗口的组成部分，包括【地址】文本框等。

⑷ 【状态栏】复选框：位于浏览器窗口的底部，在该区域中显示消息（如剩余的载入时间以及与链接关联的 URL）。

⑸ 【菜单条】复选框：浏览器窗口上显示菜单（如【文件】、【编辑】、【查看】、【转到】和【帮助】等菜单）的区域。如果要让访问者能够从新窗口导航，用户应该选中此复选框。如果撤选此复选框，在新窗口中用户只能关闭或最小化窗口。

⑹ 【需要时使用滚动条】复选框：该复选框用于指定如果内容超出可视区域时显示滚动条。如果撤选此复选框，则不显示滚动条。如果【调整大小手柄】复选框也被撤选，访问者将很难看到超出窗口大小以外的内容（此时可以拖动窗口的边缘使窗口滚动）。

⑺ 【调整大小手柄】复选框：该复选框用于调整窗口的大小，方法是拖动窗口的右下角或单击右上角的最大化按钮。如果撤选此复选框，调整大小控件将不可用，右下角也不能拖动。

⑻ 【窗口名称】文本框：新窗口的名称。如果用户要通过 JavaScript 使用链接指向新窗口或控制新窗口，则应该对新窗口命名。此名称不能包含空格或特殊字符。

步骤 5 单击【确定】按钮，添加行为，并设置相应的事件，如图 8-59 所示。

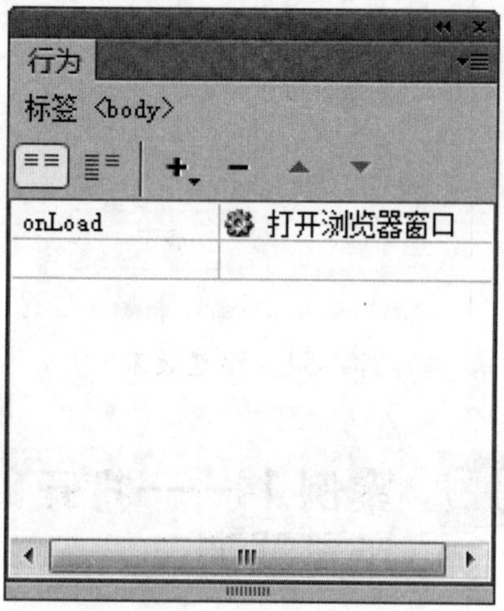

图 8-59 设置行为事件

步骤 6 保存文档，按 F12 键在浏览器中预览效果，如图 8-60 所示。

图 8-60　预览效果

8.8.4　案例 15——检查表单行为

在包含表单的页面中填写相关信息时，若信息填写出错，会自动显示出错信息，这是通过检查表单来实现的。在 Dreamweaver CC 中，可以使用【检查表单】行为来为文本域设置有效性规则，检查文本域中的内容是否有效，以确保输入数据正确。

使用【检查表单】行为的具体步骤如下。

步骤 1 打开随书光盘中的“ch08\检查表单行为.html”文件，如图 8-61 所示。

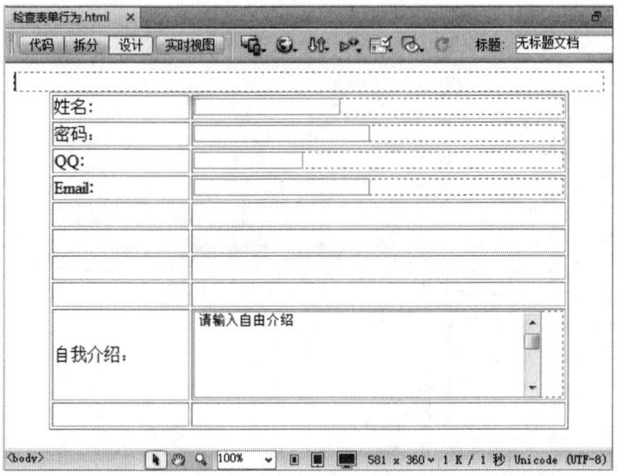

图 8-61　打开素材文件

步骤 2 按 Shift+F4 组合键，打开【行为】面板，如图 8-62 所示。

图 8-62　【行为】面板

步骤 3 单击【行为】面板上的+按钮，在弹出的菜单中选择【检查表单】命令，如图 8-63 所示。

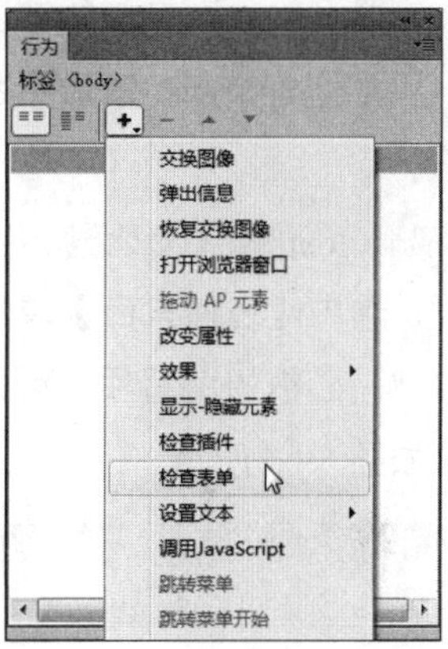

图 8-63　选择【检查表单】命令

步骤 4 弹出【检查表单】对话框，【域】列表框中显示了文档中插入的文本域，如图 8-64 所示。

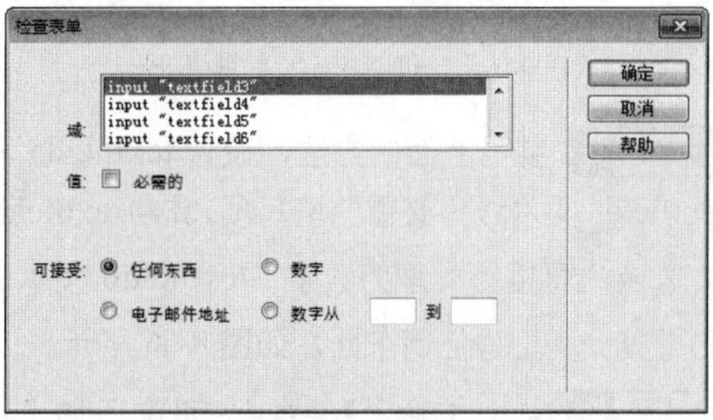

图 8-64　【检查表单】对话框

【检查表单】对话框中主要参数选项的具体作用如下。

(1) 【域】列表框：该列表框用于选择要检查数据有效性的表单对象。

(2) 【值】复选框：该复选框用于设置该文本域中是否是必填文本域。

(3) 【可接受】选项区域：该选项区域用于设置文本域中可填数据的类型，可以选择 4 种类型。选中【任何东西】单选按钮，表明文本域中可以输入任意类型的数据。选中【数字】单选按钮，表明文本域中只能输入数字数据。选中【电子邮件地址】单选按钮，表明文本域中只能输入电子邮件地址。【数字从】单选按钮可以设置可输入数字值的范围，在右边的文本框中从左至右分别输入最小数值和最大数值。

步骤 5 选中 textfield3 文本域，选中【必需的】复选框，选中【任何东西】单选按钮，即设置该文本域是必需的填写项，可以输入任何文本内容，如图 8-65 所示。

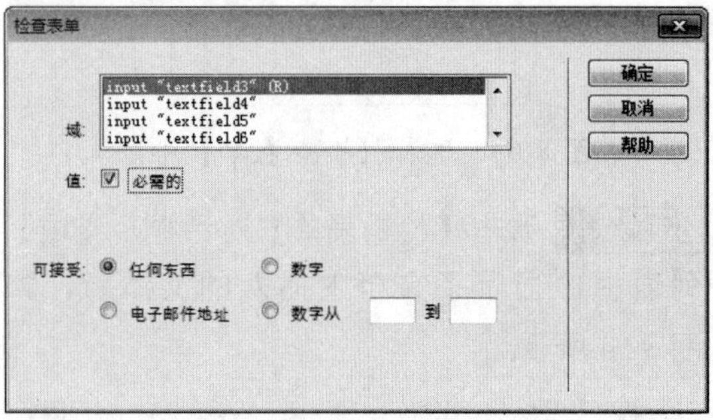

图 8-65　设置检查表单属性

步骤 6 参照上面的方法，设置 textfield5 和 textfield6 文本域为必需的填写项，其中 textfield5 文本域的可接受类型为数字，textfield6 文本域的可接受类型为任何东西，如图 8-66 所示。

步骤 7 单击【确定】按钮，即可添加【检查表单】行为，如图 8-67 所示。

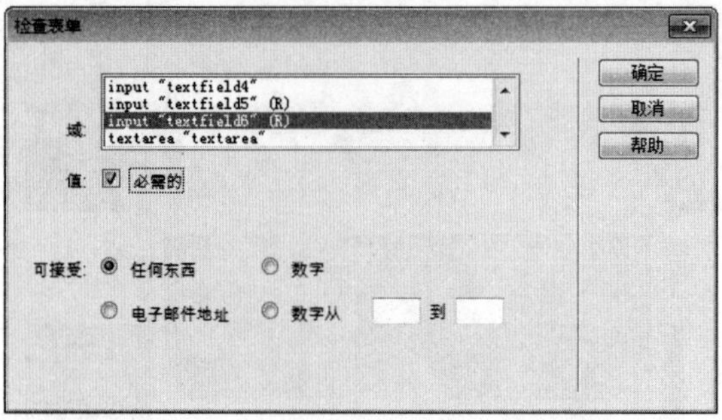

图 8-66　设置其他检查信息

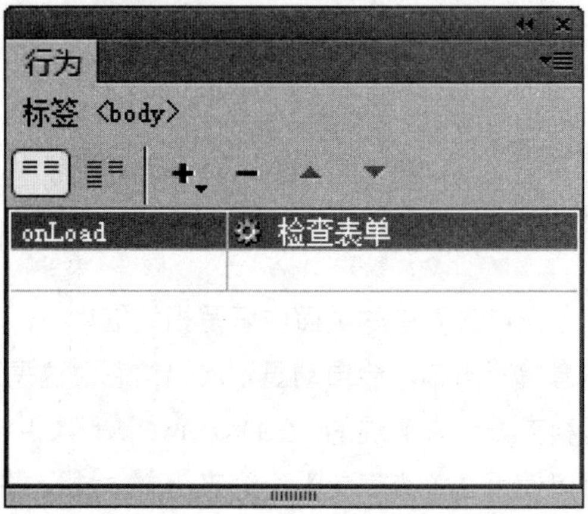

图 8-67　添加检查表单行为

步骤 8 保存文档，按 F12 键在浏览器中预览效果。当在文档的文本域中未填写或填写有误时，会打开一个信息提示框，提示出错信息，如图 8-68 所示。

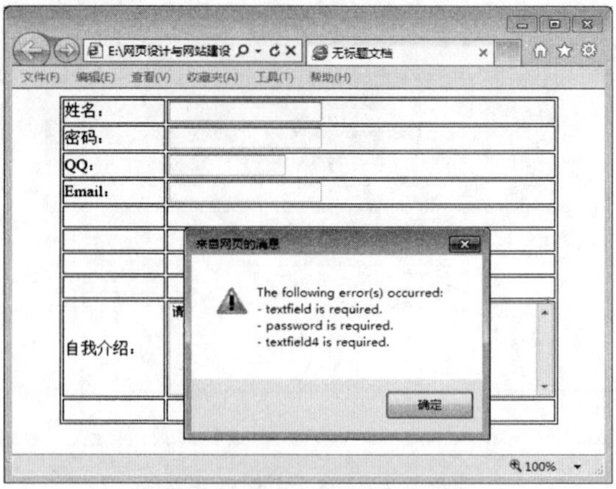

图 8-68　预览网页时的提示信息

8.8.5 案例 16——设置状态栏文本

使用【设置状态栏文本】动作可在浏览器窗口底部左侧的状态栏中显示消息。例如，可以使用此动作在状态栏中显示链接的目标而不是显示与之关联的 URL。

设置状态栏文本的操作步骤如下。

步骤 1 打开随书光盘中的“ch08\设置状态栏\index.html”文件，如图 8-69 所示。

图 8-69　打开素材文件

步骤 2 按 Shift+F4 组合键，打开【行为】面板，如图 8-70 所示。

图 8-70　【行为】面板

步骤 3 单击【行为】面板上的+按钮，在弹出的菜单中选择【设置文本】→【设置状态栏文本】命令，如图 8-71 所示。

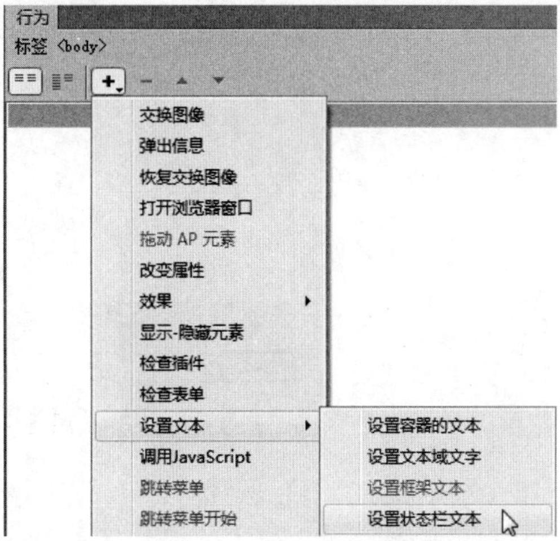

图 8-71　选择【设置状态栏文本】命令

步骤 4 弹出【设置状态栏文本】对话框，在【消息】文本框中输入“欢迎光临！”，也可以输入相应的 JaveScript 代码，如图 8-72 所示。

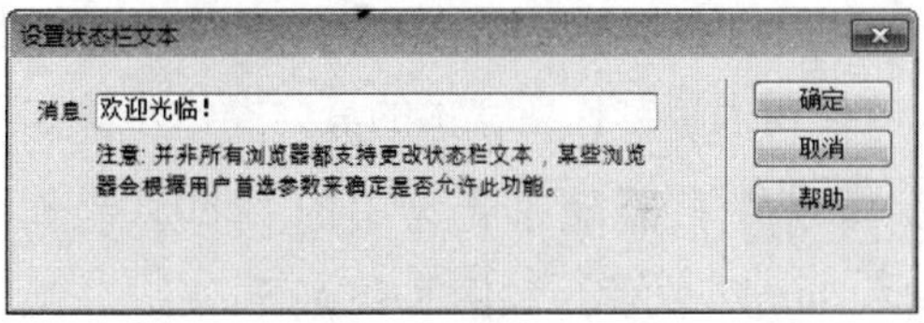

图 8-72　【设置状态栏文本】对话框

步骤 5 单击【确定】按钮，添加行为，如图 8-73 所示。

图 8-73　添加行为

步骤 6 保存文档，按 F12 键在浏览器中预览效果，如图 8-74 所示。

图 8-74 预览效果

8.9 实战演练——使用表单制作留言本

一个好的网站，总是在不断地完善和改进。在改进的过程中，总是要经常听取别人的意见，为此可以通过留言本来获取浏览者浏览网站的反馈信息。

使用表单制作留言本的具体操作步骤如下。

步骤 1 打开随书光盘中的“ch08\制作留言本.html”文件，如图 8-75 所示。

图 8-75 打开素材文件

步骤 2 将光标移到下一行，单击【插入】面板组【表单】面板中的【表单】按钮，插入一个表单，如图 8-76 所示。

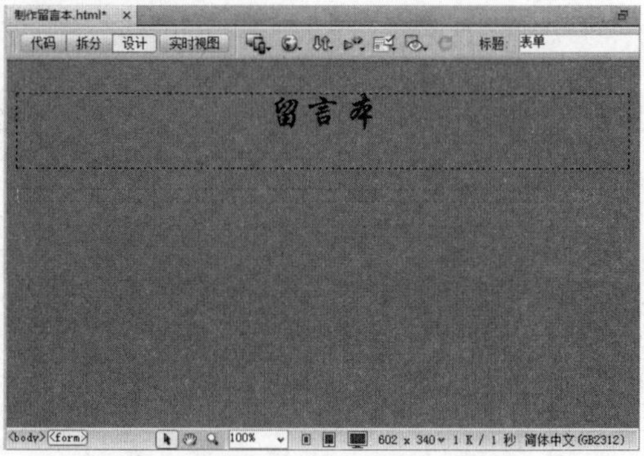

图 8-76 插入表单

步骤 3 将光标放在红色的虚线内，选择【插入】→【表格】菜单命令，打开【表格】对话框。将【行数】设置为 9，【列】设置为 2，【表格宽度】设置为 470 像素，【边框粗细】设置为 1，【单元格边距】设置为 2，【单元格间距】设置为 3，如图 8-77 所示。

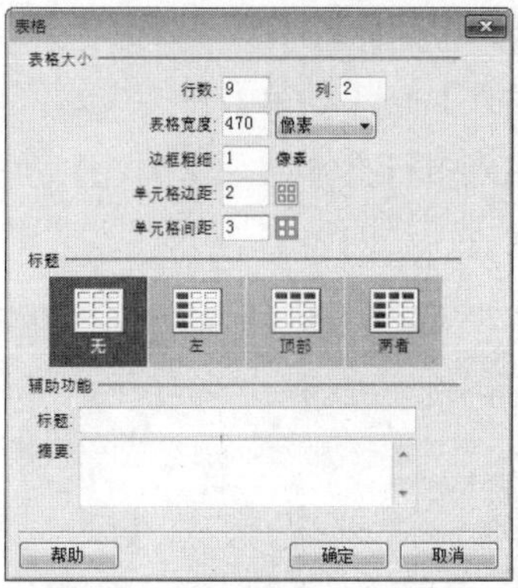

图 8-77　【表格】对话框

步骤 4 单击【确定】按钮，在表单中插入表格，并调整表格的宽度，如图 8-78 所示。

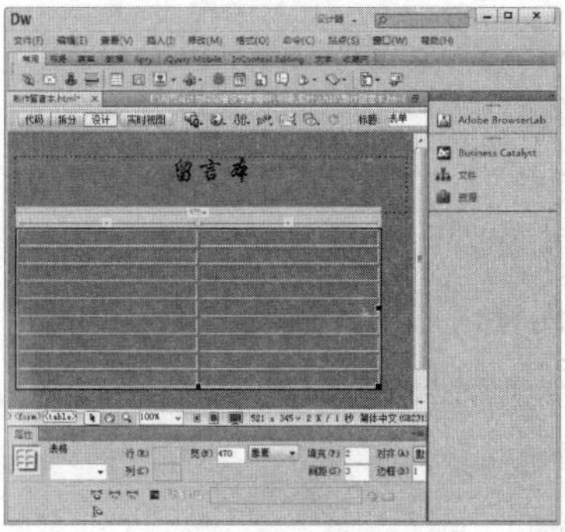

图 8-78　添加表格

步骤 5 在第 1 列单元格中输入相应的文字。然后选定文字，在【属性】面板中设置文字的【大小】为“12”像素，将【水平】设置为【右对齐】，【垂直】设置为【居中】，如图 8-79 所示。

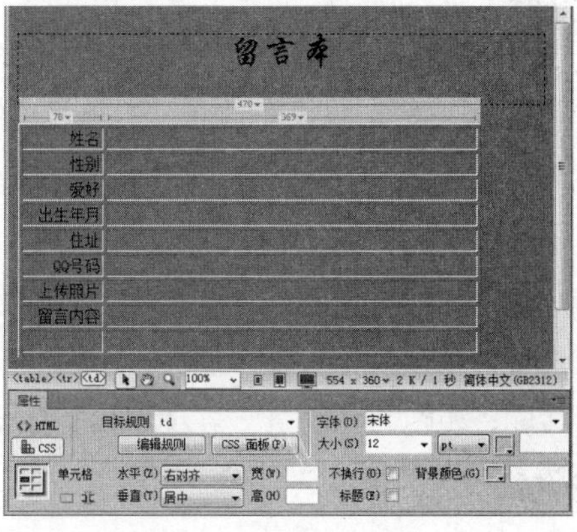

图 8-79　在表格中输入文字

步骤 6 将光标放在第 1 行的第 2 列单元格中，选择【插入】→【表单】→【文本】菜单命令，插入文本域。在【属性】面板中，设置文本域的 Size（字符宽度）为 12，Max Length（最多字符数）为 12，如图 8-80 所示。

图 8-80　添加文本域

步骤 7 重复以上步骤，在第 3 行、第 4 行和第 5 行的第 2 列单元格中插入文本域，并设置相应的属性，如图 8-81 所示。

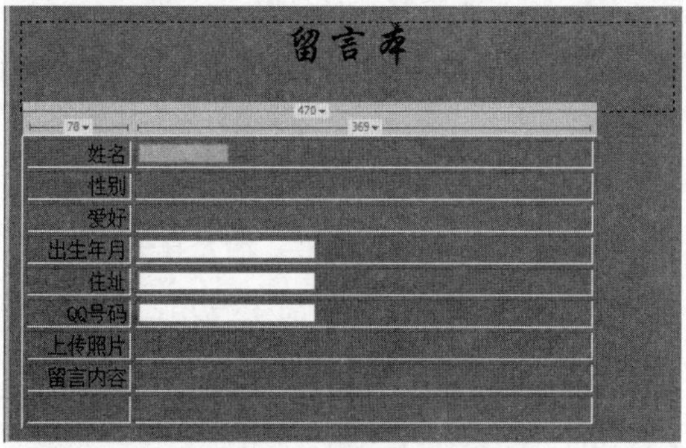

图 8-81　添加其他文本域

步骤 8 将光标放在第 2 行第 2 列单元格中，单击【插入】面板组【表单】面板中的【单选按钮】按钮，插入单选按钮，在单选按钮的右侧输入文本“男”。按照同样的方法再插入一个单选按钮，输入文本“女”，如图 8-82 所示。

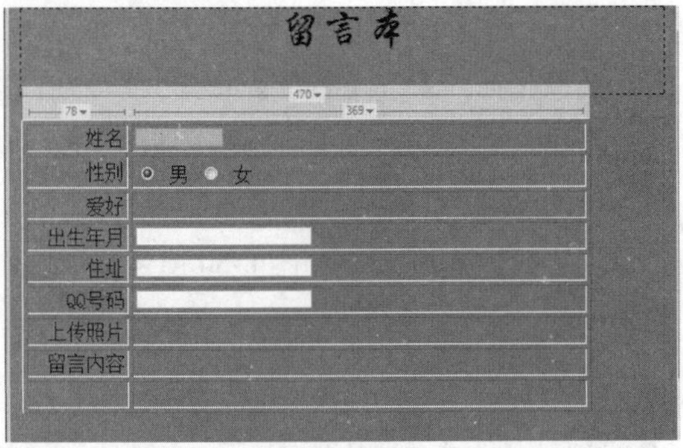

图 8-82　添加单选按钮

步骤 9 将光标放在第 3 行第 2 列单元格中，单击【插入】面板组【表单】面板中的【复选框】按钮☑，插入复选框。在【属性】面板中，将【初始状态】设置为【未选中】，在其后输入文本“音乐”，如图 8-83 所示。

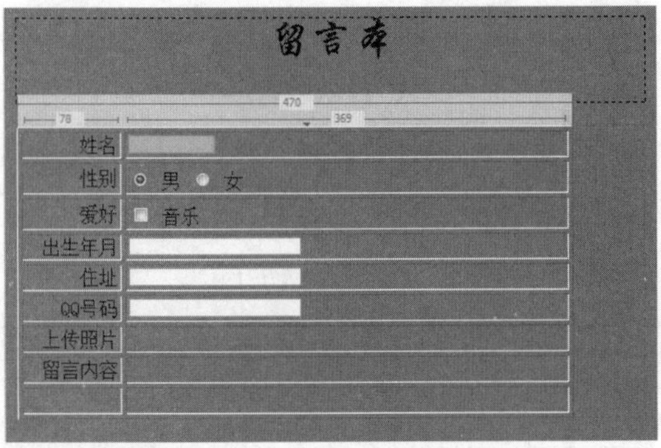

图 8-83　添加复选框

步骤 10 按照同样的方法，插入其他复选框，设置属性并输入文字，如图 8-84 所示。

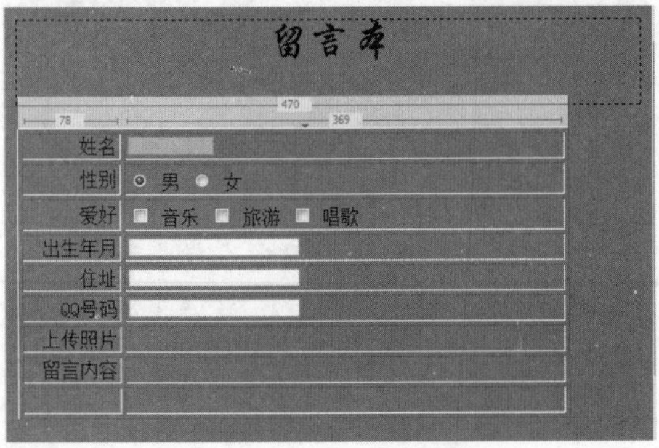

图 8-84　添加其他复选框

步骤 11 将光标置于第 8 行第 2 列单元格中，选择【插入】→【表单】→【文本区域】菜单命令，插入多行文本域，【属性】面板中的选项为默认值，如图 8-85 所示。

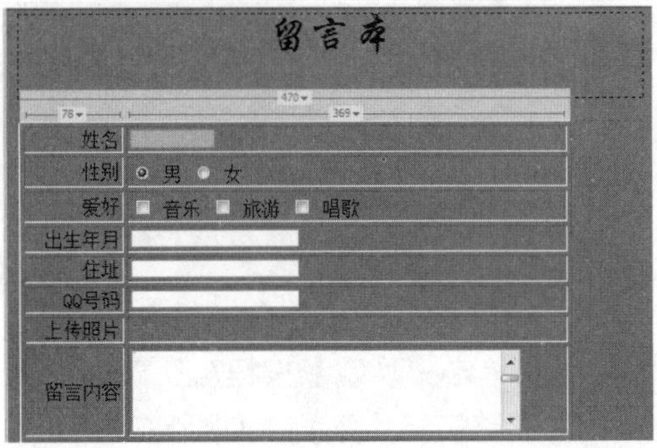

图 8-85　插入多行文本域

步骤 12 将光标放在第 7 行第 2 列单元格中，选择【插入】→【表单】→【文件域】菜单命令，插入文件域，然后在【属性】面板中设置相应的属性，如图 8-86 所示。

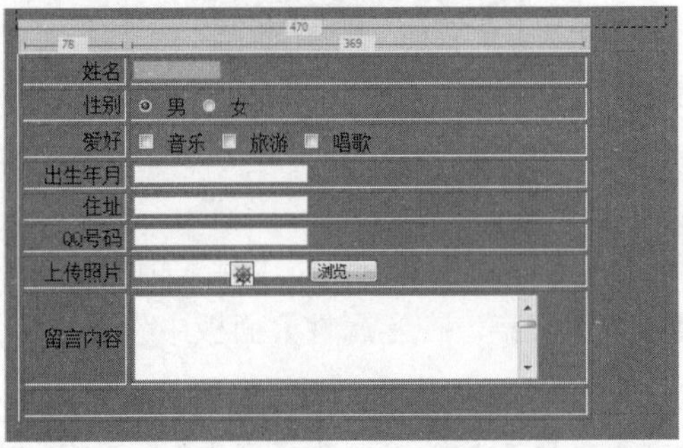

图 8-86　插入文件域

步骤 13 选定第 9 行的两个单元格，选择【修改】→【表格】→【合并单元格】菜单命令，合并单元格。将光标放在合并后的单元格中，在【属性】面板中，将【水平】设置为【居中对齐】，如图 8-87 所示。

步骤 14 选择【插入】→【表单】→【按钮】菜单命令，插入两个按钮：【提交】按钮和【重置】按钮，如图 8-88 所示。在【属性】面板中，分别设置相应的属性。

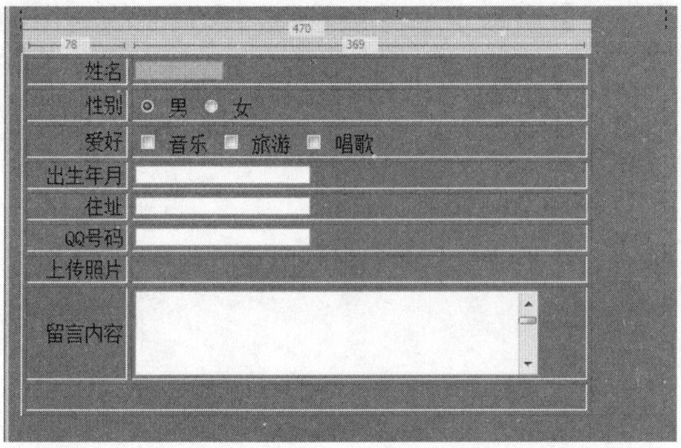

图 8-87 合并单选格

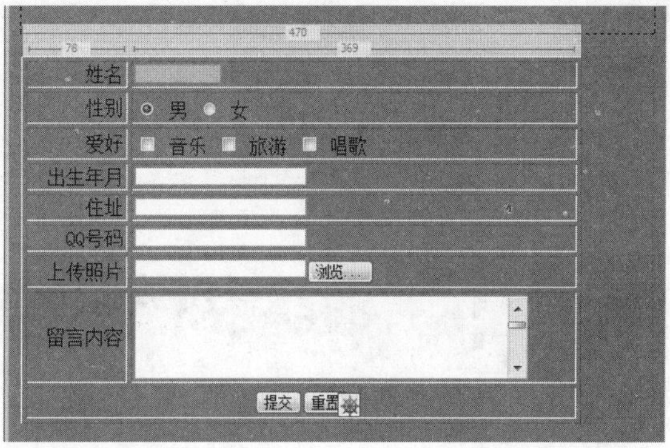

图 8-88 插入【提交】与【重置】按钮

步骤 15 保存文档，按 F12 键在浏览器中预览效果，如图 8-89 所示。

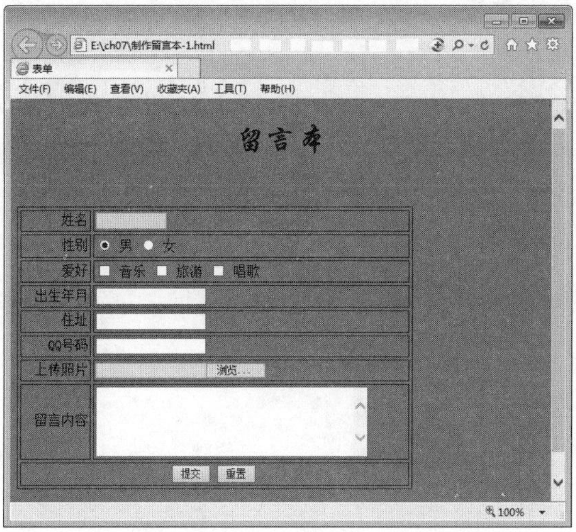

图 8-89 预览网页效果

8.10 高手甜点

甜点 1：如何保证表单在浏览器中正常显示？

在 Dreamweaver 中插入表单并调整到合适的大小后，在浏览器中预览时可能会出现表单大小失真的情况。为了保证表单在浏览器中能正常显示，建议使用 CSS 样式表调整表单的大小。

甜点 2：下载并使用更多的行为。

Dreamweaver 包含了百余个事件、行为，如果认为这些行为还不足以满足需求，可以下载第三方的行为，下载之后解压到 Dreamweaver 的安装目录 Adobe Dreamweaver CC\configuration\

Behaviors\Actions 下。重新启动 Dreamweaver，在【行为】面板中单击+按钮，在弹出的动作菜单即可看到新添加的动作选项。

8.11 跟我练练手

练习 1：在网页中插入表单元素。

练习 2：在网页中插入单选按钮与复选框。

练习 3：制作网页列表和菜单。

练习 4：在网页中插入按钮。

练习 5：常用行为的应用。

第 9 章 批量制作风格统一的网页——使用模板和库

使用模板可以为网站的更新和维护提供极大的方便，仅修改网站的模板即可完成对整个网站中页面的统一修改。使用库项目可以完成对网站中某个板块的修改。利用这些功能不仅可以提高工作效率，而且可使网站的更新和维护等烦琐的工作变得更加轻松。

本章学习目标

◎ 掌握创建模板的方法

◎ 掌握管理模板的方法

◎ 了解库的概念

◎ 掌握库的创建、管理与应用

◎ 掌握基于模板创建页面的方法

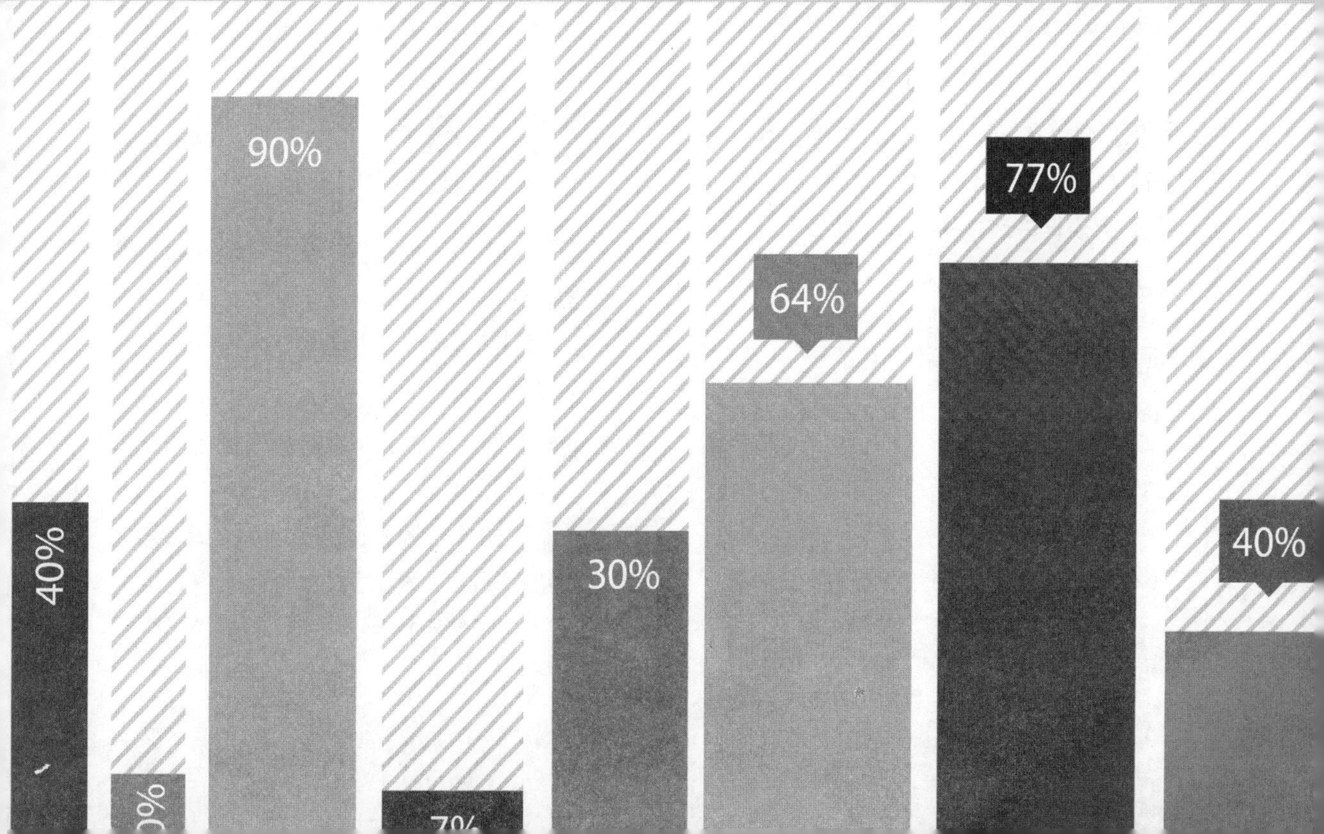

9.1 创建模板

使用模板创建文档可以使网站和网页具有统一的结构和外观。模板实质上就是作为创建其他文档的基础文档。在创建模板时，可以说明哪些网页元素应该长期保留、不可编辑，哪些元素可以编辑修改。

9.1.1 案例 1——在空白文档中创建模板

利用 Dreamweaver CC 创建空白模板的具体操作步骤如下。

步骤 1 启动 Dreamweaver CC 软件，选择【文件】→【新建】菜单命令，如图 9-1 所示。

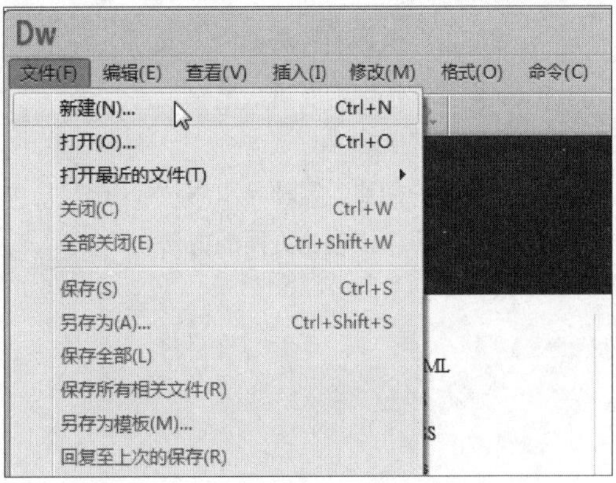

图 9-1 选择【新建】菜单命令

步骤 2 弹出【新建文档】对话框。在【新建文档】对话框中选择【空白页】选项，在【页面类型】列表框中选择【HTML 模板】选项，如图 9-2 所示。

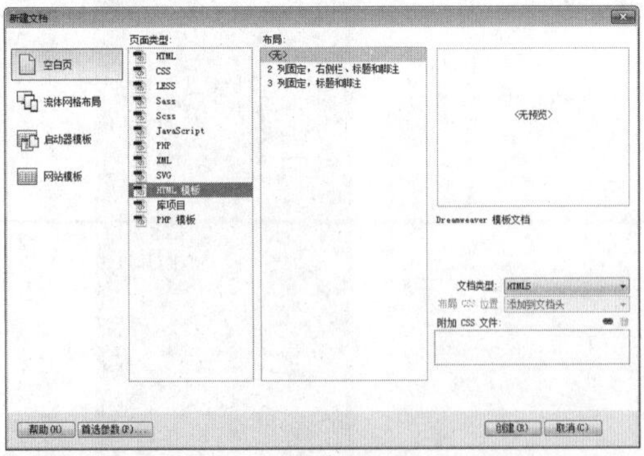

图 9-2 【新建文档】对话框

步骤 3 单击【创建】按钮即可创建一个空白的模板文档，如图 9-3 所示。

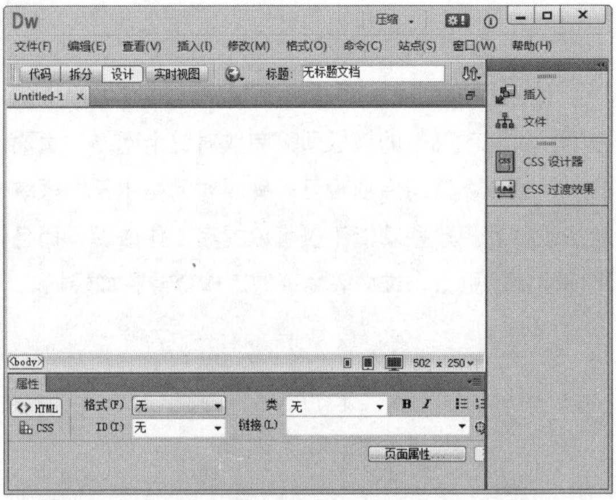

图 9-3 创建空白模板

9.1.2 案例 2——在【资源】面板中创建模板

在【资源】面板中创建模板的具体步骤如下。

步骤 1 选择【窗口】→【资源】菜单命令，打开【资源】面板，单击【模板】按钮，如图 9-4 所示。

步骤 2 此时【资源】面板将变成模板样式，如图 9-5 所示。

步骤 3 单击【资源】面板右下角的【新建模板】按钮 或在【资源】面板的列表中右击，在弹出的快捷菜单中选择【新建模板】命令，如图 9-6 所示。

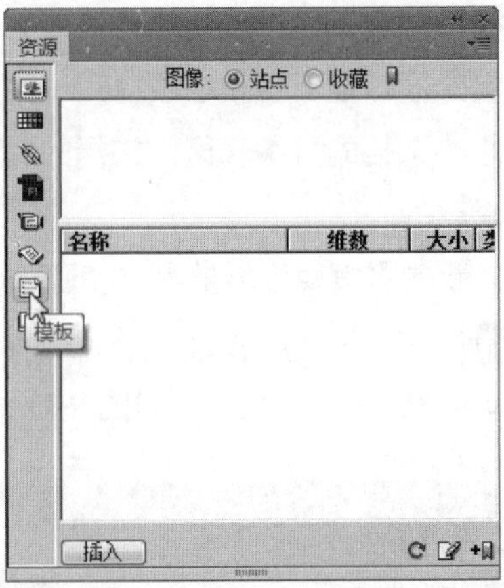

图 9-4　【资源】面板

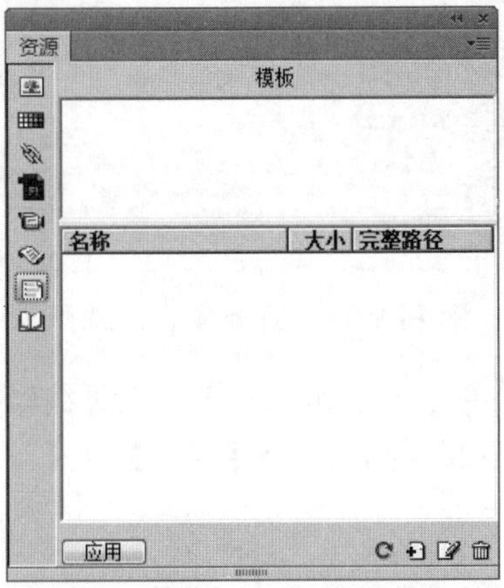

图 9-5　模板样式

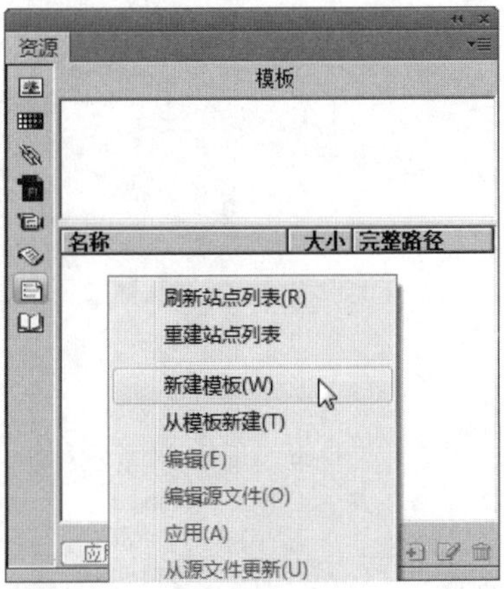

图 9-6　选择【新建模板】命令

步骤 4 一个新的模板就被添加到了模板列表中，选择该模板，然后修改模板的名称即可，如图 9-7 所示。

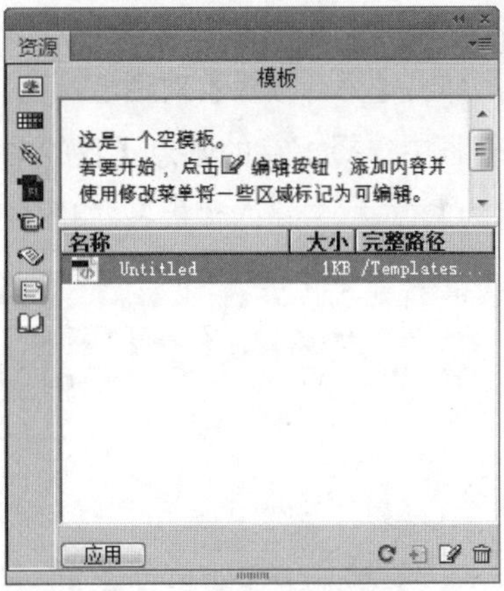

图 9-7　选择创建的模板

提示 一个空模板创建完成后，如果需要编辑该模板，可以单击【编辑】按钮；如果需要重命名模板，可以单击【资源】面板右上角的按钮，在弹出的下拉菜单中选择【重命名】菜单命令，或者在要重命名的模板上右击，从弹出的快捷菜单中选择【重命名】菜单命令，即可对模板重命名。

9.1.3 案例 3——从现有文档创建模板

除了上述两种创建模板的方法外，用户还可以从现有文档创建模板，具体的操作步骤如下。

步骤 1 打开随书光盘中的“ch09\index.html”文件，如图 9-8 所示。

图 9-8　打开素材文件

步骤 2 选择【文件】→【另存为模板】菜单命令，弹出【另存模板】对话框，在【站点】下拉列表框中选择保存的站点【我的站点】，在【另存为】文本框中输入模板名，如图9-9所示。

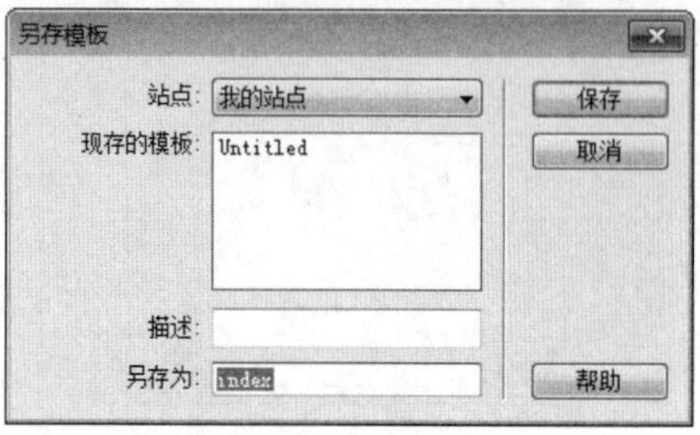

图 9-9 【另存模板】对话框

步骤 3 单击【保存】按钮，弹出提示框，单击【是】按钮，即可将网页文件保存为模板，如图 9-10 所示。

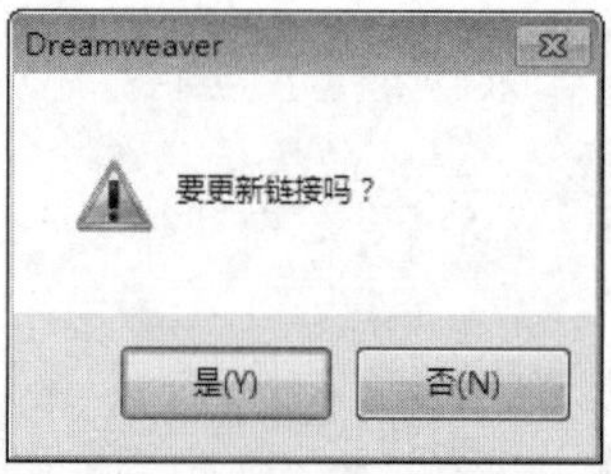

图 9-10 信息提示框

9.1.4 案例 4——创建可编辑区域

在创建模板之后，用户需要根据自己的具体要求对模板中的内容进行编辑，即指定哪些内容可以编辑，哪些内容不能编辑（锁定）。

在模板文档中，可编辑区是页面中变化的部分，如“每日导读”的内容。不可编辑区（锁定区）是各页面中相对保持不变的部分，如导航栏和栏目标志等。

当新创建一个模板或把已有的文档存为模板时，Dreamweaver CC 默认把所有的区域标记为锁定，因此，用户必须根据自己的要求对模板进行编辑，把某些部分标记为可编辑。

在编辑模板时，可以修改可编辑区，也可以修改锁定区。但当该模板被应用于文档时，则只能修改文档的可编辑区，文档的锁定区是不允许修改的。

定义新的可编辑区域的具体步骤如下。

步骤 1 打开随书光盘中的“ch09\Templates\模板.dwt”文件，如图 9-11 所示。

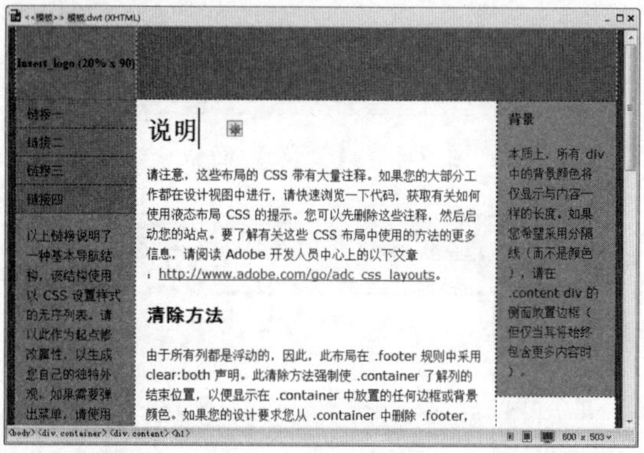

图 9-11 打开素材文件

步骤 2 将光标放置在要插入可编辑区域的位置，选择【插入】→【模板】→【可编辑区域】菜单命令，如图 9-12 所示。

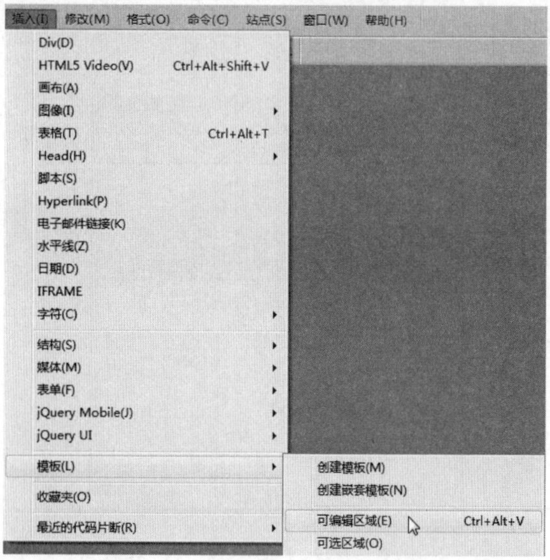

图 9-12 选择【可编辑区域】菜单命令

步骤 3 弹出【新建可编辑区域】对话框，在【名称】文本框中输入名称，如图 9-13 所示。

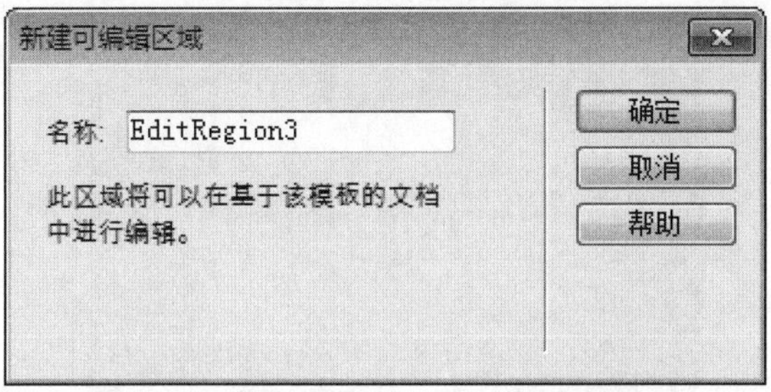

图 9-13　【新建可编辑区域】对话框

> **提示**　命名一个可编辑区域时，不能使用单引号（'）、双引号（"）、尖括号（<　>）和 & 等。

步骤 4　单击【确定】按钮即可插入可编辑区域。在模板中，可编辑区域会被突出显示，如图 9-14 所示。

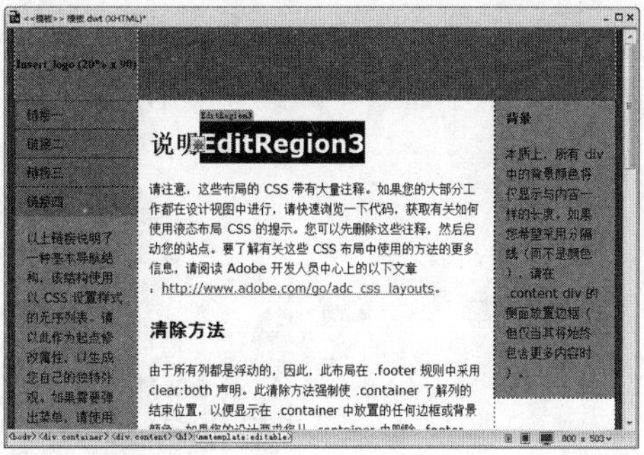

图 9-14　可编辑区域

步骤 5　选择【文件】→【保存】菜单命令，保存模板，如图 9-15 所示。

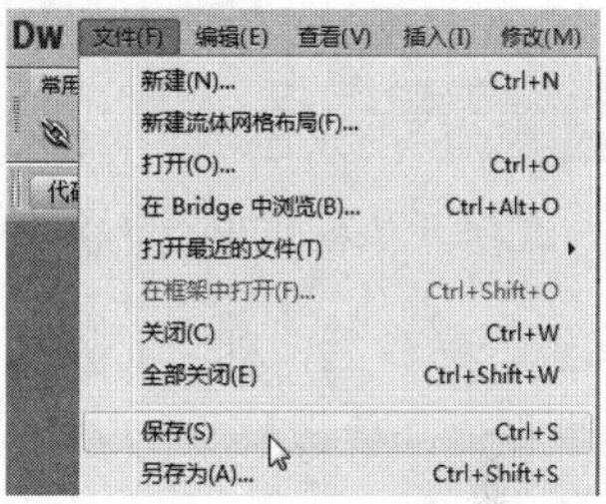

图 9-15　保存模板

9.2　管理模板

模板创建好后，根据实际需要可以随时更改模板样式、内容。更新过模板后，Dreamweaver CC 会对应用该模板的所有网页同时更新。

9.2.1　案例 5——从模板中分离文档

利用从模板中分离功能，可以将文档从模板中分离，分离后，模板中的内容依然存在。文档从模板中分离后，文档的不可编辑区域会变得可以编辑，这给修改网页内容带来很大方便。从模板中分离文档的具体步骤如下。

步骤 1　打开随书光盘中的“ch09\模板.html”文件，由图 9-16 可以看出页面处于不可编辑状态。

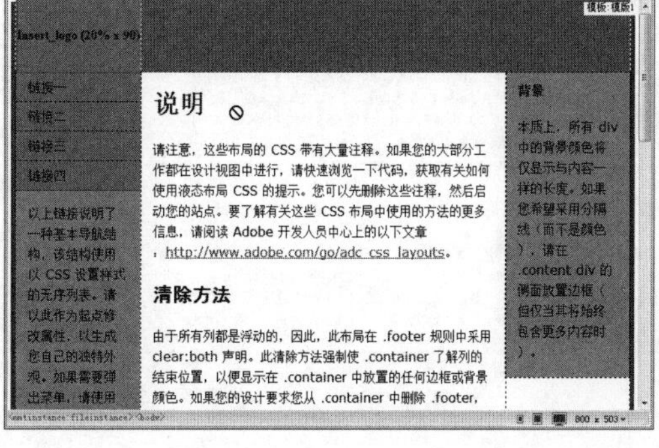

图 9-16　打开素材文件

步骤 2 选择【修改】→【模板】→【从模板中分离】菜单命令，如图 9-17 所示。

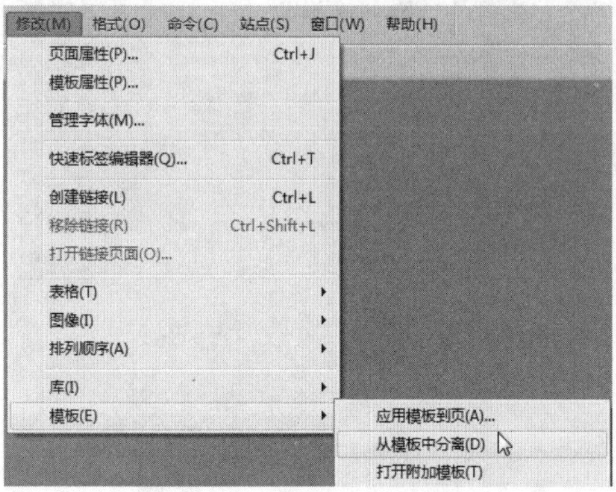

图 9-17 选择【从模板中分离】菜单命令

步骤 3 选择命令后，即可将网页从模板中分离出来，此时即可修改网页的内容，如图 9-18 所示。

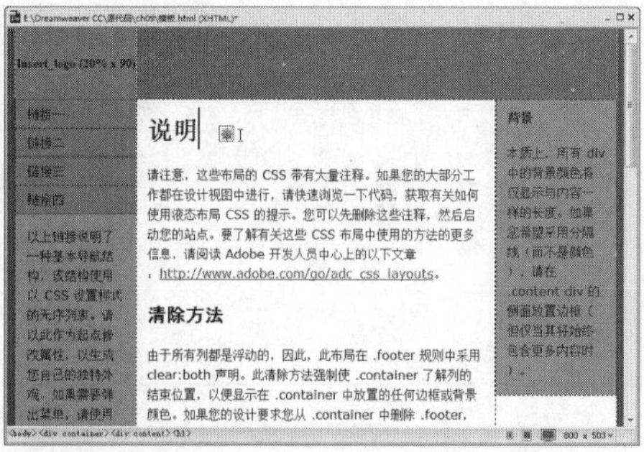

图 9-18 将网页从模板中分离

步骤 4 保存文档，按 F12 快捷键在浏览器中预览效果，如图 9-19 所示。

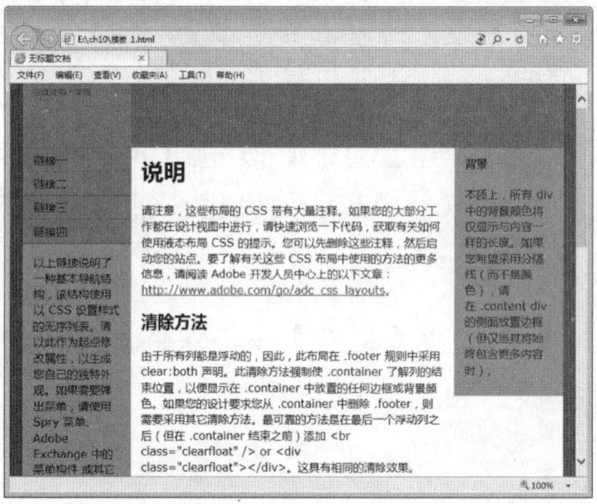

图 9-19 预览网页效果

9.2.2 案例 6——更新模板及基于模板的网页

用模板的最新版本更新整个站点及应用特定模板的所有文档的具体步骤如下。

步骤 1 打开随书光盘中的“ch09\Templates\ 模板 .dwt”文件，如图 9-20 所示。

步骤 2 将光标置于模板需要修改的地方，并进行修改，如图 9-21 所示。

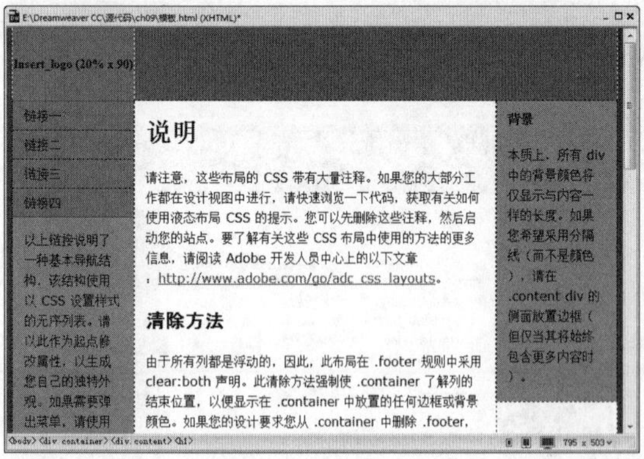

图 9-20 打开素材文件

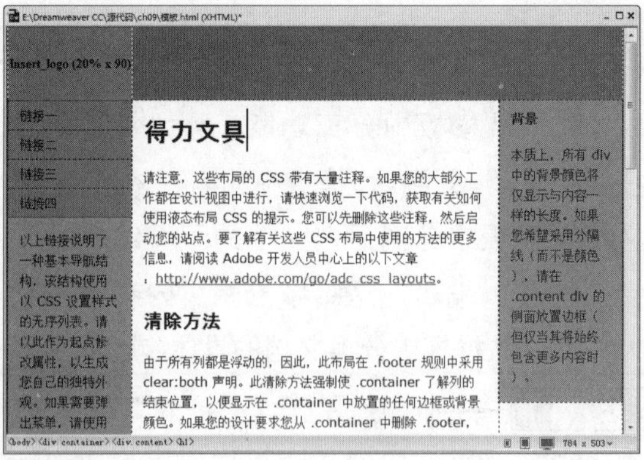

图 9-21 修改模板

步骤 3 选择【文件】→【保存】命令，即可保存更改后的网页。然后打开应用该模板的网页文件，可以看到更新后的网页，如图 9-22 所示。

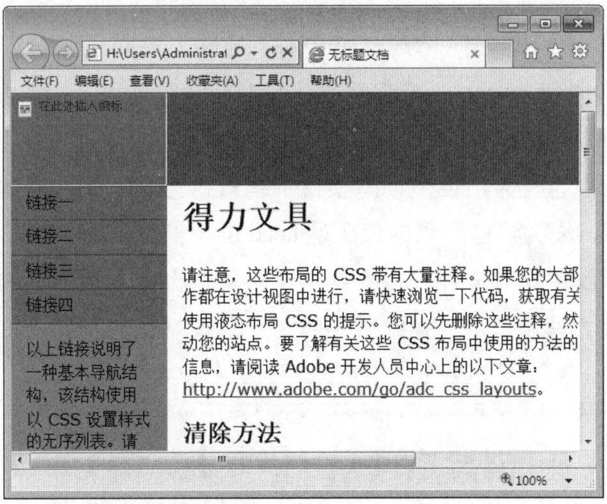
H:\Users\Administrat
无标题文档
文件(F) 编辑(E) 查看(V) 收藏夹(A) 工具(T) 帮助(H)
链接一
链接二
链接三
链接四
以上链接说明了一种基本导航结构，该结构使用以 CSS 设置样式的无序列表。请
得力文具
请注意，这些布局的 CSS 带有大量注释。如果您的大部作都在设计视图中进行，请快速浏览一下代码，获取有关使用液态布局 CSS 的提示。您可以先删除这些注释，然动您的站点。要了解有关这些 CSS 布局中使用的方法的信息，请阅读 Adobe 开发人员中心上的以下文章：
http://www.adobe.com/go/adc_css_layouts。
清除方法
100%

图 9-22　预览网页效果

9.3 库概述

在制作网站的过程中，有时需要把一些网页元素应用在数十个甚至数百个页面上。当要修改这些多次使用的页面元素时，如果逐页地修改相当费时费力，而使用 Dreamweaver CC 的库项目，就可以大大地减轻这种重复的劳动，从而省去许多麻烦。

Dreamweaver CC 允许把网站中需要重复使用或需要经常更新的页面元素（如图像、文本或其他对象等）存入库中，存入库中的元素被称为库项目。需要时，可以把库项目拖放到文档中，这时 Dreamweaver CC 会在文档中插入该库项目的 HTML 源代码的一份备份，并创建一个对外部库项目的引用。通过修改库项目，然后使用【修改】→【库】子菜单上的更新命令，即可实现整个网站各个页面上与库项目相关内容的一次性更新，既快捷又方便。Dreamweaver CC 允许用户为每个站点定义不同的库。

库是网页中的一段 HTML 代码，而模板本身则是一个文件。Dreamweaver CC 将库项目存放在每个站点的本地根目录下的 Library 文件夹中，扩展名为 .lbi；而将所有的模板文件都存放在站点根目录下的 Templates 子目录中，扩展名为 .dwt。

库是一种特殊的 Dreamweaver 文件，其中包含已创建并可放在 Web 页上的单独资源或资源副本的集合。

9.4 库的创建、管理与应用

库可以包含body中的任何元素，如文本、表格、表单、图像、Java小程序、插件和ActiveX元素等。Dreamweaver CC保存的只是对被链接项目（如图像）的引用，原始文件必须保留在指定的位置，这样才能保证库项目的正确引用。

库项目也可以包含行为，但是在库项目中编辑行为有一些特殊的要求。库项目不能包含时间轴或样式表，因为这些元素的代码是head的一部分，而不是body的一部分。

利用库项目可以实现对文件风格的维护。很多网页带有相同的内容，将这些文档中的共有部分内容定义为库，然后放置到文档中。一旦在站点中对库项目进行了修改，通过站点管理特性，就可以实现对站点中所有放入库元素的文档进行更新。

9.4.1 案例7——创建库项目

创建库项目时，应首先选取文档body（主体）的某一部分，然后由Dreamweaver CC将这部分转换为库项目。

同模板一样，Dreamweaver CC会自动将库文件保存在站点根文件夹的Library子文件夹中，因此，读者在学习本节内容时，将本地根文件夹设置为ch09文件夹即可。创建库项目的具体步骤如下。

步骤 1 打开随书光盘中的“ch09\网址导航.html”文件。选择需要创建为库项目的内容，这里选择网页下方左侧的内容，如图9-23所示。

图 9-23 打开素材文件

步骤 2 选择【窗口】→【资源】菜单命令，打开【资源】面板，单击【库】按钮，打开【库】面板，如图9-24所示。

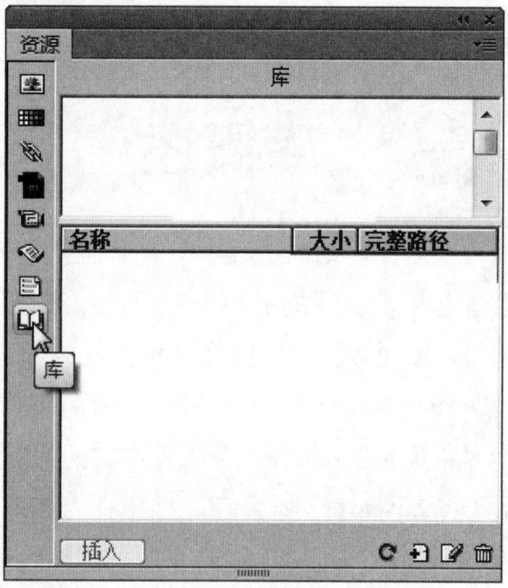

图 9-24 【库】面板

步骤 3 单击【新建库项目】按钮，新的库项目即出现在【库】面板中，如图9-25所示。用户也可以在【库】面板中右击，从弹出的快捷菜单中选择【新建库项目】命令，创建库项目。

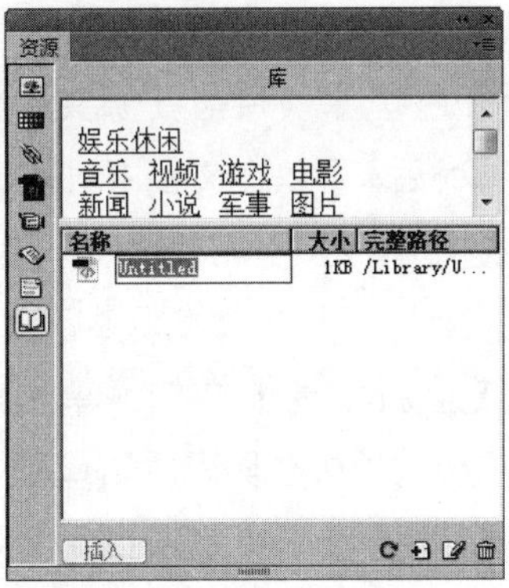

图 9-25　创建库项目

步骤 4 新的库项目名称处于可编辑状态，可以对库名称重命名。这里重命名为 left，如图 9-26 所示。

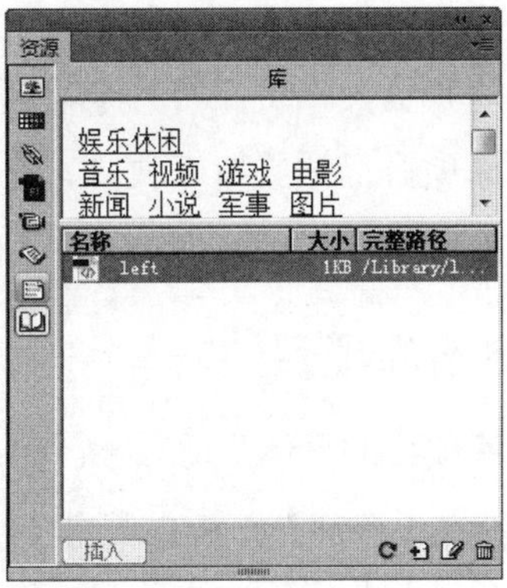

图 9-26　重命名库项目

步骤 5 选择【窗口】→【文件】菜单命令，打开【文件】面板，然后打开根目录下的 Library 文件夹，可以看到新建的库项目文件，如图 9-27 所示。

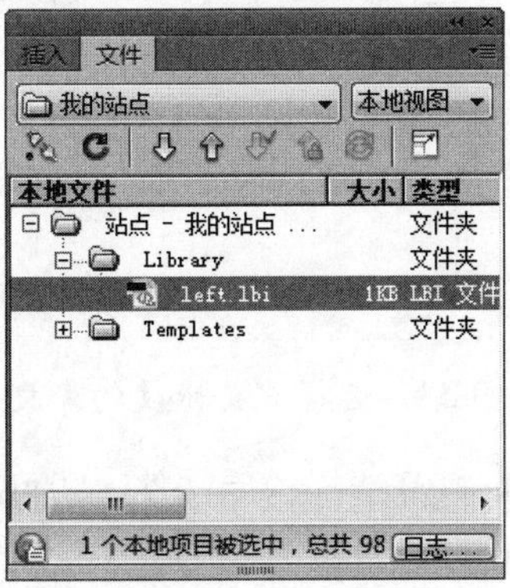

图 9-27　【文件】面板

9.4.2　案例 8——库项目的应用

把库项目添加到页面上时，实际的内容以及对项目的引用就会被插入到文档中，此时无须提供原项目就可以正常显示。在页面上插入库项目的具体步骤如下。

步骤 1 打开随书光盘中的“ch09\库页面.htm”文件，将光标置于文档窗口中要插入库项目的位置，如图 9-28 所示。

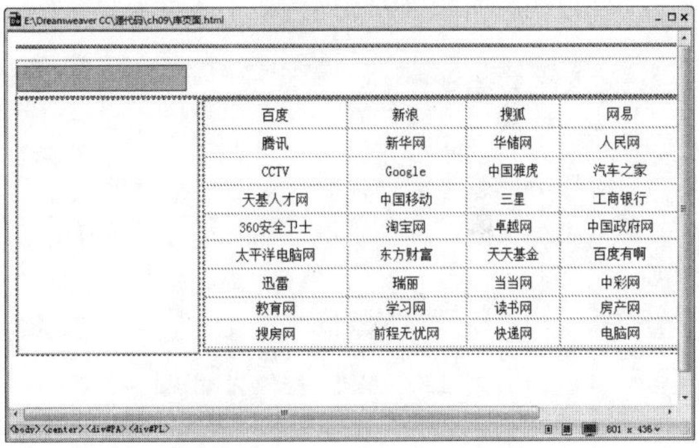

图 9-28　打开素材文件

步骤 2 选择【窗口】→【资源】菜单命令，打开【资源】面板，单击【库】按钮，显示库项目，从【库】面板中选定库项目，如图 9-29 所示。

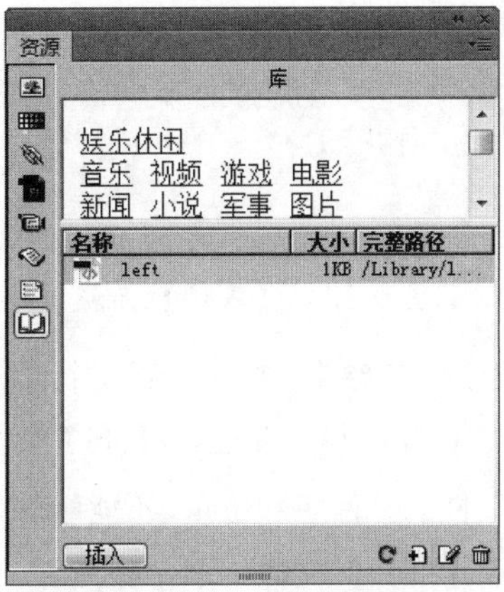

图 9-29　【库】面板

步骤 3 单击面板左下角的【插入】按钮，将库项目插入到文档中，如图 9-30 所示。

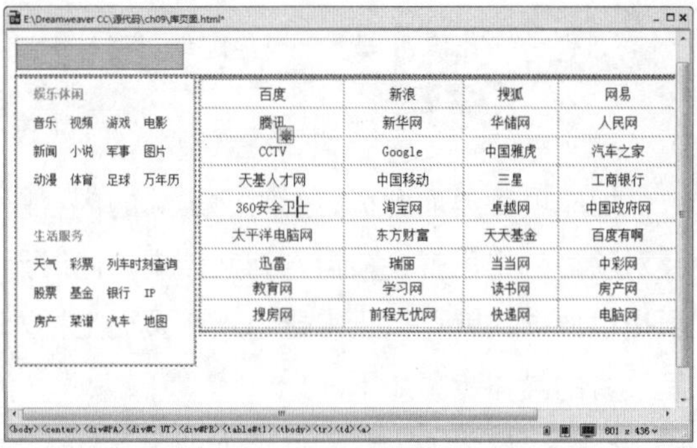

图 9-30　库项目插入到文档中

步骤 4 保存文档，按 F12 快捷键在浏览器中预览效果，如图 9-31 所示。

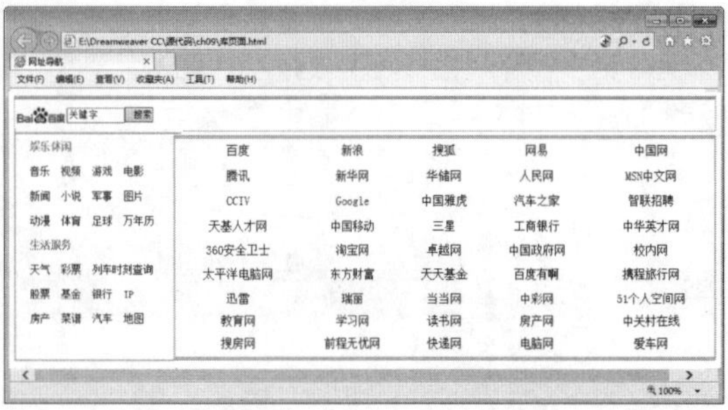

图 9-31　预览效果

如果要插入库项目到文档中，但又不想在文档中创建该项目的实例，可以按住 Ctrl 键把项目拖离【库】面板。

在文档中选定添加的库项目后，打开【属性】面板，如图 9-32 所示。

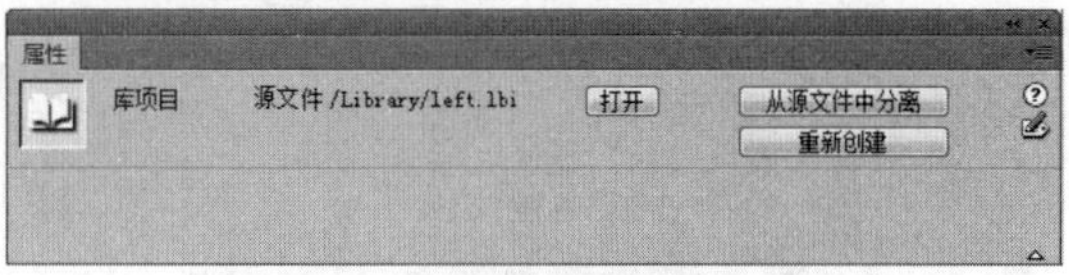

图 9-32　【属性】面板

在库的【属性】面板中可以进行以下设置。

(1)　【源文件 /Library/left.lbi】：显示库项目源文件的文件名和位置，不能编辑此信息。

(2)　【打开】按钮：单击该按钮，可打开库项目的源文件进行编辑，这与在【资源】面板中选择项目并单击【编辑】按钮的功能是相同的。

(3)　【从源文件中分离】按钮：单击此按钮，可断开所选库项目与其源文件之间的链接。分离项目后，可以在文档中对其进行编辑，但它不再是库项目且不能在更改原始库项目时更新。

(4)　【重新创建】按钮：单击此按钮，可用当前选定的内容改写原始库项目，以便在丢失或意外删除原始库项目时重新创建库项目。

9.4.3 案例 9——编辑库项目

当编辑库项目时，Dreamweaver CC 将自动更新网站中使用该项目的所有文档。如果选择不更新，那么文档将保持与库项目的关联。

编辑库项目包括更新库项目、重命名库项目、删除库项目等。

1 更新库项目

更新库项目的具体步骤如下。

步骤 1 在【资源】面板中单击【库】按钮，显示库项目，从列表框中选定需要修改的库项目，单击【修改】按钮，如图 9-33 所示。

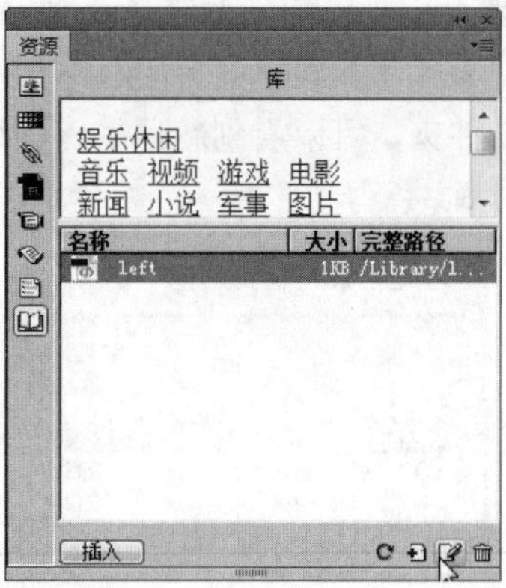

图 9-33　选择需要修改的库文件

步骤 2 打开选择的库文件，即可对文件进行修改，例如这里新增“理财”内容，如图 9-34 所示。

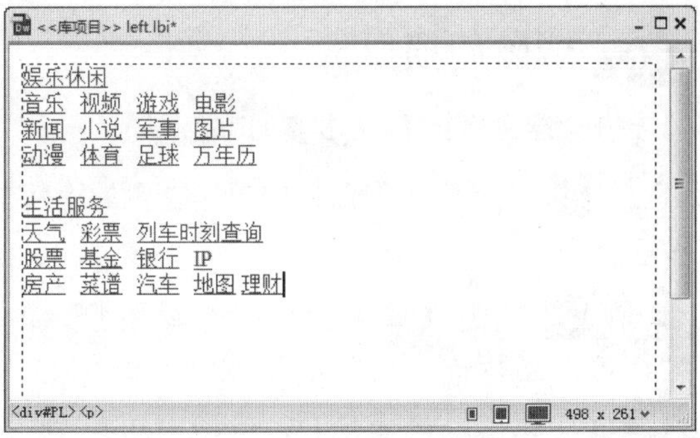

图 9-34　修改库文件

步骤 3 打开【更新库项目】对话框，单击【更新】按钮，如图 9-35 所示。

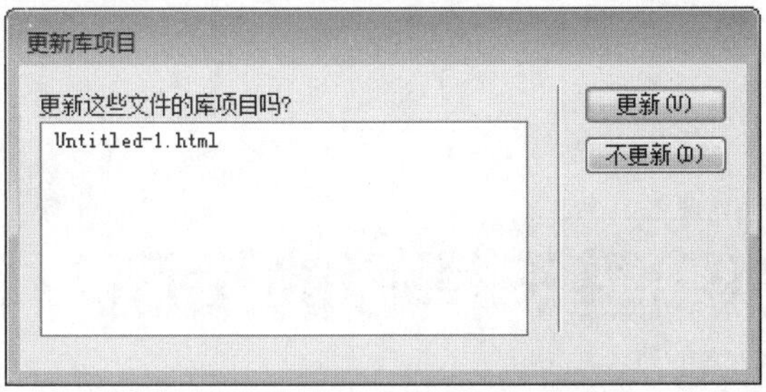

图 9-35　【更新库项目】对话框

步骤 4 打开【更新页面】对话框，单击【开始】按钮，开始自动更新页面。完成后单击【关闭】按钮即可，如图 9-36 所示。

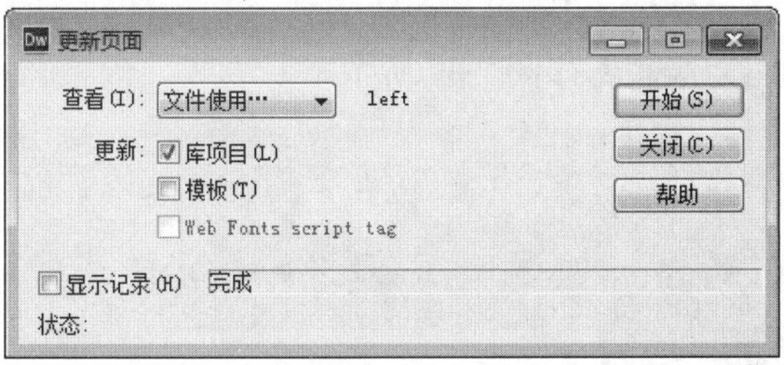

图 9-36　【更新页面】对话框

在【查看】下拉列表框中可以进行以下选择。

(1) 选择【整个站点】选项，然后从右侧的下拉列表框中选择站点名称，这样会更新所选站点中的所有页面，使其使用所有库项目的当前版本。

(2) 选择【文件使用】选项，然后从右侧的下拉列表框中选择库项目名称，这样会更新当前站点中所有使用所选库项目的页面。

如果选中【显示记录】复选框，Dreamweaver CC 将提供关于更新文件的信息，包括它们是否成功更新。

若要同时更新模板，应确保【模板】复选框也被选中。

步骤 5 打开应用库项目的网页文件，可以看到更新后的效果。

> **提示**　编辑库项目时，库项目中只能包含 body 元素，CSS 样式表代码则插入到文档的 head 部分。

2 重命名库项目

重命名库项目的具体步骤如下。

步骤 1 选择【窗口】→【资源】菜单命令，打开【资源】面板，单击左侧的【库】按钮。

步骤 2 打开【库】面板，选择要重命名的库项目，右击并从弹出的快捷菜单中选择【重命名】命令，如图 9-37 所示。

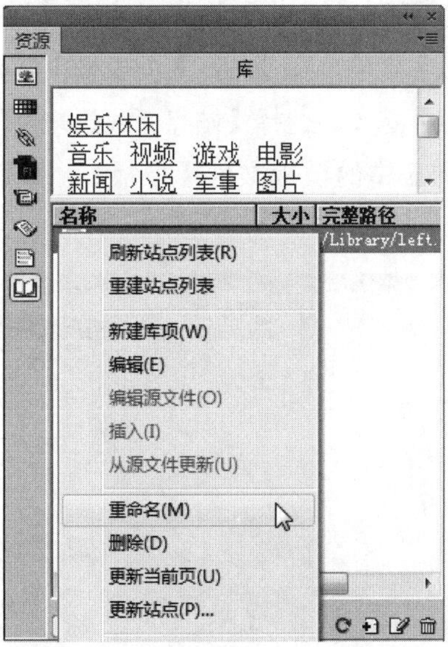

图 9-37　选择【重命名】命令

步骤 3 当名称变为可编辑状态时输入一个新名称即可。单击库名称以外的任意区域，按 Enter 键，打开【更新文件】对话框，Dreamweaver 会询问是否要更新使用该项目的文档，用户可以根据需要选择是否更新，如图 9-38 所示。

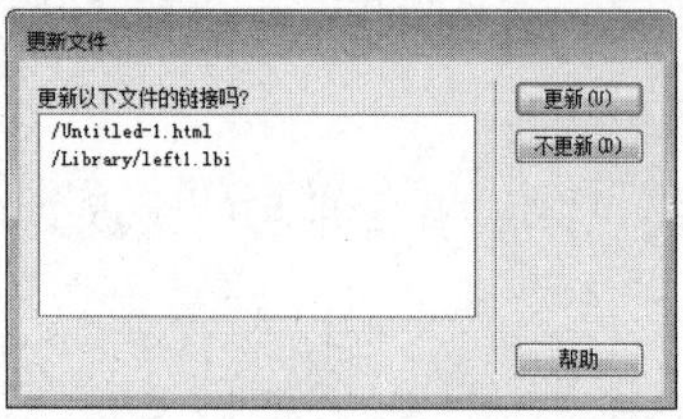

图 9-38 【更新文件】对话框

3 删除库项目

删除库项目的具体步骤如下。

步骤 1 在【资源】面板中单击左侧的【库】按钮。

步骤 2 打开【库】面板，选择要删除的库项目，单击面板底部的【删除】按钮，然后确认要删除的库项目；或按 Delete 键，确认要删除的库项目。

> **提示** Dreamweaver 将从库中删除该库项目，但是不会更改任何使用该项目的文档的内容。

9.5 实战演练——创建基于模板的页面

模板制作完成后，就可以将其应用到网页中了。建立站点“我的站点”，并将光盘中的 ch09\ 设置为站点根目录，通过使用模板，能快速、高效地设计出风格一致的网页。

本实例的具体操作步骤如下。

步骤 1 选择【文件】→【新建】菜单命令，打开【新建文档】对话框，在左侧窗格选择【网站模板】选项，在【站点】列表框中选择【我的站点】选项，选择【站点“我的站点”的模板】列表中的模板文件【模板】，如图 9-39 所示。

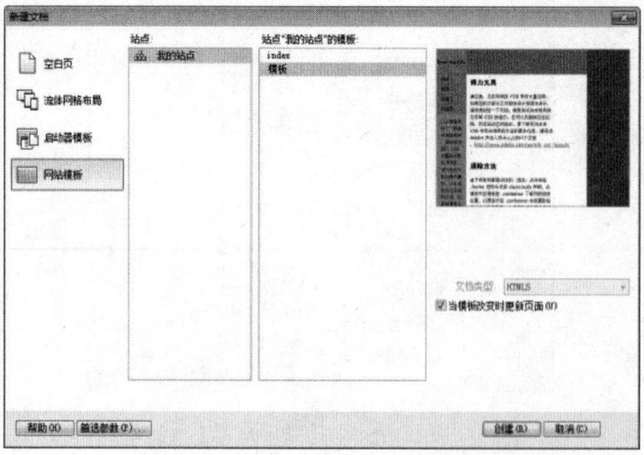

图 9-39 【新建文档】对话框

步骤 2 单击【创建】按钮，创建一个基于模板的网页文档。选择【修改】→【模板】→【从模板中分离】菜单命令，此时文件的内容可以编辑，如图 9-40 所示。

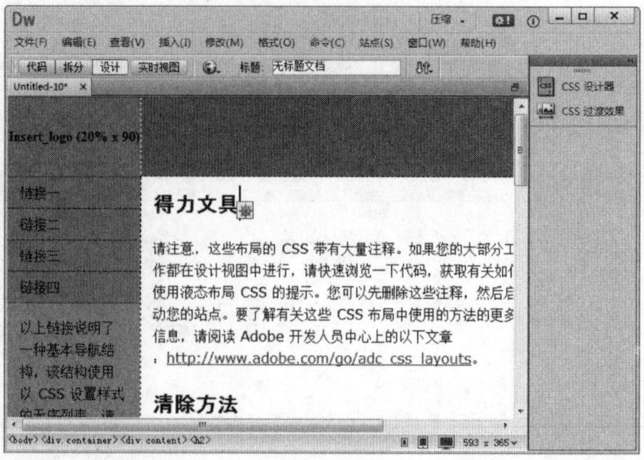

图 9-40 创建基于模板的网页

步骤 3 将光标放置在可编辑区域中，选择【插入】→【表格】菜单命令，弹出【表格】对话框，将【行数】和【列】都设置为 1，【表格宽度】设置为 95%，【边框粗细】、【单元格边距】和【单元格间距】均设置为 0，如图 9-41 所示。

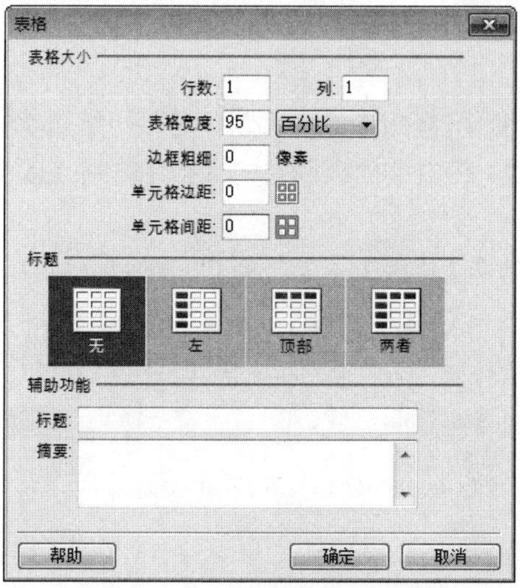

图 9-41　【表格】对话框

步骤 4 单击【确定】按钮插入表格。在【属性】面板中，将【对齐】设置为【居中对齐】，效果如图 9-42 所示。

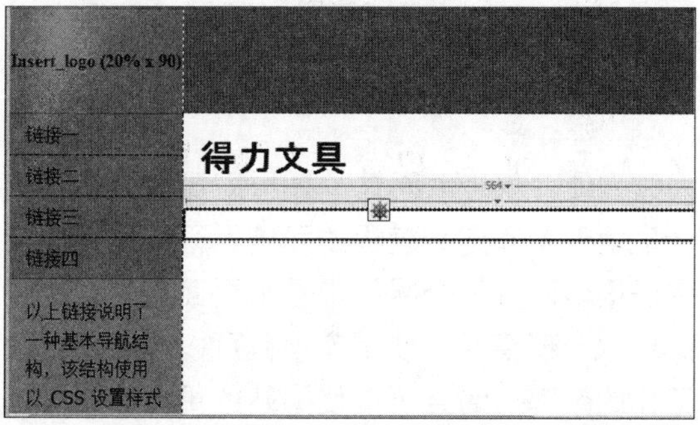

图 9-42　插入表格

步骤 5 将光标放置在表格中，输入文字和图像，并设置文字和图像的对齐方式，如图 9-43 所示。

步骤 6 选择【文件】→【保存】菜单命令，打开【另存为】对话框，在【文件名】下拉列表框中输入 index.html，单击【保存】按钮，如图 9-44 所示。

步骤 7 按 F12 键在浏览器中预览效果，如图 9-45 所示。

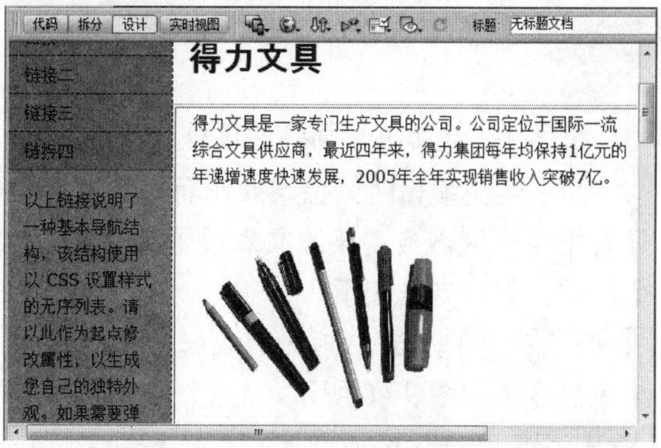

图 9-43　添加文字和图像

图 9-44　【另存为】对话框

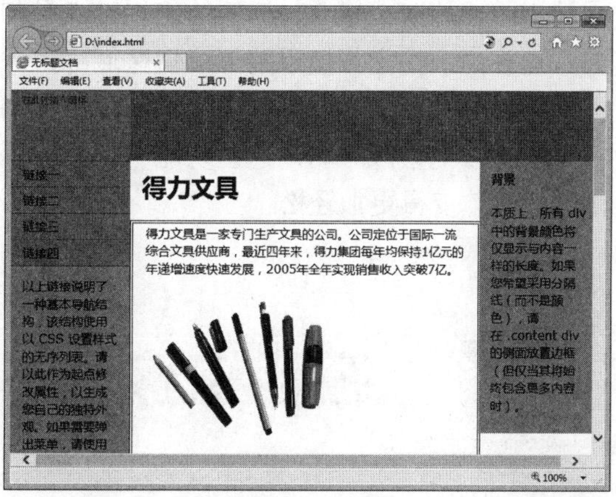

图 9-45　预览网页效果

9.6 高手甜点

甜点 1：处理不可编辑的模板。

为了避免编辑时候错误操作而导致模板中的元素变化，模板中的内容默认为不可编辑状态。只有把某个区域或者某段文本设置为可编辑状态之后，在由该模板创建的文档中才可以改变这个区域。具体方法如下。

步骤 1 先用鼠标选取需要编辑的某个区域，然后选择【修改】→【模板】→【令属性可编辑】菜单命令，如图 9-46 所示。

步骤 2 在弹出的对话框中选中【令属性可编辑】复选框，单击【确定】按钮，如图 9-47 所示。

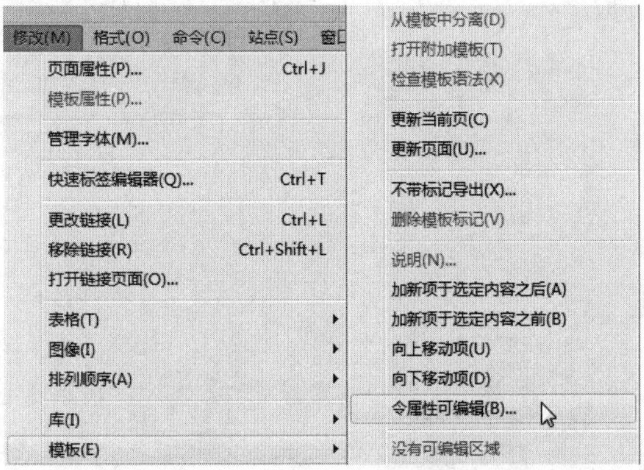

图 9-46 选择【令属性可编辑】菜单命令

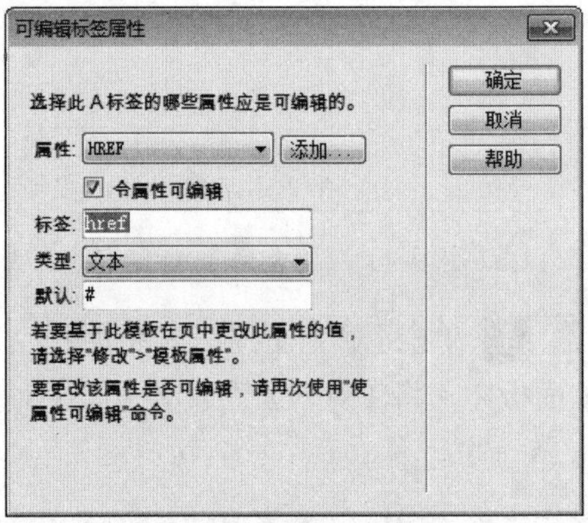

图 9-47 设置可编辑区域

甜点 2：模板使用技巧。

使用模板，可以为网站的更新和维护提供极大的方便，仅修改网站的模板即可完成对整个网站中页面的统一修改。模板的使用难点是如何合理地设置和定义模板的可编辑区域。要想把握好这一点，在定义模板的可编辑区域时，一定要仔细地研究整个网站中各个页面所具有的共同风格和特性，只有这样，才能设计出适合网站使用的合理模板。使用库项目可以完成对网站中某个板块的修改。利用这些功能不仅可以提高工作的效率，而且可以使网站的更新和维护等烦琐的工作变得更加轻松。

9.7 跟我练练手

练习 1：创建模板的各种方法。

练习 2：管理模板。

练习 3：创建基于模板的页面。

练习 4：创建库项目。

练习 5：管理和应用库项目。

练习 6：更新和删除库项目。

第 3 篇

高级应用

第10章 读懂样式表密码——使用CSS样式表美化网页

使用 CSS 技术可以对文档进行精细的页面美化。CSS 样式不仅可以对一个页面进行格式化，还可以对多个页面使用相同的样式进行修饰，以达到统一的效果。本章重点讲述 CSS 样式表的基本概念，调用方法、美化网页中各个元素的方法和技巧。

本章要点

◎ 熟悉 CSS 的概念、作用与语法

◎ 掌握使用 CSS 样式表的方法

◎ 掌握使用 CSS 样式表美化网页的方法

◎ 掌握使用 CSS 设定网页中链接样式的方法

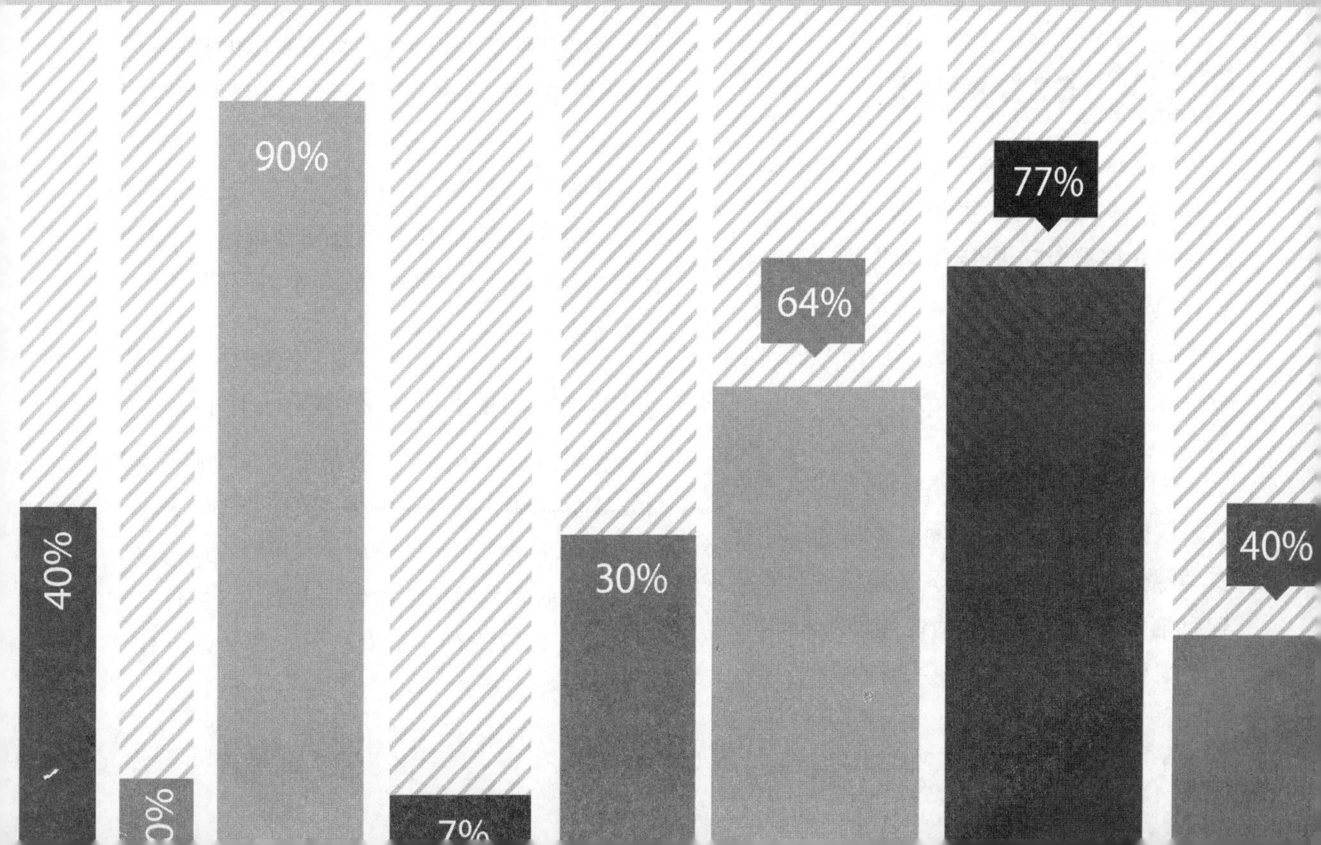

10.1 初识CSS

现在，网页的排版格式越来越复杂，样式也越来越多。有了 CSS 样式，很多美观的效果都可以实现。应用 CSS 样式制作出的网页会给人一种条理清晰、格式漂亮、布局统一的感觉，加上多种字体的动态效果，会使网页变得更加生动有趣。

10.1.1 CSS 概述

CSS（Cascading Style Sheet）称为层叠样式表，也可以称为 CSS 样式表或样式表，其文件扩展名为 .css。CSS 是用于增强或控制网页样式、并允许将样式信息与网页内容分离的一种标记性语言。

引用样式表的目的是将“网页结构代码”和“网页样式风格代码”分离，从而使网页设计者可以对网页布局进行更多的控制。利用样式表，可以将整个站点上所有网页都指向某个 CSS 文件，设计者只需要修改 CSS 文件中的某一行，整个网页上对应的样式都会随之发生改变。

10.1.2 CSS 的作用

CSS 样式可以一次对若干个文档的样式进行控制，当 CSS 样式更新后，所有应用了该样式的文档都会自动更新。可以说，CSS 在现代网页设计中是必不可少的工具之一。

CSS 的优越性有以下几点。

1 分离了格式和结构

HTML 并没有严格地控制网页的格式或外观，仅定义了网页的结构和个别要素的功能，其他部分让浏览器自己决定应该让各个要素以何种形式显示。但是，随便地使用 HTML 样式会导致代码混乱，编码会变得臃肿不堪。

CSS 解决了这个问题，它通过将定义结构的部分和定义格式的部分分离，能够对页面的布局施加更多的控制，也就是把 CSS 代码独立出来，从另一个角度来控制页面外观。

2 控制页面布局

HTML 中的 font size 代码能调整字号，表格标记可以生成边距，但是，总体上的控制却很有限，比如它不能精确地生成 80 像素的高度，不能控制行间距或字间距，不能在屏幕上精确地定位图像的位置，而 CSS 就可以使这一切都成为可能。

3 制作出更小、下载更快的网页

CSS 只是简单的文本，就像 HTML 那样，它不需要图像，不需要执行程序，不需要插件，不需要流式。有了 CSS 之后，以前必须求助于 GIF 格式的功能，现在通过 CSS 就可以实现。此外，使用 CSS 还可以减少表格标记及其他加大 HTML 体积的代码，减少图像用量，从而缩小文件的大小。

4 便于维护及更新大量的网页

如果没有 CSS，要更新整个站点中所有主体文本的字体，就必须一页一页地修改网页。CSS 则是将格式和结构分离，利用样式表可以将站点上所有的网页都指向同一个 CSS 文件，只要修改 CSS 文件中的某一行，整个站点就会随之发生变动。

5 使浏览器成为更友好的界面

CSS 代码有很好的兼容性，比如丢失了某个插件时不会发生中断，或者使用低版本的浏览器时代码不会出现杂乱无章的情况。只要是可以识别 CSS 的浏览器，就可以应用 CSS。

10.1.3 基本 CSS 语法

CSS 样式表是由若干条样式规则组成，这些样式规则可以应用到不同的元素或文档来定义它们显示的外观。每一条样式规则由三部分构成：选择符（selector）、属性（property）和属性值（value），基本格式如下。

```
selector{property: value}
```

⑴ selector 选择符可以采用多种形式，可以为文档中的 HTML 标签，如 body、table、p 等，但是也可以是 XML 文档中的标签。

⑵ property 属性则是选择符指定的标签所包含的属性。

⑶ value 指定了属性的值。如果定义选择符的多个属性，则属性和属性值为一组，组与组之间用分号（;）隔开。基本格式如下。

```
selector{property1: value1; property2: value2;..... }
```

下面就给出一条样式规则，如下所示。

```
p{color:red}
```

该样式规则为段落标签 p 提供样式，color 为指定文字颜色属性，red 为属性值。此样式表示标签 p 指定的段落文字为红色。

如果要为段落设置多种样式，则可以使用下列语句。

```
p{font-family:"隶书"; color:red; font-size:40px;
font-weight:bold}
```

10.1.4 案例 1——使用 Dreamweaver CC 编写 CSS

随着 Web 的发展，越来越多的开发人员开始使用功能更多、界面更友好的专用 CSS 编辑器，如 Dreamweaver CC 的 CSS 编辑器和 Visual Studio 的 CSS 编辑器。这些编辑器有语法着色，带输入提示，甚至有自动创建 CSS 的功能，因此深受开发人员喜爱。

使用 Dreamweaver CC 创建 CSS 的步骤如下。

步骤 1 使用 Dreamweaver CC 创建 HTML 文档，创建一个名称为 10.1.html 的文档，然后输入内容，如图 10-1 所示。

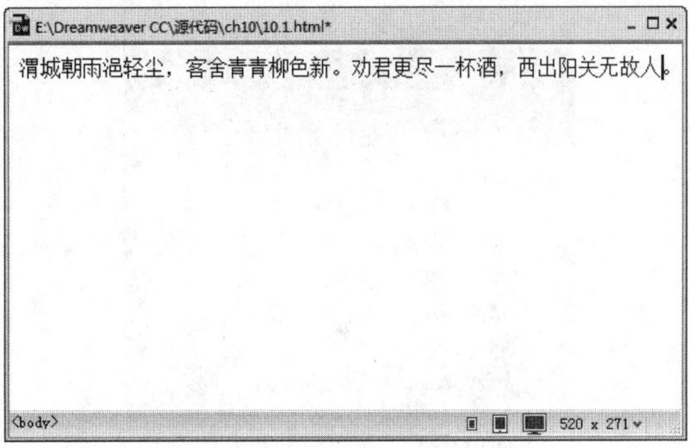

图 10-1 新建网页文档

步骤 2 在【CSS 设计器】面板中单击【添加 CCS 源】按钮，在弹出的菜单中选择【在页面中定义】命令，如图 10-2 所示。

图 10-2 【CSS 设计器】面板

步骤 3 在页面中选择需要设置样式的对象，这里选择添加的文本内容，然后在【源】

栏中选择 <style> 选项，单击【选择器】栏中的【添加选择器】按钮，即可在选择器中添加标签样式 body，如图 10-3 所示。

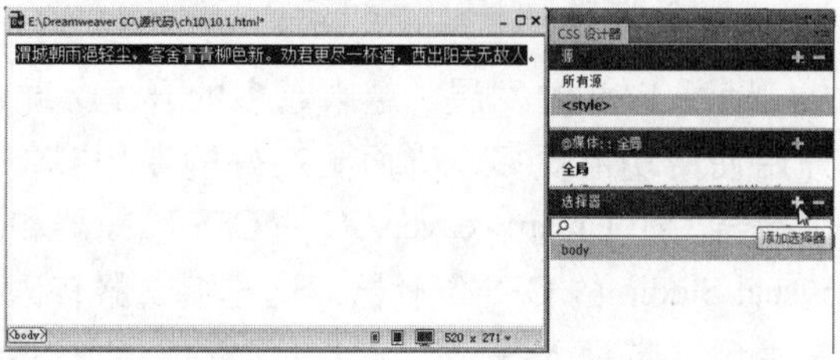

图 10-3　添加标签样式 body

步骤 4 在【属性】栏中单击【文本】按钮，设置 color（颜色）为红色、font-size（文字大小）为 x-large，如图 10-4 所示。

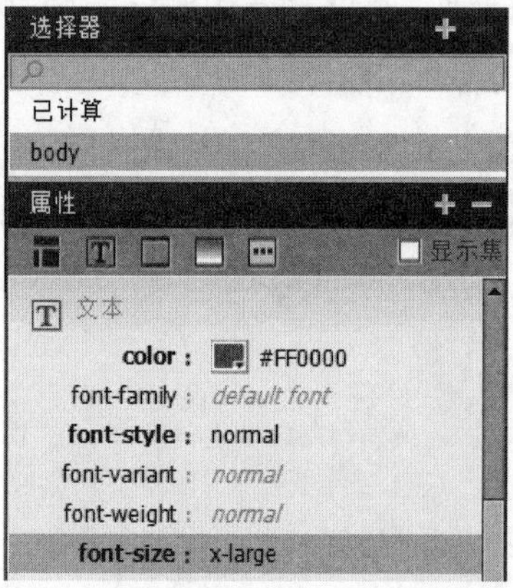

图 10-4　设置文本属性

步骤 5 在【属性】栏中单击【背景】按钮，设置 background-color（背景颜色）为浅黄色，如图 10-5 所示。

图 10-5　设置背景属性

步骤 6 在页面中即可看到添加样式效果，如图 10-6 所示。

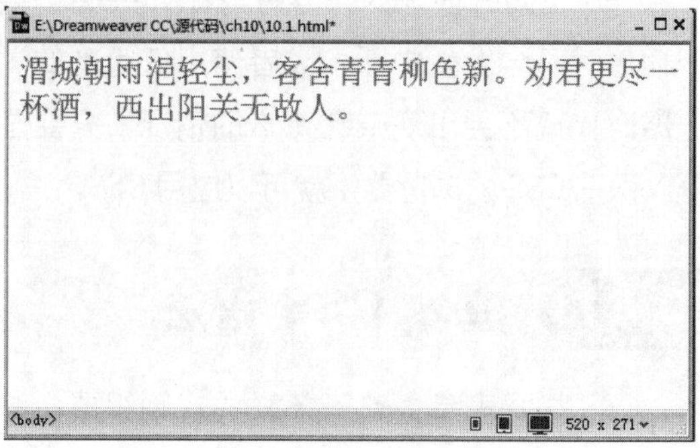

图 10-6　添加 CSS 后的效果

步骤 7 切换到代码视图中，查看添加的样式表的具体内容，如图 10-7 所示。

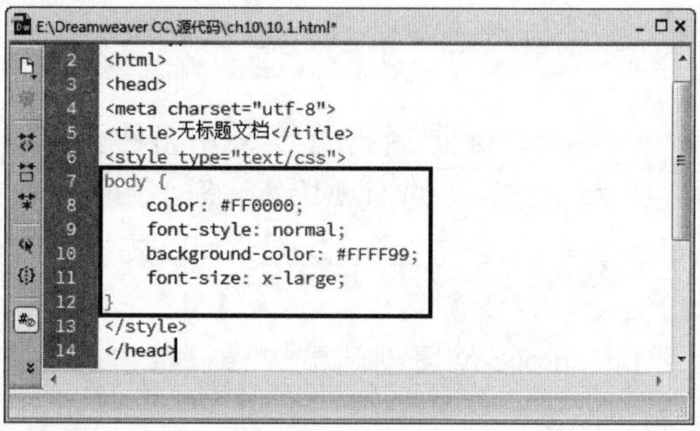

图 10-7　代码视图

步骤 8 保存文件后，按 F12 快捷键预览效果，如图 10-8 所示。

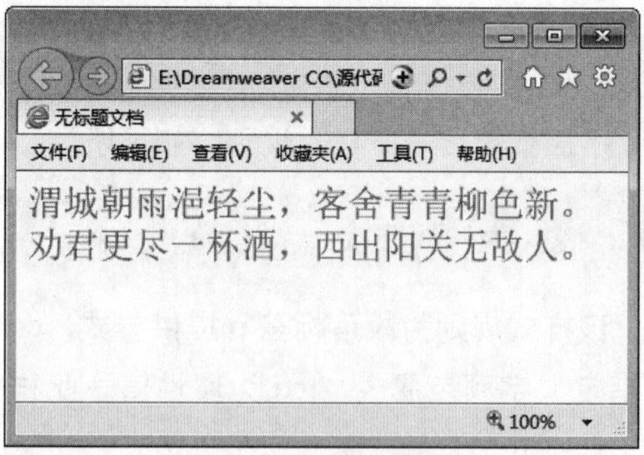

图 10-8　预览文件效果

> **提示**
>
> 上述使用 Dreamweaver CC 设置 CSS，只是其中一种。读者还可以直接在代码视图中编写 CSS 代码，此时会有很好的语法提示。

10.2 使用CSS的方法

CSS 样式表能很好地控制页面显示，以达到分离网页内容和样式代码的目的。CSS 样式表控制 HTML5 页面达到好的样式效果，其方式通常包括行内样式、内嵌样式、链接样式和导入样式。

10.2.1 案例 2——行内样式

行内样式是所有样式中比较简单、直观的方法，就是直接把 CSS 代码添加到 HTML 的标签中，即作为 HTML 标签的属性标签存在。通过这种方法，可以很简单地对某个元素单独定义样式。

使用行内样式的方法是直接在 HTML 标签中使用 style 属性，该属性的内容就是 CSS 的属性和值，例如：

```
<p style="color:red">段落样式</p>
```

新建 10.2.html 文档，在代码视图中输入以下内容，如图 10-9 所示。

E:\Dreamweaver CC\源代码\ch10\10.2.html
<!doctype html>
<html>
<head>
<title>行内样式</title>
</head>
<body>
<p style="color:red;font-size:20px;text-decoration:underline;
text-align:center">此段落使用行内样式修饰</p>
<p style="color:blue;font-style:italic">正文内容</p>
</body>
</html>

图 10-9　行内样式

保存文件后，按 F12 键预览效果，如图 10-10 所示，可以看到 2 个 p 标签中都使用了 style 属性，并且设置了 CSS 样式，各个样式之间互不影响，分别显示自己的样式效果。第 1 个段落设置红色字体，居中显示，带有下划线。第二个段落设置蓝色字体，以斜体显示。

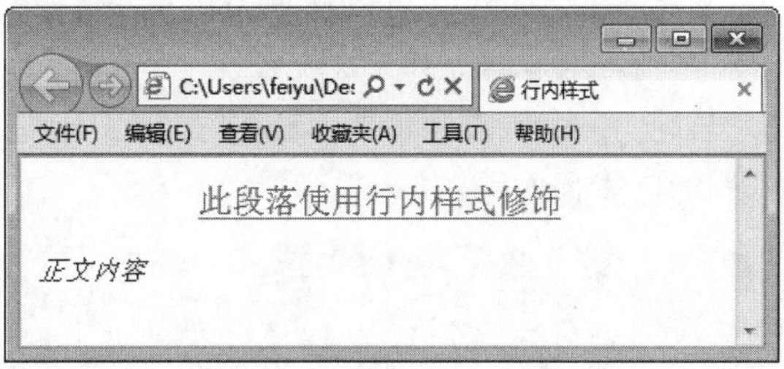
行内样式
文件(F)
编辑(E)
查看(V)
收藏夹(A)
工具(T)
帮助(H)
此段落使用行内样式修饰
正文内容

图 10-10　行内样式显示

尽管行内样式简单，但这种方法不常使用，因为这样添加无法完全发挥样式表“网页内容和样式控制代码”分离的优势。而且这种方式也不利于样式的重用。如果要为每一个标签都设置 style 属性，后期维护成本高，网页容易过胖，故不推荐使用。

10.2.2 案例 3——内嵌样式

内嵌样式就是将 CSS 样式代码添加到 <head> 与 </head> 之间，并且用 <style> 和 </style> 标签进行声明。这种写法虽然没有完全实现页面内容和样式控制代码完全分离，但可以设置一些比较简单的样式，并统一页面样式。

其格式如下所示。

```
<head>
  <style type="text/css" >
    p
    {
      color:red;
      font-size:12px;
```

```
    }
  </style>
</head>
```

有些较低版本的浏览器不能识别 style 标签，因而不能正确地将样式应用到页面显示上，而是直接将标签中的内容以文本的形式显示。为了解决此类问题，可以使用 HTML 注释将标签中的内容隐藏。如果浏览器能够识别 style 标签，则标签内被注释的 CSS 样式定义代码依旧能够发挥作用。

```
<head>
  <style type="text/css" >
  <!--
    p
    {
      color:red;
      font-size:12px;
    }
  -->
  </style>
</head>
```

新建 10.3.html 文档，在代码视图中输入以下内容，如图 10-11 所示。

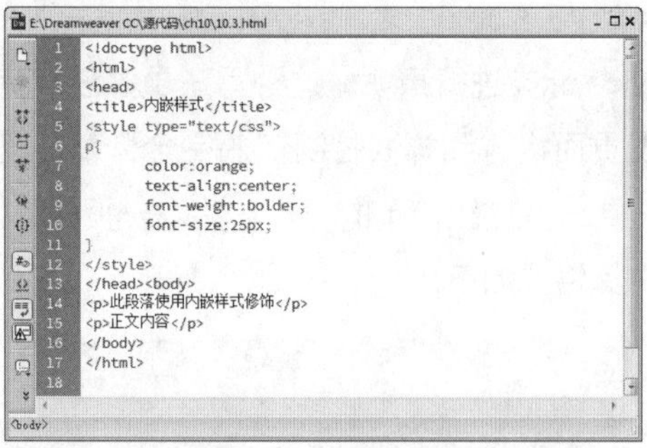

E:\Dreamweaver CC\源代码\ch10\10.3.html
<!doctype html>
<html>
<head>
<title>内嵌样式</title>
<style type="text/css">
p{
color:orange;
text-align:center;
font-weight:bolder;
font-size:25px;
}
</style>
</head><body>
<p>此段落使用内嵌样式修饰</p>
<p>正文内容</p>
</body>
</html>
<body>

图 10-11　内嵌样式

保存文件后，按 F12 键预览效果，如图 10-12 所示，可以看到 2 个 p 标签中都被 CSS 样式修饰，其样式保持一致，段落居中、加粗并以橙色字体显示。

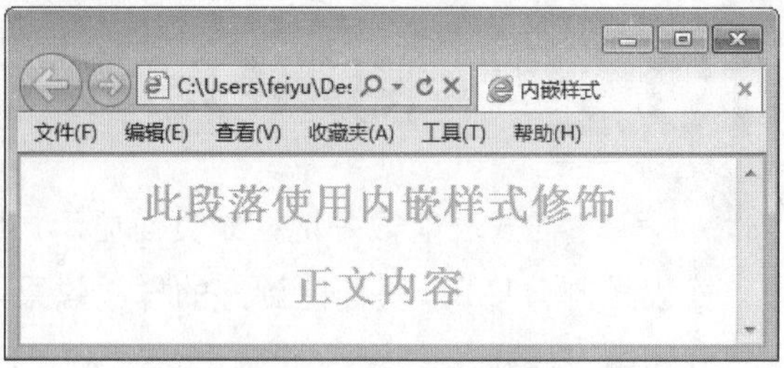

C:\Users\feiyu\De:
内嵌样式
文件(F)　编辑(E)　查看(V)　收藏夹(A)　工具(T)　帮助(H)
此段落使用内嵌样式修饰
正文内容

图 10-12　内嵌样式效果

在上面的例子中，所有 CSS 编码都在 style 标签中，方便了后期维护，与行内样式相比较页面大大瘦身了。但如果一个网站拥有很多页面，对于不同页面，p 标签都希望采用同样风格时，内嵌方式就显示有点麻烦。此种方法只适用于特殊页面设置单独的样式风格。

10.2.3　案例 4——链接样式

链接样式是 CSS 中使用频率最高，也是最实用的方法。它很好地将页面内容和样式风格代码分离成两个文件或多个文件，实现了页面框架 HTML 代码和 CSS 代码的完成分离，使前期制作和后期维护都十分方便。同一个 CSS 文件，根据需要可以链接到网站中所有的 HTML 页面上，使得网站整体风格统一、协调，并且后期维护的工作量也大大减少。

链接样式是指在外部定义 CSS 样式表并形成以 .css 为扩展名的文件，然后在页面中通过 link 标签链接到页面中，而且该链接语句必须放在页面的 head 标签区，如下所示。

```
<link rel="stylesheet" type="text/css" href="1.css" />
```

代码含义如下。

(1) rel 指定链接到样式表，其值为 stylesheet。

(2) type 表示样式表类型为 CSS 样式表。

(3) href 指定了 CSS 样式表所在位置，这里表示当前路径下名称为 1.css 文件，使用的是相对路径。如果 HTML 文档与 CSS 样式表没有在同一路径下，则需要指定样式表的绝对路径或引用位置。

新建 10.4.html 文档，在代码视图中输入以下内容，如图 10-13 所示。

图 10-13　链接样式

选择【文件】→【新建】菜单命令，打开【新建文档】对话框，选择【空白页】选项，在【页面类型】列表框中选择 CSS 选项，单击【创建】按钮，如图 10-14 所示。

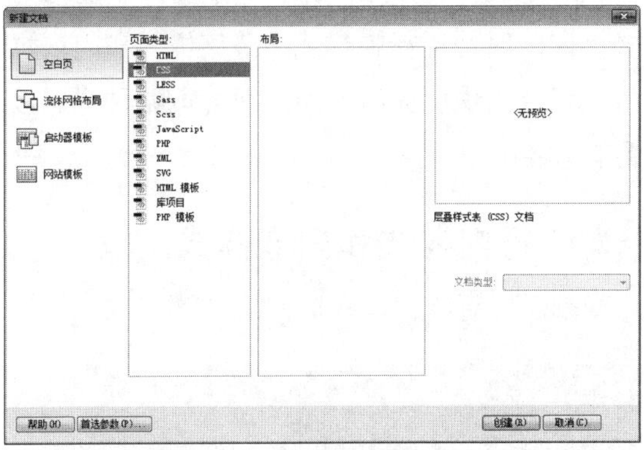

图 10-14　【新建文档】对话框

创建名称为 1.css 的样式表文件，输入的内容如图 10-15 所示。

保存文件后，按 F12 键预览效果，如图 10-16 所示，可见标题和段落以不同样式显示，标题居中显示，段落以斜体居中显示。

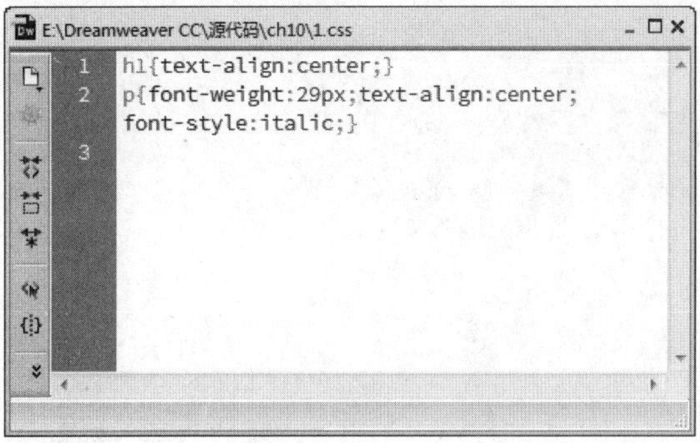

图 10-15　样式表内容

图 10-16　链接样式显示

链接样式的最大优势就是将 CSS 代码和 HTML 代码完全分离，并且同一个 CSS 文件能被不同的 HTML 文件链接使用。

提示　在设计整个网站时，可以将所有页面链接到同一个 CSS 文件，使用相同的样式风格。如果整个网站需要修改样式，只修改 CSS 文件即可。

10.2.4　案例 5——导入样式

导入样式和链接样式基本相同，都是创建一个单独 CSS 文件，然后再引入到 HTML 文件中，只不过语法和运作方式有差别。采用导入样式的样式表，在 HTML 文件初始化时，会被导入 HTML 文件内，作为文件的一部分，类似于内嵌效果。而链接样式是在 HTML 标签需要样式风格时才以链接方式引入。

导入外部样式表是指在内部样式表的 style 标签中，使用 @import 导入一个外部样式表，例如：

```
<head>
  <style type="text/css" >
  <!--
  @import "1.css"
  -->  </style>
</head>
```

导入外部样式表相当于将样式表导入内部样式表中，其方式更有优势。导入外部样式表必须在样式表的开始部分、其他内部样式表上面。

创建名称为 2.css 的样式表文件，输入的内容如下。

```
h1{text-align:center;color:#0000ff}
pfont-weight:bolder;text-decoration:
underline;font-size:20px;}
```

创建名称为 10.5.html 的文件，代码如下。

```
<!doctype html>
<html>
<head>
<title>导入样式</title>
<style>
@import "2.css"
</style>
</head>
<body>
<h1>CSS 学习</h1>
<p>此段落使用导入样式修饰</p>
</body>
</html>
```

保存文件后，按 F12 键预览效果，如图 10-17 所示，可见标题和段落以不同样式显示，标题居中显示颜色为蓝色，段落文字大小为 20px 并加粗显示。

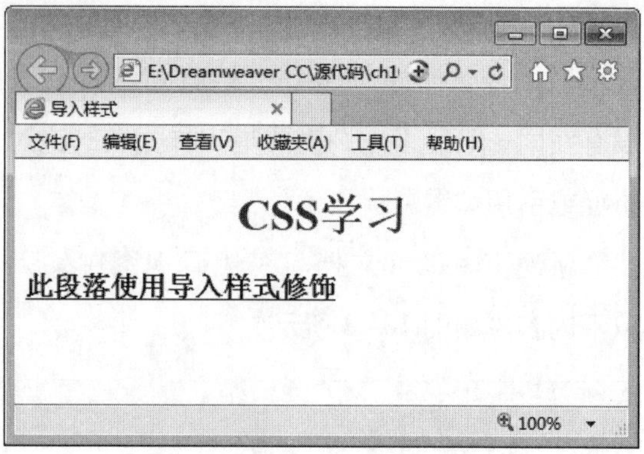

图 10-17　导入样式显示

导入样式与链接样式相比，最大的优点就是可以一次导入多个 CSS 文件，其格式如下所示。

```
<style>
@import "2.css"
@import "test.css"
</style>
```

10.2.5 案例 6——优先级问题

如果同一个页面采用了多种 CSS 使用方式，如同时使用行内样式、链接样式和内嵌样式，就会出现优先级问题，即究竟哪种样式设置有效果。

1 行内样式和内嵌样式比较

例如，有这样一种情况：

```
<style>
.p{color:red}
</style>
<p style ="color:blue">段落应用样式</p>
```

上面代码中，定义了两种样式规则。一种使用内嵌样式定义段落标签 p 的颜色为红色，另一种使用 p 行内样式定义颜色为蓝色。但是，标签内容最终会该以哪一种样式显示呢？

创建名称为 10.6.html 的文件，代码如下。

```
<!doctype html>
<html>
<head>
<title> 优先级比较 </title>
<style>
.p{color:red}
</style>
</head>
<body>
<p style ="color:blue"> 优先级测试 </p>
</body>
</html>
```

保存文件后，按 F12 键预览效果，如图 10-18 所示，段落以蓝色字体显示，可以知道行内优先级大于内嵌优先级。

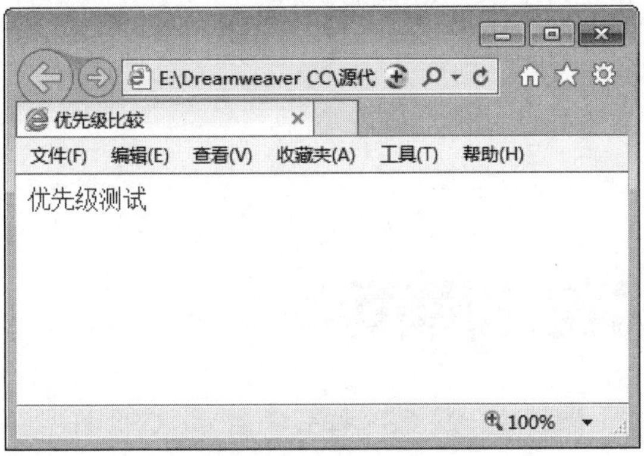

图 10-18　优先级测试

2 内嵌样式和链接样式比较

以相同例子测试内嵌样式和链接样式的优先级，将设置颜色样式代码单独放在一个 CSS 文件中，使用链接样式引入。

创建名称为 10.7.html 的文件，代码如下。

```
<!doctype html>
<html>
<head>
<title> 优先级比较 </title>
<link href="3.css" type="text/css"
rel="stylesheet">
<style>
p{color:red}
</style>
</head>
<body>
<p> 优先级测试 </p>
</body>
</html>
```

创建 3.css 文件，代码如下。

```
p{color:yellow}
```

保存文件后，按 F12 键预览效果，如图 10-19 所示，段落以红色字体显示。

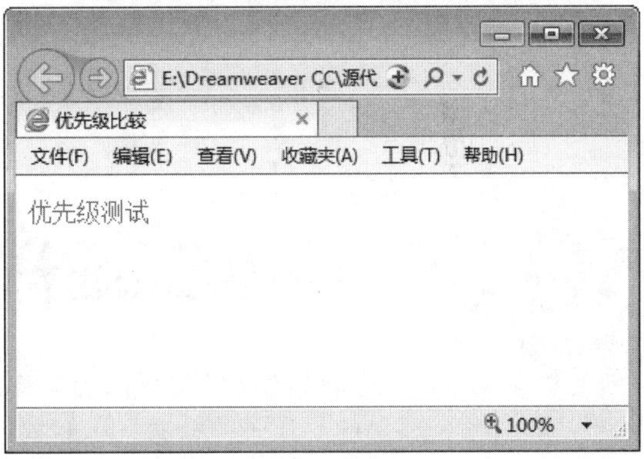

图 10-19　优先级测试

从上面代码中可以看出，内嵌样式和链接样式同时对段落修饰，段落显示红色字体。可以知道，内嵌样式的优先级大于链接样式。

3 链接样式和导入样式

现在进行链接样式和导入样式测试，分别

创建两个 CSS 文件，一个作为链接，一个作为导入。

创建名称为 10.8.html 的文件，代码如下。

```
<!doctype html>
<html>
<head>
<title>优先级比较</title>
<style>
@import "4.css"
</style>
<link href="5.css" type="text/css"
rel="stylesheet">
</head>
<body>
<p>优先级测试</p>
</body>
</html>
```

创建 4.css 文件，代码如下。

```
p{color:green}
```

创建 5.css 文件，代码如下。

```
p{color:purple}
```

保存文件后，按 F12 键预览效果，如图 10-20 所示，段落以绿色显示。

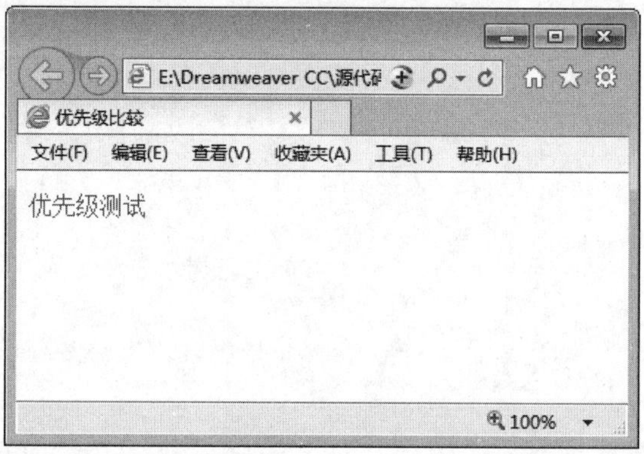

图 10-20　优先级测试

从上面的代码可以看出，此时链接样式的优先级大于导入样式优先级。

10.3 使用CSS样式美化网页

在使用 CSS 样式的属性美化网页元素之前，需要先定义 CSS 样式的属性。CSS 样式常用的属性包括字体、文本、背景、链接等。

10.3.1 案例 7——使用字体样式美化文字

CSS 样式的字体属性用于定义文字的字体、大小、粗细的表现等。

font 统一定义字体的所有属性。字体属性如下。

☆ font-family 属性：定义使用的字体。

☆ font-size 属性：定义字体大小。

☆ font-style 属性：定义斜体字。

☆ font-variant 属性：定义小型的大写字母字体，对中文没什么意义。

☆ font-weight 属性：定义字体的粗细。

1 font-family 属性

下面通过一个例子来认识 font-family。

例如，中文的宋体和楷体，可以定义这两种字体连在一起使用。创建 10.9.html 文档，代码如下。

```
<!doctype html>
<html>
<head>
<meta http-equiv="Content-Type"
content="text/html; charset=gb2312" />
<title>CSS font-family 属性示例</title>
<style type="text/css" media="all">
p#songti{font-family:"宋体";}
p#kaiti{font-family:"楷体";}
p#all{font-family:"宋体",Arial;}
</style>
</head>
<body>
<p id="songti">一为迁客去长沙，西望长安不见家。</p>
<p id="kaiti">黄鹤楼中吹玉笛，江城五月落梅花。</p>
</body>
</html>
```

预览效果如图 10-21 所示。

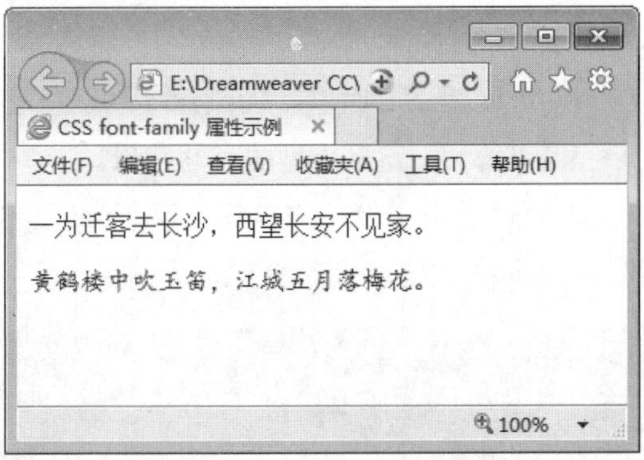

E:\Dreamweaver CC\
CSS font-family 属性示例
文件(F)　编辑(E)　查看(V)　收藏夹(A)　工具(T)　帮助(H)
一为迁客去长沙，西望长安不见家。
黄鹤楼中吹玉笛，江城五月落梅花。
100%

图 10-21　预览效果

2 font-size 属性

中文常用的字体大小是 12px，对于文章的标题等，应该使用 h1、h2 等 HTML 标签。对于需要定义文字大小的字体，可以使用 font-size 的 CSS 属性。另外在浏览器中，用户可以按 Ctrl++ 快捷键增大字体，按 Ctrl+- 快捷键缩小字体。

下面通过一个例子来认识 font-size。创建 10.10.html 文档，代码如下。

```
<!doctype html>
<html>
<head>
<meta http-equiv="Content-Type"
content="text/html; charset=gb2312" />
<title>CSS font-size 属性绝对字体尺寸示例
</title>
<style type="text/css" media="all">
p{font-size:12px;}
p#xxsmall{font-size:xx-small;}
p#xsmall{font-size:x-small;}
p#small{font-size:small;}
p#medium{font-size:medium;}
p#xlarge{font-size:x-large; }
p#xxlarge{font-size:xx-large;}
</style>
</head>
<body>
<p id="xxsmall">font-size 中的 xxsmall
字体</p>
<p id="xsmall">font-size 中的 xsmall 字
体</p>
<p id="small">font-size 中的 small 字体
</p>
<p id="medium">font-size 中的 medium 字
体</p>
```

```
<p id="xlarge">font-size 中的 xlarge 字体 </p>
<p id="xxlarge">font-size 中的 xxlarge 字体 </p>
</body>
</html>
```

预览效果如图 10-22 所示。

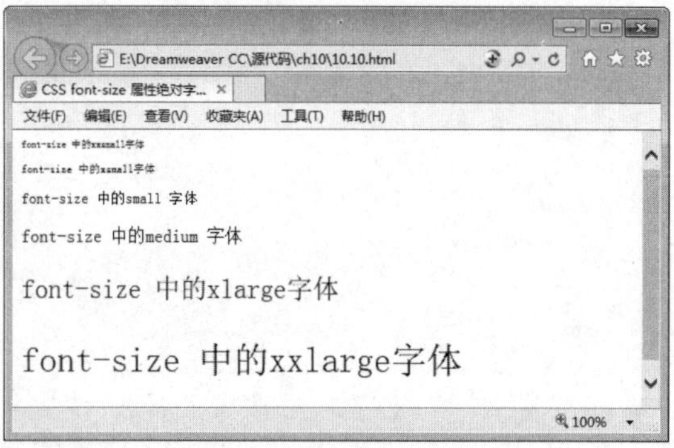

图 10-22 预览效果

3 font-style 属性

网页中的字体样式都是不固定的，开发者可以用 font-style 来实现目的，其属性如下。

☆ normal：正常的字体，即浏览器默认状态。

☆ italic：斜体。对于没有斜体变量的特殊字体，将应用 oblique。

☆ oblique：倾斜的字体，即没有斜体变量。

下面通过一个例子来认识 font-style。创建 10.11.html 文档，代码如下。

```
<!doctype html>
<html>
<head>
<meta http-equiv="Content-Type" content="text/html; charset=gb2312" />
<title>CSS font-style 属性示例 </title>
<style type="text/css" media="all">
p#normal{font-style:normal;}
p#italic{font-style:italic;}
p#oblique{font-style:oblique;}
</style>
</head>
<body>
<p id="normal"> 正常字体 .</p><p id="italic"> 斜体 .</p><p id="oblique"> 斜体 .</p>
</body>
</html>
```

预览效果如图 10-23 所示。

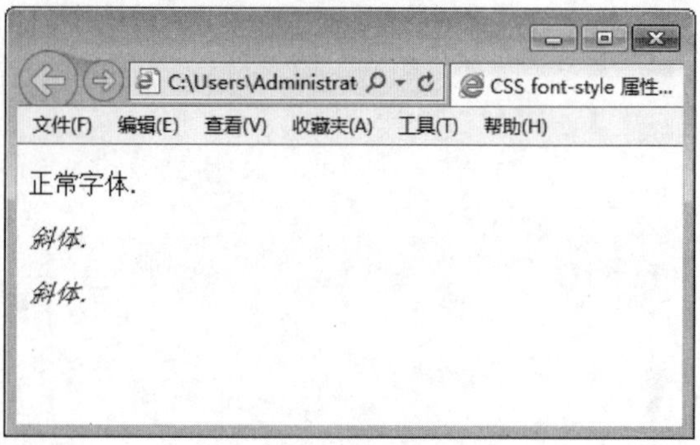

图 10-23 预览效果

4 font-variant 属性

在网页中常常碰到需要输入内容的地方。如果输入汉字的话是没问题的，可是当需要输入英文时，那么它的大小写是令人头疼的问题。在 CSS 中可以通过 font-variant 的属性来实现输入时不受其限制的功能，其属性如下。

☆ normal：正常的字体，即浏览器默认状态。

☆ small-caps：定义小型的大写字母。

下面通过一个例子来认识 font-variant。创建 10.12.html 文档，代码如下。

```
<!doctype html>
<html>
<head>
```

```
<meta http-equiv="Content-Type" content="text/html; charset=gb2312" />
<title>CSS font-variant 属性示例</title>
<style type="text/css" media="all">
p#small-caps{font-variant:small-caps;}
p#uppercase{text-transform:uppercase;}
</style>
</head>
<body>
<p id="small-caps">The quick brown fox jumps over the lazy dog.</p>
<p id="uppercase">The quick brown fox jumps over the lazy dog.</p>
</body>
</html>
```

预览效果如图 10-24 所示。

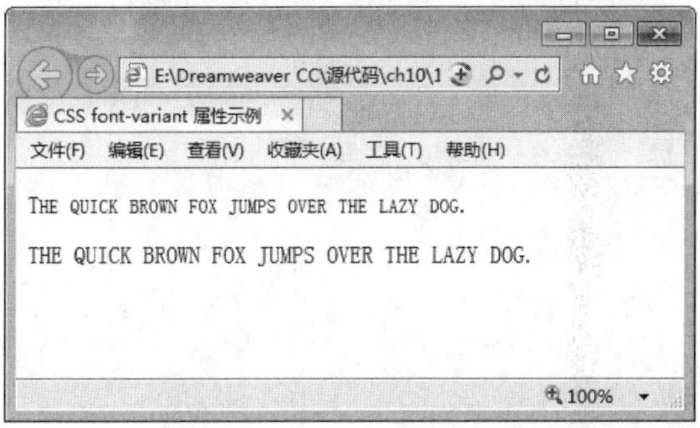

E:\Dreamweaver CC\源代码\ch10\1
CSS font-variant 属性示例
文件(F) 编辑(E) 查看(V) 收藏夹(A) 工具(T) 帮助(H)
THE QUICK BROWN FOX JUMPS OVER THE LAZY DOG.
THE QUICK BROWN FOX JUMPS OVER THE LAZY DOG.
100%

图 10-24　预览效果

5　font-weight 属性

font-weight 属性用来定义字体的粗细，其属性值如下。

☆ normal：正常，等同于 400。

☆ bold：粗体，等同于 700。

☆ bolder：更粗。

☆ lighter：更细。

☆ 100/200/300/400/500/600/700/800/900：字体粗细的绝对值。

下面通过一个例子来认识 font-weight。创建 10.13.html 文档，代码如下。

```
<!doctype html>
<html>
<head>
<meta http-equiv="Content-Type" content="text/html; charset=gb2312" />
<title>CSS font-weight 属性示例</title>
<style type="text/css" media="all">
p#normal{font-weight: normal;}
p#bold{font-weight: bold;}
p#bolder{font-weight: bolder;}
p#lighter{font-weight: lighter;}
</style>
</head>
<body>
<p id="normal">font-weight:天回北斗挂西楼</p>
<p id="bold">font-weight:金屋无人萤火流</p>
<p id="bolder">font-weight: 月光欲到长门殿，别作深宫一段愁</p>
<p id="lighter">font-weight: 桂殿长愁不记春，黄金四屋起秋尘</p>
</body>
</html>
```

预览效果如图 10-25 所示。

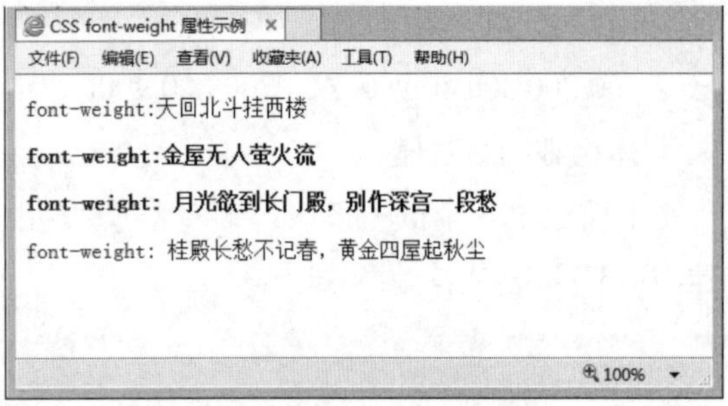
CSS font-weight 属性示例
文件(F) 编辑(E) 查看(V) 收藏夹(A) 工具(T) 帮助(H)
font-weight:天回北斗挂西楼
font-weight:金屋无人萤火流
font-weight: 月光欲到长门殿，别作深宫一段愁
font-weight: 桂殿长愁不记春，黄金四屋起秋尘
100%

图 10-25 预览效果

10.3.2 案例 8——使用文本样式美化文本

CSS 样式的文本属性用于定义文字、空格、单词、段落的样式。

文本属性如下。

- ☆ letter-spacing 属性：定义文本中字母的间距（中文为文字的间距）。
- ☆ word-spacing 属性：定义以空格间隔文字的间距（就是空格本身的宽度）。
- ☆ text-decoration 属性：定义文本是否有下划线以及下划线的方式。
- ☆ text-transform 属性：定义文本的大小写状态，此属性对中文无意义。
- ☆ text-align 属性：定义文本的对齐方式。
- ☆ text-indent 属性：定义文本的首行缩进（在首行文字前插入指定的长度）。

1 letter-spacing 属性

该属性在应用时有以下两种情况。

- ☆ normal：默认间距（主要是根据用户所使用的浏览器等设备而定）。
- ☆ <length>：由浮点数字和单位标识符组成的长度值，允许为负值。

下面通过一个例子来认识 letter-spacing。

创建 10.14.html 文档，代码如下。

```
<!doctype html>
<html>
<head>
<meta http-equiv="Content-Type" content="text/html; charset=gb2312" />
<title>CSS letter-spacing 属性示例</title>
<style type="text/css" media="all">
.ls3px{letter-spacing: 3px;}
.lsn3px{letter-spacing: -3px;}
</style>
</head>
<body>
<p class="ls3px">
<strong><ahref="http://www.dreamdu.com/css/property_letter-spacing/">letter-spacing</a>示例 :</strong>
<p>All i have to do, is learn CSS.(仔细看是字母之间的距离，不是空格本身的宽度。)</p>
</p>
<p>
<strong><a href="http://www.dreamdu.com/css/property_letter-spacing/">letter-spacing</a>示例 :</strong>
<p class="lsn3px">All i have to do, is learn CSS.</p>
</p>
</body>
</html>
```

预览效果如图 10-26 所示。

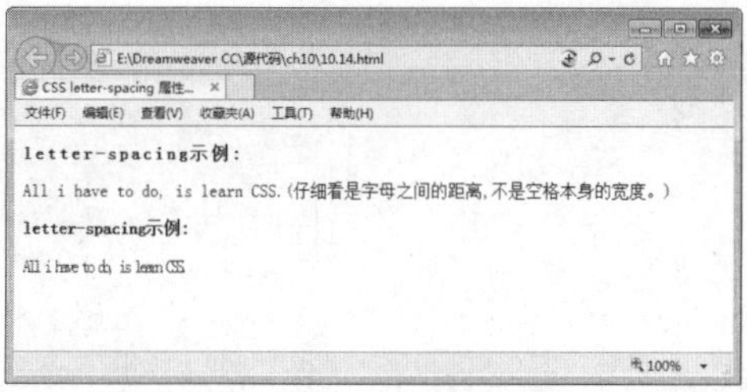
letter-spacing示例：
All i have to do, is learn CSS.（仔细看是字母之间的距离，不是空格本身的宽度。）
letter-spacing示例：

图 10-26　预览效果

2　word-spacing 属性

该属性在应用时有以下两种情况。

☆　normal：默认间距，即浏览器的默认间距。

☆　<length>：由浮点数字和单位标识符组成的长度值，允许为负值。

下面通过一个例子来认识 word-spacing。创建 10.15.html 文档，代码如下。

```
<!doctype html>
<html>
<head>
<meta http-equiv="Content-Type" content="text/html; charset=gb2312" />
<title>CSS word-spacing 属性示例</title>
<style type="text/css" media="all">
.ws30{word-spacing: 30px;}
.wsn30{word-spacing: -10px;}
</style>
</head>
<body>
<p><strong>word-spacing 示例:</strong>
<p class="ws30">All i have to do, is learn CSS.</p></p><p>
<strong>word-spacing 示例:</strong><p class="wsn30">All i have to do, is learn CSS.</p>
</p>
</body>
</html>
```

预览效果如图 10-27 所示。

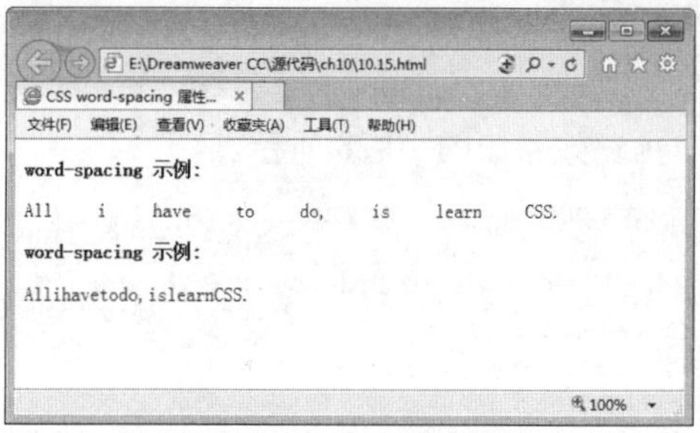
word-spacing 示例：
All i have to do, is learn CSS.
word-spacing 示例：
Allihavetodo, islearnCSS.

图 10-27　预览效果

3　text-decoration 属性

该属性在应用时有以下 4 种情况。

☆　underline：定义有下划线的文本。

☆　overline：定义有上划线的文本。

☆　line-through：定义直线穿过文本。

☆　blink：定义闪烁的文本。

下面通过一个例子来认识 text-decoration。创建 10.16.html 文档，代码如下。

```
<!doctype html>
<html>
<head>
<meta http-equiv="Content-Type" content="text/html; charset=gb2312" />
<title>CSS text-decoration 属性示例</title>
<style type="text/css" media="all">
p#line-through{text-decoration: line-through;}
</style>
</head>
<body>
<p id="line-through">平林漠漠烟如织，寒山一带伤心碧。<a href="#">漠烟如织，寒山一带伤心碧。</a>,<strong><a href="#">寒山一带伤心碧。</a></strong>何处是归程？长亭更短亭。</p>
```

```
</body>
</html>
```

预览效果如图 10-28 所示。

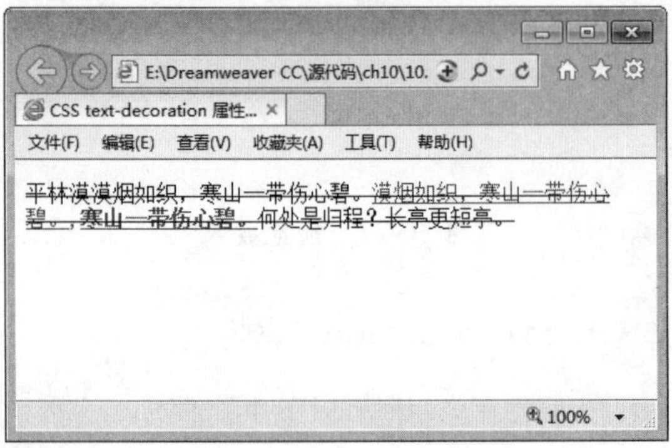

图 10-28　预览效果

4 text-transform 属性

该属性在应用时有以下 4 种情况。

☆ capitalize：首字母大写。

☆ uppercase：将所有设定此值的字母变为大写。

☆ lowercase：将所有设定此值的字母变为小写。

☆ none：正常无变化，即输入状态。

下面通过一个例子来认识 text-transform。创建 10.17.html 文档，代码如下。

```
<!doctype html>
<html>
<head>
<meta http-equiv="Content-Type" content="text/html; charset=gb2312" />
<title>CSS text-transform 属性示例</title>
<style type="text/css" media="all">
p#capitalize{text-transform: capitalize; }
p#uppercase{text-transform: uppercase; }
p#lowercase{text-transform: lowercase; }
</style>
</head>
<body>
<p id="capitalize">hello world</p><p id="uppercase">hello world</p>
<p id="lowercase">HELLO WORLD</p>
</body>
</html>
```

预览效果如图 10-29 所示。

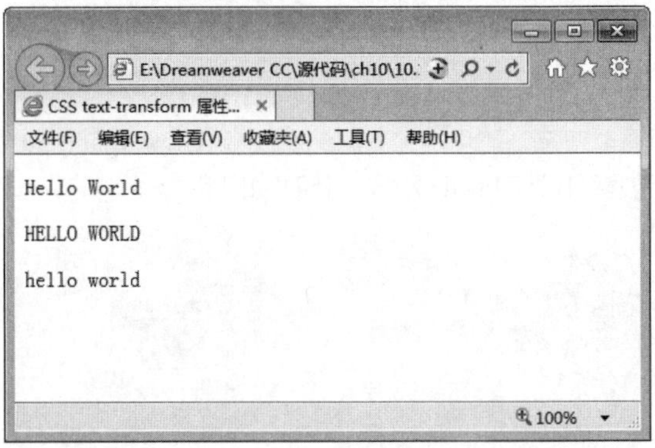

图 10-29　预览效果

5 text-align 属性

该属性在应用时有以下 4 种情况。

☆ left：当前块的位置为左对齐。

☆ right：当前块的位置为右对齐。

☆ center：当前块的位置为居中。

☆ justify：对齐每行的文字。

下面通过一个例子来认识 text-align。创建 10.18.html 文档，代码如下。

```
<!doctype html>
<html>
<head>
<meta http-equiv="Content-Type" content="text/html; charset=gb2312" />
<title>CSS text-align 属性示例</title>
<style type="text/css" media="all">
```

```
p#left{text-align: left; }
</style>
</head>
<body>
<p id="left">left 左对齐 </p>
</body>
</html>
```

预览效果如图 10-30 所示。

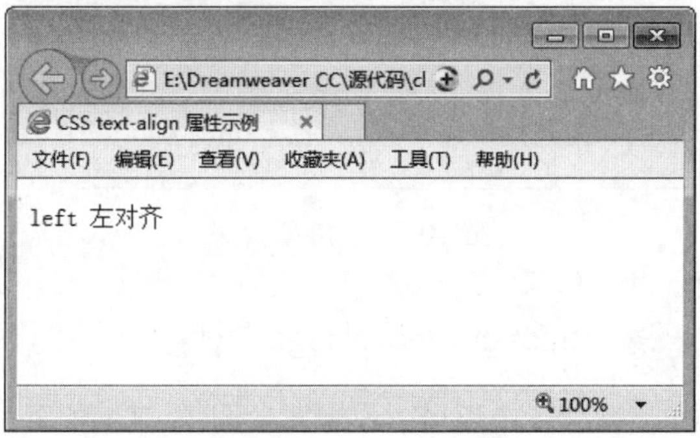

图 10-30　预览效果

6 text-indent 属性

该属性在应用时有以下两种情况。

☆ <length>：由浮点数字和单位标识符组成的长度值，允许为负值。

☆ <percentage>：百分比表示法。

下面通过一个例子来认识 text-indent。创建 10.19.html 文档，代码如下。

```
<!doctype html>
<html>
<head>
<meta http-equiv="Content-Type"
content="text/html; charset=gb2312" />
<title>CSS text-indent 属性示例 </title>
<style type="text/css" media="all">
p#indent{text-indent:2em;top:10px;}
p#unindent{text-indent:-
2em;top:210px;}
p{width:150px;margin:3em;}
</style>
</head>
<body>
<p id="indent"> 示例 <a href="#">CSS 教
程 </a>,<strong><a
href="#">text-indent</a></strong> 示例，正
值向后缩，负值向前进 .text-indent 属性可以定义
首行的缩进，是我们经常使用到的 CSS 属性 .</p>
<p id="unindent"> 示 例 <a href="#">CSS
教程 </a>,<strong><a
href="#">text-indent</a></strong> 示例，
正值向后缩，负值向前进 .</p>
</body>
</html>
```

预览效果如图 10-31 所示。

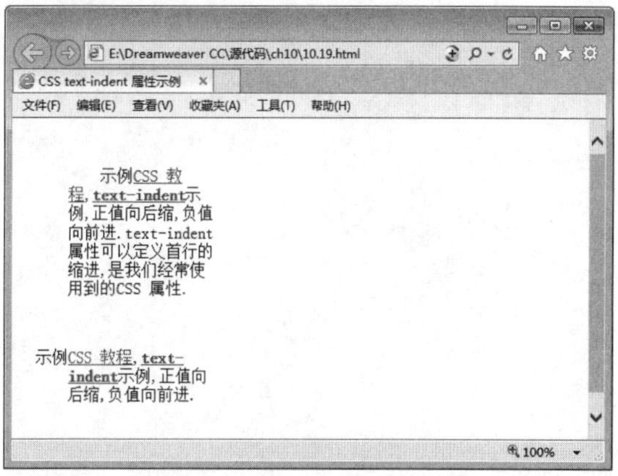

图 10-31　预览效果

10.3.3 案例 9——使用背景样式美化背景

文字颜色可以使用 color 属性，但是包含文字的 p 段落、div 层、page 页面等的颜

色与背景图片可以使用 background(背景）属性。

背景属性如下。

☆ background-color 属性：定义背景颜色。

☆ background-image 属性：定义背景图片。

☆ background-repeat 属性：定义背景图片的重复方式。

☆ background-position 属性：定义背景图片的位置。

1 background-color 属性

在 CSS 中可以定义背景颜色，内容没有覆盖到的地方就按照设置的背景颜色显示，其值如下。

☆ <color>：颜色表示法，可以是数值表示法，也可以是颜色名称。

☆ transparent：背景色透明。

下面通过一个例子来认识 background-color。创建 10.20.html 文档，定义网页的背景使用绿色，内容白字黑底，代码如下。

```
<!doctype html>
<html>
<head>
<meta http-equiv="Content-Type" content="text/html; charset=gb2312" />
<title>CSS background-color 属性示例</title>
<style type="text/css" media="all">
body{background-color:green;}
h1{color:white;background-color:black;}
</style>
</head>
<body>
<h1> 白字黑底 </h1>
</body>
</html>
```

预览效果如图 10-32 所示。

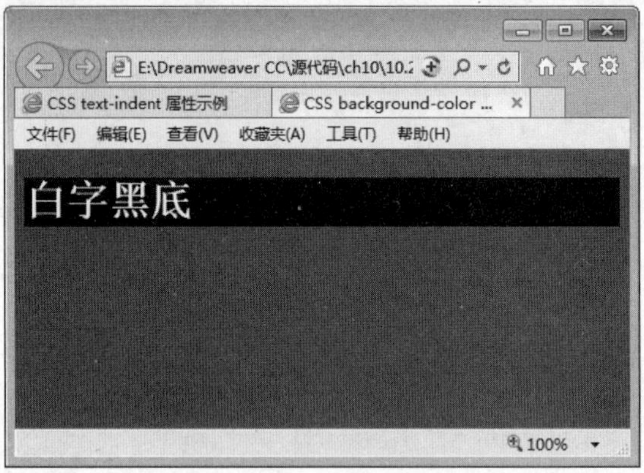

图 10-32 预览效果

2 background-image 属性

在CSS 中还可以设置背景图像，其值如下。

☆ <uri>：使用绝对地址或相对地址指定背景图像。

☆ none：将背景设置为无背景状。

下面通过一个例子来认识background-image。创建 10.21.html 文档，代码如下。

```
<!doctype html>
<html>
<head>
<meta http-equiv="Content-Type" content="text/html; charset=gb2312" />
<title>CSS background-image 属性示例</title>
<style type="text/css" media="all">
.para{background-image:none; width:200px; height:70px;}
.div{width:200px; color:#FFF; font-size:40px;
font-weight:bold;height:200px; background-image:url(flower1.jpg);}
```

```
</style>
</head>
<body>
<div class="para">div 段落中没有背景图片</div>
<div class="div">div 中有背景图片</div>
</body>
</html>
```

预览效果如图 10-33 所示。

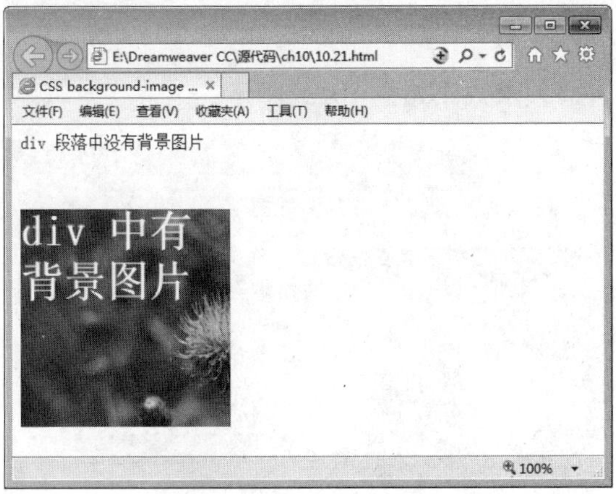

图 10-33　预览效果

3 background-repeat 属性

在默认情况下，图像会自动向水平和竖直两个方向平铺。如果不希望平铺，或者希望沿着一个方向平铺，可以使用 background-repeat 属性来实现。该属性可以设置为以下 4 种平铺方式。

☆ repeat：平铺整个页面，左右与上下。

☆ repeat-x：在 X 轴上平铺，左右。

☆ repeat-y：在 Y 轴上平铺，上下。

☆ no-repeat：当背景大小比所要填充背景的块小时图片不重复。

下面通过一个例子来认识background-repeat。

创建 10.22.html 文档，代码如下。

```
<!doctype html>
<html>
<head>
<meta http-equiv="Content-Type" content="text/html; charset=gb2312" />
<title>垂直方向平铺背景图片</title>
<style type="text/css" media="all">
body{background-image:url('2.jpg');background-repeat:no-repeat;}
p{background-image:url('2.jpg');background-repeat:repeaty;background-position:right;top:200px;left:200px;width:300px;height:300px;border:1px solidblack; margin-left:150px;}
</style>
</head>
<body>
</body>
</html>
```

预览效果如图 10-34 所示。

图 10-34　预览效果

4 background-position 属性

将标题居中或者右对齐，可以使用 background-position 属性来实现，其值如下。

（1）水平方向。

☆ left：当前填充背景位置居左。

☆ center：当前填充背景位置居中。

☆ right：当前填充背景位置居右。

（2）垂直方向。

☆ top：当前填充背景位置居上。

☆ center：当前填充背景位置居中。

☆ bottom：当前填充背景位置居下。

（3）垂直与水平的组合，代码如下。

```
. x-% y-%;
. x-pos y-pos;
```

下面通过一个例子来认识 background-position。创建 10.23.html 文档，代码如下。

```
<!doctype html>
<html>
<head>
<meta http-equiv="Content-Type"
content="text/html; charset=gb2312" />
<title>CSS background-position 属性示例
</title>
<style type="text/css" media="all">
body{background-image:url('3.
jpg');background-repeat:no-repeat;}
p{background-image:url('3.
jpg');background-position:right
bottom ;background-repeat:no-
repeat;border:1px solid
black;width:400px;height:200px;
margin-left:130px;}
div{background-image:url('images/
small.jpg');background-position:50%
20% ;background-repeat:no-
repeat;border:1px solid
black;width:400px;height:150px;}
</style>
</head>
<body>
<p>p 段落中右下角显示橙色的点 .</p>
<div>div 中距左上角 x 轴 50%,y 轴 20% 的位
置显示橙色的点 .</div>
</body>
</html>
```

预览效果如图 10-35 所示。

图 10-35 预览效果

10.3.4 案例 10——使用链接样式美化链接

在 HTML 语言中，超链接是通过 a 标签来实现的，链接的具体地址则是利用 a 标签的 href 属性，代码如下。

```
<a href=" http://www.baidu.com" >链接文
本</a>
```

在浏览器默认的浏览方式下，超链接统一为蓝色并且有下划线，被单击过的超链接则为

紫色并且也有下划线。这种最基本的超链接样式现在已经无法满足广大设计师的需求。通过 CSS 可以设置超链接的各种属性，而且通过伪类别还可以制作很多动态效果。下面用最简单的方法去掉超链接的下划线，代码如下。

```
/* 超链接样式 * /
a{text-decoration:none; margin-
left:20px;} /* 去掉下划线 */
```

可制作动态效果的 CSS 伪类别属性如下。

☆ a:link：超链接的普通样式，即正常浏览状态的样式。

☆ a:visited：被单击过的超链接的样式。

☆ a:hover：鼠标指针经过超链接上时的样式。

☆ a:active：在超链接上单击时，即“当前激活”时超链接的样式。

10.3.5 案例 11——使用列表样式美化列表

CSS 列表属性可以改变 HTML 列表的显示方式。列表的样式通常使用 list-style-type 属性来定义，list-style-image 属性定义列表样式的图像，list-style-position 属性定义列表样式的位置，list-style 属性统一定义列表样式的属性。

通常的列表主要采用 ul 或者 ol 标签，然后配合 li 标签罗列各个项目。CSS 列表有表 10-1 所示的几个常见属性。

表 10-1　CSS 列表的常见属性

属　性	简　介
list-style	设置列表项目相关内容
list-style-image	设置或检索作为对象的列表项标签的图像
list-style-position	设置或检索作为对象的列表项标签如何根据文本排列
list-style-type	设置或检索对象的列表项所使用的预设标签

1　list-style-image 属性

list-style-image 用于设置或检索作为对象的列表项标签的图像，其值如下。

☆ URI：一般是一个图像的网址。

☆ none：不指定图像。

代码如下。

```
<!doctype html>
<html>
<head>
<meta http-equiv="Content-Type" content="text/html; charset=gb2312" />
<title>CSS list-style-image 属性示例 </title>
<style type="text/css" media="all">
ul{list-style-image: url("feng.jpg");}
</style>
```

```
</head>
<body>
<ul>
<li>使用图片显示列表样式</li>
<li>本例中使用了 list-orange.png 图片</li>
<li>我们还可以使用 list-green.png top.
png 或 up.png 图片</li>
<li>大家可以尝试修改下面的代码</li>
</ul>
</body>
</html>
```

2 list-style-position 属性

list-style-position 用于设置或检索作为对象的列表项标签如何根据文本排列，其值如下。

☆ inside：列表项标签放置在文本以内，且环绕文本根据标签对齐。

☆ outside：列表项标签放置在文本以外，且环绕文本不根据标签对齐。

代码如下。

```
<!doctype html>
<html>
<head>
<meta http-equiv="Content-Type"
content="text/html; charset=gb2312" />
<title>CSS list-style-position 属性示例
</title>
<style type="text/css" media="all">
ul#inside{list-style-position:
inside;list-style-image:url("1.gpg");}
ul#outside{list-style-position:
outside;list-style-image:url("2.gpg");}
p{padding: 0;margin: 0;}
li{border:1px solid green;}
</style>
</head>
<body>
<p>内部模式</p>
<ul id="inside">
<li>内部模式 inside</li>
<li>示例 XHTML 教程.</li>
<li>示例 CSS 教程.</li>
<li>示例 JAVASCRIPT 教程.</li>
</ul>
<p>外部模式</p>
<ul id="outside">
<li>外部模式 outside</li>
<li>示例 XHTML 教程.</li>
<li>示例 CSS 教程.</li>
<li>示例 JAVASCRIPT 教程.</li>
</ul>
</body>
</html>
```

3 list-style-type 属性

list-style-type 用于设置或检索对象的列表项所使用的预设标签，其值如下。

☆ disc：点。

☆ circle：圆圈。

☆ square：正方形。

☆ decimal：数字。

☆ none：无（取消所有的 list 样式）。

代码如下。

```
<!doctype html>
<html>
<head>
<meta http-equiv="Content-Type"
content="text/html; charset=gb2312" />
```

```
<title>CSS list-style-type 属性示例</title>
<style type="text/css" media="all">
ul{list-style-type: disc;}
</style>
</head>
<body>
<ul>
<li>正常模式</li>
<li>示例 XHTML 教程.</li>
<li>示例 CSS 教程.</li>
<li>示例 JAVASCRIPT 教程.</li>
</ul>
</body>
</html>
```

10.3.6 案例 12——使用区块样式美化区块

块级元素就是一个方块，像段落一样，默认占据一行位置。内联元素又称行内元素，顾名思义，它只能放在行内，就像一个单词一样不会造成前后换行，起辅助作用。一般的块级元素有段落 p，标题 h1、h2，列表 ul、ol、li，表格 table，表单 form，div 和 body 等。

内联元素包括表单元素 input、超链接 a、图像 img、span 等。块级元素的显著特点是：它都是从一个新行开始显示，而且其后的元素也需另起一行显示。

下面通过一个示例来看一下块级元素与内联元素的区别，代码如下。

```
<!doctype html>
<html>
<head>
<meta http-equiv=3"Content-Type" content="text/html; charset=gb2312" />
<title>CSS list-style-type 属性示例</title>
<style type="text/css" media="all">
ul{list-style-type: disc;}
img{ width:100px; height:70px;}
</style>
</head>
<body>
<p>标签不同行：</p>
<div><imgsrc="flower.jpg" /></div>
<div><imgsrc="flower.jpg" /></div>
<div><imgsrc="flower.jpg" /></div>
<p>标签同一行：</p>
<span><imgsrc="flower.jpg" /></span>
<span><imgsrc="flower.jpg" /></span>
<span><imgsrc="flower.jpg" /></span>
</body>
</html>
```

在前面示例中，3 个 div 元素各占一行，相当于在它之前和之后各插入了一个换行，而内联元素 span 没对显示效果造成任何影响，这就是块级元素和内联元素的区别。正因为有了这些元素，才使网页变得丰富多彩。

如果没有 CSS 的作用，块元素会以每次换行的方式一直往下排。而有了 CSS 以后，可以改变这种 HTML 的默认布局模式，把块元素摆放到想要的位置上，而不是每次都另起一行。也就是说，可以用 CSS 的 display:inline 将块级元素改变为内联元素，也可以用 display:block 将内联元素改变为块元素。

修改代码如下。

```
<!doctype html>
<html>
<head>
<meta http-equiv="Content-Type"
content="text/html; charset=gb2312" />
<title>CSS list-style-type 属性示例</
title>
<style type="text/css" media="all">
ul{list-style-type: disc;}
img{ width:100px; height:70px;}
</style>
</head>
<body>
<p>标签同一行：</p>
<div style="display:inline"><imgsrc="flower
.jpg" /></div>
<div style="display:inline"><imgsrc="flower
.jpg" /></div>
<div style="display:inline"><imgsrc="flower
.jpg" /></div>
<p>标签不同行：</p>
<span style="display:block"><imgsrc="flower
.jpg" /></span>
<span style="display:block"><imgsrc="flower
.jpg" /></span>
<span style="display:block"><imgsrc="flower
.jpg" /></span>
</body>
</html>
```

由此可以看出，display 属性改变了块元素与内联元素默认的排列方式。另外，如果 display 属性值为 none 的话，那么可以使用该元素隐藏，并且不会占据空间。

代码如下。

```
<!doctype html>
<html>
<head>
<title>display 属性示例</title>
<style type=" text/ css">
div{width:100px; height:50px;
border:1px solid red}
</style>
</head>
<body>
<div>第一个块元素</div>
<div style="display:none">第二个块元素
</div>
<div >第三个块元素</div>
</body>
</html>
```

10.3.7 案例 13——使用宽高样式设定宽高

10.3.6 节介绍了块元素与内联元素的区别，本节介绍两者宽高属性的区别。块元素可以设置宽度与高度，但内联元素是不能设置的。

例如，span 元素是内联元素，给 span 设置宽、高属性，代码如下。

```
<!doctype html>
<html>
<head>
<title>宽高属性示例</title>
<style type=" text/ css">
span{ background:#CCC }
.special{ width:100px; height:50px;
background:#CCC}
</style>
```

```
</head>
<body>
<span class="special">这是 span 元素 1</span>
<span>这是 span 元素 2</span>
</body>
</html>
```

在这个示例中，显示的结果是设置了宽高属性的 span 元素 1 与没有设置宽高属性的 span 元素 2 显示效果是一样的。可见，内联元素不能设置宽高属性。如果把 span 元素改为块元素，效果会如何呢？

可以通过设置 display 属性值为 block 来使内联元素变为块元素，代码如下。

```
<!doctype html>
<html>
<head>
<title>宽高属性示例</title>
<style type="text/ css">
span{ background:#CCC;display:block;border:1px solid #036}
.special{ width:200px; height:50px;background:#CCC}
</style>
</head>
<body>
<span class="special">这是 span 元素 1</span>
<span>这是 span 元素 2</span>
</body>
</html>
```

在浏览器的输出中可以看出，当把 span 元素变为块元素后，类为 special 的 span 元素 1 按照所设置的宽高属性显示，而 span 元素 2 则按默认状态占据一行显示。

10.3.8 案例 14——使用边框样式美化边框

border 一般用于分隔不同的元素。border 的属性主要有 3 个，即 color（颜色）、width（粗细）和 style（样式）。在使用 CSS 设置边框时，可以分别使用 border-color、border-width 和 border-style 属性。

☆ border-color：设定 border 的颜色。通常情况下，颜色值为十六进制数，如红色为 #ff0000；当然也可以是颜色的英语单词，如 red、yellow 等。

☆ border-width：设定 border 的粗细程度。可以设为 thin、medium、thick 或者具体的数值，单位为 px，如 5 px 等。border 默认的宽度值为 medium，一般浏览器将其解析为 2 px。

☆ border-style：设定 border 的样式，可以设为 none（无边框线）、dotted（由点组成的虚线）、dashed（由短线组成的虚线）、solid（实线）、double（双线，双线宽度加上它们之间空白部分的宽度就等于 border-width 定义的宽度）、groove（根据颜色画出 3D 沟槽状的边框）、ridge（根据颜色画出 3D 脊状的边框）、inset（根据颜色画出 3D 内嵌边框，颜色较深）、outset（根据颜色画出 3D 外嵌边框，颜色较浅）。注意：border-style 属性的默认值为 none，因此要想使边框显示出来，必须设置 border-style 值。

下面通过一个例子来展示这些样式的效果。创建 10.34.html 文档，其代码如下。

```
<!doctype html>
```

```
<html>
<head>
<title>border 样式示例</title>
<style type="text/ css">
div{ width:300px; height:30px; margin-top:10px;
border-width:5px;border-color:green }
</style>
</head>
<body>
<div style="border-style:dashed">边框为虚线</div>
<div style="border-style:dotted">边框为点线</div>
<div style="border-style:double">边框为双线</div>
<div style="border-style:groove">边框为3D 沟槽状线</div>
<div style="border-style:inset">边框为3D 内嵌边框线</div>
<div style="border-style:outset">边框为3D 外嵌边框线</div>
XHTML+CSS+JavaScript 网页设计与布局
<div style="border-style:ridge">边框为3D 脊状线</div>
<div style="border-style:solid">边框为实线</div>
</body>
</html>
```

在上面例子中，分别设置了 border-color、border-width 和 border-style 属性，其效果是对上下左右 4 条边同时产生作用。在实际应用中，除了采用这种方式外，还可以分别对 4 条边框设置不同的属性值。方法是按照规定的顺序，给出 2 个、3 个、4 个属性值，分别代表不同的含义。给出 2 个属性值：前者表示上下边框的属性，后者表示左右边框的属性。给出 3 个属性值：前者表示上边框的属性，中间的数值表示左右边框的属性，后者表示下边框的属性。给出 4 个属性值，依次表示上、右、下、左边框的属性，即顺时针排序。

代码如下。

```
<!doctype html>
<html>
<head>
<title>border 样式示例</title>
<style type="text/ css">
div{ border-width:5px 8px;border-color:green yellow red; border-style:dotted dashed solid double }
</style>
</head>
<body>
<div>设置边框</div>
</body>
</html>
```

给 div 设置的样式为上下边框宽度为 5 px，左右边框宽度为 8 px；上边框的颜色为绿色，左右边框的颜色为黄色，下边框的颜色为红色；从上边框开始，按照顺时针方向，4 条边框的样式分别为点线、虚线、实线和双线。

如果某元素的 4 条边框的设置都一样，还可以简写为：

```
border:5px solid red;
```

如果想对某一条边框单独设置，如只设置左边框为红色、实线、宽度为 5 px，可写为：

```
border-left::5px solid red;
```

其他 3 条边框的设置类似，3 个属性分别为 border-right、border-top、border-bottom，这样就可以设置右边框、上边框、下边框的样式。

如果只想设置某一条边框某一个属性，如设置左边框的颜色为红色，可写为：

```
border-left-color:: red;
```

其他属性的设置类似，不再一一举例。

10.4 实战演练——设定网页中链接样式

搜搜作为一个搜索引擎网站，知名度越来越高了。打开搜搜首页，可以看到一个水平导航菜单，通过该导航菜单可以搜索不同类别的内容。本实例将结合本章学习的知识，轻松实现搜搜导航栏。

该实例包含三部分，第一部分是 soso 图标；第二部分是水平导航菜单，也是本实例的重点；第三部分是表单部分，包含一个输入框和按钮。该实例的最终效果如图 10-36 所示。

图 10-36 最终效果

本实例需要使用 HTML 标签实现搜搜图标、导航的项目列表、下方的搜索框和按钮等。其代码如下所示。

```
<!doctype html>
<html>
<head>
<title> 搜搜 </title>
```

```
</head>
<body>
<center><br><img src="logo_index.png"><br><br><br><br>
<div>
<ul>
      li id=h></li>
      <li><a href="#">网页</a></li>
      <li > <a href="#">图片</a></li>
      <li> <a href="#">视频</a></li>
      <li><a href="#">音乐</a></li>
      <li><a href="#">搜吧</a></li>
      <li><a href="#">问问</a></li>
      <li><a href="#">团购</a></li>
      <li><a href="#">新闻</a></li>
      <li><a href="#">地图</a></li>
      <li id="more"><a href="#">更 多&gt;&gt;</a></li>
</ul>
</div>
<p style="height:44px;"> </p>
<div id=s>
<form action="/q?" id="flpage" name="flpage">
      <input type="text" value="" size=50px;/>
    <input type="submit" value="搜搜">
</form>
</div>
</center>
</body>
</html>
```

在 IE 中浏览效果如图 10-37 所示。可以看到上面显示了一个图片，即搜搜图标；中间显示了一个项目列表，每个选项都是超链接；下方是一个表单，包含输入框和按钮。

图 10-37　创建基本 HTML 网页

框架出来之后，就可以修改项目列表的相关样式，即列表水平显示，同时定义整个 div 层属性，如设置背景色、宽度、底部边框和字体大小等。代码如下所示。

```
p{ margin:0px; padding:0px;}
#div{
      margin:0px auto;
      font-size:12px;
      padding:0px;
      border-bottom:1px solid #00c;
      background:#eee;
      width:800px;height:18px;
}
div li{
      float:left;
      list-style-type:none;
      margin:0px;padding:0px;
      width:40px;
}
```

上面代码中，float 属性设置菜单栏水平显示，list-style-type 设置了列表不显示项目符号。在 IE 中浏览效果如图 10-38 所示，可以看到页面整体效果和搜搜首页比较相似。下面就可以在细节上进一步修改了。

图 10-38　修饰基本 HTML 网页元素

添加 CSS 代码，修饰超链接，代码如下。

```
div li a{
      display:block;
      text-decoration:underline;
      padding:4px 0px 0px 0px;
      margin:0px;
      ont-size:13px;
}
div li a:link, div li a:visited{
      color:#004276;

}
```

上面代码设置了超链接，即导航栏中菜单选项中的相关属性，如超链接以块显示、文本带有下划线，字体大小为 13 像素。并设定了鼠标单击超链接后的颜色。

在 IE 中浏览效果如图 10-39 所示，可以看到字体颜色发生了改变，字体变小。

图 10-39　修饰网页文字

添加 CSS 代码，定义对齐方式和表单样式，代码如下。

```
div li#h{width:180px;height:18px;}
div li#more{width:85px;height:18px;}
#s{
        background-color:#006EB8;
        width:430px;
}
```

上述代码中，h 定义了水平菜单最前方空间的大小，more 定义了更多的长度和宽度，s 定义了表单背景色和宽度。在 IE 中浏览效果如图 10-40 所示。

图 10-40　修饰网页背景色

添加 CSS 代码，修饰访问默认样式，代码如下。

```
<a href="#"  style="text-decoration:none;
color:#020202;font-size:14px;">网页</a>
```

此代码段设置了被访问时的默认样式。在 IE 中浏览效果如图 10-41 所示，可以看到“网页”菜单为黑色，不带下划线。

图 10-41　网页最终效果

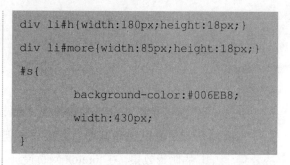

10.5 高手甜点

甜点 1：滤镜效果是 IE 浏览器特有的 CSS 特效，那么在 Firefox 中能不能实现呢？

滤镜效果虽然是 IE 浏览器特有的效果，但使用 Firefox 浏览器的一些属性也可以实现相同的效果。如 IE 的阴影效果，在 Firefox 网页设计中，可以先在文字下面再叠一层浅色的相同文字，然后做 2 个像素的错位，来制造阴影的假象。

甜点 2：文字和图片导航速度哪个更快？

使用文字做导航不仅速度快，而且更稳定。因为有些用户上网时会关闭图片。在处理文本时，除非特别需要，否则不要为普通文字添加下划线或颜色。

10.6 跟我练练手

练习 1：使用 Dreamweaver CC 编写一个 CSS，设置页面的文本大小、颜色和页面背景。

练习 2：使用各种方法调用 CSS 样式表。

练习 3：使用 CSS 样式表美化网页。

练习 4：设定网页中的链接样式。

第11章 架构师的大比拼——网页布局典型范例

使用 CSS 布局网页是一种很新的概念，完全区别于传统的网页布局习惯。它将页面首先在整体上进行 div 标签的分块，然后对各个块进行 CSS 定位，最后再在各个块中添加相应的内容。本章就来介绍网页布局中的一些典型范例。

本章学习目标

- ◎ 理解使用 CSS 排版的方法
- ◎ 掌握固定宽度网页布局的方法
- ◎ 掌握自动缩放网页 1–2–1 型布局模式的方法
- ◎ 掌握自动缩放网页 1–3–1 型布局模式的方法
- ◎ 掌握使用 CSS 设定网页布局列背景色的方法

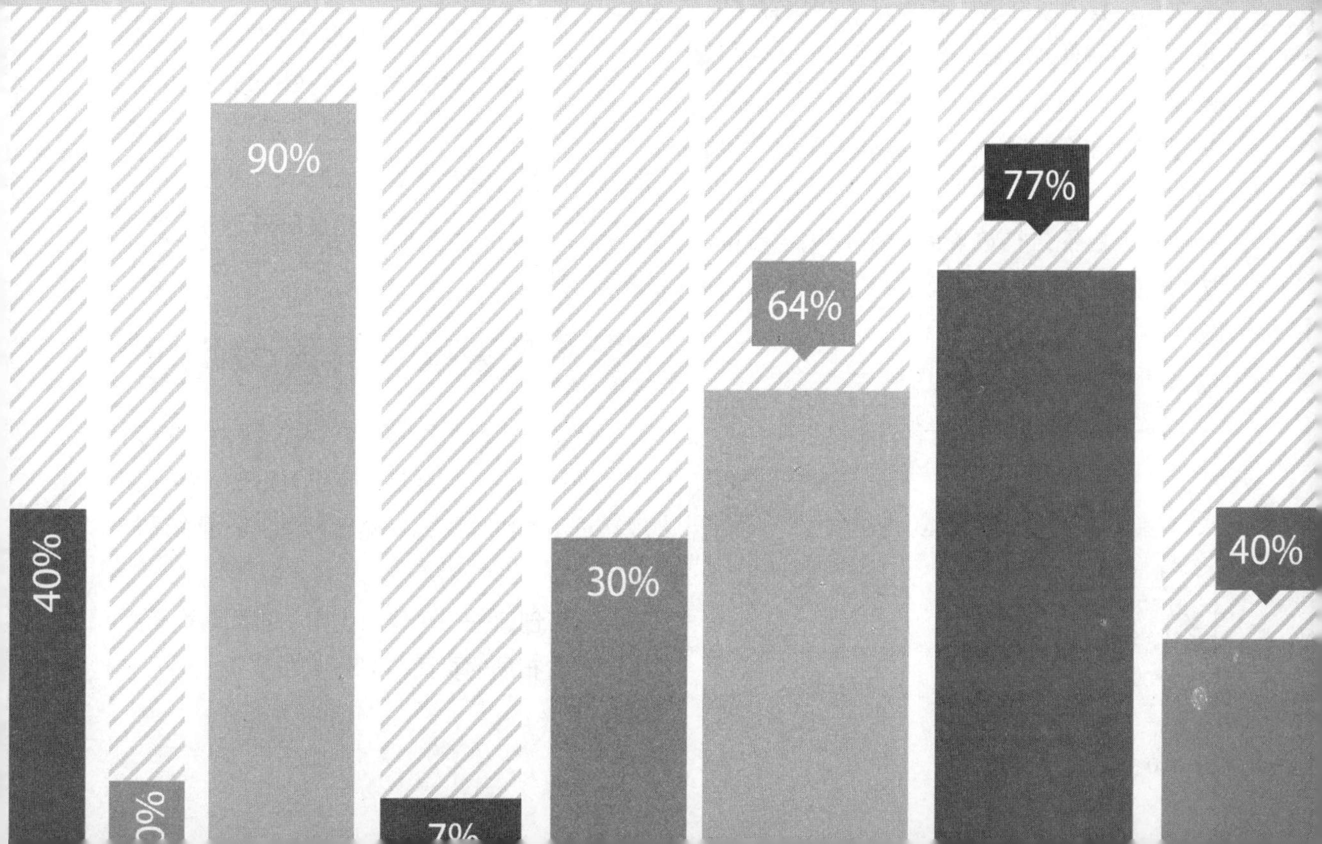

11.1 使用CSS排版

DIV 在 CSS+DIV 页面排版中是一个块的概念，DIV 的起始标签和结束标签之间的所有内容都是用来构建这个块的，其中所包含的元素特性由 DIV 标签属性来控制，或者是通过使用样式表格式化块来进行控制。CSS+DIV 页面的排版思路是首先在整体上进行 DIV 标签的分块，然后对各个块进行 CSS 定位，最后在各个块中添加相应的内容。

11.1.1 案例 1——将页面用 DIV 分块

使用 DIV+CSS 页面排版布局，需要对网页有一个整体构思，即网页可以划分成几个部分。例如是上、中、下结构，还是左右两列结构，抑或是三列结构。这时就可以根据网页构思，将页面划分成几个 DIV 块，用来存放不同的内容。当然，大块中还可以存放不同的小块。最后，通过 CSS 属性，对这些 DIV 块进行定位。

一般情况下，网页都是上中下结构，即上面是页面头部，中间是页面内容，最下面是页脚，整个网页最后放到一个 DIV 容器中，方便控制。页面头部一般用来存放 Logo 和导航菜单，页面内容包含页面要展示的信息、链接和广告等，页脚存放的是版权信息和联系方式等。

将上中下结构放置到一个 DIV 容器中，方便后面排版和对页面进行整体调整，如图 11-1 所示。

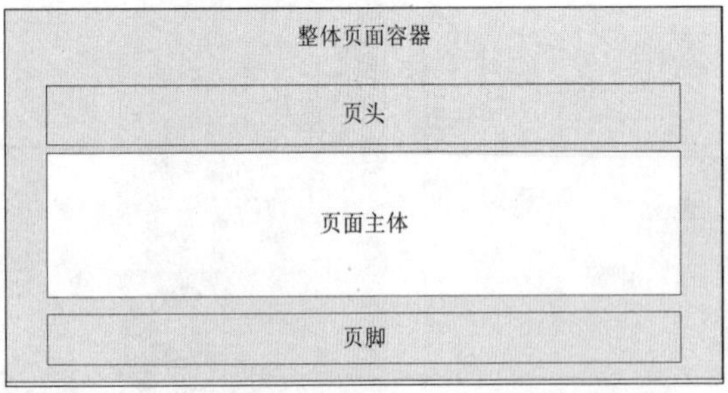

图 11-1　上中下网页布局结构

11.1.2 案例 2——设置各块位置

复杂的网页布局，不是单纯的一种结构，而是包含多种网页结构。例如总体上是上中下，中间分为两列布局等，如图 11-2 所示。

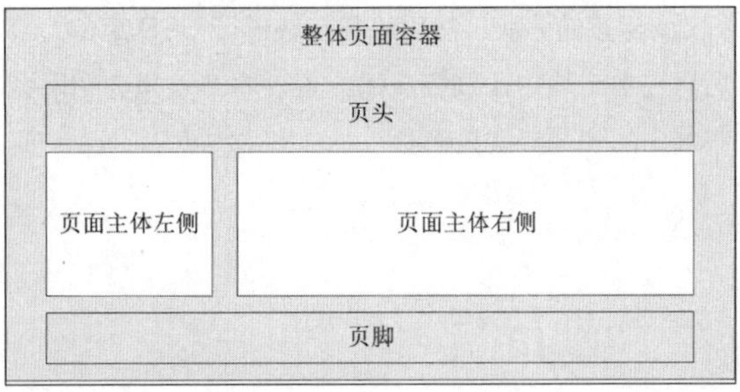

图 11-2　复杂的网页布局

页面总体结构确定后，一般情况下，页头和页脚变化就不大了。会发生变化的，就是页面主体，此时需要根据页面展示的内容，决定中间布局采用什么样式，如是三列分布还是两列分布等。

11.1.3 案例 3——用 CSS 定位

页面版式确定后，就可以利用 CSS 对 DIV 进行定位，使其在指定位置出现，从而实现对页面的整体规划。然后再向各个页面添加内容。

下面创建一个总体为上中下布局、页面主体为左右布局的页面的 CSS 定位实例。

1 创建 HTML 页面，使用 DIV 构建层

首先构建 HTML 网页，使用 DIV 划分最基本的布局块，其代码如下所示。

```
<html>
<head>
<title>CSS 排版 </title><body>
<div id="container">
  <div id="banner"> 页面头部 </div>
  <div id=content >
  <div id="right"> 页面主体右侧 </div>
  <div id="left"> 页面主体左侧 </div>
  <div id="footer"> 页脚 </div>
</div>
</body>
</html>
```

上述代码中，创建了 5 个层，其中 ID 名称为 container 的 DIV 层是一个布局容器，即所有的页面结构和内容都是在这个容器内实现；名称为 banner 的 DIV 层是页头部分；名称为 footer 的 DIV 层是页脚部分。名称为 content 的 DIV 层是中间主体，该层包含了两个层，一个是 right 层，一个是 left 层，分别放置不同的内容。

在 IE 中浏览效果如图 11-3 所示，可以看到网页中显示了这几个层，从上到下依次排列。

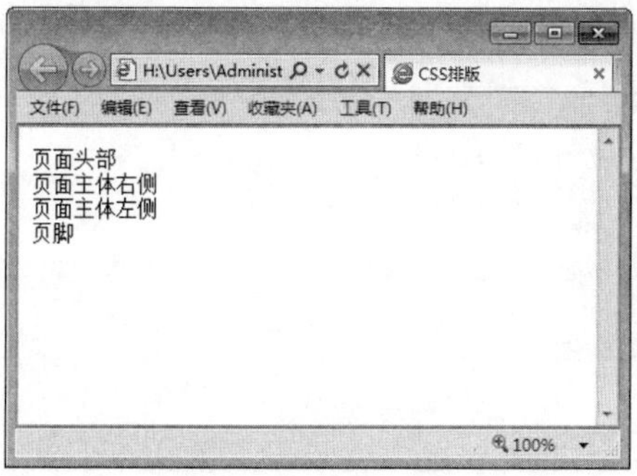

图 11-3 添加网页层次

2 CSS 设置网页整体样式

然后需要对 body 标签和 container 层（布局容器）进行 CSS 修饰，从而对整体样式进行定义。代码如下所示。

```
<style type="text/css">
<!--
body {
  margin:0px;
  font-size:16px;
  font-family:" 幼圆 ";
}
#container{
  position:relative;
  width:100%;
}
-->
</style>
```

上述代码设置了文字大小、字形、布局容器 container 的宽度、层定位方式，布局容器撑满整个浏览器。

在 IE 中浏览效果如图 11-4 所示，可以看到相比上一个显示页面发生的变化不大，只不过字形和字体大小发生了变化，因为 container 没有带有边框和背景色无法显示该层。

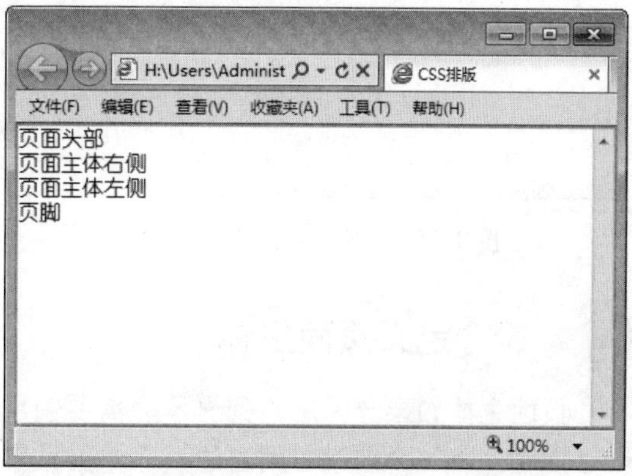

图 11-4 使用 CSS 设置网页整体样式

3 CSS 定义页头部分

接下来就可以使用CSS对页头，即banner层进行定位，使其在网页上显示。代码如下。

```
#banner{
  height:80px;
  border:1px solid #000000;
  text-align:center;
  background-color:#a2d9ff;
  padding:10px;
  margin-bottom:2px;
}
```

上述代码首先设置了banner层的高度为80像素，宽度充满整个container布局容器，下面分别设置了边框样式、字体对齐方式、背景色、内边距和外边距的底部等。

在IE中浏览效果如图11-5所示，可以看到在页面顶部显示了一个浅绿色的边框，边框充满整个浏览器，边框中间显示了“页面头部”文本。

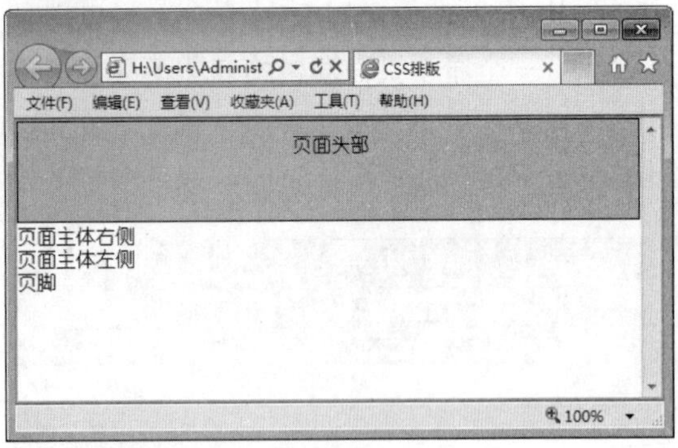

图 11-5　CSS 定义页头部分

4 CSS 定义页面主体

页面主体如果分两层并列显示，需要使用float属性，将一个层设置到左边，一个层设置到右边。其代码如下所示。

```
#right{
  float:right;
  text-align:center;
  width:80%;
  border:1px solid #ddeecc;
  margin-left:1px;
  height:200px;
}
#left{
  float:left;
  width:19%;
  border:1px solid #000000;
  text-align:center;
  height:200px;
  background-color:#bcbcbc;
}
```

上面代码设置了这两个层的宽度，right层占有空间的80%，left层占有空间的19%，并分别设置了两个层的边框样式、对齐方式、背景色等。

在IE中浏览效果如图11-6所示，可以看到页面主体，分两层并列显示，左边背景色为灰色，占有空间较小；右侧背景色为白色，占有空间较大。

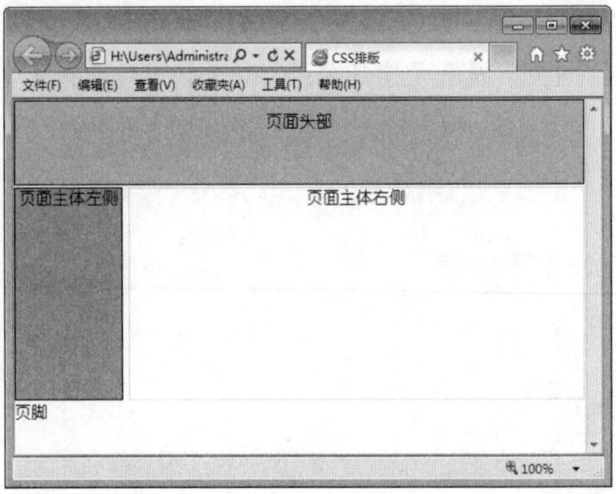

图 11-6　CSS 定义页面主体

5 CSS 定义页脚

最后需要设置页脚部分，页脚通常在主体下面。因为页面主体中使用了 float 属性设置层浮动，所以需要在页脚层设置 clear 属性，使其不受浮动的影响。其代码如下所示。

```
#footer{
  clear:both;           /* 不受 float 影响 */
  text-align:center;
  height:30px;
  border:1px solid #000000;
  background-color:#ddeecc;
}
```

上面代码设置了页脚的对齐方式、高度、边框和背景色等。在 IE 中浏览效果如图 11-7 所示，可以看到页面底部显示了一个边框，背景色为浅绿色，边框充满整个 DIV 布局容器。

图 11-7 CSS 定义页脚部分

11.2 固定宽度网页剖析与布局

网页开发过程中，有几种比较经典的网页布局方式，包括宽度固定的上中下版式、宽度固定的左右版式、自适应宽度布局和浮动布局等。这些版式会经常在网页设计时出现，并且经常被用到各种类型的网站开发中。

11.2.1 案例 4——网页单列布局模式

网页单列布局模式是最简单的布局形式，也被称为“1-1-1”布局，其中“1”表示一共 1 列，减号表示竖直方向上下排列。如图 11-8 所示为网页单列布局模式示意图。

图 11-8 网页单列布局模式

本节将介绍一个网页单列布局模式，其效果如图 11-9 所示。

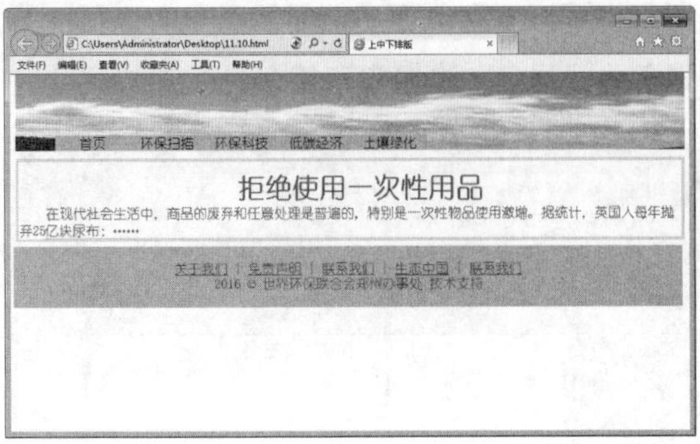

图 11-9 网页预览效果

从上面的效果可以看到，这个页面一共分为三个部分，第一部分包含图片和菜单栏，这一部分放到页头，是网页单行布局版式的第一个“1”。第二部分是中间的内容部分，即页面主体，用于存放要显示的文本信息，是网页单行布局版式的第二个“1”。第三部分是页面底部，即页脚，包含地址和版权信息，是网页单行布局版式的第三个“1”。

1 创建 HTML 网页，使用 DIV 层构建块

首先需要使用 DIV 块对页面区域进行划分，使其符合“1-1-1”的页面布局模型。基本代码如下所示。

```
<html>
<head>
<title>上中下排版</title>
</head>
<body>
  <div class="big">
      <div class="up">
          <p><a href="#">首页</a><a href="#">环保扫描</a><a href="#">环保科技</a><a href="#">低碳经济</a><a href="#">土壤绿化</a></p></div>
          <div class="middle">
              <br />
              <h1>拒绝使用一次性用品</h1>
              <p>        在现代社会生活中，商品的废弃和任意处理是普遍的，特别是一次性物品使用激增。据统计，英国人每年抛弃 25 亿块尿布；……..
</p>
          </div>
          <div class="down">
          <br />
              <p><a href="#">关于我们</a> | <a href="#">免责声明</a> | <a href="#">联系我们</a> | <a href="#">生态中国</a> | <a href="#">联系我们</a></p>
                  <p>2016 &copy; 世界环保联合会郑州办事处 技术支持</p>
          </div>
      </div>
</body>
</html>
```

上面代码创建了 4 个层：层 big 是 DIV 布局容器，用来存放其他的 DIV 块；层 up 表示页头部分；层 middle 表示页面主体；层 down 表示页脚部分。

在 IE 中浏览效果如图 11-10 所示，可以看到页面显示了三个区域，顶部显示的是超链接，中间显示的是段落，底部显示的是地址和版权信息。其布局从上到下自动排列，不是期望的那种。

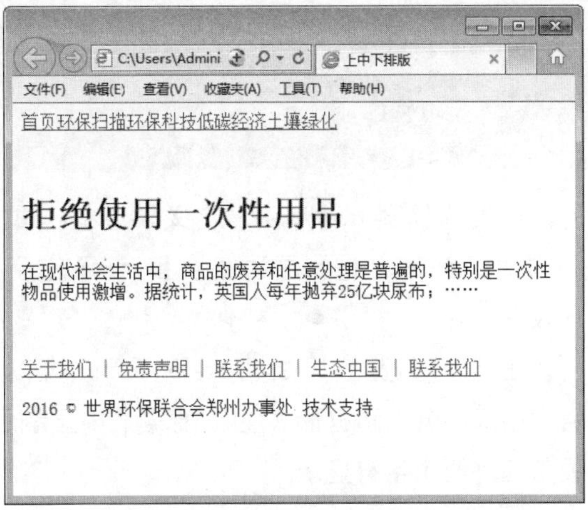

图 11-10　创建基本 HTML 网页

2　使用 CSS 定义整体

上面页面显示时，字体样式非常丑陋，布局也不合理。此时需要使用 CSS 代码，对页面整体样式进行修饰。代码如下。

```
<style>
  *{
    padding:0px;
    margin:0px;
    }
  body{
    font-family:"幼圆";
    font-size:12px;
     color:green;
    }
  .big{
    width:900px;
    margin:0 auto 0 auto;
    }
</style>
```

上面代码定义了页面整体样式，例如字形为幼圆，字体大小为 12 像素，字体颜色为绿色，布局容器 big 的宽度为 900 像素。“margin:0 auto 0 auto”语句表示该块与页面的上下边界为 0，左右自动调整。

在 IE 中浏览效果如图 11-11 所示，可以看到页面字体变小，字体颜色为绿色，并充满整个页面，页面宽度为 900 像素。

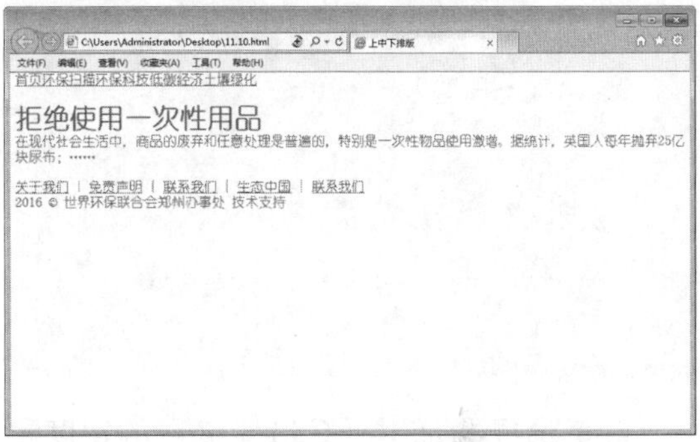

图 11-11　修饰网页文字

3　使用 CSS 定义页头部分

下面就可以使用 CSS 定义页头部分，即导航菜单。代码如下所示。

```
.up p{
    margin-top:80px;
    text-align:left;
    position:absolute;
    left:60px;
    top:0px;
}
.up a{
    display:inline-block;
    width:100px;
    height:20px;
    line-height:20px;
    background-color:#CCCCCC;
    color:#000000;
    text-decoration:none;
```

```
    text-align:center;
}
.up a:hover{
    background-color:#FFFFFF;
    color:#FF0000;
}
.up{
    width:900px;
    height:100px;
    background-image:url(17.jpg);
    background-repeat:no-repeat;
    }
```

在类选择器 up 中，CSS 定义层的宽度和高度，其宽度为 900 像素，高度为 100 像素，并定义了背景图片。

在 IE 中浏览效果如图 11-12 所示，可以看到页面顶部显示了一个背景图，并且超链接以一定距离和绝对定位方式显示。

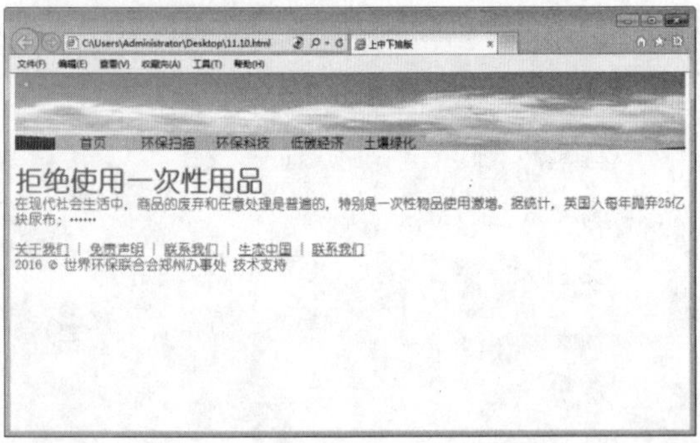

图 11-12　添加网页背景色

4 使用 CSS 定义页面主体

下面使用 CSS 定义页面主体，即定义层和段落。代码如下。

```
.middle{
    border:1px #ddeecc solid;
    margin-top:10px;
}
```

在类选择器 middle 中，定义了边框样式和内边距距离，此处层的宽度和 big 层宽度一致。

在 IE 中浏览效果如图 11-13 所示，可以看到中间部分以边框形式显示，标题居中显示，段落缩进两个字符显示。

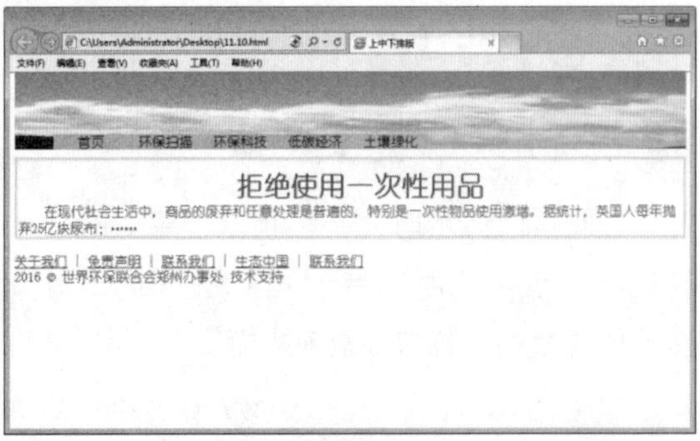

图 11-13　使用 CSS 定义页面主体

5 使用 CSS 定义页脚部分

定义页脚部分的代码如下所示。

```
.down{
    background-color:#CCCCCC;
    height:80px;
    text-align:center;
}
```

上面代码中，类选择器 down 定义了背景颜色、高度和对齐方式。其他选择器定义超链接的样式。

在 IE 中浏览效果如图 11-14 所示，可以看到页面底部显示了一个灰色矩形框，其版权和地址信息居中显示。

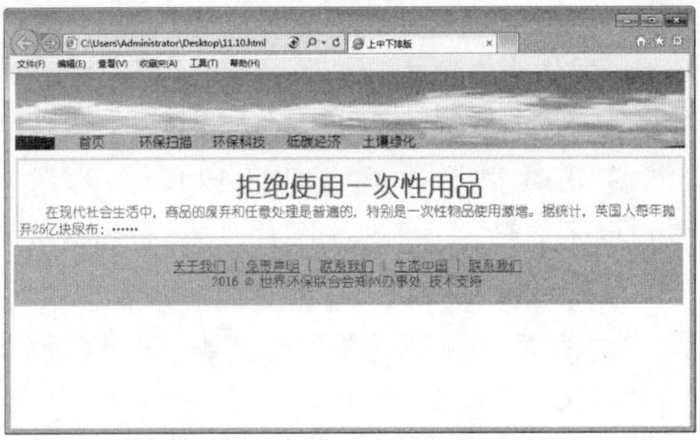

图 11-14　页面的最终效果

11.2.2 案例 5——网页 1-2-1 型布局模式

在页面排版中，有时会根据内容需要将页面主体分为左右两个部分显示，用来存放不同的内容。实际上，这也是一种宽度固定的版式。这种布局模式可以说是“1-1-1”布局模式的演变。

如图 11-15 所示为网页 1-2-1 型布局模式示意图。

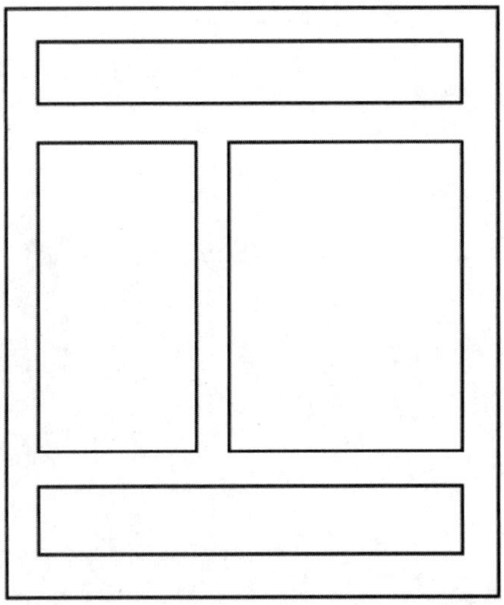

图 11-15　1-2-1 网页布局模式

本节将介绍一个网页 1-2-1 型布局模式，其效果如图 11-16 所示。

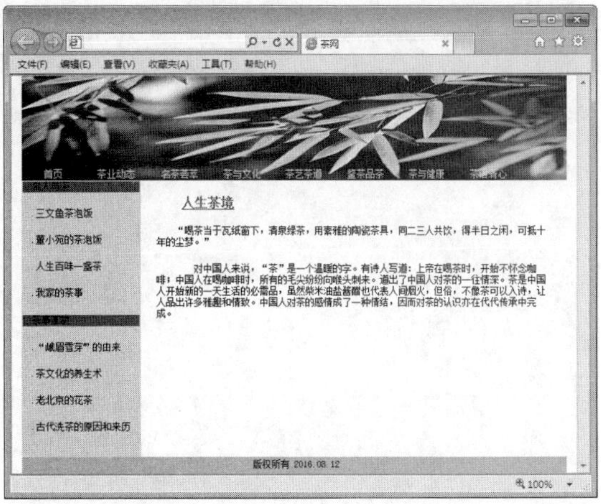

图 11-16　页面的最终效果

1 创建 HTML 网页，使用 DIV 构建块

在 HTML 页面，将 DIV 框架和所要显示的内容显示出来，并将要引用的样式名称定义好，代码如下所示。

```
<html>
<head>
<title> 茶网 </title>
   </head>
<body>
<div id="container">
  <div id="banner">
    <img src="b.jpg" border="0">
  </div>
  <div id="links">
    <ul>
      <li> 首页 </li>
      <li> 茶业动态 </li>
      <li> 名茶荟萃 </li>
      <li> 茶与文化 </li>
      <li> 茶艺茶道 </li>
      <li> 鉴茶品茶 </li>
```

```
        <li>茶与健康</li>
        <li>茶语清心</li>
      </ul>
      <br>
    </div>
    <div id="leftbar">
       <p class="lefttitle">名人与茶</p>
       <p>.三文鱼茶泡饭</p>
       <p>.董小宛的茶泡饭</p>
       <p>.人生百味一盏茶</p>
        <p>.我家的茶事</p>
     <p class="lefttitle">茶事掌故</p>
       <p>."峨眉雪芽"的由来</p>
       <p>.茶文化的养生术</p>
       <p>.老北京的花茶</p>
       <p>.古代洗茶的原因和来历</p>
    </div>
    <div id="content">
      <h4>人生茶境</h4>
  <p>
  "喝茶当于瓦纸窗下，清泉绿茶，用素雅的陶瓷茶具，
同二三人共饮，得半日之闲，可抵十年的尘梦。"
  </p>
  <p>
  对中国人来说，"茶"是一个温暖的字。………………
  </p>
    </div>
    <div id="footer">版权所有 2016.08.12</
div>
  </div>
  </body>
  </html>
```

上面代码定义了几个层，用来构建页面布局。其中层 container 作为布局容器，banner 作为页面图形 Logo，links 层作为页面导航，leftbar 层作为左侧内容部分，content 层作为右侧内容部分，footer 层作为页脚部分。

在 IE 中浏览效果如图 11-17 所示，可以看到页面上部显示了一张图片，中间是超链接，最后是地址信息等。

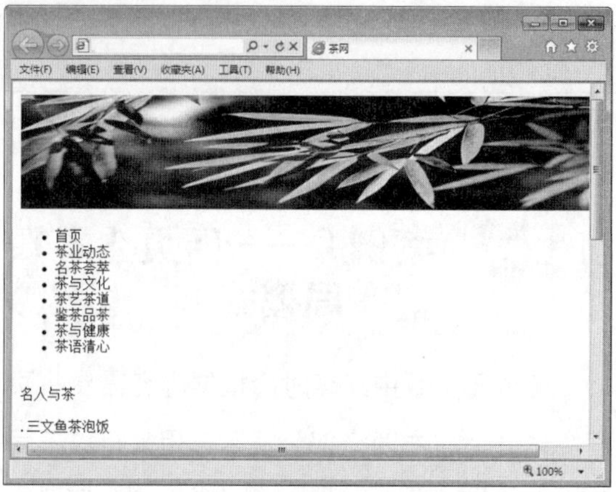

图 11-17　添加网页基本信息

2　CSS 定义页面整体样式

首先需要定义整体样式，如网页中的字形或对齐方式等。代码如下。

```
<style>
<!--
body, html{
  margin:0px; padding:0px;
  text-align:center;
}
#container{
  position: relative;
  margin: 0 auto;
  padding:0px;
  width:700px;
  text-align: left;
}
-->
</style>
```

上面代码中，类选择器 container 定义了布局容器的定位方式为相对定位，宽度为 700 像素，文本左对齐，内外边距都为 0 像素。

在 IE 中浏览效果如图 11-18 所示，可以看到与上一个页面相比较变化不大。

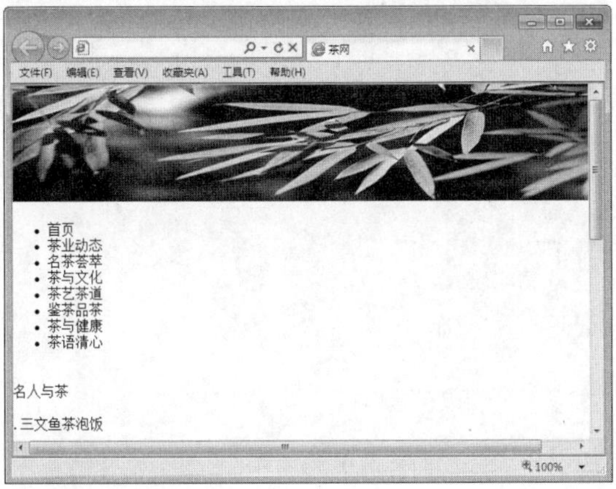

图 11-18　使用 CSS 定义页面整体样式

3　CSS 定义页头部分

此网页的页头包含两个部分：一个是页面 Logo，一个是页面的导航菜单。定义这两个层的 CSS 代码如下所示。

```
#banner{
  margin:0px; padding:0px;
}
#links{
  font-size:12px;
  margin:-18px 0px 0px 0px;
  padding:0px;
  position:relative;
}
```

上面代码中，ID 选择器 banner 定义了内外边距都是 0 像素；ID 选择器 links 定义了导航菜单的样式，如字体大小为 12 像素，定位方式为相对定位等。

在 IE 中浏览效果如图 11-19 所示，可以看到页面导航部分在图像上方显示，并且每个菜单相隔一定距离。

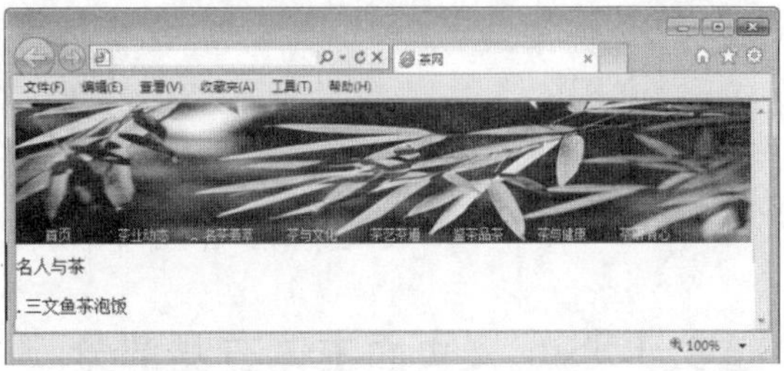

图 11-19　使用 CSS 定义页头部分

使用 CSS 代码定义页面主体左侧部分，代码如下。

```
#leftbar{
  background-color:#d2e7ff;
  text-align:center;
  font-size:12px;
  width:150px;
  float:left;
  padding-top:0px;
  padding-bottom:30px;
  margin:0px;
}
```

上面代码中，ID 选择器 leftbar 定义了层背景色、对齐方式、字体大小和左侧 DIV 层的宽度。这里使用 float 定义层在水平方向上浮动定位。

在 IE 中浏览效果如图 11-20 所示，可以看到页面左侧部分以矩形框显示，包含了一些简单的页面导航。

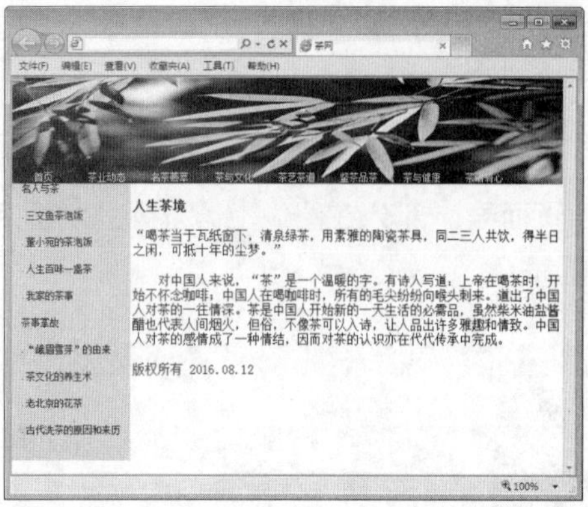

图 11-20 使用 CSS 定义页面主体左侧部分

4 CSS 定义页面主体右侧部分

使用 CSS 代码，定义页面主体右侧部分，代码如下。

```
#content{
  font-size:12px;
  float:left;
  width:550px;
  padding:5px 0px 30px 0px;
  margin:0px;
}
```

上面代码中，ID 选择器 content 定义了字体大小、右侧 DIV 层宽度，内外边距等。在 IE 中浏览效果如图 11-21 所示，可以看到右侧部分的段落字体变小，段落缩进了两个单元格。

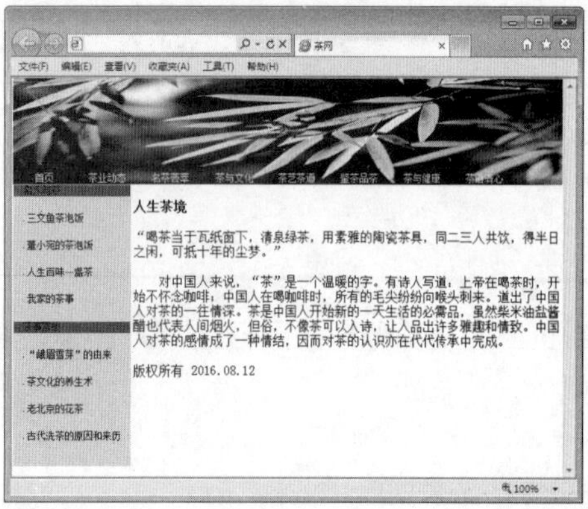

图 11-21 使用 CSS 定义页面主体右侧部分

5 CSS 定义页脚部分

如果上面的层使用了浮动定位，页脚一般需要使用 clear 去掉浮动所带来的影响，其代码如下所示。

```
#footer{
  clear:both;
  font-size:12px;
  width:100%;
  padding:3px 0px 3px 0px;
  text-align:center;
  margin:0px;
  background-color:#b0cfff;
}
```

上面代码中，footer 选择器定义了层的宽度，即充满整个布局容器。在 IE 中浏览效果如图 11-22 所示，可以看到页脚显示了一个浅蓝色的矩形框，矩形框内显示了版权信息。

图 11-22 使用 CSS 定义页脚部分

11.2.3 案例 6——网页 1-3-1 型布局模式

掌握“1-2-1”布局之后，“1-3-1”布局就很容易实现了，这里使用浮动方式来排列横向并排的 3 栏，在“1-2-1”布局中增加一列就可以了，框架布局如图 11-23 所示。

图 11-23　1-3-1 型布局模式

下面制作一个网页 1-3-1 型布局模式，最终的效果如图 11-24 所示。

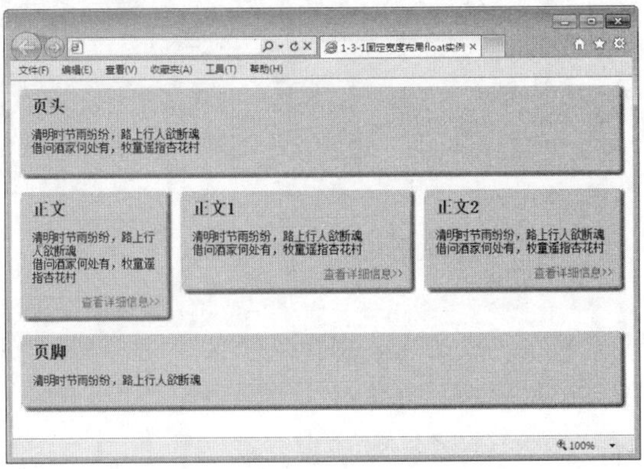
1-3-1固定宽度布局float实例
文件(F) 编辑(E) 查看(V) 收藏夹(A) 工具(T) 帮助(H)
页头
清明时节雨纷纷，路上行人欲断魂
借问酒家何处有，牧童遥指杏花村
正文
清明时节雨纷纷，路上行人欲断魂
借问酒家何处有，牧童遥指杏花村
查看详细信息>>
正文1
清明时节雨纷纷，路上行人欲断魂
借问酒家何处有，牧童遥指杏花村
查看详细信息>>
正文2
清明时节雨纷纷，路上行人欲断魂
借问酒家何处有，牧童遥指杏花村
查看详细信息>>
页脚
清明时节雨纷纷，路上行人欲断魂
100%

图 11-24　页面最终效果

1 创建 HTML 网页，使用 DIV 构建块

在 HTML 页面，将 DIV 框架和所要显示的内容显示出来，并将要引用的样式名称定义好，代码如下所示。

```
<!DOCTYPE html>
<html >
<head>
<meta http-equiv="Content-Type"
content="text/html; charset=utf-8" />
<title>1-3-1 固定宽度布局 float 实例 </
title>
</head>
<body>
 <div id="header">
      <div class="rounded">
             <h2> 页头 </h2>
             <div class="main">
             <p>
             清明时节雨纷纷，路上行人欲断魂
<br/>
 借问酒家何处有，牧童遥指杏花村 </p>
             </div>
             <div class="footer">
             <p></p>
             </div>
      </div>
</div>
<div id="container">
<div id="left">
      <div class="rounded">
             <h2> 正文 </h2>
             <div class="main">
             <p>
             清明时节雨纷纷，路上行人欲断魂
<br/>
 借问酒家何处有，牧童遥指杏花村 </p>
             </div>
             <div class="footer">
             <p>
             查看详细信息 &gt;&gt;
             </p>
             </div>
      </div>
</div>
```

```
<div id="content">
        <div class="rounded">
                <h2> 正文 1</h2>
                <div class="main">
                <p>
                清明时节雨纷纷，路上行人欲断魂
<br/>
借问酒家何处有，牧童遥指杏花村 </p>
                </div>
                <div class="footer">
                <p>
                查看详细信息 &gt;&gt;
                </p>
                </div>
        </div>
</div>
<div id="side">
        <div class="rounded">
                <h2> 正文 2</h2>
                <div class="main">
                <p>
                清明时节雨纷纷，路上行人欲断魂
<br/>
借问酒家何处有，牧童遥指杏花村 </p>
                </div>
                <div class="footer">
                <p>
                查看详细信息 &gt;&gt;
                </p>
                </div>
        </div>
</div>
</div>
<div id="pagefooter">
        <div class="rounded">
                <h2> 页脚 </h2>
                <div class="main">
                <p>
                清明时节雨纷纷，路上行人欲断魂
                </p>
                </div>
                <div class="footer">
                <p>


                </p>
                </div>
        </div>
</div>
</body>
</html>
```

在 IE 浏览器中预览效果如图 11-25 所示。

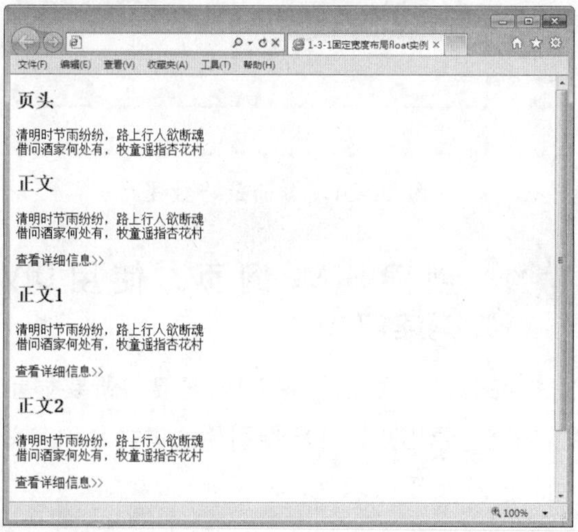

图 11-25　创建网页 HTML 基本页面

2 CSS 定义页面整体样式

网页整体信息定义完毕后，还需要使用 CSS 来定义网页的整体样式，具体的代码如下。

```
<style type="text/css">
body {
background: #FFF;
font: 14px 宋体 ;
margin:0;
padding:0;
}
.rounded {
  background: url(images/left-top.gif) top left no-repeat;
  width:100%;
  }
.rounded h2 {
  background: url(images/right-top.gif)   top right no-repeat;
  padding:20px 20px 10px;
  margin:0;


  }
.rounded .main {
  background: url(images/right.gif)  top right repeat-y;
  padding:10px 20px;
  margin:-20px 0 0 0;
  }
.rounded .footer {
  background: url(images/left-bottom.gif)  bottom left no-repeat;
  }
.rounded .footer p {
  color:red;
  text-align:right;
  background:url(images/right-bottom.gif) bottom right no-repeat;
  display:block;
  padding:10px 20px 20px;
  margin:-20px 0 0 0;
```

```
  font:0/0;
  }
#header,#pagefooter,#container{
 margin:0 auto;
 width:760px;
 }
 #left{
      float:left;
      width:200px;
      }

#content{
      float:left;
      width:300px;
      }
#side{
      float:left;
      width:260px;
      }

#pagefooter{
      clear:both;
      }
</style>
```

在 IE 中浏览效果如图 11-26 所示。

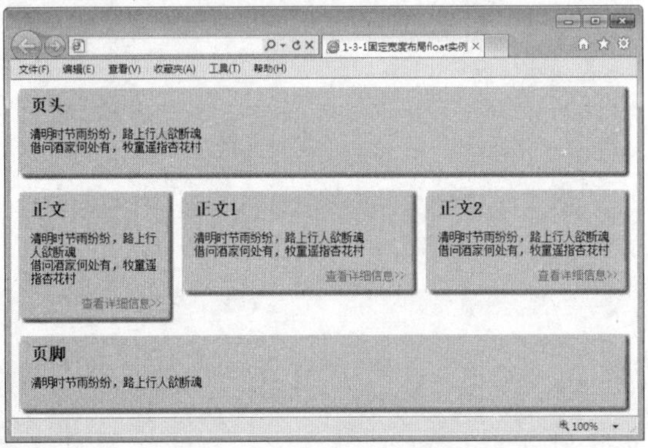

图 11-26 使用 CSS 定义网页布局

11.3 自动缩放网页1-2-1型布局模式

自动缩放的网页布局要比固定宽度的网页布局复杂一些，根本原因在于宽度不确定，导致很多参数无法确定，必须使用一些技巧来完成。

对于一个“1-2-1”变宽度的布局，首先要使内容的整体宽度随浏览器窗口宽度的变化而变化。因此，中间 container 容器中的左右两列的总宽度也会变化。这样就会产生两种不同的情况：第一是这两列按照一定的比例同时变化；第二是一列固定，另一列变化。这两种情况都是很常用的布局方式，下面先从等比例方式讲起。

11.3.1 案例 7——“1-2-1”等比例变宽布局

首先实现按比例的适应方式，可以在前面制作的“1-2-1” 浮动布局的基础上完成本案例。原来的“1-2-1”浮动布局中的宽度都是用像素数值确定的固定宽度，下面就来对它进行改造，使它能够自动调整各个模块的宽度。

实际上只要修改 3 处宽度就可以了，修改的样式代码如下。

```
#header,#pagefooter,#container{
margin:0 auto;
Width：768px; /* 删除原来的固定宽度
width: 85%; /* 改为比例宽度 */
#content{ float:right;
Width:500px; /* 删除原来的固定宽度 */
width: 66%; /* 改为比例宽度 */
#side{ float:left;
width： 260px; /* 删除原来的固定宽度 */
width:33%; /* 改为比例宽度 */
```

程序运行结果如图 11-27 所示。

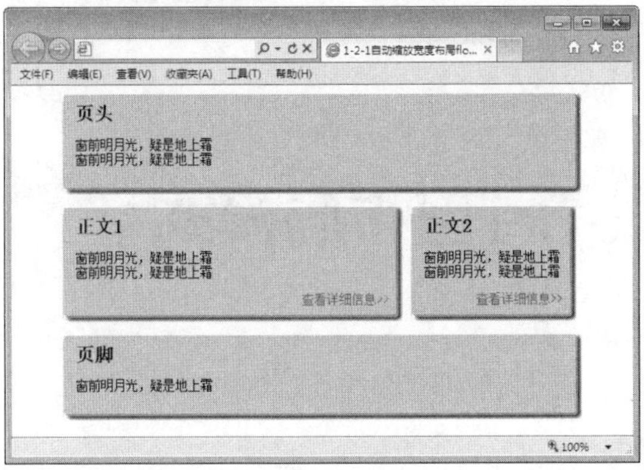

页头
窗前明月光，疑是地上霜
窗前明月光，疑是地上霜
正文1
窗前明月光，疑是地上霜
窗前明月光，疑是地上霜
查看详细信息>>
正文2
窗前明月光，疑是地上霜
窗前明月光，疑是地上霜
查看详细信息>>
页脚
窗前明月光，疑是地上霜

图 11-27　“1-2-1”等比例变宽布局

在这个页面中，网页内容的宽度为浏览器窗口宽度的 85%，左侧边栏的宽度和右侧内容栏的宽度保持 1∶2 的比例，可以看到无论浏览器窗口宽度如何变化，它们都等比例变化。这样就实现了各个 DIV 的宽度都会等比例适应浏览器窗口。

在实际应用中还需要注意以下两点。

☆ 确保不要使一列或多个列的宽度太大，以至于其内部的文字行宽太宽，造成阅读困难。

☆ 圆角框的最宽宽度的限制。这种方法制作的圆角框如果超过一定宽度就会出现裂缝。

11.3.2 案例 8——“1-2-1”单列变宽布局

在实际应用中单列宽度变化，而其他列保持固定的布局方法更实用。一般在存在多个列的页面中，通常比较宽的一个列是用来放置内容的，而窄列放置链接、导航等内容，这些内容一般宽度是固定的，不需要扩大。因此可以把内容列设置为可以变化，而其他列固定。

比如在上图中，右侧的 side 的宽度固定，当总宽度变化时，content 部分就会自动变化。如果仍然使用简单的浮动布局是无法实现这个效果的。如果把某一列的宽度设置为固定值，那么另一列（即活动列）的宽度就无法设置了，因为总宽度未知，活动列的宽度也就无法确定。那么怎么解决呢？主要问题就是浮动列的宽度应该等于“100%-300 px”，而 CSS 显然不支持这种带有加减法运算的宽度表达方法，但是通过 margin 可以变通地实现这个宽度。

具体的解决方法为：在 content 的外面再套一个 DIV，使它的宽度为 100%，也就是等于 container 的宽度。然后将左侧的 margin 设置为 -300 像素，使它向左平移 300 像素。再将 content 左侧的 margin 设置为 +300 像素，就实现了“100%-300 px”这个本来无法表达的宽度。具体的 CSS 代码如下。

```
#header,#pagefooter,#container{
margin:0 auto;
width:85%;
min-width:500px;
max-width:800px;
```

```
}
#contentWrap{
margin-left:-260px;
float:left;
width:100%;
}
#content{
margin-left:260px;
}
#side{
float:right;
width:260px;
}
#pagefooter{
clear:both;
}
```

在 IE 浏览器中运行程序，即可得到如图 11-28 所示的结果。

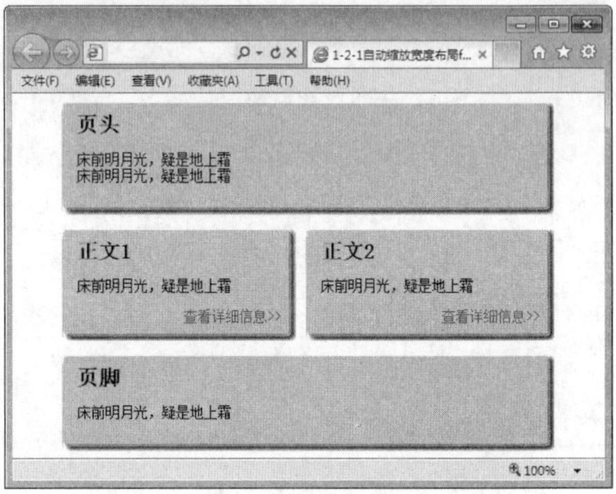
1-2-1自动缩放宽度布局f...
文件(F) 编辑(E) 查看(V) 收藏夹(A) 工具(T) 帮助(H)
页头
床前明月光，疑是地上霜
床前明月光，疑是地上霜
正文1
床前明月光，疑是地上霜
查看详细信息>>
正文2
床前明月光，疑是地上霜
查看详细信息>>
页脚
床前明月光，疑是地上霜
100%

图 11-28 “1-2-1”单列变宽布局

11.4 自动缩放网页1-3-1型布局模式

“1-3-1”布局可以产生很多不同的变化方式，如：

☆ 三列都按比例来适应宽度；

☆ 一列固定，其他两列按比例适应宽度；

☆ 两列固定，其他一列适应宽度。

对于后两种情况，又可以根据特殊的一列与另外两列的不同位置，产生出多种变化。下面分别进行介绍。

11.4.1 案例 9——“1-3-1”三列宽度等比例布局

对于“1-3-1”布局的第一种情况，即三列按固定比例伸缩适应总宽度，和前面介绍的“1-2-1”的布局完全一样，只要分配好每一列的百分比就可以了，这里就不再赘述。

11.4.2 案例 10——“1-3-1”单侧列宽度固定的变宽布局

对于一列固定、其他两列按比例适应宽度的情况，如果这个固定的列在左边或右边，那么只需要在两个变宽列的外面套一个 DIV，并且这个 DIV 宽度是变宽的列与旁边的固定宽度列构成了一个单列固定的“1-2-1”布局，就可以使用“绝对定位”法或者“改进浮动”法进行布局，然后再将变宽列中的两个变宽列按比例并排，就很容易实现了。

下面使用浮动方法进行制作。解决的方法同“1-2-1”单列固定一样，这里把活动的两个列看成一个列，在容器里面再套一个 DIV，即由原来的一个 wrap 变为两层，分别叫作 outerWrap 和 innerWrap。这样，outerWrap 就相当于上面“1-2-1”方法中的 wrap 容器。新增加的 innerWrap 是以标准流方式存在的，宽度会自然伸展。innerWrap 里面的 navi 和 content 就都会以这个新宽度为基准。

具体的代码如下。

```
<!DOCTYPE html>
<html>
<head>
<meta http-equiv="Content-Type" content="text/html; charset=utf-8" />
<title>1-3-1 固定宽度布局 float 实例 </title>
<style type="text/css">
body {
background: #FFF;
font: 14px 宋体；
margin:0;
padding:0;
}

.rounded {
  background: url(images/left-top.gif) top left no-repeat;
  width:100%;
  }
.rounded h2 {
    background: url(images/right-top.gif)  top right no-repeat;
   padding:20px 20px 10px;
   margin:0;

   }
 .rounded .main {
    background: url(images/right.gif) top right repeat-y;
   padding:10px 20px;
   margin:-20px 0 0 0;
   }
 .rounded .footer {
    background: url(images/left-bottom.gif)  bottom left no-repeat;
   }
 .rounded .footer p {
   color:red;
   text-align:right;
    background:url(images/right-bottom.gif) bottom right no-repeat;
   display:block;
   padding:10px 20px 20px;
   margin:-20px 0 0 0;
   font:0/0;
   }
 #header,#pagefooter,#container{
  margin:0 auto;
  width:85%;
  }

 #outerWrap{
       float:left;
       width:100%;
       margin-left:-200px;
```

```
        }

#innerWrap{
        margin-left:200px;
        }


#left{
        float:left;
        width:40%;
        }


#content{
        float:right;
        width:59.5%;
        }

#content img{
        float:right;
        }


#side{
        float:right;
        width:200px;
        }

#pagefooter{
        clear:both;
</style>
</head>
<body>
 <div id="header">
        <div class="rounded">
                <h2> 页头 </h2>
                <div class="main">
                <p>
                床前明月光，疑是地上霜 </p>
                </div>
                <div class="footer">
                <p></p>
                </div>
        </div>
</div>
<div id="container">
<div id="outerWrap">
<div id="innerWrap">
<div id="left">
        <div class="rounded">
                <h2> 正文 </h2>
                <div class="main">
                <p>
                床前明月光，疑是地上霜 <br/>
床前明月光，疑是地上霜 </p>
                </div>
                <div class="footer">
                <p>
                查看详细信息 &gt;&gt;
                </p>
                </div>
        </div>
</div>
<div id="content">
        <div class="rounded">
                <h2> 正文 1</h2>
                <div class="main">
                  <p>
                  床前明月光，疑是地上霜 </p>
```

```
            </div>
            <div class="footer">
            <p>
            查看详细信息 &gt;&gt;
            </p>
            </div>
        </div>
</div>
</div>
</div>
<div id="side">
        <div class="rounded">
            <h2> 正文 2</h2>
            <div class="main">
            <p>
            床前明月光，疑是地上霜 <br/>
床前明月光，疑是地上霜 </p>
            </div>
            <div class="footer">
            <p>
            查看详细信息 &gt;&gt;
            </p>
            </div>
        </div>
</div>
</div>

<div id="pagefooter">
        <div class="rounded">
            <h2> 页脚 </h2>
            <div class="main">
            <p>
            床前明月光，疑是地上霜 </p>
            </div>
            <div class="footer">
            <p>
            </p>
            </div>
        </div>
</div>
</body>
</html>
```

在 IE 浏览器中运行程序，结果如图 11-29 所示。

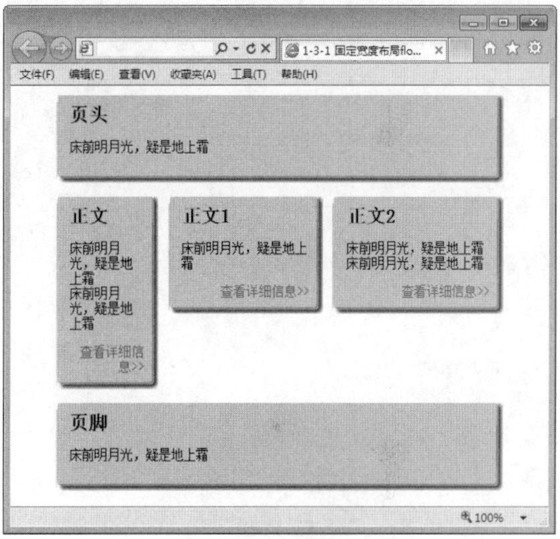

图 11-29　“1-3-1”单侧列宽度固定的变宽布局

11.4.3 案例 11——“1-3-1”中间列宽度固定的变宽布局

这种布局的形式是固定列在中间，它的左右各有一列，并按比例适应总宽度。这是一种很少见的布局形式（最常见的是两侧的列固定宽度，中间列变化宽度）。如果已经充分理解了前面介绍的“改进浮动”法制作单列宽度固定的“1-2-1”布局，就可以把“负 margin”的思路继续深化，实现这种不多见的布局。代码如下。

```
<!DOCTYPE html>
<html>
<head>
<meta http-equiv="Content-Type" content="text/html; charset=utf-8" />
<title>1-3-1 中间固定宽度布局 float 实例 </title>
<style type="text/css">
body {
background: #FFF;
font: 14px 宋体 ;
margin:0;
padding:0;
}

.rounded {
   background: url(images/left-top.gif) top left no-repeat;
   width:100%;
   }
.rounded h2 {
   background: url(images/right-top.gif)  top right no-repeat;
   padding:20px 20px 10px;
   margin:0;

   }
.rounded .main {
   background: url(images/right.gif) top right repeat-y;
   padding:10px 20px;
   margin:-20px 0 0 0;
   }
.rounded .footer {
   background: url(images/left-bottom.gif)  bottom left no-repeat;
   }
.rounded .footer p {
   color:red;
   text-align:right;
   background:url(images/right-bottom.gif) bottom right no-repeat;
   display:block;
   padding:10px 20px 20px;
   margin:-20px 0 0 0;
   font:0/0;
   }
#header,#pagefooter,#container{
 margin:0 auto;
 width:85%;
 }

#naviWrap{
      width:50%;
      float:left;
      margin-left:-150px;
      }

#left{
      margin-left:150px;
      }



#content{
      float:left;
      width:300px;
      }
```

```
#content img{
	float:right;
	}

#sideWrap{
	width:49.9%;
	float:right;
	margin-right:-150px;

	}

#side{
	margin-right:150px;
	}

#pagefooter{
	clear:both;
	}

</style>
</head>
<body>
 <div id="header">
	<div class="rounded">
		<h2>页头</h2>
		<div class="main">
		<p>
		床前明月光，疑是地上霜</p>
		</div>
		<div class="footer">
		<p></p>
		</div>
	</div>
</div>
<div id="container">
<div id="naviWrap">
<div id="left">
	<div class="rounded">
		<h2>正文</h2>
		<div class="main">
		<p>
		床前明月光，疑是地上霜</p>

		</div>
		<div class="footer">
		<p>
		查看详细信息&gt;&gt;
		</p>
		</div>
	</div>
</div>
</div>
<div id="content">
	<div class="rounded">
		<h2>正文1</h2>
		<div class="main">
		<p>
		床前明月光，疑是地上霜</p>
		</div>
		<div class="footer">
		<p>
		查看详细信息&gt;&gt;
		</p>
		</div>
	</div>
</div>
<div id="sideWrap">
<div id="side">
	<div class="rounded">
```

```
                <h2> 正文 2</h2>
                <div class="main">
                <p>
                床前明月光，疑是地上霜    </p>
                </div>
                <div class="footer">
                <p>
                查看详细信息 &gt;&gt;
                </p>
                </div>
        </div>
</div>
</div>
</div>
<div id="pagefooter">
        <div class="rounded">
                <h2> 页脚 </h2>
                <div class="main">
                <p>
                床前明月光，疑是地上霜    </p>
                </div>
                <div class="footer">
                <p>
                </p>
                </div>
        </div>
</div>
</body>
</html>
```

上面代码中，页面中间列的宽度是 300 像素，即总宽度减去 300 像素后剩余宽度的 50%，制作的关键是如何实现“（100%-300 px)/2”的宽度。现在需要在 left 和 side 两个 DIV 外面分别套一层 DIV，把它们“包裹”起来，依靠嵌套的两个 DIV，实现相对宽度和绝对宽度的结合。

在 IE 浏览器中运行程序，结果如图 11-30 所示。

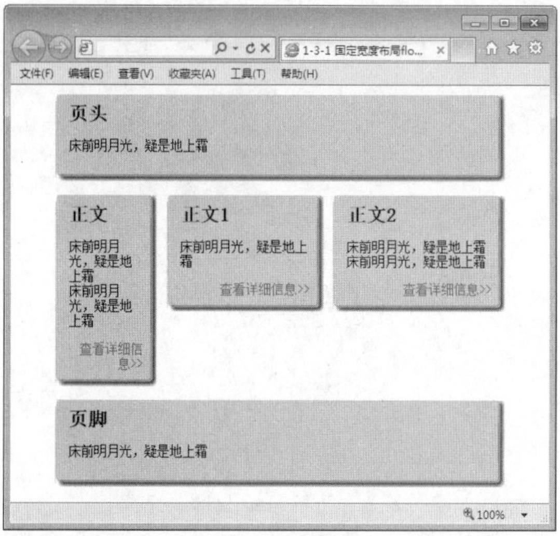

图 11-30 “1-3-1”中间列宽度固定的变宽布局

11.4.4 案例 12——“1-3-1”双侧列宽度固定的变宽布局

3 列中的左右两列宽度固定，中间列宽度自适应变宽布局实际应用很广泛，下面还是通过浮动定位进行了解。关键思想就是把 3 列的布局看作是嵌套的两列布局，利用 margin 的负值来实现 3 列浮动。

具体的代码如下。

```
<!DOCTYPE html>
<html>
<head>
<meta http-equiv="Content-Type"
content="text/html; charset=utf-8" />
<title>1-3-1 两侧固定宽度中间变宽布局 float
实例</title>
```

```
<style type="text/css">
body {
background: #FFF;
font: 14px 宋体;
margin:0;
padding:0;
}

.rounded {
   background: url(images/left-top.gif)
top left no-repeat;
   width:100%;
   }
.rounded h2 {
   background: url(images/right-top.
gif)  top right no-repeat;
   padding:20px 20px 10px;
   margin:0;
   }
.rounded .main {
   background: url(images/right.gif)
top right repeat-y;
   padding:10px 20px;
   margin:-20px 0 0 0;
   }
.rounded .footer {
   background: url(images/left-bottom.
gif)  bottom left no-repeat;
   }
.rounded .footer p {
   color:red;
   text-align:right;
   background:url(images/right-bottom.
gif) bottom right no-repeat;
   display:block;
   padding:10px 20px 20px;
   margin:-20px 0 0 0;
   font:0/0;
   }
#header,#pagefooter,#container{
 margin:0 auto;
 width:85%;
 }
#side{
      width:200px;
      float:right;
      }
#outerWrap{
      width:100%;
      float:left;
      margin-left:-200px;
      }
#innerWrap{
      margin-left:200px;
      }

#left{
      width:150px;
      float:left;
      }

#contentWrap{
      width:100%;
      float:right;
      margin-right:-150px;
      }
#content{
      margin-right:150px;
      }
```

```
#content img{
        float:right;
        }
#pagefooter{
        clear:both;
        }
</style>
</head>
<body>
 <div id="header">
        <div class="rounded">
                <h2>页头</h2>
                <div class="main">
                <p>
                床前明月光，疑是地上霜</p>
                </div>
                <div class="footer">
                <p></p>
                </div>
        </div>
</div>
<div id="container">
<div id="outerWrap">
<div id="innerWrap">
<div id="left">
        <div class="rounded">
                <h2>正文</h2>
                <div class="main">
                <p>床前明月光，疑是地上霜</p>
                </div>
                <div class="footer">
                <p>
                查看详细信息&gt;&gt;
                </p>
                </div>
        </div>
</div>
<div id="contentWrap">
<div id="content">
        <div class="rounded">
                <h2>正文1</h2>
                <div class="main">
                <p>
                床前明月光，疑是地上霜</p>
                </div>
                <div class="footer">
                <p>
                查看详细信息&gt;&gt;
                </p>
                </div>
        </div>
</div>
</div><!-- end of contetnwrap-->
</div><!-- end of inwrap-->
</div><!-- end of outwrap-->
<div id="side">
        <div class="rounded">
                <h2>正文2</h2>
                <div class="main">
                <p>床前明月光，疑是地上霜</p>
                </div>
                <div class="footer">
                <p>
                查看详细信息&gt;&gt;
                </p>
                </div>
        </div>
</div>
</div>
<div id="pagefooter">
```

```
        <div class="rounded">
                <h2> 页脚 </h2>
                <div class="main">
                <p>
                床前明月光，疑是地上霜    </p>
                </div>
                <div class="footer">
                <p>
                </p>
                </div>
        </div>
</div>
</body>
</html>
```

在代码中，先把左边和中间两列看作一组活动列，而右边的一列作为固定列，使用前面的“改进浮动”法就可以实现。然后，再把两列各自当作独立的列，左侧列为固定列，再次使用“改进浮动”法，就可以最终完成整个布局。

在 IE 浏览器中运行程序，结果如图 11-31 所示。

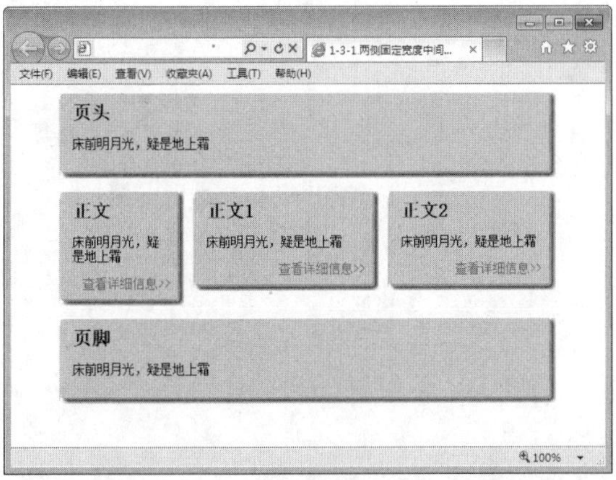
页头
床前明月光，疑是地上霜
正文
床前明月光，疑是地上霜
查看详细信息>>
正文1
床前明月光，疑是地上霜
查看详细信息>>
正文2
床前明月光，疑是地上霜
查看详细信息>>
页脚
床前明月光，疑是地上霜

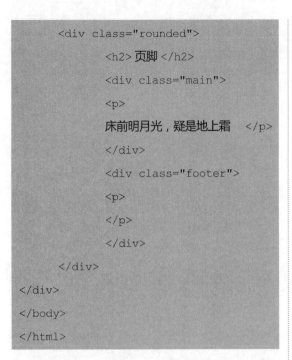

图 11-31 “1-3-1”双侧列宽度固定的变宽布局

11.4.5 案例 13——“1-3-1”中列和侧列宽度固定的变宽布局

这种布局的中间列和它一侧的列是固定宽度，另一侧列宽度自适应。很显然这种布局就很简单了，同样使用改进浮动法来实现。由于两个固定宽度列是相邻的，因此只需要使用一次改进浮动法就可以做到。具体代码如下。

```
<!DOCTYPE html>
<html>
<head>
<meta http-equiv="Content-Type"
content="text/html; charset=utf-8" />
<title>1-3-1 中列和左侧列宽度固定的变宽布局
float 实例 </title>
<style type="text/css">
body {
background: #FFF;
font: 14px 宋体；
margin:0;
padding:0;
}

.rounded {
  background: url(images/left-top.gif)
top left no-repeat;
  width:100%;
  }
.rounded h2 {
  background: url(images/right-top.
gif) top right no-repeat;
  padding:20px 20px 10px;
  margin:0;
  }
```

```
.rounded .main {
    background: url(images/right.gif)
top right repeat-y;
   padding:10px 20px;
   margin:-20px 0 0 0;
   }
.rounded .footer {
    background: url(images/left-bottom.
gif)  bottom left no-repeat;
   }
.rounded .footer p {
   color:red;
   text-align:right;
    background:url(images/right-bottom.
gif) bottom right no-repeat;
   display:block;
   padding:10px 20px 20px;
   margin:-20px 0 0 0;
   font:0/0;
   }
#header,#pagefooter,#container{
 margin:0 auto;
 width:85%;
 }

#left{
      float:left;
      width:150px;
      }


#content{
      float:left;
      width:250px;
      }

#content img{
      float:right;
      }

#sideWrap{
      float:right;
      width:100%;
      margin-right:-400px;
      }

#side{
      margin-right:400px;
      }

#pagefooter{
      clear:both;
      }
</style>
</head>
<body>
 <div id="header">
      <div class="rounded">
              <h2>页头</h2>
              <div class="main">
              <p>
              床前明月光，疑是地上霜</p>
              </div>
              <div class="footer">
              <p></p>
              </div>
      </div>
</div>
<div id="container">
<div id="left">
```

```
        <div class="rounded">
                <h2> 正文 </h2>
                <div class="main">
                <p>
                床前明月光，疑是地上霜 </p>

                </div>
                <div class="footer">
                <p>
                查看详细信息 &gt;&gt;
                </p>
                </div>
        </div>
</div>
<div id="content">
        <div class="rounded">
                <h2> 正文 1</h2>
                <div class="main">
                <p>
                床前明月光，疑是地上霜 </p>

                </div>
                <div class="footer">
                <p>
                查看详细信息 &gt;&gt;
                </p>
                </div>
        </div>
</div>
<div id="sideWrap">
<div id="side">
        <div class="rounded">
                <h2> 正文 2</h2>
                <div class="main">
                <p>
                远床前明月光，疑是地上霜 </p>
                </div>
                <div class="footer">
                <p>
                查看详细信息 &gt;&gt;
                </p>
                </div>
        </div>
</div>
</div>
</div>
<div id="pagefooter">
        <div class="rounded">
                <h2> 页脚 </h2>
                <div class=main>
                <p>
                床前明月光，疑是地上霜  </p>
                </div>
                <div class="footer">
                <p>
                </p>
                </div>
        </div>
</div>
</body>
</html>
```

在代码中把左侧的 left 和 content 列的宽度分别固定为 150 像素和 250 像素，右侧的 side 列宽度变化。那么 side 列的宽度就等于“100%–150 px–250 px”。因此根据改进浮动法，在 side 列的外面再套一个 sideWrap 列，使 sideWrap 的宽度为 100%，并通过设置负的 margin，使它向右平移 400 像素。然后再对 side 列设置正的 margin，限制右边界，这样就可以实现希望的效果了。

在 IE 浏览器中运行程序，结果如图 11-32 所示。

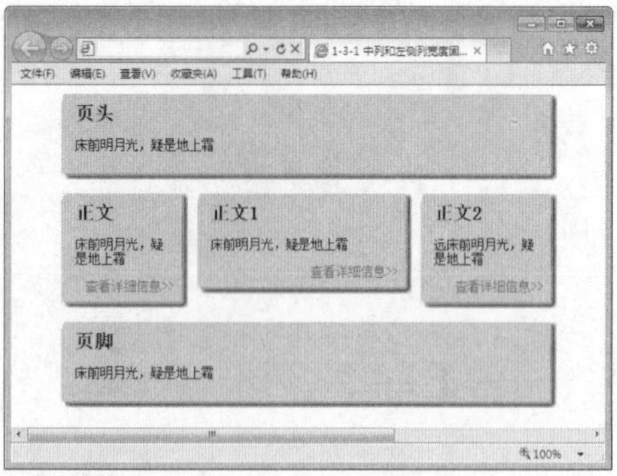
页头
床前明月光，疑是地上霜
正文
床前明月光，疑是地上霜
查看详细信息>>
正文1
床前明月光，疑是地上霜
查看详细信息>>
正文2
远床前明月光，疑是地上霜
查看详细信息>>
页脚
床前明月光，疑是地上霜

图 11-32 “1-3-1”中列与侧列宽度固定的变宽布局

11.5 实战演练——使用CSS设定网页布局列的背景色

在实际工作中，在设计页面布局时，对各列的背景色都是有要求的，如希望每一列都有自己的颜色。下面以一个实例为例，介绍如何使用 CSS 设定网页布局列的背景色。

这里以固定宽度 1-3-1 型布局为框架，直接修改其 CSS 样式表，具体的代码如下。

```
body{
font:14px 宋体；
margin:0;
}
#header,#pagefooter {
background:#CF0;
width:760px;
margin:0 auto;
}
h2{
margin:0;
padding:20px;
}
p{
padding:20px;
text-indent:2em;
margin:0;
```

```
}
#container {
position: relative;
width:760px;
margin:0 auto;
background:url(images/16-7.gif);
}
#left {
width: 200px;
position: absolute;
left: 0px;
top: 0px;
}
#content {
right: 0px;
top: 0px;
margin-right: 200px;
margin-left: 200px;
}
#side {
width: 200px;
position: absolute;
right: 0px;
top: 0px;
}
```

在代码中，left、content、side 没有使用背景色，是因为各列的背景色只能覆盖到其内容的下端，而不能使每一列的背景色都一直扩展到最下端。因为每个 DIV 只负责自己的高度，根本不管它旁边的列有多高，要使并列的各列的高度相同是很困难的。通过给 container 设定一个宽度为 760 px 的背景，这个背景图按样式中的 left、content、side 宽度进行颜色制作，可变相实现给三列加背景的功能。

程序运行结果如图 11-33 所示。

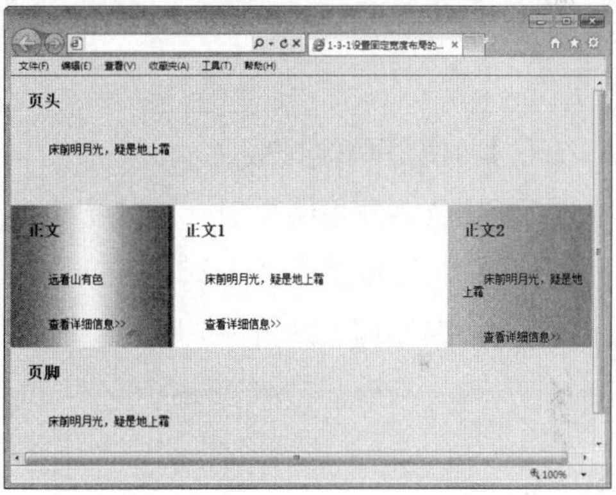
页头
床前明月光，疑是地上霜
正文
远看山有色
查看详细信息>>
正文1
床前明月光，疑是地上霜
查看详细信息>>
正文2
床前明月光，疑是地上霜
查看详细信息>>
页脚
床前明月光，疑是地上霜

图 11-33 设定网页布局列的背景色

11.6 高手甜点

甜点 1：IE 浏览器和 Firefox 浏览器，显示 float 浮动布局会出现不同的效果，为什么？

两个相连的 DIV 块，如果一个设置为左浮动，一个设置为右浮动，这时在 Firefox 浏览器中就会出现设置失效的问题。其原因是 IE 浏览器会根据设置来判断 float 浮动，而在 Firefox 中，如果上一个 float 没有被清除的话，下一个 float 会自动沿用上一个 float 的设置，而不使用自己的 float 设置。

这个问题的解决办法就是，在每一个 DIV 块设置 float 后，在最后加入一句清除浮动的代码 clear:both，就会清除前一个浮动的设置了，下一个 float 也就不会再使用上一个浮动设置，从而使用自己所设置的浮动了。

甜点 2：DIV 层高度设置好，还是不设置好？

在 IE 浏览器中，如果设置了高度值，但是内容很多，会超出所设置的高度，这时浏览器就会自己撑开高度，以达到显示全部内容的效果，不受所设置的高度值限制。而在 Firefox 浏览器中，如果固定了高度的值，那么容器的高度就会被固定住，就算内容过多，它也不会撑开，也会显示全部内容，但是如果容器下面还有内容的话，那么这一块就会与下一块内容重合。

这个问题的解决办法就是，不要设置高度的值，这样浏览器会根据内容自动判断高度，也不会出现内容重合的问题了。

11.7 跟我练练手

练习 1：使用 CSS 排版。

练习 2：固定宽度网页剖析与布局。

练习 3：自动缩放网页 1-2-1 型布局模式。

练习 4：自动缩放网页 1-3-1 型布局模式。

第12章 让网页更绚丽——在网页中编写JavaScript

单纯的HTML很难实现交互性效果，为此，用户可以加入JavaScript脚本代码，可以实现为Web站点提供交互性和页面特效。本章将重点学习如何在网页中编写JavaScript脚本代码。

本章要点

◎ 熟悉JavaScript的基本概念
◎ 掌握JavaScript在HTML中的使用方法
◎ 掌握JavaScript的基本语法
◎ 熟悉JavaScript的数据结构
◎ 掌握使用函数的方法
◎ 掌握JavaScript中常用事件
◎ 掌握使用事件动态改变图片焦点的方法

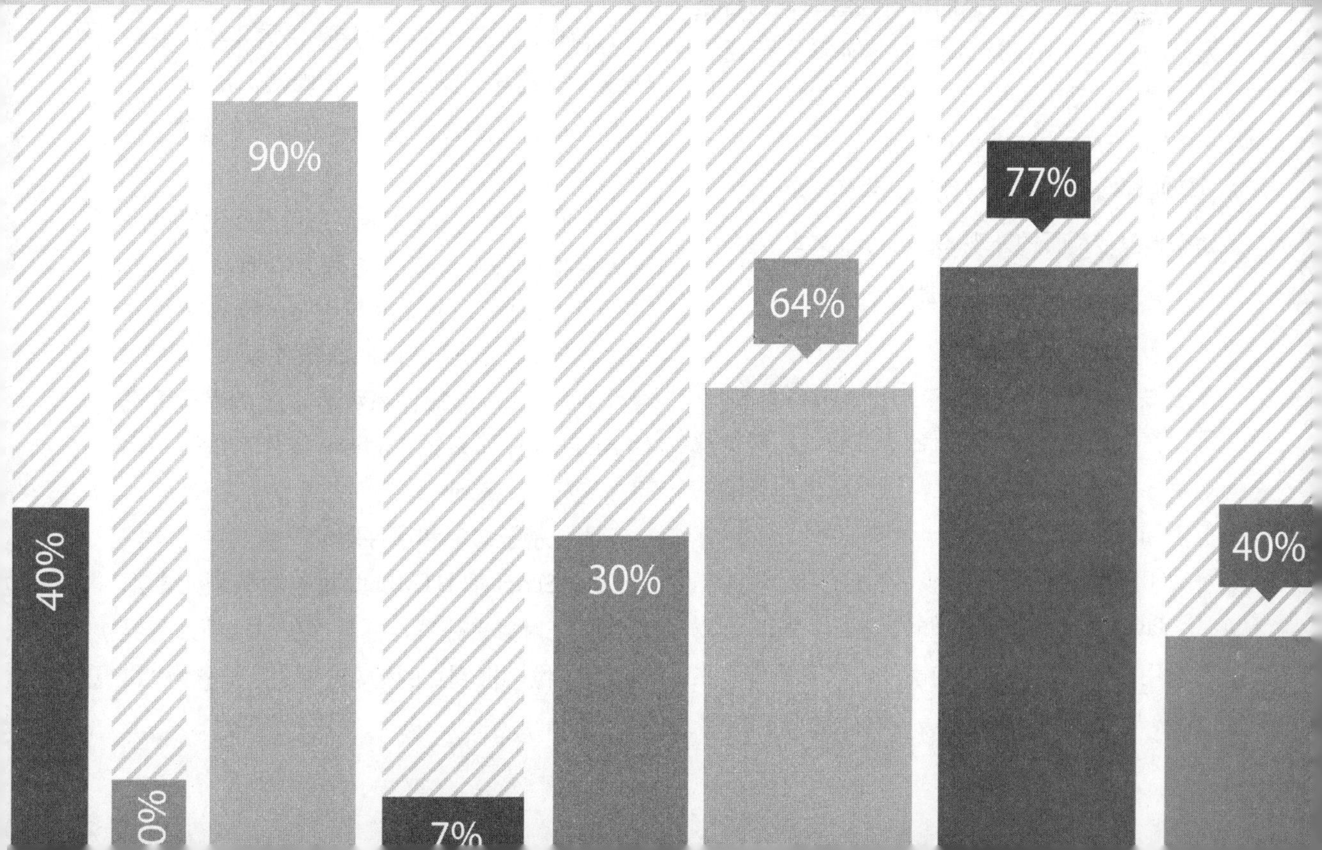

12.1 认识JavaScript

JavaScript 作为一种可以给网页增加交互性的脚本语言，拥有近 20 年的发展历史，它的简单、易学易用特性，使其立于不败之地。

12.1.1 什么是 JavaScript

JavaScript 最初由网景公司的 Brendan Eich 设计，是一种动态、弱类型、基于原型的语言，内置支持类。经过近 20 年的发展，它已经成为健壮的基于对象和事件驱动并具有相对安全性的客户端脚本语言，同时也是一种广泛用于客户端 Web 开发的脚本语言，常用来给 HTML 网页添加动态功能，如响应用户的各种操作。

JavaScript 可以弥补 HTML 语言的缺陷，实现 Web 页面客户端动态效果，其主要作用如下。

(1) 动态改变网页内容。

HTML 语言是静态的，一旦编写，内容是无法改变的。JavaScript 可以弥补这种不足，可以将内容动态地显示在网页中。

(2) 动态改变网页的外观

JavaScript 通过修改网页元素的 CSS 样式，动态地改变网页的外观。例如，修改文本的颜色、大小等属性，图片的位置动态地改变等。

(3) 验证表单数据。

为了提高网页的效率，用户在填写表单时，可以在客户端对数据进行合法性验证，验证成功后才能提交到服务器上，进而减少服务器的负担和网络带宽的压力。

(4) 响应事件。

JavaScript 是基于事件的语言，因此可以影响用户或浏览器产生的事件。只有事件产生时才会执行某段 JavaScript 代码，如当用户单击计算按钮时，程序才显示运行结果。

> **提示** 几乎所有浏览器都支持 JavaScript，如 Internet Explorer(IE)、Firefox、Netscape、Mozilla、Opera 等。

12.1.2 JavaScript 的特点

JavaScript 的主要特点有以下几个方面。

(1) 语法简单，易学易用。

JavaScript 语法简单、结构松散。可以使用任何一种文本编辑器来进行编写。JavaScript 程序运行时不需要编译成二进制代码，只需要支持 JavaScript 的浏览器进行解释。

(2) 解释性语言。

非脚本语言编写的程序通常需要经过编写→编译→链接→运行 4 个步骤，而脚本语言 JavaScript 只需要经过编写→运行两个步骤。

(3) 跨平台。

由于 JavaScript 程序的运行依赖于浏览器，只要操作系统中安装有支持 JavaScript 的浏览器即可，因此 JavaScript 与平台（操作系统）无关。例如，无论 Windows 操作系统、UNIX 操作系统、Linux 操作系统等，还是用于手机的 Android 操作系统、iPhone 操作系统等，都可以运行 JavaScript 程序。

(4) 基于对象和事件驱动。

JavaScript 把 HTML 页面中的每个元素都当作一个对象来处理，并且这些对象都具有层次关系，像一棵倒立的树，这种关系被称为“文档对象模型（DOM）”。在编写 JavaScript 代码时会接触到大量对象及对象的方法和属性。可以说学习 JavaScript 的过程，就是了解 JavaScript 对象及其方法和属性的过程。因为基于事件驱动，所以 JavaScript 可以捕捉到用户在浏览器中的操作，可以将原来静态的 HTML 页面变成可以和用户交互的动态页面。

（5）用于客户端。

尽管 JavaScript 分为服务器端和客户端两种，但目前应用最多的还是客户端。

12.2 JavaScript 在HTML中的使用

创建好 JavaScript 脚本后，下面就可以在 HTML 中使用 JavaScript 脚本了。把 JavaScript 嵌入 HTML 中有多种形式：在 HTML 网页头中嵌入、在 HTML 网页中嵌入、在 HTML 网页的元素事件中嵌入、在 HTML 中调用已经存在的 JavaScript 文件等。

12.2.1 案例 1——在 HTML 网页头中嵌入 JavaScript 代码

如果不是通过 JavaScript 脚本生成 HTML 网页的内容，JavaScript 脚本一般放在 HTML 网页头部的<head></head>标签对之间。这样，就不会因为 JavaScript 而影响整个网页的显示结果。

在 HTML 网页头部的<head></head>标签对之间嵌入 JavaScript 的格式如下。

```
<html>
<head>
<title>在 HTML 网页头中嵌入 JavaScript 代码 <title>
<script language="JavaScript" >
<!—
……
JavaScript 脚本内容
……
//-->
</script>
</head>
<body>
……
</body>
</html>
```

在 <script></script> 标签中添加相应的 JavaScript 脚本后，就可以直接在 HTML 文件中调用 JavaScript 代码，以实现相应的效果。

在 HTML 网页头中嵌入 JavaScript，代码如下。

```
<html>
<head>
   <script language = "JavaScript">
         document.write("欢 迎 来 到 JavaScript 动态世界 ");
  </script>
</head>
<body>
   <p>学习 JavaScript！！！
</body>
</html>
```

该案例是在 HTML 文档里输出一个字符串，即“欢迎来到 JavaScript 动态世界”；在 IE 中浏览效果如图 12-1 所示，可以看到网页输出了两句话，其中第一句就是 JavaScript 中输出的语句。

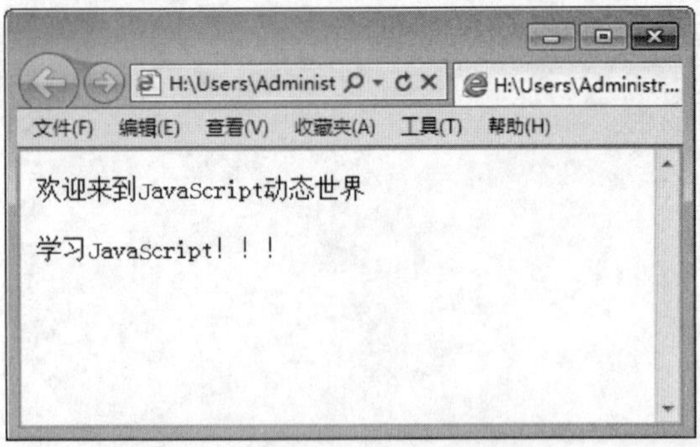

图 12-1　嵌入 JavaScript 代码

提示 在 JavaScript 的语法中，分号“;”是 JavaScript 程序作为一个语句结束的标识符。

12.2.2 案例 2——在 HTML 网页中嵌入 JavaScript 代码

当需要使用 JavaScript 脚本生成 HTML 网页内容时，如某些 JavaScript 实现的动态树，就需要把 JavaScript 放在 HTML 网页主题部分的 <body></body> 标签对中。

具体的代码格式如下。

```
<html>
<head>
<title>在 HTML 网页中嵌入 JavaScript 代码
<title>
</head>
<body>
<script language="JavaScript" >
<!--
……
JavaScript 脚本内容
……
//-->
</script>
</body>
</html>
```

另外，JavaScript 代码可以在同一个 HTML 网页的头部与主题部分同时嵌入，并且在同一个网页中可以多次嵌入 JavaScript 代码。

在 HTML 网页中嵌入 JavaScript 的代码如下。

```
<html>
<head>
</head>
<body>
```

```
<p>学习 JavaScript ！！！ </p>
<script language ="JavaScript">
    document.write("欢迎来到JavaScript动态世界");
</script>
</body>
</html>
```

该案例是在 HTML 文档里输出一个字符串，即“欢迎来到 JavaScript 动态世界”；在 IE 中浏览效果如图 12-2 所示，可以看到网页输出了两句话，其中第二句就是 JavaScript 中输出的语句。

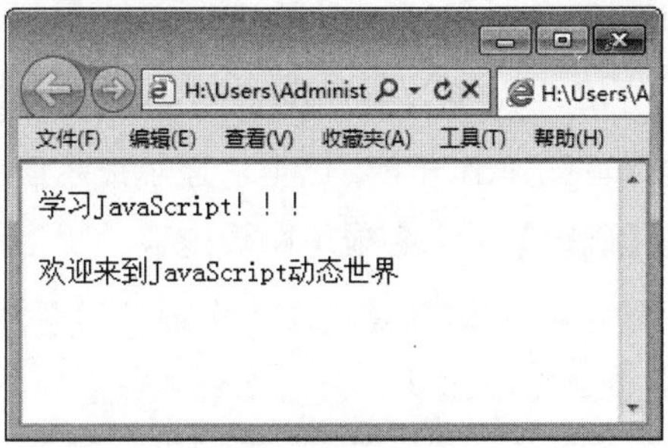

图 12-2　嵌入 JavaScript 代码

12.2.3 案例 3——在 HTML 网页的元素事件中嵌入 JavaScript 代码

在开发 Web 应用程序的过程中，开发者可以给 HTML 文档设置不同的事件处理器。一般是设置某 HTML 元素的属性来引用一个脚本，如可以是一个简单的动作，该属性一般以 on 开头，如按下鼠标事件 OnClick() 等。这样，当需要对 HTML 网页中的该元素进行事件处理时（验证用户输入的值是否有效），如果事件处理的 JavaScript 代码量较少，就可以直接在对应的 HTML 网页的元素事件中嵌入 JavaScript 代码。

下面通过一个案例来学习如何在 HTML 网页的元素事件中嵌入 JavaScript 代码。

下面 HTML 文档的作用是对文本框是否为空进行判断，如果为空则弹出提示信息，其具体内容如下。

```
<html>
<head>
<title>判断文本框是否为空</title>
<script language="JavaScript">
function validate()
{
   var _txtNameObj = document.all.txtName;
   var _txtNameValue = _txtNameObj.value;
   if((_txtNameValue == null) || (_txtNameValue.length < 1))
   {
      window.alert("文本框内容为空，请输入内容");
 _txtNameObj.focus();
 return;
   }
 }
</script>
</head>
<body>
<form method=post action="#">
<input type="text" name="txtName">
<input type="button" value="确 定" onclick="validate()">
</form>
</body>
</html>
```

在上面的 HTML 文档中使用 JavaScript 脚本，其作用是当文本框失去焦点时，就会对文本框的值进行长度检验，如果值为空，即可弹出“文本框内容为空，请输入内容”的提示信息。上面的 HTML 文档在 IE 浏览器中的显示结果如图 12-3 所示。单击其中的【确定】按钮，即可看到相应的提示信息，如图 12-4 所示。

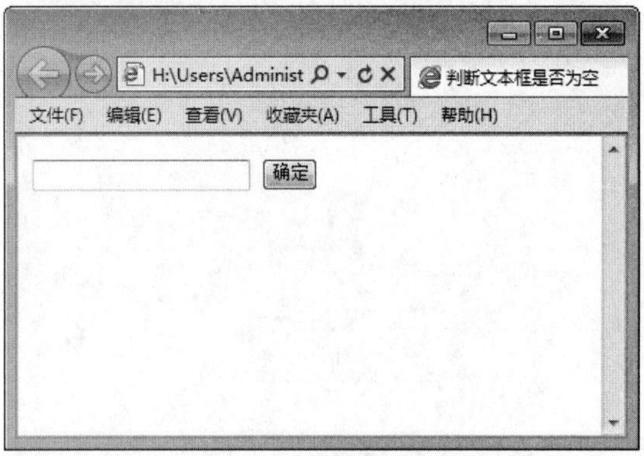

图 12-3　显示结果

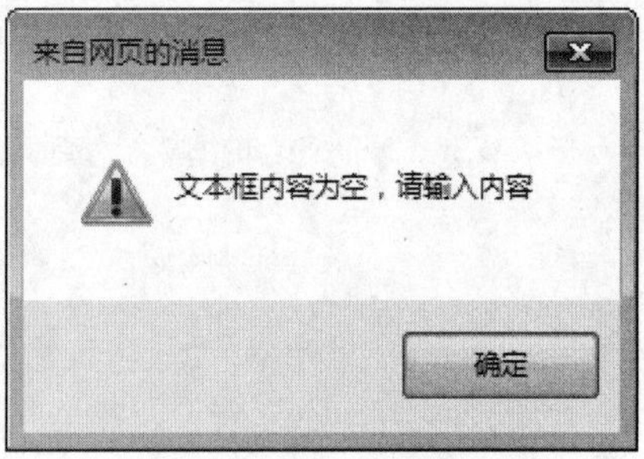

图 12-4　信息提示框

12.2.4 案例 4——在 HTML 中调用已经存在的 JavaScript 文件

如果 JavaScript 的内容较长，或者多个 HTML 网页中都调用相同的 JavaScript 程序，可以将较长的 JavaScript 或者通用的 JavaScript 写成独立的 .js 文件，直接在 HTML 网页中调用。

下面通过一个案例来介绍如何在 HTML 中调用已经存在的 JavaScript 文件。

下面的 HTML 文件就是使用 JavaScript 脚本来调用外部 JavaScript 的文件。

```
<html>
<head>
<title>使用外部文件</title>
<script src = "hello.js"></script>
</head>
<body>
<p>此处引用了一个 JavaScript 文件
</body>
</html>
```

在 IE 中浏览效果如图 12-5 所示，可以看到网页首先弹出一个对话框，显示提示信息。单击【确定】后，会显示网页内容。

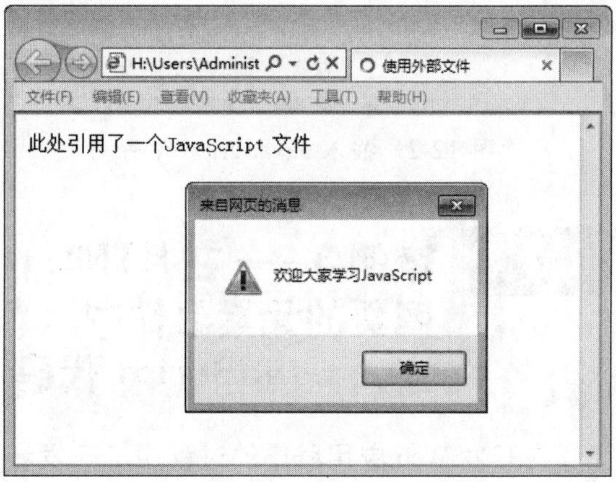

图 12-5　导入 JavaScript 文件

可见，通过这种外部引用 JavaScript 文件的方式，也可以实现相应的功能。这种功能具有以下几个优点。

☆　通过外部脚本，可以轻易实现多个页面完成同一功能的脚本文件，可以很方便地通过更新一个脚本内容实现批量更新。

☆ 浏览器可以实现对目标脚本文件的高速缓存，这样可以避免引用同样功能的脚本代码而导致下载时间的增加。

与 C 语言使用外部头文件（.h 文件等）相似，引入 JavaScript 脚本代码时使用外部脚本文件的方式符合结构化编程思想，但也有一些缺点，具体表现在以下两个方面。

☆ 并不是所有支持 JavaScript 脚本的浏览器都支持外部脚本，如 Netscape 2 和 Internet Explorer 3 以及以下版本都不支持外部脚本。

☆ 外部脚本文件功能过于复杂，或其他原因导致的加载时间过长，则可能导致页面事件得不到处理或得不到正确的处理，程序员必须小心使用并确保脚本加载完成后，其中定义的函数才被页面事件调用，否则浏览器会报错。

综上所述，引入外部 JavaScript 脚本文件的方法是效果与风险并存的，设计人员应该权衡其优缺点，以决定是将脚本代码嵌入目标 HTML 文件中，还是通过引用外部脚本的方式来实现同样的功能。一般情况下，将实现通用功能的 JavaScript 脚本代码作为外部脚本文件引用，而实现特有功能的 JavaScript 代码则直接嵌入 HTML 文件中的 <head> 与 </head> 标签对之间，使其及时并正确响应页面事件。

12.2.5 案例 5——通过 JavaScript 伪 URL 引入 JavaScript 脚本代码

在多数支持 JavaScript 脚本的浏览器中，可以通过 JavaScript 伪 URL 地址调用语句来引入 JavaScript 脚本代码。伪 URL 地址的一般格式：JavaScript:alert(“已点击文本框！”)。由上可知：伪 URL 地址语句一般以 JavaScript 开始，后面就是要执行的操作。

下面通过一个案例来介绍如何使用伪 URL 地址来引入 JavaScript，代码如下。

```
<html>
<head>
<meta http-equiv=content-type
content="text/html; charset=gb2312">
<title>伪 URL 地址引入 JavaScript 脚本代码
</title>
</head>
<body>
<center>
<p>使用伪 URL 地址引入 JavaScript 脚本代码
</p>
<form name="Form1">
   <input type=text name="Text1"
value="点击"
         onclick="JavaScript:alert('已
经用鼠标点击文本框！')">
</form>
</center>
</body>
</html>
```

在 IE 浏览器中预览上面的 HTML 文件，然后单击其中的文本框，就会看到“已经用鼠标点击文本框！”的提示信息，如图 12-6 所示。伪 URL 地址可用于文档中的任何地方，同时触发任意数量的 JavaScript 函数或对象固有的方法。由于这种方式的代码短而精且效果好，所以在表单数据合法性验证上，如验证某些字段是否符合要求等方面应用广泛。

图 12-6　使用伪 URL 地址引入 JavaScript 脚本代码

12.3 JavaScript的基本语法

JavaScript 可以直接用记事本编写，其中包括语句、与语句相关的语句块以及注释。在一条语句内可以使用变量、表达式等。本节就来介绍编程语法的基础。

12.3.1 执行顺序

JavaScript 程序按照在 HTML 文件中出现的顺序逐行执行。如果需要在整个 HTML 文件中执行，最好将其放在 HTML 文件的 <head>…</head> 标签中。某些代码，如函数体内的代码，不会被立即执行，只有当所在的函数被其他程序调用时，该代码才被执行。

12.3.2 区分大小写

JavaScript 对字母大小写敏感，也就是说在输入语言的关键字、函数、变量以及其他标识符时，一定要严格区分字母的大小写。例如变量 username 与变量 userName 是两个不同的变量。

提示 HTML 不区分大小写。由于 JavaScript 与 HTML 紧密相关，这一点很容易混淆。许多 JavaScript 对象和属性都与其代表的 HTML 标签或属性同名，在 HTML 中，这些名称可以以任意的大小写方式输入而不会引起混乱，但在 JavaScript 中，这些名称通常都是小写的。例如，在 HTML 中的事件处理器属性 ONCLICK 通常被声明为 onClick 或 Onclick，而在 JavaScript 中只能使用 onclick。

12.3.3 分号与空格

在 JavaScript 语句中，分号是可有可无的，这一点与 Java 语言不同，JavaScript 并不要求每行必须以分号作为语句的结束标志。如果语句的结束处没有分号，JavaScript 会自动将该代码的结尾作为语句的结尾。

例如，下面的两行代码书写方式都是正确的。

```
Alert("hello,JavaScript")
Alert("hello,JavaScript");
```

提示 好的编写习惯应该是在每行的最后加上一个分号，这样能保证每行代码的准确性。

另外，JavaScript 会忽略多余的空格，用户可以向脚本添加空格，来提高其可读性。下面的两行代码是等效的。

```
var name="Hello";
var name = "Hello";
```

12.3.4 对代码行进行折行

当一段代码比较长时，用户可以在文本字符串中使用反斜杠对代码行进行换行。下面的例子会正确地显示：

```
document.write("Hello \
World!");
```

不过，用户不能像这样折行：

```
document.write \
("Hello World!");
```

12.3.5 案例 6——注释

注释通常用来解释程序代码的功能（增加代码的可读性）或阻止代码的执行（调试程序），不参与程序的执行。在 JavaScript 中注释分为单行注释和多行注释两种。

1 单行注释

在 JavaScript 中，单行注释以双斜杠“//”开始，直到这一行结束。“//”可以放在一行的开始或一行的末尾，无论放在哪里，只要从“//”符号开始到本行结束为止的所有内容都不会执行。在一般情况下，如果“//”位于一行的开始，则用来解释下一行或一段代码的功能；如果“//”位于一行的末尾，则用来解释当前行代码的功能。如果用来阻止一行代码的执行，也常将“//”放在一行的开始，如下加粗代码所示。

下面通过一个案例讲解单行注释语句，代码如下。

```
<html>
<head>
<title>date 对象 </title>
<script type="text/javascript">
function disptime( )
{
    // 创建日期对象 now，并实现当前日期的输出
var now= new Date( );
    //document.write("<h1> 河南旅游网 </h1>");
    document.write("<H2> 今天日期 :"+now.getFullYear()+" 年 "+(now.getMonth()+1)+" 月 "+no.w.getDate()+" 日 </H2>");
// 在页面上显示当前年月日
}
</script>
<body onload="disptime( )">
</body>
</html>
```

以上代码中，共使用了三个注释语句。第一个注释语句将“//”符号放在了行首，用来解释下面代码的功能与作用。第二个注释语句放在了代码的行首，阻止了该行代码的执行。第三个注释语句放在了行的末尾，主要是对该行的代码进行解释说明。

在 IE 中浏览效果如图 12-7 所示，可以看到代码中的注释不被执行。

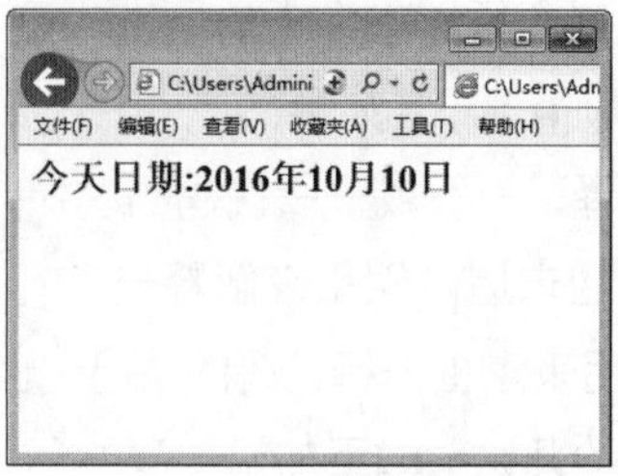

图 12-7　程序运行结果

2 多行注释

单行注释语句只能注释一行的代码，假设在调试程序时，希望有一段代码都不被浏览器执行或者对代码的功能说明一行书写不完，那么就需要使用多行注释语句。多行注释语句以“/*”开始，以“/*”结束，可以注释一段代码。

下面通过一个案例介绍多行注释语句，代码如下。

```
<html>
<body>
<h1 id="myH1"></h1>
<p id="myP"></p>
<script type="text/JavaScript">
/*
下面的这些代码会输出
一个标题和一个段落
并将代表主页的开始
*/
document.getElementById("myH1").
innerHTML="Welcome to my Homepage";
document.getElementById("myP").
innerHTML="This is my first paragraph.";
</script>
<p><b>注释：</b>注释块不会被执行。</p>
</body>
</html>
```

在 IE 中浏览效果如图 12-8 所示，可以看到代码中的注释不被执行。

图 12-8　程序运行结果

12.4 JavaScript 的数据结构

每一种计算机编程语言都有自己的数据结构，JavaScript 脚本语言的数据结构包括标识符、关键字、保留字、常量和变量等。

12.4.1 标识符

在使用 JavaScript 编写程序时，很多地方都要求用户给定名称，如 JavaScript 中的变量、函数等要素定义时都要求给定名称。可以将定义要素时使用的字符序列称为标识符。这些标识符必须遵循如下命名规则。

☆ 标识符只能由字母、数字、下划线和中文组成，而不能包含空格、标点符号、运算符等其他符号。
☆ 标识符的第一个字符必须是字母、下划线或者中文。
☆ 标识符不能与 JavaScript 中的关键字名称相同，如 if、else 等。

例如，下面为合法的标识符。

```
UserName
Int2
_File_Open
Sex
```

例如，下面为不合法的标识符。

```
99BottlesofBeer
Namespace
It' s-All-Over
```

12.4.2 关键字

关键字标识了 JavaScript 语句的开头或结尾。根据规定，关键字是保留的，不能用作变量名或函数名。

常见的关键字如表 12-1 所示。

表 12-1　JavaScript 中的关键字

break	case	catch	continue
default	delete	do	else
finally	for	function	if
in	instanceof	new	return
switch	this	throw	try
typeof	var	void	while
with			

提示　Javascript 中的关键字是不能作为变量名和函数名使用的。

12.4.3 保留字

保留字在某种意义上是为将来的关键字而保留的单词，因此保留字不能被用作变量名或函数名。常见的保留字如表 12-2 所示。

表 12-2　JavaScript 中的保留字

abstract	boolean	byte	char
class	const	debugger	double
enum	export	extends	final
float	goto	implements	import
int	interface	long	native

（续表）

package	private	protected	public
short	static	super	synchronized
throws	transient	volatile	

提示 如果将保留字用作变量名或函数名，那么除非将来的浏览器实现了该保留字，否则很可能收不到任何错误消息。当浏览器将其实现后，该单词将被看作关键字，如此将出现关键字错误。

12.4.4 常量

简单地说，常量是字面变量，是固化在程序代码中的信息，其值从定义开始就是固定的。常量主要用于为程序提供固定和精确的值，包括数值和字符串，如数字、逻辑值真（true）、编辑值假（false）等都是常量。

常量通常使用 const 来声明。其语法格式如下。

```
const
 常量名：数据类型 = 值；
```

12.4.5 变量

变量，顾名思义，在程序运行过程中，其值可以改变。是存储信息的单元，它对应于某个内存空间，用于存储特定数据类型的数据。用变量名代表其存储空间。程序能在变量中存储值和取出值，可以把变量比作超市的货架（内存），货架上摆放着商品（变量），可以把商品从货架上取出来（读取），也可以把商品放入货架（赋值）。

1 变量的命名

实际上，变量的名称是一个标识符。在 JavaScript 中，常用标识符来命名变量和函数，变量的名称可以是任意长度。创建变量名称时，应该遵循以下命名规则。

- ☆ 第一个字符必须是一个 ASCII 字符（大小写均可）或一个下划线（_），但是不能是文字。
- ☆ 后续的字符必须是字母、数字或下划线。
- ☆ 变量名称不能是 JavaScript 的保留字。
- ☆ JavaScript 的变量名是严格区分大小写的。例如，变量名称 myCounter 与变量名称 MyCounter 是不同的。

下面给出一些合法的变量命名示例。

```
_pagecount
Part9
Numer
```

下面给出一些错误的变量命名示例。

```
12balloon          //不能以数字开头
Summary&Went       //"与"符号不能用在变量名
称中
```

2 变量的声明与赋值

JavaScript 是一种弱类型的程序设计语言，变量可以不声明而直接使用。所谓声明变量即为变量指定一个名称。声明变量后，就可以把它们用作存储单元了。

在 JavaScript 中使用关键字 var 声明变量，在这个关键字之后的字符串代表一个变量名。其格式为：

```
var 标识符；
```

例如，声明变量 username，用来表示用户名，代码如下。

```
var username;
```

另外，一个关键字 var 也可以同时声明多个变量名，多个变量名之间必须用逗号“,”分隔，例如，同时声明变量 username、pwd、age，分别表示用户名、密码和年龄，代码如下。

```
var username,pwd,age;
```

要给变量赋值，可以使用 JavaScript 中的赋值运算符，即等于号（=）。

声明变量名时同时赋值。例如，声明变量 username，并赋值为“张三”，代码如下。

```
var username="张三";
```

声明变量之后，对变量赋值，或者对未声明的变量直接赋值。例如，声明变量 age，然后再为它赋值，直接对变量 count 赋值。

```
var age;        //声明变量
age=18;         //对已声明的变量赋值
count=4;        //对未声明的变量直接赋值
```

提示 JavaScript 中的变量如果未初始化（赋值），默认值为 undefind。

3 变量的作用范围

所谓变量的作用范围是指可以访问该变量的代码区域。在 JavaScript 中，按变量的作用范围划分，变量可分为全局变量和局部变量。

☆ 全局变量：可以在整个 HTML 文档范围中使用的变量，这种变量通常都是在函数体外定义的变量。

☆ 局部变量：只能在局部范围内使用的变量，这种变量通常都是在函数体内定义的变量，所以只能在函数体中有效。

提示 省略关键字 var 声明的变量，无论是在函数体内，还是在函数体外，都是全局变量。

下面的案例创建了名为 carname 的变量，并向其赋值 Volvo，然后把它放入 id="demo" 的 HTML 段落中。

```
<html>
<body>
<p>点击这里来创建变量，并显示结果。</p>
<button onclick="myFunction()">点击这里
</button>
<p id="demo"></p>
<script type="text/javascript">
function myFunction()
{
var carname="Volvo";
document.getElementById("demo").
innerHTML=carname;
}
</script>
</body>
</html>
```

在 IE 中浏览效果如图 12-9 所示。单击其中的【点击这里】按钮，可以看到两个元素发生了变化，如图 12-10 所示。

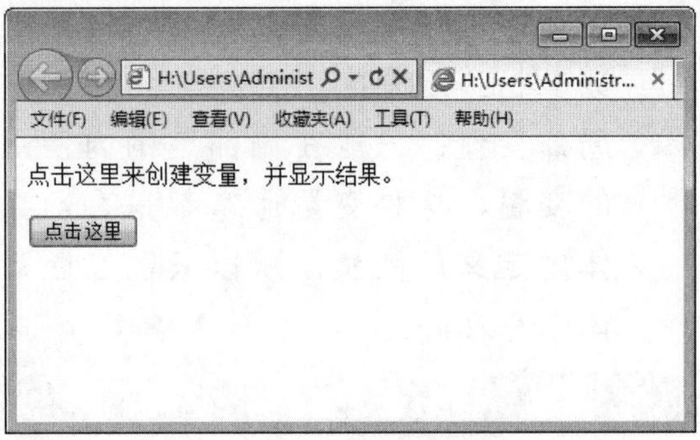

图 12-9　程序运行结果

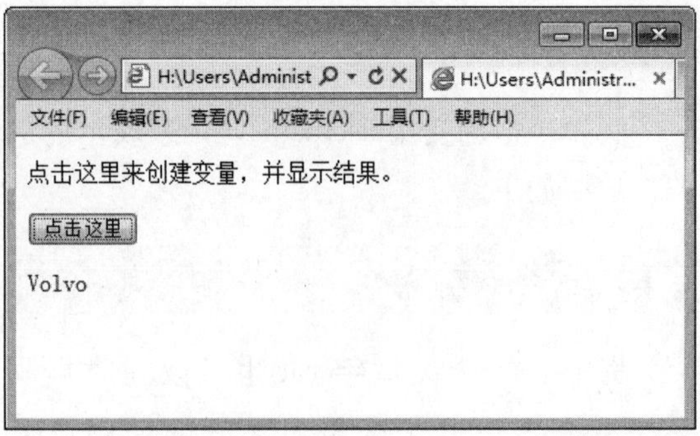

图 12-10　程序运行结果

提示 一个好的编程习惯是，在代码开始处统一对需要的变量进行声明。

12.5 案例7——使用函数

所谓函数是指在程序设计中，可以将一段经常使用的代码“封装”起来，在需要时直接调用，这种“封装”叫函数。

定义函数使用关键字 function，然后添加一对大括号。在 Dreamweaver CC 中定义函数的具体操作步骤如下。

步骤 1 打开 Dreamweaver CC 软件，选择【文件】→【新建】菜单命令，打开【新建文档】对话框，选择【空白页】选项，在【页面类型】列表框中选择 JavaScript 选项，如图 12-11 所示。

步骤 2 单击【创建】按钮，在代码视图中输入函数的名称和内容，如图 12-12 所示，按 Ctrl+S 组合键保存为 JavaScript 文件即可。

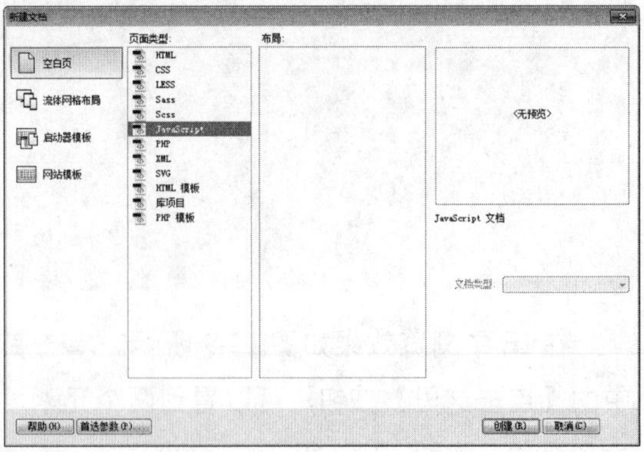

图 12-11　【新建文档】对话框

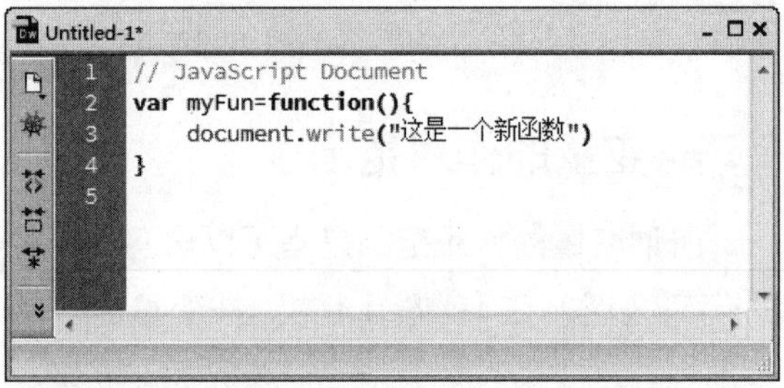

图 12-12　输入函数内容

12.6 JavaScript的常用事件

事件和事件处理是网页设计中必须面对的问题，也是使网页多姿多彩的必需手段。在一个 Web 网页中，浏览器可以通过调用 JavaScript 来响应用户的操作。下面将介绍常用的事件，包括页面事件、鼠标事件、键盘事件和表单处理事件等。

12.6.1 案例 8——页面事件

当用户执行某些操作时将会引起页面事件，如表 12-3 所示。

表 12-3　页面相关事件

事　件	说　明
onabort	图片在下载时被中断触发此事件
onbeforeunload	当前页面的内容将要被改变时触发的事件
onerror	捕抓当前页面因为某种原因而出现的错误，如脚本错误与外部数据引用的错误
onload	页面内容完成传送到浏览器时触发的事件，包括外部文件引入完成
onmove	浏览器的窗口被移动时触发的事件
onresize	当浏览器的窗口大小被改变时触发的事件
onunload	当前页面将被改变时触发的事件
onScroll	浏览器的滚动条位置发生变化时触发的事件
onStop	浏览器的停止按钮被按下时触发的事件或者正在下载的文件被中断

下面以 onload 事件为例进行讲解，代码如下。

```
<html>
<head>
<title>onload 事件 </title>
<script language="JavaScript">
function pages(){
alert(" 这是通过 onload 事件载入的信息 ");
}
</script>
</head>
<body onload="pages ()">
</body>
</html>
```

运行上述代码，结果如图 12-13 所示。

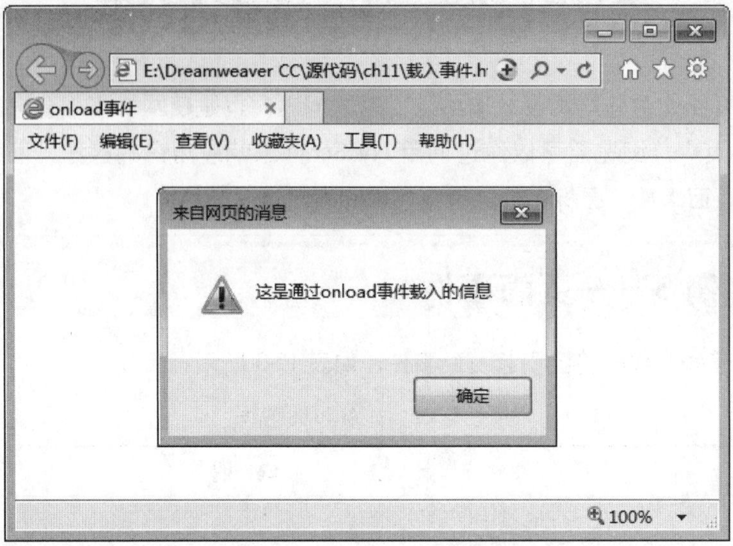

图 12-13　程序运行结果

12.6.2 案例 9——鼠标事件

鼠标事件是在页面操作中使用最频繁的操作，可以利用鼠标事件在页面中实现鼠标移动、单击时的特殊效果。常见的鼠标事件如表 12-4 所示。

表 12-4　鼠标事件

事　件	说　明
ondblclick	双击鼠标时触发此事件
onmouseup	按下鼠标后松开鼠标时触发此事件
onmouseout	鼠标移出目标的上方触发此事件
onmousemove	鼠标在目标的上方移动触发此事件
onmouseover	鼠标移到目标的上方触发此事件
onmousedown	按下鼠标时触发此事件
onclick	单击鼠标时触发此事件

下面以 onclick 事件为例进行讲解，通过单击按钮变换背景颜色，代码如下。

```
<html>
<head>
<title> 通过按钮变换背景颜色 </title>
</head>
<body>
```

```
<script language="JavaScript">
var   Arraycolor=new Array("olive","teal","red","blue","maroon","navy","lime",
"fuschia","green","purple","gray","yellow","aqua","white","silver");
var n=0;
function turncolors(){
      if (n==(Arraycolor.length-1)) n=0;
      n++;
      document.bgColor = Arraycolor[n];
}
</script>
<form name="form1" method="post" action="">
<p>
    <input type="button" name="Submit" value="变换背景" onclick="turncolors()">
</p>
  <p>用按钮随意变换背景颜色.</p>
</form>
</body>
</html>
```

运行上述代码，预览效果如图 12-14 所示。单击【变换背景】按钮，就可以动态地改变页面的背景颜色。当用户再次单击该按钮时，页面背景将以不同的颜色显示，如图 12-15 所示。

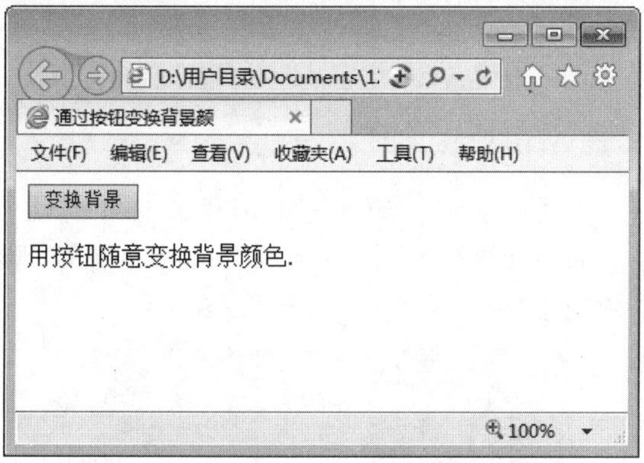

图 12-14　预览效果

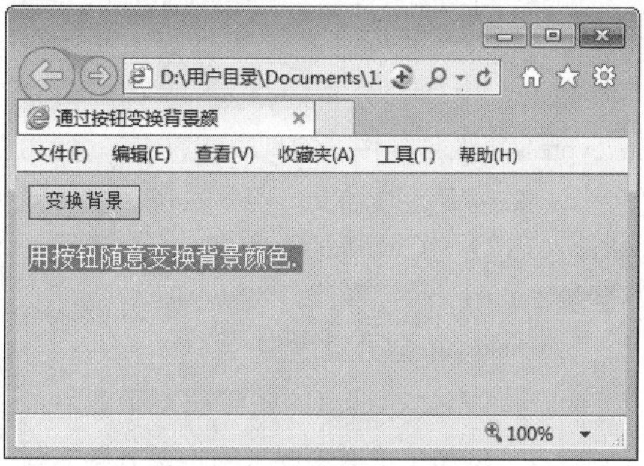

图 12-15　改变背景颜色

12.6.3 案例 10——键盘事件

键盘事件是指键盘状态的改变。常用的键盘事件有 onkeydown 按键事件、onkeypress 按下键事件和 onkeyup 放开键事件等。

⑴ onkeydown 按键事件。

该事件在键盘的按键被按下时触发。onkeydown 事件用于接收键盘的所有按键（包括功能键）被按下时的事件。onkeydown 事件与 onkeypress 事件都在按键按下时触发，但两者是有区别的。

例如，在用户输入信息的界面中，经常会有同时输入多条信息（存在多个文本框）的情况出现。为方便用户使用，通常情况下，当用户按 Enter 键时，光标自动跳到下一个文本框，在文本框中使用如下所示代码，即可实现回车跳入下一文本框的功能。

```
<input type="text" name="txtInfo" onkeydown="if(event.keyCode==13) event.keyCode=9">
```

上述代码通过判断及更改 event 事件的触发源的 ASCII 值，来控制光标所在的位置。

⑵ onkeypress 按下键事件。

onkeypress 事件在键盘的按键被按下时触发。onkeypress 事件与 onkeydown 事件两者有先后顺序，onkeypress 事件是在 onkeydown 事件之后发生的。此外，当按下键盘上的任何一个键时，都会触发 onkeydown 事件；但是 onkeypress 事件只在按下键盘的任意字符键（如 A ～ Z、数字键）时触发，但单独按下功能键（F1 ～ F12）、Ctrl 键、Shift 键、Alt 键等，不会触发 onkeypress 事件。

⑶ onkeyup 放开键事件。

onkeyup 事件在键盘的按键被按下然后放开时触发。例如，页面中要求用户输入数字信息时，使用 onkeyup 事件，对用户输入的信息进行判断，具体代码如下。

```
<input type="text" name="txtNum" onkeyup="if(isNaN(value))execCommand('undo');">。
```

下面讲解一个案例，按键盘上的 A 键刷新页面，代码如下。

```
<html>
<head>
<title>按A键对页面进行刷新</title>
</head>
<body>
<script language="JavaScript">
<!--
function Refurbish()
{
      if (window.event.keyCode==97)
      {
            location.reload();
      }
}
document.onkeypress=Refurbish;
//-->
</script>
<center>
<img src="02.jpg" width="805" height="554">
</center>
</body>
</html>
```

运行上述代码，按下键盘上的 A 键就可以对页面进行刷新，而无须用鼠标单击浏览器中的【刷新】按钮，如图 12-16 所示。

图 12-16　网页预览效果

12.6.4 案例 11——表单处理事件

JavaScript 的表单处理事件如表 12-5 所示。

表 12-5 表单处理事件

事 件	说 明
onblur	某元素失去活动焦点时产生该事件
onchange	当网页上某元素的内容发生改变时产生该事件
onfocus	网页上的元素获得焦点时产生该事件
onreset	复位表格时产生该事件
onsubmit	提交表单时产生该事件

在 JavaScript 中获取页面元素的方法有很多种，可以根据元素的名称（name）来获取，可以根据元素的 ID 来获取，可以根据元素在 form 中的索引来获取……其中，比较常用的方法是根据元素名称获取与根据元素 ID 获取。例如，在 JavaScript 中获取名为 txtName 的 HTML 网页文本框元素，具体的代码为 var _txtNameObj=document.forms[0].elements("txtName")，其中变量 _txtNameObj 即为名为 txtName 的文本框元素。

如下的实例就是 JavaScript 获取网页内容实现数据验证，代码如下。

```
<html>
<head>
<title> 验证表单数据的合法性 </title>
<script language="JavaScript">
<!--
function validate()
{
  var _txtNameObj = document.all.txtName;          // 获取文本框对象
  var _txtNameValue = _txtNameObj.value;            // 文本框对象的值
  if((_txtNameValue == null) || (_txtNameValue.length < 1))
  { // 判断文本框的值是否为空
    window.alert(" 输入的内容不能是空字符！ ");
      _txtNameObj.focus(); // 文本框获得焦点
      return;
  }
  if(_txtNameValue.length > 20)
  { // 判断文本框的值，长度是否大于 20
    window.alert(" 输入的内容过长，不能超过 20 ！ ");
```

```
            _txtNameObj.focus();
            return;
        }
        if(isNaN(_txtNameValue))
        { //判断文本框的值，是否全是数字
            window.alert("输入的内容必须由数字组成！");
            _txtNameObj.focus();
            return;
        }
    }
    //-->
    </script>
    </head>
    <body>
    <form method=post action="#">
    <input type="text" name="txtName">
    <input type="button" value="确 定" onclick="validate()">
    </form>
    </body>
    </html>
```

在上面的 JavaScript 脚本中，先获得文本框对象及其值，再对其值是否为空进行判断，对其值长度是否大于 20 进行判断，并对其值是否全是数字进行判断。在 IE 浏览器中预览上面的 HTML 文件，单击【确定】按钮，即可看到“输入的内容不能是空字符！”的提示信息，如图 12-17 所示。

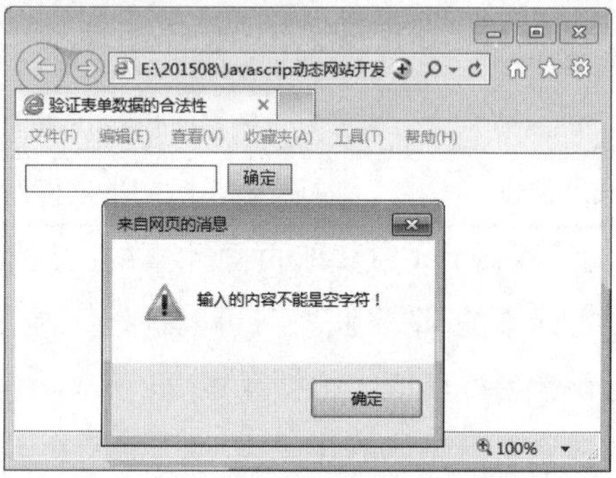

图 12-17 文本框为空效果图

如果在文本框中输入数字的长度大于 20，单击【确定】按钮，即可看到“输入的内容过长，不能超过 20！”的提示信息，如图 12-18 所示。

而当输入内容是非数字时，就会看到“输入的内容必须由数字组成！”的提示信息，如图 12-19 所示。

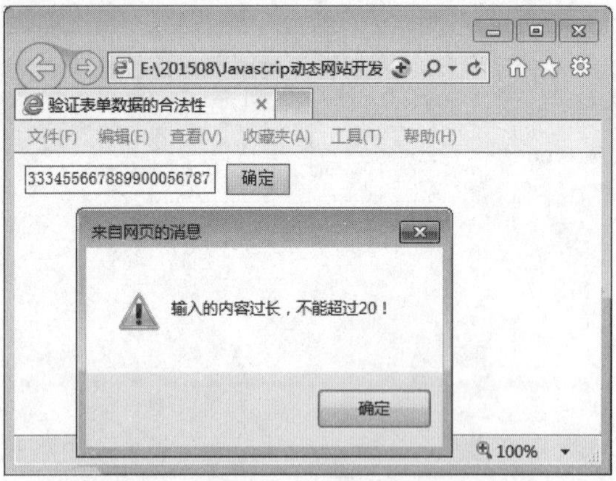

图 12-18 文本框输入数字过长的效果

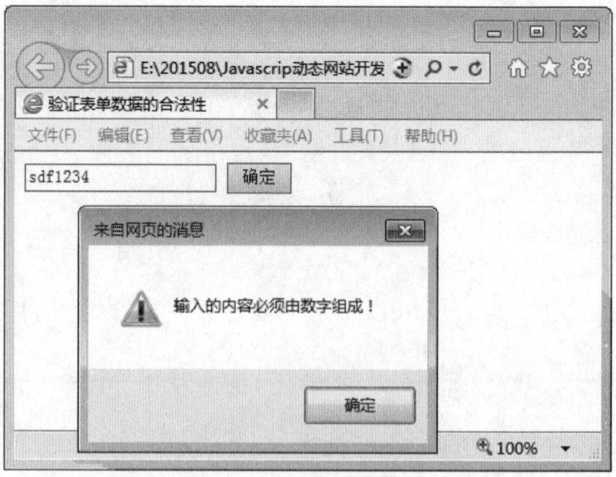

图 12-19 文本框内容不是数字的效果

12.7 实战演练——使用事件动态改变图片的焦点

onmouseover 事件在光标进入对象范围（移到对象上方）时触发。onmouseout 事件在光标离开对象时触发。onmouseout 事件通常与 onmouseover 事件一起使用来改变对象的状态。例如，当光标移到一段文字上方时，文字颜色显示为红色，当光标离开文字时，文字恢复原来的黑色，其实现代码如下。

```
<font onmouseover ="this.style.color='red'" onmouseout="this.style.color="black"">文字颜色改变</font>
```

使用事件动态改变图片的焦点的文件代码如下。

```
<html>
<head>
<title> 鼠标移动时改变图片焦点 </title>
</head>
<body>
<script language="JavaScript">
<!--
function visible(cursor,i)
{
if (i==0)
cursor.filters.alpha.opacity=100;
else
      cursor.filters.alpha.opacity=30;
}
//-->
</script>
<table border="0" cellpadding="0" cellspacing="0">
  <tr>
      <td align="center" bgcolor="#CCCCCC">
  <img src="01.jpg" border="0" style="filter:alpha(opacity=100)" onMouseOver="visible(this,1)" onMouseOut="visible(this,0)" width="150" height="130">
 </td>
  </tr>
</table>
</body>
</html>
```

运行上述代码，在 IE 浏览器中可以看到相关的运行结果，当光标放置在图片上时，图片的焦点被激活，如图 12-20 所示。一旦移动光标至别处，图片的焦点将不被选中，如图 12-21 所示。

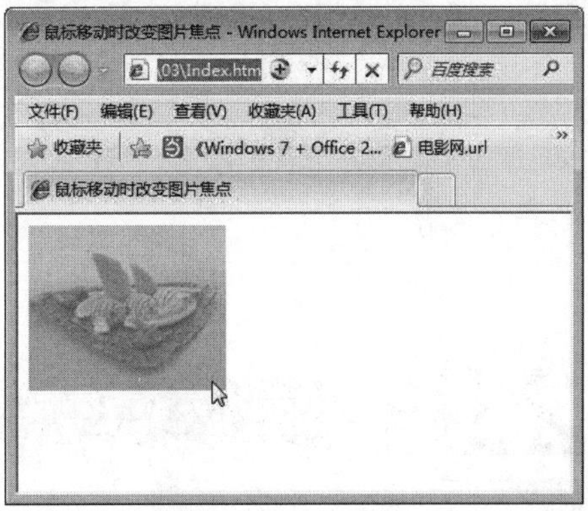

图 12-20　获取图片焦点

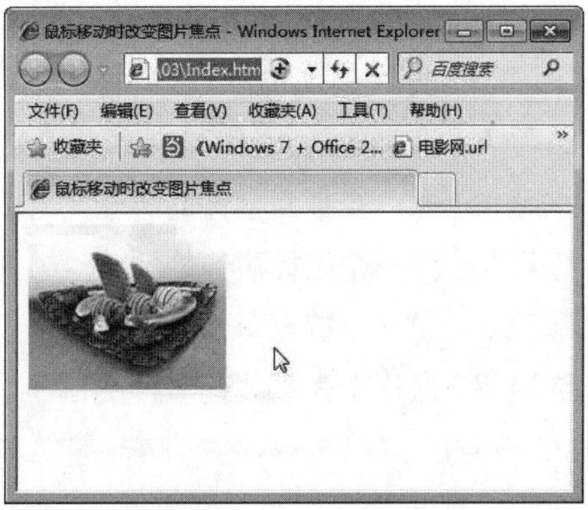

图 12-21　失去图片焦点

12.8 高手甜点

甜点 1：变量名有哪些命名规则？

变量名以字母、下划线或美元符号（$）开头。例如，txtName 与 _txtName 都是合法的变量名，而 1txtName 和 &txtName 都是非法的变量名。变量名只能由字母、数字、下划线和美元符号（$）组成，其中不能包含标点与运算符，不能用汉字做变量名。例如，txt%Name、名称文本、txt-Name 都是非法变量名。不能用 JavaScript 保留字做变量名。例如，var、enum、const 都是非法变量名。JavaScript 对大小写敏感。例如，变量 txtName 与 txtname 是两个不同的变量，不能混用。

甜点 2：如何计算 200 以内所有奇数的和？

使用 for 语句可以解决计算奇数和的问题，代码如下。

```
<script type="text/JavaScript">
var sum=0;                    //x、y 值都为 20
for(i=1;i<200;i++)
{
   sum=sum+I;
}
alert("200 以内所有奇数的和为："+sum);
```

12.9 跟我练练手

练习 1：使用 JavaScript 语言做一个弹出欢迎语的网页。

练习 2：使用多种方法在代码视图中调用 JavaScript 代码。

练习 3：在 JavaScript 代码中定义常量和变量。

练习 4：做一个页面事件的例子。

练习 5：做一个鼠标事件的例子。

练习 6：做一个键盘事件的例子。

练习 7：做一个表单处理事件的例子。

第 13 章

让别人浏览我的成果——网站的发布

将本地站点中的网站建设好后，接下来需要将站点上传到远端服务器上，以供 Internet 上的用户浏览。本章重点学习网站的发布方法。

本章学习目标

◎ 熟悉上传网站前的准备工作

◎ 掌握测试网站的方法

◎ 掌握上传网站的方法

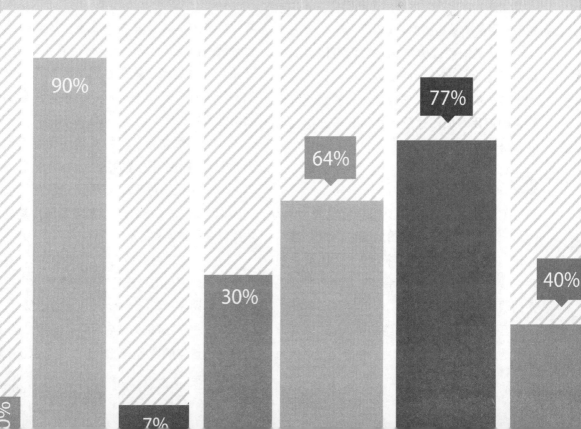

13.1 上传网站前的准备工作

在将网站上传到网络服务器之前，首先要在网络服务器上注册域名和申请网络空间，同时，还要对本地计算机进行相应的配置，以完成网站的上传。

13.1.1 注册域名

域名可以说是企业的“网上商标”，所以在域名的选择上要与注册商标相符合，以便于记忆。

在申请域名时，应该选择短且容易记忆的域名，另外最好还要和客户的商业有直接的关系，尽可能地使用客户的商标或企业名称。

那么怎么才能选到一个好的域名呢，一般使用以下几个原则进行衡量。

1 易于记忆

好域名的基本原则应该是易于记忆。

这一点理解起来很简单：因为只有让访问者记住你，才能产生后续的不断回头访问，才能产生可能的销售行为。

从域名的两部分结构上我们可以得知，易于记忆也必定分为两部分，一部分是域名的主题词够短，另一部分是域名的后缀符合网民的使用习惯，这就派生了易于记忆域名的两个特性。

2 短域名优先

在短域名方面，典型的案例就是 www.g.cn，这是 Google 在中国的域名。这个域名只选 Google 的第一个字符“g”，让用户很容易就把 Google 和它联系起来，是个非常优秀的域名。

但是，从网民使用网络的实际情况来看，并不是说短的域名就能让用户快速记忆，因为短的域名先天就拥有比较缺乏的语义表达功能，所以如果不是像 Google 这样突出的品牌，一般不建议使用短域名。另外，在域名注册增速暴涨的今天，并不是所有人都有机会注册到简短的域名。

虽然简短的域名是大家追捧的对象，但是当网站建设者无法注册到简短域名时，就需要有一个备用方案，即转而追求优秀域名的其他特征。

3 符合网民习惯的后缀

具体来说，好的域名应该尽量使用常见的后缀，比如，以下的后缀就是比较适合网站优化的域名后缀。

.com——通用域名后缀，任何个人、团体均可使用。.com 原本用于企业、公司，现在已经被各行业广泛使用。从最初的互联网雏形开始，.com 的域名就是首选，因为几乎所有的初级网民，都习惯 .com，而很少注意其他后缀的域名。

.net——最初用于网络机构的域名后缀，如 ISP 就可能使用这样的后缀。相对于 .com 而言，.net 域名后缀对低级用户的“亲和力”稍差。

.com.cn——中国的企业域名后缀，其记忆效果略差于前两者。

.cn——中国特有域名，比较适合国人使用，也拥有比较好的方便记忆率，但是总体来说效果差于前两者，与 .com.cn 域名后缀类似。

.edu——教育机构域名后缀。如果网站建设者能使用这样的域名是最好不过了，但在实际情况下，很少有针对教育机构域名所做的优化项目。

.gov——政府机构域名后缀。与教育机构域名一样，采用政府机构的域名后缀，难点也是普通人无法申请。

既然有适合记忆的后缀，自然也有不适合网民记忆的后缀，做网站时，不建议用户为了节省域名费用而选择以下的域名后缀。

.org——用于各类组织机构的域名后缀，包括非营利团体。这个域名在不被人喜爱的域名后缀中排名靠前，在被人喜爱的域名后缀中排名靠后，意思就是中等偏下。

.cc——最新的全球性国际顶级域名，具有和 .com、.net 及 .org 完全一样的性质、功能和注册原则（适合个人和单位申请）。CC 的英文原义是 Commercial Company（商业公司）的缩写，含义明确、简单易记。但是此域名拥有的习惯性记忆率还非常低，有待提高。

.biz——.biz 与 .com 分属于不同的管理机构，是同等级的域名后缀。在现在的网络中，这样的域名后缀对普通访问者来说还不是很常用。

除上述一些域名后缀以外，还有其他一些域名后缀，但是往往都比较少见，不建议用户使用。

4 易于输入

易于输入是提高用户体验的一个重要流程。虽然现在大家都习惯使用搜索引擎来查询想要得到的信息，但是在搜索引擎优化和网络品牌的创造中，好的域名也同时需要考虑自身的输入方便性，以便老客户或者“忠实粉丝”通过域名光顾你的网站。

一个方便输入的域名应该尽量使用通俗易懂的语义结构和词组结构，如现在很多域名采用的是数字和拼音的组合：

```
www.1ting.com
www.55tuan.com
```

这样的域名比较符合输入习惯，也让人在第一时间能理解网站主题：第一个域名可能是做下载的，第二个域名可能是做图书的。

与上面的例子相对应，有些域名是不适合输入的，比如：

```
www.ai-tingba.com
www.rong_shuxia.com
```

这两个域名从方便记忆的角度上说都没有问题，而且属于比较优秀的域名。但是第一个域名需要输入一个连接符“-”，这就不太受用户喜欢；而第二个域名需要输入一个下划线“_”，更容易被人忽视——如果正好你的竞争对手选择和你类似的域名，而没有中间的连接符和下划线的话，原本是你的客户都极可能因为输入错误域名而跑到别人的网站上。

13.1.2 申请空间

域名注册成功后，接下来需要为自己的网站在网上安个“家”，即申请网站空间。网站空间是指用于存放网页的置于服务器中的可通过国际互联网访问的硬盘空间（就是用于存放网站的服务器中的硬盘空间）。

自己注册了域名之后，还需要进行域名解析。

域名是为了方便记忆而专门建立的一套地址转换系统。要访问一台互联网上的服务器，最终还必须通过 IP 地址来实现，域名解析就是将域名重新转换为 IP 地址的过程。

一个域名只能对应一个 IP 地址，而多个域名则可同时被解析到一个 IP 地址。域名解析需要由专门的域名解析服务器 (DNS) 来完成。

13.2 测试网站

网站上传到服务器后，工作并没有结束，下面要做的就是在线测试网站，这是一项十分重要又非常烦琐的工作。在线测试工作包括测试网页外观、测试链接、测试网页程序、检测数据库，以及测试下载时间是否过长等。

13.2.1 案例 1——测试站点范围的链接

测试网站超链接，也是上传网站之前必不可少的工作之一。对网站的超链接逐一进行测试，不仅能够确保访问者能够打开链接目标，并且还可以使超链接目标与超链接源保持高度的统一。

在 Dreamweaver CC 中进行站点各页面超链接测试的步骤如下。

步骤 1 打开网站的首页，在窗口中选择【站点】→【改变站点范围的链接】菜单命令，如图 13-1 所示。

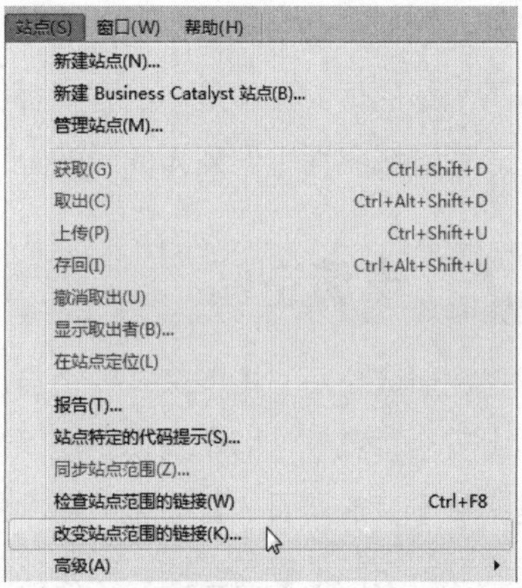

图 13-1 选择【改变站点范围的链接】菜单命令

步骤 2 在 Dreamweaver CC 设计器的下端弹出【链接检查器】面板，显示了本页页面的检测结果，如图 13-2 所示。

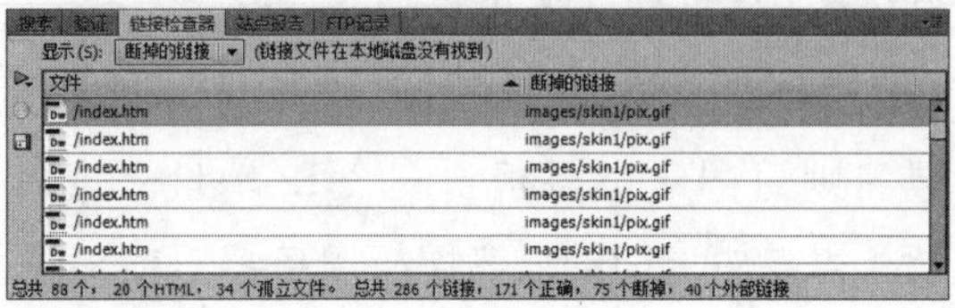

图 13-2 链接检查器

步骤 3 如果需要检测整个站点的超链接，则单击左侧的按钮，在弹出的下拉列表中选择【检查整个当前本地站点的链接】选项，如图 13-3 所示。

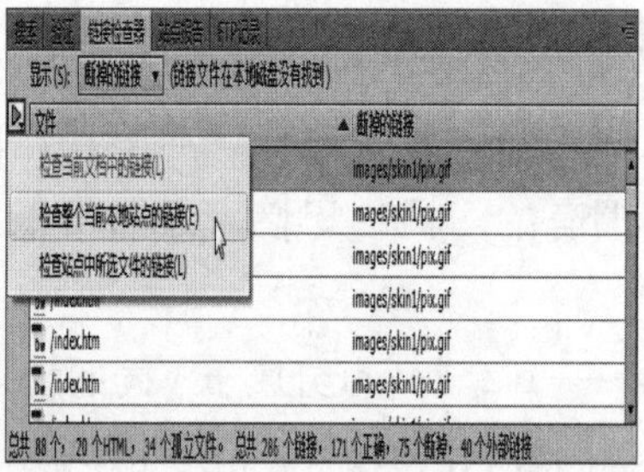

图 13-3 检查整个当前网站

步骤 4 在【链接检查器】底部弹出整个站点的检测结果，如图 13-4 所示。

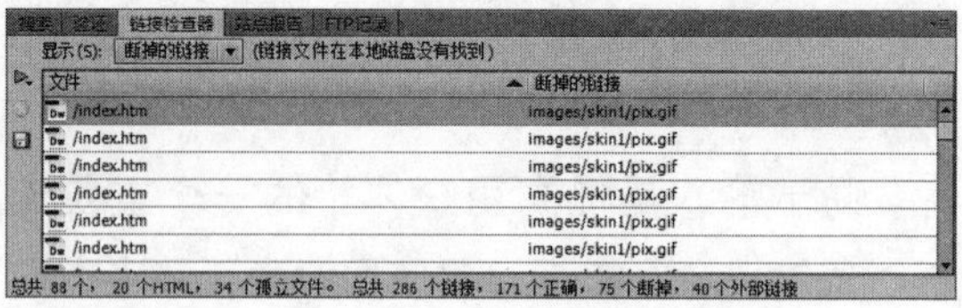

图 13-4 站点测试结果

13.2.2 案例 2——改变站点范围的链接

更改站点内某个文件的所有链接的具体步骤如下。

步骤 1 在窗口中选择【站点】→【改变站点范围的链接】菜单命令，打开【更改整个站点链接（站点 - 我的站点）】对话框，如图 13-5 所示。

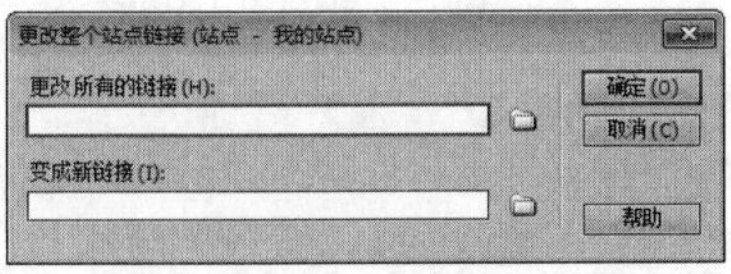

图 13-5　【更改整个站点链接（站点 - 我的站点）】对话框

步骤 2 在【更改所有的链接】文本框中输入要更改链接的文件，或者单击右边的【浏览文件】按钮，在打开的【选择要修改的链接】对话框中选中要更改链接的文件，然后单击【确定】按钮，如图 13-6 所示。

图 13-6　【选择要修改的链接】对话框

步骤 3 在【变成新链接】文本框中输入新的链接文件，或者单击右边的【浏览文件】按钮，在打开的【选择新链接】对话框中选中新的链接文件，如图 13-7 所示。

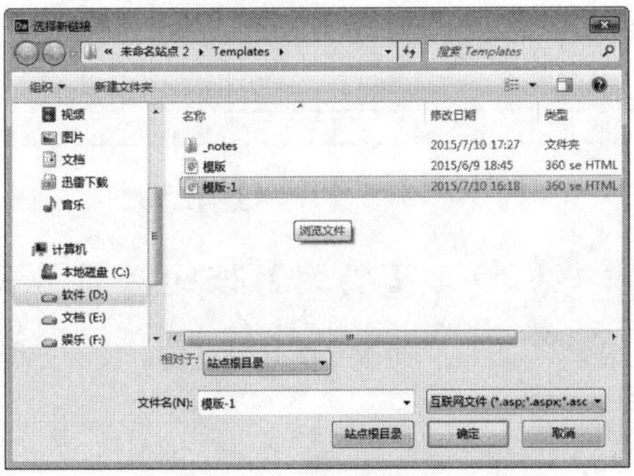

图 13-7　【选择新链接】对话框

步骤 4 单击【确定】按钮，即可改变站点内的某一个文件的链接情况，如图 13-8 所示。

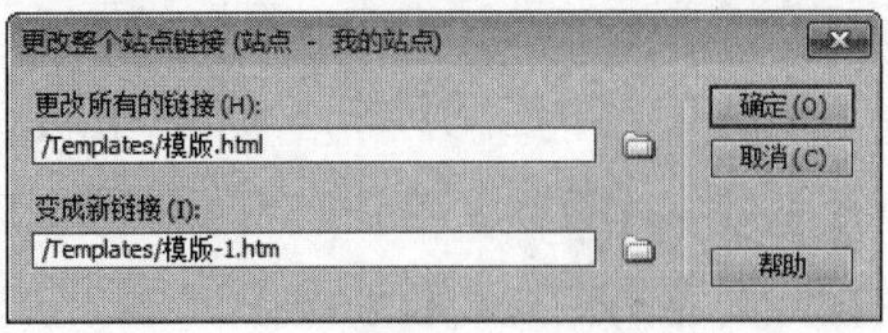

图 13-8　更改整个站点链接

13.2.3 案例 3——查找和替换

在 Dreamweaver CC 中，不但可以像在 Word 等应用软件中一样对页面中的文本进行查找和替换，而且可以对整个站点中的所有文档进行源代码或标签等内容的查找和替换。

步骤 1 选择【编辑】→【查找和替换】菜单命令，如图 13-9 所示。

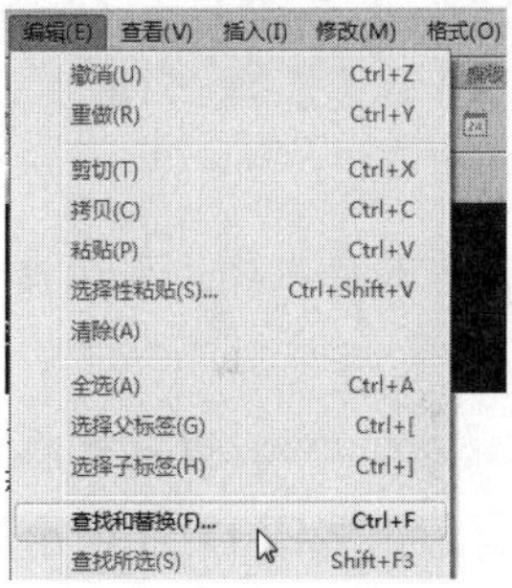

图 13-9　选择【查找和替换】菜单命令

步骤 2 打开【查找和替换】对话框，在【查找范围】下拉列表框中，可以选择【当前文档】、【所选文字】、【打开的文档】和【整个当前本地站点】等选项；在【搜索】下拉列表框中，可以选择【文本】、【源代码】和【指定标签】等选项，如图 13-10 所示。

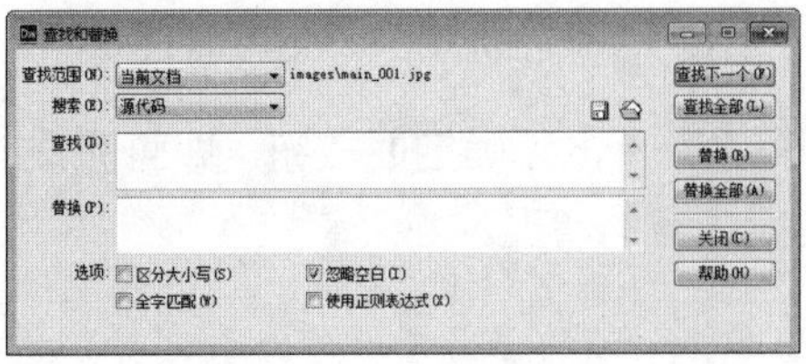

图 13-10　【查找和替换】对话框

步骤 3 在【查找】文本框中输入要查找的具体内容；在【替换】文本框中输入要替换的内容；在【选项】选项组中，可以设置【区分大小写】、【全字匹配】等选项。单击【查找下一个】或者【替换】按钮，就可以完成对页面内指定内容的查找和替换操作。

13.2.4 案例 4——清理文档

测试完超链接之后，还需要对网站中每个页面的文档进行清理。在 Dreamweaver CC 中，可以清理一些不必要的 HTML，也可以清理 Word 生成的 HTML，以此增加网页打开的速度。具体的操作步骤如下。

1 清理不必要的 HTML

步骤 1 选择【命令】→【清理 XHTM】菜单命令，弹出【清理 HTML/XHTML】对话框。

步骤 2 在该对话框中，可以设置对【空标签区块（<b></b>,<h|></h|>..）】、【多余的嵌套标签】和【Dreamweaver 特殊标记】等内容的清理，具体设置如图 13-11 所示。

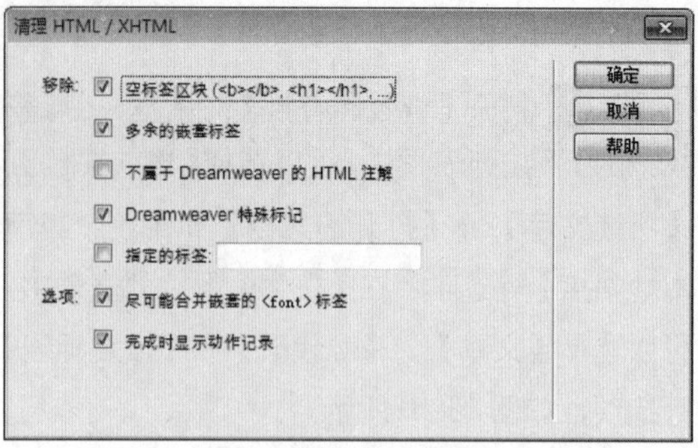

图 13-11 清理不必要的 HTML

步骤 3 单击【确定】按钮，即可完成对页面指定内容的清理。

2 清理 Word 生成的 HTML

步骤 1 选择【命令】→【清理 Word 生成的 HTML】菜单命令，打开【清理 Word 生成的 HTML】对话框，如图 13-12 所示。

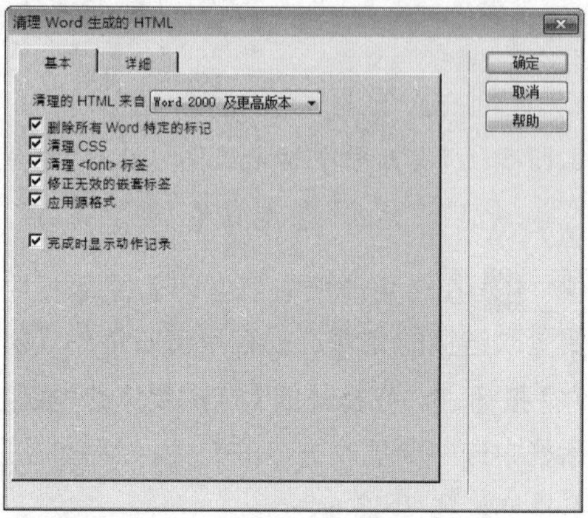

图 13-12 【清理 Word 生成的 HTML】对话框

步骤 2 在【基本】选项卡中，可以设置要清理的来自 Word 文档的特定标记、背景颜色等选项；在【详细】选项卡中，可以进一步设置要清理的 Word 文档中的特定标记以及 CSS 样式表的内容，如图 13-13 所示。

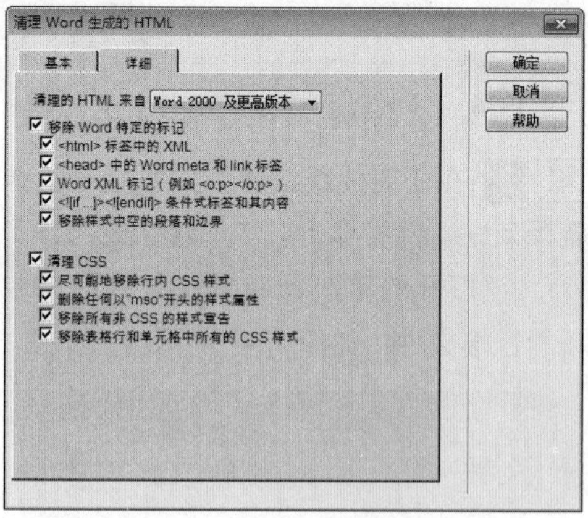

图 13-13 【详细】选项卡

步骤 3 单击【确定】按钮，即可完成对页面中由 Word 生成的 HTML 内容的清理。

13.3 上传网站

网站测试好以后，接下来最重要的就是上传网站。只有将网站上传到远程服务器上，才能让浏览者浏览。设计者可以利用 Dreamweaver CC 软件自带的上传功能上传，也可以利用专门的 FTP 软件上传。

13.3.1 案例 5——使用 Dreamweaver CC 上传网站

在 Dreamweaver CC 中，使用站点窗口工具栏中的和按钮，可以将本地文件夹中的文件上传到远程站点，也可以将远程站点的文件下载到本地文件夹中。将文件的上传 / 下载操作和存回 / 取出操作相结合，就可以实现全功能的站点维护。

使用 Dreamweaver CC，可以将本地网站文件上传到互联网的网站空间中。具体的操作步骤如下。

步骤 1 选择【站点】→【管理站点】菜单命令，打开【管理站点】对话框，如图 13-14 所示。

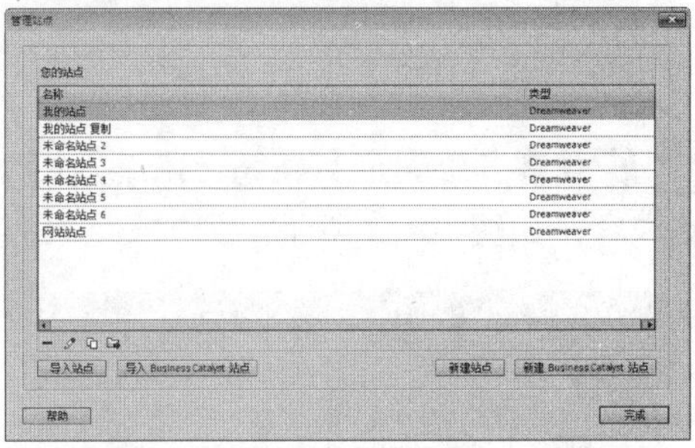

图 13-14　【管理站点】对话框

步骤 2 单击【编辑】按钮，打开【站点设置对象：我的站点】对话框，选择【服务器】选项，如图 13-15 所示。

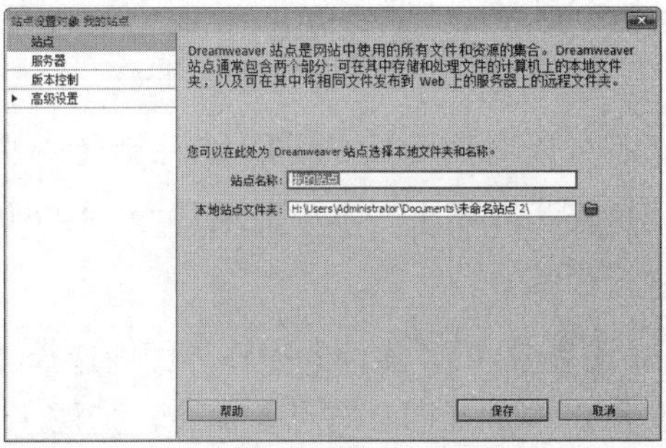

图 13-15　【站点设置对象：我的站点】对话框

步骤 3 单击右侧面板中的按钮，如图 13-16 所示。

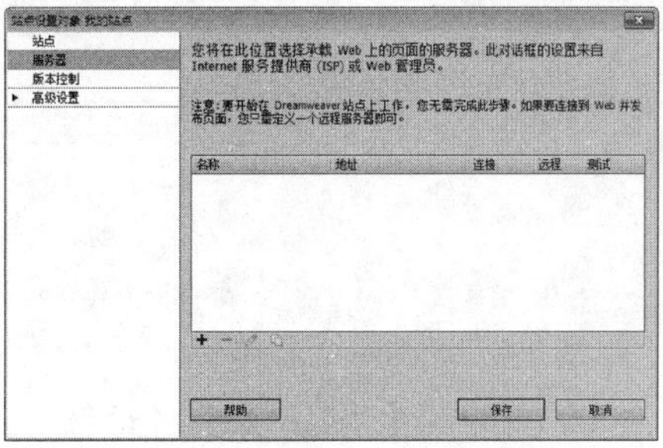

图 13-16　单击按钮

步骤 4 在【服务器名称】文本框中输入服务器的名称，在【连接方法】下拉列表框中选择 FTP 选项，在【FTP 地址】文本框中输入服务器的地址，在【用户名】和【密码】文本框中输入相关信息，如图 13-17 所示。单击【测试】按钮，可以测试网络是否连接成功，最后单击【保存】按钮，完成设置。

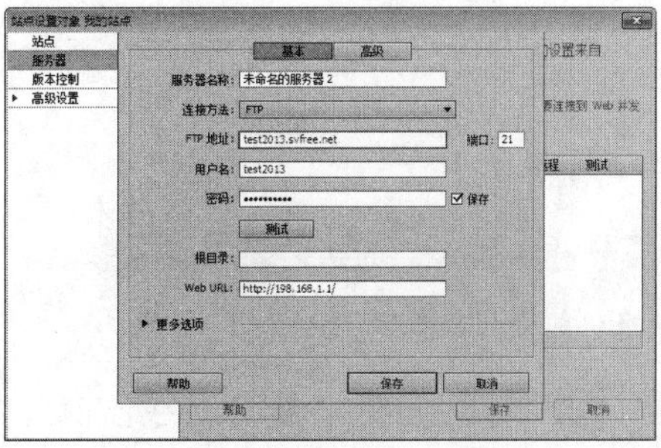

图 13-17　输入服务器信息

步骤 5 返回到【站点设置对象：我的站点】对话框，如图 13-18 所示。

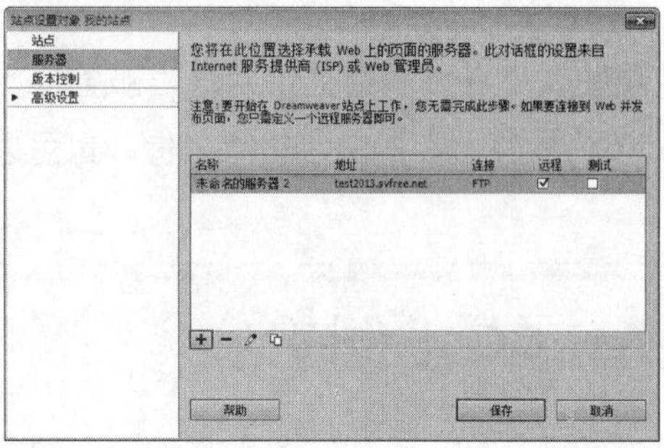

图 13-18 【站点设置对象：我的站点】对话框

步骤 6 单击【保存】按钮，完成设置。返回到【管理站点】对话框，如图 13-19 所示。

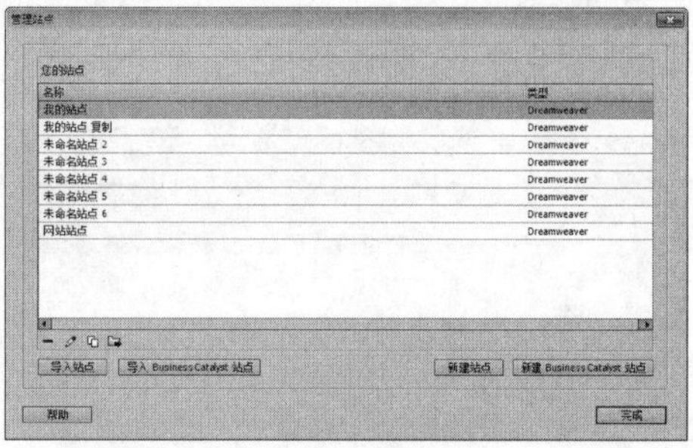

图 13-19 【管理站点】对话框

步骤 7 单击【完成】按钮，返回站点文件窗口。在【文件】面板中，单击工具栏上的按钮，如图 13-20 所示。

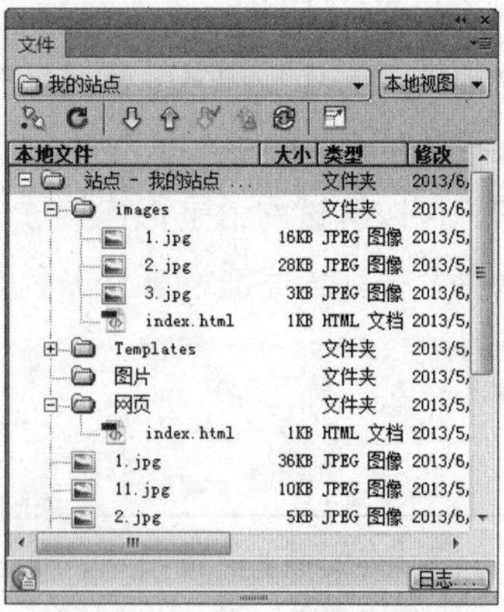

图 13-20 【文件】面板

步骤 8 打开上传文件窗口，在该窗口中单击按钮，如图 13-21 所示。

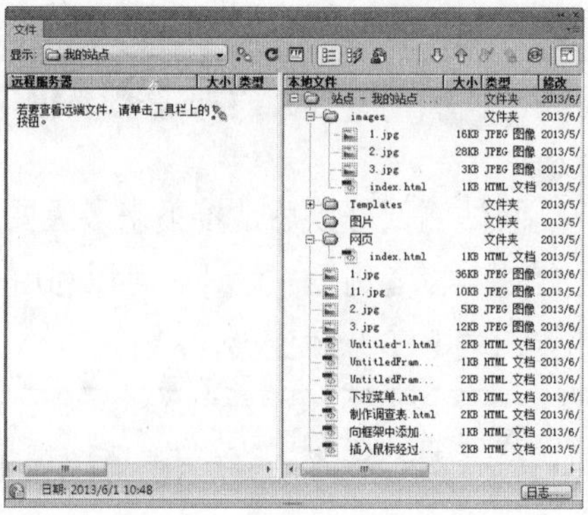

图 13-21 上传文件窗口

步骤 9 开始连接到【我的站点】之上。单击工具栏中的按钮，弹出一个信息提示框，如图 13-22 所示。

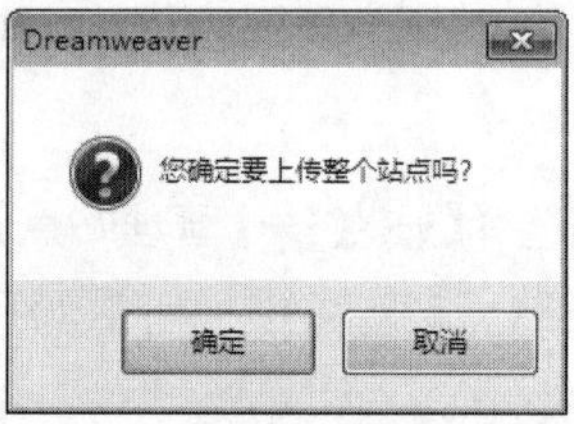

图 13-22 信息提示框

步骤 10 单击【确定】按钮，系统开始上传网站内容，如图 13-23 所示。

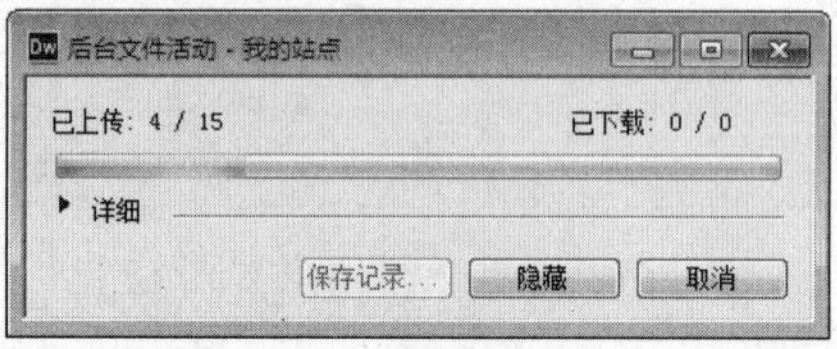

图 13-23 开始上传文件

13.3.2 案例 6——使用 FTP 工具上传网站

还可以利用专门的 FTP 软件上传网页，具体操作步骤如下（本小节以 Cute FTP 8.0 为例进行讲解）。

步骤 1 在 FTP 软件的操作界面中选择【新建】菜单中的【FTP 站点】命令，如图 13-24 所示。

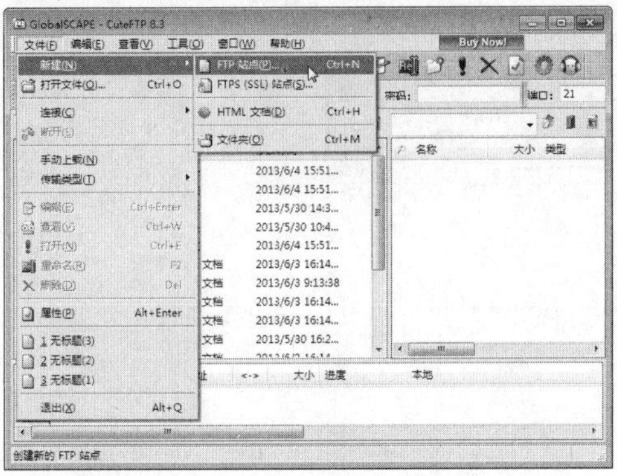

图 13-24　FTP 软件操作界面

步骤 2 弹出【此对象的站点属性：无标题（4）】对话框，如图 13-25 所示。

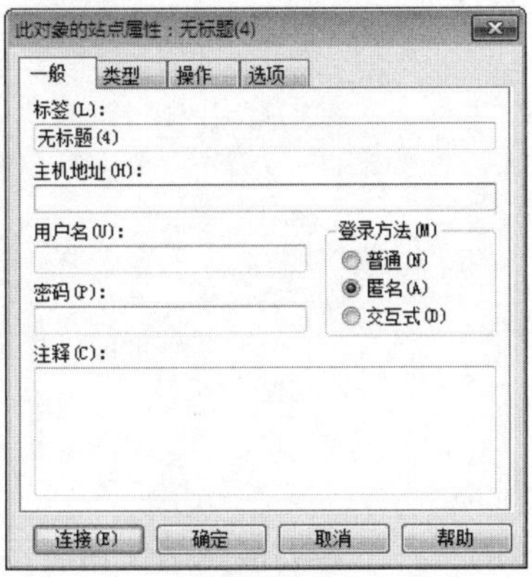

图 13-25　【此对象的站点属性：无标题（4）】对话框

步骤 3 根据提示输入相关信息，如图 13-26 所示。单击【连接】按钮，连接到相应的地址。

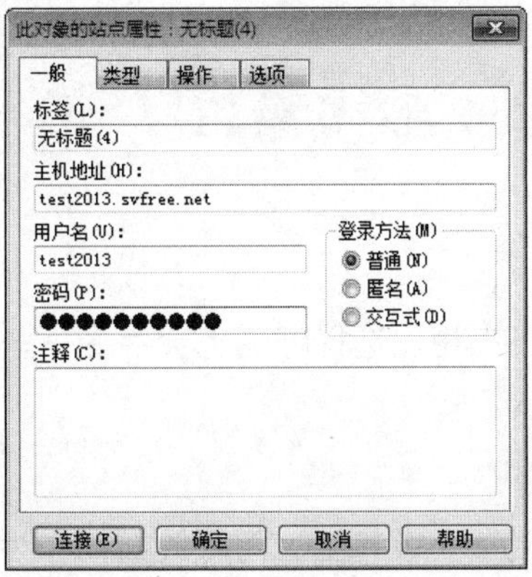

图 13-26　输入信息

步骤 4 返回主界面后，选择要上传的文件。如图 13-27 所示。

图 13-27　选择要上传的文件

步骤 5 在左窗格中选中要上传的文件并右击，在弹出的快捷菜单中选择【上载】命令，如图 13-28 所示。

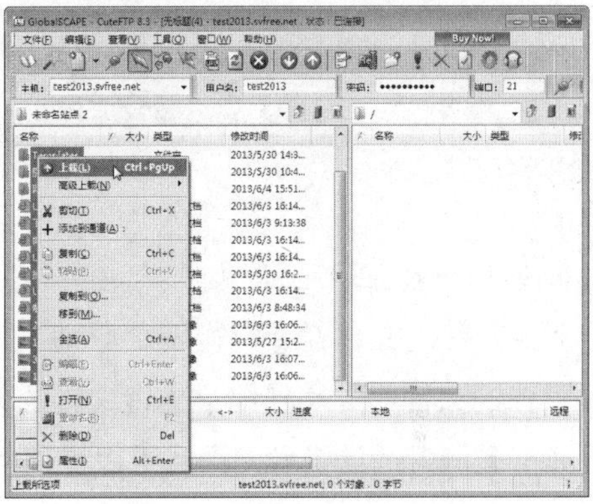

图 13-28　选择【上载】命令

步骤 6 这时，在窗口的下方窗格中将显示文件上传的进度以及上传的状态，如图 13-29 所示。

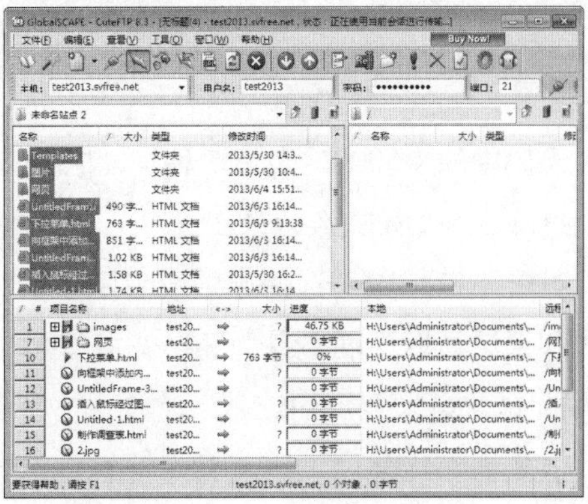

图 13-29　文件上传的进度

步骤 7 上传完成后，用户即可在外部进行查看，如图 13-30 所示。

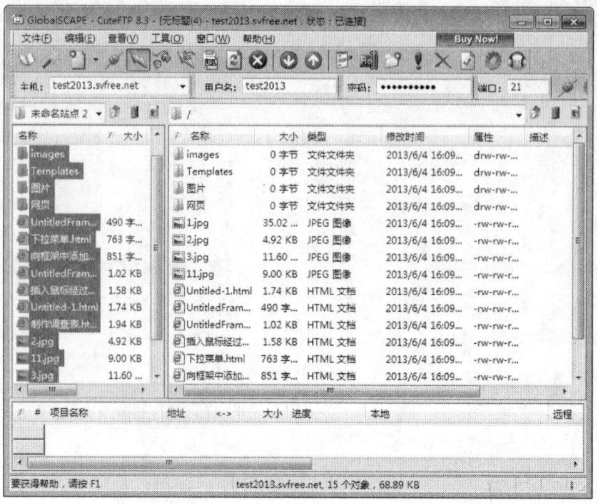

图 13-30　查看文件上传结果

13.4 高手甜点

甜点 1：如何正确上传文件？

上传网站的文件需要遵循两个原则：首先要确定上传的文件一定会被网站使用，不要上传无关紧要的文件，并尽量缩小上传文件的体积；其次上传的图片要尽量采用压缩格式，这样不仅可以节省服务器的资源，而且可以提高网站的访问速度。

甜点 2：如何设置网页自动关闭？

如果希望网页在指定的时间内自动关闭，可以在网页源代码的标签后面加入如下代码。

```
<script  LANGUAGE="JavaScript">
setTimeout("self.close()",5000)
</script>
```

代码中的“5000”表示 5 秒钟，它是以毫秒为单位的。

甜点 3：选择域名的误区。

对于不熟悉域名选择原则或者刚接触域名不久的人员来说，选择域名也会存在一些常见的问题和误区，以下两类最为突出。

☆　选择含义太宽泛的域名

很多人在优化网站时，会习惯性地选择目标关键词的上一级甚至上两级关键词作为域名，这样的域名选择方式并非一无是处，但是却不够精准。

举例来说，如果你要从头开始优化一个出售鞋子的网站，有经验的优化者选择域名的组成应该是精准而直接的，比如：

```
www.taoxie.com
```

上述域名考虑到用户习惯，选择“tao”作为域名组成部分，加上“鞋 xie”构成域名。此类比较直接的域名是完全可以选择的，但是不应该选择直接的 xie 作为域名，比如：

```
www.xie.com
```

更不应该选择“鞋帽”这样的大类词作为域名主题，这样的域名至少从访问者心理暗示角度来讲是没有用处的。

☆　选择可能产生纠纷的域名

域名注册时，作为搜索引擎优化人员，一定要注意不要注册其他公司拥有的独特商标名和国际知名企业的商标名。如果选取其他公司独特的商标名作为自己的域名，很可能会惹上一身官司，特别是当注册的域名是一家国际或国内著名企业的驰名商标时。换言之，在挑选域名时，需要留心挑选的域名是不是其他企业的注册商标名。

如果选择其他企业的商标或名称，一般情况下优化的结果都不会很好，因为你不但无法将寻找别人企业的客户吸引进来，更有可能给人造成“假货”“假网站”的印象。

13.5　跟我练练手

练习 1：测试网站的链接。

练习 2：改变站点范围的链接。

练习 3：统一查找和替换站点中的图片文件。

练习 4：清理文档。

练习 5：使用 Dreamweaver CC 上传网站。

练习 6：使用 FTP 工具上传网站。

第14章 整体把握网站结构——网站配色与布局

一个网站成功与否，很大程度上取决于网页的结构与配色，因此，在学习制作动态网站之前，首先需要掌握网站结构与网页配色的相关基础知识。本章就来介绍网页配色的相关技巧、网站结构的布局以及网站配色的经典案例等。

本章学习目标

◎ 了解网页的色彩处理

◎ 熟悉网页色彩的搭配技巧

◎ 掌握网站结构的布局

◎ 掌握常见网站配色的应用

◎ 掌握定位网站页面框架的方法

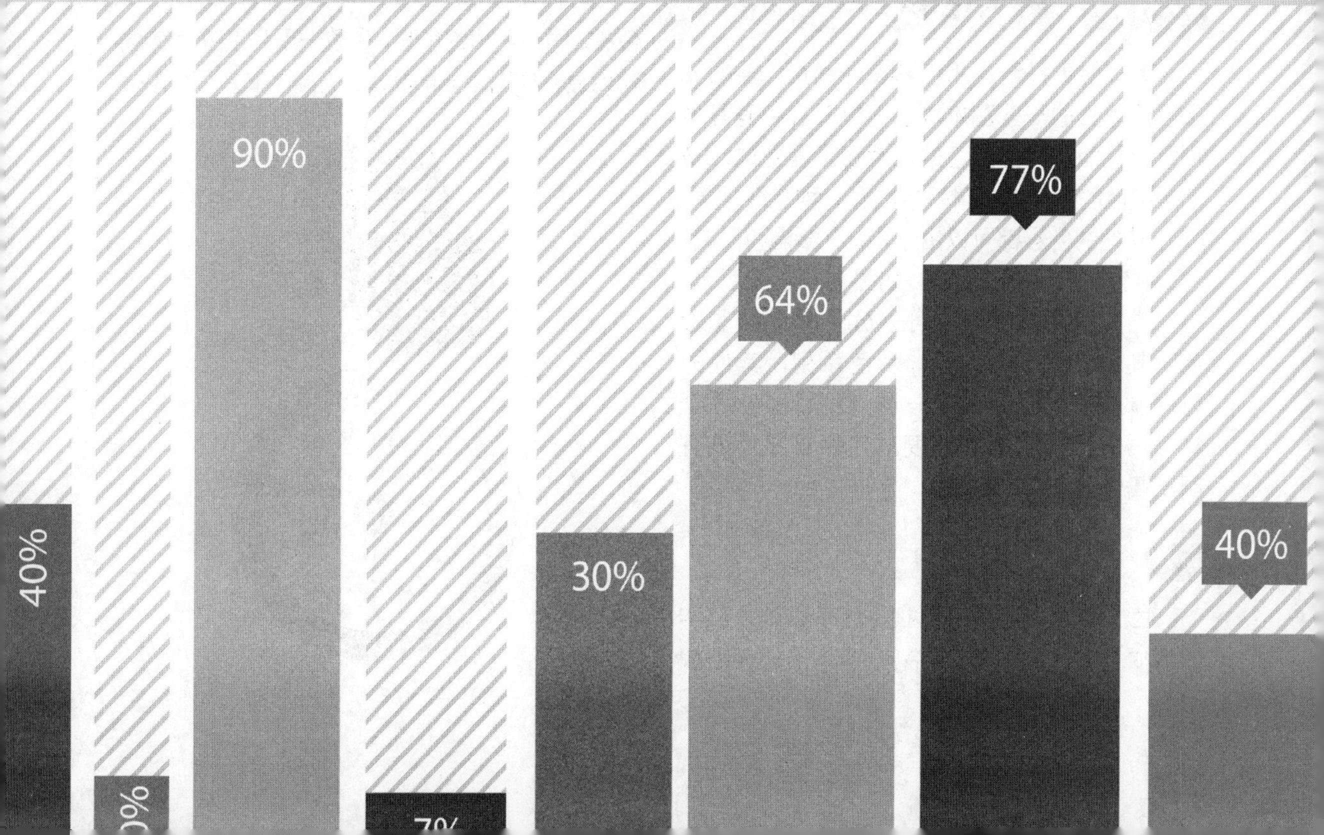

14.1 善用色彩设计网页

经研究发现，在第一次打开一个网站时，给用户留下第一印象的既不是网站的内容，也不是网站的版面布局，而是网站具有冲击力的色彩，如图 14-1 所示。

图 14-1　网页色彩搭配

色彩的魅力是无限的，它可以让本身平淡无奇的东西瞬间变得漂亮起来。作为最具说服力的视觉语言和最强烈的视觉冲击，色彩在人们的生活中起着先声夺人的作用。因此，作为一名优秀的网页设计师，不仅要掌握基本的网站制作技术，还要掌握网站的配色风格等设计艺术。

14.1.1 认识色彩

为了能更好地应用色彩设计网页，需要先来了解色彩的一些基本概念。自然界中有好多种色彩，如玫瑰是红色的，大海是蓝色的，橘子是橙色的……但是最基本的有 3 种（红、黄、蓝），其他的色彩都可以由这 3 种色彩调和而成，这 3 种色彩被称为三原色，如图 14-2 上图所示。

现实生活中的色彩可以分为彩色和非彩色。其中，黑白灰属于非彩色系列，其他的色彩都属于彩色。任何一种彩色都具备 3 个特征：色相、明度和纯度。其中非彩色只有明度属性。

1 色相

色相指的是色彩的名称。这是色彩最基本的特征，是一种色彩区别于另一种色彩最主要的因素。比如紫色、绿色、黄色等都代表了不同的色相。同一色相的色彩，调整一下亮度或者纯度，很容易搭配出不同的效果，如图 14-2 下图所示。

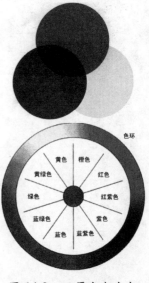

图 14-2　三原色与色相

2 明度

明度也叫亮度，是指色彩的明暗程度，明度越大，色彩越亮。比如一些购物、儿童类网站，用的是一些鲜亮的颜色，让人感觉绚丽多姿、生气勃勃。明度越低，颜色越暗，让人感觉死气沉沉，主要用于一些游戏类网站，充满神秘感；一些个人网站为了体现自身的个性，也可以运用一些暗色调来表达个人的一些孤僻或者忧郁等性格。

有明度差的色彩更容易调和，如紫色（#993399）与黄色（#ffff00），暗红（#cc3300）与草绿（#99cc00），暗蓝（#0066cc）与橙色（#ff9933）等，如图 14-3 所示。

图 14-3　色彩的明度

3 纯度

纯度是指色彩的鲜艳程度，纯度高的色彩纯，鲜亮。纯度低的色彩暗淡，含灰色。

14.1.2 案例 1——网页上的色彩处理

色彩是人的视觉最敏感的东西，主页的色彩处理得好，可以锦上添花，达到事半功倍的效果。

1 色彩的感觉

人们对不同的色彩有不同的感觉，说明如下。

☆ 色彩的冷暖感：红、橙、黄代表太阳、火焰；蓝、青、紫代表大海、晴空；绿、紫代表不冷不暖的中性色；无色系中的黑代表冷，白代表暖。

☆ 色彩的软硬感：高明度、高纯度的色彩给人以软的感觉；反之，则感觉硬，如图 14-4 所示。

☆ 色彩的强弱感：亮度高的明亮、鲜艳的色彩感觉强；反之，则感觉弱。

图 14-4　色彩的软硬感

☆ 色彩的兴奋与沉静：红、橙、黄，偏暖色系，高明度、高纯度、对比强的色彩令人感觉兴奋，青、蓝、紫，偏冷色系，低明度、低纯度、对比弱的色彩令人感觉沉静，如图 14-5 所示。

图 14-5　色彩的兴奋与沉静

☆ 色彩的华丽与朴素：红、黄等暖色和鲜艳而明亮的色彩给人以华丽感，青、蓝等冷色和浑浊而灰暗的色彩给人以朴素感。

☆ 色彩的进退感：对比强、暖色、明快、高纯度的色彩给人以前进感；反之，则感觉后退。

对色彩的这种认识十多年前就已被国外众多企业所接受，并由此产生了色彩营销战略。许多企业将此作为市场竞争的有力手段和再现企业形象特征的方式，通过设计色彩抓住商机，如绿色的“鳄鱼”、红色的“可口可乐”、红黄色的“麦当劳”以及黄色的“柯达”等，如图 14-6 所示。

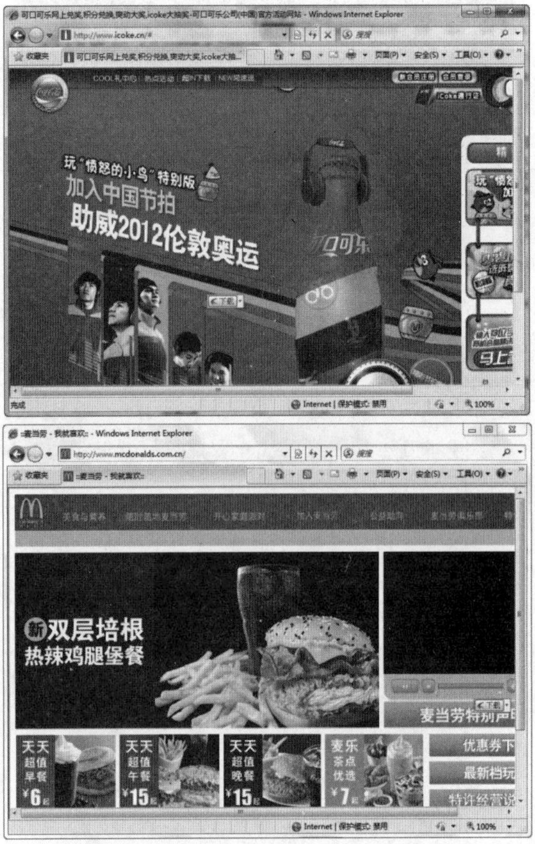

图 14-6　经典色彩搭配网页

在欧美和日本等发达国家，设计色彩早就成为一种新的市场竞争力，并被广泛使用。

2　色彩的季节性

春季处处一片生机，通常会流行一些活泼跳跃的色彩；夏季气候炎热，人们希望凉爽，通常流行以白色和浅色调为主的清爽亮丽的色彩；秋季秋高气爽，流行的是沉重的暖色调；冬季气候寒冷，深颜色有吸光、传热的作用，人们希望能暖和一点，喜爱穿深色衣服。这就很明显地形成了四季的色彩流行趋势，春夏以浅色、明艳色调为主；秋冬以深色、稳重色调为主，每年色彩的流行趋势都会因此而分成春夏和秋冬两大色彩趋向，如图 14-7 所示。

图 14-7　色彩的季节性

3　颜色的心理感觉

不同的颜色会给浏览者带来不同的心理感受。

☆ 红色：红色是一种激奋的色彩，代表热情、活泼、温暖、幸福和吉祥。红色容易引起人们注意，也容易使人兴奋、激动、热情、紧张和冲动，而且还是一种容易让人造成视觉疲劳的颜色。

☆ 绿色：绿色代表新鲜、充满希望、和平、柔和、安逸和青春，显得和睦、宁静、健康。绿色具有黄色和蓝色两种成分颜色。在绿色中，将黄色的扩张感和蓝色的收缩感中和，并将黄色的温暖感与蓝色的寒冷感相抵消。绿色和金黄、淡白搭配，可产生优雅、舒适的气氛，如图 14-8 上图所示。

☆ 蓝色：蓝色代表深远、永恒、沉静、理智、诚实、公正、权威，是最具凉爽、清新特点的色彩。蓝色和白色混合，能体现柔顺、淡雅、浪漫的气氛（如天空的色彩）。

☆ 黄色：黄色具有快乐、希望、智慧和轻快的个性，它的明度最高，代表明朗、愉快、高贵，是色彩中最为娇气的一种色。只要在纯黄色中混入少量的其他色，其色相感和色性格均会发生较大程度的变化，如图 14-8 下图所示。

图 14-8　色彩的心理感觉

☆ 紫色：紫色代表优雅、高贵、魅力、自傲和神秘。在紫色中加入白色，可使其变得优雅、娇气，并充满女性的魅力。

☆ 橙色：橙色也是一种激奋的色彩，具有轻快、欢欣、热烈、温馨、时尚的效果，如图 14-9 上图所示。

☆ 白色：白色代表纯洁、纯真、朴素、神圣和明快，具有洁白、明快、纯真、清洁的感觉。如果在白色中加入其他任何色，都会影响其纯洁性，使其性格变得含蓄。

☆ 黑色：黑色具有深沉、神秘、寂静、悲哀、压抑的感受，如图 14-9 下图所示。

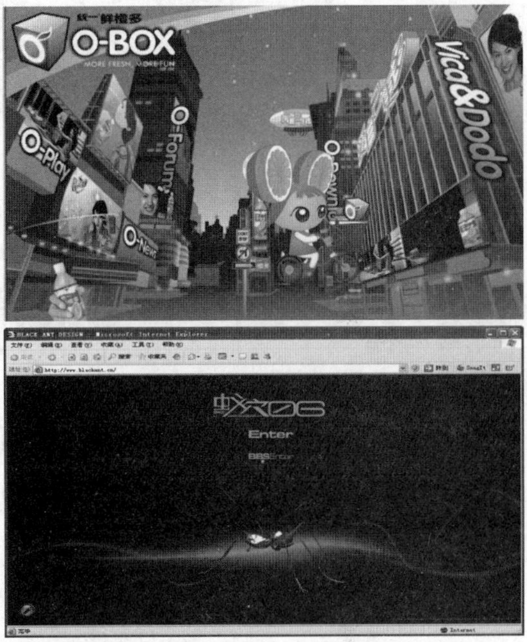

图 14-9　色彩的感觉

☆ 灰色：在商业设计中，灰色具有柔和、平凡、温和、谦让、高雅的感觉，具有永远流行性。在许多高科技产品中，尤其是和金属材料有关的，几乎都采用灰色来传达高级、科技的形象。使用灰色时，大多利用不同的参差变化组合和其他色彩相配，才不会过于平淡、沉闷、呆板和僵硬。

每种色彩在饱和度、亮度上略微变化，就会产生不同的感觉。以绿色为例，黄绿色有青春、旺盛的视觉意境，而蓝绿色则显得幽宁、深沉。其中白色与灰色使用最为广泛，也常称为万能搭配色。在没有更好的对比色选择时，使用白色或者灰色作为辅助色，效果一般都不差，如图 14-10 所示。

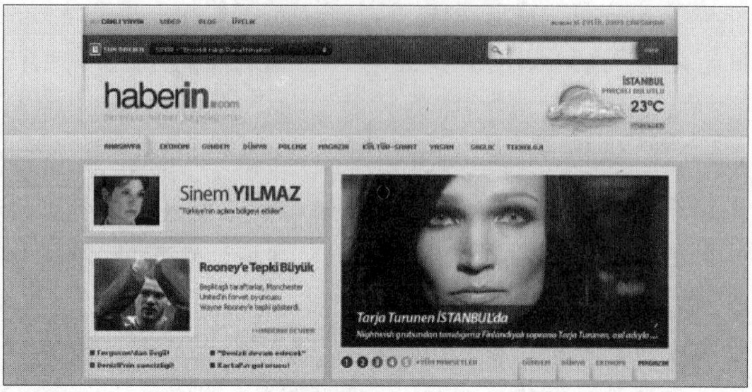

图 14-10　色彩的感觉

14.2 网页色彩的搭配

从上面可以看出，色彩对人的视觉效果非常明显，一个网站设计得成功与否，在某种程度上取决于设计者对色彩的运用和搭配，因为网页设计属于一种平面效果设计，在平面图上，色彩的冲击力是最强的，它最容易给客户留下深刻的印象。如图 14-11 所示为儿童网站的色彩搭配。

图 14-11　儿童网站网页色彩的搭配

14.2.1 案例 2——确定网站的主题色

一个网站一般不使用单一颜色，因为会让人感觉单调、乏味；但也不能将所有的颜色都运用到网站中，让人感觉不庄重。一个网站必须有一种或两种主题色，不至于让客户迷失方向，也不至于单调、乏味。所以确定网站的主题色也是设计者必须考虑的问题之一。

1 主题色确定的两个方面

在确定网站主题色时通常可以从以下两个方面去考虑。

⑴　结合产品、内容特点。

根据产品的特点来确定网站的主色调，如企业产品是环保型的建议采用绿色，主营产品是高科技或电子类的建议采用蓝色等，如果是红酒企业可以考虑使用红酒的色调，如图 14-12 所示。

图 14-12　红酒企业网站的色彩搭配

⑵　根据企业的 VI 识别系统。

如今很多公司都有自己的 VI 识别系统，这可以从公司的名片、办公室的装修、手提袋等看到，这些都是公司沉淀下来的企业文化。网站作为企业的宣传方式之一，也在一定程度上需要考虑这些因素。

2 主题色设计原则

在确定主题色时我们还要考虑如下原则，这样设计出的网站界面才能别出心裁，体现出企业独特风格，更有利于向受众传递企业信息。

⑴　与众不同，富有个性。

过去许多网站创建者都喜欢选择与竞争者网站相近的颜色，试图通过这样的策略来快速实现网站构建，减少建站成本，但这种建站方式鲜有成功者。网站的主题色一定要与竞争网站鲜明地区别开，只有与众不同、别具一格才是成功之道，这是网站主题色选择的首要原则。如今越来越多的网站规划者开始认识到这个真理，如中国联通已经改变过去模仿中国移动的色彩，推出了与中国移动区别明显的红黑搭配组合作为新的标准色，如图 14-13 所示。

3G沃精彩，邀您来加盟！
魅力联通，给您惊喜！

图 14-13　中国联通的主题色

⑵　符合大众审美习惯。

由于大众的色彩偏好非常复杂，而且是多变的，甚至是瞬息万变的，因此要选择最能吻合大众偏好的色彩是非常困难，甚至是不可能的。最好的办法是剔除掉大众所禁忌的颜色。比如，巴西人忌讳棕黄色和紫色，他们认为棕黄色使人绝望，紫色会带来悲哀，紫色和黄色配在一起，则是患病的预兆。所以在选择颜色时要考虑用户群体的审美习惯。

14.2.2 案例 3——网页色彩搭配原理

色彩搭配既是一项技术性工作，也是一项艺术性很强的工作。因此，在设计网页时，除了要考虑网站本身的特点外，还要遵循一定的艺术规律，从而设计出色彩鲜明、性格独特的网站。

网页的色彩是树立网站形象的关键要素之一，色彩搭配却是令网页设计初学者感到头疼的问题。网页的背景、文字、图标、边框、链接等应该采用什么样的色彩，应该搭配什么样的色彩才能最好地表达出网站的内涵和主题呢？

1 色彩的鲜明性

网页的色彩要鲜明，这样容易引人注目。一个网站的用色必须要有自己独特的风格，这样才能显得个性鲜明，给浏览者留下深刻的印象。

2 色彩的独特性

要有与众不同的色彩，使得大家对网站印象强烈。一般可以通过网页颜色选择器选择一个专色，如图 14-14 所示，然后根据需要进行微调。

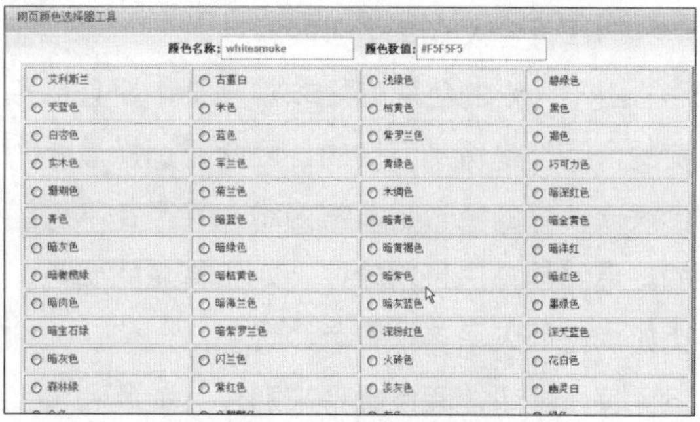

图 14-14　网页颜色选择器

3 色彩的艺术性

网站设计也是一种艺术活动，因此必须遵循艺术规律，在考虑到网站本身特点的同时，按照内容决定形式的原则，大胆进行艺术创新，设计出既符合网站要求，又有一定艺术特色的网站。

不同的色彩会产生不同的联想：蓝色令人想到天空、黑色令人想到黑夜、红色令人想到喜事等，选择的色彩要和网页的内涵相关联，如图 14-15 所示。

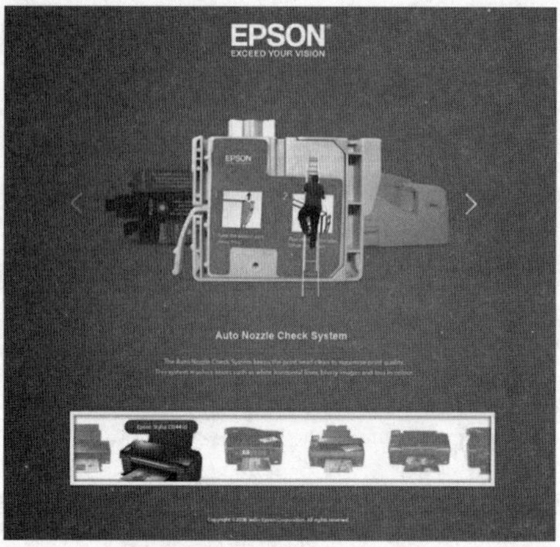

图 14-15　色彩的艺术性

4 色彩搭配的合理性

一个色彩搭配合理的网站的一个页面尽量不要超过 4 种色彩，用太多的色彩让人没有方向，没有侧重。当主题色确定好以后，考虑其他配色时，一定要考虑其他配色与主题色的关系，要体现什么样的效果。另外，还要考虑哪种因素占主要地位，是明度、纯度还是色相。网站设计者可以从以下两个方面去着手设计，以最大限度减少设计成本。

（1）选择单一色系：在主题色确定好之后，可以选择与主题色相邻的颜色进行设计，如图 14-16 所示。

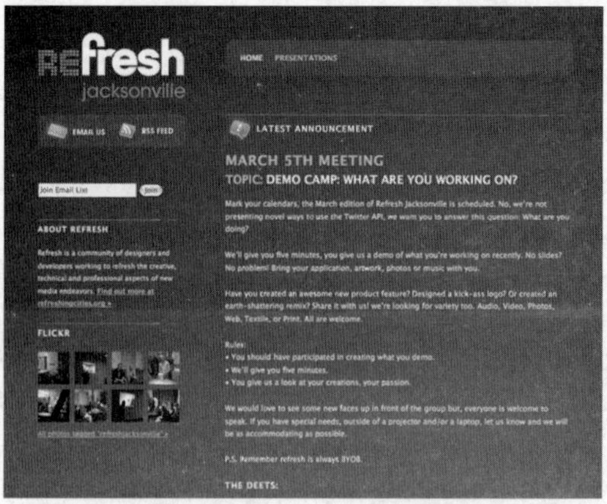

图 14-16　单一色彩的网页

（2）选择主题色的对比色：在设计网站时，一般以一种颜色为主色调，对比色作为点缀，从而产生强烈的视觉效果，使网站特色鲜明、重点突出。

14.2.3　案例 4——网页中色彩的搭配

色彩在人们的生活中都是有丰富的感情和含义的，在特定的场合下，同种色彩可以代表不同的含义。色彩总的应用原则应该是“总体协调，局部对比”，就是主页的整体色彩效果是和谐的，局部、小范围的地方可以有一些强烈色彩的对比。在色彩的运用上，可以根据主页内容的需要，分别采用不同的主色调。

色彩具有象征性，如嫩绿色、翠绿色、金黄色、灰褐色分别象征着春、夏、秋、冬。其次还有职业的标志色，如军警的橄榄绿、医疗卫生的白色等。色彩还具有明显的心理感觉，如冷、暖的感觉，进、退的效果等。另外，色彩还有民族性，各个民族由于环境、文化、传统等因素的影响，对于色彩的喜好也存在较大的差异。

1　色彩的搭配

充分运用色彩的这些特性，可以使主页具有深刻的艺术内涵，从而提升主页的文化品位。

☆　相近色：色环中相邻的 3 种颜色。相近色的搭配给人的视觉效果很舒适、很自然，所以相近色在网站设计中极为常用。

☆　互补色：色环中相对的两种色彩。对互补色调整一下补色的亮度，有时是一种很好的搭配。

☆　暖色：暖色与黑色调和可以达到很好的效果。暖色一般应用于购物类网站、电子商务网站、儿童类网站等，用以体现商品的琳琅满目，或网站的活泼、温馨等效果，如图 14-17 所示。

图 14-17　暖色系的网页

☆　冷色：冷色与白色调和可以达到一种很好的效果。冷色一般应用于一些高科技、游戏类网站，主要表达严肃、稳重等效果，绿色、蓝色、蓝紫色等都属于冷色系列，如图 14-18 所示。

图 14-18　冷色系的网页

☆　色彩均衡：要使网站看上去舒适、协调，除了文字、图片等内容的合理排版外，色彩均衡也是相当重要的一部分。所以色彩的均衡问题是设计者必须要考虑的问题。

2 非彩色的搭配

黑白是最基本和最简单的搭配，白字黑底、黑底白字都非常清晰明了。灰色是万能色，可以和任何色彩搭配，也可以帮助两种对立的色彩和谐过渡。如果实在找不出合适的色彩，那么用灰色试试，效果绝对不会太差。如图 14-19 所示为黑白色系的网页。

图 14-19 黑白色系的网页

14.2.4 案例 5——网页元素的色彩搭配

为了让网页设计得更亮丽、更舒适，增强页面的可阅读性，必须合理、恰当地运用与搭配页面各元素间的色彩。

1 网页导航条

网页导航条是网站的指路方向标，浏览者要在网页间跳转、要了解网站的结构、要查看网站的内容，都必须使用导航条。可以使用稍微具有跳跃性的色彩吸引浏览者的视线，使其感觉网站清晰明了、层次分明。如图 14-20 所示为网页导航条的色彩搭配。

图 14-20 网页导航条的色彩搭配

2 网页链接

一个网站不可能只有一页，所以文字与图片的链接是网站中不可缺少的部分。尤其是文字链接，因为链接区别于文字，所以链接的颜色不能与文字的颜色一样。要让浏览者快速地找到网站链接，设置独特的链接颜色是一个好办法。如图 14-21 所示为网页链接色彩的搭配。

图 14-21 网页链接色彩的搭配

3 网页文字

如果网站中使用了背景颜色，就必须要考虑背景颜色的用色与前景文字的搭配问题。一般的网站侧重的是文字，所以背景可以选择纯度或明度较低的色彩，文字则用较为突出的亮色，让人一目了然。

4 网页标志

网页标志是宣传网站最重要的部分之一，所以这部分一定要在页面上突出、醒目。可以将 Logo 和 Banner 做得鲜亮一些，也就是说，在色彩方面与网页的主题色区分开。有时为了更突出，也可以使用与主题色相反的颜色，如图 14-22 所示。

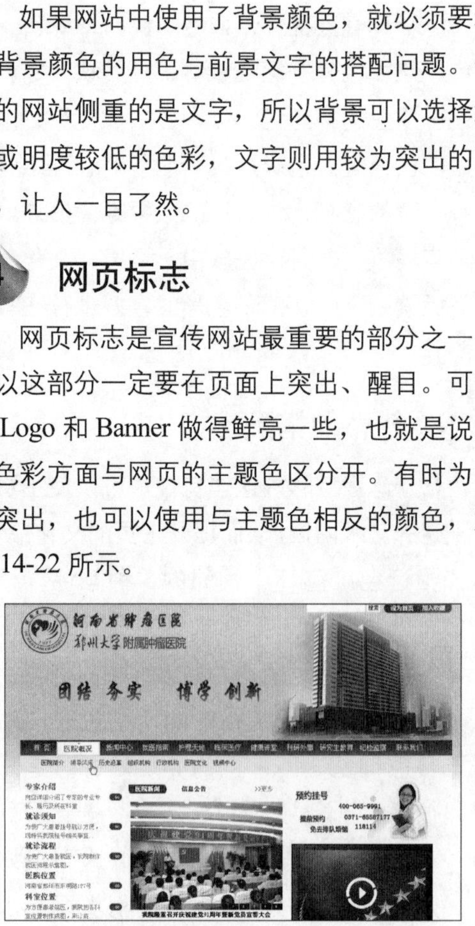

图 14-22 网页标志色彩的搭配

14.2.5 案例 6——网页色彩搭配的技巧

色彩搭配是一门艺术，灵活运用它能让主页更具亲和力。要想制作出漂亮的主页，需要灵活运用色彩加上自己的创意和技巧，下面是网页色彩搭配的一些常用技巧。

1 单色的使用

尽管网站设计要避免采用单一色彩，以免产生单调的感觉，但通过调整色彩的饱和度和透明度，也可以产生变化，使网站避免单调，做到色彩统一、有层次感，如图 14-23 所示。

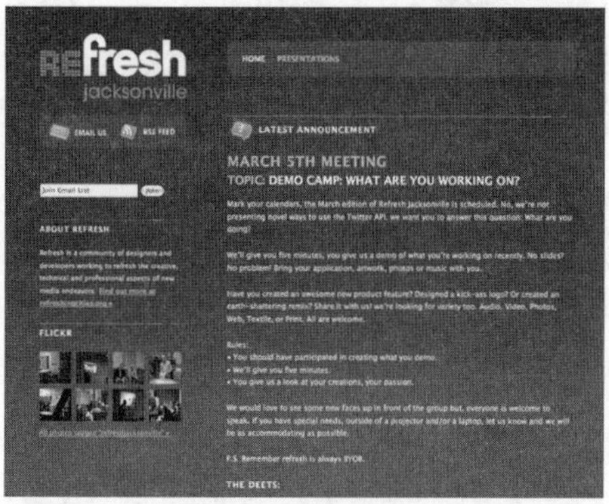

图 14-23　单色的使用

2 邻近色的使用

所谓邻近色，就是在色带上相邻近的颜色，如绿色和蓝色、红色和黄色就互为邻近色。采用邻近色设计网页可以使网页避免色彩杂乱，易于达到页面的色彩丰富、和谐统一，如图 14-24 所示。

图 14-24　邻近色的使用

3 对比色的使用

对比色可以突出重点，产生强烈的视觉效果。通过合理使用对比色，能够使网站特色鲜明、重点突出。在设计时，一般以一种颜色为主色调，对比色作为点缀，可以起到画龙点睛的作用。

4 黑色的使用

黑色是一种特殊的颜色，如果使用恰当、设计合理，往往能产生很强的艺术效果。黑色一般用来作为背景色，与其他纯度色彩搭配使用。

5 背景色的使用

背景颜色不要太深，否则会显得过于厚重，影响整个页面的显示效果。一般采用素淡清雅的色彩，避免采用花纹复杂的图片和纯度很高的色彩作为背景色。同时，背景色要与文字的色彩对比强烈一些。但也有例外，黑色的背景衬托亮丽的文本和图像，则会给人一种另类的感觉，如图 14-25 所示。

图 14-25　背景色的使用

6 色彩的数量

一般初学者在设计网页时往往使用多种颜色，使网页变得很“花”，缺乏统一和协调，缺乏内在的美感，给人一种繁杂的感觉。事实上，网站用色并不是越多越好，一般应控制在 4 种色彩以内。可以通过调整色彩的各种属性来产生颜色的变化，保持整个网页的色调统一。

7 要和网站内容匹配

了解网站所要传达的信息和品牌，选择可以加强这些信息的颜色，如在设计一个强调稳健的金融机构时，就要选择冷色系、柔和的颜色，如蓝、灰或绿。在这样的状况下，如果使用暖色系或活泼的颜色，可能会破坏了该网站的品牌。

8 围绕网页主题

色彩要能烘托出主题。根据主题确定网站颜色，同时还要考虑网站的访问对象，文化的差异也会使色彩产生非预期的反应。还有，不同地区与不同年龄层对颜色的反应亦会有所不同。年轻一族一般比较喜欢饱和色，但这样的颜色却引不起高年龄层人群的兴趣。

此外，白色是网站用得最普遍的一种颜色。很多网站甚至留出大块的白色空间，作为网站的一个组成部分，这就是留白艺术。很多设计性网站较多运用留白艺术，给人一个遐想的空间，让人感觉心情舒适、畅快。恰当的留白对于协调页面的均衡会起到相当大的作用，如图 14-26 所示。

总之，色彩的使用并没有一定的法则，如果一定要用某个法则去套，效果只会适得其反。色彩的运用还与个人的审美观、个人喜好、知识层次等密切相关。一般应先确定一种能体现主题的主体色，然后根据具体的需要应用颜色的近似和对比来完成整个页面的配色方案。整个页面在视觉上应该是一个整体，以达到和谐、悦目的视觉效果，如图 14-27 所示。

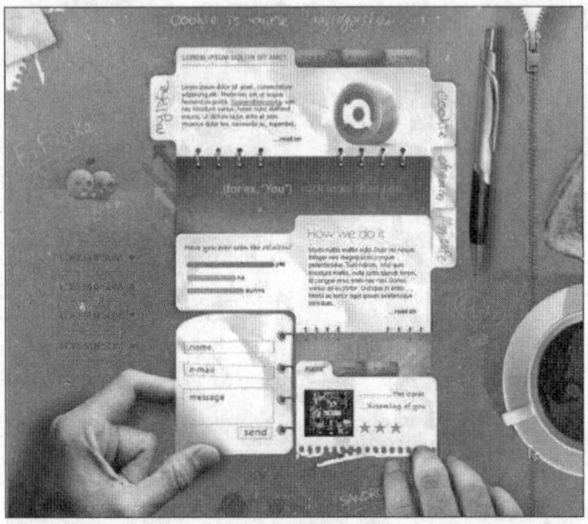

图 14-26　网页留白色处理

图 14-27　网页色彩的搭配

14.3 布局网站板块结构

在规划网站的页面前，需要对所要创建的网站有充分的认识和了解。做大量的前期准备工作，做到胸有成竹，那么在规划网页时才会得心应手，一路畅行。在网站中网页布局大致可分为“国”字型、标题正文型、左右框架型、上下框架型、综合框架型、封面型、Flash 型等。

14.3.1　案例 7——“国”字型

“国”字型也可以称为“同”字型，是一些大型网站普遍采用的类型。即最上面是网站的标题以及横幅广告条，接下来是网站的主要内容；左右分列一些小条内容，中间是主要部分，与左右一起罗列到底；最下面是网站的一些基本信息、联系方式和版权声明等，如图 14-28 所示。这种结构是网上使用最多的一种结构类型。

图 14-28　“国”字型网页结构

14.3.2　案例 8——标题正文型

标题正文类型即最上面是标题或类似的一些东西，下面是正文，如图 14-29 所示。比如一些文章页面或注册页面等就是这种类型。

图 14-29　标题正文型网页结构

14.3.3　案例 9——左右框架型

左右框架型是一种左右为两页的框架结构，一般来说，左面是导航链接，有时最上面会有一个小的标题或标志，右面是正文，如图 14-30 所示。我们见到的大部分大型论坛都是这种结构，有一些企业网站也喜欢采用这种结构。这种类型的结构非常清晰，一目了然。

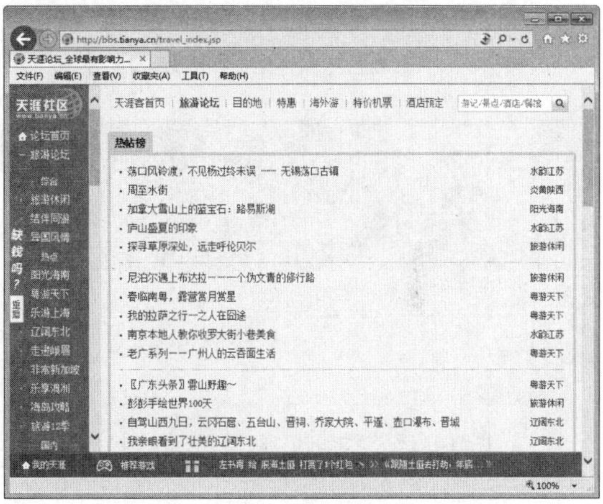

图 14-30　左右框架型网页结构

14.3.4　案例 10——上下框架型

上下框架型与左右框架型类似，区别仅在于它是一种上下分为两部分的框架，如图 14-31 所示。

图 14-31　上下框架型网页结构

14.3.5 案例 11——综合框架型

综合框架型是多种结构的结合，是相对复杂的一种框架结构，如图 14-32 所示。

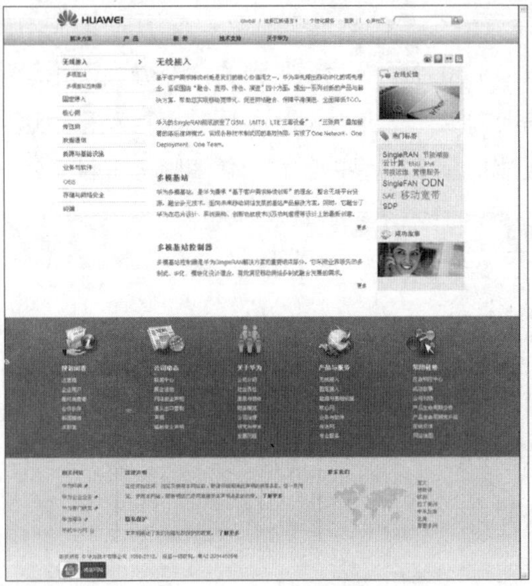

图 14-32 综合框架型网页结构

14.3.6 案例 12——封面型

封面型基本上出现在一些网站的首页，大部分为一些精美的平面设计，再结合一些小的动画，放上几个简单的链接，或者仅是一个进入的链接，甚至直接在首页的图片上做链接而没有任何提示，如图 14-33 所示。这种类型大部分出现在企业网站和个人主页，如果处理得好，会给人带来赏心悦目的感觉。

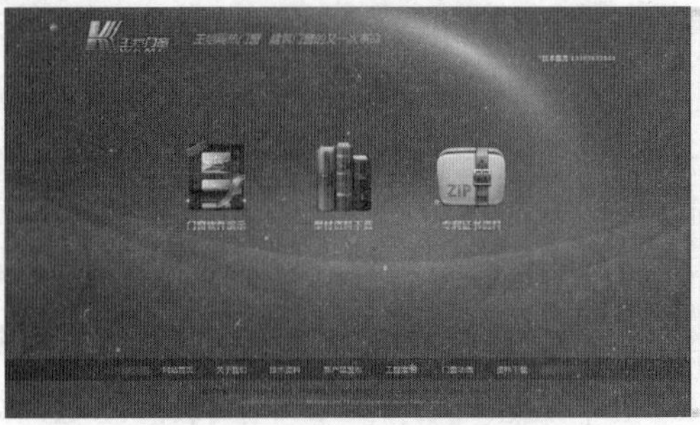

图 14-33 封面型网页结构

14.3.7 案例 13——Flash 型

其实 Flash 型与封面型结构类似，只是这种类型采用了目前非常流行的 Flash。与封面型不同的是：由于 Flash 具有强大的功能，所以页面所表达的信息更丰富。其视觉效果及听觉效果如果处理得当，绝不亚于传统的多媒体。如图 14-34 所示为 Flash 型网页结构。

图 14-34 Flash 型网页结构

14.4 网站配色应用案例

在了解了网站色彩的搭配原理与技巧后，下面介绍一些网站配色的应用案例。

14.4.1 案例 14——网络购物网站色彩应用

网络购物类网站囊括的范围比较广泛，不仅有文化的时尚，而且还有品牌的时尚。这个品牌的时尚多通过服饰、鞋帽和装饰品等体现出来，从而给人一种高雅娴熟的美。

通常情况下，说起具有品牌时尚的女性服装和鞋子，人们脑海中不自觉地就会涌现出那些红色、紫色以及粉红色，因为这些颜色已经成为女性的专用色彩，所以典型的女性服饰都是以这些平常色为修饰色的。

如图 14-35 所示即为一个主色调为红色（中明度、中纯度），辅助色为灰色（低明度、低纯度）、蓝色（中明度、中纯度）和白色（高明度、高纯度）的时尚网站。该网站的红色给人以醒目温暖的感觉，白色则给人干净明亮的感觉。

图 14-35 网络购物网站色彩应用

14.4.2 案例 15——游戏网站色彩应用

随着互联网技术的不断发展，各种类型的游戏类网站如雨后春笋般出现，并逐渐成为娱乐类网站中一种不可缺少的类型，其网站的风格和颜色也是随着游戏性质的不同而千变万化。

如图 14-36 所示是一个以拳击为题材的游戏网站，该网站的主色调为红色（中明度、中纯度），辅助色为黑色（低明度、低纯度）和黄色（中明度、中纯度）。拳击运动凭借力量取胜，所以该网页运用具有强悍的人物图片展现游戏的性质所在，运用大面积的红色修饰整个网页，意在突出动感的活力。而运用黑色和黄色作为修饰色，则更加突出了整个网页的武力色彩，给人一种身临其境的感觉。

图 14-36 以拳击为题材的网站

如图 14-37 所示即为一个战斗性游戏类网站。该网站的主色调为灰蓝色（中明度、中纯度），辅助色为黑色（低明度、低纯度）、黄褐色（中明度、中纯度）。网站大面积使用蓝灰色修饰网页，给人一种深幽、复古的感觉，仿佛回到了那悠远的远古时代。使用黑色和黄褐色作点缀，更加突出了远古人们决斗的场景，从而吸引更多浏览者进入到虚幻的战斗中去。

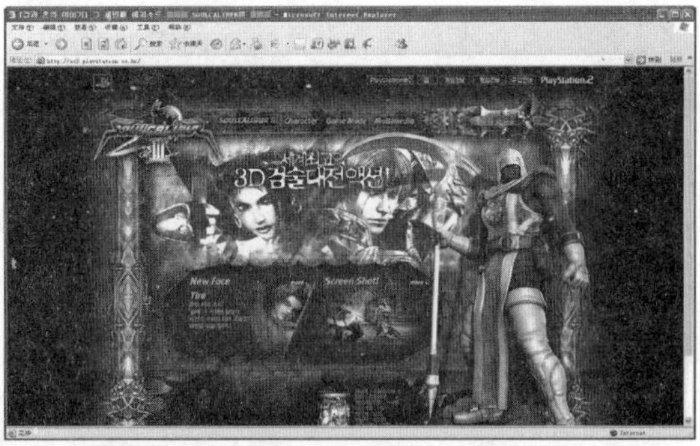

图 14-37 战斗性游戏类网站

14.4.3 案例 16——企业门户网站色彩应用

企业类网站在所有网站类型中占据着重要的地位，充当着网站设计的主力军，其网站配色也十分重要，是初学者必须学习的。

1 以形象为主的企业网站

以形象为主的企业网站就是以企业形象为主体宣传的网站。这类网站表现形式与众不同，经常是以宽广的视野、雄厚的实力、强大的视觉冲击力，并配以震撼的音乐以及气宇轩昂的色彩，将企业形象不折不扣地展现在世人面前，给人以信任和安全的感觉。

如图 14-38 所示就是一个典型的以形象为主的企业网站主页，该网页是一个房地产商网站的首页。该网站的主色调为深蓝色（中明度、中纯度），辅助色为黑色（低明度、低纯度）、红色（中明度、中纯度）和淡黄色（高明度、中纯度），页面以深蓝色为主的修饰色，给人一种深幽、淡雅的感觉。另外，再加上黑色的修饰，更显其深蓝色的神秘性，同时应用红色和淡黄色作为点缀色，给原本暗淡的页面增加了一点亮色。预示着自己开发创建的房屋犹如一个美好的港湾，让人们找到心灵的归宿，抓住了客户的消费心理。还有就是通过企业的流程图，将该企业的工作内容简单而形象地展示给浏览者，从而吸引更多的浏览者跟随流程图了解更多的详细信息。

如图 14-39 所示也是一个标准的以企业形象为主的地产公司网站首页，该网站的主色调为暗红色（中明度、中纯度），辅助色为灰色（中明度、低纯度），页面采用暗红色来勾勒修饰，运用战争年代战士们冲锋陷阵的图片作为网站的主背景，意在向人们展现此企业犹如抗战时期的中国一样，有毅力、有动力、有活力，并且有足够的信心将自己的企业做大做强。另外，用灰色作为修饰色，更突出表现出坚定的决心和充足的信心。

图 14-38 房地产商网站首页

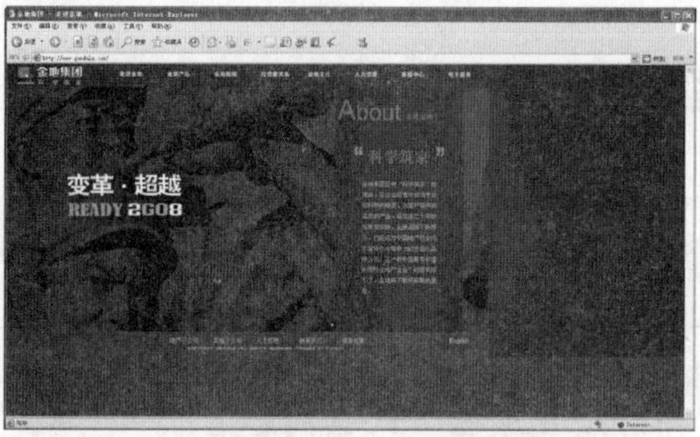

图 14-39 地产公司网站首页

2 以产品为主的企业网站

以产品为主的企业网站大都以推销其产品为主，整个网页贯穿产品的各种介绍，并从整体和局部准确地展示产品的性能和质量，从而突出产品的特点和优越性。此类网站的表现手法比较新颖，总是在网站首页或欢迎页面以产品形象作为展示的核心，同时配以动画或音效等，吸引浏览者的注意力，从而达到宣传自己企业的目的。

如图 14-40 所示的某品牌汽车厂商网站就是一个很好的例子，该网站是以汽车销售为主的企业性网站，用黑色作为主色调（低明度、低纯度），用以展现企业产品汽车的强悍与优雅。特别是运用灰色（中明度、低纯度）做辅助色搭配，使页面在稳重中增添了明亮的色彩，增加了汽车的力量感，从而将企业产品醒目地展现给浏览者。

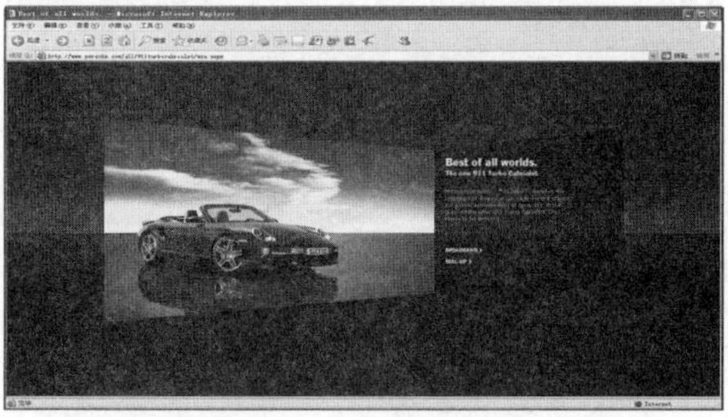
Best of all worlds.
图 14-40　某品牌汽车厂商网站首页

温暖舒适的色调、稳重高雅的装饰，是一个家庭装饰的重中之重，如图 14-41 所示的地板类网站成功地把握了消费者的消费心理。该网站的主色调为浅棕色（高明度、中纯度），辅助色为米黄色（中明度、中纯度），整个画面渗透着清新淡雅的情调，充盈着浪漫温馨的气氛。其中的浅棕色属于中性色，给人一种平静的感觉，而米黄色则属于暖色，跟浅棕色搭配在一起，给人一种宾至如归的感觉。另外该网页在设计时把产品置于浅棕色色调中，更展现了其产品的古典特色，从而让浏览者从视觉上更进一步了解产品，达到了宣传的目的。

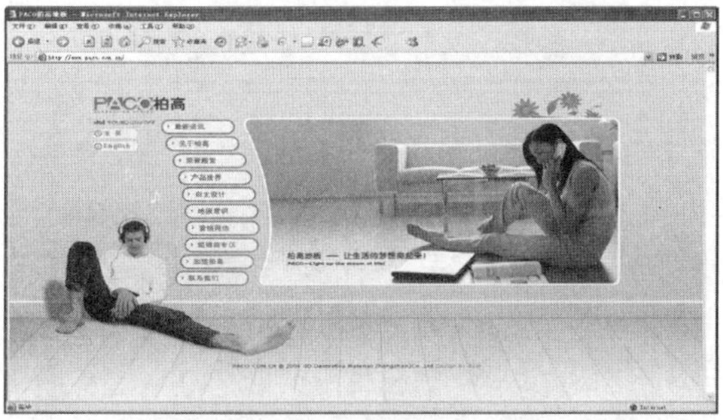
PACO柏高
图 14-41　柏高地板网站首页

14.4.4　案例 17——时政新闻网站色彩应用

所谓时政要闻类网站是指那些以提供专业动态信息为主，面向获取信息的专业用户的网站，此类网站比门户类网站更具特色。如图 14-42 所示即为一个标准的时政要闻类网站。

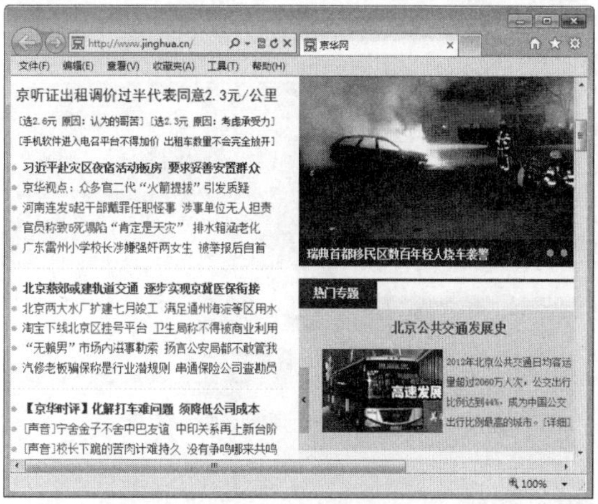
http://www.jinghua.cn/
京华网
文件(F)　编辑(E)　查看(V)　收藏夹(A)　工具(T)　帮助(H)
京听证出租调价过半代表同意2.3元/公里
[选2.6元 原因：认为的哥苦] [选2.3元 原因：考虑承受力]
[手机软件进入电召平台不得加价 出租车数量不会完全放开]
习近平赴灾区夜宿活动板房 要求妥善安置群众
京华视点：众多官二代“火箭提拔”引发质疑
河南连发5起干部戴罪任职怪事 涉事单位无人担责
官员称致5死塌陷“肯定是天灾” 排水箱涵老化
广东雷州小学校长涉嫌强奸两女生 被举报后自首
瑞典首都移民区数百年轻人烧车袭警
北京燕郊或建轨道交通 逐步实现京冀医保衔接
北京两大水厂扩建七月竣工 满足通州海淀等区用水
淘宝下线北京区挂号平台 卫生局称不得被商业利用
“无赖男”市场内滋事勒索 扬言公安局都不敢管我
汽修老板骗保称是行业潜规则 串通保险公司查勘员
热门专题
北京公共交通发展史
高速发展
2012年北京公共交通日均客运量超过2080万人次，公交出行比例达到44%，成为中国公交出行比例最高的城市。[详细]
【京华时评】化解打车难问题 须降低公司成本
[声音]宁舍金子不舍中巴友谊 中印关系再上新台阶
[声音]校长下跪的苦肉计难持久 没有争鸣哪来共鸣
100%
图 14-42　时政新闻网站色彩应用

该网站的主色调为蓝色（高明度、高纯度），辅助色为白色（高明度、高纯度）。该网站结构清晰明了，各个板块分配明朗。同时该网站的色彩调和也非常到位，用白色作为背景色，更显示出蓝色的纯净与舒适，使整个页面显得简单而又整齐，给人一种赏心悦目的感觉。

14.4.5　案例 18——影音视频网站色彩应用

在众多的网站中，影音类网站是受欢迎程度相当高的网站之一，特别是青少年群体无疑是影音类网站浏览者的主角。由于影音类网站以突出影像和声音为其特点，所以此类网站在影像和声音方面的表现尤为突出。

如图 14-43 所示的网站就运用了具有空旷气息的蓝色作为整个网页的修饰色，意在突出此网站的自然气息。该网站的主色调为蓝色（中明度、中纯度），辅助色为红色（中明度、中纯度）和白色（高明度、高纯度），蔚蓝的天空、清澈的湖水、巍峨的高山，一切仿佛就在眼前，给人一种心旷神怡的感觉。使用自然的白色更加衬托出蓝色的洁净和优雅，最后运用亮眼的红色作为整个网站的点缀色彩，起到烘托修饰的作用，从而更加鲜明地突出网站内容的主题。

图 14-43　影音视频网站色彩应用

14.4.6 案例 19——电子商务网站色彩应用

所谓电子商务是指买卖双方不用见面，只是利用简单、快捷、低成本的电子通信方式来进行各种商贸活动的行为。随着科学的发展、互联网的迅速普及，各种类型的电子商务网站也如雨后春笋般出现。

如图 14-44 所示的网站就是一个典型的例子，该网站的主色调为棕色（中明度、中纯度），辅助色为黑色（低明度、低纯度）、灰色（中明度、中纯度）和白色（高明度、高纯度）。该网站大面积使用棕色来修饰整个房间家具的颜色。棕色属于一种中性色，含有冷色调的酷和暖色调的柔，用这种颜色配置的家具，给人一种轻松舒适的感觉。另外，使用黑色和灰色作为框架的修饰色，更衬托出棕色的安静。使用白色作为链接字颜色，给人一种醒目的感觉。

图 14-44　电子商务网站色彩应用

14.4.7 案例 20——娱乐网站色彩应用

在众多类别的网站中，思想最活跃、格调最休闲、色彩最缤纷的网站非娱乐类网站莫属。格式多样化的娱乐类网站，总是通过独特的设计思路来吸引浏览者的注意力，表现其个性的网站空间。如图 14-45 所示就是一个音乐类网站。该网站的主色调为黑色（低明度、低纯度），辅助色为紫红色（中明度、中纯度）和白色（高明度、高纯度），使用具有神秘色彩的黑色作为通篇修饰色，从而调动人们的好奇心，再使用紫红色来点缀人物活动的场景，让整个网页的气氛动感起来。另外，使用小范围的白色来烘托其网站的娱乐性能，很容易给人留下永恒的回忆。

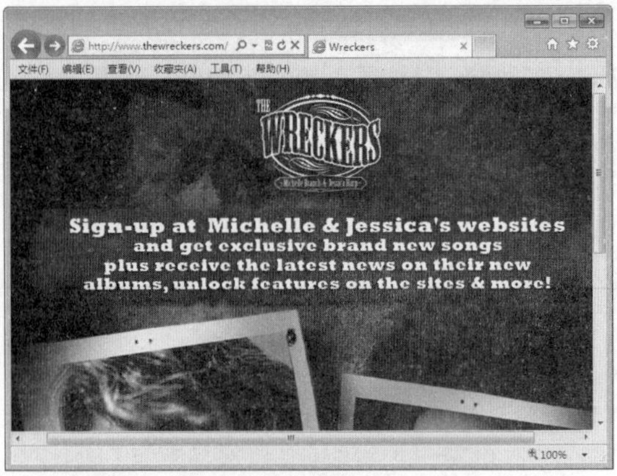
http://www.thewreckers.com/
Wreckers
文件(F) 编辑(E) 查看(V) 收藏夹(A) 工具(T) 帮助(H)
THE WRECKERS
Sign-up at Michelle & Jessica's websites
and get exclusive brand new songs
plus receive the latest news on their new
albums, unlock features on the sites & more!
100%

图 14-45　娱乐网站色彩应用

14.5 实战演练——定位网站页面的框架

在网站布局中采用“综合框架型”结构对网站进行布局：网站的头部主要用于放置网站 Logo 和网站导航；网站的左框架主要用于放置商品分类、销售排行框等；网站的主体部分则为网站的商品等；网站的底部主要放置版权信息等。

设计网页之前，设计者可以先在 Photoshop 中勾画出框架，那么后来的设计就可以在此框架基础上进行布局了。具体的操作步骤如下。

步骤 1 打开 Photoshop 软件，如图 14-46 所示。

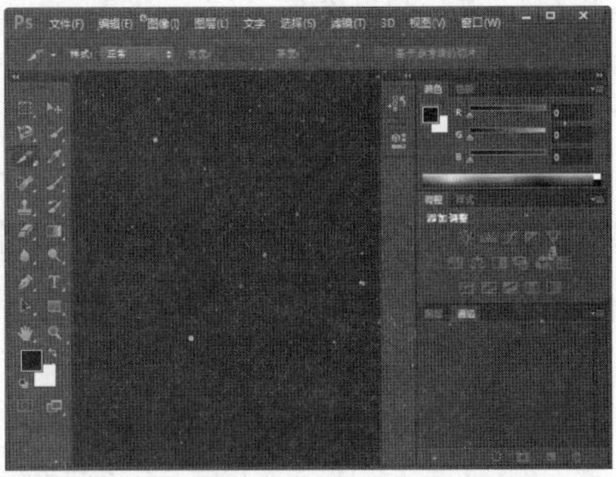

图 14-46　Photoshop CS6 的操作界面

步骤 2 选择【文件】→【新建】菜单命令，打开【新建】对话框，在其中设置文档的宽度为 1024 像素、高度为 768 像素，如图 14-47 所示。

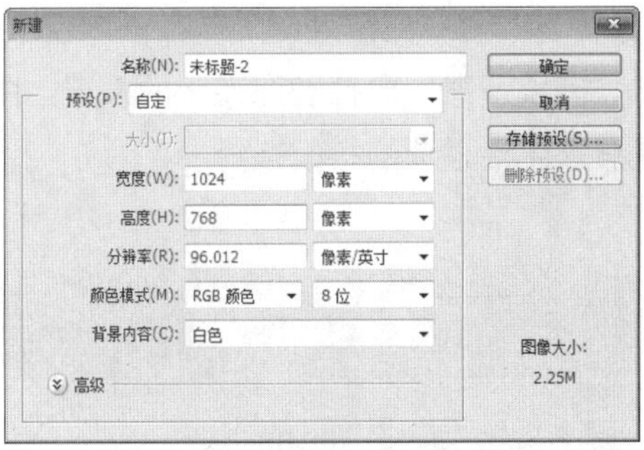

图 14-47　【新建】对话框

步骤 3 单击【确定】按钮，创建一个 1024×768 像素的文档，如图 14-48 所示。

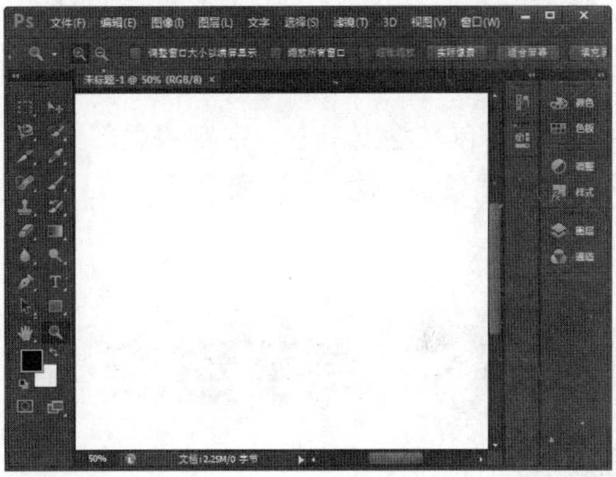

图 14-48　创建空白文档

步骤 4 选择左侧工具栏中的矩形工具，并调整为路径状态，画一个矩形框，如图 14-49 所示。

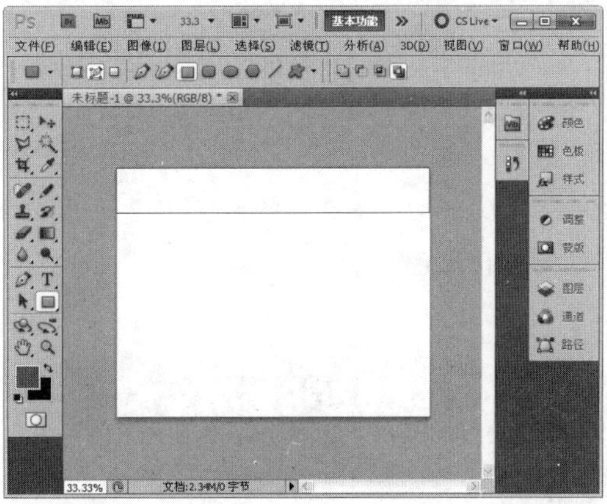

图 14-49　绘制矩形框

步骤 5 使用文字工具，创建一个文本图层，输入“网站的头部”文本，如图 14-50 所示。

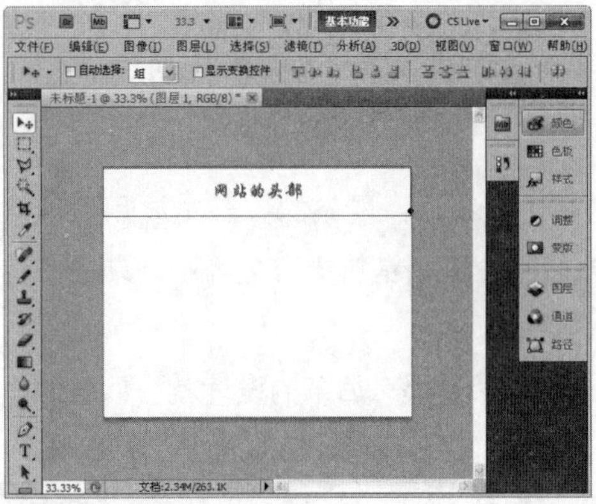

图 14-50　输入文字

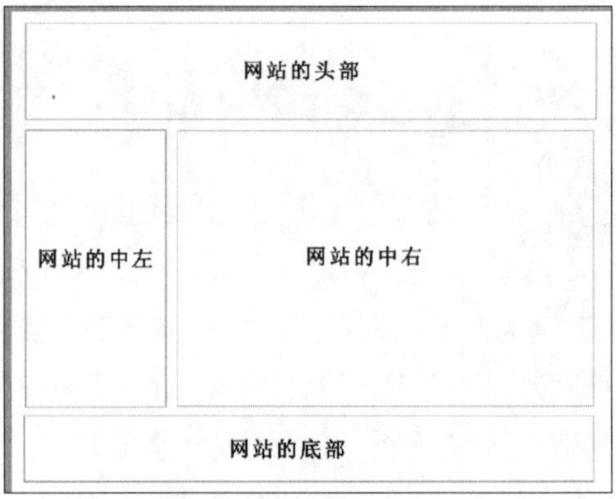

图 14-51　网站结构的最终布局

步骤 6 依次绘出中左、中右和底部，网站的结构布局最终如图 14-51 所示。

确定好网站的框架后，就可以结合各相关知识进行不同区域的布局设计了。

14.6 高手甜点

甜点 1：如何使自己的网站搭配颜色后更具有亲和力？

在对网页进行配色时，必须考虑网站的本身性质。如果网站的产品是以化妆品为主的话，那么网站应多采用柔和、柔美、明亮的色彩，给人一种温柔的感觉，这样才能具有很强的亲和力。

甜点 2：如何在自己的网页中营造出地中海般的风情配色？

可使用“白＋蓝”的配色，由于天空是淡蓝的，海水是深蓝的，把白色的清凉与无瑕表现出来。白色很容易令人感到十分的自由，好像是属于大自然的一部分，令人心胸开阔，似乎像海天一色的大自然一样开阔自在。要想营造这样的地中海式风情，必须把家里的东西，如家具、家饰品、窗帘等都限制在一个色系中，这样才有统一感。向往碧海蓝天的人士，白与蓝是居家生活最佳的搭配选择。

14.7 跟我练练手

练习 1：使用色彩设计网页。

练习 2：搭配一个中色彩的网页。

练习 3：设计一个左右框架型的网页。

练习 4：设计一个购物网站的配色方案。

练习 5：设计一个游戏网站的配色方案。

练习 6：设计一个影视网站的配色方案。

练习 7：设计一个电子商务网站的配色方案。

练习 8：使用 Photoshop 定位网站页面的框架。

第4篇

行业应用案例

第15章

行业综合案例1——制作电子商务类网页

电子商务网站是当前比较流行的一类网站。随着网络购物、互联网交易的普及，如淘宝、阿里巴巴、亚马逊等类型的电子商务网站在近几年风靡，越来越多的公司企业着手架设电子商务网站平台。本章就来介绍如何制作电子商务类网页。

本章学习目标

◎ 掌握电子商务网页整体布局的方法

◎ 了解电子商务网页的模块组成

◎ 掌握电子商务网页的制作步骤

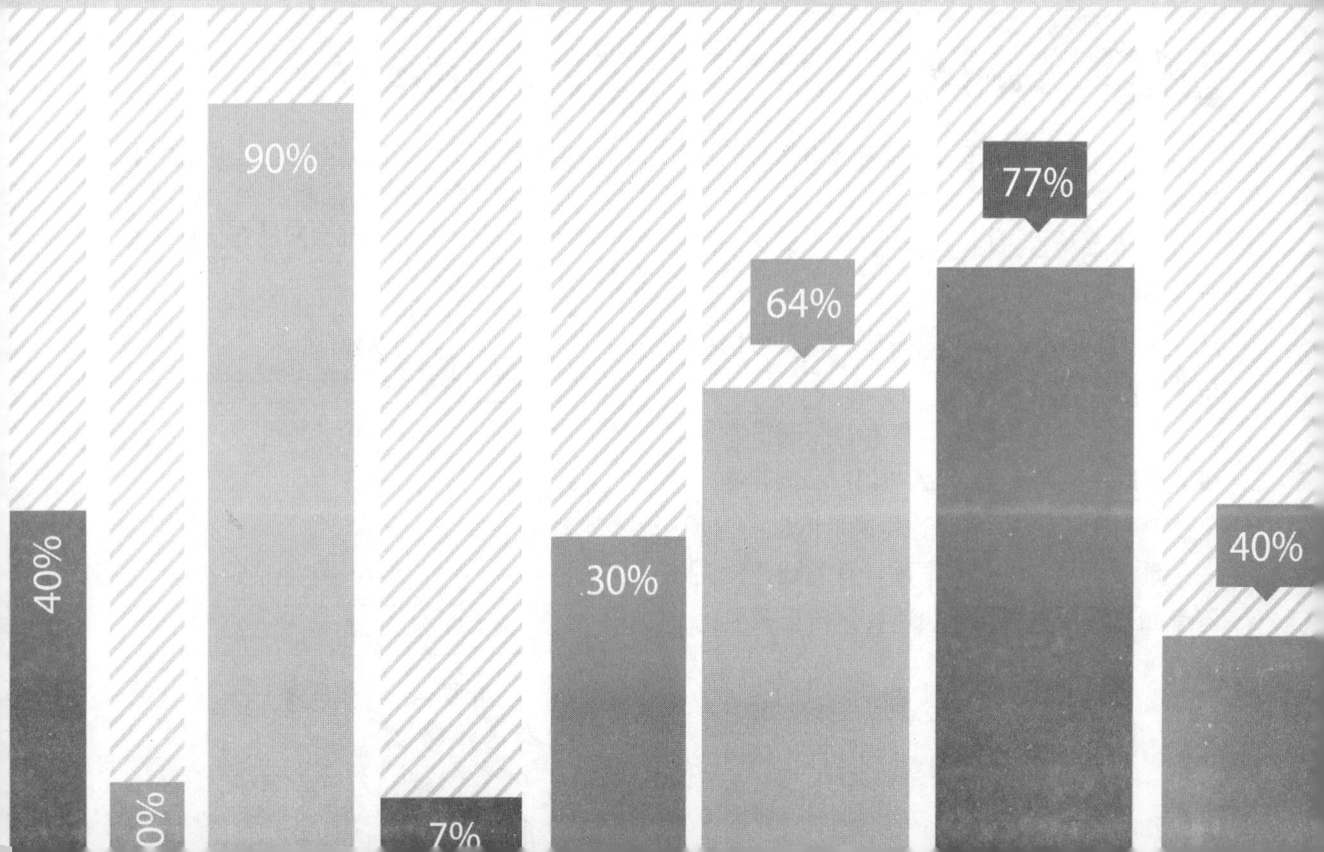

15.1 整体布局

电子商务类网页主要实现网络购物、交易，所要体现的组件相对较多，主要包括产品搜索、账户登录、广告推广、产品推荐、产品分类等内容。本实例最终的网页效果如图 15-1 所示。

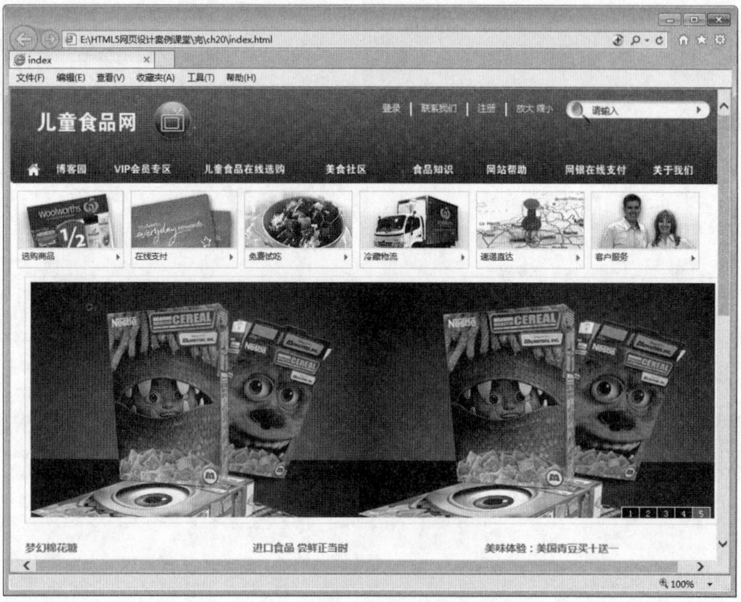

图 15-1　网页效果图

15.1.1 设计分析

电子商务类网站主要是用来提供购物交易的，所以要体现出以下特性。

⑴ 商品检索方便：要有商品搜索功能，有详细的商品分类。

⑵ 有产品推广功能：增加广告活动位，帮助特色产品推广。

⑶ 热门产品推荐：消费者的搜索很多都带有盲目性，所以可以设置热门产品推荐位。

⑷ 对于产品要简单准确地展示信息。

⑸ 页面整体布局要清晰、有条理，让浏览者知道在网页中如何快速找到自己需要的信息。

15.1.2 排版架构

本实例的电子商务网站整体上还是上中下架构，上部为网页头部、导航栏、热门搜索栏，中间为网页主要内容，下部为网站介绍及备案信息，如图 15-2 所示。

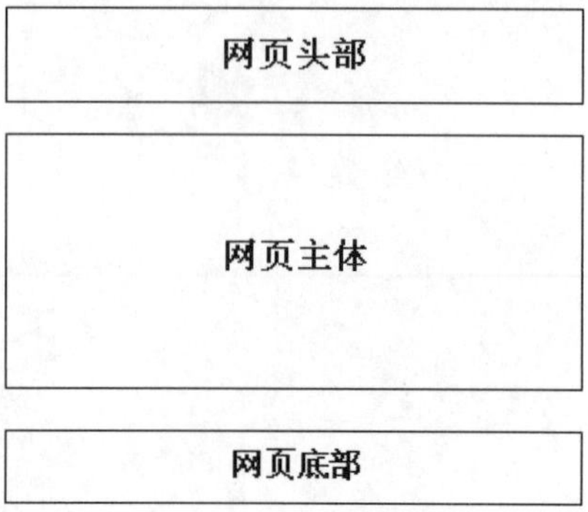

图 15-2　网页架构

15.2 模块组成

实例中整体虽然是上中下结构，但是每一部分都有更细致的划分。

上部主要包括网页头部、导航栏等内容。

中间主体主要包括商品检索模块、商品分类模块、热销专区模块等。

下部主要包括友情链接模块、快速访问模块、网站注册备案信息等模块。

网页中各个模块的划分主要依靠 table 标签来实现。

15.3 制作步骤

网站制作要逐步完成，本实例中网页制作主要包括以下几个部分。

15.3.1 样式表

为了更好地实现网页效果，需要为网页制作 CSS 样式表。制作样式表的代码如下。

```
/* reset */
html, body, div, span, applet, object, iframe, h1, h2, h3, h4, h5, h6, p, blockquote, pre, a, abbr, acronym, address, big, cite, code, del, dfn, em, font, img, ins, kbd, q, s, samp, small, strike, strong, sub, sup, tt, var, dl, dt, dd, ol, ul, li, fieldset, form, label, legend, table, caption, tbody, tfoot, thead, tr, th, td {
      margin:0;
      padding:0;
      border:0;
      font-weight:inherit;
      font-style:inherit;
      font-size:100%;
      font-family:inherit;
      vertical-align:baseline;
}
ol, ul {
      list-style:none;
}
table {
      border-collapse:collapse;
      border-spacing:0;
}
caption, th, td {
      text-align:left;
      font-weight:normal;
}
blockquote:before, blockquote:after, q:before, q:after {
      content:"";
}
blockquote, q {
      quotes:"" "";
```

```
}
html, body {
      height:101%;
}
body {
      background:#fff;
      height:100%;
      padding:0;
      vertical-align:top;
}
/* Default HTML Elements
-------------------------------*/

/* Images */
img, a img {
      border:0pt none;
      vertical-align:bottom;
}
/* Reusables */

/* Misc classes */

.right {
      float:right !important;
}
.left {
      float:left;
}
.padd-top {
      padding-top:10px !important;
}
.clear-left {
      clear:left;
}
.img-replace {
      background-position:0 0;
      background-repeat:no-repeat;
      display:block;
      padding:0;
      text-indent:-9999px;
}
/* Grid Layout */
.container {
      margin:0 auto;
      padding-right:10px;
      padding-left:10px;
      width:940px;
}
.grid, .grid_1, .grid_2, .grid_3,
.grid_4, .grid_5, .grid_6, .grid_7 {
      display:inline;
      float:left;
      margin-left:0px;
      margin-right:0px;
      padding-left:10px;
}
.grid_whatsnew {
      display:inline;
      float:right;
      margin-left:0px;
      margin-right:0px;
}
.no-grid {
      display:block;
      float:none;
}
.grid_whatsnew_IFrame {
      display:inline;
      float:left;
      margin-left:0px;
```

```
        margin-right:0px;
        padding-left:10px;
        padding-top:287px;
}
.begin {
        margin-left:0;
}
.end {
        margin-right:0;
}
.container .grid_1 {
        width:145px;
}
.container .grid_2 {
        width:300px;
}
.container .grid_whatsnew {
        width:300px;
}
.container .grid_3 {
        width:455px;
}
.container .grid_4 {
        width:610px;
}
.container .grid_5 {
        width:765px;
}
.container .grid_6 {
        width:915px;
}
.container .grid_whatsnew_IFrame {
        display:inline;
        float:left;
        margin-left:0px;
        margin-right:0px;
        padding-left:10px;
        width:300px;
        padding-top:287px;
}
.container .grid_7 {
        width:770px;
}
/* add extra space before */
.container .ahead_1 {
        padding-left:155px;
}
.container .ahead_2 {
        padding-left:310px;
}
.container .ahead_3 {
        padding-left:465px;
}
.container .ahead_4 {
        padding-left:615px;
}
.container .ahead_5 {
        padding-left:775px;
}
/* add extra space after */
.container .behind_1 {
        padding-right:155px;
}
.container .behind_2 {
        padding-right:310px;
}
.container .behind_3 {
        padding-right:465px;
}
.container .behind_4 {
```

```
    padding-right:615px;
}
.container .behind_5 {
    padding-right:775px;
}
/* move item forward */
.container .move_1 {
    left:155px;
}
.container .move_2 {
    left:310px;
}
.container .move_3 {
    left:465px;
}
.container .move_4 {
    left:615px;
}
.container .move_5 {
    left:775px;
}
/* move item back */
.container .remove_1 {
    left:-155px;
}
.container .remove_2 {
    left:-310px;
}
.container .remove_3 {
    left:-465px;
}
.container .remove_4 {
    left:-615px;
}
.container .remove_5 {
    left:-775px;
}
.clear {
    clear:both;
    display:block;
    overflow:hidden;
    visibility:hidden;
    width:0;
    height:0;
}
.clearfix:after {
    clear:both;
    content:' ';
    display:block;
    font-size:0;
    line-height:0;
    visibility:hidden;
    width:0;
    height:0;
}
.clearfix {
    display:inline-block;
}
* html .clearfix {
    height:1%;
}
.clearfix {
    display:block;
}
/* fix the outline on firefox focus */
a:active {
    outline: none;
}
a:focus {
    -moz-outline-style: none;
```

```
}
/*
** Markup free clearing
** Details: http://www.positioniseverything.net/easyclearing.html
*/
.clear-block:after {
	content: ".";
	display: block;
	height: 0;
	clear: both;
	visibility: hidden;
}
.clear-block {
	display: inline-block;
}
.clear {
	float: none;
	clear: both;
}
/* Hides from IE-mac */
* html .clear-block {
	height: 1%;
}
.clear-block {
	display: block;
}
/* End hide from IE-mac */
/* kat's formatting -- facebox overlay for send to friend */
div#facebox {
	position: absolute;
	top: 0;
	left: 0;
	z-index: 100;
	text-align: left;
}
div#facebox div.popup {
	position: relative;
}
div#facebox div.body {
}
div#facebox div#sendtofriend {
	padding: 11px;
	background: #fff;
}
div#facebox div.content {
	width: 672px;
}
div#facebox .loading { /**/
	width: 650px;
	height: 300px;
	text-align: center;
	background-color: transparent;
}
div#facebox h2#sendtofriend {
	background-image: url(http://www.woolworths.com.au/wps/woolworths/_images/title-sendtofriend.gif);
	background-repeat: no-repeat;
	background-position: top left;
	width: 222px;
	height: 26px;
	margin: 14px 0px 0px 10px;
	text-indent: -3001px;
}
div#facebox div.note {
	margin: 13px 0px 60px 0px;
	height: 300px;
```

```
}
div#facebox form ul {
      padding: 6px 0px 0px 0px;
      margin: 0;
}
div#facebox form ul li {
      float: left;
      display: inline;
      width: 373px;
      padding: 0px 0px 17px 0px;
}
div#facebox form ul li input.text {
      border: 1px solid #b1b1b1;
      height: 17px;
      width: 369px;
}
div#facebox form ul li.left {
      width: 247px;
}
div#facebox form ul li.left input {
      width: 227px;
}
div#facebox form label {
      width: 100%;
      padding: 0px 0px 5px 0px;
}
div#facebox form textarea {
      width: 621px;
      border: 1px solid #b1b1b1;
      height: 79px;
}
div#facebox input.btn-search {
      position: absolute;
      bottom: 36px;
      right: 105px;
}
div#facebox a.close {
      position: absolute;
      bottom: 36px;
      right: 10px;
}
div#facebox_overlay {
      position: fixed;
      top: 0px;
      left: 0px;
      height:100%;
      width:100%;
}
.facebox_hide {
      z-index:-100;
}
.facebox_overlayBG {
      background-color: #000;
      z-index: 99;
}
/* overlay */

* html div#facebox_overlay { /* ie6
hack */
      position: absolute;
  height: expression(document.
body.scrollHeight > document.body.
offsetHeight ? document.body.
scrollHeight : document.body.
offsetHeight + 'px');
}
/* / kat's formatting -- facebox
overlay for send to friend */
```

说明 本实例的样式表比较多，这里只展示一部分，随书光盘中有文字的代码文件。

制作完成后将样式表保存到网站根目录下，文件名为 .css 文件夹。

制作好的样式表需要应用到网站中，所以在网站主页中要建立到 CSS 的链接代码。链接代码需要添加在 head 标签中，具体代码如下。

```
<link rel="stylesheet" title="" media="screen" href="css/common.css" type="text/css" />
<link rel="stylesheet" title="" media="screen" href="css/text.css" type="text/css" />
<link rel="alternate stylesheet" title="large" media="screen" href="css/largeprint.css" type="text/css" />
<link rel="stylesheet" title="" media="screen" href="css/screen9.css" type="text/css" />
<!--[if IE]>
        <link rel="stylesheet" title="" href="css/hacks.css" type="text/css" />
    <![endif]-->
```

15.3.2 网页头部

网页头部主要是企业 Logo 和一些快速链接，如关于我们、食品知识、网银在线支付等。除此之外还有导航菜单栏和搜索框等。

本实例网页头部的效果如图 15-3 所示。

图 15-3　网页头部效果

实现网页头部的代码如下所示。

```
div id="header"> <a href="index.html" class="logoMain"><img src="img/woolworths-logo.png" width="230" height="57" /></a>
   <form class="hSearch" id="searchForm" method="post" >
     <fieldset>
     <label for="search">
      <input id="search" class="hSearchText" type="text" onfocus="this.value='';" value="请输入" name="search_query"/>
       <input class="hSearchGo" type="image" src="img/search-btn-go.gif" value="Go"/>
     </label>
     </fieldset>
   </form>
   <ul id="navSub">
     <li> <a href="#" >登录</a></li>
     <li><a href="#" >联系我们</a></li>
      <li><a href="#" target="new" >注册</a></li>
       <li class="end"> <a href="#" title="Large Font" onclick="setActiveStyleSheet('large'); return false;">放大</a> <a href="#" title="normal font" class="small" onclick="setActiveStyleSheet('default'); return false;">缩小</a></li>
```

```
</ul>
<ul id="navMain">
  <li id="mNav-home"> <a href="index.html" >首页</a> </li>
  <li id="mNav-whatsNew" class=""><a href="Food-Safety.html" >博客园</a>
    <ul>
      <li class=""><a href='#'> 查看最新</a></li>
      <li class=""><a href='#'> 写博客</a></li>
      <li class=""><a href='#'> 进入博客园</a></li>
    </ul>
  </li>
  <li id="mNav-fresh" class=""><a href="Promotions.html" >VIP 会员</a>
    <ul>
      <li><a href="#" >VIP 会员登录</a></li>
      <li class=""><a href="#" >申请 VIP 会员</a></li>
      <li class=""><a href='#'> 订阅免费期刊</a></li>
      <li class=""><a href='#'> VIP 会员的优惠</a></li>
      <li class=""><a href='#'> VIP 会员帮助</a></li>
    </ul>
  </li>
 <li id="mNav-health" class="" ><a href="Food-Safety.html" >儿童食品在线选购</a>
    <ul>
      <li class=""><a href='#'> 婴幼儿食品</a></li>
      <li class=""><a href='#'> 1~3 岁儿童食品</a></li>
      <li class=""><a href='#'> 婴幼儿乳制品</a></li>
      <li class=""><a href='#'> 儿童乳制品</a></li>
      <li class=""><a href='#'> 儿童零食</a></li>
      <li class=""><a href='#'> 儿童饮料</a></li>
      <li class=""><a href='#'> 专家咨询</a></li>
    </ul>
  </li>
  <li id="mNav-ffk" class=""><a href="Promotions.html" >美食社区</a>
    <ul>
      <li class=""><a href='#'> 进入社区</a></li>
      <li class=""><a href='#'> 最新动态</a></li>
      <li class=""><a href='#'> 专题报道</a></li>
```

```
            <li class=""><a href='#'> 讨论专区 </a></li>
            <li class=""><a href='#'> 社区帮助 </a></li>
        </ul>
    </li>
    <li id="mNav-community" class=""><a href="#" > 食品知识 </a>
        <ul>
            <li class=""><a href='#'> 食物的搭配 </a></li>
            <li class=""><a href='#'> 美食营养学 </a></li>
            <li class=""><a href='#'> 注意要点 </a></li>
            <li class=""><a href='#'> 在线咨询 </a></li>
        </ul>
    </li>
    <li id="mNav-shop"><a href="#" target="_blank" > 网站帮助 </a>
        <ul>
            <li><a href="#" target="_blank" > 在线提问 </a></li>
            <li><a href="#" target="_blank" > 意见建议 </a></li>
        </ul>
    </li>
    <li id="mNav-everyday"><a href="#" > 网银在线支付 </a>
        <ul>
            <li><a href="#" target="_blank" > 支付平台 </a></li>
            <li><a href="#" target="_blank" > 支付流程 </a></li>
            <li><a href="#" target="_blank" > 支付帮助 </a></li>
        </ul>
    </li>
    <li id="mNav-about" class=""><a href="#" > 关于我们 </a>
        <ul>
            <li class=""><a href='#'> 关于公司 </a></li>
            <li class=""><a href='#'> 关于团队 </a></li>
            <li class=""><a href='#'> 联系我们 </a></li>
            <li class=""><a href='#'> 社会责任 </a></li>
            <li class=""><a href='#'> 展望未来 </a></li>
            <li class=""><a href='#'> 公司新闻 </a></li>
        </ul>
    </li>
  </ul>
</div>
```

15.3.3 主体第一通栏

网页中间主体的第一通栏主要包括选购商品、在线支付、免费试吃、冷藏物流、速递直达、客户服务等，具体效果如图 15-4 所示。

图 15-4　主体第一通栏

实现以上页面功能的具体代码如下。

```
<div class="container clearfix" id="wrapper">
  <div class="alternate" id="home">
    <div class="grid_1" id="sidebar">
      <h3>
      快速导航 </h3>
      <ul>
        <li id="btn-whatsnew"><a href="#" ><span> 选购商品 </span></a></li>
        <li id="btn-specials"><a href="#" ><span> 在线支付 </span></a></li>
        <li id="btn-shop"><a href="#" ><span> 免费试吃 </span></a></li>
        <li id="btn-work"><a href="#" ><span> 冷藏物流 </span></a></li>
        <li id="btn-everyday"><a href="#" ><span> 速递直达 </span></a></li>
        <li id="btn-recipes"><a href="#" ><span> 客户服务 </span></a></li>
      </ul>
    </div>
```

15.3.4 主体第二通栏

网页中间主体的第二通栏主要是热销商品的展示，具体效果如图 15-5 所示。

图 15-5　主体第二通栏

实现以上页面功能的具体代码如下。

```
    <div>
      <table width="930" height="310" border="0" align="center" cellpadding="0"
cellspacing="0">
        <tr>
              <td width="930" height="310" align="center"><div class=pic_show
style="width:930px;">
              <div id="imgADPlayer"></div>
              <script type="text/jscript" language="JavaScript">
                         PImgPlayer.addItem( "", "", "img/01.jpg");
                         PImgPlayer.addItem( "", "", "img/02.jpg");
                         PImgPlayer.addItem( "", "", "img/03.jpg");
                         PImgPlayer.addItem( "", "", "img/04.jpg");
                         PImgPlayer.addItem( "", "", "img/05.jpg");
           PImgPlayer.init( "imgADPlayer", 930, 310 );
    </script>
            </div></td>
        </tr>
      </table>
    </div>
```

15.3.5 主体第三通栏

网页主体的第三通栏主要是商品分类模块，具体效果如图 15-6 所示。

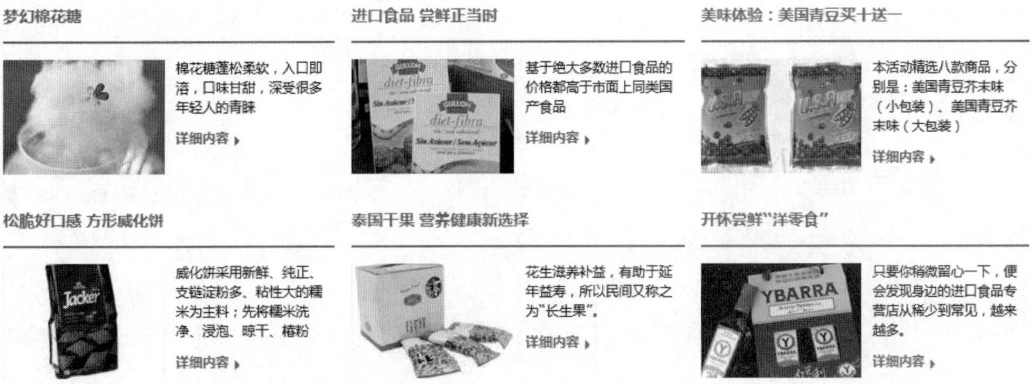
梦幻棉花糖
棉花糖蓬松柔软，入口即溶，口味甘甜，深受很多年轻人的青睐
详细内容
进口食品 尝鲜正当时
基于绝大多数进口食品的价格都高于市面上同类国产食品
详细内容
美味体验：美国青豆买十送一
本活动精选八款商品，分别是：美国青豆芥末味（小包装）、美国青豆芥末味（大包装）
详细内容
松脆好口感 方形威化饼
威化饼采用新鲜、纯正、支链淀粉多、粘性大的糯米为主料；先将糯米洗净、浸泡、晾干、椿粉
详细内容
泰国干果 营养健康新选择
花生滋养补益，有助于延年益寿，所以民间又称之为"长生果"。
详细内容
开怀尝鲜"洋零食"
只要你稍微留心一下，便会发现身边的进口食品专营店从稀少到常见，越来越多。
详细内容

图 15-6　主体第三通栏

实现以上页面功能的具体代码如下。

```
<div class="promotop grid" style="padding-top:10px;" >
    <h3><a href="#" > 梦幻棉花糖 </a></h3>
    <hr/>
    <a href="#" > <img src="img/promo-comm-grants[1].jpeg~MOD=AJPERES&amp;CACHEID
=24fd40004118e387a1d6e9f9a5cf1c57.jpg" border="0"  width="145" height="100"  /> </
a>
    <p> 棉花糖蓬松柔软，入口即溶，口味甘甜，深受很多年轻人的青睐 </p>
    <p><a href="#" class="arrow"> 详细内容 </a></p>
  </div>
  <div class="promotop grid" style="padding-top:10px;" >
    <h3><a href="#" >进口食品 尝鲜正当时 </a></h3>
    <hr/>
    <a href="#" > <img src="img/FFM_Annette_145x100.jpg~MOD=AJPERES&amp;CACHEID=e
95e780041737cdab7a4bf5af93b836b.jpg" border="0"  width="145" height="100"  /> </a>
    <p> 基于绝大多数进口食品的价格都高于市面上同类国产食品 </p>
    <p><a href="#" target="_self" class="arrow"> 详细内容 </a></p>
  </div>
  <div class="promotop grid" style="padding-top:10px;" >
    <h3><a href="#" > 美味体验：美国青豆买十送一 </a></h3>
    <hr/>
    <a href="#" > <img src="img/145x100_Agricultural.jpg~MOD=AJPERES&amp;CACHEID=
a92f600041b6e21db6f8f7e779ac7bf4.jpg" border="0" width="145" height="100"  /> </a>
    <p> 本活动精选八款商品，分别是：美国青豆芥末味（小包装）、美国青豆芥末味（大包装）</p>
    <p><a href="#" class="arrow"> 详细内容 </a></p>
  </div>
  <div class="promotop grid" style="padding-top:10px;" >
    <h3><a href="#" > 松脆好口感 方形威化饼 </a></h3>
    <hr/>
     <a href="#" > <img src="img/freshMarketUpdatePromoTile.jpg~MOD=AJPERES&amp;
CACHEID=a0e690804118e365a0a3e8f9a5cf1c57.jpg" border="0" width="145" height="100"
/> </a>
    <p> 威化饼采用新鲜、纯正、支链淀粉多、黏性大的糯米为主料；先将糯米洗净、浸泡、晾干、椿粉 </
p>
    <p><a href="#" class="arrow"> 详细内容 </a></p>
```

```
    </div>
    <div class="promotop grid" style="padding-top:10px;" >
      <h3><a href="#" > 泰国干果 营养健康新选择 </a></h3>
      <hr/>
      <a href="#" > <img src="img/145x100_SWS.jpg~MOD=AJPERES&amp;CACHEID=df8e89004
15d7c1d9a94fe2d0d22fd60.jpg" border="0" width="145" height="100"  /> </a>
      <p> 花生滋养补益，有助于延年益寿，所以民间又称之为 " 长生果 "。</p>
      <p><a href="#" target="_self" class="arrow"> 详细内容 </a></p>
    </div>
    <div class="promotop grid" style="padding-top:10px;" >
      <h3><a href="#" > 开怀尝鲜 " 洋零食 "</a></h3>
      <hr/>
      <a href="#" > <img src="img/145x100_question1.jpg~MOD=AJPERES&amp;CACHEID=30d0cd
80422335298526ff2d0d22fd60.jpg" border="0" width="145" height="100"  /> </a>
      <p> 只要你稍微留心一下，便会发现身边的进口食品专营店从稀少到常见，越来越多。</p>
      <p><a href="#" class="arrow"> 详细内容 </a></p>
    </div>
  </div>
  <br />
  <br />
  <div>
```

15.3.6 网页底部

网页底部主要包括友情链接模块、快速访问模块等内容，相对比较简单，具体效果如图 15-7 所示。

图 15-7　网页底部模块

实现以上页面功能的具体代码如下。

```
<div id="quickLinks" class="container">
    <h3> 快速导航 </h3>
    <div class="grid_1">
      <h4><a href="#" > 博客园 </a></h4>
      <ul>
        <li><a href='#'> 查看最新 </a></li>
        <li ><a href='#'> 写博客 </a></li>
        <li ><a href='#'> 进入博客园 </a></li>
      </ul>
      <h4><a href="#" >VIP 专区 </a></h4>
      <ul>
        <li><a href="#" >VIP 会员登录 </a></li>
        <li class=""><a href="#" > 申请 VIP 会员 </a></li>
        <li class=""><a href='#'> 订阅免费期刊 </a></li>
        <li class=""><a href='#'> VIP 会员的优惠 </a></li>
        <li class=""><a href='#'> VIP 会员帮助 </a></li>
      </ul>
    </div>
    <div class="grid_1">
      <h4><a href="#" > 儿童食品选购 </a></h4>
      <ul>
        <li class=""><a href='#'> 婴幼儿食品 </a></li>
        <li class=""><a href='#'> 1~3 岁儿童食品 </a></li>
        <li class=""><a href='#'> 婴幼儿乳制品 </a></li>
        <li class=""><a href='#'> 儿童乳制品 </a></li>
        <li class=""><a href='#'> 儿童零食 </a></li>
        <li class=""><a href='#'> 儿童饮料 </a></li>
        <li class=""><a href='#'> 专家咨询 </a></li>
      </ul>
    </div>
    <div class="grid_1">
      <h4><a href="#" > 美食社区 </a></h4>
      <ul>
        <li class=""><a href='#'> 进入社区 </a></li>
```

```
        <li class=""><a href='#'> 最新动态 </a></li>
        <li class=""><a href='#'> 专题报道 </a></li>
        <li class=""><a href='#'> 讨论专区 </a></li>
        <li class=""><a href='#'> 社区帮助 </a></li>
    </ul>
    <h4><a href="#" > 食品知识 </a></h4>
    <ul>
      <li class=""><a href='#'> 食物的搭配 </a></li>
        <li class=""><a href='#'> 美食营养学 </a></li>
        <li class=""><a href='#'> 注意要点 </a></li>
        <li class=""><a href='#'> 在线咨询 </a></li>
    </ul>
</div>
<div class="grid_1">
    <h4><a href="#" target="_blank" > 网站帮助 </a></h4>
    <ul>
        <li><a href="#" target="_blank" > 在线提问 </a></li>
        <li><a href="#" target="_blank" > 意见建议 </a></li>
    </ul>
    <h4><a href="#" > 加入我们 </a></h4>
    <ul>
        <li><a href="#" target="_blank" > 事业特色 </a></li>
        <li><a href="#" target="_blank" > 建店支持 </a></li>
        <li><a href="#" target="_blank" > 经营管理 </a></li>
        <li><a href="#" target="_blank" > 在线申请 </a></li>
    </ul>
    <h4><a href="#" target="_blank" > 网银在线支付 </a></h4>
    <ul>
          <li><a href="#" target="_blank" > 支付平台 </a></li>
        <li><a href="#" target="_blank" > 支付流程 </a></li>
        <li><a href="#" target="_blank" > 支付帮助 </a></li>
    </ul>
</div>
<div class="grid_1">
    <h4><a href="#" > 关于我们 </a></h4>
```

```
      <ul>
        <li class=""><a href='#'> 关于公司 </a></li>
        <li class=""><a href='#'> 关于团队 </a></li>
        <li class=""><a href='#'> 联系我们 </a></li>
        <li class=""><a href='#'> 社会责任 </a></li>
        <li class=""><a href='#'> 展望未来 </a></li>
        <li class=""><a href='#'> 公司新闻 </a></li>
      </ul>
    </div>
    <div class="grid_1">
      <ul >
        <li><a href="#" target="_blank"  class="bold">意见建议 </a></li>
        <li><a href="#" target="_blank"  class="bold">问题投诉 </a></li>
        <li><a href="#"  class="bold">加盟通道 </a></li>
        <li><a href="#"  class="bold">联系我们 </a></li>
        <li><a href="#"  class="bold">人才招聘 </a></li>
      </ul>
    </div>
    <div class="clear"></div>
  </div>
  <div id="footer">
    <p class="small">儿童食品网 . 保留一切权利 .</p>
  </div>
</div>
```

第 16 章

行业综合案例 2——制作网上音乐类网页

网上听音乐已经成为一种时尚，许多网友为了方便，就直接在网站上下载试听。但在国外，如果要听音乐，需要去指定的音乐商店去购买，从商店中挑选自己喜欢的音乐。本章以一个外国音乐网站为例，综合介绍页面布局、DIV 排版的制作方法。

本章学习目标

◎ 掌握网上音乐类网页整体布局的方法

◎ 了解网上音乐类网页的模块分割方法

◎ 掌握网上音乐类网页的整体调整步骤

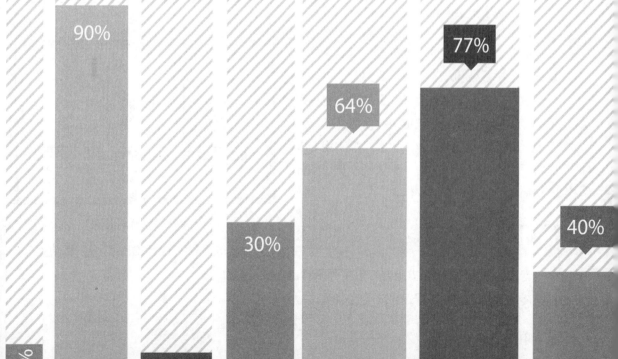

16.1 构思布局

本实例采用喜庆、大方的红色为主题色，配上多个图片、列表显示各种音乐种类，在 IE 中浏览效果如图 16-1 所示。

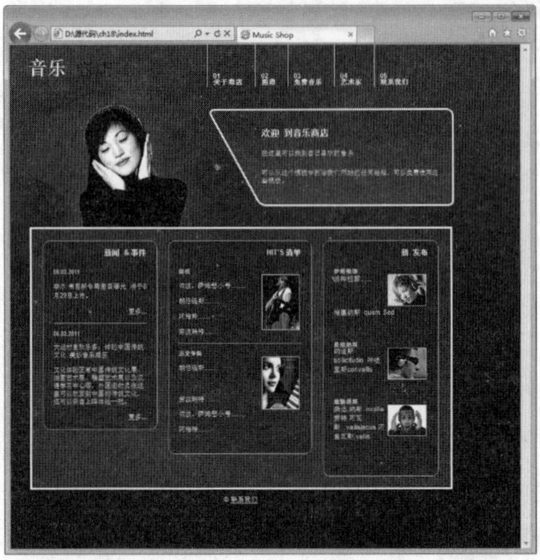

图 16-1　音乐商店首页

16.1.1 设计分析

音乐商店首页是整个网站的门面，通常需要设计得大方、合理，能够最大限度地显示页面导航和音乐介绍。一般情况下首页都是概况性介绍，各个子页面也可以给出链接。设计的重点是布局规范、图文结合漂亮等。

从上面的页面效果可以看出，页面总体上划分为上中下结构，上面为页头部分，中间为页面主体内容，下面为页脚。页头部分包括两个部分，分别是页面导航链接和商店介绍。页面主体又分为左中右 3 个版式，即使用 DIV 层将页面主体划分成 3 个并列区域。页脚部分比较简单，只是一个版权信息。

16.1.2 排版架构

音乐网站比较常见，排版方式也多种多样，但其本质基本上一样。即包含内容比较类似，如包含导航菜单、音乐列表、音乐新闻、音乐评论和具有自己风格的公司 Logo 等。本实例也是包含了以上这些信息，其版式如图 16-2 所示。

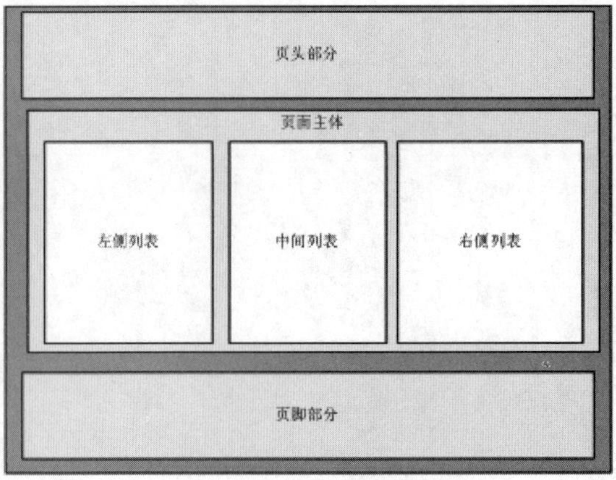

图 16-2　页面框架

在本实例中，使用 DIV 层进行模块划分，其代码如下。

```
<div id="wrapper">
  <div id="nav">/* 导航菜单 */
  </div>
  <div id="topcon">/* 网站介绍 */
    </div>
  </div>
  <div id="content">
    <div id="body">/* 页面主体 */
      <div class="box" id="news">/*
页面主体左侧 */
      </div>
      <div class="box" id="hits">/*
页面主体中间 */
      </div>
      <div class="box" id="new">/* 页
面主体右侧 */
      </div>
    </div>
    <div id="footer">      </div>/*
页脚部分 */
  </div>
</div>
```

上面的各个子块直接对应了 HTML 代码中的各个 DIV 层。wrapper 是整个网页的布局容器。nav 和 topcon 共同组成页头部分，包含导航菜单、背景图片和网站介绍。footer 是页脚部分，比较简单，这里将其包含在 content 层里面。body 中包含了页面主体，里面包含音乐新闻、音乐列表和新发布等列表。

页面主体是左中右版式，每个版式都采用列表方式显示，如图 16-3 所示。

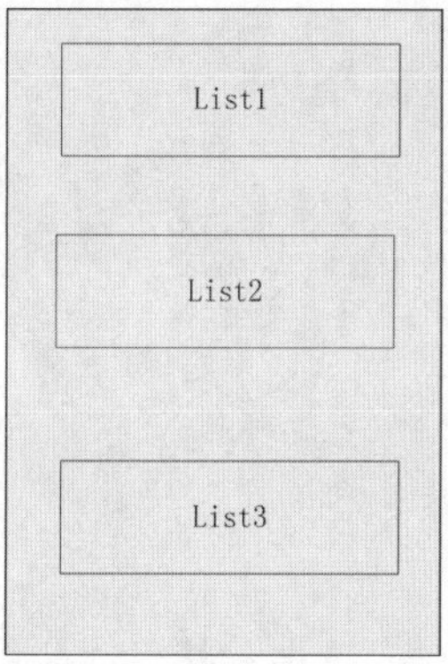

图 16-3　列表方式显示

在 CSS 样式文件中，对上面的 DIV 层的修饰代码如下所示。

```
/** layout **/
#wrapper {
  width: 678px;
  min-height: 750px;
  _height: 750px;
  background: url(images/header.jpg)
no-repeat;
  position: relative;
}

h1 {
  padding: 25px 0 0 30px;
  font: 32px "arial black", arial, sans-
serif;
  color: #151515;
}
h1 em {
  color: #ffffff;
  font-weight: bold;
  font-style: normal;
  position: relative;
  top: -4px;
}
```

```
#content {
  width: 710px;
  position: absolute;
  color: #fff;
  top: 299px;
  left: 33px;
}
#content a {
  color: #fff;
}
#content a:hover {
  color: #fee;
}
```

上面代码中，#wrapper 选择器定义了整个布局容器的显示，如宽度、背景图片、对齐方式，并使用 min-height 属性设置层的最小高度为 750 像素，这个属性 IE 浏览器并不支持。#content 选择器定义了宽度、对齐方式、字体颜色和坐标位置。

16.2 模块分割

页面整体框架布局完成之后，就可以对各个模块进行分别处理，最后再统一整合、调整样式。这也是设计制作网站的通常步骤。

16.2.1 页头部分

本实例页头部分包含两个部分，一个是导航菜单，一个是音乐商店介绍，其中商店介绍部分包含了文字和图片。页头部分效果如图 16-4 所示。

图 16-4　页头部分的效果

创建 HTML 页面，其中实现页头部分的 HTML 代码如下所示。

```
    <h1><em><span lang="zh-cn">音乐</span></em> <span lang="zh-cn">商店</span></h1>
    <div id="nav">
      <ul>
        <li><a href=""><span class="style2">01</span> </a>
            <span lang="zh-cn" class="style1"><a href="index.html">关于商店</a></span></li>
```

```
        <li><a href=""><span>02</span> </a>
            <span lang="zh-cn" class="style1"><a href="index.html">画 廊</a></
span></li>
        <li><a href=""><span>03</span> </a>
            <span lang="zh-cn" class="style1"><a href="index.html">免费音乐</
a></span></li>
        <li style="height: 39px"><a href=""><span>04</span> </a>
            <span lang="zh-cn" class="style1"><a href="index.html">艺术家</a></
span></li>
        <li><a href=""><span>05</span> </a>
            <span lang="zh-cn" class="style1"><a href="index.html">联系我们</
a></span></li>
      </ul>
    </div>
      <div id="topcon">
      <div id="topcon-inner">
        <h2><span lang="zh-cn">欢迎</span> <span lang="zh-cn">到音乐商店</span></
h2>
         <p>
            <span id="result_box" lang="zh-CN" class="short_text" closure_uid_
h11zq="136" c="4" a="undefined" kd="null">
            <span closure_uid_h11zq="112" kd="null">在这里可以找到自己喜欢的音乐</
span><span closure_uid_h11zq="116" kd="null"></span></span></p>
             <p>
            <span id="result_box0" lang="zh-CN" class="short_text" closure_uid_
h11zq="136" c="4" a="undefined" kd="null">
            <span closure_uid_h11zq="189">可 以</span><span closure_uid_
h11zq="190">从</span><span closure_uid_h11zq="191">这个模板</span><span closure_
uid_h11zq="192">中</span><span closure_uid_h11zq="193">删除</span><span closure_
uid_h11zq="194">我 们 网 站</span><span closure_uid_h11zq="195">的</span><span
closure_uid_h11zq="196">任何</span><span closure_uid_h11zq="197">链接，可以免费使用
这些模板。</span></span></p>
      </div>
    </div>
```

上面代码中，首页使用标题 h1，定义本网站标识，即“音乐商店”。在 ID 名称为 nav 的层中，使用无序列表创建了导航菜单，用于链接网站中其他的子页面。在 ID 名称为 topcon 的层中，使用文本信息介绍了本商店的主体内容。

添加 CSS 代码，定义页头显示样式，代码如下。

```
#nav {
  position: absolute;
  top: 0px;
  left: 335px;
  width: 500px;
}
#nav li {
  float: left;
  background: url(images/nav_left.gif)
no-repeat;
  list-style: none;
  padding-left: 10px;
  padding-right: 20px;
  padding-top: 45px;
  line-height: 1.1;
}
#nav span {
  display: block;
  font-size: 11px;
}
#nav a {
  color: #FFFFFF;
  font-size: 11px;
  font-weight: bold;
  text-decoration: none;
}
/** topcontent **/
#topcon {
  background: url(images/topcon.jpg)
no-repeat;
  width: 427px;
  position: absolute;
  top: 105px;
  left: 338px;
  color: #fff;
}
#topcon-inner {
  margin: 33px 40px 41px 85px;
  height: 120px;
  overflow: auto;
}
#topcon h2 {
  font-size: 14px;
}
```

#nav 样式中定义了 nav 层的整体样式，如宽度、绝对定位和坐标位置。#nav li 样式中定义了列表选项的显示样式，如行高、浮动定位、背景图片、列表特殊符号和内边距等。#nav span 定义了 span 元素以块显示，字体大小为 11 像素。#nav a 定义了超链接的显示样式，如字体颜色、字体大小、下划线和字体样式等。#topcon 定义了页头部分背景图片，如宽度、相对定位、坐标位置和字体颜色等。#topcon-inner 定义了外边距和高度，#topcon h2 定义了字体大小。

16.2.2 左侧内容列表

页面主体左侧显示的是音乐新闻，如当前的音乐盛会和音乐专辑出版等。可以包含文本和图片信息等。在 IE 中浏览效果如图 16-5 所示。

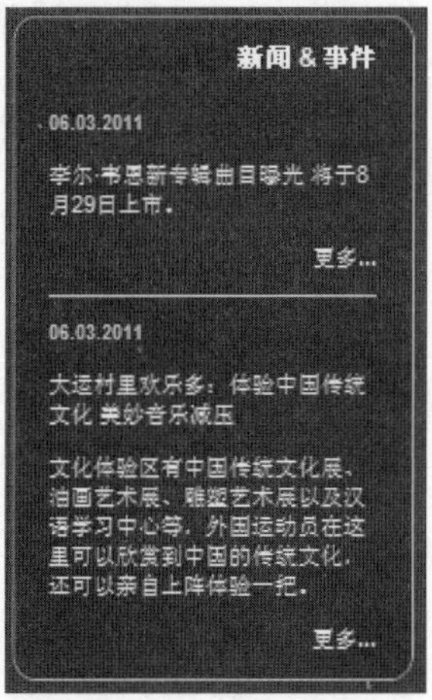
新闻 & 事件
06.03.2011
李尔·韦恩新专辑曲目曝光 将于8月29日上市。
更多...
06.03.2011
大运村里欢乐多：体验中国传统文化 美妙音乐减压
文化体验区有中国传统文化展、油画艺术展、雕塑艺术展以及汉语学习中心等，外国运动员在这里可以欣赏到中国的传统文化，还可以亲自上阵体验一把。
更多...

图 16-5　页面左侧列表

在 HTML 网页中，实现上面效果的 HTML 代码如下所示。

```
<div id="content">
  <div id="body">
    <div class="box" id="news">
          <div class="box-t"><div class="box-r"><div class="box-b"><div class="box-l">
          <div class="box-tr"><div class="box-br"><div class="box-bl"><div class="box-tl">
          <h2><span lang="zh-cn">新闻</span> &amp; <span lang="zh-cn">事件</span></h2>
        <h3>06.03.2011</h3>
            <p><span lang="zh-cn">李尔·韦恩新专辑曲目曝光  将于 8 月 29 日上市。</span></p>
          <p class="more"><span lang="zh-cn">更多</span><a href=" ">...</a></p>
        <div class="hr-yellow"> </div>
        <h3>06.03.2011</h3>
        <p>
              <span id="result_box1" lang="zh-CN" class="short_text" closure_uid_h11zq="136" c="4" a="undefined" kd="null">
              <span closure_uid_h11zq="307" kd="null">大运村里欢乐多：体验中国传统文化  美妙音乐减压</span><span closure_uid_h11zq="314" kd="null"></span></span></p>
              <p><span lang="zh-cn"></span>文化体验区有中国传统文化展、油画艺术展、雕塑艺术展以及汉语学习中心等，外国运动员在这里可以欣赏到中国的传统文化，还可以亲自上阵体验一把。</p>
```

```
                <p class="more"><span
lang="zh-cn">更多</span><a href="">...</
a></p>
          </div></div></div></div>
          </div></div></div></div>
        </div>
 </div></div>
```

上面代码中，content 层是页面内容的布局容器，这里包含了页面主体和页脚，其样式在后面介绍。body 层是页面主体的布局容器，包含了左中右版式布局，上面代码只是列出了左侧列表，下面两个小节所介绍的 DIV 层，都包含在 body 层中。

ID 名称为 news 的层，是页面左侧列表的布局容器，其内容都在此处显示。news 层所包含的层，用来定义边框显示样式。

在样式文件中，对于上面层的 CSS 样式定义代码如下所示。

```
 .box {
   float: left;
   width: 195px;
   background: #730F11;
   margin-right: 18px;
 }
 .box-t { background: top url(images/
box_t.gif) repeat-x; }
 .box-r { background: right url(images/
box_r.gif) repeat-y; }
 .box-b { background: bottom url(images/
box_b.gif) repeat-x; }
 .box-l { background: left url(images/
box_l.gif) repeat-y; }
 .box-tr { background: top right
url(images/box_tr.gif) no-repeat; }
 .box-br { background: bottom right
url(images/box_br.gif) no-repeat; }
 .box-bl { background: bottom left
url(images/box_bl.gif) no-repeat; }
 .box-tl { background: top left
url(images/box_tl.gif) no-repeat; }
 .box-tl {
   padding: 13px 18px;
 }
 .box p {
   margin: 1em 0;
 }
 p.more {
   margin: 0;
 }
```

上面代码中，box 类选择器定义了页面右浮动显示。box-t 类选择器定义了上面的背景图片，其他依次类推。box p 嵌套选择器定义了外边距。

16.2.3 中间内容列表

在页面主体内容中，中间列表包含了音乐网站中大力推荐的音乐曲目清单，其中包含了文本信息和图片。在此列表中，浏览者可以根据需要选择自己喜欢的曲目，并进入相应的子页面。在 IE 中浏览效果如图 16-6 所示。

图 16-6 页面中间列表

在 HTML 文件中，实现页面主体中间列表的代码如下所示。

```
<div class="box" id="hits">
            <div class="box-t"><div class="box-r"><div class="box-b"><div
class="box-l">
            <div class="box-tr"><div class="box-br"><div class="box-bl"><div
class="box-tl">
          <h2>HIT&#39;S <span lang="zh-cn">清单</span></h2>
          <h3><span lang="zh-cn">影视</span></h3>
          <img src="images/pic_1.jpg" width="63" height="91" alt="Pic 1"
class="right" />
          <ul>
          <li><span lang="zh-cn">依波·萨姆悲小号</span><a href=" ">........</a></
li>
          <li><span lang="zh-cn">朗伯缇斯</span><a href=" ">........ </a></li>
            <li>
                        <span id="result_box2" lang="zh-CN" class="short_text"
closure_uid_h11zq="136" c="4"
 a="undefined" kd="null">
                        <span closure_uid_h11zq="615" kd="null">阿 梅 特</
span></span><a href=" ">.......</a></li>
          <li><span lang="zh-cn">劳波瑞特</span><a href=" ">....... </a></li>
          </ul>
          <div class="hr-yellow"> </div>
          <h3><span lang="zh-cn">历史专辑</span></h3>
             <img src="images/pic_2.jpg" width="63" height="87" alt="Pic 2"
class="right" /><ul>
               <li style="width: 116px"><span lang="zh-cn">朗伯缇斯</span><a
href=" ">........ </a></li>
          </ul>
           <ul>
             <li><span lang="zh-cn">劳波瑞特</span><a href=" ">......... </a></
li>
             <li><span lang="zh-cn">依波·萨姆悲小号</span><a href=" ">........</
a></li>
            <li>
```

```
 <span id="result_box3" lang="zh-CN" class="short_text" closure_uid_h11zq="136"
c="4" a="undefined" kd="null">
      <span closure_uid_h11zq="615" kd="null">阿 梅 特 </span></span><a href="
">.......</a></li>
            </ul>
          </div></div></div></div>
          </div></div></div></div>
        </div>
```

上面代码中，hits 层实际是包含在 body 层中的，用于显示页面主体的中间内容。在 hits 层中，同样使用 box 类选择器定义中间列表的显示样式。hits 层包含了图片和无序列表信息。

在样式文件中，对于上面层的 CSS 样式定义代码如下所示。

```
#hits {
  width: 240px;
}
#hits .box-tl {
  padding-bottom: 22px;
}
#hits ul {
  margin: 1em 0;
}
#hits li {
  list-style: none;
  margin: 0.9em 0;
}
#hits ul a {
  text-decoration: none;
}
#hits ul a:hover {
  text-decoration: underline;
}
```

上面代码中，#hits 选择器定义了中间部分的宽度为 240 像素，#hits .box-tl 和 #hits ul 选择器分别定义了内边距和外边距。#hits li 选择器定义了列表选项的显示样式，如无特殊符号显示和外边距等。#hits ul a 选择器定义了列表中超链接的显示样式，即不带下划线。#hits ul a:hover 选择器定义了列表中超链接的悬浮样式，即鼠标指针放到链接上，显示下划线等。

16.2.4 右侧内容列表

在音乐网站首页中，右侧内容主要显示音乐专辑发布信息，如某某发布最新专辑信息。右侧内容可以包含文本信息和图片信息，通过相应链接可以进入新专辑页面。右侧内容列表在 IE 中浏览效果如图 16-7 所示。

图 16-7　右侧内容列表

在 HTML 页面中，实现右侧内容的 HTML 代码如下所示。

```
<div class="box" id="new">
        <div class="box-t"><div class="box-r"><div class="box-b"><div
class="box-l">
        <div class="box-tr"><div class="box-br"><div class="box-bl"><div
class="box-tl">
        <h2> <span lang="zh-cn"> 新 发布 </span></h2>

        <h3><span lang="zh-cn"> 伊塔撒德 </span></h3>
          <img src="images/pic_3.jpg" width="66" height="52" alt="Pic 3"
class="right" />
        <p><span lang="zh-cn"> 波特杻黎 .....</span>. </p>
              <p>
              <span id="result_box4" lang="zh-CN" class="short_text"
closure_uid_h11zq="136" c="4" a="undefined" kd="null">
              <span closure_uid_h11zq="681"> 梅 塞 纳 斯 </span></span>quam.
Sed</p>
        <h3><span lang="zh-cn"> 曼撒纳斯 </span></h3>
        <img src="images/pic_4.jpg" width="66" height="52" alt="Pic 4"
class="right" />
        <p><span lang="zh-cn"> 纳迪斯 </span> sollicitudin;
              <span lang="zh-cn"> 咔哇里斯 </span>convallis</p>
        <h3><span lang="zh-cn"> 撒黎缇斯 </span></h3>
        <img src="images/pic_5.jpg" width="66" height="52" alt="Pic 5"
class="right" />
        <p><span lang="zh-cn"> 桑达 · 纳斯 </span> nvallis <span lang="zh-cn"> 劳
特 · 可瓦斯 </span> .vallislacus
              <span lang="zh-cn"> 阿里瓦斯 </span>.vallis</p>
      </div></div></div></div>
      </div></div></div></div>
    </div>
    <div class="clear"> </div>
```

在上面代码中，new 层是页面右侧内容的布局容器，其文本和图片信息都在此层中显示。在页面最后一行中，创建了一个 clear 层。

在样式文件中，对于上面层的 CSS 样式定义代码如下所示。

```
#new {
  margin-right: 0;
}
#new .box-tl {
  padding-bottom: 18px;
}
#new p {
  margin-top: 0;
  margin-bottom: 3.6em;
}
.clear {
  clear: both;
}
```

上面代码中，#new 选择器定义了 new 层的右外边距距离，#new .box-tl 和 #new p 选择器分别定义了底部内边距和上下外边距距离。使用 clear 类选择器，用于消除 float 浮动布局所带来的影响。

16.2.5 页脚部分

本实例的页脚部分非常简单，但作为一个必不可少的元素，又不得不介绍。页脚部分主要显示版权信息和地址信息，在 IE 中浏览效果如图 16-8 所示。

图 16-8　页脚部分

在 HTML 文件中，实现页脚部分的 HTML 代码如下所示。

```
<div id="footer">
    <p>© <span lang="zh-cn"><a href="index.html">联系我们</a></span></p>
</div>
```

在 CSS 样式文件中，定义 footer 部分的 CSS 代码如下所示。

```
#footer {
  text-align: center;
}
#footer p {
  margin: 0.8em;
}
```

上面代码中，#footer 选择器定义了页脚对齐方式，#footer p 选择器定义了外边距距离。

16.3 整体调整

通过上面对各个模块定义，各个模块的基本样式已经具备，页面基本成型。最后，还需要对页面效果进行一些细微的调整，如各块之间的 padding 和 margin 值是否与整体页面协调，各个子块之间是否统一等。

16.3.1 页面内容主体调整

虽然前面使用 CSS 定义了页面内容样式，即左侧、中间和右侧内容列表的显示样式，但其整体样式没有定义，如对 body 层的样式修饰。在没有使用 CSS 代码对样式进行定义之前，在 IE 中浏览效果如图 16-9 所示。

图 16-9 body 样式定义前

在 CSS 样式文件中，定义 body 主体内容的显示样式的代码如下。

```
#body {
  border: 3px solid white;
  background: #901315;
  padding: 18px;
}
#body h2 {
  font-size: 12px;
  text-align: right;
  margin-bottom: 1.5em;
}
#body h3 {
  font-size: 9px;
  color: #FFEA00;
}
#body .more a {
  font-weight: bold;
  text-decoration: none;
}
#body .more a:hover {
  text-decoration: underline;
}
#body .hr-yellow {
  border-top: 1px solid #FFEA00;
  padding-bottom: 1em;
  margin-top: 1em;
}
```

在上面代码中，#body 选择器定义了边框样式、背景色和外边距距离。#body h2 选择器定义了标题 h2 的显示样式，如字体大小、对齐方式和底部外边距距离。#body h3 选择器定义了标题 h3 的显示样式，如字体大小和字体颜色。#body .more a 选择器定义了字体是否加粗和带有下划线。

添加 CSS 样式代码后，在 IE 9.0 中浏览效果如图 16-10 所示。可以发现文字标题发生了变化，都变为黄色，每个选项之间都用浅黄色边框隔开，并且文字变小。

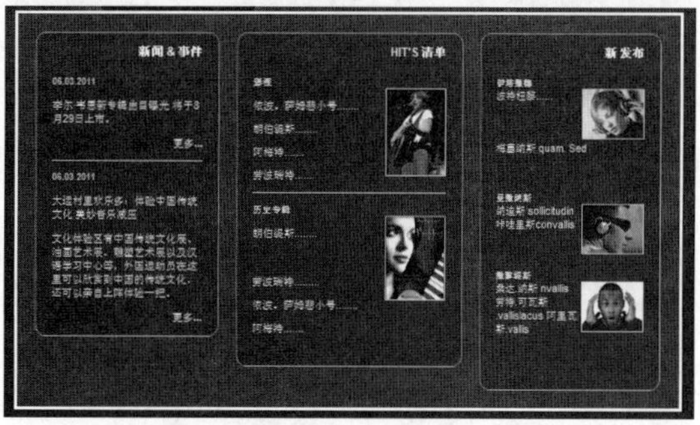

图 16-10 body 样式定义后

16.3.2 页面整体调整

最后就可以对页面整体样式进行统一和协调，如设置全局文本样式、对齐方式和内外边距等。还可以对页面中的内容块进行大小的调整。

在 CSS 样式文件中，其代码如下所示。

```
html, body, h1, h2, h3, h4, ul, li {
    margin: 0;
    padding: 0;
```

```
}
h1 img {
      display: block;
}
img {
      border: 0;
}
a {
      color: #FFFFFF;
}
a:hover {
      color: #FFA405;
}
.left {
      float: left;
}
.right {
      float: right;
}
.more {
      text-align: right;
}
body {
      background: #3A0404 url(images/
page_bg.jpg) repeat-x;
      font: 11px arial, sans-serif;
      color: #464544;
      padding-bottom: 10px;
}
```

上面代码中，body 标签选择器定义了背景图片、背景颜色、字体样式和底部内边距距离等。其他标签选择器比较简单，这里就不再介绍。

整体样式设置完成后，在 IE 中浏览效果如图 16-11 所示。

图 16-11　页面样式调整后

第17章 行业综合案例3——制作休闲娱乐类网页

休闲娱乐类的网页种类很多，如聊天交友、星座运程、游戏视频等。本章主要以视频类网页为例进行介绍。视频类网页主要包含视频搜索、播放、评价、上传等内容。此类网站都会容纳各种类型的视频信息，让浏览者轻松地找到自己需要的视频。

本章学习目标

◎ 掌握休闲娱乐网页整体布局的方法

◎ 了解休闲娱乐网页的模块组成

◎ 掌握休闲娱乐网页的制作步骤

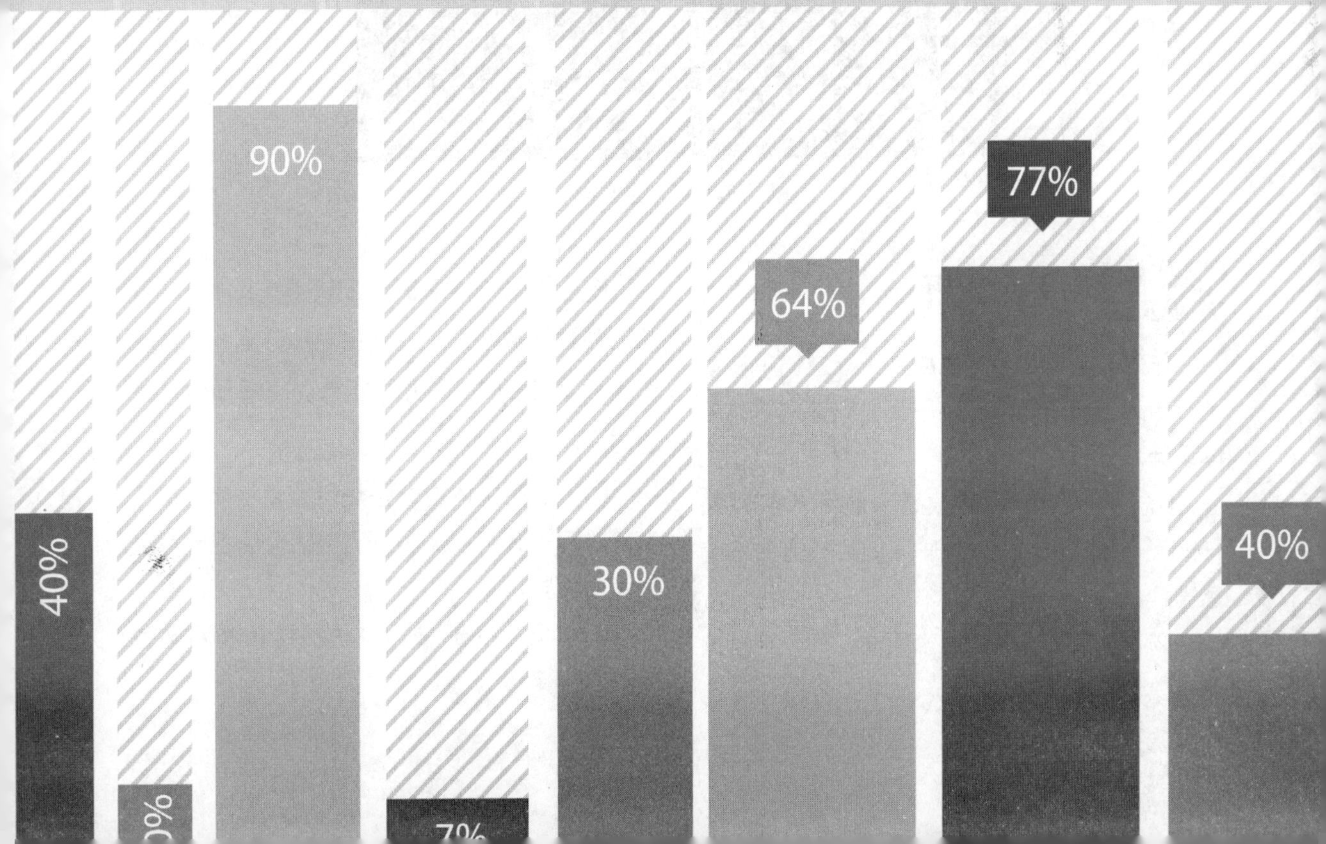

17.1 整体布局

本实例以简单的视频播放页面为例，介绍视频网页的制作方法。网页内容应当包括头部、导航菜单栏、检索条、视频播放及评价、热门视频推荐等。使用浏览器浏览其完成后的效果如图 17-1 所示。

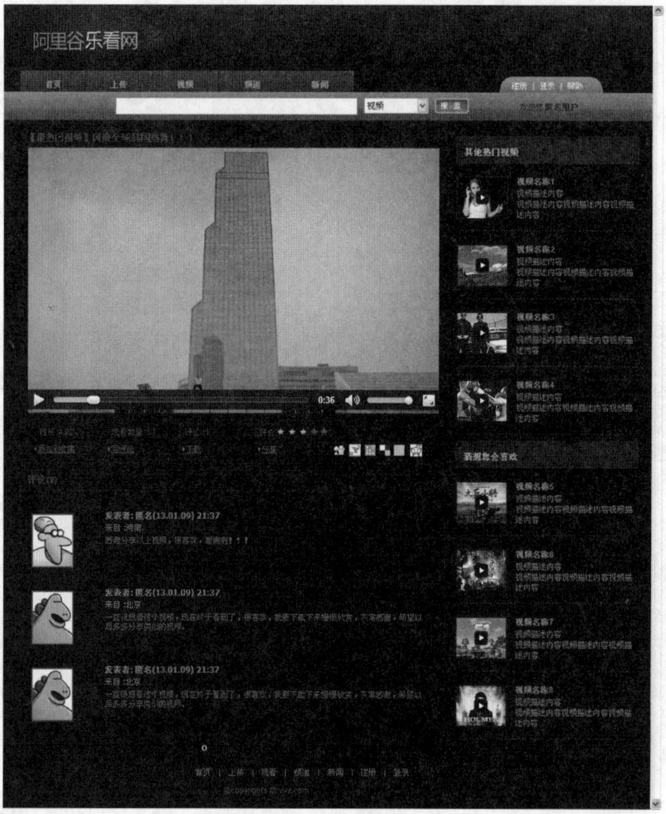

图 17-1　网页效果

17.1.1 设计分析

作为一个视频网站播放网页，应简单、明了，给人以清晰的感觉。下面介绍该网页的整体设计。

(1) 页头部分主要放置导航菜单和网站 Logo 等，其 Logo 可以是一张图片或者文本信息等。

(2) 页头下方应是搜索模块，用于帮助浏览者快速检索视频。

(3) 页面主体左侧是视频播放及评价，考虑到视频播放效果，左侧主题部分至少要占整个页面宽度的 2/3，另外要为视频增加信息描述内容。

(4) 页面主体右侧是热门视频推荐模块、当前热门视频，以及根据当前播放的视频类型推荐的视频。

(5) 页面底部是一些快捷链接和网站备案信息。

17.1.2 排版架构

从上面的效果图可以看出，页面结构并不是太复杂，采用的是上中下结构，页面主体部分又嵌套了一个左右版式的结构，如图 17-2 所示。

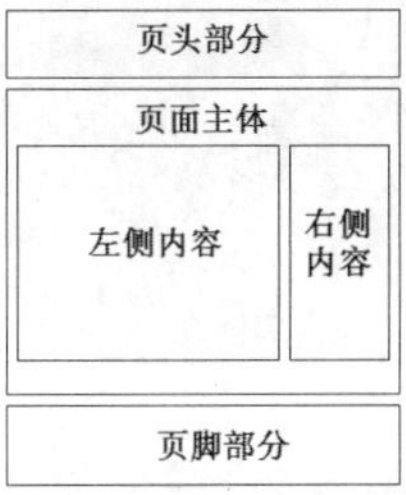

图 17-2　网页架构

17.2 模块组成

在制作网站的时候，可以将整个网站划分为三大模块，即上、中、下。框架实现代码如下。

```
<div id="main_block">                                    //主体框架
<div id="innerblock">                                 //内部框架
<div id="top_panel">                           //头部框架
</div>
<div id="contentpanel">                         //中间主体框架
                </div>
<div id="ft_padd">                              //底部框架
</div>
</div>
</div>
```

以上框架结构比较粗糙，要想页面内容布局完美，需要更细致的框架结构。

1 头部框架

框架实现代码如下。

```
      <div id="top_panel">
<div class="tp_navbg">        //导航栏模块框架
</div>
         <div class="tp_smlgrnbg">     //注册登录模块框架
</div>
```

```
        <div  class="tp_barbg">
//搜索模块框架
 </div>
 </div>
```

2 中间主体框架

框架实现代码如下。

```
 <div id="contentpanel">
 //中间主体框架
          <div  id="lp_padd">
//中间左侧框架
 <div  class="lp_newvidpad"
style="margin-top:10px;">
 //评论模块框架
 </div>
        </div>
          <div  id="rp_padd">
//中间右侧框架
 <div  class="rp_loginpad"
style="padding-bottom:0px; border-
bottom:none;">
 //右侧上部模块框架
 </div>
 <div  class="rp_loginpad"
style="padding-bottom:0px; border-
bottom:none;">
 //右侧下部模块框架
 </div>
 </div>
 </div>
```

> **说明** 其中大部分框架参数中只有一个框架ID名，而部分框架中添加了其他参数，一般只有ID名的框架在CSS样式表中有详细的框架属性信息。

3 底部框架

框架实现代码如下。

```
      <div id="ft_padd">
         <div class="ftr_lnks">    //底
部快速链接模块框架
         </div>
 </div>
```

17.3 制作步骤

网页制作要逐步完成，本实例中网页制作主要包括七个部分，详细制作方法如下。

17.3.1 制作样式表

为了更好地实现网页效果，需要为网页制作CSS样式表，具体实现代码如下。

```
/* CSS Document */
body{
```

```
  margin:0px; padding:0px;
  font:11px/16px Arial, Helvetica,
sans-serif;
  background:#0C0D0D url(../images/bd_
bg1px.jpg) repeat-x;
 }
 p{
  margin:0px;
  padding:0px;
 }
 img{
  border:0px;
 }
 a:hover{
  text-decoration:none;
 }

 #main_block{
  margin:auto; width:1000px;
 }
 #innerblock{
  float:left; width:1000px;
 }
 #top_panel{
  display:inline; float:left;
  width:1000px; height:180px;
  background:url(../images/top_bg.jpg)
no-repeat;
 }
 .logo{
  float:left; margin:40px 0 0 30px;
 }
 .tp_navbg{
  clear:left; float:left;
  width:590px; height:32px;
  display:inline;
  margin:26px 0 0 22px;
 }
 .tp_navbg a{
  float:left; background:url(../images/
tp_inactivbg.jpg) no-repeat;
  width:104px; height:19px;
  padding:13px 0 0 0px; text-
align:center;
  font:bold 11px Arial, Helvetica,
sans-serif;
  color:#B8B8B4; text-decoration:none;
 }
 .tp_navbg a:hover{
  float:left; background:url(../images/
tp_activbg.jpg) no-repeat;
  width:104px; height:19px;
padding:13px 0 0 0px; text-align:center;
  font:bold 11px Arial, Helvetica,
sans-serif; color:#282C2C;
  text-decoration:none;
 }
 .tp_smlgrnbg{
  float:left; background:url(../images/
tp_smlgrnbg.jpg) no-repeat;
  margin:34px 0 0 155px; width:160px;
height:24px;
 }
 .tp_sign{float:left; margin:6px 0 0
19px;}
 .tp_txt{
  float:left; margin:0px 0 0 0px;
  font:11px/15px Arial; color:#FFFFFF;
  text-decoration:none; display:inline;
 }
```

```
.tp_divi{
  float:left; margin:0px 8px 0 8px;
  font:11px/15px Arial; color:#FFFFFF;
  display:inline;
}

.tp_barbg{
  float:left; background:url(../images/tp_barbg.jpg) repeat-x;
  width:1000px; height:42px;
  width:1000px;
}
.tp_barip{
  float:left; width:370px;
  height:20px; margin:8px 0 0 173px;
}
.tp_drp{
  float:left; margin:8px 0 0 10px;
  width:100px; height:24px;
}
.tp_search{
  float:left;
  margin:8px 0 0 10px;
}
.tp_welcum{
  float:left; margin:14px 0 0 80px;
  font:11px Arial, Helvetica, sans-serif;
  color:#2E3131; width:95px;
}

#contentpanel{
  clear:left; float:left; width:1000px;
  display:inline; margin-top:9px;
  padding-bottom:20px;
}

#lp_padd{
  float:left; width:665px;
  display:inline; margin:0 0 0 22px;
}
.lp_shadebg{
  float:left; background:#0C0D0D url(../images/lp_shadebg.jpg) no-repeat;
  width:660px; height:144px;
}
.lp_watch{ float:left; margin-top:24px;}
.cp_watcxt{
  float:left; margin:9px 0 0 7px;
  width:110px; font:11px/16px Arial, Helvetica, sans-serif;
  color:#A1A1A1;
}
.cp_smlpad{
  float:left; width:200px;
  display:inline;
}
.cp_watchit{ float:left; margin:30px 0 0 7px;}
.lp_uplad{ float:left; margin-top:24px;}
.lp_newline{ float:left; margin:6px 0 0 0;}
.lp_arro{ float:left; margin:55px 0 0 7px;}
.lp_newvid1{ float:left; margin:10px 0 0 10px;}
.lp_newvidarro{ clear:left; float:left; margin:13px 0 0 10px;}
.lp_featimg1{ clear:left; float:left; margin:35px 0 0 17px;}
.lp_featline{ clear:left; float:left; margin:28px 0 0 15px;}
```

```
.lp_watmore{
  float:left; display:inline;
  margin:5px 0 0 5px;
}
.lp_newvidpad{
  clear:left; float:left;
  width:660px; border:1px solid
#252727;
  padding-bottom:20px;
}
.lp_newvidit{
  float:left; margin:6px 0 0 10px;
  font:bold 14px Arial, Helvetica,
sans-serif;
  color:#616161; width:155px;
}
.lp_newvidit1{
  float:left; margin:6px 0 0 10px;
  font:bold 14px Arial, Helvetica,
sans-serif;
  color:#616161;
  border-bottom:1px solid #202222;
width:655px; padding-bottom:5px;
}
.lp_vidpara{
  float:left; display:inline;
  width:150px;
}
.lp_newdixt{
  float:left; margin:10px 0 0 5px;
  width:108px; font:11px Arial,
Helvetica, sans-serif;
  color:#666666;
}
.lp_inrplyrpad{
  clear:left; float:left;
  margin:10px 0 0 0;
  width:660px;
  border:1px solid #252727;
  padding-bottom:10px;
}
.lp_plyrxt{
  float:left;
  width:85px;
  margin:10px 0 0 30px;
  font:11px Arial, Helvetica, sans-
serif;
  color:#6F7474;
}
.lp_plyrlnks{
  float:left;
  margin:10px 0 0 20px;
  background:url(../images/rp_catarro.
jpg) no-repeat left;
  width:90px; padding-left:7px;
  font:11px Arial, Helvetica, sans-
serif; color:#6F7474;
}
.lp_invidplyr{ clear:left; float:left;
margin:10px 0 0 10px;}
.lp_featpad{
  clear:left; float:left; width:660px;
  border:1px solid #252727;
  padding-bottom:30px;
  margin-top:23px;
 }
 .lp_inryho{ float:left; margin:10px 0
0 20px;}
.lp_featnav{
  float:left; width:660px;
```

```
  display:inline;
}
.lp_featnav a{
  float:left; background:#117313;
  border-left:1px solid #272828;
  border-right:1px solid #272828;
  border-bottom:1px solid #272828;
  font:bold 12px Arial, Helvetica, sans-serif;
  color:#656565; text-decoration:none;
  padding:13px 17px 10px 20px;
}
.cp_featpara{
  float:left; width:440px;
  margin:28px 0 0 17px;
  display:inline;
}
.cp_featparas{
  float:left;
  width:500px; margin:28px 0 0 50px;
  display:inline;
}
.cp_ftparinrl{
  float:left; width:250px; display:inline;
}
.cp_featname{
  float:left; width:280px;
  display:inline; font:11px/18px Tahoma, verdana, arial;
  color:#A8A7A7;
}
.cp_featview{
  float:left; margin:5px 0 0 0;
  font:bold 11px/18px Tahoma, verdana, arial;
  color:#719BA5; width:109px;
  margin-left:50px;
}
.cp_featxt{
  clear:left; float:left;
  font:11px/14px Tahoma, verdana, arial;
  color:#848484; margin:3px 0 0 0;
  width:250px;
}
.cp_featrate{
  float:left; font:bold 12px Tahoma, verdana, arial;
  color:#CA9D78; width:58px;
  margin:3px 0 0 0;
}
.cp_featrate1{
  clear:left; float:left;
  font:bold 12px Tahoma, verdana, arial;
  color:#CA9D78; width:58px;
  margin:19px 0 0 20px;
}

#rp_padd{
  float:left;
  width:285px;
  margin-left:14px;
  display:inline;
}
.rp_loginpad{
  float:left; width:282px;
  background:url(../images/rp_loginbg.jpg) repeat-y;
```

```
  display:inline; padding-bottom:15px;
  border-bottom:1px solid #434444;
}
.rp_login{ float:left; margin-top:13px;}
.rp_upbgtop{ float:left; margin-top:10px;}
.rp_upbgtit{ float:left; margin:4px 0 0 10px;}
.rp_upclick{ float:left; margin:12px 0 0 9px;}
.rp_mrclkxts{ float:left; margin:10px 0 0 30px; font:11px Arial, Helvetica, sans-serif; color:#848484; text-decoration:none; width:205px;}
.rp_catarro{ float:left; margin:12px 10px 0 15px;}
.rp_catline{clear:left; float:left; margin:1px 0 0 8px;}
.rp_weekimg{ float:left; margin:15px 0 0 17px;}
.rp_catarro1{ float:left; margin:22px 10px 0 15px;}
.rp_inrimg1{ clear:left; float:left; margin:20px 13px 0 0;}
.rp_catline1{ clear:left; float:left; margin:15px 0 0 8px;}
.lp_inrfoto{clear:left; float:left; margin:35px 15px 0 17px;}
.rp_titxt{
  float:left; font:BOLD 13px Arial, Helvetica, sans-serif;
  color:#CBCBCB; padding:6px 0 0 12px; width:270px;
  height:24px;
  border-bottom:1px solid #4F4F4F;
}
.rp_membrusr,.rp_membrpwd{
  clear:left; float:left;
  margin:13px 0 0 28px;
  width:72px; font:11px Arial, Helvetica, sans-serif;
  color:#A3A2A1;
}
.rp_usrip,.rp_pwdrip{
  float:left; margin:13px 0 0 0;
  width:170px; height:12px; font:11px Arial, Helvetica, sans-serif;
  color:#000000;
}
.rp_pwdrip{
  margin:13px 0 0 0;
  width:130px;
}
.rp_membrpwd{
  margin:10px 0 0 28px;
}
.rp_notmem{
  clear:left; float:left;
  font:11px Arial, Helvetica, sans-serif;
  color:#EAFF00; width:155px;
  margin:7px 0 0 106px;
}
.rp_uppad{
  float:left; width:282px;
  background:url(../images/rp_upbgtile.jpg) repeat-y;
  display:inline; padding-bottom:15px;
  border-bottom:1px solid #434444;
}
```

```
.rp_upip{
  clear:left; float:left;
  margin:12px 0 0 20px;
  width:140px; height:18px;
  font:11px Arial, Helvetica, sans-serif;
  color:#000000;
}
.rp_catxt{
  float:left;
  margin-top:7px;
  font:11px Arial, Helvetica, sans-serif; color:#959595;
  width:120px;
}
.rp_inrimgxt{
  float:left;
  margin-top:18px;
  width:189px;
  font:11px/16px Arial, Helvetica, sans-serif;
  color:#A1A1A1;}

.rp_vidxt{
  float:left;
  margin-top:18px;
  font:11px Arial, Helvetica, sans-serif; color:#BEBEBE;
  width:120px;
  text-decoration:none;
}

#ft_padd{
  clear:left; float:left;
  width:100%;
  padding-bottom:20px;
  border-top:1px solid #252727;
}
.ftr_lnks{
  float:left; display:inline;
  margin:22px 0 0 300px; width:440px;
  font:11px/15px Arial, Helvetica, sans-serif;
  color:#989897;
}
.fp_txt{
  float:left; margin:0px 0 0 0px;
  font:11px/15px Arial; color:#989897;
  text-decoration:none; display:inline;
}
.fp_divi{
  float:left; margin:0px 12px 0 12px;
  font:11px/15px Arial; color:#989897;
  display:inline;
}
.ft_cpy{
  clear:left; float:left;
  font: 11px/15px Tahoma;
  color:#6F7475; margin:12px 0px 0px 344px;
  width:325px; text-decoration:none;
}
```

制作完成后将样式表保存到网站根目录的 CSS 文件夹下，文件名为 style.css。

制作好的样式表需要应用到网站中，所以在网站主页中要建立到 CSS 的链接代码。

链接代码需要添加在 head 标签中，具体代码如下。

```
<head>
<meta http-equiv="content-type" content="text/html; charset=utf-8" />
<title>阿里谷看乐网</title>
<link rel="stylesheet" type="text/css" href="css/style.css"/>
<script language="javascript" type="text/javascript" src="http://js.i8844.cn/js/user.js"></script>
</head>
```

17.3.2 Logo 与导航菜单

Logo 和导航菜单是浏览者最先浏览的内容。Logo 可以是一张图片，也可以是一段艺术字；导航菜单是引导浏览者快速访问网站各个模块的关键组件。除此之外，整个头部还要设置漂亮的背景图案，并和整个页面搭配。本实例中网站头部的效果如图 17-3 所示。

图 17-3　网页 Logo 与导航菜单

实现网页头部的详细代码如下所示。

```
<div id="top_panel">
<a href="index.html" class="logo">//为 logo 做链接，链接到主网页
<img src="images/logo.gif" width="255" height="36" alt="" />    //插入头部 logo
</a><br/>
<div class="tp_navbg">
            <a href="index.html">首页</a>
            <a href="shangchuan.html">上传</a>
            <a href="shipin.html">视频</a>
            <a href="pindao.html">频道</a>
            <a href="xinwen.html">新闻</a>
        </div>
        <div class="tp_smlgrnbg">
            <span class="tp_sign"><a href="zhuce.html" class="tp_txt">注册</a>
            <span class="tp_divi">|</span>
            <a href="denglu.html" class="tp_txt">登录</a>
            <span class="tp_divi">|</span>
            <a href="bangzhu.html" class="tp_txt">帮助</a></span>
        </div>
</div>
```

> **说明**　本网页超链接的子页面比较多，这里大部分子页面文件为空。

17.3.3 搜索条

搜索条用于快速检索网站中的视频资源，是提高页面访问效率的重要组件。其效果如图 17-4 所示。

图 17-4　搜索条

实现搜索条功能的代码如下所示。

```
<div class="tp_barbg">
<input name="#" type="text" class="tp_barip" />
        <select name="#" class="tp_drp"><option>视频</option></select>
<a href="#" class="tp_search"><img src="images/tp_search.jpg" width="52"
height="24" alt="" /></a>
<span class="tp_welcum">欢迎您 <b>匿名用户</b></span>
</div>
```

17.3.4 左侧视频模块

网站中间主体左侧的视频模块是最重要的模块，主要使用 video 标签来实现视频播放功能。除了播放功能外，还增加了视频信息统计模块，包括视频时长、观看数、评论等。除此之外又为视频增加了一些操作链接，如添加到收藏、写评论、下载、分享等。

视频模块的网页效果如图 17-5 所示。

图 17-5　视频模块

实现视频模块效果的具体代码如下。

```
<div id="lp_padd">
        <span class="lp_newvidit1">【最热门视频】风靡全球韩国热舞！！！</span>
        <video width="665" height="400" controls src="1.mp4" ></video>
        <span class="lp_inrplyrpad">
            <span class="lp_plyrxt">时长 :4.22</span>
```

```
<span class="lp_plyrxt">观看数量 :67</span>
<span class="lp_plyrxt">评论 :1</span>
<span class="lp_plyrxt" style="width:200px;">评价 :<a href="#"><img src="images/
lp_featstar.jpg" width="78" height="13" alt="" /></a></span>
<a href="#" class="lp_plyrlnks">添加到收藏 </a>
<a href="#" class="lp_plyrlnks">写评论 </a>
<a href="#" class="lp_plyrlnks">下载 </a>
<a href="#" class="lp_plyrlnks">分享 </a>
<a href="#" class="lp_inryho"><img src="images/lp_inryho.jpg" width="138"
height="18" alt="" /></a>
</span>
```

17.3.5 评论模块

网页要有互动才会更活跃，所以这里加入了视频评论模块，浏览者可以在这里发表、交流观后感，具体页面效果如图 17-6 所示。

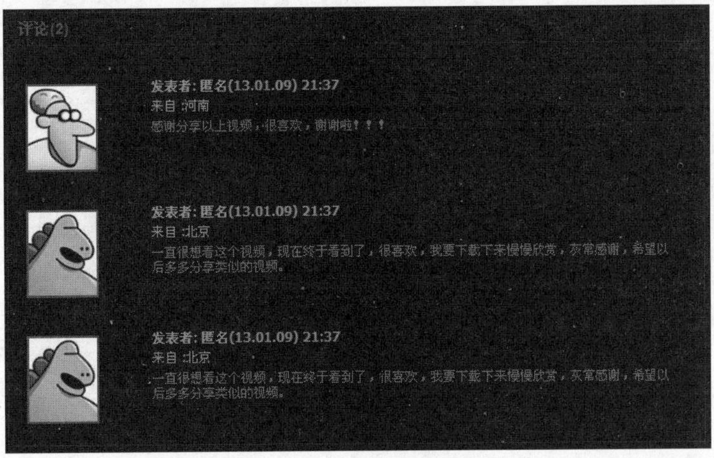
评论(2)
发表者:匿名(13.01.09) 21:37
来自 :河南
感谢分享以上视频，很喜欢，谢谢啦！！！
发表者:匿名(13.01.09) 21:37
来自 :北京
一直很想看这个视频，现在终于看到了，很喜欢，我要下载下来慢慢欣赏，灰常感谢，希望以后多多分享类似的视频。
发表者:匿名(13.01.09) 21:37
来自 :北京
一直很想看这个视频，现在终于看到了，很喜欢，我要下载下来慢慢欣赏，灰常感谢，希望以后多多分享类似的视频。

图 17-6 评论模块

实现评论模块的具体代码如下。

```
<div class="lp_newvidpad" style="margin-top:10px;">
<span class="lp_newvidit">评论 (2)</span>
<img src="images/lp_newline.jpg" width="661" height="2" alt="" class="lp_newline"
/>
<img src="images/lp_inrfotol.jpg" width="68" height="81" alt="" class="lp_
featimg1" />
<span class="cp_featparas">
```

```
<span class="cp_ftparinr1">
<span class="cp_featname"><b>发表者： 匿名(13.01.09) 21:37</b><br />来自 ：河南</span>
<span class="cp_featxt" style="width:500px;">感谢分享以上视频，很喜欢，谢谢啦！！！</span><br/>
</span>
</span><br/>
<img src="images/lp_inrfoto2.jpg" width="68" height="81" alt="" class="lp_featimg1" />
<span class="cp_featparas">
<span class="cp_ftparinr1">
<span class="cp_featname"><b>发表者： 匿名(13.01.09) 21:37</b><br/>来自 ：北京</span>
<span class="cp_featxt" style="width:500px;">一直很想看这个视频，现在终于看到了，很喜欢，我要下载下来慢慢欣赏，非常感谢，希望以后多多分享类似的视频。</span><br/>
            </span>
</span>
<img src="images/lp_inrfoto2.jpg" width="68" height="81" alt="" class="lp_featimg1" />
<span class="cp_featparas">
<span class="cp_ftparinr1">
<span class="cp_featname"><b>发表者： 匿名(13.01.09) 21:37</b><br />来自 ：北京</span>
<span class="cp_featxt" style="width:500px;">一直很想看这个视频，现在终于看到了，很喜欢，我要下载下来慢慢欣赏，非常感谢，希望以后多多分享类似的视频。</span><br/>
</span>
        </span>
</div>
```

17.3.6 右侧热门推荐

浏览者自行搜索视频会带有盲目性，所以应该设置一个热门视频推荐模块，在中间主体右侧可以完成该模块。该模块可以分为两部分：热门视频和关联推荐。

实现后效果如图 17-7 所示。

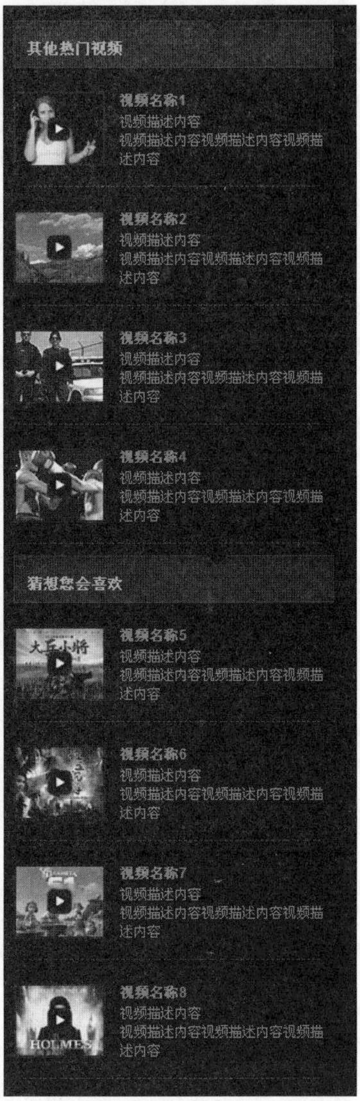

图 17-7 右侧热门推荐

实现上述功能的具体代码如下。

```
<div id="rp_padd">
<img src="images/rp_top.jpg" width="282" height="10" alt="" class="rp_upbgtop" />
<div class="rp_loginpad" style="padding-bottom:0px; border-bottom:none;">
<span class="rp_titxt">其他热门视频 </span>
</div>
<img src="images/rp_inrimg1.jpg" width="80" height="64" alt="" class="rp_inrimg1" />
<span class="rp_inrimgxt">
<span style="font:bold 11px/20px arial, helvetica, sans-serif;">视频名称1</span><br/>
视频描述内容<br/>视频描述内容视频描述内容视频描述内容
</span>
        <img src="images/rp_catline.jpg" width="262" height="1" alt="" class="rp_catline1" /><br/>
        <img src="images/rp_inrimg2.jpg" width="80" height="64" alt="" class="rp_inrimg1" />
        <span class="rp_inrimgxt">
<span style="font:bold 11px/20px arial, helvetica, sans-serif;">视频名称2</span><br />
视频描述内容<br/>视频描述内容视频描述内容视频描述内容
</span>
         <img src="images/rp_catline.jpg" width="262" height="1" alt="" class="rp_catline1" /><br/>
         <img src="images/rp_inrimg3.jpg" width="80" height="64" alt="" class="rp_inrimg1" />
        <span class="rp_inrimgxt">
<span style="font:bold 11px/20px arial, helvetica, sans-serif;">视频名称3</span><br />
视频描述内容<br/>视频描述内容视频描述内容视频描述内容
```

```
</span>
          <img src="images/rp_catline.jpg" width="262" height="1" alt=""
class="rp_catline1" /><br/>
 <img src="images/rp_inrimg4.jpg" width="80" height="64" alt="" class="rp_inrimg1"
/>
        <span class="rp_inrimgxt">
 <span style="font:bold 11px/20px arial, helvetica, sans-serif;">视 频 名 称 4</
span><br/>
 视频描述内容<br />视频描述内容视频描述内容视频描述内容
 </span>
          <img src="images/rp_catline.jpg" width="262" height="1" alt=""
class="rp_catline1" /><br/>
          <img src="images/rp_top.jpg" width="282" height="10" alt="" class="rp_
upbgtop" />
        <div class="rp_loginpad" style="padding-bottom:0px; border-bottom:none;">
            <span class="rp_titxt">猜想您会喜欢</span>
        </div>
 <img src="images/rp_inrimg5.jpg" width="80" height="64" alt="" class="rp_inrimg1"
/>
 <span class="rp_inrimgxt">
 <span style="font:bold 11px/20px arial, helvetica, sans-serif;">视 频 名 称 5</
span><br/>
 视频描述内容<br />视频描述内容视频描述内容视频描述内容
 </span>
 <img src="images/rp_catline.jpg" width="262" height="1" alt="" class="rp_
catline1" /><br/>
 <img src="images/rp_inrimg6.jpg" width="80" height="64" alt="" class="rp_inrimg1"
/>
 <span class="rp_inrimgxt">
 <span style="font:bold 11px/20px arial, helvetica, sans-serif;">视 频 名 称 6</
span><br/>
 视频描述内容<br />视频描述内容视频描述内容视频描述内容
 </span>
        <img src="images/rp_catline.jpg" width="262" height="1" alt="" class="rp_
catline1" /><br/>
```

```
        <img src="images/rp_inrimg7.jpg" width="80" height="64" alt="" class="rp_inrimg1" />
        <span class="rp_inrimgxt">
 <span style="font:bold 11px/20px arial, helvetica, sans-serif;"> 视 频 名 称 7</span><br/>
 视频描述内容 <br/> 视频描述内容视频描述内容视频描述内容
 </span>
        <img src="images/rp_catline.jpg" width="262" height="1" alt="" class="rp_catline1" /><br/>
        <img src="images/rp_inrimg8.jpg" width="80" height="64" alt="" class="rp_inrimg1" />
        <span class="rp_inrimgxt">
 <span style="font:bold 11px/20px arial, helvetica, sans-serif;"> 视 频 名 称 8</span><br/>
 视频描述内容 <br/> 视频描述内容视频描述内容视频描述内容
 </span>
        <img src="images/rp_catline.jpg" width="262" height="1" alt="" class="rp_catline1" /><br/>
 </div>
```

17.3.7 底部模块

在网页底部一般会有备案信息和一些快捷链接，实现效果如图 17-8 所示。

图 17-8　底部模块

实现网页底部的具体代码如下。

```
<div id="ft_padd">
<div class="ftr_lnks">
            <a href="index.html" class="fp_txt"> 首页 </a>
            <p class="fp_divi">|</p>
            <a href="inner.html" class="fp_txt"> 上传 </a>
            <p class="fp_divi">|</p>
            <a href="#" class="fp_txt"> 观看 </a>
```

```
                <p class="fp_divi">|</p>
                <a href="#" class="fp_txt">频道</a>
                <p class="fp_divi">|</p>
                <a href="#" class="fp_txt">新闻</a>
                <p class="fp_divi">|</p>
                <a href="#" class="fp_txt">注册</a>
                <p class="fp_divi">|</p>
                <a href="#" class="fp_txt">登录</a>


    </div>
<span class="ft_cpy">&copy;copyrights @ vvv.com<br /></span>
</div>
```

第18章 行业综合案例 4——制作移动设备类网页

随着移动电子的发展，网站开发也进入了一个新的阶段。常见的移动设备有智能手机、平板电脑等，平板电脑与手机的差异在于设置网页的分辨率不同。下面就以制作一个适合智能手机浏览的网站为例，来介绍开发网站的方法。

本章学习目标

◎ 掌握移动设备类型网页分析的方法

◎ 掌握移动设备类型网站结果分析的方法

◎ 掌握移动设备类型网站的制作步骤

18.1 网站设计分析

由于手机和电脑相比，屏幕小很多，所以手机网站制作在板式上相对比较固定，通常都是“1+n+1”版式布局，最终效果如图 18-1 所示。

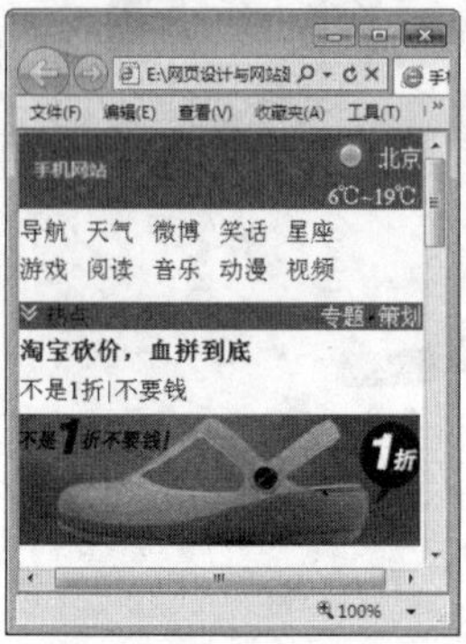

图 18-1　网站首页

18.2 网站结构分析

手机网站制作由于版面限制，不能把传统网站上的所有应用、链接都移植过来，这不是简单的技术问题，而是用户浏览习惯的问题，所以设计手机网站的时候首要考虑的问题是怎么精简传统网站上的应用，保留最主要的信息功能。

确定服务中最重要的部分。如果是新闻或博客等信息，那就让访问者最快地接触到信息；如果是更新信息等行为，那么就让访问者快速地达到目的。

如果功能繁多，要尽可能地删减。剔除一些额外的应用，让其集中在重要的应用。如果用户需要改变设置或者做大改动，那他们可以有选项去使用电脑版。

可以提供转至电脑版网站的方式。手机版网站不会具备全部的功能设置，虽然重新转至电脑版网站的成本很高，但是这个选项必须要有。

总的来说，成功的手机网站的设计秉持一个简明的原则：能够让用户快速地得到他们想知道的信息，最有效率地完成他们的行为，所有设置都能让他们满意。

与传统网站比起来，手机网站架构可选择性较少，本例的排版架构如图 18-2 所示。

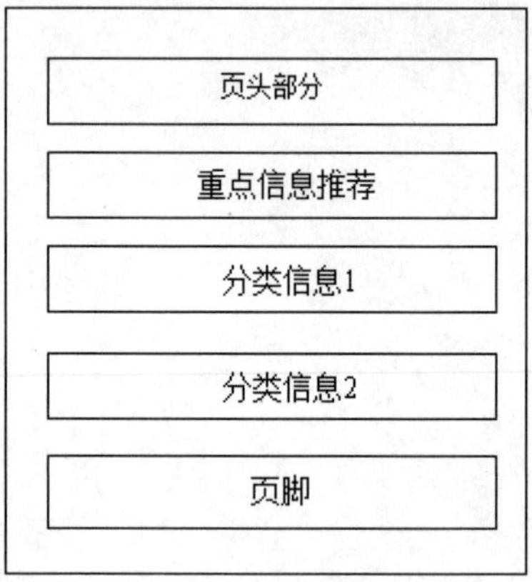

图 18-2　网页结构图

18.3 网站主页面的制作

由于手机浏览器支持的原因，手机的导航菜单也受到一定程度的限制，没有太多复杂的生动的效果展现，一般都以水平菜单为主。其代码如下。

```
<div class="w1 N1">
<P><a href="#"> 导航 </a>
<a href="#"> 天气 </a>
  <a href="#"> 微博 </a>
  <a href="#"> 笑话 </a>
  <a href="#"> 星座 </a></P>
<P><a href="#"> 游戏 </a>
  <a href="#"> 阅读 </a>
<ahref="#"> 音乐 </a>
<a href="#"> 动漫 </a>
  <a href="#"> 视频 </a>
</P>
</div>
```

菜单制作完毕后，还需要为菜单添加 CSS 样式，具体的代码如下。

```
.w1 {
   PADDING-BOTTOM: 3px; PADDING-LEFT:
10px; PADDING-RIGHT: 10px; PADDING-TOP:
3px
 }
.N1 A {
  MARGIN-RIGHT: 4px
 }
```

运行结果如下所示。

导航　天气　微博　笑话　星座
游戏　阅读　音乐　动漫　视频

下面设置手机网页的模块内容，手机网页各个模块布局内容区别不大，基本上以 DIV、P、A 这三个标签为主，代码如下。

```
 <DIV class=w1>
 <P><A href="#"><SPAN style="COLOR:
rgb(51,51,51)"><STRONG> 淘宝砍价，血拼到底
</STRONG></SPAN></A> </P>
 <P><A href="#"><SPAN style="COLOR:
rgb(51,51,51)"> 不 是 1 折 </SPAN></A><I
class=s>|</I>
 <A href="#"><SPAN style="COLOR:
rgb(51,51,51)"> 不要钱 </SPAN></A> </P></
DIV>
 <DIV class="w a3">
 <P class="hn hn1">
 <A href="#"><IMG alt=" 淘宝砍价，血拼到底
" src="images/1.jpg"></A> </P></DIV>
 <DIV class="ls pb1">
 <P><I class=s>.</I>
 <A href="#"><SPAN style="COLOR:
rgb(51,51,51)"> 信息内容标题信息内容标题 </
SPAN></A></P>
 <P><I class=s>.</I>
 <A href="#"><SPAN style="COLOR:
rgb(51,51,51)"> 信息内容标题信息内容标题 </
SPAN></A></P>
 <P><I class=s>.</I>
 <A href="#"><SPAN style="COLOR:
rgb(51,51,51)"> 信息内容标题信息内容标题 </
SPAN></A></P>
```

```
<P><I class=s>.</I>
<A href="#"><SPAN style="COLOR: rgb(51,51,51)">信息内容标题信息内容标题</SPAN></A></P></DIV>
```

下面为模块添加CSS样式，具体的代码如下。

```
.ls {
  MARGIN: 5px 5px 0px; PADDING-TOP: 5px;
}
.ls A:visited {
  COLOR: #551a8b;
}
.ls .s {
  COLOR: #3a88c0;
}
.a3 {
  TEXT-ALIGN: center;
}
.w {
  PADDING-BOTTOM: 0px; PADDING-LEFT: 10px; PADDING-RIGHT: 10px; PADDING-TOP: 0px;
}
.pb1 {
  PADDING-BOTTOM: 10px;
}
```

实现效果如图18-3所示。

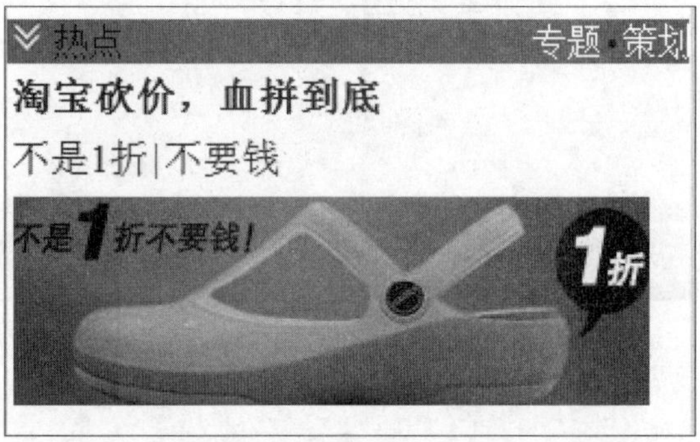

图18-3　网页预览效果

18.4 网站成品预览

下面给出网站成品后的源代码，具体的代码如下。

```
<!DOCTYPE HTML PUBLIC "-//W3C//DTD HTML 4.0 Transitional//EN">
<!-- saved from url=(0018)http://m.sohu.com/ -->
<HTML xmlns="http://www.w3.org/1999/xhtml"><HEAD><TITLE>手机网页</TITLE>
<META content="text/html; charset=utf-8" http-equiv=Content-Type>
<META content=no-cache http-equiv=Cache-Control>
<META name=MobileOptimized content=240>
<META name=viewport content=width=device-width,initial-scale=1.33,minimum-scale=1.0,maximum-scale=1.0>
```

```
<LINK rel=stylesheet type=text/css href="images/css.css" media=all><!--开发过程中用外链样式，开发完成后可直接写入页面的 style 块内 --><!-- 股票碎片 1 -->
<STYLE type=text/css>.stock_green {
	COLOR: #008000;
}
.stock_red {
	COLOR: #f00;
}
.stock_black {
	COLOR: #333;
}
.stock_wrap {
	WIDTH: 240px;
}
.stock_mod01 {
	PADDING-BOTTOM: 2px; LINE-HEIGHT: 18px; PADDING-LEFT: 10px; PADDING-RIGHT: 0px; FONT-SIZE: 12px; PADDING-TOP: 10px;
}
.stock_mod01 .stock_s1 {
	PADDING-RIGHT: 3px;
}
.stock_mod01 .stock_name {
	COLOR: #039; FONT-SIZE: 14px;
}
.stock_seabox {
	PADDING-BOTTOM: 6px; PADDING-LEFT: 10px; PADDING-RIGHT: 0px; FONT-SIZE: 14px; PADDING-TOP: 0px;
}
.stock_seabox .stock_kw {
	BORDER-BOTTOM: #3a88c0 1px solid; BORDER-LEFT: #3a88c0 1px solid; PADDING-BOTTOM: 2px; PADDING-LEFT: 0px; WIDTH: 130px; PADDING-RIGHT: 0px; HEIGHT: 16px; COLOR: #999; FONT-SIZE: 14px; VERTICAL-ALIGN: -1px; BORDER-TOP: #3a88c0 1px solid; BORDER-RIGHT: #3a88c0 1px solid; PADDING-TOP: 2px;
}
.stock_seabox .stock_btn {
```

```
      BORDER-BOTTOM: medium none; TEXT-ALIGN: center; BORDER-LEFT: medium none;
PADDING-BOTTOM: 0px; PADDING-LEFT: 4px; PADDING-RIGHT: 4px; BACKGROUND: #3a88c0;
HEIGHT: 22px; COLOR: #fff; FONT-SIZE: 14px; BORDER-TOP: medium none; CURSOR:
pointer; BORDER-RIGHT: medium none; PADDING-TOP: 0px;
 }
 .stock_seabox SPAN {
      PADDING-BOTTOM: 0px; PADDING-LEFT: 4px; PADDING-RIGHT: 0px; PADDING-TOP:
4px;
 }
 .stock_seabox A {
      COLOR: #039; TEXT-DECORATION: none;
 }
 </STYLE>
 <!-- 股票碎片 1 -->
 <META name=GENERATOR content="MSHTML 8.00.6001.19328"></HEAD>
 <BODY>
 <DIV class="w h Header">
 <TABLE>
   <TBODY>
   <TR>
     <TD>
       <H1><IMG class=Logo alt= 手机搜狐 src="images/logo.png"
       height=32></H1></TD>
     <TD>
       <DIV class="as a2">
       <DIV id=weather_tip class=weather_min>
       <A href="#" name=top><IMG style="HEIGHT: 32px"id=weather_icon
src="images/1-s.jpg"></IMG> 北京 <BR>6℃ ~19℃ </A></DIV></DIV></TD></TR></TBODY></
TABLE></DIV>
 <DIV class="w1 N1">
 <P><A href="#"> 导航 </A>
 <A href="#"> 天气 </A>
   <A href="#"> 微博 </A>
   <A href="#"> 笑话 </A>
   <A href="#"> 星座 </A></P>
```

```
<P><A href="#">游戏 </A>
  <A href="#">阅读 </A>
  <A href="#">音乐 </A>
  <A href="#">动漫 </A>
  <A href="#">视频 </A>
</P></DIV>
<DIV class="w1 cl"></DIV>
<DIV class="w h">
<TABLE>
  <TBODY>
  <TR>
    <TD width="54%">
      <H3><IMG alt="" src="images/caibanlanmu.jpg" height=16><Iclass=s></I>热点
</H3></TD>
    <TD width="46%">
      <DIV class="as a2"><A
      href="#">专题 </A><I class=s>.</I><A
      href="#">策划 </A></DIV></TD></TR></TBODY></TABLE></DIV>
<DIV class=w1>
<P><A href="#"><SPAN style="COLOR: rgb(51,51,51)"><STRONG>淘宝砍价，血拼到底</
STRONG></SPAN></A> </P>
<P><A href="#"><SPAN style="COLOR: rgb(51,51,51)">不 是 1 折 </SPAN></A><I
class=s>|</I><A
href="#"><SPAN style="COLOR: rgb(51,51,51)">不要钱 </SPAN></A> </P></DIV>
<DIV class="w a3">
<P class="hn hn1"><A
href="#"><IMG alt="淘宝砍价，血拼到底" src="images/1.jpg"></A> </P></DIV>
<DIV class="ls pb1">
<P><I class=s>.</I><A
href="#"><SPAN
style="COLOR: rgb(51,51,51)">信息内容标题信息内容标题 </SPAN></A></P>
<P><I class=s>.</I><A
href="#"><SPAN style="COLOR: rgb(51,51,51)">信息内容标题信息内容标题 </SPAN></A></P>
<P><I class=s>.</I><A
href="#"><SPAN style="COLOR: rgb(51,51,51)">信息内容标题信息内容标题 </SPAN></A></P>
```

```
<P><I class=s>.</I><A
href="#"><SPAN style="COLOR: rgb(51,51,51)">信息内容标题信息内容标题</SPAN></A></
P></DIV>
<DIV class="w h">
<TABLE>
  <TBODY>
  <TR>
    <TD width="55%">
      <H3><IMG alt="" src="images/caibanlanmu.jpg" height=16><I class=s></I><A
      href="#">新闻</A></H3></TD>
    <TD width="45%">
      <DIV class="as a2"><A
      href="#">分类</A><I class=s>•</I><A
      href="#">分类</A></DIV></TD></TR></TBODY></TABLE></DIV>
<DIV class=ls>
<P><I class=s>.</I><A
href="#">信息内容标题信息内容标题</A></P>
<P><I class=s>.</I><A
href="#">信息内容标题信息内容标题</A></P>
<P><I class=s>.</I><A
href="#"><SPAN style="COLOR: rgb(194,0,0)">微博</SPAN></A><I class=v>|</I><A
href="#"><SPAN style="COLOR: rgb(194,0,0)">信息内容</SPAN></A></P>
<P><I class=s>.</I><A
href="#">信息内容标题信息内容标题</A></P>
<P><I class=s>.</I><A
href="#">信息内容标题信息内容标题</A></P>
<P><I class=s>.</I><A
href="#">信息内容标题信息内容标题</A></P>
<P><I class=s>.</I><A
href="#">信息内容标题信息内容标题</A></P>
<P><I class=s>.</I><A
href="#">信息内容标题信息内容标题</A></P>
<P><I class=s>.</I><A
href="#">信息内容标题信息内容标题</A></P>
<P><I class=s>.</I><A
```

```
href="#">信息内容标题信息内容标题</A></P>
<P><I class=s>.</I><A
href="#">信息内容标题信息内容标题</A></P>
<P><I class=s>.</I><A
href="#">信息内容标题信息内容标题</A></P></DIV>
<P class="w f a2 pb1"><A href="#">更多&gt;&gt;</A></P>
<DIV class="w h">
<TABLE>
  <TBODY>
  <TR>
    <TD width="55%">
      <H3><IMG alt="" src="images/caibanlanmu.jpg" height=16><I class=s></I><A
      href="#">分类</A></H3></TD>
    <TD width="45%">
      <DIV class="as a2"><A
      href="#">分类</A><I class=s>•</I><A
      href="#">分类</A></DIV></TD></TR></TBODY></TABLE></DIV>
<DIV class="ls ls2">
  <P><I class=s>.</I><A
href="#">信息内容标题信息内容标题</A></P>
<P><I class=s>.</I><A
href="#">信息内容标题信息内容标题</A></P>
<P><I class=s>.</I><A
href="#">信息内容标题信息内容标题</A></P>
<P><I class=s>.</I><A
href="#">信息内容标题信息内容标题</A></P>
<P><I class=s>.</I><A
href="#">信息内容标题信息内容标题</A></P>
<P><I class=s>.</I><A
href="#">信息内容标题信息内容标题</A></P></DIV>
<P class="w f a2 pb1"><A href="#">更多&gt;&gt;</A></P>
<DIV class="ls c1 pb1">•<A class=h6
href="#">信息内容标题信息内容标题!</A><BR>•<A
class=h6
```

```
 href="#">信息内容标题信息内容标题</
A><BR></DIV>

 <DIV class=c1><!--
UCAD[v=1;ad=1112]--></DIV>
 <DIV class="w h">
 <H3>站内直通车</H3></DIV>
 <DIV class="w1 N1">
 <P><A href="#">导航</A>
 <A href="#">新闻</A>
 <A href="#">娱乐</A>
 <A href="#">体育</A>
 <A href="#">女人</A> </P>
 <P><A href="#">财经</A>
 <A href="#">科技</A>
 <A href="#">军事</A>
 <A href="#">星座</A>
 <A href="#">图库</A> </P></DIV>
 <P class="w a3"><A class=Top href="#">↑
回顶部</A></P>
 <DIV class="w a3 Ftr">
 <P><A href="#">普版</A><I class=s>|</
I><B class=c2>彩 版</B><I class=s>|</
I><A
 href="#">触版</A><I
 class=s>|</I><A href="#">PC</A></P>
 <P class=f12><A href="#">合 作</A><I
class=s>-</I><A
 href="#">留言</A></P>
 <P class=f12>Copyright © 2012 xfytabao.
com</P></DIV></BODY></HTML>
```

最终成品后的网页预览效果如图18-4所示。

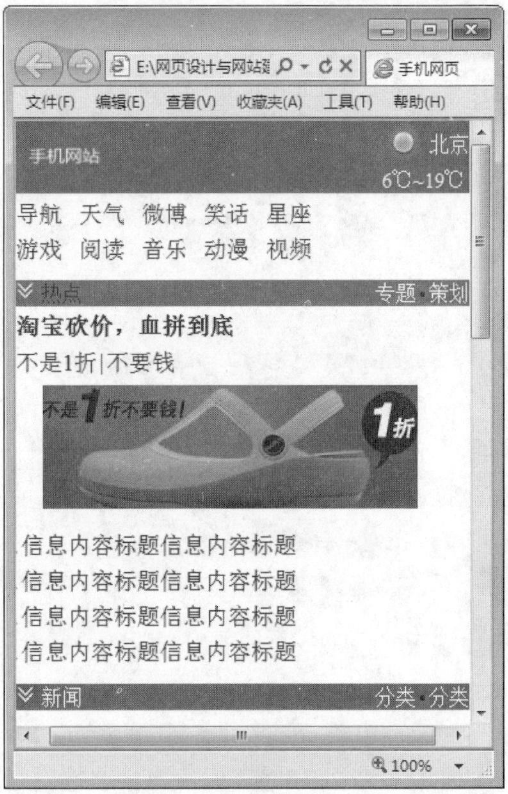

图 18-4 网页预览效果

第 5 篇

全能拓展

第 19 章

增加点击率——网站优化与推广

建好网站后，坐等访客的光临是不行的。因为放在互联网上的网站就像一块立在地下走道中的公告牌一样，即使人们在走道里走动的次数很多，往往也很难发现这个公告牌。可见，宣传网站有多么重要。本章就来介绍如何进行网站优化与推广，以提高访问量。

本章学习目标

◎ 熟悉网站广告的分类

◎ 掌握添加网站广告的方法

◎ 掌握添加实用查询工具的方法

◎ 掌握网站宣传与推广的方法

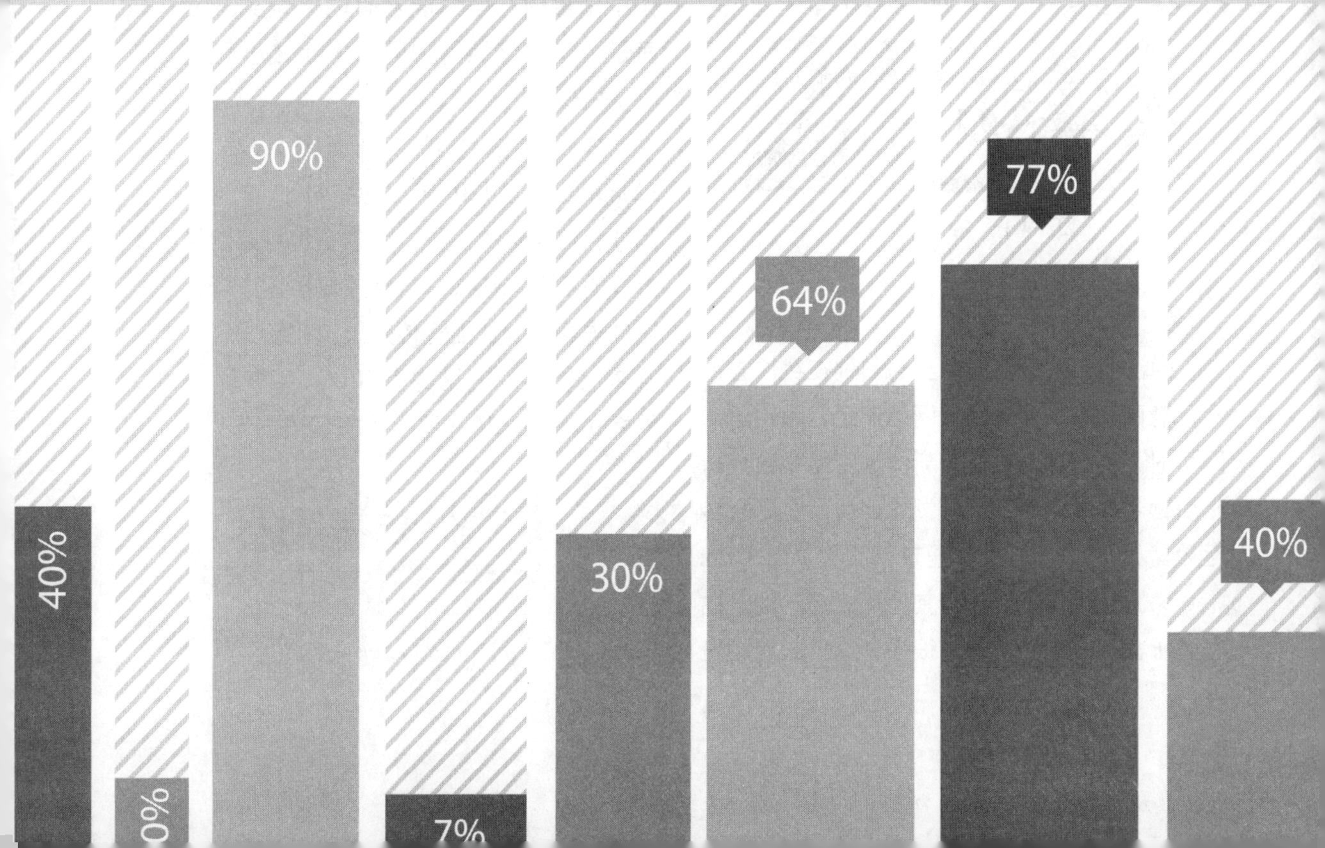

19.1 在网站中添加广告

通过在网站适当地添加广告信息，可以给网站的拥有者带来不小的收入。随着点击量的上升，创造的财富也越来越多。

19.1.1 网站广告分类

网站广告设计更多的时候是通过烦琐的工作与多次的尝试完成的。在实际工作中，网页设计者会根据需要添加不同类型的网站广告。网站广告的形式大致分为以下几种。

1 网幅式广告

网幅式广告又称旗帜广告，通常横向出现在网页中，最常见的尺寸是468×60像素和468×80像素，目前还有728×90像素的大尺寸型，是网络广告较早出现的一种广告形式。网幅式广告以往以jpg或者gif格式为主，伴随着网络的发展，swf格式的网幅广告也比较常见了。如图19-1所示为网幅式广告。

图 19-1 网幅式广告

2 弹出式广告

弹出式广告是互联网上的一种在线广告形式，意图透过广告来增加网站流量。用户进入网页时，会自动开启一个新的浏览器视窗，以吸引读者直接到相关网址浏览，从而收到宣传之效。这些广告一般都通过网页的JavaScript指令来启动，但也有通过其他形式启动的。由于弹出式广告过分泛滥，很多浏览器或者浏览器组件也加入了弹出式窗口杀手的功能，以屏蔽这样的广告。如图19-2所示为弹出式广告。

图 19-2 弹出式广告

3 按钮式广告

按钮式广告是一种小面积的广告形式。这种广告形式被开发出来主要有两个原因，一方面可以通过减小面积来降低购买成本，让小预算的广告主能够有能力购买；另一方面是为了更好地利用网页中比较小面积的零散空白位。

常见的按钮式广告有125×125像素、120×90像素、120×60像素、88×314像素4种尺寸。在购买的时候，广告主也可以购买连续位置的几个按钮式广告组成双按钮广告、三按钮广告等，以加强宣传效果。按钮式广告一般容量比较小，常见的有JPEG、GIF和Flash 3种格式。如图19-3所示为按钮式广告。

图 19-3 按钮式广告

4 文字链接式广告

文字链接式广告是一种最简单直接的网上广告，只需将超链接加入相关文字便可，如图 19-4 所示。

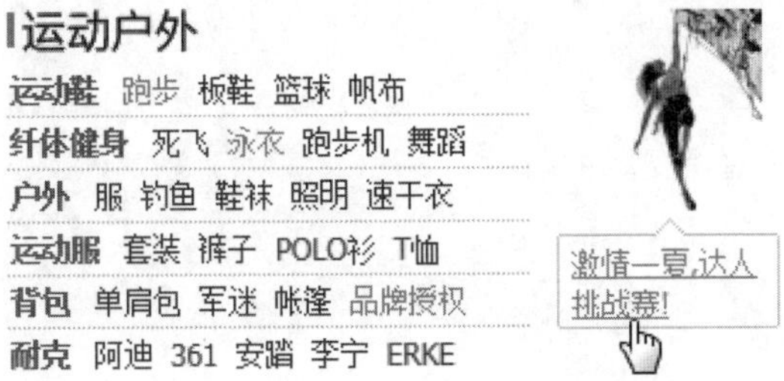

图 19-4 文字链接式广告

5 横幅式广告

横幅式广告是通栏式广告的初步发展阶段，初期用户认可程度很高，有不错的效果。但是随着时间的推移，人们对横幅式广告已经开始变得麻木，于是广告主和媒体开发了通栏式广告，它比横幅式广告更长、面积更大、更具有表现力、更吸引人。一般的通栏式广告尺寸有 590×105 像素、590×80 像素等，已经成为一种常见的广告形式。如图 19-5 所示为横幅式广告。

图 19-5 横幅式广告

6 浮动式广告

浮动式广告是网页页面上悬浮或移动的非鼠标响应广告，形式可以为 Gif 或 Flash 等格式，如图 19-6 所示。

图 19-6 浮动式广告

19.1.2 添加网站广告

网站广告的种类很多，下面以添加浮动式广告为例，讲解如何在网站上添加广告。具体的操作步骤如下。

步骤 1 启动 Dreamweaver CC，打开随书光盘中的“ch19\index.htm”文件，如图 19-7 所示。

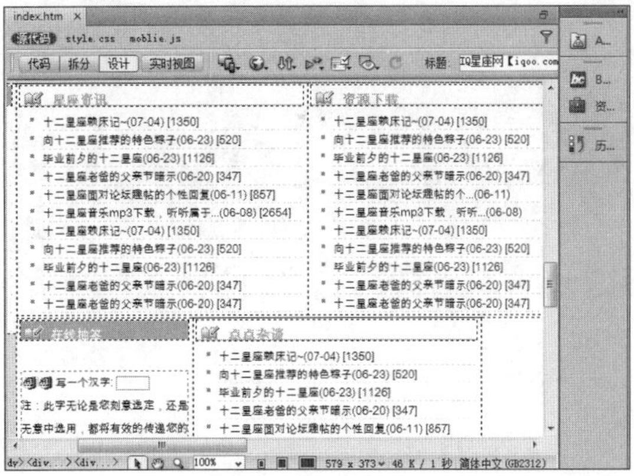

图 19-7 打开素材文件

步骤 2 单击【代码】按钮，将下面的代码复制到 </body> 之前的位置。

```
<div id="ad" style="position:absolute"><a href="http://www.baidu.com">
<img src="images/星座.jpg" border="0"></a>
```

```
</div>
<script language="JavaScript">
  var x = 50,y = 60
  var xin = true, yin = true
  var step = 1
  var delay = 10
  var obj=document.getElementById("ad")
  function floatAD() { var L=T=0
      var R= document.body.clientWidth-obj.offsetWidth
      var B = document.body.clientHeight-obj.offsetHeight
      obj.style.left = x + document.body.scrollLeft
      obj.style.top = y + document.body.scrollTop
      x = x + step*(xin?1:-1)
      if (x < L) { xin = true; x = L}
      if (x > R){ xin = false; x = R}
      y = y + step*(yin?1:-1)
      if (y < T) { yin = true; y = T }
      if (y > B) { yin = false; y = B } }
  var itl= setInterval("floatAD()", delay)
  obj.onmouseover=function(){clearInterval(itl)}
  obj.onmouseout=function(){itl=setInterval("floatAD()", delay)}
```

步骤 3 保存网页，然后在浏览器中浏览网页，效果如图 19-8 所示。

图 19-8　预览网页

19.2 添加实用查询工具

在制作好的网页中，还可以添加一些实用查询工具，如天气预报、IP 查询、万年历、列车时刻查询等。

19.2.1 添加天气预报

在网页中添加天气预报的具体步骤如下。

步骤 1 打开随书光盘中的“ch19\网址导航.html”文件，选择“天气”文本，如图 19-9 所示。

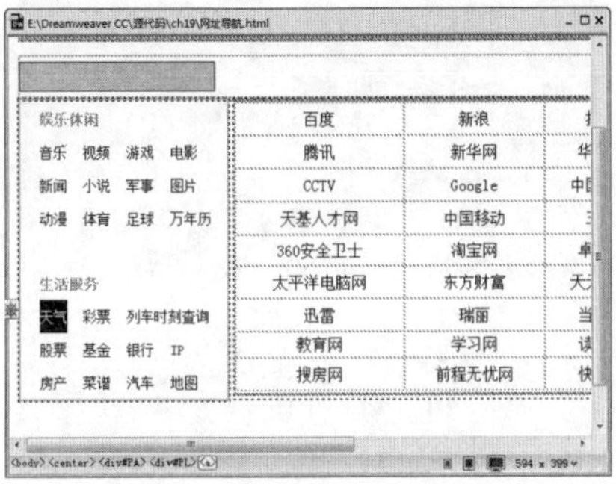

图 19-9　选择“天气”文本

步骤 2 在【属性】面板的【链接】下拉列表框中输入 http://www.weather.com.cn/，如图 19-10 所示。

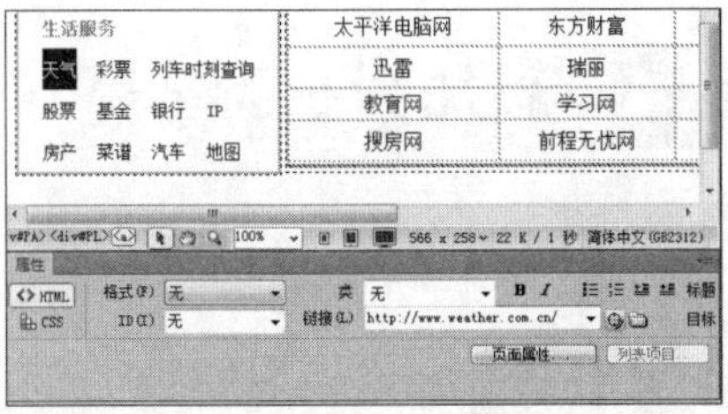

图 19-10　输入链接地址

步骤 3 保存文件，按 F12 键预览，然后单击【天气】文本，页面就会跳转到天气查询页面，如图 19-11 所示。

图 19-11　天气查询页面

19.2.2 添加 IP 查询

在网页中添加 IP 查询的具体步骤如下。

步骤 1 打开随书光盘中的“素材 \ch19\ 网址导航 .html”文件，选择 IP 文本，如图 19-12 所示。

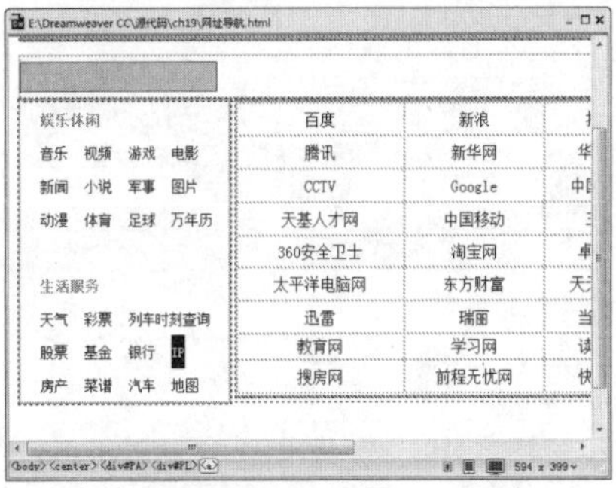

图 19-12　选择 IP 文本

步骤 2 在【属性】面板的【链接】下拉列表框中输入 http://www.ip138.com/，如图 19-13 所示。

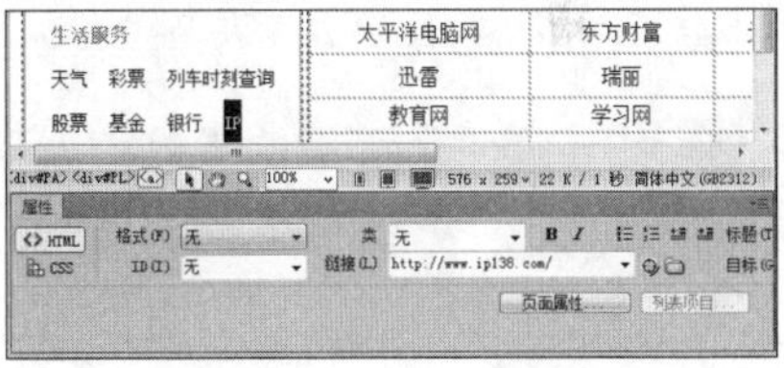

图 19-13　输入链接地址

步骤 3 保存文件，按 F12 键预览，然后单击 IP 文字，页面就会跳转到 IP 查询页面，如图 19-14 所示。

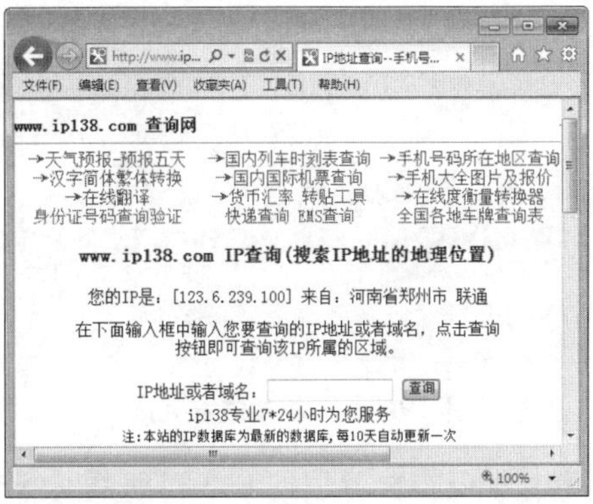

图 19-14　IP 查询页面

19.2.3 添加万年历

在网页中添加万年历的具体步骤如下。

步骤 1 打开随书光盘中的“素材\ch19\网址导航.html”文件，选择“万年历”文本，如图 19-15 所示。

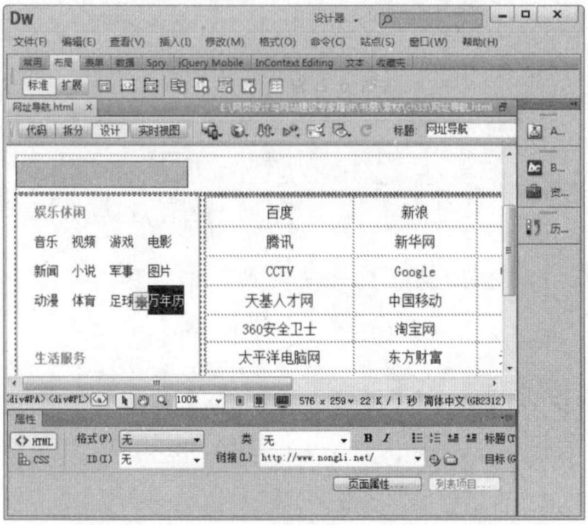

图 19-15 选择“万年历”文本

步骤 2 在【属性】面板的【链接】下表列表框中输入 http://www.nongli.net/，如图 19-16 所示。

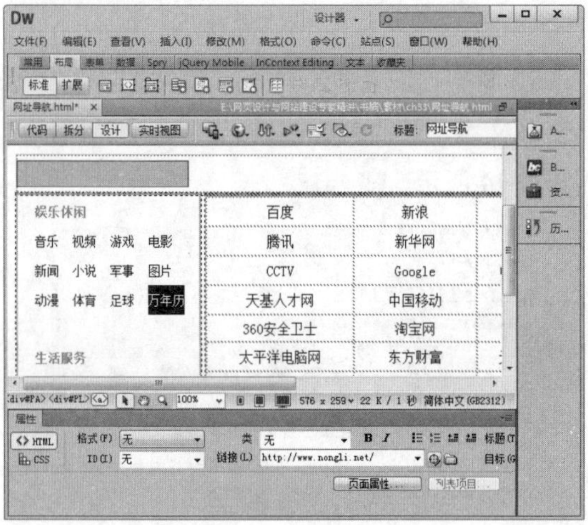

图 19-16 输入链接地址

步骤 3 保存文件，按 F12 键预览，然后单击【万年历】文本，页面就会跳转到万年历查询页面，如图 19-17 所示。

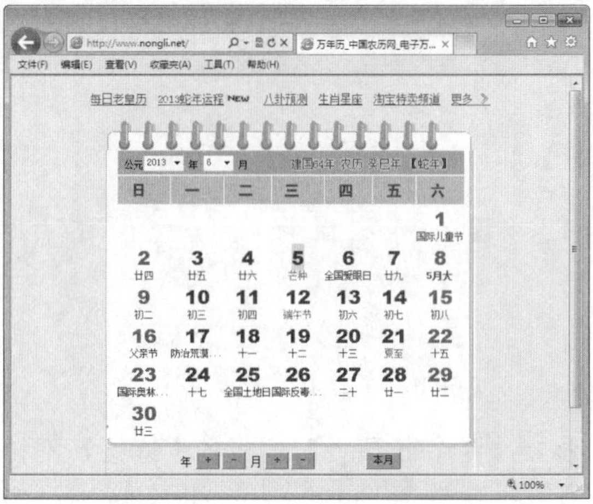

图 19-17 万年历查询页面

19.2.4 添加列车时刻查询

在网页中添加列车时刻查询的具体步骤如下。

步骤 1 打开随书光盘中的“素材\ch19\网址导航.html”文件，选择“列车时刻查询”文本，如图 19-18 所示。

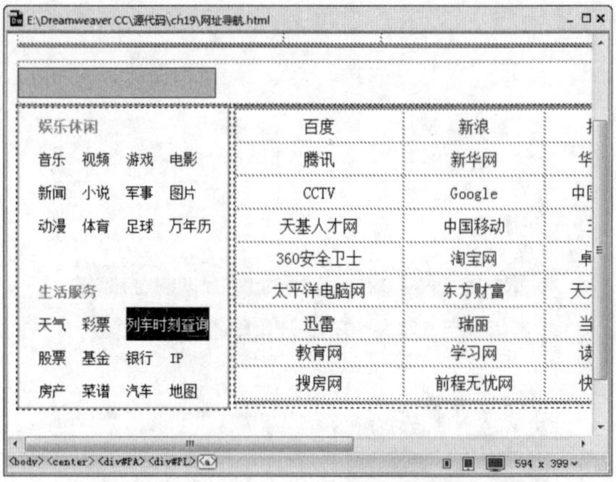

图 19-18 选择“列车时刻查询”文本

步骤 2 在【属性】面板的【链接】下拉列表框中输入 http://www.12306.cn/mormhweb/，如图 19-19 所示。

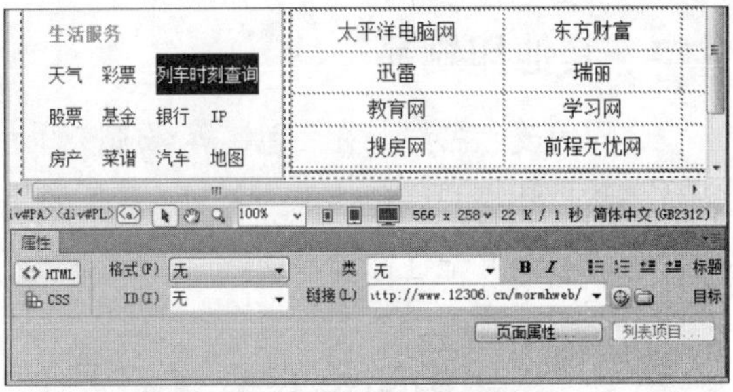

图 19-19 输入链接地址

步骤 3 保存文件，按 F12 键预览，然后单击【列车时刻查询】文本，页面就会跳转到列车时刻查询页面，如图 19-20 所示。

图 19-20 列车时刻查询页面

19.3 网站的宣传与推广

网站建好后，需要大力宣传和推广，只有如此才能让更多的人知道并浏览。宣传的方式很多，包括利用大众传媒、网络传媒、电子邮件、留言本与博客、在论坛中宣传。其中效果最明显的是网络传媒的方式。

19.3.1 网站宣传实用策略

网站建好之后，需要进行宣传和推广，才可以被更多的浏览者访问，没有访问量的网站显然是毫无意义的。除了本章上面所讲述的一些宣传方法外，还有一些比较实用的网站宣传技巧，具体如下。

⑴ 利用聊天室宣传网站。首先在聊天室的公告中进行宣传，然后再对每个用户发送宣传信息。很多大型网站的聊天室里每天都有很大流量的聊天人员，所以这种方法见效比较快。但是需要注意的是：因为大部分聊天室都禁止发送广告性质的信息，所以在语言上需要好好斟酌。一般情况下，不要和聊天室的管理人员聊天，否则马上会被赶出聊天室。

⑵ 利用搜索引擎宣传网站。搜索引擎是一个进行信息检索和查询的专门网站。很多网站的宣传都是依靠搜索引擎来宣传，因为很多网上浏览者都是在搜索引擎中查找相关信息。比如很多人都习惯利用百度搜索信息，所以如果在百度引擎上注册你的网站，被搜索到的机会就很大。当然，读者还需要好好研究一下网站的关键字，这对增大网站被搜索到的概率很重要。国内此类网站很多，如百度、网易、搜狐、中文雅虎等。填份表格，就能成功注册，以后浏览者就能在这些引擎中查到相关的网页。

⑶ 利用 QQ 宣传网站。目前，很多网页浏览者都有自己的 QQ，所以利用 QQ 宣传也是一个比较实用的方法。首先多注册几个 QQ 号码，然后在 QQ 中创建不同的分组，依次添加陌生人，

开始宣传网站。一般以创业为向导，找到和浏览者共同的兴趣点，如果浏览者感兴趣，则继续聊下去，否则不要打扰别人，继续寻找下一个目标。根据以往的网站宣传经验，这种方法见效比较快。

19.3.2 利用大众传媒进行推广

大众传媒通常包括电视、书刊报纸、户外广告以及其他印刷品等。

1 电视

目前，电视是最大的宣传媒体。如果在电视中做广告，一定能收到像其他电视广告商品一样家喻户晓的效果，但对于个人网站就不太适合了。

2 书刊报纸

报纸是仅次于电视的第二大媒体，也是使用传统方式宣传网站的最佳途径。作为一名电脑爱好者，在使用软硬件和上网的过程中，通常也积累了一些值得与别人交流的经验和心得，那就不妨将它写出来，写好后寄往像《电脑爱好者杂志》等比较著名的刊物，从而让更多的人受益。可以在文章的末尾注明自己的主页地址和 E-mail 地址，或者将一些难以用书稿方式表达的内容放在自己的网站中表达，如果文章很受欢迎，那么就能吸引更多的朋友来访问自己的网站。

3 户外广告

在一些繁华、人流量大的地段的广告牌上做广告也是一种比较好的宣传方式。目前，在街头、地铁内所做的网站广告就说明了这一点，但这种方式比较适合有实力的商业性质的网站。

4 其他印刷品

公司信笺、名片、礼品包装等都应该印上网址名称，让客户在记住你的名字、职位的同时，也能看到并记住你的网址。

19.3.3 利用网络媒介进行推广

由于网络广告的对象是网民，具有很强的针对性，因此，使用网络广告不失为一种好的宣传方式。

1 网络广告

在选择网站做广告的时候，需要注意以下两点。

(1) 应选择访问率高的门户网站，只有选择访问率高的网站，才能达到“广而告之”的效果。

(2) 优秀的广告创意是吸引浏览者的重要“手段”，要想唤起浏览者点击的欲望，就必须给浏览者点击的理由，因此，图形的整体设计、色彩和图形的动态设计以及与网页的搭配等都是极其重要的。如图 19-21 所示为天天营养网首页，在其中就可以看到添加的网络广告信息。

图 19-21 天天营养网首页

2 利用电子邮件

这个方法对自己熟悉的朋友使用还可以，或者在主页上提供更新网站邮件订阅功能，这样，在自己的网站被更新后，便可通知网友了。如果随便向不认识的网友发 E-mail 宣传自己的主页，就不太好了，有些网友会认为那是垃圾邮件，以至于给他留下不好的印象，并列入黑名单或拒收邮件列表内，这样对提高网站的访问率并无实质性的帮助。况且未经别人同意就三番五次地发出相同的邀请信也是不礼貌的。

发出的 E-mail 邀请信要有诚意，态度要和蔼，并将自己网站更新的内容简要地介绍给网友，倘若网友表示不愿意再收到类似的信件，就不要再将通知邮件寄给他们了。如图 19-22 所示为邮箱登录页面。

图 19-22　邮箱登录界面

3 使用留言板、博客

处处留言、引人注意也是一种很好的宣传自己网站的方法。在网上浏览、访问别人的网站时，当看到一个不错的网站时，可以在留言板中留下赞美的语句，并把自己网站的简介、地址一并写下来，将来其他朋友看到这些留言，说不定会有兴趣到你的网站中去参观一下。

随着网络的发展，现在诞生了许多个人博客，在博客中也可以留下宣传网站的语句。还有一些是商业网站的留言板、博客等，如网易博客等，每天都会有数百人在上面留言，访问率较高，在那里留言对于提高网站的知名度效果会更明显。如图 19-23 所示为网易博客的首页。

图 19-23　网易博客首页

留言时用语要真诚、简洁，切莫将与主题无关的语句也写在上面。篇幅要尽量简短，不要将同一篇留言反复地写在别人的留言板上。

4 在网站论坛中留言

目前，大型的商业网站中都有多个专业论坛，有的个人网站上也有论坛，那里会有许多人在发表观点，在论坛中留言也是一种很好的宣传网站的方式。如图 19-24 所示为天涯论坛首页。

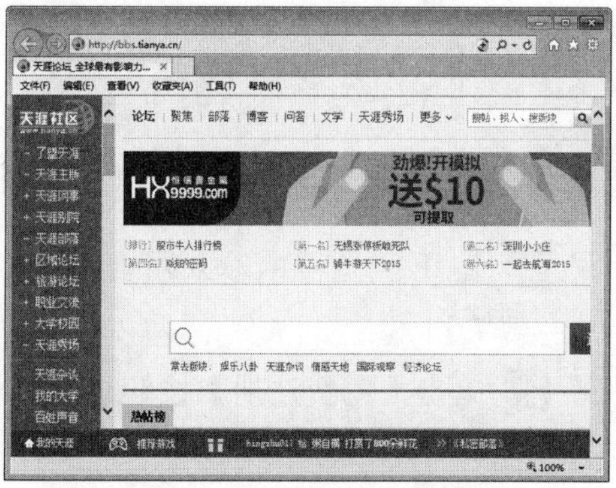

图 19-24　天涯论坛首页

19.3.4 利用其他形式进行推广

大众媒体与网络媒体是比较常见的网站推广方式。下面再来介绍几种其他形式的推广方式。

1 注册搜索引擎

在知名的网站中注册搜索引擎，可以提高网站的访问量。当然，很多搜索引擎（有些是竞价排名）是收费的，这对商业网站可以使用，对个人网站就不合适了。如图 19-25 所示为百度网站的企业推广首页。

图 19-25　百度推广首页

2 和其他网站交换链接

对于个人网站来说，友情链接是最好的宣传网站的方式。和访问量大的、优秀的个人网页相互交换链接，能大大提高网页的访问量。如图 19-26 所示为某个网站的友情链接区域。

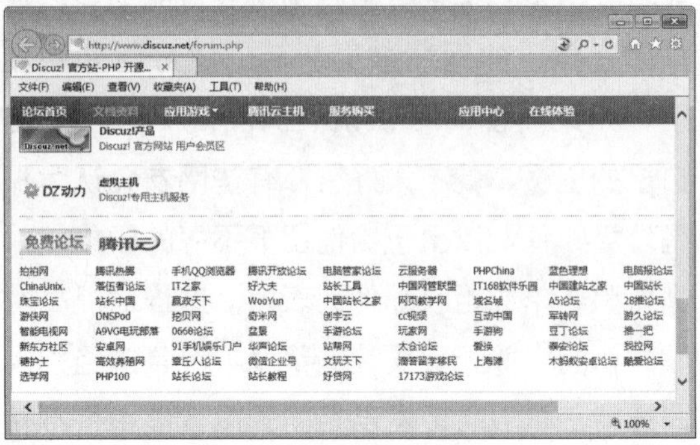

图 19-26　网站友情链接区域

这个方法比参加广告交换组织要有效得多，起码可以选择将广告放置到哪个网页。若选择与那些访问率较高的网页建立友情链接，那么访问网页的网友肯定会多起来。

友情链接是相互建立的，要别人加上链接，也应该在自己网页的首页或专门做友情链接的专页放置对方的链接，并适当地进行推荐，这样才能吸引更多的人与你共建链接。此外，网站标志要制作得漂亮、醒目，使人一看就有兴趣点击。

19.4 实战演练——查看网站的流量

添加查看网站流量功能可以在整体上对网站的浏览次数进行统计，具体操作如下。

步骤 1 在 IE 浏览器中输入网址 http://www.cnzz.com/，打开 CNZZ 数据专家网的主页，如图 19-27 所示。

步骤 2 单击【免费注册】按钮进入用户注册页面，根据提示输入相关信息，如图 19-28 所示。

图 19-27 CNZZ 数据专家网的主页

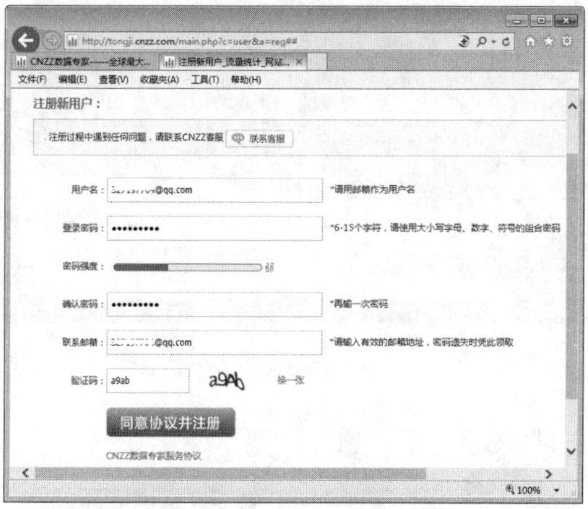

图 19-28 注册页面

步骤 3 单击【同意协议并注册】按钮，即可注册成功，并进入【添加站点】界面，如图 19-29 所示。

图 19-29 【添加站点】界面

步骤 4 在界面中输入相关信息，如图 19-30 所示。

图 19-30 输入信息

步骤 5 单击【确认添加站点】按钮，进入【站点设置】界面，如图 19-31 所示。

图 19-31 【站点设置】界面

步骤 6 在【统计代码】界面中单击【复制到剪贴板】按钮，根据需要复制代码（此处选择站长统计文字样式），如图 19-32 所示。

步骤 7 将代码插入到页面源代码中，如图 19-33 所示。

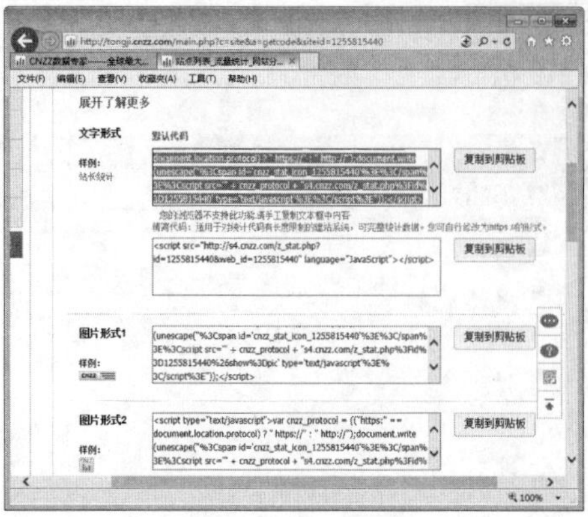

图 19-32　复制代码

E:\Dreamweaver动态网站开发案例课堂\稿子\ch09\Default.html (XHTML)*
<p> </p>
</div>
<div class="buttompic"><div class="wenzi">公司简介</div></div>
<div class="pic">
<div class="img"><a href="#"><img src="010.jpg" border="0"/></a></div>
<div class="img"><a href="#"><img src="011.jpg" border="0"/></a></div>
<div class="img"><a href="#"><img src="012.jpg" border="0"/></a></div>
<div class="img"><a href="#"><img src="009.jpg" border="0"/></a></div>
</div>
<div class="buttom"><div class="buttomleft"></div><div class="buttomright">Copyright© 1994-2008 蜗斯技术有限公司</div></div>
</div>
<script type="text/javascript">var cnzz_protocol = (("https:" == document.location.protocol) ? " https://" : " http://");document.write(unescape("%3Cspan id='cnzz_stat_icon_1255815440'%3E%3C/span%3E%3Cscript src='" + cnzz_protocol + "s4.cnzz.com/z_stat.php%3Fid%3D1255815440' type='text/javascript'%3E%3C/script%3E"));</script>
</body>
</html>

图 19-33　添加代码到页面源代码之中

步骤 8 保存，预览效果，如图 19-34 所示。

步骤 9 单击【站长统计】按钮，进入查看用户登录界面，如图 19-35 所示。

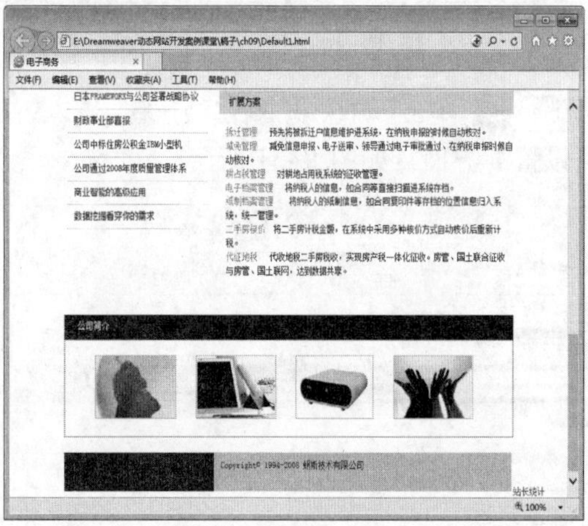

图 19-34　预览网页

http://new.cnzz.com/v1/login.php?siteid=1255815440
首页 | 数据中心
CNZZ www.cnzz.com 数据专家
查看"你好"站点数据
查看密码：
查看数据
如何设置查看密码?
CNZZ手机客户端，支持"查看密码"看数据!
Android版本下载
IOS 版本下载

图 19-35　查看用户登录界面

步骤 10 即可查看网站的浏览量，如图 19-36 所示。

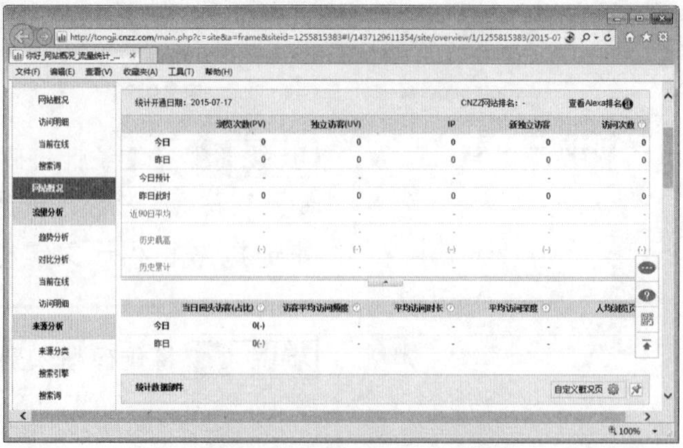

图 19-36　网站的浏览结果

19.5 高手甜点

甜点 1：网站广告的摆放位置。

首先，网站广告的位置越靠左上角，越能够吸引读者的吸引力。这也是为什么很多网站的 Logo 都是放在左上角。相反，越是靠右下角的位置，就越是不容易引起注意，失去广告的价值。

其次，网站管理员要深刻理解，吸引来访用户的永远是网站的内容，所以网站上不能到处都是广告，引起浏览者的反感。可见，网站广告只是网站的一部分，不合理的分配，将会阻碍用户对网站的访问。

甜点 2：正确添加视频播放器。

在网站中添加视频播放器时，应尽量使用音乐文件的相对路径，如 images\yinyue.mp3，这样当网页文件夹的路径发生变化时，视频播放器仍然可以正常地连接到音乐文件。

19.6 跟我练练手

练习 1：在网站中添加广告。

练习 2：在网站中添加使用查询工具。

练习 3：网站的宣传与推广。

练习 4：查看网站的流量。

第20章

打造坚实的堡垒——网站安全与防御

网站攻击无处不在，在某个安全程度非常高的网站，攻击者也许只用短短的一句代码就可以让网站成为入侵者的帮凶，让网站访问者成为最无辜的受害者。为此，本章将重点学习网站的安全与防御策略。

本章学习目标

◎ 熟悉网站的维护与安全

◎ 熟悉攻击网站的常见方式

◎ 掌握检查上传文件安全性的方法

◎ 掌握设置网站访问权限的方法

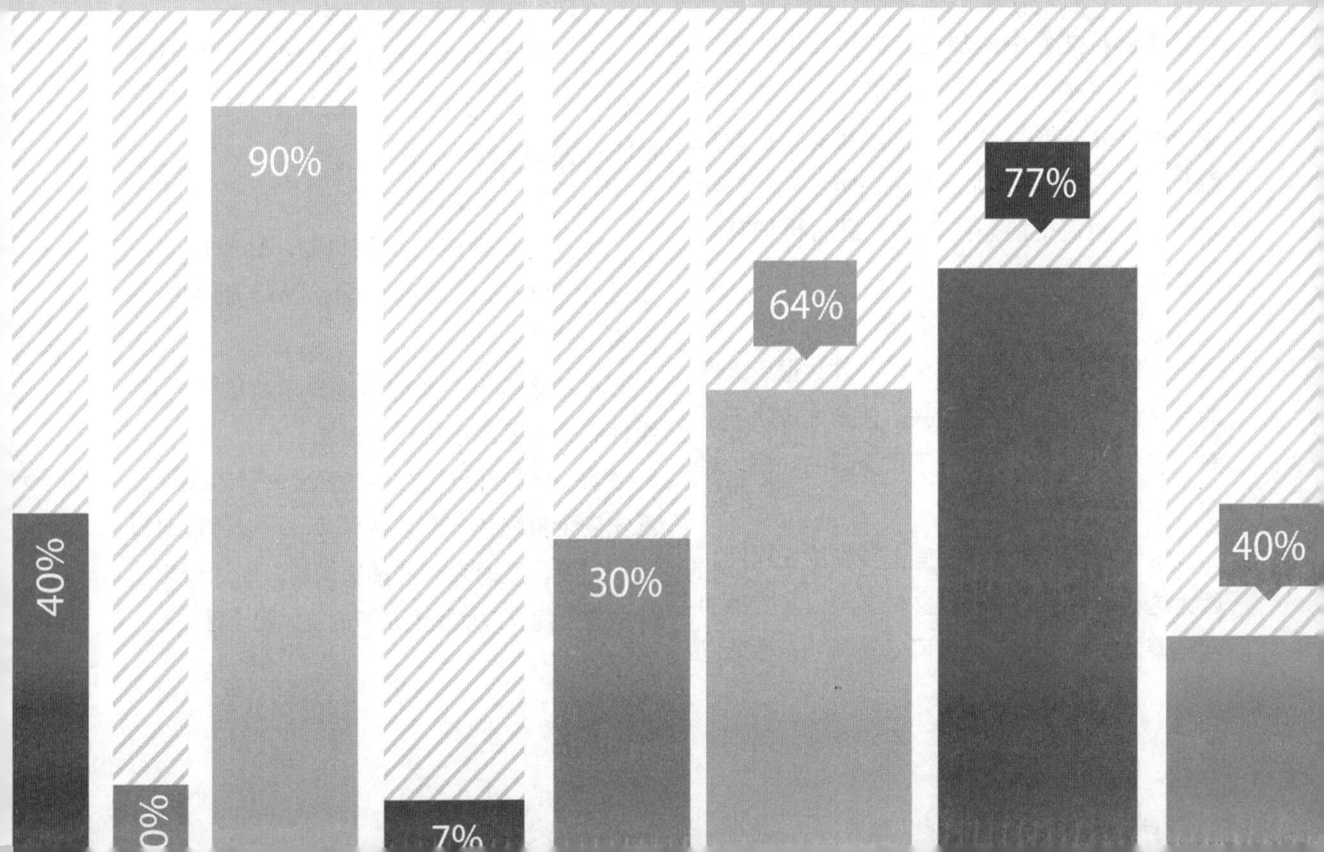

20.1 网站维护基础知识

在学习网站安全与防御策略之前，需要先了解网站维护基础知识。

20.1.1 网站的维护与安全

网站安全的基础是系统及平台的安全，只有在做好系统平台的安全工作后才能保证网站的安全。目前，随着网站数量的增多，以及编写网站代码的程序语言不断地更新，致使网站漏洞不断出新，黑客攻击手段不断变化，让用户防不胜防。但用户可以以不变应万变，从如下几个方面来防范网站的安全。

1 网站服务空间是租用的

针对这种情况，网站管理员只能在保护网站的安全方面下功夫，即在网站开发方面做一些安全的工作。

⑴ 网站数据库的安全。一般 SQL 注入攻击主要是针对网站数据库的，所以需要在数据库链接文件中添加相应的防攻击代码。如在检查网站程序时，打开那些含有数据库操作的 ASP 文件（这些文件是需要防护的页面），然后在其头部加上相关的防注入代码，于是这些页面就能防注入了。最后再把它们都上传到服务器上。

⑵ 堵住数据库下载漏洞。换句话说，就是不让别人下载数据库文件，并且数据库文件的命名最好复杂并隐藏起来，让别人辨认不出来。有关如何防范数据库下载漏洞的知识，将在下一节进行详细介绍。

⑶ 网站中最好不要有上传和论坛程序。因为这样最容易产生上传文件漏洞以及其他的网站漏洞。关于这一点在网站漏洞分析章节已经作了详细的介绍，这里不再重述。

⑷ 后台管理程序。对于后台管理程序的要求是：首先不要在网页上显示后台管理程序的入口链接，防止黑客攻击；其次就是用户名和密码不能过于简单，且要定期更换。

⑸ 定期检查网站上的木马。使用某些专门查杀木马的工具，或使用网站程序集成的监测工具定期检查网站上是否存在木马。另外，还可以把网站上除数据库文件外的文件，都改成只读的属性，以防止被篡改。

2 网站服务空间是自己的

针对这种情况，除了采用上述几点对网站安全进行防范外，还要对网站服务器的安全进行防范。这里以 Windows+IIS 实现的平台为例进行介绍，需要做到如下几点。

⑴ 服务器的文件存储系统要使用 NTFS 文件系统，因为在对文件和目录进行管理方面，NTFS 系统更安全有效。

⑵ 关闭默认的共享文件。

⑶ 建立相应的权限机制，让权限分配以最小化权限的原则分配给 Web 服务器访问者。

⑷ 删除不必要的虚拟目录、危险的 IIS 组件和不必要的应用程序映射。

⑸ 保护好日志文件的安全。日志文件是系统安全策略的一个重要环节，可以通过对日记的查看，及时发现并解决问题。确保日志文件的安全能有效地提高系统的整体安全性。

20.1.2 常见的网站攻击方式

网站攻击的手段极其多样，黑客常用的网站攻击手段主要有如下几种。

1 阻塞攻击

阻塞类攻击手段典型的攻击方法是拒绝服务攻击（Denial of Service，DOS）。该方法是一类个人或多人利用网络协议组的某些工具，拒绝合法用户对目标系统（如服务器等）或信息访问的攻击。攻击成功后的后果为目标系统死机、端口处于停顿状态等，还可以在网站服务器中发送杂乱信息、改变文件名称、删除关键的程序文件等，进而扭曲系统的资源状态，使系统的处理速度降低。

2 文件上传漏洞攻击

网站的上传漏洞根据在网页文件上传过程中对其上传变量的处理方式不同，可分为动网型和动力型两种。其中，动网型上传漏洞是编程人员在编写网页时未对文件上传路径变量进行任何过滤就进行上传，从而产生的漏洞，用户可以对文件上传路径变量进行任意修改。动网型上传漏洞最早出现在动网论坛中，其危害极大，使很多网站都遭受攻击。而动力型上传漏洞是因为网站系统没有对上传变量进行初始化，在处理多个文件上传时，将 ASP 文件上传到网站目录中所产生的漏洞。

上传漏洞攻击方式对网站安全威胁极大，攻击者可以直接上传如 ASP 木马文件而得到一个 WEBSHELL，进而控制整个网站服务器。

3 跨站脚本攻击

跨站脚本攻击一般是指黑客在远程站点页面 HTML 代码中插入具有恶意目的的数据。用户认为该页面是可信赖的，但当浏览器下载该页面后，嵌入其中的脚本将被解释执行。跨站脚本攻击方式最常见的有：通过窃取 Cookie 数据或欺骗打开木马网页等，要想取得重要的资料；也可以直接在存在跨站脚本漏洞的网站中写入注入脚本代码，在网站挂上木马网页等。

4 弱密码的入侵攻击

这种攻击方式首先需要用扫描器探测到 SQL 账号和密码信息，进而得到 SA 的密码，然后用 SQLEXEC 等攻击工具通过 1433 端口连接到网站服务器上，再开设一系统账号，通过 3389 端口登录。这种攻击方式还可以配合 WEBSHELL 来使用。一般的 ASP+MSSQL 网站通常会把 MSSQL 连接密码写到一个配置文件中，黑客用 WEBSHELL 来读取配置文件里面的 SA 密码，然后上传一个 SQL 木马来获取系统的控制权限。

5 网站旁注入侵

这种技术是通过 IP 绑定域名查询的功能查出服务器上有多少网站，再通过一些薄弱的网站实施入侵，拿到权限后转而控制服务器的其他网站。

6 网站服务器漏洞攻击

网站服务器的漏洞主要集中在各种网页中。由于网页程序编写得不严谨，因而出现了各种脚本漏洞，如动网文件上传漏洞、Cookie 欺骗漏洞等都属于脚本漏洞。除了这几类常见的脚本漏洞外，还有一些专门针对某些网站的脚本程序漏洞，最常见的有用户对输入的数据过滤不严、网站源代码暴露以及远程文件包含漏洞等。

这些漏洞的利用需要用户有一定的编程基础，现在网络上随时都有最新的脚本漏洞发布，也有专门的工具，初学者利用工具，很有可能攻击网站。

20.2 网站安全防御策略

在了解了网站安全基础知识后，下面介绍网站安全防御策略。

20.2.1 案例1——检测上传文件的安全性

服务器提供了多种服务项目，其中上传文件是其提供的最基本的服务项目，它可以让空间的使用者自由上传文件。但是在上传文件的过程中，很多用户可能会上传一些对服务器造成致命打击的文件，如最常见的ASP木马文件。所以网络管理员必须利用入侵检测技术来检测网页是否存在木马，以防止随时随地都有可能发生的安全隐患，“思易ASP木马追捕”就是一个很好的检测工具，通过该工具可以检测到网站中是否存在ASP木马文件。

下面来介绍如何使用思易ASP木马追捕来检测上传文件是否为木马，具体的操作步骤如下。

步骤 1 下载思易ASP木马追捕2.0源文件，并将asplist2.0.asp文件存放在IIS默认目录H:\inetpub\wwwroot下，然后在【计算机管理】窗口中双击【Internet信息服务】选项，打开【Internet信息服务】界面。右击asplist2.0.asp，在弹出的快捷菜单中选择【浏览】命令，如图20-1所示。

图20-1 选择【浏览】命令

步骤 2 在打开的窗口中可以看到添加到H:\inetpub\wwwroot目录下的asplist2.0.asp文件，如图20-2所示。在IE浏览器中打开该网页，在【检查文件类型】文本框中输入思易ASP木马追捕可以检查的文件类型，主要包括ASP、JPG、ZIP在内的许多种文件类型，默认是检查所有类型。在【增加搜索自定义关键字】文本框中输入确定ASP木马文件所包含的特征字符，以增加木马检查的可靠性，关键字用“、”隔开。

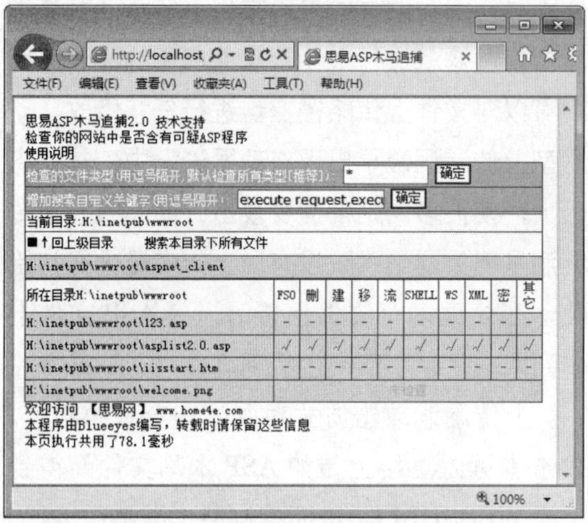

图20-2 添加的asplist2.0.asp文件

步骤 3 在【所在目录】列表中列出了当前浏览器的目录，上面显示的是该目录包含的子目录，下面显示的是该目录的文件。单击目录列表中的目录可以检查相应的目录，单击【回上级目录】超链接即可返回到当前目录的上一级目录，如图 20-3 所示。

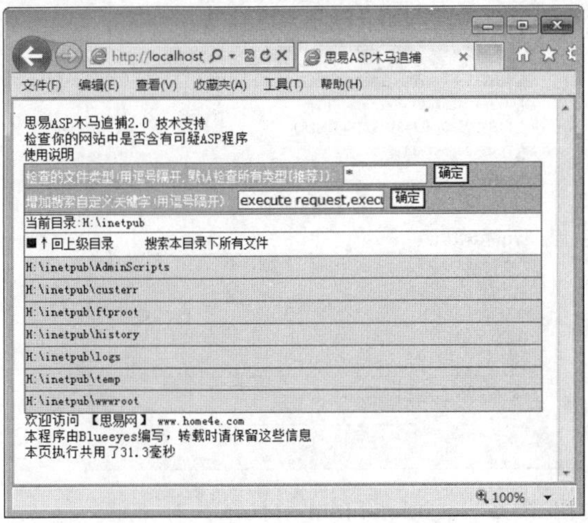

图 20-3　当前浏览器的目录

步骤 4 在设置好【检查文件类型】和【增加搜索自定义关键字】属性后，单击【确定】按钮，即可根据设置进行网页木马的探测，结果如图 20-4 所示。

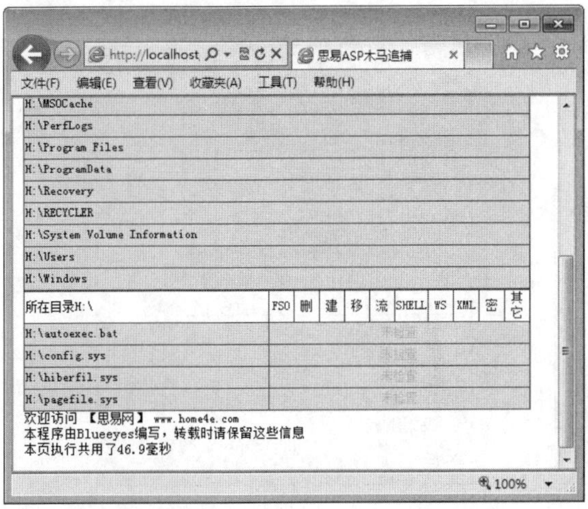

图 20-4　网页木马探测结果

步骤 5 在思易 ASP 木马追捕工具中可以查看目录下的每一份文件。正常的网页文件一般不支持删除、新建、移动文件的操作，如果检测出来的文件支持删除、新建操作或同时支持多种组件的调用，则可以确定该文件为木马病毒，直接删除即可。

其中各个参数的含义如下。

(1)　FSO：FSO 组件，具有远程删除新建修改文件或文件夹的功能。

(2)　【删】：可以在线删除文件或文件夹。

(3)　【建】：可以在线新建文件或文件夹。

(4)　【移】：可以在线移动文件或文件夹。

(5)　【流】：是否调用 Abodb.stream。

(6)　Shell：是否调用 Shell。Shell 是微软对一些常用外壳操作函数的封装。

(7)　WS：是否调用 WSCIPT 组件。

(8)　XML：是否调用 XMLHTTP 组件。

(9)　【密】：用于设置网页源文件是否加密。

20.2.2 案例 2——设置网站访问权限

限制用户的网站访问权限往往可以有效堵住入侵者的上传。可在 IIS 服务管理器中进行用户访问权限设置，还可设置网站目录下的文件访问控制权限。赋予 IIS 网站访问用户相应的权限，才能正常浏览网站网页文档或访问数据库文件。对于后缀为 .asp、.html、.php 等的网页文档文件，设置网站访问用户对这些文件可读即可。

设置网站访问权限的具体操作步骤如下。

步骤 1 在资源管理器中右击 D:\inetpub 中的 www.***.com 目录，在弹出的快捷菜单中选择【属性】菜单命令，在打开的对话框中切换到【安全】选项卡，如图 20-5 所示。

步骤 2 在【组或用户名】列表框中选择任意一个用户名，然后单击【编辑】按钮，打开【iisstart.htm 的权限】对话框，如图 20-6 所示。

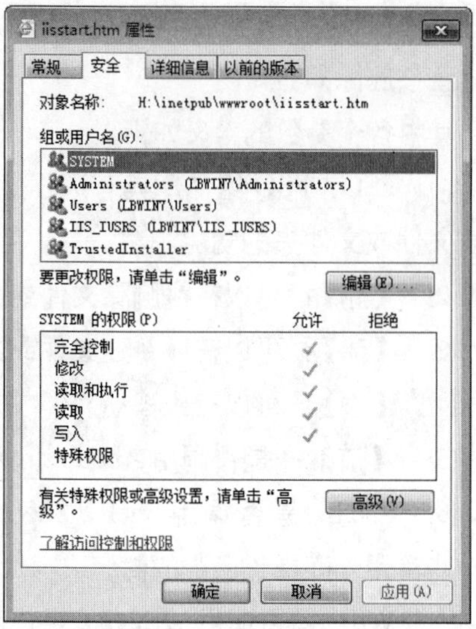

图 20-5 【安全】选项卡

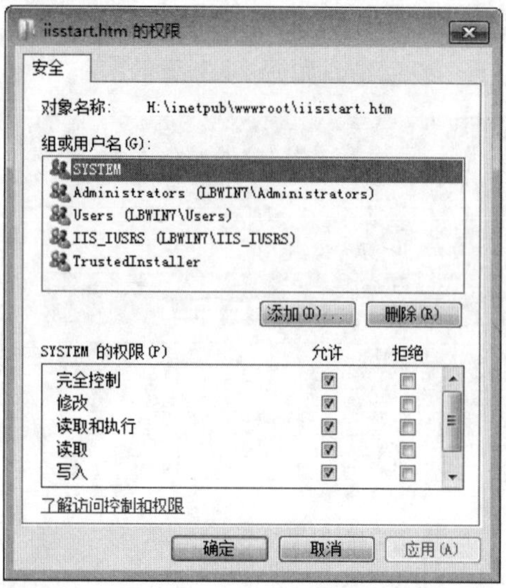

图 20-6 【iisstart.htm 的权限】对话框

步骤 3 单击【添加】按钮，打开【选择用户或组】对话框，在其中输入用户 Everyone，如图 20-7 所示。

步骤 4 单击【确定】按钮，返回文件夹属性对话框可看到已将 Everyone 用户添加到列表中。在权限列表中选择【读取和执行】、【修改】、【读取】等权限后，单击【确定】按钮，即可完成设置，如图 20-8 所示。

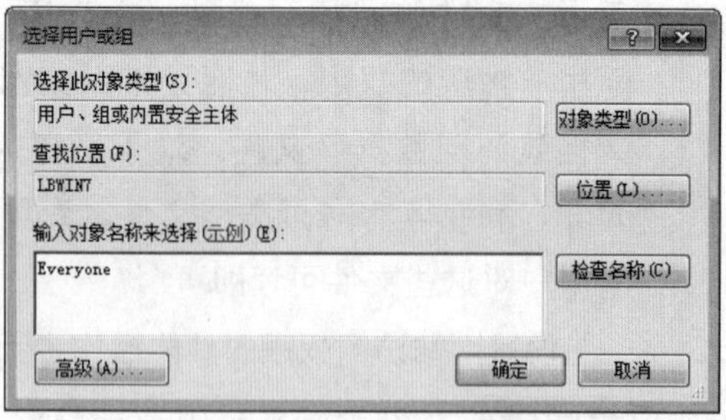

图 20-7 【选择用户或组】对话框

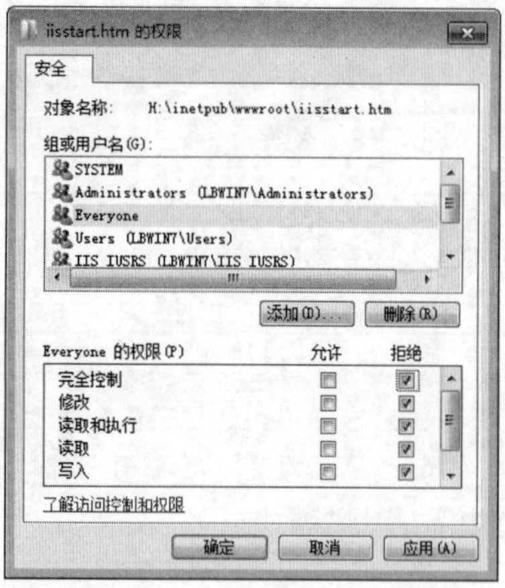

图 20-8 文件夹属性对话框

另外，在网页文件夹中还有数据库文件的权限需要进行特别设置。因为用户在提交表单或注册等操作时，会修改到数据库的数据，所以除给用户读取的权限外，还需要写入和修改权限，否则也会出现用户无法正常访问网站的问题。

设置网页数据库文件的权限的操作方法如下：右击文件夹中的数据库文件，在弹出的快捷菜单中选择【属性】菜单命令，在打开的属性对话框中切换到【安全】选项卡。在【组或用户名】列表框中选择 Everyone 用户，在权限列表中选择【修改】、【写入】权限即可。

20.3 高手甜点

甜点 1：如何进行网站硬件的维护？

硬件中最主要的就是服务器，一般要求使用专用的服务器，不要使用 PC 代替。因为专用的服务器中有多个 CPU，并且硬盘的各方面配置也比较优秀；如果其中一个 CPU 或硬盘坏了，别的 CPU 和硬盘还可以继续工作，不会影响到网站的正常运行。

网站机房通常要注意室内的温度、湿度以及通风性，这些将影响到服务器的散热和性能的正常发挥。如果有条件，最好使用两台或两台以上的服务器，所有的配置最好都是一样的，因为服务器运行一段时间后要停机检修，在检修的时候可以运行别的服务器工作，这样就不会影响到网站的正常运行。

甜点 2：如何进行网站软件的维护？

软件管理也是确保一个网站能够良好运行的必要条件，通常包括服务器的操作系统配置、网站的定期更新、数据的备份以及网络安全的防护等。

☆　服务器的操作系统配置

一个网站要想正常运行，硬件环境是一个先决条件。但是服务器操作系统的配置是否可行和设置的优良性如何，则是一个网站能否长期良好运行的保证。除了要定期对这些操作系统进行维护外，还要定期对操作系统进行更新，使用最先进的操作系统。一般来说，操作系统中软件安装的原则是少而精，就是在服务器中安装的软件应尽可能少，只要够用即可，这样可防止各个软件之间相互冲突。因为有些软件是不健全的、有漏洞的，还需要进一步地完善，所以安装得越多，潜在的问题和漏洞也就越多。

☆　网站的定期更新

网站的创建并不是一成不变的，还要对网站进行定期更新。除了更新网站的信息外，还要更新或调整网站的功能和服务。对网站中的废旧文件要随时清除，以提高网站的精良性，从而提高网站的运行速度。

不要以为网站上传、运行后便万事大吉了，还要多光顾自己的网站，可以作为一个旁观者来客观地看待自己的网站，评价自己的网站与别的优秀网站相比有哪些不足，有时自己分析自己的网站往往比别人更能发现问题，然后再进一步地完善自己网站中的功能和服务。还有就是要时时关注互联网的发展趋势，随时调整自己的网站，使其顺应潮流，以便给别人提供更便捷和贴心的服务。

☆　数据的备份

所谓数据的备份，就是对自己网站中的数据进行定期备份，这样既可以防止服务器出现突发错误丢失数据，又可以防止自己的网站被别人“黑”掉。如果有了定期的网站数据备份，那么即使自己的网站被别人“黑”掉了，也不会影响网站的正常运行。

☆ 网络安全的防护

所谓网络的安全防护，就是防止自己的网站被别人非法侵入和破坏。除了要对服务器进行安全设置外，首要的一点是要注意及时下载和安装软件的补丁程序。另外，还要在服务器中安装、设置防火墙。防火墙虽然是确保安全的一个有效措施，但不是唯一的，也不能确保绝对安全，为此，还应该使用其他的安全措施。另外就是要时刻注意病毒的问题，要时刻对自己的服务器进行查毒、杀毒等操作，以确保系统的安全运行。

随着网络的飞速发展，网络上的不安全因素也越来越多，所以有必要保护网络的安全。在操作计算机的同时，要采用一定的安全策略和防护方法，如提高网络的安全意识，不随意透露密码；尽量不用生日数字或电话号码等容易被破解的信息作为密码，经常更换密码；禁用不必要的服务等。在操作计算机时，显示器上常常会出现一些不需要的信息，应根据实际情况禁用一些不必要的服务，安装一些对计算机能起到保护作用的程序等。

20.4 跟我练练手

练习 1：总结网站的维护与安全策略。

练习 2：分析各种网站攻击方式的特点。

练习 3：检查上传文件的安全性。

练习 4：设置网站的访问权限。